ıage 1 11 10 9 | 18 17

ucke dieser Auflage sind unverändert und können im Unterricht nebeneinander verwendet werden.
zte Zahl bezeichnet das Jahr des Druckes.

nnen und Autoren: Herbert Götz, Uttenreuth; Manfred Herbst, Herzogenaurach; Christine Kestler, Holzkirchen;
Georg Kosuch, Coburg; Dr. Johannes Novotný, Schwabach; Barbara Sy, Nürnberg; Thomas Thiessen, Erlangen;
Zitterbart, Triberg

tion: Dr. Uwe Weiser, Claudia Hofmeister
llung: Simone Glauner

laggestaltung: KomaAmok, Stuttgart
ationen: Uwe Alfer, Waldbreitbach; Rudolf Hungreder, Leinfelden-Echterdingen; Annette Liese, Dortmund
nprint, Zusmarshausen
duktion: Meyle & Müller Medienmanagement, Pforzheim
Firmengruppe APPL, aprinta druck, Wemding

d in Germany
78-3-12-732760-1

9 783127 327601

Lambacher Schwei

Mathematik für Gymnasien

Bayern

erarbeitet von
Herbert Götz
Manfred Herbst
Christine Kestler
Hans-Georg Kosuch
Dr. Johannes Novotný
Barbara Sy
Thomas Thiessen
Arnold Zitterbart

Ernst Klett Verlag
Stuttgart · Leipzig

Inhaltsverzeichnis

Inhaltsverzeichnis

Themen im Lambacher Schweizer 11

Liebe Schülerin, lieber Schüler,

in Jahrgangsstufe 11 begegnen Ihnen in Mathematik klassische Oberstufenthemen: Differentialrechnung, Analytische Geometrie (Koordinatengeometrie im Raum) und weiterführende Inhalte der Wahrscheinlichkeitsrechnung.
Diese Themen werden im Abitur zusammen mit den Inhalten aus Jahrgangsstufe 12 eine wichtige Rolle spielen. Daher befindet sich in diesem Band am Ende jedes Kapitels zusätzlich eine Doppelseite mit abiturähnlichen Aufgabenstellungen. Die Aufgaben der jeweils rechten Seite bereiten dabei auf eine Abiturprüfung vor, in der Aufgaben mit technischen Hilfsmitteln, beispielsweise einem Funktionsplotter, einem Computeralgebrasystem (CAS) oder einem Tabellenkalkulationsprogramm gelöst werden sollen.
Die ausführlichen Lösungen zu allen abiturähnlichen Aufgaben am Ende des Buches helfen Ihnen, mögliche Wissenslücken zu schließen und Fertigkeiten wieder aufzufrischen.
Eine Zusammenfassung der in den vergangenen Jahren kennen gelernten Strategien auf den Seiten 224/225 unterstützt Sie, geeignete Lösungswege zu finden.

In Kapitel I werden gebrochen rationale Funktionen genauer betrachtet, wobei insbesondere auch Grenzwerte untersucht werden.

Der Grenzwertbegriff spielt auch in Kapitel II beim Untersuchen des Änderungsverhaltens von Funktionen eine zentrale Rolle. Dieses Änderungsverhalten, am Graphen als Steigung ablesbar, wird durch die sogenannte Ableitungsfunktion beschrieben.
Die Bedeutung des Ableitungsbegriffs wird in den folgenden Kapiteln III, V und VIII deutlich, wo vielfältige Probleme mit diesem Begriff gelöst werden.

Eine interessante Eigenschaft der Exponentialfunktion im Zusammenhang mit ihrer Ableitung lernen Sie in Kapitel VI kennen. In Natur, Technik und Gesellschaft treten häufig exponentielle oder logarithmische Gesetzmäßigkeiten auf. Diesbezügliche Fragestellungen werden Sie mithilfe von Exponential- und Logarithmusfunktion und deren Ableitungen untersuchen.

Mit dem Vektorbegriff in Kapitel IV erschließt sich eine neue Möglichkeit, geometrische Situationen und Probleme in der Ebene oder im Raum zu beschreiben und zu lösen. In der Mittelstufe erworbene Techniken fließen auch hier wesentlich ein.

Wie sehr auch Mathematik eine lebendige Wissenschaft ist, können Sie in Kapitel VII anhand der Entwicklung zum Wahrscheinlichkeitsbegriff nachvollziehen. Mit den Kenntnissen aus diesem Kapitel werden Sie verblüffende Phänomene, bei denen die Intuition versagt, wie z. B. das Ziegenproblem, lösen können.

Interessante Themen- und Lesetextseiten ermöglichen den „Blick über den Tellerrand" des Schulstoffs, vielleicht auch im Zusammenhang mit dem Seminarfach und der Seminararbeit.

Viel Erfolg wünschen

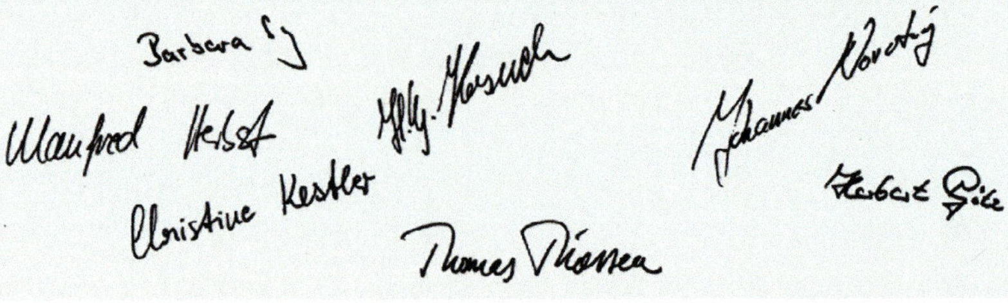

Zum Aufbau des Buches

Jedes Kapitel umfasst mehrere Lerneinheiten, Themenseiten und/oder Lesetexte, einen Rückblick und Aufgaben zur Vorbereitung auf das Abitur.

Zum Aufbau einer **Lerneinheit**:
Jede Lerneinheit beginnt mit **hinführenden Aufgaben**, die zum Kern der Lerneinheit führen, jedoch das Ergebnis der Lerneinheit nicht vorwegnehmen. Sie sind so gestaltet, dass sie eigene Aktivitäten und eigenes Überlegen herausfordern. Diese Aufgaben stellen ein Angebot dar und lassen so der Lehrerin/dem Lehrer alle methodische Freiheit.
Der anschließende **Lehrtext** formuliert in knapper, aber schülerverständlicher Darstellung den Gegenstand der Lerneinheit.

Im **Kasten** wird Wichtiges in einprägsamer Form zusammengefasst.

Die vollständig bearbeiteten **Beispiele** bieten den Schülerinnen und Schülern Hilfe für das selbstständige Lösen von Aufgaben. Bei den Lösungen wird Wert auf die Wahl geeigneter Strategien und auf wichtige Gedankenschritte und Begründungen gelegt.

Auf der Randspalte werden zusätzlich Informationen, Anmerkungen, Hilfestellungen und Querverweise angeboten.

Der **Aufgabenteil** bietet ein sehr reichhaltiges Auswahlangebot. Eine sinnvolle Auswahl ist hier geboten. Die Aufgaben reichen von grundlegenden Routineaufgaben über zahlreiche Aufgaben im mittleren Schwierigkeitsbereich bis zu schwierigen Aufgaben. Wenn hoher Zeitaufwand oder Schwierigkeitsgrad vielleicht nicht unmittelbar ersichtlich sind, wurde die Aufgabe mit einem *Stern gekennzeichnet. Im Sinne eines vernetzenden Lernens beziehen sich viele Aufgabenstellungen nicht nur auf die gegenwärtige Lerneinheit, sondern sind mit anderen Themenkreisen verbunden. Die den Aufgabenteil abschließenden Aufgaben – gekennzeichnet durch ein vorangestelltes G – dienen dazu, unabhängig vom aktuellen Lehrstoff **Grundwissen und Grundfertigkeiten** ständig zu trainieren.
An geeigneter Stelle wurden Aufgaben für die Benutzung elektronischer Hilfsmittel (Taschenrechner, Tabellenkalkulation, DGS, Funktionsplotter, CAS) konzipiert. Solche Aufgaben sind im Buch mit dem **Taschenrechner-Symbol bzw. PC-Symbol** gekennzeichnet. Darüber hinaus ist es bei vielen Aufgabenstellungen sinnvoll, technische Hilfsmittel einzusetzen. Um Schülern jedoch einen eigenständigen Umgang mit diesen Systemen zu ermöglichen, wird hierbei nicht jedes Mal explizit auf deren Einsatz verwiesen.

*** 18**

G 18

Zu einigen Aufgaben, die mit technischen Hilfsmitteln gelöst werden können, befinden sich entsprechende Dateien unter www.klett.de/mathematik/lambacher-schweizer-extra/

Die **Themenseiten** stellen Anwendungen der Inhalte des jeweiligen Kapitels in **einem Kontext** vor oder sprechen im Sinne einer mathematischen Exkursion ergänzende mathematische Fragen an.
Die **Lesetexte** sind als Anregung für Schülerinnen und Schüler gedacht, sich mit mathematischen Fragen auseinander zu setzen. Hier sind keine Aufgaben ausformuliert.

Am Ende jedes Kapitels befindet sich ein zweiseitiger **Rückblick**. Hier sind die wichtigen Lerninhalte in prägnanter Form zusammengestellt. Auf der zweiten Seite bieten **Aufgaben zum Üben und Wiederholen** den Schülerinnen und Schülern die Gelegenheit, ihre Kenntnisse und Fähigkeiten auch mit Blick auf eine schriftliche Arbeit zu testen. Die Lösungen zu diesen Aufgaben befinden sich im Anhang des Buches.

Hieran schließen sich noch die **Aufgaben zur Vorbereitung auf das Abitur** an, welche ein frühzeitiges und kontinuierliches Training ermöglichen. Diese Aufgaben zeigen typische Aufgabenformate des künftigen Abiturs, wenn sie auch vor allem zu Beginn von Jahrgangsstufe 11 noch nicht den Stoffumfang und die Tiefe realer Abituraufgaben abbilden können.
Ausführliche Lösungen mit Strategietipps und weiteren Hinweisen zur Unterstützung beschließen das Buch.

► Verweise führen in andere Kapitel oder die Grundwissenhefte (GW)

1 Verhalten in der Umgebung der Definitionslücken

1

Der Fränkische Streuobst-Vertriebs-Verband möchte Obstsaft an Großkunden verkaufen.
Er bietet seinen naturtrüben Apfel-Birnen-Saft pro Liter für 0,60 € an, verlangt jedoch von jedem Kunden einen zusätzlichen Festbetrag von 10,– €.

a) Geben Sie die Funktion f an, die den Gesamtpreis beim Saftkauf in Abhängigkeit von der Saftmenge x (in Litern) beschreibt. Zeichnen Sie den Graphen dieser Funktion.
b) Geben Sie die Funktion g an, die den durchschnittlichen Preis pro Liter in Abhängigkeit von x beschreibt. Zeichnen Sie den Graphen von g.
c) Warum ist es hier nicht sinnvoll, einen Viertelliter Saft zu kaufen?

2

Betrachten Sie die Funktion f mit dem Funktionsterm $f(x) = \frac{1}{x-3}$.
Geben Sie x-Werte an, für die $f(x) > 100$ bzw. für die $f(x) < -100$ ist.
Beschreiben Sie den Verlauf des Graphen von f in Worten.

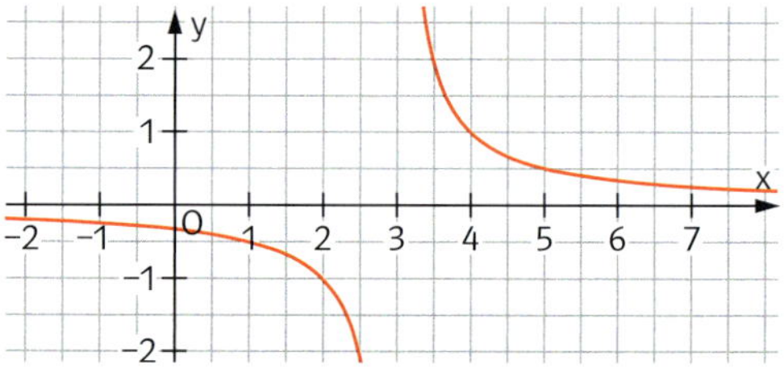

Erinnerung:
$\frac{3}{0}$ ist nicht definiert.

Seit der 8. Jahrgangsstufe haben wir uns mit gebrochen rationalen Funktionen, wie z. B. $f: x \mapsto \frac{2x}{x-2}$ beschäftigt und dabei festgestellt, dass solche Funktionen Definitionslücken besitzen. So hat die Funktion f an der Stelle $x = 2$ eine Definitionslücke, weil ihr Funktionsterm an dieser Stelle nicht definiert ist.
Mit der in der 10. Jahrgangsstufe eingeführten Bezeichnung Polynom für Terme wie $4x^3 - 3x + 2$ formulieren wir die Definition einer gebrochen rationalen Funktion allgemein:

Definition
Funktionen der Form $f: x \mapsto \frac{p(x)}{q(x)}$ mit zwei Polynomen p(x) und q(x) heißen **gebrochen rationale Funktionen**.
Die Nullstellen des Nennerpolynoms q(x) können nicht in der Definitionsmenge D_f enthalten sein und werden deshalb als **Definitionslücken** bezeichnet.

Erinnerung:
$\frac{0}{3} = 0$

Die Nullstellen des Zählerpolynoms einer gebrochen rationalen Funktion f, die nicht Definitionslücken von f sind, sind ihre Nullstellen.

Beispielsweise ist $x = 1$ Nullstelle der Funktion $g: x \mapsto \frac{x-1}{x+2}$.

Die Funktion $f: x \mapsto \frac{2x}{x-2}$ hat die maximal mögliche Definitionsmenge $D_f = \mathbb{R}\setminus\{2\}$.

x	1,5	1,8	1,9	1,99	2,01	2,1	2,2	2,5
$x - 2$	−0,5	−0,2	−0,1	−0,01	0,01	0,1	0,2	0,5
$\frac{2x}{x-2}$	−6	−18	−38	−398	402	42	22	10

Die Figur zeigt den Graphen von f:

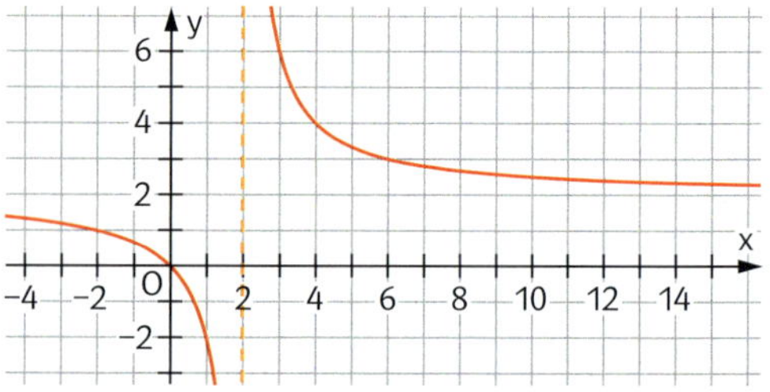

Bei linksseitiger bzw. rechtsseitiger Annäherung an $x = 2$ wird der Nenner betragsmäßig beliebig klein und damit werden die jeweiligen Funktionswerte betragsmäßig beliebig groß.
Man schreibt:

Für $x \to 2$ und $x < 2$ gilt: $f(x) \to -\infty$ Für $x \to 2$ und $x > 2$ gilt: $f(x) \to +\infty$

Wir verwenden auch die illustrierenden Schreibweisen

$\lim\limits_{\substack{x \to 2 \\ <}} f(x) = -\infty$ bzw. $\lim\limits_{\substack{x \to 2 \\ >}} f(x) = +\infty$.

Die Gerade $x = 2$ ist senkrechte Asymptote des Graphen von f.

Erinnerung:
„lim" bedeutet Grenzwert.

Definition

Wenn an einer Definitionslücke x_0 einer gebrochen rationalen Funktion f

$\lim\limits_{\substack{x \to x_0 \\ <}} f(x) = +\infty$ oder $\lim\limits_{\substack{x \to x_0 \\ <}} f(x) = -\infty$

und $\lim\limits_{\substack{x \to x_0 \\ >}} f(x) = +\infty$ oder $\lim\limits_{\substack{x \to x_0 \\ >}} f(x) = -\infty$

gilt, so nennt man die Definitionslücke x_0 eine **Polstelle** von f
und die Gerade mit der Gleichung $x = x_0$ **senkrechte Asymptote** des Graphen von f.

Bei dem auf der vorangegangenen Seite gezeichneten Funktionsgraphen geht der Funktionswert links von der Polstelle gegen $-\infty$ und rechts von der Polstelle gegen $+\infty$.

Allgemein kann man vier Arten von Polstellen unterscheiden:

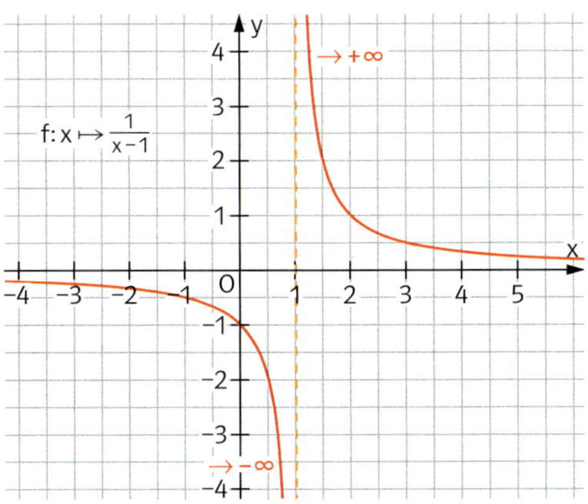

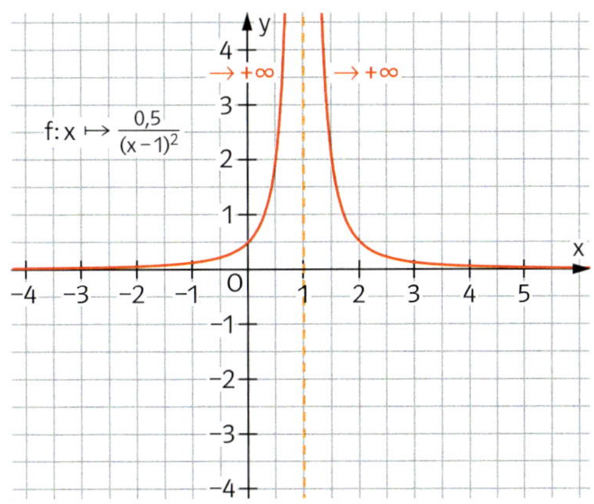

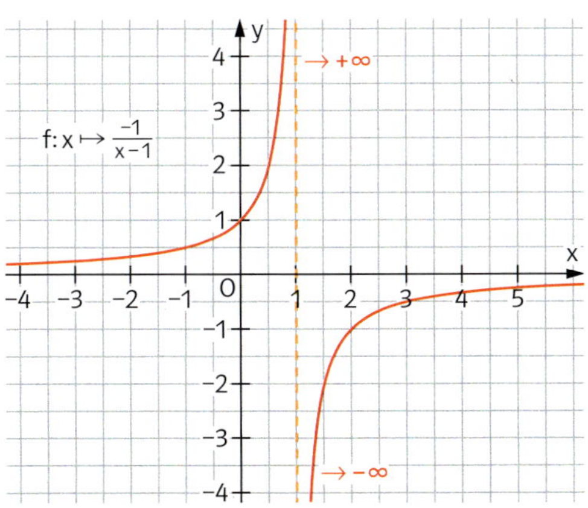

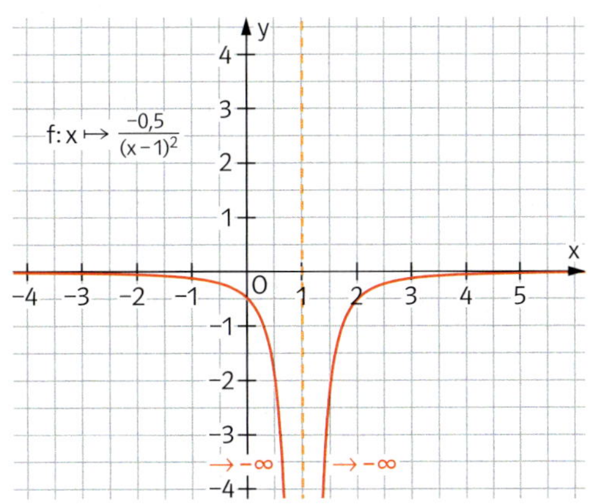

In den beiden Fällen links spricht man von einer **Polstelle mit Vorzeichenwechsel**.

In den beiden Fällen rechts spricht man von einer **Polstelle ohne Vorzeichenwechsel**.

Hinweis:
Polstellen mit Vorzeichenwechsel nennt man auch **Polstellen ungerader Ordnung**, Polstellen ohne Vorzeichenwechsel **Polstellen gerader Ordnung**.

Faktorisieren ist notwendig, um die Definitionslücken zu erkennen.

Exemplarisch untersuchen wir für die Funktion $g: x \mapsto \frac{2-3x}{4x^3-4x^2}$ welcher der vier Fälle vorliegt.

Zunächst wird der Nenner faktorisiert: $g(x) = \frac{2-3x}{4x^2(x-1)}$

Dies zeigt, dass an der Stelle $x = 0$ und an der Stelle $x = 1$ Definitionslücken von f vorliegen.

Alternative Untersuchung:
Auch durch Einsetzen von x-Werten nahe der Definitionslücke lässt sich der Vorzeichenwechsel erkennen:
$g(0{,}9) > 0$
$g(1{,}1) < 0$

Untersuchung der Art der Polstelle $x = 1$:

$g(x) = \frac{2-3x}{4x^2(x-1)} = \frac{2-3x}{4x^2} \cdot \frac{1}{x-1}$

Für $x \underset{<}{\overset{}{\to}} 1$ gilt: $\to -\frac{1}{4}$ $\quad -/+$

Der Faktor, $\frac{2-3x}{4x^2}$ hätte an der Stelle $x = 1$ den Wert $-\frac{1}{4}$ und ist daher in der Nähe von $x = 1$ immer negativ.

Der Faktor $\frac{1}{x-1}$ ist negativ, wenn x kleiner als 1 ist und positiv, wenn x größer als 1 ist (Vorzeichenwechsel −/+).

Damit liegt für $x = 1$ eine Polstelle vor, bei der die Funktionswerte links von der Asymptote gegen $+\infty$ und rechts von der Asymptote gegen $-\infty$ streben. An der Stelle $x = 1$ liegt daher eine Polstelle mit dem Vorzeichenwechsel +/− vor.

Untersuchung der Art der Polstelle $x = 0$:

$g(x) = \frac{2-3x}{4x^2(x-1)} = \frac{2-3x}{4(x-1)} \cdot \frac{1}{x^2}$

Für $x \underset{<}{\overset{}{\to}} 0$ gilt: $\to -\frac{1}{2}$ $\quad +/+$

Der Faktor $\frac{1}{x^2}$ ist positiv, wenn x kleiner 0 ist und ebenso positiv, wenn x größer 0 ist.

Damit liegt an der Stelle $x = 0$ eine Polstelle mit dem Verhalten −/−, d.h. ohne Vorzeichenwechsel vor.

$- \cdot - = +$
$- \cdot + = -$

Zeichnet man den Graphen von h mit einem Funktionsplotter, sieht dieser aus wie derjenige einer linearen Funktion:

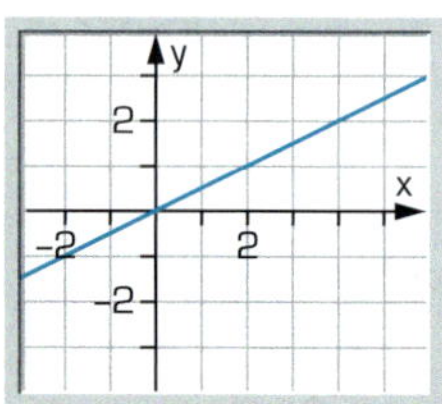

Eine Definitionslücke einer gebrochen rationalen Funktion muss nicht immer eine Polstelle sein, wie z.B. die Funktion $h: x \mapsto \frac{x^2-2x}{2x-4}$ mit $D_h = \mathbb{R}\setminus\{2\}$ zeigt.

Faktorisiert man Zähler und Nenner und beachtet, dass $x \neq 2$, so erkennt man:

$$h(x) = \frac{x^2-2x}{2x-4} = \frac{x(x-2)}{2(x-2)} = \frac{x}{2} = \frac{1}{2}x$$

Die Nullstelle des Nenners ist gleichzeitig auch Nullstelle des Zählers und der entsprechende Faktor $(x - 2)$ lässt sich kürzen, sodass der gekürzte Term kein Bruchterm mehr ist, also
$h: x \mapsto \frac{1}{2}x$ mit $D_h = \mathbb{R}\setminus\{2\}$.

In der Umgebung der Stelle $x = 2$ gilt somit für den Funktionsterm:

$\lim\limits_{\substack{x \to 2 \\ <}} h(x) = 1$ **und** $\lim\limits_{\substack{x \to 2 \\ >}} h(x) = 1$

Der Graph von h ist die Ursprungsgerade mit Steigung $\frac{1}{2}$; er besitzt aber an der Stelle $x = 2$ ein „Loch".

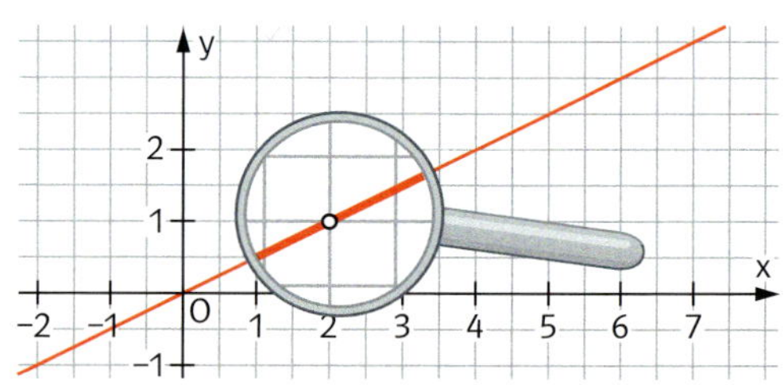

Definition

Gilt für eine Funktion f

$\lim\limits_{\substack{x \to x_0 \\ <}} f(x) = a$ **und** $\lim\limits_{\substack{x \to x_0 \\ >}} f(x) = a$,

so schreibt man in zusammenfassender Form:

$\lim\limits_{x \to x_0} f(x) = a$

Ist x_0 Definitionslücke von f, so heißt diese dann **(be-)hebbar**.

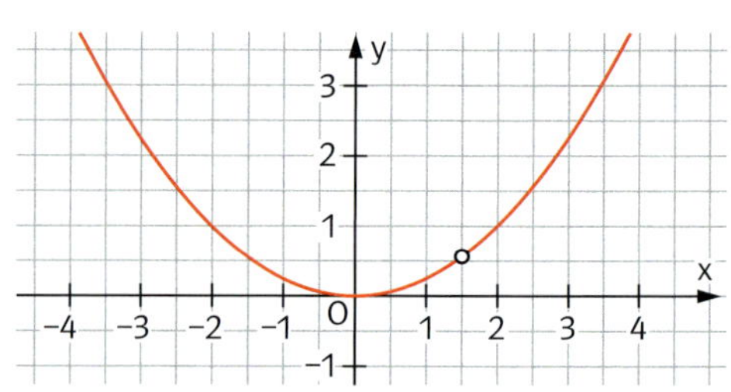

Beispiel 1

a) Geben Sie die maximal mögliche Definitionsmenge der Funktion $f\colon x \mapsto \frac{x}{(x-1)^2}$ an.
Untersuchen Sie das Verhalten von f in der Umgebung der Definitionslücke. Bestimmen Sie die Grenzwerte und die Gleichung der senkrechten Asymptote, sofern vorhanden.

b) Untersuchen Sie f auf Nullstellen und skizzieren Sie den Graphen von f.

Ist bei einer Funktion die Definitionsmenge D_f nicht mit angegeben, ist stets die maximal mögliche Definitionsmenge gemeint.

▪ Lösung:

a) $x_0 = 1$ ist die einzige Nullstelle des Nenners. Also ist $D_f = \mathbb{R}\setminus\{1\}$ die maximal mögliche Definitionsmenge.

$f(x) = \frac{x}{(x-1)^2} = \underset{\to 1}{\underbrace{x}} \cdot \underset{+/+}{\underbrace{\frac{1}{(x-1)^2}}}$

Für $x \to 1$ gilt: $\to 1$ +/+

Also besitzt f an der Stelle 1 eine Polstelle (Asymptote x = 1) ohne Vorzeichenwechsel mit $\lim\limits_{x \underset{<}{\to} 1} f(x) = +\infty$ und $\lim\limits_{x \underset{>}{\to} 1} f(x) = +\infty$.

b) x = 0 ist die einzige Nullstelle der Funktion.

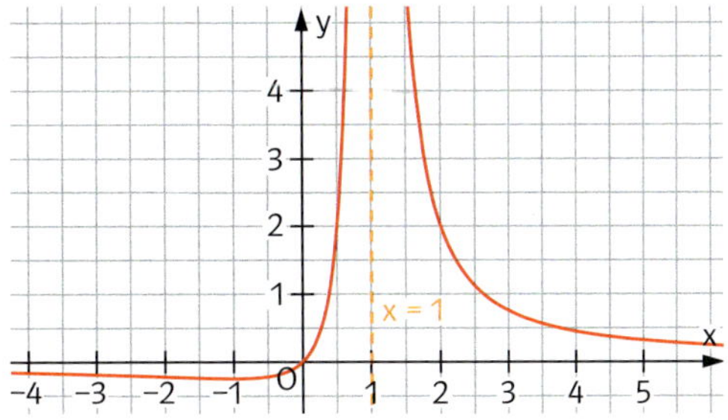

Beispiel 2

Gegeben ist die Funktion $f\colon x \mapsto \frac{x^3 - 6x^2 + 8x}{3x^2 - 9x - 12}$.

a) Geben Sie die maximal mögliche Definitionsmenge an. Untersuchen Sie das Verhalten von f in der Umgebung der Definitionslücken. Geben Sie die entsprechenden Grenzwerte sowie gegebenenfalls die Gleichung der senkrechten Asymptote an.

b) Bestimmen Sie die Nullstellen von f und skizzieren Sie den Graphen von f.

c) Geben Sie den Funktionsterm einer Funktion g an, deren Graph bis auf ein „Loch" mit dem Graphen von f übereinstimmt.

Erinnerung:
Ein Hilfsmittel beim Faktorisieren ist das Lösen einer quadratischen Gleichung:
$f(x) = \frac{1}{x^2 - x - 6}$
Aus $x^2 - x - 6 = 0$ folgt $x_1 = -2$ und $x_2 = 3$.
Somit gilt:
$f(x) = \frac{1}{(x+2)(x-3)}$

▪ Lösung:

a) Faktorisieren: $f(x) = \frac{x^3 - 6x^2 + 8x}{3x^2 - 9x - 12} = \frac{x(x^2 - 6x + 8)}{3(x^2 - 3x - 4)} = \frac{x(x-2)(x-4)}{3(x+1)(x-4)}$

Also ist $D_f = \mathbb{R}\setminus\{-1; 4\}$ mit dem vereinfachten Funktionsterm $f(x) = \frac{x(x-2)}{3(x+1)}$.

Untersuchung an der Definitionslücke $x = -1$: $f(x) = \frac{x(x-2)}{3(x+1)} = \underset{\to 1}{\underbrace{\frac{x(x-2)}{3}}} \cdot \underset{-/+}{\underbrace{\frac{1}{(x+1)}}}$

Für $x \to -1$ gilt: $\to 1$ −/+

Daher liegt eine Polstelle mit Vorzeichenwechsel −/+ vor und es gilt

$\lim\limits_{x \underset{<}{\to} -1} f(x) = -\infty$ und $\lim\limits_{x \underset{>}{\to} -1} f(x) = +\infty$.

$x = -1$ ist die Gleichung der vorliegenden senkrechten Asymptote.

Untersuchung an der Definitionslücke $x = 4$: $f(x) = \frac{x(x-2)}{3(x+1)}$ für $x \neq 4$ mit $\lim\limits_{x \to 4} f(x) = \frac{8}{15}$.

Es liegt also keine Polstelle vor, sondern der Graph hat an der Stelle $x = 4$ ein „Loch".

b) $x_1 = 0$ und $x_2 = 2$ sind die beiden Nullstellen der Funktion weil an diesen beiden Stellen nur der Zähler gleich 0 ist.
Für $x = 4$ ist die Funktion nicht definiert; daher liegt hier auch keine Nullstelle vor.
Einzelne Funktionswerte für Skizze:

x	−4	−3	−2	1	3
f(x)	$-\frac{8}{3}$	$-\frac{5}{2}$	$-\frac{8}{3}$	$-\frac{1}{6}$	$\frac{1}{4}$

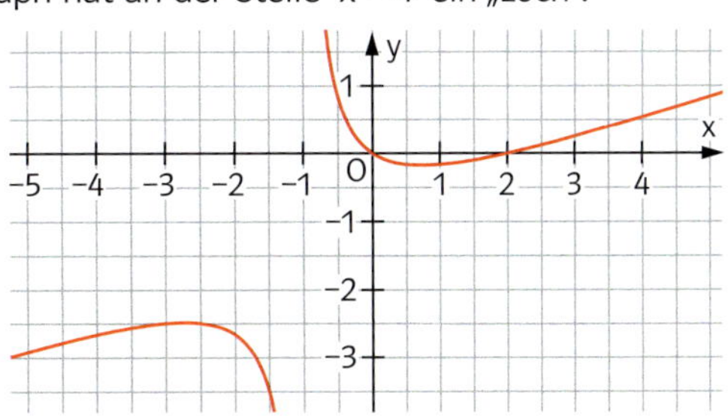

c) Die Funktion $g\colon x \mapsto \frac{x(x-2)}{3(x+1)}$ hat die maximal mögliche Definitionsmenge $D_g = \mathbb{R}\setminus\{-1\}$.
$P\left(4 \middle| \frac{8}{15}\right)$ gehört daher zum Graphen von g, während der Graph von f dort ein „Loch" besitzt.

Aufgaben

Mögliche Hilfsmittel bei der Zerlegung in Linearfaktoren:

1. Ausklammern:
   $f(x) = \frac{x^2 - 2x}{2x + 4} = \frac{x(x - 2)}{2(x + 2)}$
2. Binomische Formeln „rückwärts“:
   $f(x) = \frac{1}{x^2 - 9}$
   $= \frac{1}{(x + 3)(x - 3)}$
3. Lösen einer quadratischen Gleichung:
   $f(x) = \frac{x}{x^2 - x - 6}$
   Mit $x^2 - x - 6 = 0$
   ist $x_1 = -2$; $x_2 = 3$.
   Somit gilt:
   $f(x) = \frac{x}{(x + 2)(x - 3)}$

Lösungssalat zu 5 (Definitionslücken):

3 💻

Untersuchen Sie, ob es sich um gebrochen rationale Funktionen handelt. Geben Sie gegebenenfalls die Definitionslücken an und plotten Sie den Graphen.

a) $f: x \mapsto \frac{2}{x - 3}$ b) $g: x \mapsto \frac{3x}{(x + 1)(x - 3)}$

c) $f: x \mapsto \frac{3x - 2}{4}$ d) $f: x \mapsto \frac{2x - 1}{x^2 - x - 6}$

e) $g: x \mapsto \frac{\sin x}{x - 1}$ f) $g: x \mapsto \frac{3}{x^2 + 1}$

4

Beschreiben Sie die Art der Polstellen.

a) $f(x) = \frac{2}{x^2 - 3}$ b) $f(x) = \frac{-3}{x^2 - 4x + 4}$

c) $g(x) = \frac{1}{(x - 3)x}$ d) $g(x) = \frac{-4}{3(x - 0{,}5)^2}$

e) $g(x) = \frac{3x}{1 + x^2}$ f) $f(x) = \frac{3x - 1}{(1 + x)^2 x}$

5

Geben Sie die maximal mögliche Definitionsmenge der Funktion f sowie das Verhalten in der Umgebung der Definitionslücken an. Untersuchen Sie f auf Nullstellen.

a) $f: x \mapsto \frac{2}{2 - x}$ b) $g: x \mapsto \frac{2x - 1}{(x + 1)^2}$

c) $f: t \mapsto \frac{2t + 2}{t^2 - 1}$ d) $g: x \mapsto \frac{x^2 - x - 1}{x^2 + 2}$

e) $f: z \mapsto \frac{z^2 + 2}{z^2 - 2}$ f) $f: t \mapsto \frac{2t - 1}{t^2 - 2t - 3}$

g) $g: x \mapsto \frac{0{,}5 + 4x}{x^3 - 1}$ h) $f: z \mapsto \frac{(z - 1)(z - 2)}{(z + 1)(z - 2)}$

6

Beschreiben Sie die Art der bei den unten abgebildeten Graphen vorliegenden Polstellen. Geben Sie jeweils die Gleichung der Asymptote an. Geben Sie einen Funktionsterm an, der zum abgebildeten Graphen passt.

7

Gegeben sind die Funktionen f, g und h mit $f(x) = \frac{1}{x}$, $g(x) = \frac{1}{x - 1}$ und $h(x) = \frac{1}{x + 4}$. Geben Sie die Definitionslücken der Funktionen an. Skizzieren Sie die drei Funktionsgraphen und erklären Sie in Worten, wie der Graph von g aus demjenigen von f entsteht und wie der Graph von h aus demjenigen von f entsteht. Welcher Zusammenhang besteht daher zwischen den Graphen von g und h?

8

Skizzieren Sie die Funktionsgraphen der Funktionen.

a) $f: x \mapsto \frac{1}{x - 4}$ b) $f: x \mapsto \left(\frac{1}{x - 4}\right)^2$

c) $f: x \mapsto \frac{1}{4 - x}$ d) $f: x \mapsto \frac{1}{(4 - x)^2}$

9

Geben Sie eine gebrochen rationale Funktion an, deren maximal mögliche Definitionsmenge D_f ist. Finden Sie mehrere Möglichkeiten?

a) $D_f = \mathbb{R}\setminus\{-3\}$ b) $D_f = \mathbb{R}\setminus\{-2; 2\}$

c) $D_f = \mathbb{R}\setminus\{-2; 3\}$ d) $D_f = \mathbb{R}$

10

Geben Sie die maximal mögliche Definitionsmenge sowie das Verhalten an den Definitionslücken an und bestimmen Sie die Nullstellen der Funktion. Erstellen Sie mit diesen Erkenntnissen eine Skizze des Funktionsgraphen.

a) $f: x \mapsto \frac{2x + 3}{x^2 - 5x + 4}$ b) $f: x \mapsto \frac{2x^2 - 4x}{2x^2 - 8x + 8}$

c) $f: x \mapsto \frac{x^2 + 5x + 2}{(x + 1)^2}$ d) $f: x \mapsto \frac{3x}{x^3 - 3x + 2}$

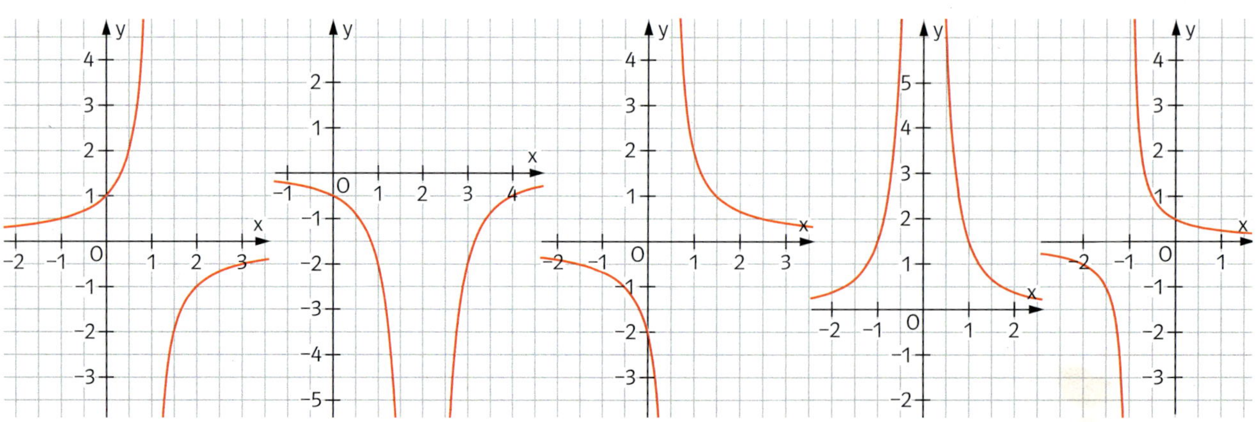

11

a) Umfang U konstant:

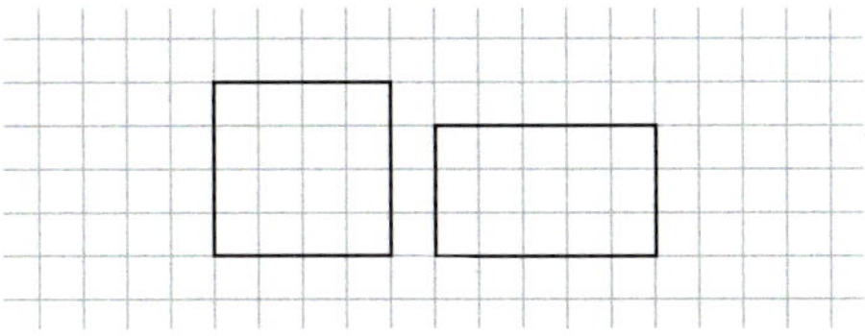

Der Flächeninhalt A aller Rechtecke mit gleichem Umfang U kann als Funktion einer Rechteckseite x aufgefasst werden. Notieren Sie für ein gegebenes U (in cm) die Zuordnung $x \mapsto A(x)$; geben Sie die Definitionsmenge an. Zeichnen Sie den Graphen für $U = 12$.

b) Flächeninhalt A konstant:

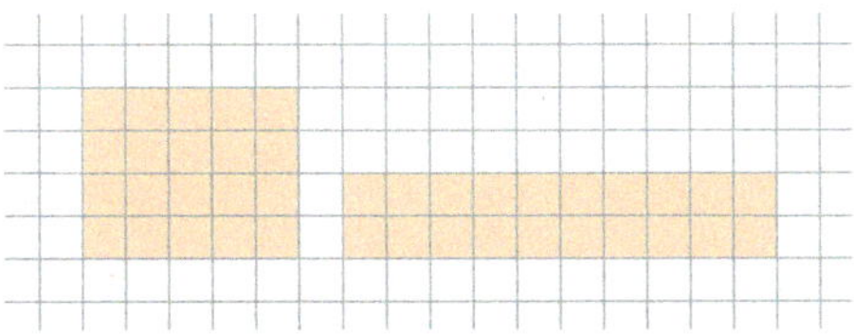

Der Umfang U aller Rechtecke mit gleichem Flächeninhalt A kann ebenfalls als Funktion einer Rechteckseite x aufgefasst werden.
Notieren Sie für ein gegebenes A (in cm^2) die Zuordnung $x \mapsto U(x)$; geben Sie die Definitionsmenge an. Zeichnen Sie den Graphen für $A = 6$.

12

Geben Sie eine gebrochen rationale Funktion an, mit

a) Polstelle $x = -2$ mit Vorzeichenwechsel,
b) Polstelle $x = -2$ ohne Vorzeichenwechsel,
c) Nullstelle $x = 1$ und Polstelle $x = 3$ mit Vorzeichenwechsel,
d) Nullstelle $x = 1$ und Polstelle $x = 3$ ohne Vorzeichenwechsel,
e) einer Definitionslücke bei $x = 2$, die keine Polstelle ist,
f) einer Definitionslücke, die keine Polstelle ist und einer Polstelle ohne Vorzeichenwechsel.

Überprüfen Sie mit dem Funktionsplotter, ob die von Ihnen gefundene Funktion jeweils die Vorgaben erfüllt.
Stellen Sie Ihrer Nachbarin/Ihrem Nachbarn ähnliche Aufgaben und kontrollieren Sie die Ergebnisse.

13

Für jedes $t \in \mathbb{R}$ ist durch den Term $f_t(x) = \frac{1}{x^2 + t}$ eine Funktion f_t gegeben.

a) Ermitteln Sie die maximal mögliche Definitionsmenge von f_t in Abhängigkeit von t.
b) Zeichnen Sie die Graphen von f_t für $t = -1$; $t = 0$ und $t = 1$ in ein gemeinsames Koordinatensystem.

14

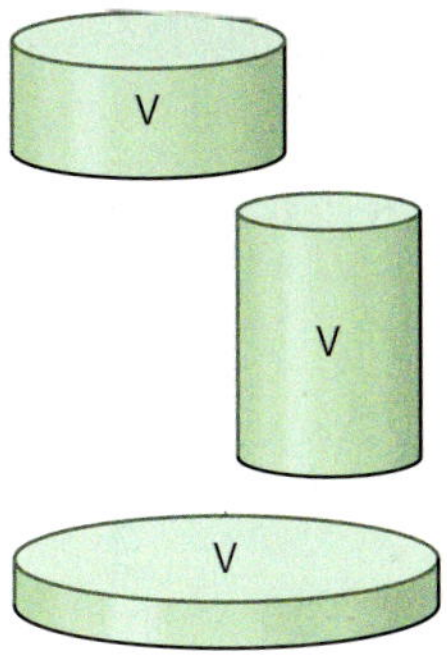

Die auf dem Rand abgebildeten Zylinder haben alle das gleiche Volumen V.

a) Wie hängt bei gegebenem Volumen V die Höhe h vom Radius r ab? Zeichnen Sie einen Graphen für $V = 12$.
b) Der Radius r wird verdoppelt. Wie ändert sich (bei gleichbleibendem Volumen) die Höhe h?

G15

Multiplizieren Sie aus:

a) $(x - 2) \cdot (x + 5)$
b) $(x^2 - x - 1) \cdot (x - 1)$

Berechnen Sie mittels Polynomdivision:

c) $(x^2 + 3x - 10) : (x + 5)$
d) $(2x^2 + 10x + 8) : (x + 1)$
e) $(x^3 + 2x - 3) : (x - 1)$

G16

A und B sind zwei Ereignisse mit $P(B) = 0{,}32$. Im Baumdiagramm sind weitere Wahrscheinlichkeiten eingetragen.

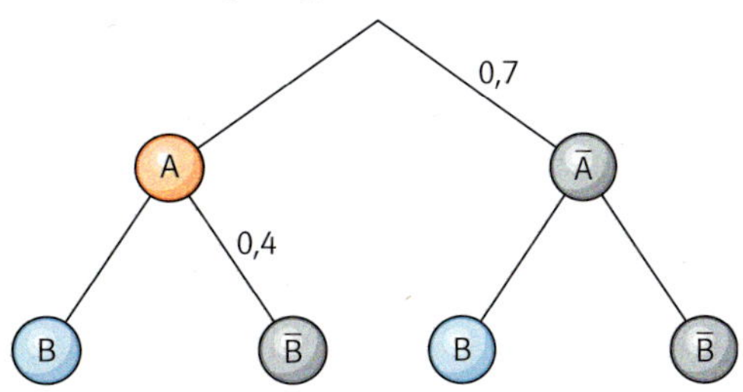

Bestimmen Sie

a) $P(A \cap B)$
b) $P_{\bar{A}}(B)$
c) $P(A \cup B)$
d) $P_B(A)$

G17

Ein Trapez kann man mittels einer Parallelen zu einer Seite durch eine seiner Ecken in ein Parallelogramm und ein Dreieck zerlegen. Bei welchen Trapezen haben dabei das Parallelogramm und das Dreieck den gleichen Flächeninhalt?

2 Verhalten im Unendlichen

Wie viel Prozent der Erdoberfläche etwa kann die Besatzung der ISS-Weltraumstation (mit 350 km Flughöhe) sehen?

1

Ein Astronaut, der in einer Höhe h die Erde umkreist, kann zu jedem Zeitpunkt nur einen Teil der Erdoberfläche sehen.
Für den Flächeninhalt dieser sogenannten Kugelkappe gilt:
$A_K = \frac{2\pi r^2 h}{r+h}$ mit dem Erdradius $r = 6370\,\text{km}$.
Welche Fläche ergibt sich für $h \to +\infty$?
Berechnen Sie dazu einerseits den Grenzwert $\lim\limits_{h \to +\infty} A_K$ und vergleichen Sie diesen mit anschaulichen Überlegungen.

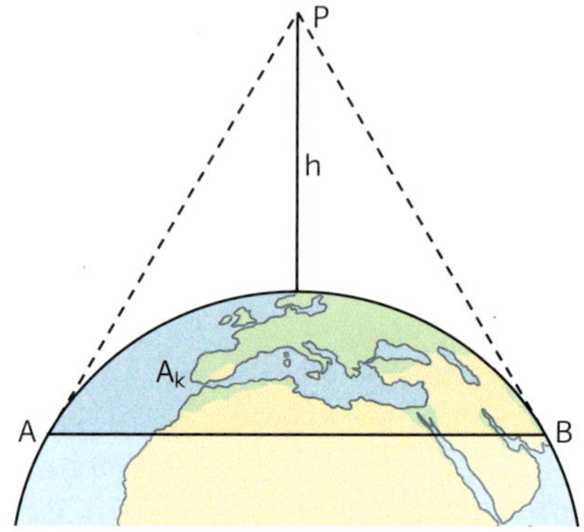

Erinnerung:
Der Grad eines Polynoms ist der größte vorkommende Exponent.

Bei gebrochen rationalen Funktionen kann es neben den senkrechten Asymptoten auch waagrechte und schräge Asymptoten geben, denen sich der Graph für $x \to \pm\infty$ beliebig genau annähert.
Ob bei $\frac{p(x)}{q(x)}$ eine solche Asymptote vorliegt, hängt vom Grad des Zähler- und des Nennerpolynoms ab (Zählergrad z bzw. Nennergrad n).
Da für $x \to \pm\infty$ sowohl das Zählerpolynom, als auch das Nennerpolynom betragsmäßig beliebig groß werden, muss man geschickt umformen (durch Kürzen der höchsten in p und q vorkommenden Potenz oder durch Polynomdivision), um das asymptotische Verhalten zu erkennen.

Wir unterscheiden folgende vier Fälle:

$z < n$

1. Fall: Zählergrad z < Nennergrad n
Wir betrachten die Funktion
$f\colon x \mapsto \frac{2x}{x^2-1}$
mit $z = 1$ und $n = 2$.
Ausklammern und Kürzen der höchsten vorkommenden Potenz x^2 liefert:

$$f(x) = \frac{2x}{x^2-1} = \frac{x^2 \cdot \frac{2}{x}}{x^2\left(1-\frac{1}{x^2}\right)} = \frac{\frac{2}{x}}{1-\frac{1}{x^2}}$$

Weil nun für $x \to \pm\infty$ der Zähler gegen 0 und der Nenner gegen 1 strebt, erkennt man:
$\lim\limits_{x \to \pm\infty} f(x) = 0$

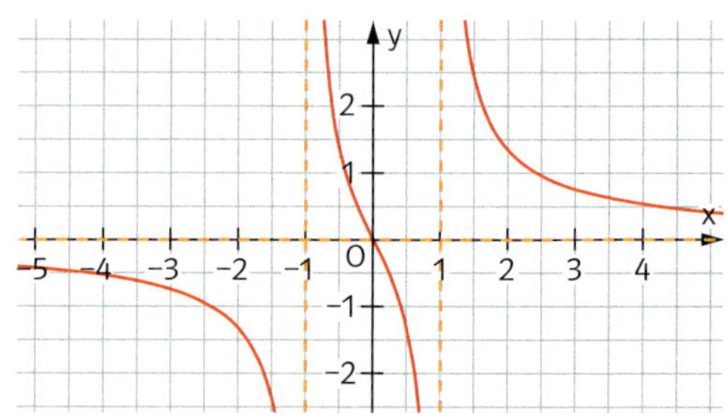

Die x-Achse (mit der Gleichung $y = 0$) ist also waagrechte Asymptote des Graphen von f. Zudem besitzt G_f die senkrechten Asymptoten mit den Gleichungen $x = -1$ bzw. $x = 1$.

$z = n$

Tipp:
Für $f(x) = \frac{2x^2}{4x^2-4}$ ist 2 der Koeffizient der höchsten Potenz des Zählers und 4 der Koeffizient der höchsten Potenz des Nenners. Die waagrechte Asymptote hat dann die Gleichung $y = \frac{2}{4} = \frac{1}{2}$.

2. Fall: Zählergrad z = Nennergrad n
Wir betrachten die Funktion
$f\colon x \mapsto \frac{2x^2}{4x^2-4}$ mit $z = n = 2$.
Ausklammern und Kürzen von x^2 liefert:

$$f(x) = \frac{2x^2}{4x^2-4} = \frac{2x^2}{x^2\left(4-\frac{4}{x^2}\right)} = \frac{2}{4-\frac{4}{x^2}}$$

Hieraus erkennt man:
$\lim\limits_{x \to \pm\infty} f(x) = \frac{2}{4-0} = \frac{1}{2}$

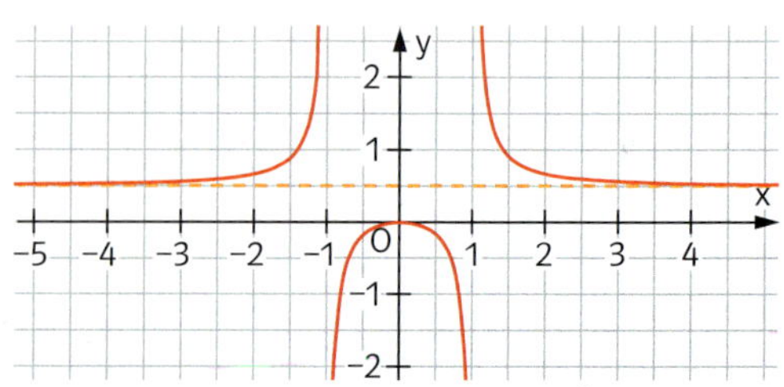

Die Gerade mit der Gleichung $y = \frac{1}{2}$ ist also waagrechte Asymptote des Graphen von f.

3. Fall: Zählergrad z = (Nennergrad n) + 1

$z = n + 1$

Wir betrachten die Funktion
$f\colon x \mapsto \frac{x^2 + 1{,}5x}{2x - 1}$ mit $z = 2$ und $n = 1$.

Weil $\lim\limits_{x \to +\infty} f(x) = +\infty$ erkennt man, dass keine waagrechte Asymptote vorliegen kann. Jedoch lassen sich mithilfe der Polynomdivision weitere Erkenntnisse gewinnen:

$$\begin{array}{l} (x^2 + 1{,}5x) : (2x - 1) = \frac{1}{2}x + 1 + \frac{1}{2x - 1} \\ \underline{-(x^2 - 0{,}5x)} \\ \quad 2x \\ \quad \underline{-(2x - 1)} \\ \qquad 1 \end{array}$$

Für $x \to \pm\infty$ unterscheiden sich die Funktionswerte von f beliebig wenig von denen der Funktion $g\colon x \mapsto \frac{1}{2}x + 1$, da $\lim\limits_{x \to \pm\infty} \frac{1}{2x - 1} = 0$.

An der durch die Polynomdivision gewonnenen Termdarstellung $f(x) = \frac{1}{2}x + 1 + \frac{1}{2x - 1}$ lässt sich also eine schräge Asymptote unmittelbar ablesen:

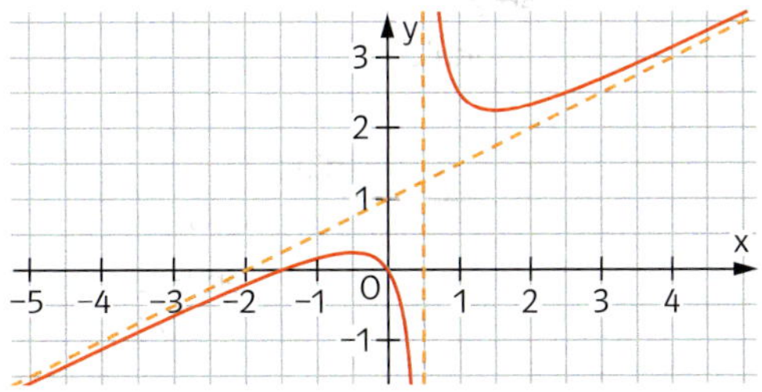

Der Graph von f besitzt neben der senkrechten Asymptote mit der Gleichung $x = \frac{1}{2}$ noch die schräge Asymptote mit $y = \frac{1}{2}x + 1$.

Klammert man die höchste vorkommende Potenz in Zähler und Nenner aus und kürzt, so erhält man:
$f(x) = \frac{x(x + 1{,}5)}{x\left(2 - \frac{1}{x}\right)} = \frac{x + 1{,}5}{2 - \frac{1}{x}}$

Hinweis:
Oft geben wir den Funktionsterm so an, dass die schräge Asymptote direkt ablesbar ist.

4. Fall: Zählergrad z > (Nennergrad n) + 1

$z > n + 1$

Wir betrachten die Funktion $f\colon x \mapsto \frac{x^3 - 0{,}5x^2 + 2x}{2x - 1}$ mit $z = 3$ und $n = 1$.
Nach Durchführung einer Polynomdivision sieht man, dass der gegen unendlich strebende Anteil sich nicht einer Geraden nähert. Es liegt also keine waagrechte oder schräge Asymptote vor.
Die Polynomdivision liefert in diesem Fall den Funktionsterm von f in Form einer Summe aus einer ganzrationalen Funktion g, deren Grad ≧ 2 ist und einem Rest, der für $x \to \pm\infty$ betragsmäßig gegen Null geht. Der so erhaltenen Form lässt sich ablesen, dass sich der Graph von f für $x \to \pm\infty$ dem Graphen von g annähert.

Polynomdivision liefert:
$f(x) = \underbrace{\frac{1}{2}x^2 + 1}_{g(x)} + \underbrace{\frac{1}{2x - 1}}_{\to 0}$

Der Graph einer gebrochen rationalen Funktion $f\colon x \mapsto \frac{p(x)}{q(x)}$, wobei z der Grad von p und n der Grad von q ist, hat für $|x| \to \pm\infty$ im Fall

$z < n$	$z = n$	$z = n + 1$	$z > n + 1$
die x-Achse als waagrechte Asymptote,	eine waagrechte Asymptote, die nicht die x-Achse ist,	eine schräge Asymptote,	keine waagrechte oder schräge Asymptote.

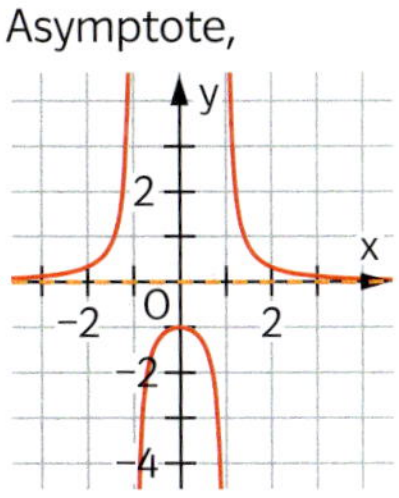

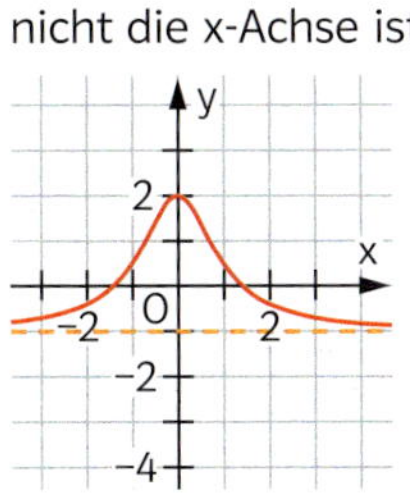

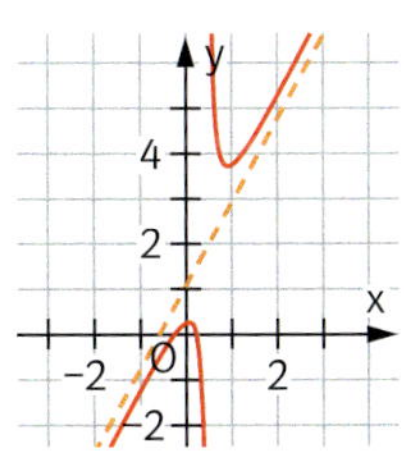

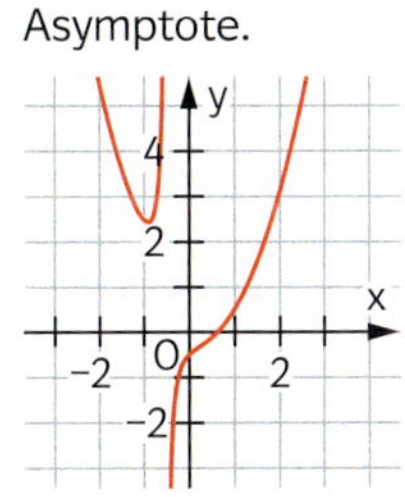

Bemerkung
$f(x) = \frac{p(x)}{q(x)}$ ist die standardisierte Form eines gebrochen rationalen Funktionsterms.
Deutlich ist aber geworden (bei Fall 3 und 4), dass auch Funktionsterme wie
$f(x) = \frac{1}{2}x + 1 + \frac{1}{2x - 1}$ oder $g(x) = 3x + \frac{4}{x + 2}$ oder $h(x) = -x - 2 + \frac{x}{x^2 + 1}$ gebrochen rational sind.
Durch geeignetes Erweitern können deren Terme auf die Standardform gebracht werden:

$$f(x) = \frac{1}{2}x + 1 + \frac{1}{2x - 1} = \frac{\left(\frac{1}{2}x + 1\right)(2x - 1)}{2x - 1} + \frac{1}{2x - 1} = \frac{x^2 - \frac{1}{2}x + 2x - 1}{2x - 1} + \frac{1}{2x - 1} = \frac{x^2 + 1{,}5x}{2x - 1}$$

Beispiel 1

Lesen Sie für die gebrochen rationale Funktion $f: x \mapsto \frac{3}{4}x - 1 - \frac{2}{2x+3}$ die Gleichungen aller Asymptoten ab und skizzieren Sie den Funktionsgraphen.

Lösung:

An der Stelle $x = -1{,}5$ besitzt die Funktion eine Definitionslücke.

Es liegt eine senkrechte Asymptote mit der Gleichung $x = -1{,}5$ vor mit dem Vorzeichenwechsel +/−.

Die Gerade mit der Gleichung $y = \frac{3}{4}x - 1$ ist schräge Asymptote von G_f.

Skizze des Funktionsgraphen:

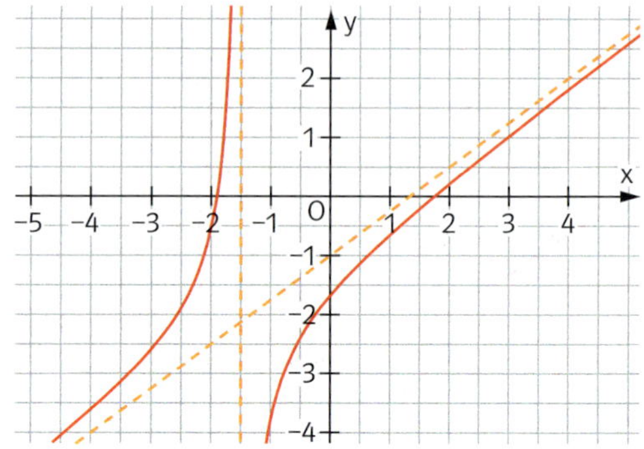

Beispiel 2

Gegeben ist die Funktion $f: x \mapsto \frac{3 - 4x^2}{2x^2 + 1}$.
Bestimmen Sie die Gleichungen aller Asymptoten von G_f und skizzieren Sie den Funktionsgraphen.

Lösung:

f besitzt keine Definitionslücke, weil der Nenner immer positiv ist. G_f besitzt daher also auch keine senkrechte Asymptote.

Zählergrad und Nennergrad sind gleich.

Es gilt: $f(x) = \frac{3 - 4x^2}{2x^2 + 1} = \frac{x^2\left(\frac{3}{x^2} - 4\right)}{x^2\left(2 + \frac{1}{x^2}\right)} = \frac{\frac{3}{x^2} - 4}{2 + \frac{1}{x^2}}$

Hieraus ist die waagrechte Asymptote mit der Gleichung $y = \frac{-4}{2} = -2$ ersichtlich.

Skizze des Funktionsgraphen; ausgenutzt wird $f(0) = 3$:

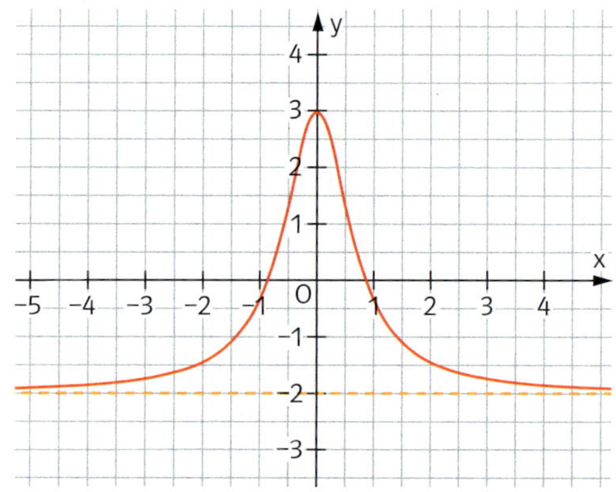

Beispiel 3

Bestimmen Sie zwei gebrochen rationale Funktionen, die die Geraden mit den Gleichungen $y = x + 2$ und $x = 2$ als Asymptoten besitzen.

Bringen Sie die Funktionsterme jeweils auf die Form $\frac{p(x)}{q(x)}$ mit zwei Polynomen p und q.

Lösung:

Die Funktionen $f: x \mapsto x + 2 + \frac{1}{x-2} = \frac{(x+2)(x-2)}{x-2} + \frac{1}{x-2} = \frac{x^2-3}{x-2}$

und $g: x \mapsto x + 2 - \frac{3}{x-2} = \frac{(x+2)(x-2)}{x-2} - \frac{3}{x-2} = \frac{x^2-7}{x-2}$ erfüllen diese Eigenschaften.

Aufgaben

Lösungssalat zu 2 (Funktionsterme waagrechter und schräger Asymptoten):

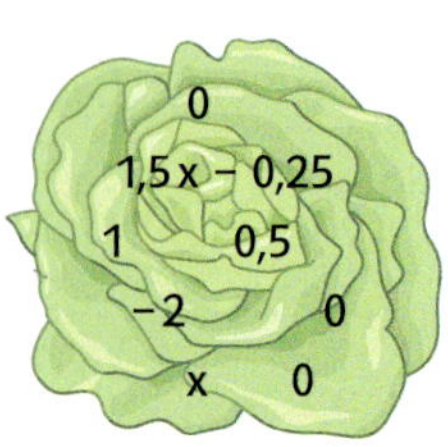

2

Bestimmen Sie die Gleichungen aller Asymptoten.

a) $f: x \mapsto \frac{4}{2x+1}$

b) $f: x \mapsto \frac{x-1}{x+1}$

c) $g: x \mapsto \frac{3-2x}{4x^2-1}$

d) $g: x \mapsto \frac{3+2x^2}{4x^2+1}$

e) $f: x \mapsto \frac{2x^3-1}{4x^2-x^3}$

f) $g: x \mapsto \frac{3x^2-2x}{2x-1}$

g) $s: x \mapsto x - \frac{1}{x-1}$

h) $g: x \mapsto \frac{3x}{(x-2)^2}$

3

Zeichnen Sie den Graphen der angegebenen Funktion jeweils mit einem Funktionsplotter. Beschreiben Sie den Verlauf des Graphen (Steigen/Fallen des Graphen; Verhalten im Unendlichen; „Lücken“ im Graph).

a) $f(x) = \frac{2x-3}{x(1+x)^2}$

b) $f(x) = \frac{2x^2+x}{5-x^2}$

c) $f(x) = \frac{2x^2+2x}{(x+1)(x+2)(x+3)}$

4

Eine der Funktionen f_1 bis f_6 besitzt die am Rand gezeichneten Asymptoten. Welche Funktion muss es sein?
Begründen Sie Ihre Antwort kurz.

$f_1: x \mapsto \frac{x+1}{2-x}$ $\qquad f_2: x \mapsto \frac{0{,}5x^2-1}{x+2}$

$f_3: x \mapsto \frac{3x+2}{2x-4}$ $\qquad f_4: x \mapsto \frac{1+2x^2}{(x-2)^2}$

$f_5: x \mapsto \frac{5-x^2}{4-2x}$ $\qquad f_6: x \mapsto \frac{0{,}5x-2}{x-2}$

Stellen Sie Ihrem Nachbarn/Ihrer Nachbarin ähnliche Aufgaben.

zu Aufgabe 4:

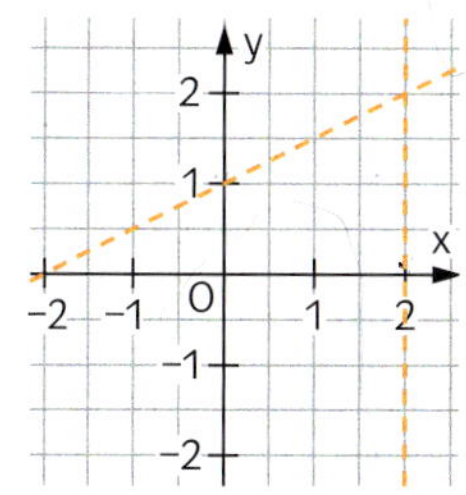

5

Ordnen Sie den Termen auf den Zahlenkärtchen die äquivalenten Terme auf den Buchstabenkärtchen zu. Wie lautet das Lösungswort?

- 1 | $\frac{x+1}{x-1}$
- D | $x-3+\frac{2}{2-x}$
- A | $x+\frac{x}{x-1}$
- 2 | $2x+1-\frac{2}{x}$
- E | x^2-4
- B | $\frac{2x-1}{x}$
- A | $x+3-\frac{1}{2-x}$
- 3 | $(x-2)^2$
- D | $\frac{2x^2+x-2}{x}$
- N | $\frac{3-\frac{4}{x}}{\frac{2}{x^2}+1}$
- 4 | $\frac{3x-2x^2}{4x^2+1}$
- K | $\frac{\frac{3}{x}-2}{4+\frac{1}{x^2}}$
- A | x^2-4x+4
- U | $\frac{x}{x-1}-\frac{1}{1-x}$
- 5 | $\frac{-x^2-x+5}{2-x}$
- E | $2(x+2)(x-4)$
- 6 | $2x^2-12x+16$
- K | $2(x-2)(x-4)$

6

Tim sagt: „Eine Asymptote wird nie vom Graphen der zugehörigen Funktion geschnitten.“ Carina antwortet ihm: „Für eine senkrechte Asymptote stimmt das schon, für waagrechte Asymptoten aber nicht; schau dir doch mal die Funktion $f: x \mapsto \frac{x^2}{(x-2)^2}$ an.“
Begründen Sie, dass Carina mit ihren beiden Aussagen recht hat.

7

Welche der Funktionen f_1 bis f_{10} haben
- die waagrechte Asymptote $y = 0$;
- die waagrechte Asymptote $y = -2$;
- die schräge Asymptote $y = x - 3$?

$f_1: x \mapsto \frac{1+2x}{2-x}$ $\qquad f_2: x \mapsto \frac{0{,}5x-1}{x^2+2}$

$f_3: x \mapsto \frac{4x+3}{1-2x}$ $\qquad f_4: x \mapsto x-3+\frac{4}{x-2}$

$f_5: x \mapsto \frac{-2x^2+7x-2}{1-2x}$ $\qquad f_6: x \mapsto \frac{1-0{,}5x}{x-3}$

$f_7: x \mapsto \frac{x+1}{2-x^2}$ $\qquad f_8: x \mapsto \frac{x^3-2x}{x-1}$

$f_9: x \mapsto \frac{3}{2x}$ $\qquad f_{10}: x \mapsto \frac{1}{(x-2)^2}+x-3$

8

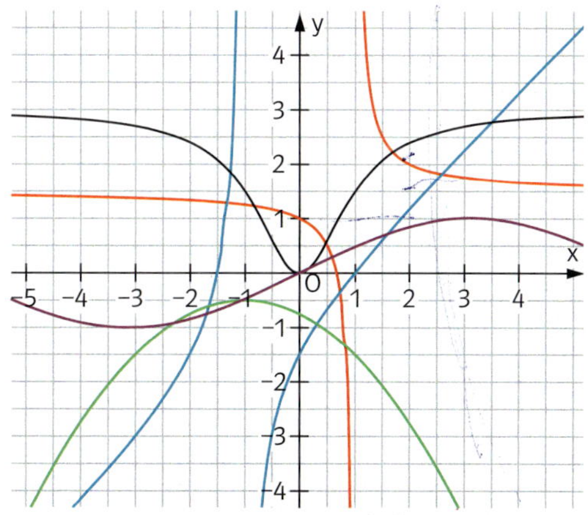

Ordnen Sie den abgebildeten Funktionsgraphen die passenden Funktionen zu und erklären Sie Ihre Wahl kurz.

$f: x \mapsto \frac{3x-2}{2x-2}$ $\qquad g: x \mapsto x-\frac{1}{2}-\frac{1}{x+1}$

$h: x \mapsto \frac{3}{1-x}$ $\qquad k: x \mapsto \frac{2x-1}{(x-1)^2}$

$m: x \mapsto \frac{3x^2}{x^2+1}$ $\qquad n: x \mapsto -\frac{1}{4}x^2-\frac{1}{2}x-\frac{3}{4}$

$p: x \mapsto \sin\left(\frac{1}{2}x\right)$ $\qquad r: x \mapsto \frac{(x-1)^2}{4}-\frac{1}{2}$

9

Geben Sie eine gebrochen rationale Funktion an, deren Graph die durch die Gleichung(en) gegebene(n) Asymptote(n) besitzt.

a) $y = -1;\ x = 0$ $\qquad$ b) $x = 1{,}5$
c) $x = -1;\ y = x - 2$ $\qquad$ d) $x = -2;\ x = 2$
e) $y = x$ $\qquad$ f) $y = 0;\ x = \sqrt{2}$

Testen Sie Ihre Ergebnisse ggf. mit einem Funktionsplotter.

g) Begründen Sie, dass eine gebrochen rationale Funktion nicht gleichzeitig die Asymptoten $y = 1$ und $y = 2x + 1$ haben kann.

10

Durch Einwirkung giftiger Substanzen kommt es in einem Teich zu einem starken Absinken des Sauerstoffgehaltes, der unter normalen Bedingungen 12 mg/l beträgt. Danach erhöht sich dann aber durch Selbstreinigung der Sauerstoffanteil wieder und nähert sich seinem Ausgangswert. Das Absinken und anschließende Ansteigen des Sauerstoffgehalts kann näherungsweise beschrieben werden durch

$f(t) = \frac{at^2 + bt + c}{t^2 + 1}$, $t \geqq 0$ in Tagen

t (in Tagen)	$f(t)\ \left(\text{in } \frac{mg}{l}\right)$
0	12,0
1	4,5
2	6,0
3	7,5

a) Berechnen Sie die Konstanten a, b und c.
b) Skizzieren Sie den Graphen von f und die Asymptote.
c) Nach wie vielen Tagen beträgt der Sauerstoffgehalt wieder 90 % des normalen Werts?

11

Auch in Fällen, in denen im Term einer gebrochen rationalen Funktion Zählergrad und Nennergrad gleich sind, kann eine Polynomdivision durchgeführt werden, um die (waagrechte) Asymptote zu ermitteln. Die Polynomdivision hat dann immer nur einen Schritt.
So ergibt für $f(x) = \frac{6x^2 + 2x + 3}{2x^2 - 1}$ die Polynomdivision

$$
\begin{array}{l}
(6x^2 + 2x + 3) : (2x^2 - 1) = 3 + \frac{2x + 6}{2x^2 - 1} \\
\underline{-(6x^2 \qquad - 3)} \\
\qquad 2x + 6
\end{array}
$$

und damit die Asymptote mit der Gleichung $y = 3$.
Ermitteln Sie die Gleichungen der Asymptoten mittels Polynomdivision:

a) $f(x) = \frac{4x - 3}{0{,}5x + 2}$
b) $f(x) = \frac{3x^2 - 1}{3 - x - 2x^2}$
c) $g(x) = \frac{0{,}5x^2 + 2}{2x + 1}$
d) $g(x) = \frac{2 - 5x^2}{2x^2 - x}$

12

Zeichnen Sie den Graphen der Funktion

$f: x \mapsto \frac{x - 2}{x^2 - 4x + 3{,}99}$ mit einem Funktionsplotter und beschreiben Sie den Verlauf des Graphen.

13

Ist für eine gebrochen rationale Funktion f mit Zählergrad z und Nennergrad n der Zählergrad um mehr als 1 größer als der Nennergrad ($z > n + 1$), so lässt sich eine ganzrationale Funktion g ermitteln, an deren Graph sich der Graph von f für $x \to \pm\infty$ annähert.
Ermitteln Sie jeweils diese ganzrationale Funktion g. Berechnen Sie den Unterschied zwischen f(x) und g(x) für $x = 10$ und für $x = 100$. Zeichnen Sie die Graphen von f und g jeweils mit einem Funktionsplotter in ein gemeinsames Koordinatensystem.

a) $f(x) = \frac{x^3 + 2x - 1}{2x + 1}$
b) $f(x) = \frac{2x^4 - x^2 - 2}{x^2 + 1}$
c) $f(x) = \frac{-4x^4 - 2x^3 + 3x}{2x - 3}$
d) $f(x) = \frac{3x^3}{1 - 2x}$

G14

a) Geben Sie die Gleichung der Parabeln an, welche die x-Achse in den Punkten $(-1 | 0)$ und $(3 | 0)$ schneiden.
b) Wie lautet die Gleichung derjenigen Parabel aus Teilaufgabe a), die durch den Punkt $S(1 | 2)$ geht? Zeichnen Sie diese Parabel.
c) Wo liegen die Scheitelpunkte aller Parabeln durch $(-1 | 0)$ und $(3 | 0)$? Warum kann der Punkt $(1 | 0)$ kein Scheitelpunkt sein?

G15

Untersuchen sie das Gleichungssystem auf Lösbarkeit bzw. Anzahl der Lösungen:

a) $0{,}3r - s = 1{,}2$
$0{,}4r + 5s = 5{,}4$

b) $0{,}4A - B = 1{,}5$
$2A - 5B = 2$

c) $-1{,}5\alpha - 3\beta = -4{,}5$
$\alpha + 2\beta = 3$

d) $\gamma + 3\varepsilon = \frac{1}{3}$
$3\gamma - \frac{1}{3}\varepsilon = 1$

e) $6(3x - 2y) + 5(x + 2y) = 21$
$7(4x + y) - 4(2x - 5y) = 47$

f) $\frac{1}{4}(2x - 1) - \frac{1}{3}(y + x) = -\frac{1}{4}x$
$\frac{1}{2}(y - 1) + \frac{1}{5}(y - x) = 4$

3 Zusammenhang von Graphen und Termen

1

Beschreiben Sie, welche Eigenschaften die vier abgebildeten Funktionsgraphen besitzen.

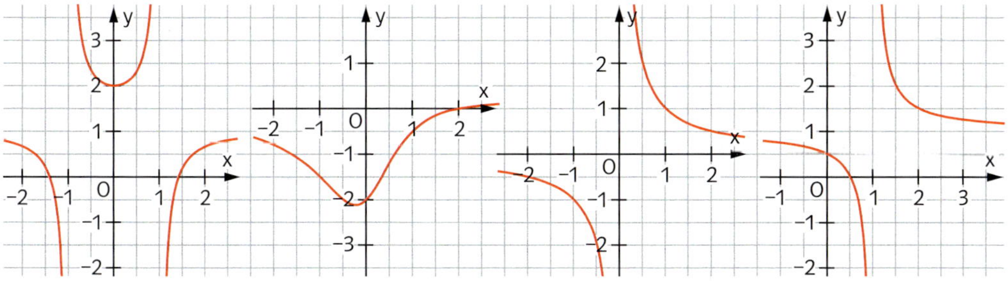

2

Zählen Sie Eigenschaften von Graphen ganzrationaler Funktionen und gebrochen rationaler Funktionen auf.

Beim Untersuchen gebrochen rationaler Funktionen an den Polstellen und im Unendlichen in den beiden vorangegangenen Lerneinheiten haben wir gesehen, dass sich für die Graphen gebrochen rationaler Funktionen zahlreiche unterschiedliche Typen ergeben können. Um solche Funktionen näher zu untersuchen, ist es sinnvoll, weitere bereits bekannte Eigenschaften mit einzubeziehen:

> Erkenntnisse über den Graphen einer gebrochen rationalen Funktion erhält man durch Untersuchen auf
> - Definitionslücken,
> - Symmetrieeigenschaften,
> - Nullstellen,
> - Schnittpunkte mit der y-Achse
> - und Asymptoten.
>
> Umgekehrt lassen sich aus vorgegebenen Eigenschaften einer Funktion und ihres Graphen mögliche Funktionsterme ermitteln.

In den folgenden beiden Beispielen werden solche Untersuchungen ausführlich gezeigt.

Beispiel 1

Geben Sie eine gebrochen rationale Funktion f an, deren Graph G_f die x-Achse im Punkt N(2 | 0) schneidet und Asymptoten mit den Gleichungen $x = 1$ und $y = \frac{1}{2}x + 1$ besitzt. Skizzieren Sie G_f.

Lösung:

Der Graph der Funktion $g\colon x \mapsto \frac{x-2}{x-1}$ besitzt eine senkrechte Asymptote mit der Gleichung $x = 1$ und N ist wegen $g(2) = 0$ ein Punkt des Graphen. G besitzt jedoch eine waagrechte (Zählergrad = Nennergrad) und nicht die geforderte schräge Asymptote.

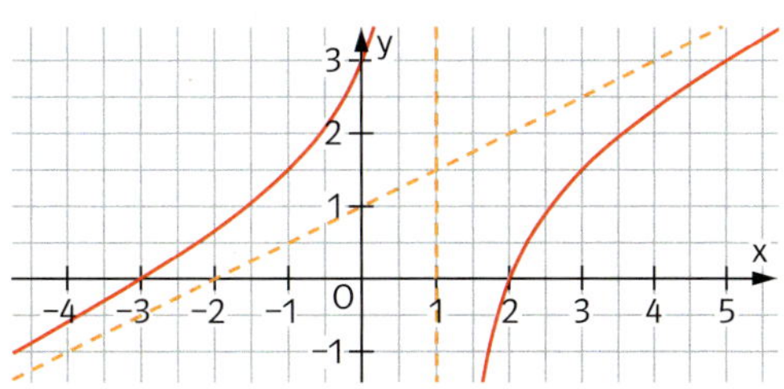

Der Graph der Funktion $h\colon x \mapsto \frac{1}{2}x + 1 + \frac{1}{x-1}$ besitzt zwar die geforderte schräge Asymptote, enthält den Punkt N wegen $h(2) = 3$ jedoch nicht.

Der Graph der Funktion $f\colon x \mapsto \frac{1}{2}x + 1 - \frac{2}{x-1}$ hat mit $f(2) = 0$ alle drei geforderten Eigenschaften.

Beispiel 2

Skizzieren Sie den Graphen der Funktion $f\colon x \mapsto \frac{4 - x^2}{x^2 - 9}$.
Untersuchen Sie dazu geeignete Eigenschaften der Funktion und des Funktionsgraphen und ergänzen Sie Ihre Skizze schrittweise.

■ Lösung:

- Definitionslücken:
  Der Funktionsterm ist nicht definiert, wenn der Nenner gleich null ist:
  $x^2 - 9 = 0 \Rightarrow x_1 = -3;\ x_2 = 3$
  Maximale Definitionsmenge ist also $D_f = \mathbb{R}\backslash\{-3; 3\}$.
  Da der Zähler für $x = -3$ und für $x = 3$ ungleich 0 ist, liegen Polstellen vor.

- senkrechte Asymptoten:
  $f(x) = \frac{4-x^2}{(x+3)(x-3)} = \frac{4-x^2}{(x-3)} \cdot \frac{1}{(x+3)}$
  Für $x \to -3$ gilt: $\quad \to \frac{5}{6} \qquad -/+$
  $x_1 = -3$ ist daher Polstelle mit Vorzeichenwechsel von − nach +.
  $f(x) = \frac{4-x^2}{(x+3)(x-3)} = \frac{4-x^2}{(x+3)} \cdot \frac{1}{(x-3)}$
  Für $x \to 3$ gilt: $\quad \to -\frac{5}{6} \qquad -/+$
  $x_2 = 3$ ist daher Polstelle mit Vorzeichenwechsel von + nach −.
  Die Geraden mit den Gleichungen $x = -3$ und $x = 3$ sind senkrechte Asymptoten des Graphen von f.

− · − = + und − · + = −

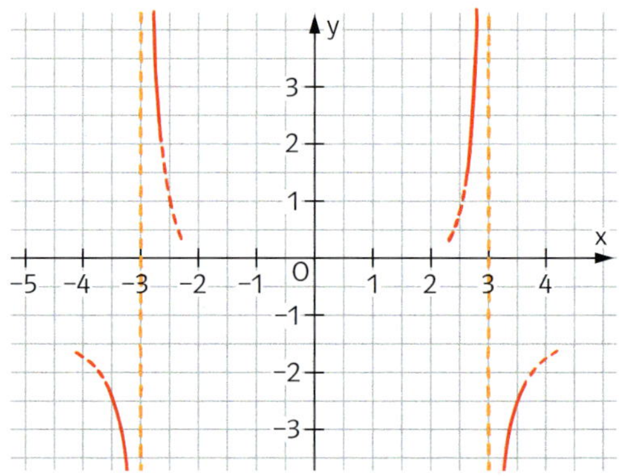

Erinnerung:
Aus $f(-x) = f(x)$ folgt Achsensymmetrie bezüglich der y-Achse,
aus $f(-x) = -f(x)$ folgt Punktsymmetrie bezüglich des Koordinatenursprungs.

Erinnerung:
Nullstellen einer gebrochen rationalen Funktion sind die Nullstellen des Zählers.

- Symmetrie:
  Es gilt:
  $f(-x) = \frac{4 - (-x)^2}{(-x)^2 - 9} = \frac{4 - x^2}{x^2 - 9} = f(x)$
  Der Graph ist daher achsensymmetrisch bezüglich der y-Achse.

- Nullstellen:
  $4 - x^2 = 0$
  $\Rightarrow x_3 = -2;\ x_4 = 2$

- Schnittpunkt mit der y-Achse:
  $f(0) = \frac{4}{-9} = -\frac{4}{9}$

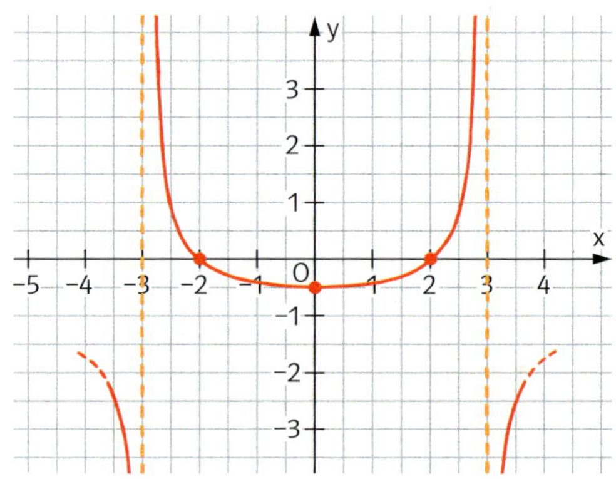

- Waagrechte oder schräge Asymptoten:
  Zählerpolynom und Nennerpolynom haben beide den Grad 2, also liegt keine schräge, aber eine waagrechte Asymptote vor.
  $f(x) = \frac{x^2\left(\frac{4}{x^2} - 1\right)}{x^2\left(1 - \frac{9}{x^2}\right)} = \frac{\frac{4}{x^2} - 1}{1 - \frac{9}{x^2}}$
  $\Rightarrow \lim\limits_{x \to \pm\infty} f(x) = -1$
  Die Gerade mit der Gleichung $y = -1$ ist also waagrechte Asymptote des Graphen von f.

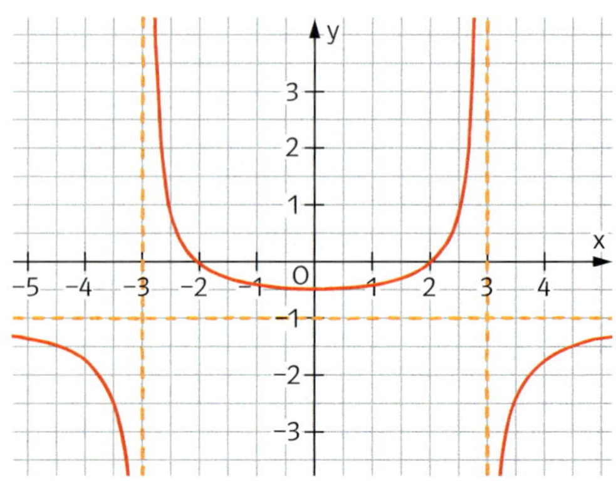

Aufgaben

3
Bestimmen Sie die Definitionsmenge und untersuchen Sie den Graphen der Funktion auf Symmetrieeigenschaften und Asymptoten. Ermitteln Sie die Nullstellen und skizzieren Sie den Funktionsgraphen.

a) $f\colon x \mapsto \frac{2-3x}{x+1}$ b) $g\colon x \mapsto \frac{1{,}5x}{x^2-1}$

c) $f\colon x \mapsto \frac{1}{2}x - 1 - \frac{2}{3x+2}$ d) $f\colon x \mapsto \frac{x^2-4}{2x^2+1}$

e) $g\colon x \mapsto \frac{4-2x}{x^2-2x-3}$ f) $g\colon x \mapsto \frac{2x^2-1}{x-2}$

4
Geben Sie eine gebrochen rationale Funktion an, deren Graph
a) punktsymmetrisch bezüglich des Koordinatenursprungs ist und die x-Achse als Asymptote besitzt,
b) die Geraden mit den Gleichungen $y = 1$ bzw. $x = 2$ als Asymptoten besitzt,
c) die Geraden mit den Gleichungen $y = 1$ bzw. $x = 2$ als Asymptoten besitzt und die x-Achse an der Stelle $x = -1$ schneidet,
d) die Geraden mit den Gleichungen $y = 1 - x$ bzw. $x = -1$ als Asymptoten besitzt,
e) bezüglich der y-Achse achsensymmetrisch ist und die Gerade mit der Gleichung $x = 2$ als Asymptote besitzt.

5
Zeichnen Sie die angegebenen Asymptoten in ein Koordinatensystem und skizzieren Sie den Graphen einer gebrochen rationalen Funktion, der diese Asymptoten besitzen könnte (ohne Funktionsterme zu bestimmen).
a) $x = 1;\ x = -1;\ y = 2$
b) $x = -2;\ y = x - 2$
c) $x = -2;\ x = 3;\ y = 0{,}5x - 1$

6
Dennis erinnert sich: Bei ganzrationalen Funktionen kann man anhand der Exponenten leicht erkennen, ob der Graph einer solchen Funktion achsensymmetrisch bezüglich der y-Achse oder ob er punktsymmetrisch bezüglich des Koordinatenursprungs ist.
a) An welche Regeln denkt Dennis?
b) Versuchen Sie, entsprechende Regeln auch für gebrochen rationale Funktionen zu formulieren.

7
Beschreiben Sie, welche Asymptoten die Graphen jeweils besitzen und ob Symmetrieeigenschaften vorliegen. Geben Sie die Nullstellen der zugehörigen Funktionen an. Bestimmen Sie anschließend jeweils einen Funktionsterm, der zum Graphen passen könnte.

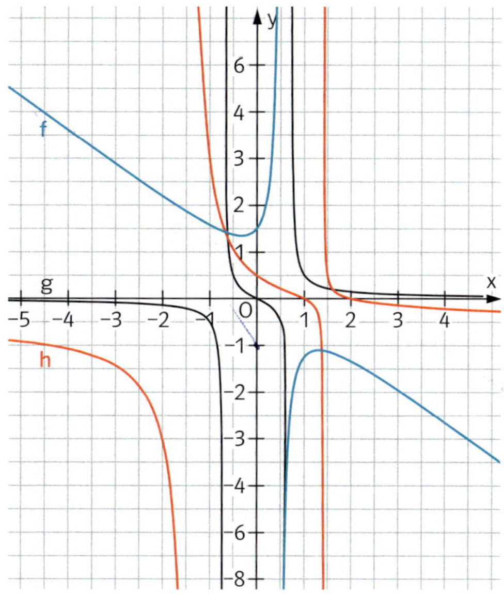

G 8
a)

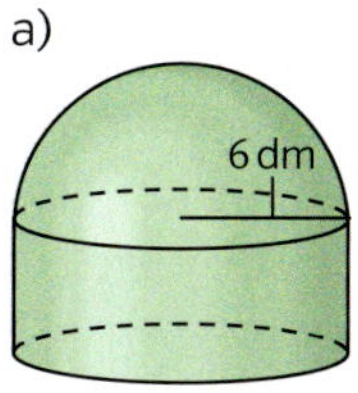

b)

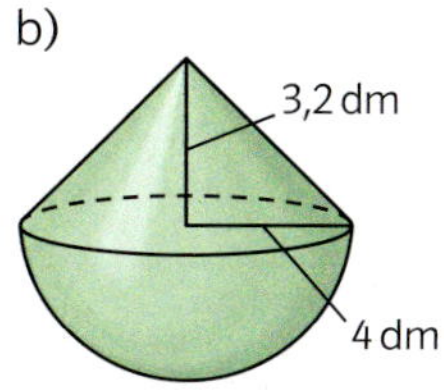

Bestimmen Sie das Volumen V und den Oberflächeninhalt O der dargestellten Körper.

G 9
Stefan fährt mit dem Mofa zur Schule und Kai mit dem Fahrrad. Beide wohnen gleich weit von der Schule entfernt. Stefan fährt mit einer Durchschnittsgeschwindigkeit von $24\,\frac{km}{h}$. Kai fährt mit durchschnittlich $300\,\frac{m}{min}$ und braucht 4 Minuten länger.
a) Wie lang ist der Schulweg von beiden?
b) Um wie viel Prozent fährt Stefan schneller als Kai?
c) Wie viel Prozent Zeit spart Stefan gegenüber Kai?

Das Schluckvermögen einer Straße

Als Argument gegen die Einführung eines Tempolimits auf Autobahnen wird häufig vorgebracht, eine solche Maßnahme könnte zu zusätzlichen Staus führen. Im Folgenden wird mithilfe eines einfachen Modells der Zusammenhang zwischen Fahrzeuggeschwindigkeit, Anhalteweg und Verkehrsfluss untersucht.

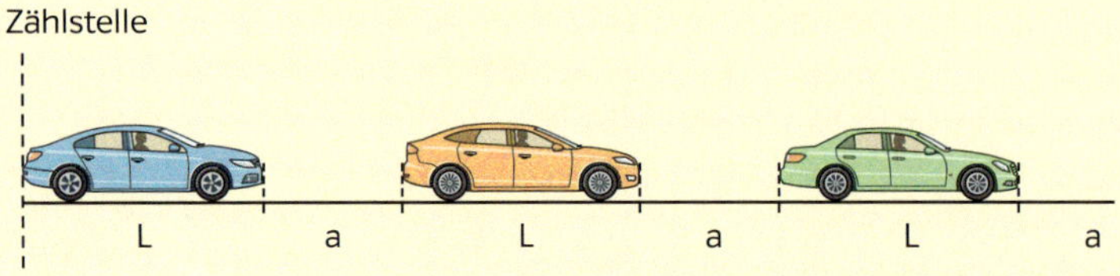

Betrachtet wird eine Kolonnenfahrt unter folgenden Voraussetzungen: Alle Fahrzeuge haben die gleiche Länge L (in m), fahren mit der gleichen, konstanten Geschwindigkeit v $\left(\text{in } \frac{\text{km}}{\text{h}}\right)$ und alle halten den gleichen Sicherheitsabstand bzw. Anhalteweg a (in m) zum Vordermann ein.

Die Anzahl der Fahrzeuge, die pro Stunde eine Zählstelle passieren, heißt **Verkehrsdichte, Fahrzeugdurchsatz** oder auch **Schluckvermögen** und wird mit D bezeichnet.
Die Länge der Kolonne, die in einer bestimmten Zeit die Zählstelle passiert, ist gleich der Fahrzeuggeschwindigkeit v, multipliziert mit der Beobachtungszeit. Ist die Beobachtungszeit eine Stunde und wird die Geschwindigkeit in km/h angegeben, so ist diese Kolonnenlänge, angegeben in km, gerade gleich v. Will man die Kolonnenlänge in Metern angeben, so ist sie demnach gleich $1000 \cdot v$.
Andererseits ergibt sich die gleiche Länge, wenn man die Anzahl der Fahrzeuge dieser Kolonne mit dem Streckenbedarf $L + a$ pro Fahrzeug multipliziert.
Also muss gelten: $1000\,v = D \cdot (L + a)$ bzw. $D = \frac{1000\,v}{L + a}$.
Die Verkehrsdichte D hängt also neben der Fahrzeuglänge L und der Geschwindigkeit v wesentlich vom Sicherheitsabstand a ab. Da aber auch a von v abhängt, schreibt man: $D(v) = \frac{1000\,v}{L + a(v)}$

Bevor die Verkehrsdichte in Abhängigkeit von der gefahrenen Geschwindigkeit weiter untersucht wird, werden zunächst die wichtigsten Regeln für den Sicherheitsabstand zusammengestellt.
Die ersten drei Regeln sind die so genannten Faustregeln, die in der „Tacho-Sprache" formuliert sind. Mithilfe dieser Regeln kann man direkt aus der gefahrenen Geschwindigkeit v $\left(\text{in } \frac{\text{km}}{\text{h}}\right)$ den Sicherheitsabstand a(v) (in m) ermitteln.

(1) Die „Tacho-halbe-Regel":
Der Sicherheitsabstand ist die Strecke, die sich ergibt, wenn man die Maßzahl der Tachoanzeige halbiert und mit der Einheit m versieht: $a_1(v) = \frac{1}{2}v$

(2) Die „2-Sekunden-Regel":
Der Sicherheitsabstand ist die Strecke, die man in 2 Sekunden zurücklegt.
Wegen $1\frac{\text{km}}{\text{h}} = \frac{1000\,\text{m}}{3600\,\text{s}} = \frac{1\,\text{m}}{3{,}6\,\text{s}}$ ergibt sich: $a_2(v) = \frac{v}{3{,}6} \cdot 2$

(3) Die „Fahrschul-Regel": $a_3(v) = \frac{v}{10} \cdot 3 + \left(\frac{v}{10}\right)^2$

Aus einem „Fahrschul-Buch":

> Der Anhalteweg setzt sich zusammen aus dem Reaktionsweg, d.h. dem Weg, den das Auto während der Reaktionszeit des Fahrers zurücklegt, und dem eigentlichen Bremsweg.
>
> $\text{Reaktionsweg} = \frac{\text{Geschw. in } \frac{\text{km}}{\text{h}}}{10} \cdot 3 \qquad \text{Bremsweg} = \frac{\text{Geschw. in } \frac{\text{km}}{\text{h}}}{10} \cdot \frac{\text{Geschw. in } \frac{\text{km}}{\text{h}}}{10}$

Bei der Fahrschul-Regel ergibt sich der Sicherheitsabstand zwar als Summe von Reaktionsweg und Bremsweg, nicht berücksichtigt aber werden hierbei z.B. unterschiedliche Reaktionszeiten der Fahrer und unterschiedliche Bremsverzögerungen der Fahrzeuge.

Bei den beiden folgenden Regeln werden diese beiden Komponenten berücksichtigt.

(4) Die „Anhalte-Regel“:

Der Anhalteweg a(v) setzt sich zusammen aus dem Reaktionsweg und dem Bremsweg. Ist t_R (in s) die Reaktionszeit, b $\left(\text{in } \frac{m}{s^2}\right)$ die Bremsverzögerung und v $\left(\text{in } \frac{m}{s}\right)$ die Geschwindigkeit, so ist $a(v) = v \cdot t_R + \frac{1}{2b} \cdot v^2$. Mit v in $\frac{km}{h}$ ergibt sich als weitere Formel für den Sicherheitsabstand: $a_4(v) = \frac{v}{3{,}6} \cdot t_R + \frac{1}{2b} \cdot \frac{v^2}{3{,}6^2}$

Die Fahrschulregel ist also ein Spezialfall der Anhalteregel mit $t_R = 1{,}08$ und $b \approx 3{,}86$.

Der TÜV fordert für PKW eine Bremsverzögerung von mindestens $4\frac{m}{s^2}$.

(5) Die „Vordermann-Regel“:

Da beim Kolonnenfahren das vorausfahrende Fahrzeug nicht ruckartig stehen bleibt, kann man dessen Bremsweg vom Anhalteweg des eigenen Fahrzeugs abziehen. Ist b_1 die Bremsbeschleunigung des eigenen und b_2 die des vorausfahrenden Fahrzeugs, erhält man eine fünfte Regel für den Sicherheitsabstand: $a_5(v) = \frac{v}{3{,}6} \cdot t_R + \frac{1}{2}\left(\frac{1}{b_1} - \frac{1}{b_2}\right) \cdot \frac{v^2}{3{,}6^2}$

Beim Autofahren sollte man die Bremsen des vorausfahrenden Fahrzeugs immer als etwas besser einschätzen als die Bremsen des eigenen Fahrzeugs.

Mit den Abstandsregeln (1) bis (5) wird nun die Verkehrsdichte in Abhängigkeit von der gefahrenen Geschwindigkeit untersucht.

Rechts sind die Graphen der Funktionen D mit $D(v) = \frac{1000v}{L + a(v)}$ für die 5 Abstandregeln gezeichnet, wobei $L = 5$, $t_R = 1$, $b = 5$ bzw. $b_1 = 5$ und $b_2 = 6$ gewählt wurden.

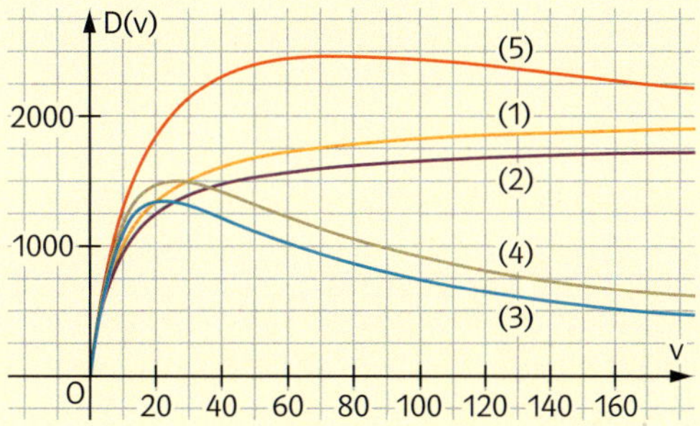

1

Die Graphen zeigen, dass die Verkehrsdichte in Abhängigkeit von der Fahrgeschwindigkeit bei den einzelnen Abstandsregeln einen unterschiedlichen Verlauf hat. Erläutern Sie diese Unterschiede.

2

Zeichnen Sie Graphen der Funktion $D: v \mapsto D(v)$ für die Abstandsregeln (1) bis (5) mit
a) $L = 5$; $t_R = 1$; $b = 6$ bzw. $b_1 = 6$ und $b_2 = 7$;
b) $L = 5$; $t_R = 2$; $b = 6$ bzw. $b_1 = 6$ und $b_2 = 7$.

3

An den Graphen zu den Abstandsregeln (4) und (5) kann man erkennen, dass es jeweils eine Geschwindigkeit v_0 gibt, bei der D(v) am größten ist.

a) Zeichnen Sie die Graphen der Funktion $v \mapsto D(v)$ für die Abstandsregel (4) mit $L = 5$; $b = 6$ und $t_R = 1{,}2; 1{,}4; 1{,}6; 1{,}8$ in ein gemeinsames Koordinatensystem. Was lässt sich in Hinblick auf v_0 erkennen?

b) Zeichnen Sie die Graphen der Funktion $v \mapsto D(v)$ für die Abstandsregel (4) mit $L = 5$; $t_R = 1$ und $b = 4; 6; 8; 10$ in ein gemeinsames Koordinatensystem. Was lässt sich in Hinblick auf v_0 erkennen?

c) Man kann zeigen, dass für die Geschwindigkeit v_0 bei Abstandsregel (4) gilt: $v_0 = 3{,}6\sqrt{2 \cdot L \cdot b}$
Beschreiben Sie diesen Zusammenhang in Worten und berechnen Sie v_0 und die zugehörige Verkehrsdichte D für $L = 5$; $t_R = 1$ und $b = 4$ bzw. $b = 8$. Diskutieren Sie, welche Parameterwerte Sie bei der Modellierung einer Autobahn in Deutschland für sinnvoll halten.

d) Man kann zeigen, dass für die Geschwindigkeit v_0 bei Abstandsregel (5) gilt: $v_0 = 3{,}6\sqrt{\frac{2 \cdot L \cdot b_1 \cdot b_2}{b_2 - b_1}}$
Beschreiben Sie den Unterschied zur Anhalteregel (4) und experimentieren Sie mit einem Funktionsplotter und verschiedenen Vorgaben für b_1 und b_2. Diskutieren Sie die Ergebnisse.

Rückblick

Gebrochen rationale Funktionen

Funktionen der Form $f: x \mapsto \frac{p(x)}{q(x)}$ mit zwei Polynomen $p(x)$ und $q(x)$ heißen gebrochen rationale Funktionen.
Die Nullstellen des Nennerpolynoms $q(x)$ können nicht in der Definitionsmenge D_f enthalten sein und werden deshalb als Definitionslücken bezeichnet.

$g: x \mapsto \frac{6-3x}{2x+2}$ ist eine gebrochen rationale Funktion.
Definitionslücke: $x = -1$
Nullstelle: $x = 2$

Polstellen gebrochen rationaler Funktionen

Wenn an einer Definitionslücke x_0 einer gebrochen rationalen Funktion f

$$\lim_{x \underset{<}{\to} x_0} f(x) = +\infty \quad \text{oder} \quad \lim_{x \underset{<}{\to} x_0} f(x) = -\infty$$

und $$\lim_{x \underset{>}{\to} x_0} f(x) = +\infty \quad \text{oder} \quad \lim_{x \underset{>}{\to} x_0} f(x) = -\infty$$

gilt, so nennt man die Definitionslücke x_0 eine Polstelle von f und die Gerade mit der Gleichung $x = x_0$ senkrechte Asymptote des Graphen von f.

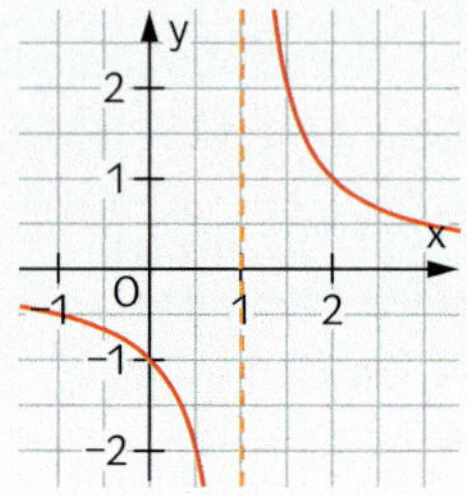

Polstelle mit Vorzeichenwechsel

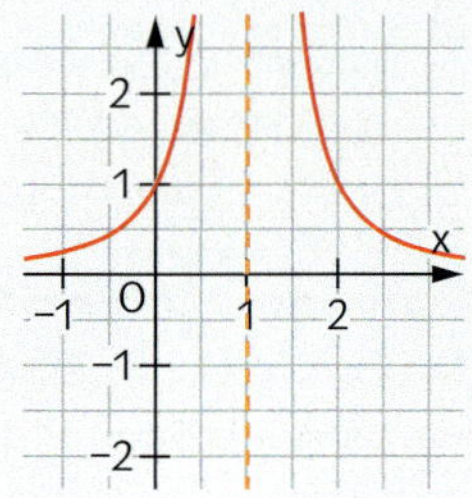

Polstelle ohne Vorzeichenwechsel

Faktorisieren

Die Definitionslücken einer gebrochen rationalen Funktion und damit die Polstellen sowie die Nullstellen einer solchen Funktion lassen sich nach dem Faktorisieren sofort erkennen.

$f(x) = \frac{x^2 - 2x - 3}{2x^2 - 8} = \frac{(x+1)(x-3)}{2(x-2)(x+2)}$
Polstellen: $x_1 = -2$ und $x_2 = 2$
Nullstellen: $x_3 = -1$ und $x_4 = 3$

Waagrechte und schräge Asymptoten

Der Graph einer gebrochen rationalen Funktion f mit $f(x) = \frac{p(x)}{q(x)}$, wobei z der Grad von p und n der Grad von q ist, hat für $|x| \to \infty$ im Fall

$z < n$: die x-Achse als waagrechte Asymptote,

$z = n$: eine waagrechte Asymptote, die nicht die x-Achse ist,

$z = n+1$: eine schräge Asymptote,

$z > n+1$: keine Asymptote.

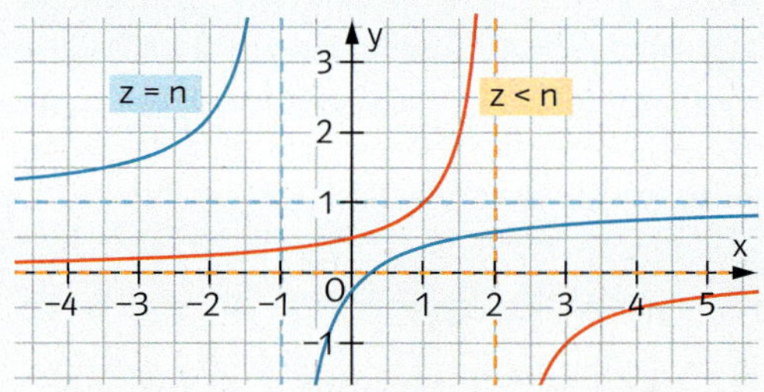

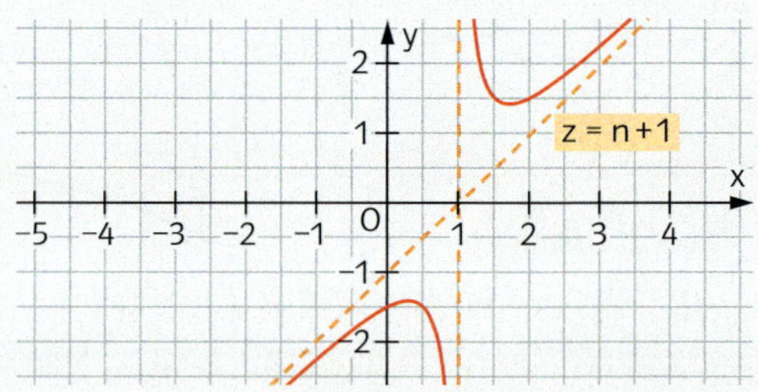

Grenzwerte im Endlichen

Gilt für eine Funktion f

$$\lim_{x \underset{<}{\to} x_0} f(x) = a \quad \text{und} \quad \lim_{x \underset{>}{\to} x_0} f(x) = a,$$

so schreibt man in zusammenfassender Form:

$$\lim_{x \to x_0} f(x) = a$$

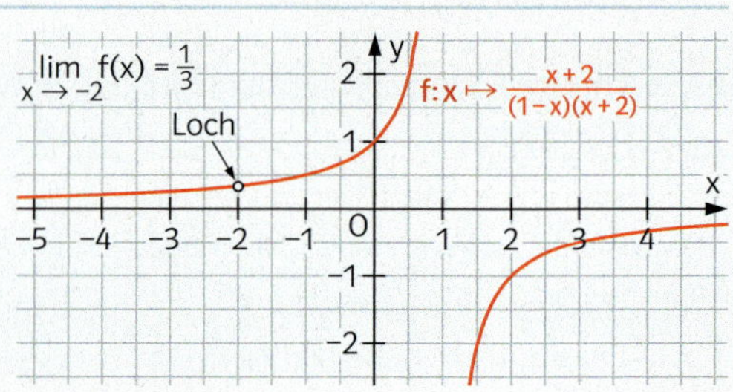

Aufgaben zum Üben und Wiederholen

1
Beschreiben Sie das Verhalten in der Umgebung der Definitionslücke und skizzieren Sie den Graphen der Funktion.

a) $f\colon x \mapsto \frac{1}{x-2}$
b) $f\colon x \mapsto \frac{1}{(x-2)^2}$
c) $f\colon x \mapsto \frac{1}{2-x}$
d) $f\colon x \mapsto \frac{1}{(2-x)^2}$
e) $f\colon x \mapsto \frac{2x(2-x)}{x-2}$
f) $f\colon x \mapsto \frac{-1}{(x-2)^2}$

2
Erklären Sie, wie man am Term einer gebrochen rationalen Funktion f erkennen kann, dass an einer Definitionslücke x_0 keine senkrechte Asymptote vorliegt.

3
Geben Sie die maximal mögliche Definitionsmenge der Funktion g an und bestimmen Sie ihre Nullstellen.

a) $g\colon x \mapsto \frac{2+x}{2-x}$
b) $g\colon x \mapsto \frac{3x-1}{x^2-2x+1}$
c) $g\colon x \mapsto \frac{2+x^2}{2-x^2}$
d) $g\colon x \mapsto 3x^2-2x-1$
e) $g\colon x \mapsto \frac{2-5x}{6}$
f) $g\colon x \mapsto \frac{3x+x^2}{x^2-9x+8}$
g) $g\colon x \mapsto \frac{3}{2x+x^2}$
h) $g\colon x \mapsto \frac{2^x-3}{1+x^2}$

4
Bestimmen Sie die Gleichungen aller Asymptoten des Graphen von f.

a) $f\colon x \mapsto \frac{3}{2x-1}$
b) $f\colon x \mapsto \frac{2x^2-x}{x^2-2}$
c) $f\colon x \mapsto \frac{x^2}{(2x+3)(x-5)}$
d) $f\colon x \mapsto \frac{x^2+3}{x}$
e) $f\colon x \mapsto 2x - \frac{2}{x+1}$
f) $f\colon x \mapsto \frac{x^3-1}{3x+1}$

5
Finden Sie eine gebrochen rationale Funktion
a) mit Nullstelle $x = 2$ und Polstelle $x = -1{,}5$ ohne Vorzeichenwechsel,
b) mit den Polstellen $x = -3$ und $x = 3$ und einer waagrechten Asymptote mit der Gleichung $y = 2$,
c) mit der schrägen Asymptote $y = 2x - 1$, einer Polstelle und keiner Nullstelle.

Überprüfen Sie mit dem Funktionsplotter, ob die von Ihnen gefundene Funktion die Vorgaben erfüllt.

6
a) Gegeben ist eine Funktion f mit dem Funktionsterm $f(x) = x^2 + 2x - 3$. Wie ist der Funktionsterm abzuändern, damit die neue Funktion bei $x = 1$ eine Definitionslücke hat und für $x \neq 1$ mit f übereinstimmt?
b) Gegeben ist die Funktion $g\colon x \mapsto \frac{2x^2+3x+1}{x^2-2x-3}$. Ändern Sie den Funktionsterm so ab, dass die abgeänderte Funktion an der Stelle $x = -1$ keine Definitionslücke mehr hat und für $x \neq -1$ mit g übereinstimmt.

7
Erklären Sie, wie man am Term einer gebrochen rationalen Funktion f erkennen kann, dass keine waagrechte Asymptote vorliegt.

8
Ordnen Sie den Graphen jeweils einen Funktionsterm der Kärtchen auf dem Rand richtig zu.

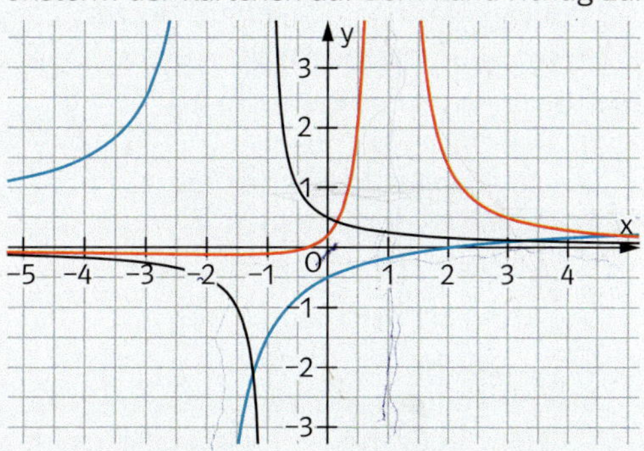

$f\colon x \mapsto \frac{x+2}{x-1}$

$f\colon x \mapsto \frac{3x+1}{5x^2-10x+5}$

$f\colon x \mapsto \frac{x}{x-1}$

$f\colon x \mapsto \frac{x+1}{(x-1)^2}$

$f\colon x \mapsto \frac{x-2}{2x^2-2x-4}$

$f\colon x \mapsto \frac{x-2}{2x+4}$

9
Zeichnen Sie jeweils die angegebenen Asymptoten in ein Koordinatensystem und skizzieren Sie eine gebrochen rationale Funktion, deren Graph die Asymptoten besitzen könnte (ohne Funktionsterme zu bestimmen).
a) $x = 1$; $y = 2x - 2$
b) $x = -4$; $x = -2$; $y = -2$

10
Bestimmen Sie die Definitionsmenge und untersuchen Sie den Graphen der Funktion auf Symmetrieeigenschaften und Asymptoten. Ermitteln Sie die Nullstellen und skizzieren Sie den Funktionsgraphen.

a) $f\colon x \mapsto \frac{1-x^2}{2x^2-1}$
b) $g\colon x \mapsto \frac{1{,}5-2x}{4x-1}$
c) $h\colon x \mapsto x - \frac{1}{2} + \frac{1}{4x+3}$
d) $f\colon x \mapsto \frac{4x}{x^2+1}$

Die Lösungen zu den Aufgaben dieser Seite finden Sie auf Seiten 226 und 227.

Aufgaben zur Vorbereitung auf das Abitur

1

Ordnen Sie den Funktionsgraphen die Karten mit den Funktionstermen richtig zu.

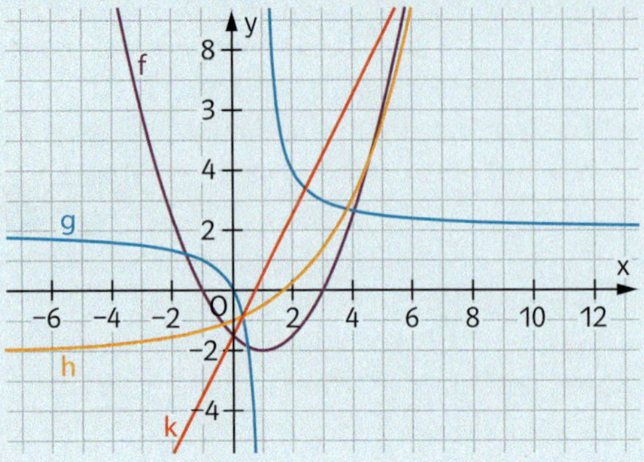

- 1 $x \mapsto -1{,}5 + 2x$
- 2 $x \mapsto \frac{x+2}{x-1}$
- 3 $x \mapsto x^2 - 0{,}5x - 1$
- 4 $x \mapsto 1{,}5x - 1{,}5$
- 5 $x \mapsto 1{,}5^x - 2$
- 6 $x \mapsto -x^2 + 2x - 1$
- 7 $x \mapsto 0{,}5x^2 - x - 1{,}5$
- 8 $x \mapsto \frac{2x}{x-1}$
- 9 $x \mapsto \frac{x}{1-x}$
- 10 $x \mapsto 0{,}5^x - 2$

2

Bestimmen Sie jeweils eine quadratische Funktion f, die die Vorgaben erfüllt.

a) $f(2) = f(4) = 0;\ f(3) = 3$

b) Der Graph von f ist nach unten offen, achsensymmetrisch und schneidet die x-Achse nicht.

c) Der Graph von f schneidet den Graphen von $g: x \mapsto 2x - 1$ für $x = -1$ und für $x = 2$.

3

Der rechts gezeichnete Graph gehört zu f, einer ganzrationalen Funktion 4. Grades.

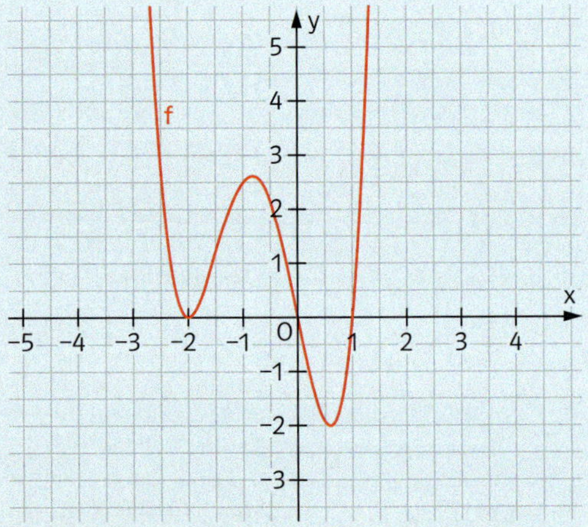

a) Geben Sie die Polstellen der gebrochen rationalen Funktion $g: x \mapsto \frac{1}{f(x)}$ an und beschreiben Sie die Art der Polstellen.

b) Bestimmen Sie $\lim\limits_{x \to \pm\infty} g(x)$.

c) Untersuchen Sie g auf Nullstellen.

d) Skizzieren Sie den Graphen von g.

e) Geben Sie den Funktionsterm einer Funktion h so an, dass die gebrochen rationale Funktion $k: x \mapsto \frac{1}{h(x)}$ eine Polstelle ohne Vorzeichenwechsel an der Stelle $x = 2$ besitzt.

4

Gegeben ist der rechts gezeichnete Graph einer gebrochen rationalen Funktion f, deren Funktionsterm die Form $f(x) = \frac{ax - 1}{x - b}$ besitzt.

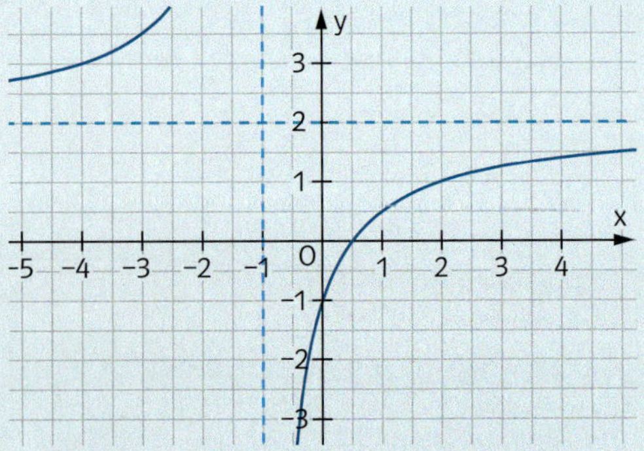

a) Bestimmen Sie a und b.

b) Berechnen Sie die Koordinaten der Schnittpunkte des Graphen von f mit demjenigen der linearen Funktion $l: x \mapsto 3x - 1$.

c) Geben Sie eine weitere lineare Funktion an, mit deren Graphen der Graph von f keinen Schnittpunkt besitzt.

d) Eine Funktion g hat die gleiche Form wie f, mit $a = 0$ und $b = -2$. Bestimmen Sie die Gleichungen der beiden Asymptoten. Besitzt g eine Nullstelle? Geben Sie diese gegebenenfalls an.

e) Der Funktionsterm der Funktion h ergibt sich aus $h(x) = 2x - 1 + g(x)$. Geben Sie die Gleichungen der Asymptoten von h an.

Die Lösungen zu den Aufgaben dieser Seite finden Sie auf Seite 238.

Aufgaben zur Vorbereitung auf das Abitur

1

a) Bestimmen Sie einen möglichen Funktionsterm f(x), zu dem der rechts gezeichnete Graph gehören könnte.

b) Untersuchen Sie die Funktion $g: x \mapsto \frac{x-1}{f(x)}$ auf Asymptoten.

c) Bestimmen Sie Werte von x, für die $-0{,}0001 < g(x) < 0{,}0001$ gilt.

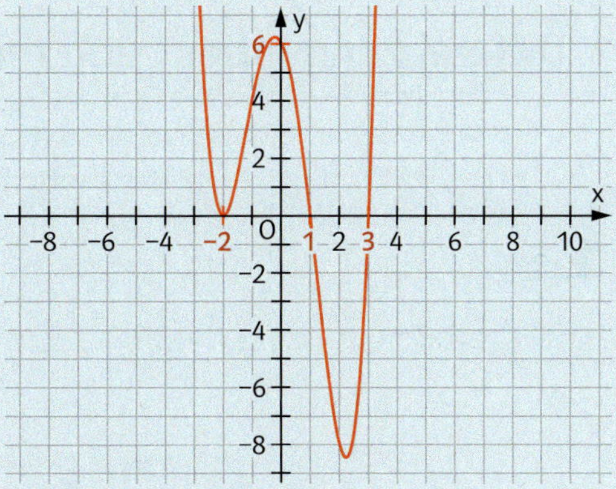

2

a) Bestimmen Sie eine gebrochen rationale Funktion h, deren Graph die senkrechten Asymptoten $x = 2$ und $x = -1$ sowie die schräge Asymptote $y = -\frac{1}{3}x + 3$ hat. Außerdem soll der Graph durch die beiden Punkte P(0|0) und Q(1|1) gehen.

b) Verändern Sie den Funktionsterm von h so, dass außerdem an der Stelle $x = 7$ eine Definitionslücke ohne senkrechte Asymptote vorliegt, und bringen Sie den Funktionsterm auf die Standardform.

3

a) Untersuchen Sie den Graphen von $h: x \mapsto \frac{x^4 + 4x^2 - 5}{x^3 - x^2 - 5x + 5}$ auf Asymptoten.

b) Bestimmen Sie alle Werte für x, für die $h(x) > 500$ gilt.

4

Gegeben sind für $t > 0$ die Funktionen $f_t: x \mapsto \frac{30x^2 + 10t \cdot x + 3t}{15 \cdot (3x + t)}$.
Untersuchen Sie allgemein für t die Graphen von f_t auf Asymptoten.

5

Gegeben ist der rechts gezeichnete Graph einer gebrochen rationalen Funktion f, deren Funktionsterm die Form $f(x) = \frac{a \cdot x + b}{c \cdot x + 1}$ besitzt.

a) Bestimmen Sie a, b und c.

b) Für welche Werte des Parameters d haben die Graphen von $t_d: x \mapsto 12x + d$ keinen gemeinsamen Punkt mit dem Graphen von f?

c) Zeigen Sie, dass für $c > 0$ alle Graphen von Funktionen der Form $f: x \mapsto \frac{a \cdot x + b}{c \cdot x + 1}$ symmetrisch bezüglich des Schnittpunktes der beiden Asymptoten sind.
Verschieben Sie hierzu den Graphen so, dass der Schnittpunkt der Asymptoten in den Ursprung fällt.

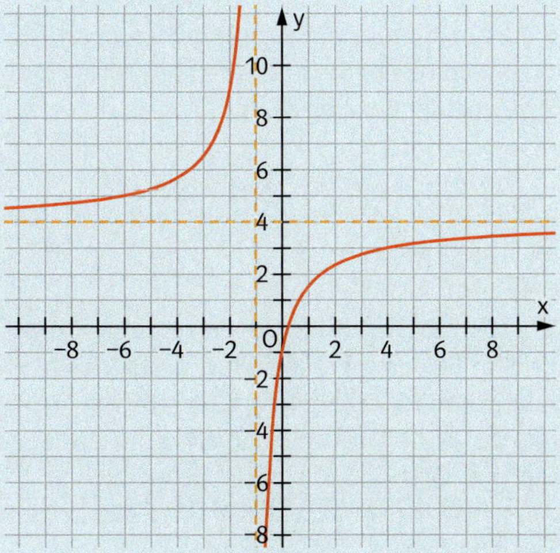

Die Lösungen zu den Aufgaben dieser Seite finden Sie auf Seite 247.

1 Differenzenquotient und mittlere Änderungsrate

Uhrzeit	6	7	8	9	10	11	12	13	14
Temperatur in °C	15	16	19	23	28	31	33	34	34

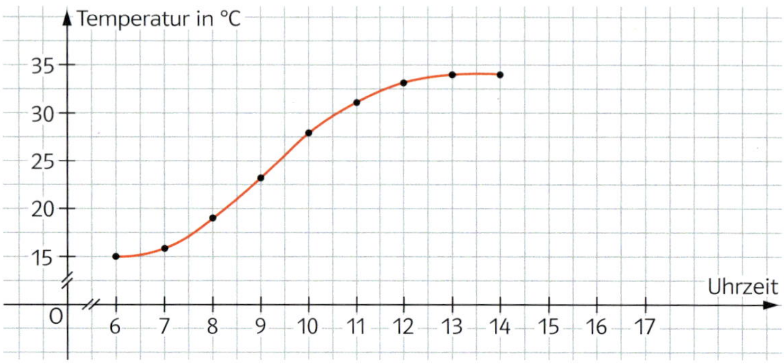

1
Die Tabelle und das Diagramm zeigen, wie sich die Lufttemperatur an einer Messstation zwischen 6 Uhr und 14 Uhr verhalten hat.

a) Die Temperaturzunahme verlief nicht gleichmäßig. Begründen Sie dies.

b) Vergleichen Sie für die Zeiträume zwischen 6 und 8 Uhr, 7 und 10 Uhr bzw. 9 und 13 Uhr, wie sich die Temperatur durchschnittlich pro Stunde geändert hat.

c) Übertragen Sie den Graphen in Ihr Heft und zeichnen Sie Geraden durch die Punkte (6 | 15) und (8 | 19) bzw. (10 | 28) und (13 | 34). Was fällt auf?

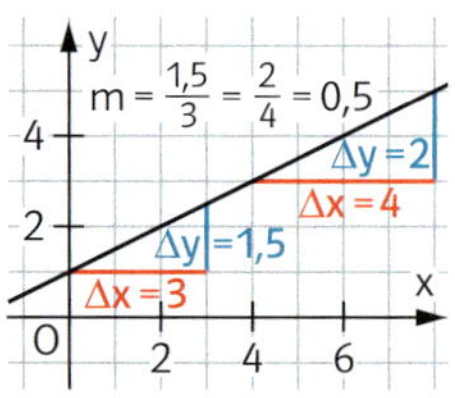

Eine lineare Funktion ist dadurch charakterisiert, dass die Steigung ihres Graphen überall gleich ist. Das bedeutet, dass die Änderung Δy der Funktionswerte direkt proportional zur Änderung Δx der zugehörigen x-Werte ist. Das Änderungsverhalten einer linearen Funktion ist demnach stets gleich. Dies ist bei nichtlinearen Funktionen anders.
Im Folgenden wird dies am Beispiel der Funktion $f\colon x \mapsto \frac{1}{10}x^2;\ x \in \mathbb{R}$ näher betrachtet.

In den gleich langen Intervallen [0;2] und [2;4] auf der x-Achse ändern sich die Funktionswerte unterschiedlich stark:
$f(2) - f(0) = 0{,}4$ und $f(4) - f(2) = 1{,}2$
Die Änderung der Funktionswerte ist im Intervall [2;4] größer. Anschaulich zeigt sich dies an den eingezeichneten Sekanten s_1 und s_2: Die Steigung der Sekante s_2 ist größer als die Steigung der Sekante s_1.

Steigung m der Geraden durch zwei Punkte P(a | f(a)) und Q(b | f(b)), die auf dem Graphen der Funktion f liegen:
$m = \frac{f(b) - f(a)}{b - a}$

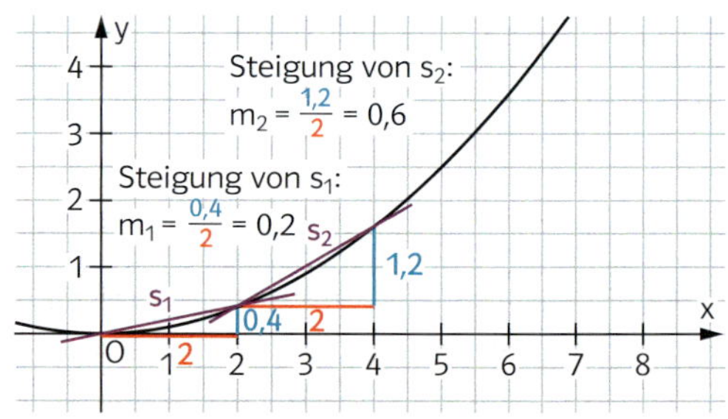

In den unterschiedlich langen Intervallen [0;3] und [4;5] ändern sich die Funktionswerte jeweils gleich stark:
$f(3) - f(0) = f(5) - f(4) = 0{,}9$
Die absolute Änderung der Funktionswerte ist zwar in beiden Intervallen gleich groß, die relative Änderung ist jedoch im Intervall [4;5] größer, da die Intervalllänge kürzer ist als die des Intervalls [0;3].
Anschaulich zeigt sich dies an den Steigungen der eingezeichneten Sekanten.

Die Änderung erfolgt im Intervall [4;5] „schneller" als im Intervall [0;3].

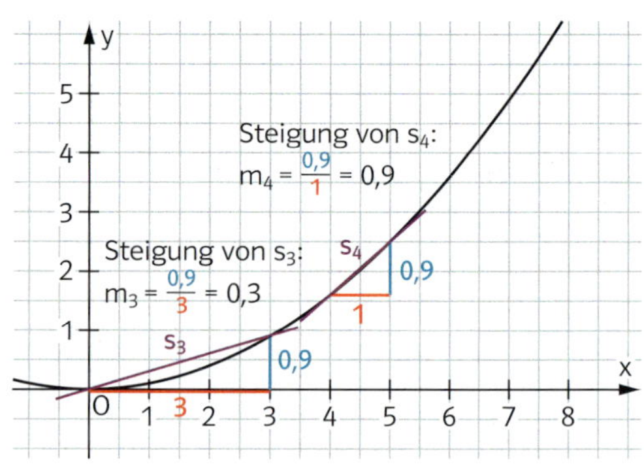

Die Steigung der Sekanten durch zwei beliebige Punkte (a | f(a)) und (b | f(b)) des Graphen einer Funktion f ist allgemein ein geeignetes Maß für das durchschnittliche Änderungsverhalten der Funktionswerte im Intervall [a;b].

Definition
Ist die Funktion f auf dem Intervall [a;b] definiert, so heißt $\frac{f(b) - f(a)}{b - a}$
der **Differenzenquotient** (oder die **mittlere Änderungsrate) von f im Intervall [a;b]**.
Anschaulich entspricht $m = \frac{f(b) - f(a)}{b - a}$ der Steigung der **Sekante** durch die Graphenpunkte $P(a\,|\,f(a))$ und $Q(b\,|\,f(b))$.

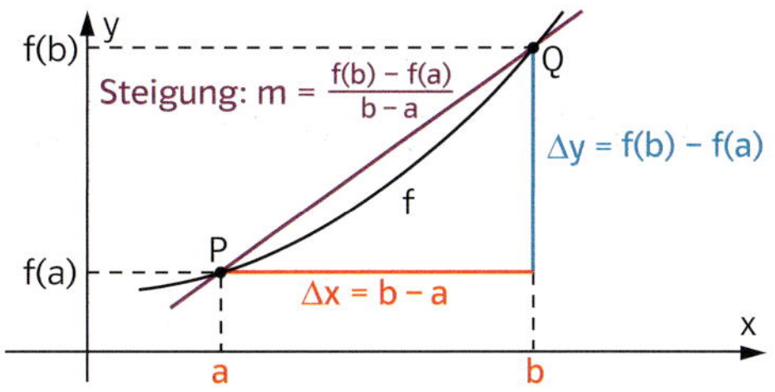

Beispiel 1
Gegeben ist die Funktion $f: x \mapsto -\frac{1}{4}x^2 + 2x + 2$; $x \in \mathbb{R}$. Berechnen Sie die mittlere Änderungsrate m von f in den Intervallen [2;3], [2;4], [4;6] und [2;10].
Lösung:

Intervall [2;3]: $m_1 = \frac{f(3) - f(2)}{3 - 2} = \frac{5{,}75 - 5}{1} = 0{,}75$

Intervall [2;4]: $m_2 = \frac{f(4) - f(2)}{4 - 2} = \frac{6 - 5}{2} = \frac{1}{2}$

Intervall [4;6]: $m_3 = \frac{f(6) - f(4)}{6 - 4} = \frac{5 - 6}{2} = -\frac{1}{2}$

Intervall [2;10]: $m_4 = \frac{f(10) - f(2)}{10 - 2} = \frac{-3 - 5}{8} = -1$

Beispiel 2
$T: t \mapsto 75 \cdot 3^{-0{,}05t} + 20$ ($t \geqq 0$ in min; T(t) in °C) beschreibt die Temperatur einer Tasse Tee.
a) Berechnen Sie die mittlere Abkühlung, also die mittlere Änderung der Funktionswerte von T, für die Intervalle [5;40] bzw. [15;50]. Beschreiben Sie in Worten, was diese Werte angeben.
b) Zeichnen Sie den Graphen von T und die zwei Sekanten g_1 und g_2, die zu den in a) betrachteten Intervallen gehören.
c) Wie kann man an g_1 und g_2 erkennen, dass die mittlere Temperaturabnahme in [5;40] größer ist als in [15;50]?
Lösung:

a) $\frac{T(40) - T(5)}{40 - 5} \approx \frac{28{,}33 - 76{,}99}{35} \approx -1{,}4 \left(\text{in } \frac{°C}{min}\right)$

$\frac{T(50) - T(15)}{50 - 15} \approx \frac{24{,}81 - 52{,}90}{35} \approx -0{,}8 \left(\text{in } \frac{°C}{min}\right)$

In der Zeit zwischen 5 min und 40 min sinkt die Temperatur im Mittel pro Minute um 1,4 °C, in der Zeit zwischen 15 min und 50 min im Mittel um 0,8 °C pro Minute.

b)

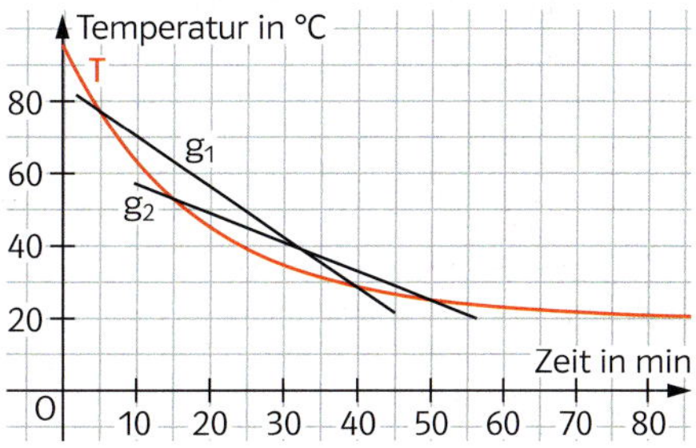

c) Man erkennt es daran, dass die Gerade g_1 steiler verläuft als die Gerade g_2.

Aufgaben

2
Geben Sie für die Funktion f die maximal mögliche Definitionsmenge an und berechnen Sie die Änderungsraten m_1, m_2, m_3, und m_4 in den Intervallen $I_1 = [-1;0]$, $I_2 = [0;1]$, $I_3 = [1;3]$ und $I_4 = [0;3]$.
a) $f: x \mapsto x^2 - 2$
b) $f: x \mapsto (x - 4)^2$
c) $f: x \mapsto \frac{1}{2}\sqrt{x + 2}$
d) $f: x \mapsto \frac{12}{x + 2}$
e) $f: x \mapsto -3 + 5x$
f) $f: x \mapsto 2^x$

3
Durch die auf den Kärtchen angegebenen Graphenpunkte verläuft jeweils eine Sekante des Graphen der Funktion $f: x \mapsto 0{,}1x^3 - x$.
a) Welche Sekante hat die größte Steigung, welche die kleinste?
b) Beschreiben Sie, wie Sie bei der Lösung von a) strategisch vorgegangen sind.
c) Geben Sie jeweils eine Gleichung der Sekanten an.

$P_1(0\,|\,?)$ und $Q_1(3\,|\,?)$
$P_2(0\,|\,?)$ und $Q_2(4\,|\,?)$
$P_3(0\,|\,?)$ und $Q_3(5\,|\,?)$
$P_4(1\,|\,?)$ und $Q_4(5\,|\,?)$
$P_5(-1\,|\,?)$ und $Q_5(4\,|\,?)$

4

Die folgende Grafik gibt wieder, wie sich die Zahl der arbeitslosen Ingenieure bzw. die Zahl der offenen Ingenieurstellen von Januar 2005 bis April 2008 entwickelt hat.

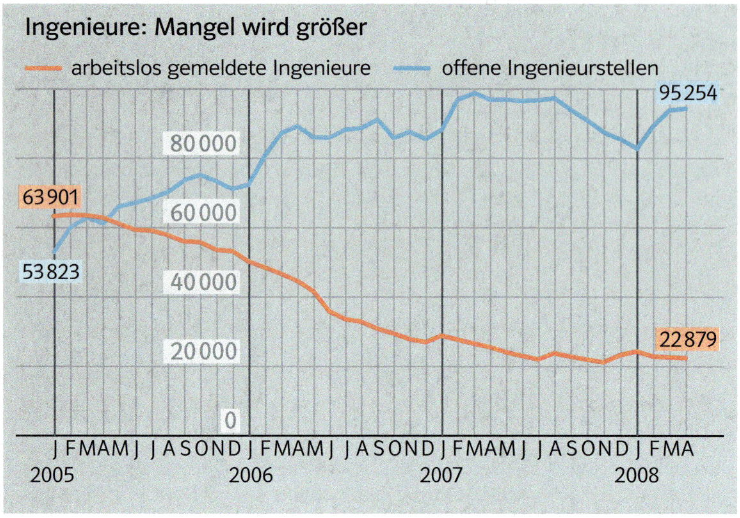

a) Berechnen Sie für die Zeit von Januar 2005 bis April 2008 die mittlere Zunahme m_S der offenen Stellen und die mittlere Abnahme m_A der Arbeitslosen. Beschreiben Sie in Worten, was die Werte m_S und m_A angeben.

b) Um wie viel veränderte sich der Unterschied zwischen offenen Stellen und Arbeitslosen im Mittel?

c) Geben Sie zwei Zeiträume an, für die die mittlere Zunahme der offenen Stellen größer ist als m_S.

d) Geben Sie einen Zeitraum an, für den die mittlere Abnahme der Arbeitslosen in etwa dem Wert m_A entspricht.

5

Herr Albert fährt mit dem Auto erst 20 km auf der Landstraße und anschließend 30 km auf der Autobahn. Wäre er die gesamte Strecke mit konstanter Geschwindigkeit gefahren, könnte man die Fahrt des Autos gut durch die Funktion $s: x \mapsto \frac{5}{3}x$ (x in Minuten, s(x) in Kilometer) beschreiben.

Zeichnen Sie zunächst den Graphen von s (x-Achse: 2 cm ≙ 5 min, y-Achse: 1 cm ≙ 10 km). Ergänzen Sie dann einen Graphen, dessen Verlauf die Fahrt realistischer beschreibt.

6 (💻)

Zeichnen Sie die Graphen der Funktionen $f: x \mapsto (x-1)^3$ und $g: x \mapsto 0{,}8x^2 - 1$ in ein gemeinsames Koordinatensystem.

Gibt es Intervalle [a; b], in denen f und g jeweils dieselbe Änderungsrate haben? Geben Sie gegebenenfalls a und b an.

7

Das Zeit-Ort-Diagramm veranschaulicht die Bewegung eines Fahrstuhls zwischen dem Erdgeschoss und dem 4. Stockwerk.

a) Beschreiben Sie die Bewegung des Fahrstuhls.

b) Berechnen Sie die mittlere Änderungsrate der Funktion *Zeit* ↦ *Höhe* für die Intervalle [0; 16], [16; 26] bzw. [26; 36].
Was geben diese Werte an?

c) Ines überlegt: Für 4 Stockwerke benötigt der Fahrstuhl 16 s, also braucht er 80 s ins 20. Stockwerk. Nehmen Sie dazu Stellung.

d) Ermitteln Sie einen besseren Näherungswert als Ines.

8 (💻)

Gegeben ist die Funktion $f: x \mapsto 1{,}4^x$.

a) Zeichnen Sie den Graphen von f.

b) Berechnen Sie die Änderungsrate r_I von f im Intervall $I = [-1; 5]$.
Zeichnen Sie die zugehörige Sekante ein.

c) Bestimmen Sie graphisch zwei Intervalle, in denen f auch die Änderungsrate r_I hat.

d) Ermitteln Sie graphisch ein Intervall der Länge 4 (2; 1), in dem f die Änderungsrate r_I aufweist.

G 9

Zeigen Sie, dass alle Punkte $P_x(x \mid -3x+5)$ $(x \in \mathbb{R})$ auf der Mittelsenkrechten zur Strecke [AB] mit $A(-2 \mid 1)$ und $B(4 \mid 3)$ liegen.

2 Differentialquotient und lokale Änderungsrate

1

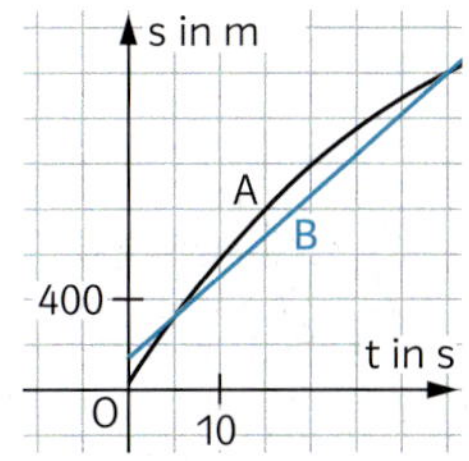

Zwei Autos A und B fahren auf der Autobahn. Ihre Fahrt wird durch das rechts skizzierte Zeit-Ort-Diagramm beschrieben.

a) Begründen Sie, wie man erkennt, dass A seine Geschwindigkeit ständig verringert und B mit konstanter Geschwindigkeit v fährt. Bestimmen Sie die Geschwindigkeit v von B.

b) Begründen Sie, wie man erkennt, dass A beim ersten „Treffen“ schneller ist als B.

c) Wann etwa sind A und B gleich schnell?

d) Überlegen Sie, wie man die Geschwindigkeit von A beim ersten „Treffen“ bestimmen könnte.

Eine Kugel, die eine schiefe Ebene hinunterrollt, wird durch die Erdanziehungskraft gleichmäßig beschleunigt und dadurch immer schneller. Die Länge s(t) des in der Zeit t zurückgelegten Weges kann durch die Funktion $s: t \mapsto 0{,}25 \cdot t^2$ (s in Meter und $t \geqq 0$ in Sekunden) beschrieben werden.
Das Zeit-Ort-Diagramm rechts zeigt den Graphen der Funktion s (schwarz gezeichnet).

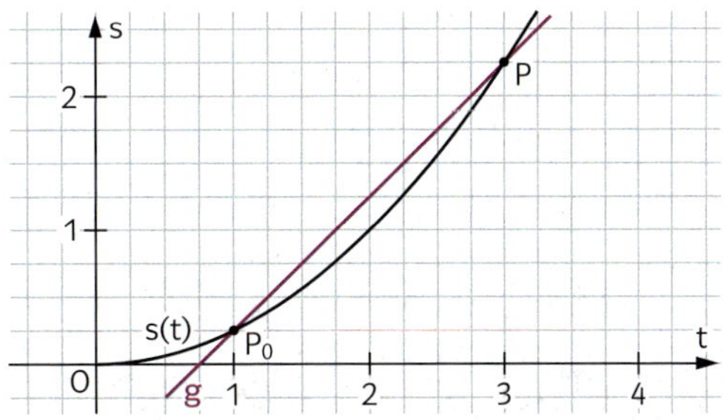

Hier wird von einer Beschleunigung von $a = 0{,}5\,\frac{m}{s^2}$ ausgegangen. Mit der aus der Physik bekannten Zeit-Ort-Funktion $s: t \mapsto \frac{1}{2}at^2$ erhält man die links betrachtete Funktion.

Im Folgenden werden die mittlere Geschwindigkeit der Kugel in einem Zeitintervall und die Momentangeschwindigkeit der Kugel zu einem bestimmten Zeitpunkt betrachtet.
Die mittlere Geschwindigkeit v der Kugel im Zeitintervall $I = [1;3]$ erhält man, wie in der vorausgehenden Lerneinheit gesehen, indem man die mittlere Änderungsrate des Wegs s im Intervall I bestimmt:

$$v = \frac{s(3) - s(1)}{3 - 1} = \frac{2{,}25 - 0{,}25}{2} = 1 \left(\text{in } \frac{m}{s}\right)$$

Die mittlere Geschwindigkeit v entspricht der Steigung der Sekante g durch die Graphenpunkte $P_0(1\,|\,0{,}25)$ und $P(3\,|\,2{,}25)$ in der obigen Abbildung.
An die Momentangeschwindigkeit zum Zeitpunkt $t_0 = 1$ „tastet“ man sich heran, indem man die mittlere Geschwindigkeit $\frac{s(t) - s(1)}{t - 1}$ für immer kleiner werdende Zeitintervalle [1;t] berechnet:

Man lässt die obere Intervallgrenze immer näher von rechts an $t_0 = 1$ „heranwandern“.

Intervall [1;t]	$\frac{s(t) - s(1)}{t - 1}$ $\left(\text{in } \frac{m}{s}\right)$
[1;2,5]	0,875
[1;2,0]	0,75
[1;1,5]	0,625
[1;1,1]	0,525
[1;1,01]	0,5025
[1;1,001]	0,50025
⋮	⋮

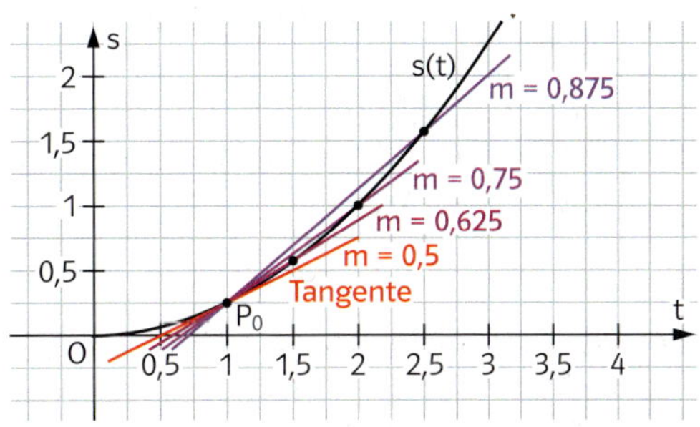

$t \to 1$, Annäherung von rechts:
Je kleiner die Intervalllängen werden, desto näher rücken die zugehörigen Graphenpunkte P „von oben“ an den Graphenpunkt P_0 heran.

Da sich für $t \to 1$ die Werte der Differenzenquotienten immer mehr dem Wert 0,5 nähern, ist es sinnvoll, 0,5 als Momentangeschwindigkeit der Kugel für $t_0 = 1$ anzusehen.

Das Bild rechts zeigt die zu den ersten drei Intervallen gehörigen Sekanten. Man erkennt, dass sich die Sekanten mit kleiner werdenden Intervalllängen der sogenannten Tangente annähern, die den Graphen im Punkt $P_0(1\,|\,0{,}25)$ berührt.

Die Steigung dieser Tangente beträgt 0,5 und entspricht der Momentangeschwindigkeit der Kugel für $t_0 = 1$.

Analog kann man sich an die Momentangeschwindigkeit zum Zeitpunkt $t_0 = 1$ „herantasten“, indem man wie oben vorgeht, sich jedoch von links an $t_0 = 1$ annähert:

$t \to 1$, Annäherung von links:
Auch hier nähern sich die zu den Intervallen gehörenden Sekanten der Tangente an, die den Graphen im Punkt $P_0(1\,|\,0{,}25)$ berührt.

Intervall $[t;1]$	$\frac{s(1)-s(t)}{1-t} = \frac{s(t)-s(1)}{t-1}$ (in $\frac{m}{s}$)
$[0;1]$	0,25
$[0{,}25;1]$	0,3125
$[0{,}5;1]$	0,375
$[0{,}9;1]$	0,475
$[0{,}99;1]$	0,4975
$[0{,}999;1]$	0,49975
⋮	⋮

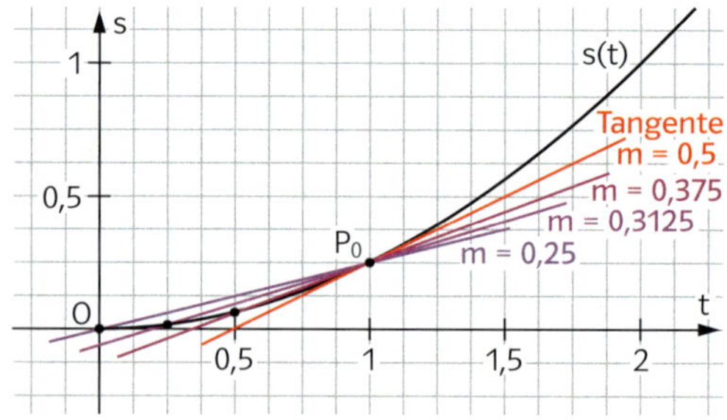

Auch hier nähern sich die Werte der Differenzenquotienten (d.h. der mittleren Änderungsraten) immer mehr dem Wert 0,5 an, d. h. die Annäherungen von rechts und von links führen zum gleichen Ergebnis. Es gilt daher $\lim\limits_{t \to 1} \frac{s(t)-s(1)}{t-1} = 0{,}5$. Die Momentangeschwindigkeit 0,5 ist also die momentane Änderungsrate der Funktion $s: t \mapsto 0{,}25 \cdot t^2$ zum Zeitpunkt $t_0 = 1$.
Allgemein gilt für jede Funktion $f: x \mapsto f(x)$ an der Stelle x_0:

lokale Änderungsrate = Steigung des Graphen

Definition
Wenn für eine Funktion f an der Stelle x_0 der Grenzwert $\lim\limits_{x \to x_0} \frac{f(x)-f(x_0)}{x-x_0}$ der mittleren Änderungsrate existiert, dann heißt er **Differentialquotient** (oder **lokale** bzw. **momentane Änderungsrate**) **von f an der Stelle x_0** und wird meist mit m_{x_0} bezeichnet.
Die Gerade durch den Punkt $P_0(x_0\,|\,f(x_0))$ mit der Steigung m_{x_0} heißt **Tangente** an den Graphen in P_0.
Die Tangentensteigung m_{x_0} wird als **Steigung des Graphen im Punkt $P_0(x_0\,|\,f(x_0))$** bezeichnet.

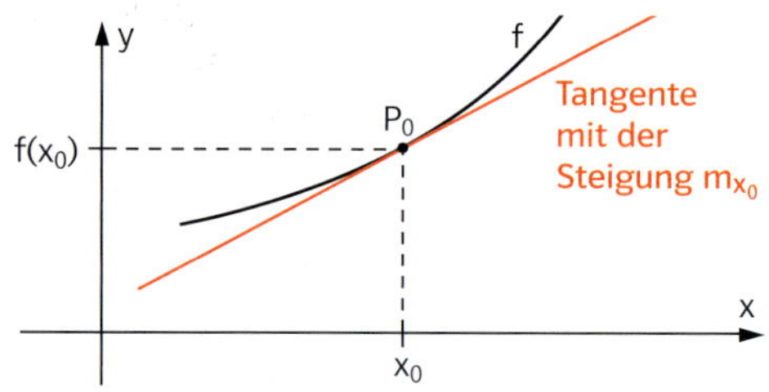

Bemerkung
Wenn die x-Achse als Zeitachse verwendet wird, spricht man in der Regel von der momentanen Änderungsrate.

Beispiel 1
Ermitteln Sie für $f: x \mapsto 2x^2 + 1$ die lokale Änderungsrate m_3 für $x_0 = 3$ bzw. die lokale Änderungsrate m_{-1} für $x_1 = -1$ jeweils mithilfe einer Tabelle.
Lösung:
Es ist $f(3) = 19$. Damit gilt: $\frac{f(x)-f(x_0)}{x-x_0} = \frac{f(x)-19}{x-3}$
Für Werte von x, die nahe bei 3 liegen, ergibt sich folgende Tabelle:

x	2,5	2,9	2,99	2,999	...	3,001	3,01	3,1	3,5
$\frac{f(x)-19}{x-3}$	11	11,8	11,98	11,998	...	12,002	12,02	12,2	13

Entsprechend ergibt sich mit $f(-1) = 3$ für x-Werte, die nahe bei −1 liegen folgende Tabelle:

x	−1,5	−1,1	−1,01	−1,001	...	−0,999	−0,99	−0,9	−0,5
$\frac{f(x)-3}{x+1}$	−5	−4,2	−4,02	−4,002	...	−3,998	−3,98	−3,8	−3

Den Tabellen kann $m_3 = 12$ bzw. $m_{-1} = -4$ entnommen werden.

Beispiel 2

Beim freien Fall aus der Ruhelage gilt zu jeder Zeit t für die Fallstrecke: $s(t) = 5t^2$ (s in Meter, t in Sekunden).

Bestimmen Sie die momentane Geschwindigkeit eines fallenden Körpers zur Zeit $t_0 = 2$.

Lösung:

Es ist $s(t_0) = s(2) = 5 \cdot 2^2 = 20$. Damit gilt: $\frac{s(t) - s(t_0)}{t - t_0} = \frac{s(t) - 20}{t - 2}$

Für die Werte von t, die nahe bei 2 liegen, erhält man die folgende Tabelle:

t	1	1,5	1,9	1,99	1,999	...	2,001	2,01	2,1	2,5	3
$\frac{s(t)-20}{t-2}$	15	17,5	19,5	19,95	19,995	...	20,005	20,05	20,5	22,5	25

Der Tabelle entnimmt man: $\lim\limits_{t \to 2} \frac{s(t) - 20}{t - 2} = 20$. Die momentane Geschwindigkeit $\left(\text{in } \frac{m}{s}\right)$ eines frei fallenden Körpers zum Zeitpunkt $t_0 = 2$ ist damit $v(2) = 20$.

Ein Tabellenkalkulationsprogramm kann hier nützlich sein:

	A	B
1	t	(s(t)-20)/(t-2)
2	1	15
3	1,5	17,5
4	1,9	19,5
5	1,99	19,95
6	1,999	19,995
7	2,001	20,005
8	2,01	20,05

(5*A2^2-20)/(A2-2)

Beispiel 3

In einem Modell wird durch die Funktion L mit $L(t) = \frac{6 \cdot 2^t}{0{,}7 + 2^t} - 1$ die Länge einer Kürbisranke beschrieben. Dabei werden die Zeit t in Wochen seit Beobachtungsbeginn und der Längenwert L(t) in m gemessen. Die Abbildung zeigt den Graphen G_L der Funktion L.

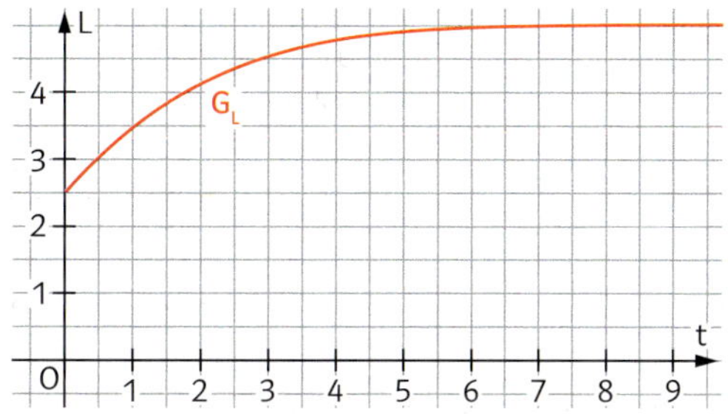

a) Bestimmen Sie mithilfe einer Tabelle die lokale Änderungsrate der Länge zwei Wochen nach Beobachtungsbeginn.

b) Erläutern Sie, wie man die in a) bestimmte lokale Änderungsrate näherungsweise auch mithilfe von G_L ermitteln könnte.

c) Beschreiben Sie, wie man an G_L erkennen kann, dass die Zunahme der Rankenlänge immer geringer wird.

Lösung:

a) Es ist $t_0 = 2$ und damit $L(t_0) = L(2) \approx 4{,}1$. Für Werte von t, die nahe bei 2 liegen, ergibt sich die folgende Tabelle:

t	1,5	1,9	1,99	...	2,01	2,1	2,5
$\frac{L(t)-L(2)}{t-2}$	0,593	0,540	0,528	...	0,526	0,514	0,466

Der Tabelle kann man entnehmen, dass die lokale Änderungsrate der Länge (in Meter pro Woche) zwei Wochen nach Beobachtungsbeginn ungefähr 0,527 beträgt.

b) Man zeichnet nach Augenmaß im Punkt $P(2\,|\,f(2))$ die Tangente an den Graphen von f und bestimmt die Steigung dieser Tangenten. Der Steigungswert entspricht dann angenähert der lokalen Änderungsrate.

c) G_L wird mit zunehmender Zeit immer flacher und damit die lokale Änderungsrate immer geringer.

Aufgaben

2 (💻)

Ermitteln Sie mithilfe einer Tabelle die lokale Änderungsrate für $x_0 = 3$.

a) $f: x \mapsto 0{,}25x^2 - 2$
b) $g: x \mapsto x - 0{,}1x^3$
c) $k: x \mapsto 3x + 2 - x$
d) $h: x \mapsto 0{,}5 \cdot 2^x$
e) $r: x \mapsto x^2 - (2 + x^2)$
f) $u: x \mapsto \sin x$

3

Ein Körper bewegt sich so, dass er in der Zeit t den Weg $s(t) = 2t^2$ (t in Sekunden, s(t) in Meter) zurücklegt. Bestimmen Sie seine momentanen Geschwindigkeiten zu den Zeiten $t_1 = 1$, $t_2 = 2$ und $t_3 = 3$.

Lösungssalat zu 2 (teilweise gerundet):

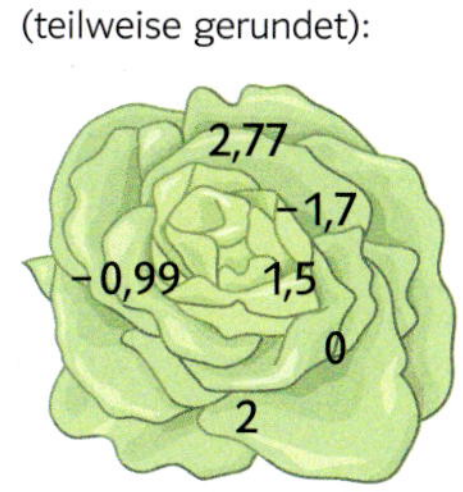

4

a) Zeichnen Sie die Graphen der Funktionen
$f\colon x \mapsto -0{,}25x^2 - 0{,}5x + 1$ und
$g\colon x \mapsto 0{,}5x^2 - 4$
in ein gemeinsames Koordinatensystem.

b) Zeichnen Sie die Tangenten an G_f bzw. G_g im Punkt $P_1(-2\,|\,f(-2))$ bzw. $P_2(-2\,|\,g(-2))$ nach Augenmaß „möglichst genau" ein.

c) Bestimmen Sie die Steigungen der beiden Geraden mithilfe eines geeigneten Steigungsdreiecks. Was beschreiben die Steigungen jeweils?

d) Welche besondere Lage haben die beiden Tangenten zueinander? In welchem Zusammenhang stehen die beiden Steigungen?

5

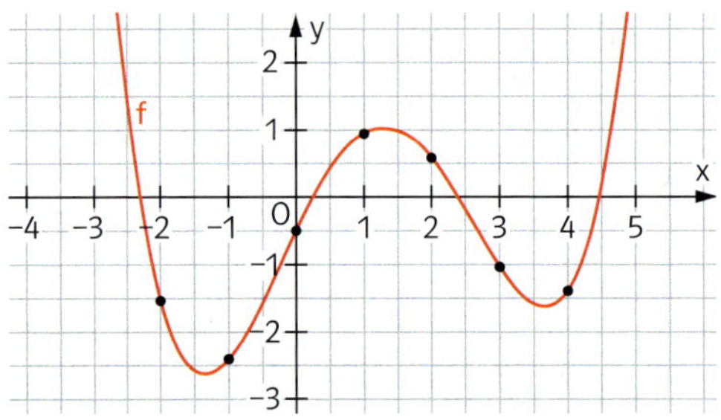

Zu jedem Kärtchen mit einem x-Wert gehört ein Kärtchen mit dem gerundeten Wert der lokalen Änderungsrate der Funktion f an der Stelle x. Ordnen Sie die Kärtchen korrekt zu. Es ergibt sich ein Lösungswort.

6

Lösungskontrolle zu 6a: Für jede Größe ergeben die Buchstaben ein Lösungswort.

a) Ordnen Sie für die unten stehende Tabelle jeder Größe G richtig zu:
Einheit, lokale bzw. momentane Änderungsrate der Größe und Einheit der Änderungsrate.

b) Die Größe f(x) mit der Einheit e_1 hängt von der Größe x mit der Einheit e_2 ab. Welche Einheit hat dann die lokale Änderungsrate?

7

Erläutern Sie die Begriffe mittlere und lokale Änderungsrate an einem geeigneten Beispiel. Welche anschauliche Bedeutung haben sie? In welchem Zusammenhang stehen sie?

8

In einem Modell wird der Benzinvorrat V eines Pkw während einer Fahrt längs einer Strecke x näherungsweise durch die Funktion V mit
$V(x) = 90 - 20 \cdot \cos\left(\frac{x}{20}\right) - 9x$
(x in 100 km, V(x) in Liter) wiedergegeben.

a) Wie viel Liter Kraftstoff enthält der Tank bei Fahrtbeginn?

b) Bestimmen Sie mit einem Funktionsplotter, wie weit der Pkw in diesem Modell mit einer Tankfüllung fahren kann.

c) Bestimmen Sie die lokale Änderungsrate bei 100 km und bei 500 km und deuten Sie diese.

9

Die Funktion $g\colon x \mapsto x^3 + 2x^2 + ax + 1$ beinhaltet den Parameter $a \in \mathbb{Z}$.

a) Bestimmen Sie für $a = -4$ die lokale Änderungsrate von g an der Stelle $x_0 = -2$.

b) Untersuchen Sie mit einem Funktionsplotter, für welche Werte von a die zugehörige Funktion Stellen besitzt, an denen die lokale Änderungsrate den Wert null hat.

10

Bestimmen Sie die Nullstellen der Funktion f und skizzieren Sie ihren Graphen.
Geben Sie an, wie viele Stellen f hat, für die die lokale Änderungsrate den Wert null annimmt.

a) $f\colon x \mapsto 0{,}25(x-1)(x+1)(x^2-9)$

b) $f\colon x \mapsto 0{,}4(x^2 - 4x + 1)(x+3)$

c) $f\colon x \mapsto 0{,}01x^2(x^3 - 4x)$

Größe G		Einheit von G		lokale bzw. momentane Änderungsrate r von G bei x_0 bzw. t_0		Einheit von r	
Wassermenge W(t) eines Auffangbeckens	G	m	I	Konzentrationsänderung	L	$\frac{m}{s^2}$	T
Länge L(t) einer Pflanze	D	$\frac{mg}{l}$	E	Beschleunigung	S	$\frac{m^3}{s}$	G
Konzentration K(t) eines Medikaments	F	m^3	O	Steigung bzw. Gefälle	U	$\frac{m}{s}$	B
Höhe h(x)	H	$\frac{m}{s}$	E	Wachstumsgeschwindigkeit	E	keine	S
Geschwindigkeit v(t)	T	m	A	Volumenänderung	N	$\frac{mg}{l \cdot h}$	D

11

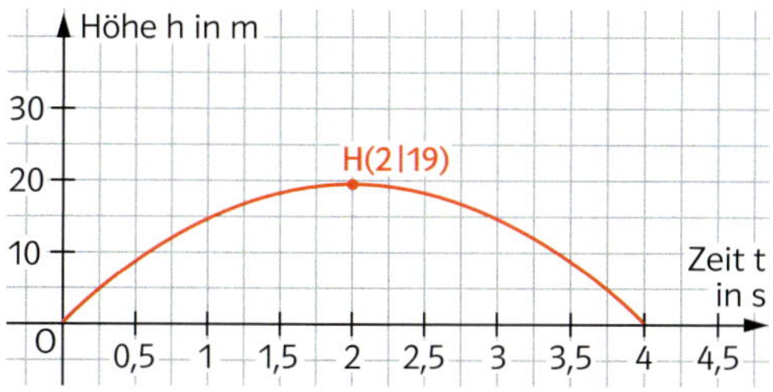

Die Graphik zeigt das Zeit-Ort-Diagramm eines Körpers, der zum Zeitpunkt $t = 0$ senkrecht nach oben geschossen wird.
Bestimmen Sie mithilfe des Funktionsterms h(t) die Geschwindigkeit des Körpers jeweils zu den Zeitpunkten $t_0 = 0$, $t_1 = 1$, $t_2 = 2$ und $t_3 = 3$.

12

Ein Quadrat mit der Kantenlänge $a_0 = 4$ wird vergrößert oder verkleinert. Damit ändert sich dann auch der Flächeninhalt $A = a^2$ des Quadrats:

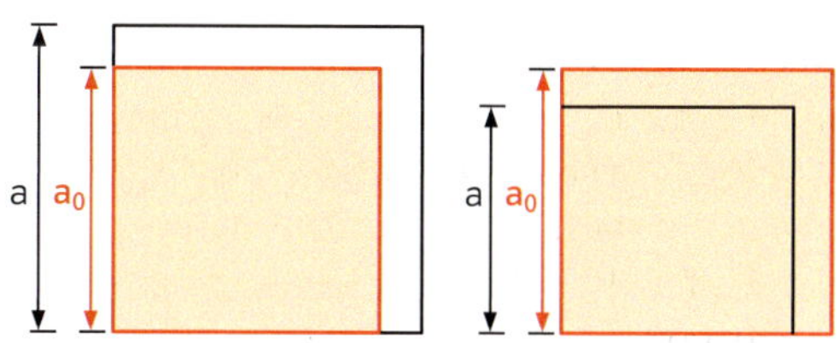

Ermitteln Sie mithilfe der Funktion
$A: a \mapsto a^2$ ($a > 0$ in cm, A in cm^2) die lokale Änderungsrate des Flächeninhalts für $a_0 = 4$.

13

(1) Würfel der Kantenlänge a

(2) Tetraeder der Kantenlänge a

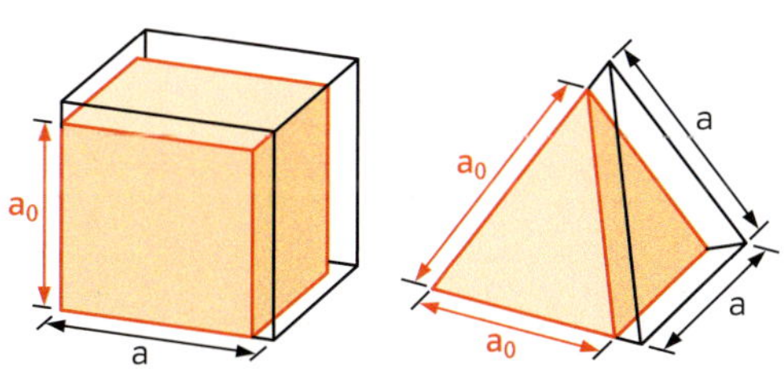

a) Bestimmen Sie für den gegebenen Körper das Volumen V(a) in Abhängigkeit von der Kantenlänge a.
b) Ermitteln Sie mithilfe der Funktion
$V: a \mapsto V(a)$ ($a > 0$ in cm, V in cm^3) die lokale Änderungsrate des Volumens an der Stelle $a_0 = 3$.

14

Die Funktion K mit $K(t) = \frac{825t}{250 + t^3}$ und $t \geq 0$ beschreibt die Konzentration eines Medikaments im Blut eines Menschen in Abhängigkeit von der Zeit t. Dabei wird t in Stunden seit der Einnahme und K(t) in $\frac{mg}{l}$ gemessen. Die Abbildung auf der Randspalte zeigt den Verlauf des Graphen G_K der Funktion K.

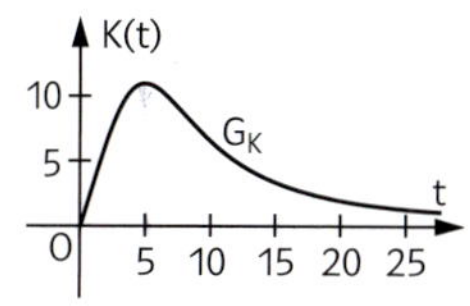

a) Zeichnen Sie mit einem Funktionsplotter den Graphen von K und drucken Sie ihn aus. Lösen Sie alle weiteren Teilaufgaben mithilfe des Graphen.
b) Bestimmen Sie den Zeitpunkt t_0, für den die Konzentration des Medikaments am größten ist. Geben Sie diesen Maximalwert und die momentane Änderungsrate von K zu diesem Zeitpunkt an.
c) Ermitteln Sie jeweils einen ungefähren Wert der momentanen Änderungsrate von K zu den Zeitpunkten $t_1 = 6$, $t_2 = 8$ und $t_3 = 11$.
d) Geben Sie an, wann etwa das Medikament am stärksten abgebaut wird.
e) Geben Sie zwei verschiedene Zeitpunkte an, für die die momentane Änderungsrate von K in etwa gleich groß ist.

15 ()

Eine Kerze wird zum Zeitpunkt $t = 0$ angezündet und brennt herab. Ihre Höhe (in cm) zum Zeitpunkt t (in Stunden) wird angenähert durch die Funktion $k: t \mapsto \frac{2}{0{,}05t + 0{,}2} - 2$ beschrieben.
a) Bestimmen Sie, wie hoch die Kerze zu Beginn war und zeigen Sie durch Rechnung, dass die Kerze 16 Stunden brennt.
b) Bestimmen Sie die mittlere Abbrenngeschwindigkeit v der Kerze.
c) Ermitteln Sie, z. B. mithilfe eines Funktionsplotters, zu welchem Zeitpunkt etwa die momentane Abbrenngeschwindigkeit der Kerze den Wert v annimmt.
d) Es gibt einen maximalen und einen minimalen Wert der Abbrenngeschwindigkeit. Erläutern Sie, zu welchen Zeitpunkten diese Werte auftreten und wie man sie ermitteln kann.

Welche der nachfolgenden Kerzen hat am ehesten das in Aufgabe 15 beschriebene Abbrennverhalten? Begründen Sie.

G16

Lösen Sie die Exponentialgleichung.
a) $5 \cdot 1{,}6^x - 12 \cdot 0{,}8^x = 0$ b) $1{,}2^x - 15 \cdot 1{,}2^{-x} = 2$

3 Differenzierbarkeit

1

Rechts sehen Sie den Graphen der Funktion f. Beschreiben Sie das Änderungsverhalten von f an den Stellen $x_1 = 1$, $x_2 = 3$, $x_3 = 6$, $x_4 = 7$.

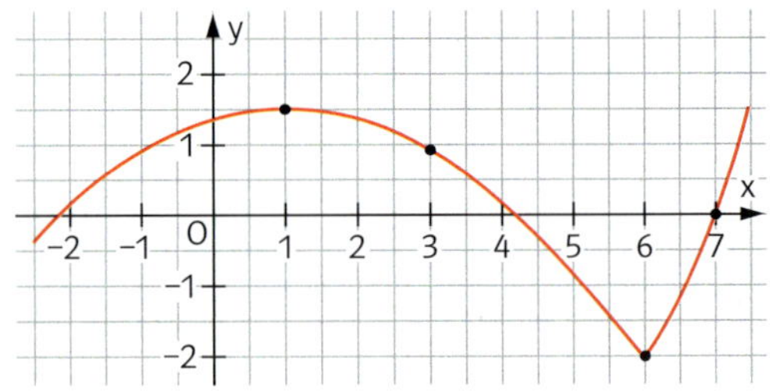

2

Bestimmen Sie für $g: x \mapsto 2x^2$ die lokale Änderungsrate an der Stelle $x_0 = 4$ durch Anwendung einer binomischen Formel.

Die Begriffe mittlere und lokale bzw. momentane Änderungsrate sind von den Anwendungssituationen der Funktionen geprägt. Betrachtet man die Funktionen unter einem rein mathematischen Blickwinkel, so verwendet man andere Begriffe.

lokale Änderungsrate m_{x_0} = Ableitung $f'(x_0)$

$f'(x_0)$: Lies „f Strich an der Stelle x_0"

Definition

Wenn eine Funktion f an der Stelle x_0 den Differentialquotienten bzw. die lokale (momentane) Änderungsrate $m_{x_0} = \lim\limits_{x \to x_0} \frac{f(x) - f(x_0)}{x - x_0}$ besitzt, so heißt f an der Stelle x_0 **differenzierbar**.

Man nennt den Grenzwert m_{x_0} die **Ableitung von f an der Stelle x_0** und schreibt dafür $f'(x_0)$. Ist eine Funktion f für alle Werte x_0 aus einem Intervall I differenzierbar, so nennt man f eine auf I **differenzierbare Funktion**.

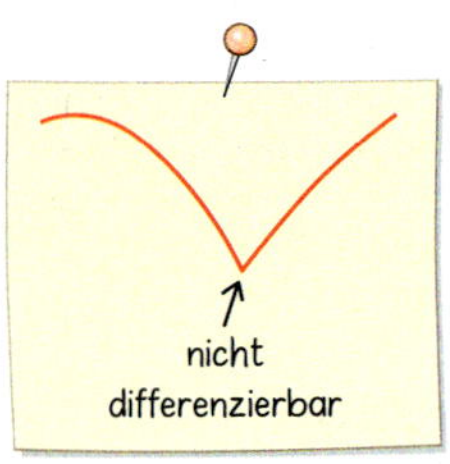

Wenn bei einer Funktion f an einer Stelle x_0 der Grenzwert $\lim\limits_{x \to x_0} \frac{f(x) - f(x_0)}{x - x_0}$ nicht existiert, so ist sie an dieser Stelle nicht differenzierbar. Beispielsweise ist die Betragsfunktion $f: x \mapsto |x|$ an der Stelle $x_0 = 0$ nicht differenzierbar. Dies wird im Folgenden nachgewiesen:

Es gilt: $f(x) = |x| = \begin{cases} -x, & \text{falls } x < 0 \\ x, & \text{falls } x \geqq 0 \end{cases}$

Damit ergibt sich:

$$\lim_{\substack{x \to 0 \\ <}} \frac{f(x) - f(0)}{x - 0} = \lim_{\substack{x \to 0 \\ <}} \frac{-x - 0}{x - 0} = \lim_{\substack{x \to 0 \\ <}} -1 = -1 \quad \text{und}$$

$$\lim_{\substack{x \to 0 \\ >}} \frac{f(x) - f(0)}{x - 0} = \lim_{\substack{x \to 0 \\ >}} \frac{x - 0}{x - 0} = \lim_{\substack{x \to 0 \\ >}} 1 = 1$$

Da der linksseitige und der rechtsseitige Grenzwert verschieden sind, existiert der Grenzwert $\lim\limits_{x \to 0} \frac{f(x) - f(0)}{x - 0}$ nicht.

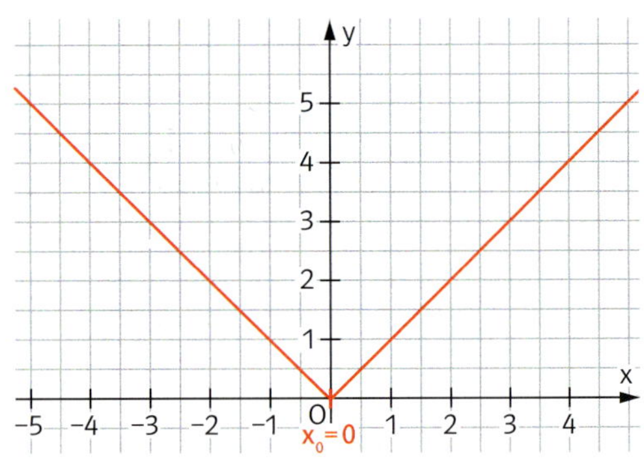

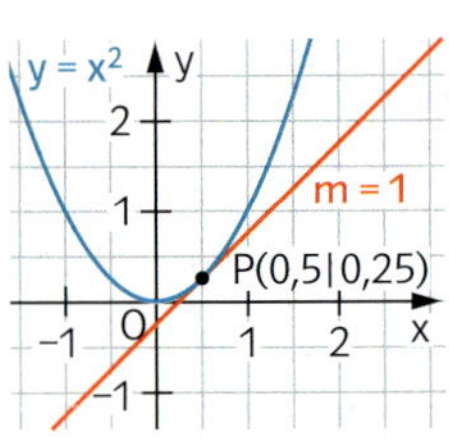

In der letzten Lerneinheit wurde die Ableitung $f'(x_0)$ an der Stelle x_0 meist näherungsweise rechnerisch mithilfe von Tabellen oder graphisch mithilfe von Tangentensteigungen bestimmt.
Für viele bereits bekannte Funktionen ist dies auch durch Termumformungen möglich. Beispielsweise erhält man für $f: x \mapsto x^2$ und $x_0 = \frac{1}{2}$ die Ableitung $f'\left(\frac{1}{2}\right)$ durch Anwendung der 3. binomischen Formel auf folgende Weise:

$$f'\left(\tfrac{1}{2}\right) = \lim_{x \to \frac{1}{2}} \frac{x^2 - \frac{1}{4}}{x - \frac{1}{2}} = \lim_{x \to \frac{1}{2}} \frac{\left(x - \frac{1}{2}\right)\left(x + \frac{1}{2}\right)}{x - \frac{1}{2}} = \lim_{x \to \frac{1}{2}} \left(x + \tfrac{1}{2}\right) = \tfrac{1}{2} + \tfrac{1}{2} = 1$$

Bemerkung

In manchen Fällen wird die Berechnung der Ableitung erleichtert, wenn man $x = x_0 + h$ setzt (siehe Beispiel 1). Man spricht von der **h-Methode**.

Aus $\frac{f(x) - f(x_0)}{x - x_0}$ wird dann $\frac{f(x_0+h) - f(x_0)}{h}$ und

$x \to x_0$ ist gleichbedeutend mit $h \to 0$.

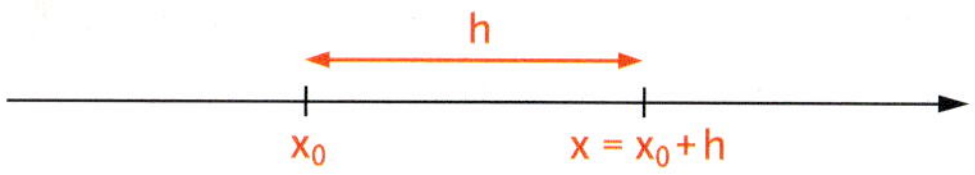

Wenn eine Funktion f an der Stelle x_0 differenzierbar ist, erhält man folgende gleichwertige Formeln für $f'(x_0)$:

$$f'(x_0) = \lim_{x \to x_0} \frac{f(x) - f(x_0)}{x - x_0} \quad \text{und} \quad f'(x_0) = \lim_{h \to 0} \frac{f(x_0+h) - f(x_0)}{h}$$

Tangente und Normale

Ist eine Funktion an einer Stelle x_0 differenzierbar, so kann an dieser Stelle mithilfe der Ableitung die Gleichung der Tangente an den Graphen und der Steigungswinkel dieser Tangente bestimmt werden.

Damit lässt sich dann auch die Gleichung der zugehörigen Normale (Lotgerade zur Tangente im Berührpunkt) berechnen.

Haben zwei Funktionsgraphen an einer Stelle x_0 dieselbe Tangente, so sagen wir: Die Funktionsgraphen berühren sich an der Stelle x_0.

Dies wird im Folgenden exemplarisch für die Funktion $f: x \mapsto x^2$ an der Stelle $x_0 = 1$ vorgeführt:

Steigung der Tangente im Punkt P(1|1):

$$f'(1) = \lim_{x \to 1} \frac{x^2 - 1}{x - 1} = \lim_{x \to 1} \frac{(x-1)(x+1)}{x - 1}$$
$$= \lim_{x \to 1} (x + 1) = 1 + 1 = 2$$

Gleichung der Tangente g an den Graphen im Punkt P(1|1):

$y = mx + t$; aus $m = f'(1) = 2$ und $P(1|1) \in g$ folgt $1 = 2 \cdot 1 + t$, also $t = -1$.

$\Rightarrow$ Tangentengleichung: $y = 2x - 1$

Steigungswinkel α der Tangente g:

$\tan\alpha = f'(1) = 2 \Rightarrow \alpha \approx 63{,}4°$

Gleichung der Normale n:

Steigung m_n von n: $m_n = -\frac{1}{f'(1)} = -\frac{1}{2}$

$y = m_n x + t_n$; aus $m_n = -\frac{1}{2}$ und $P(1|1) \in n$

folgt $1 = -\frac{1}{2} \cdot 1 + t_n$, also $t_n = 1{,}5$.

$\Rightarrow$ Normalengleichung: $y = -\frac{1}{2}x + 1{,}5$

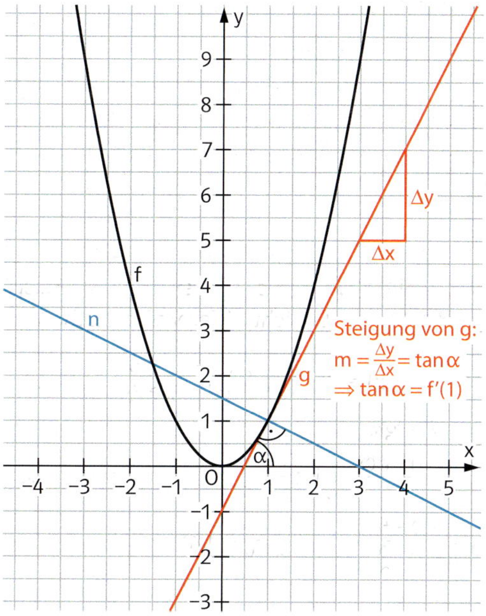

Erinnerung:
Die Gleichung $y = mx + t$ einer Geraden kann bestimmt werden, wenn die Steigung m und ein Graphenpunkt P bekannt sind.

Hinweis:
Stehen zwei Geraden g_1 und g_2 aufeinander senkrecht, so gilt für ihre Steigungen m_1 und m_2: $m_1 \cdot m_2 = -1$

Beispiel 1

Bestimmen Sie für die Funktion $f: x \mapsto x^2 - 4x$ die Ableitung f'(3) auf zwei verschiedene Arten.

Lösung:

1. Möglichkeit:

Mit $x_0 = 3$ und $f(3) = -3$ erhält man für den Differenzenquotienten:

$$\frac{f(x) - f(x_0)}{x - x_0} = \frac{x^2 - 4x + 3}{x - 3} = x - 1$$

Polynomdivision (vgl. Randspalte)

$$\Rightarrow f'(3) = \lim_{x \to 3} (x - 1) = 2$$

2. Möglichkeit (h-Methode):

Mit $x_0 = 3$ und $f(3) = -3$ erhält man für den Differenzenquotienten:

$$\frac{f(x_0+h) - f(x_0)}{h} = \frac{(3+h)^2 - 4(3+h) + 3}{h} = \frac{2h + h^2}{h}$$
$$= \frac{h(2+h)}{h} = 2 + h$$

$$\Rightarrow f'(3) = \lim_{h \to 0} (2 + h) = 2$$

Durch Anwendung der h-Methode kann man folgende Polynomdivision umgehen:

$$(x^2 - 4x + 3) : (x - 3) = x - 1$$
$$\underline{-(x^2 - 3x)}$$
$$-x + 3$$
$$\underline{-(-x + 3)}$$
$$0$$

In Lerneinheit 2 konnte der hier durch eine kurze Rechnung erhaltene Grenzwert nur „mühsam" mithilfe einer Tabelle bestimmt werden.

Beispiel 2

Berechnen Sie für $f\colon x \mapsto 2x^2 + 1$ die lokale Änderungsrate m_{-1} für $x_1 = -1$.

Lösung:

$$m_{-1} = f'(-1) = \lim_{h \to 0} \frac{2(-1+h)^2 + 1 - 3}{h} = \lim_{h \to 0} \frac{2 - 4h + 2h^2 + 1 - 3}{h} = \lim_{h \to 0} \frac{h(2h-4)}{h} = \lim_{h \to 0} (2h - 4) = -4$$

Beispiel 3

Gegeben sind die Funktion $h\colon x \mapsto \frac{1}{5}x^2$ und der Punkt $P\left(3\,\middle|\,\frac{9}{5}\right) \in G_h$.
Ermitteln Sie die Gleichungen der Tangente t und der Normale n an den Graphen G_h von h im Punkt P.

Zum Vereinfachen des Differenzenquotienten hilft hier Ausklammern und Anwendung der 3. binomischen Formel.

Lösung:

Steigung der Tangente: $m_t = f'(3) = \lim_{x \to 3} \frac{\frac{1}{5}x^2 - \frac{9}{5}}{x - 3} = \lim_{x \to 3} \frac{\frac{1}{5}(x^2 - 9)}{x - 3} = \lim_{x \to 3} \frac{\frac{1}{5}(x-3)(x+3)}{x - 3}$

$= \lim_{x \to 3} \frac{1}{5}(x + 3) = \frac{6}{5}$

Tangentengleichung: $\frac{9}{5} = \frac{6}{5} \cdot 3 + t_t \Rightarrow t_t = \frac{9}{5} - \frac{18}{5} = -\frac{9}{5} \Rightarrow t\colon y = \frac{6}{5}x - \frac{9}{5}$

Steigung der Normalen: $m_n = -\frac{1}{m_t} = -\frac{5}{6}$

Normalengleichung: $\frac{9}{5} = -\frac{5}{6} \cdot 3 + t_n \Rightarrow t_n = \frac{9}{5} + \frac{5}{2} = \frac{43}{10} \Rightarrow n\colon y = -\frac{5}{6}x + \frac{43}{10}$

Aufgaben

Bei Aufgabe 5 sind für die 1. Lösungsmöglichkeit (siehe Beispiel 1) folgende „Werkzeuge" hilfreich:
- Ausklammern
- Binomische Formel
- Polynomdivision

Lösungssalat zu 5:

3

Berechnen Sie für $f\colon x \mapsto 2x^2 - 3x$ und $x_0 = 2$.

a) $f(3)$
b) $f(0{,}5)$
c) $f(-1{,}5)$
d) $f(a)$
e) $f(r + 2)$
f) $f(x_0 + h)$
g) $f(x) - f(x_0)$
h) $f(x_0 + h) - f(x_0)$
i) $\frac{f(x) - f(x_0)}{x - x_0}$
k) $\frac{f(x_0 + h) - f(x_0)}{h}$
l) Führen Sie die Berechnungen für $f\colon x \mapsto \frac{6}{x}$ und $x_0 = -1$ durch.

4

Im folgenden Diagramm ist der Graph der Funktion f abgebildet.

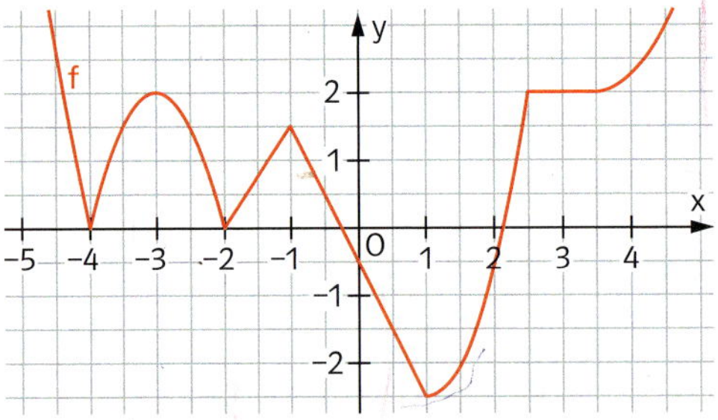

a) Geben Sie die x-Werte an, für die der Graph von f eine waagrechte Tangente besitzt (für die also $f'(x) = 0$ gilt).
b) Geben Sie die x-Werte an, an denen die Funktion f nicht differenzierbar ist. Begründen Sie Ihre Antwort.

5

Bestimmen Sie $f'(x_0)$ auf zwei Arten (siehe Beispiel 1). Beachten Sie die Randbemerkung.

a) $f(x) = 2x^2$ und $x_0 = 4$
b) $f(x) = \frac{6}{x}$ und $x_0 = -2$
c) $f(x) = x^2 + 6x$ und $x_0 = 2$
d) $f(x) = x^2 - x + 2$ und $x_0 = \frac{4}{3}$
e) $f(x) = x^3 - 2x^2$ und $x_0 = 1$

6

Gegeben ist die Funktion $f\colon x \mapsto \frac{3}{x}$.

a) Berechnen Sie die lokale Änderungsrate von f an der Stelle $x_0 = 2$.
b) Zeichnen Sie den Graphen von f und die Tangente an diesen im Punkt $P(2\,|\,?)$.

7

Untersuchen Sie, ob die Funktion f an der „Nahtstelle" differenzierbar ist.
Zeichnen Sie dann den Graphen von f.

a) $f\colon x \mapsto 0{,}5\,|x| = \begin{cases} -0{,}5x; & \text{falls } x < 0 \\ 0{,}5x; & \text{falls } x \geqq 0 \end{cases}$

b) $f\colon x \mapsto |x - 2| = \begin{cases} -(x - 2); & \text{falls } x < 2 \\ x - 2; & \text{falls } x \geqq 2 \end{cases}$

c) $f\colon x \mapsto \frac{x}{|x| + 1} = \begin{cases} \frac{x}{-x + 1}; & \text{falls } x < 0 \\ \frac{x}{x + 1}; & \text{falls } x \geqq 0 \end{cases}$

d) Geben Sie eine Funktion an, die für $x = 4$ definiert, aber nicht differenzierbar ist.

8
Ermitteln Sie die Gleichungen der Tangente t und der Normale n an den Graphen G_f der Funktion f im Punkt P. Bestimmen Sie die Schnittwinkel der Geraden mit der x-Achse.

a) $f: x \mapsto x^2$ und $P_0(2|4)$
b) $f: x \mapsto -0{,}125x^2$ und $P_0(-2|0{,}5)$
c) $f: x \mapsto x^2 - 5x$ und $P_0(0|0)$
d) $f: x \mapsto \frac{6}{x+3}$ und $P_0(3|1)$

9
G_f ist der Graph der Funktion $f: x \mapsto x^2$.
Die Tangente t an G_f im Punkt $P(2|4)$ hat die Gleichung $y = 4x - 4$.

a) Zeichnen Sie G_f und t.
b) Bestimmen Sie den Steigungswinkel α der Tangente t.
c) Die Gerade t schneidet die x-Achse im Punkt Q und die y-Achse im Punkt R. Berechnen Sie $\overline{QR}$.
d) Berechnen Sie den Abstand a von t zum Ursprung $O(0|0)$. Beschreiben Sie, welche Strategie bzw. welche „mathematischen Werkzeuge" Sie verwendet haben.
e) Bestimmen Sie die Gleichung der Normalen n im Punkt $P(2|4)$ an G_f.
f) Die Normale n schneidet G_f in einem weiteren Punkt S. Bestimmen Sie S.
g) Die Tangente t, die Normale n und die y-Achse schließen ein Flächenstück ein. Berechnen Sie den Inhalt der Fläche.

*10
Die Mittellinie der gezeichneten Rennstrecke wird durch $y = 4 - \frac{1}{2}x^2$ beschrieben.
Bei regennasser Fahrbahn rutscht ein Rennwagen plötzlich geradlinig von der Strecke und landet im Punkt $Y(0|6)$ in den Strohballen. Wo hat das Fahrzeug die Strecke verlassen? Welche Strategien haben Sie zur Lösung angewendet?

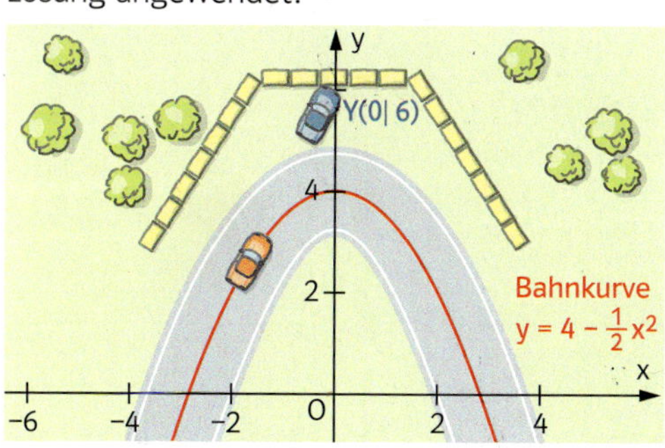

11
Gegeben ist folgende in ℝ definierte Funktion:

$$g: x \mapsto \begin{cases} -(x-1)^2 + 4, & \text{falls } x \leq 2 \\ (x-3)^2 + 1, & \text{falls } x > 2 \end{cases}$$

a) Bestimmen Sie $\lim\limits_{x \underset{<}{\to} 2} g(x)$ und $\lim\limits_{x \underset{>}{\to} 2} g(x)$.
b) Ist g für $x_0 = 2$ differenzierbar?

Hinweis zu 11:
Besitzt eine Funktion an der Stelle x_0 eine Sprungstelle, dann ist sie für x_0 nicht differenzierbar.

12
Gegeben ist eine differenzierbare Funktion f. Zeigen Sie, dass die Tangente t und die Normale n in $P_0(x_0|f(x_0))$ an den Graphen von f folgende Gleichungen haben:

Tangente t: $y = f'(x_0)(x - x_0) + f(x_0)$

Normale n: $y = -\frac{1}{f'(x_0)}(x - x_0) + f(x_0)$

Lösungssalat zu 8
(Schnittwinkel in Grad, gerundet):

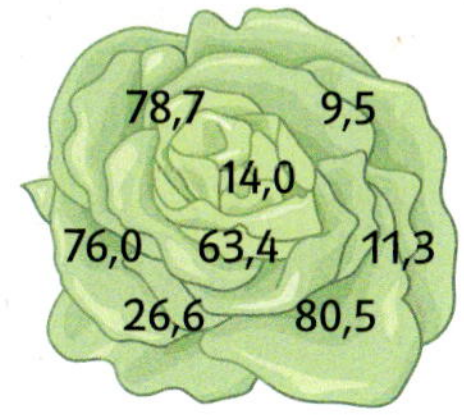

13
Gegeben sind die Funktion $f: x \mapsto 0{,}5x^2$ und für jedes $r \in \mathbb{R}$ eine Gerade g_r: $y = 2x + r$
Die Abbildung auf der Randspalte zeigt G_f und die Geraden $g_{-1,5}$ und $g_{-2,5}$.

a) Bestimmen Sie die Gleichung der Geraden g_r, die mit G_f genau einen gemeinsamen Punkt B hat und berechnen Sie die Koordinaten von B.
b) Zeigen Sie, dass die in a) bestimmte Gerade eine Tangente an G_f ist.

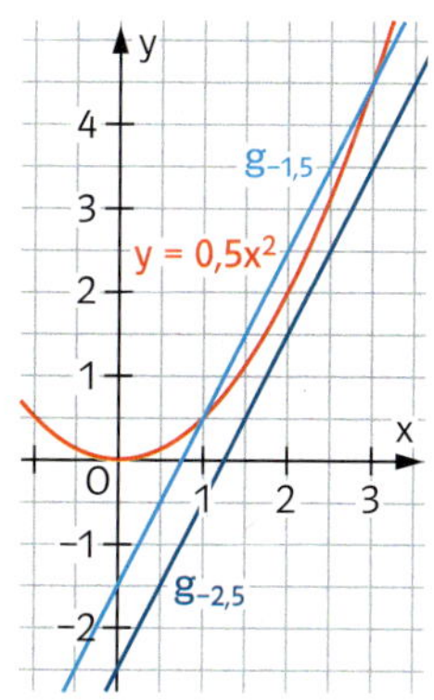

14
Gegeben sind die Funktion $h: x \mapsto \frac{3}{x}$ und für jedes $m \in \mathbb{R}$ eine Gerade g_m: $y = mx + 3$

a) Zeichnen Sie G_h und die Geraden g_{-1}, $g_{-0,5}$ und g_1 in ein gemeinsames Koordinatensystem.
b) Geben Sie an, für welche $m \in \mathbb{R}$ der Graph G_h und die Gerade g_m zwei Schnittpunkte haben.
c) Der Graph G_h wird solange in x-Richtung verschoben, bis die Gerade g_{-1} Tangente an den neuen Graphen G_k ist. Ermitteln Sie den Term der zugehörigen Funktion k.

G 15
Vereinfachen Sie so weit wie möglich und schreiben Sie das Ergebnis ohne Verwendung negativer Exponenten.

a) $\sqrt[6]{c^3} \cdot c^2 \cdot \sqrt[6]{\frac{1}{c^4}}$
b) $\sqrt{\frac{a}{b}} \cdot \sqrt[3]{\frac{b^2}{a}}$
c) $\sqrt[3]{\frac{1}{x}} \cdot x^4 \cdot x^{-\frac{1}{3}}$
d) $z^{-\frac{7}{4}} \cdot z \cdot \sqrt[4]{z^3}$

4 Ableitungsfunktion

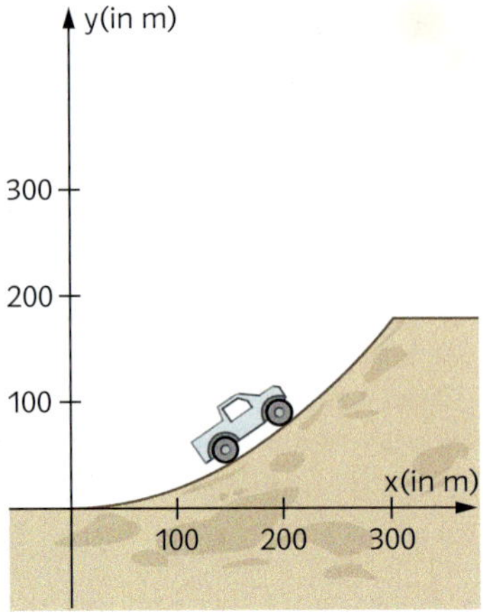

1

Ein direkter Weg von der Kratersohle bis zum Rand des abgebildeten Kraters wird näherungsweise beschrieben durch die Funktion f mit $f(x) = \frac{1}{500}x^2$ und $0 \leqq x \leqq 300$.
Der Hersteller eines Kettenfahrzeugs behauptet, dass dieses Steigungen bis zu 100 % bewältigen kann.

a) Wie kann man zeigen, dass das Fahrzeug den Kraterrand nicht erreicht?

b) Wie könnte man die Höhe berechnen, die das Fahrzeug auf dem beschriebenen Weg erreicht, wenn die Angaben des Herstellers richtig sind?

Der Meteorkrater in Arizona (USA) entstand vor etwa 22 000 Jahren durch den Einschlag eines Eisenmeteoriten von etwa 60 m Durchmesser. Der Krater ist 180 m tief und hat einen Durchmesser von 1300 m. Hier übten Astronauten für ihre Mondlandungen.

Um bei einer gegebenen Funktion f nicht für jede Stelle wie z. B. $x_0 = 2$; $x_0 = 3$; … erneut den Differentialquotienten zu berechnen, ist es zweckmäßig, den Differentialquotienten allgemein für eine beliebige Stelle $x_0 \in D_f$ zu ermitteln.
Für die Funktion $f\colon x \mapsto x^2$ und eine beliebige Zahl $x_0 \in \mathbb{R}$ ergibt sich:

$$f'(x_0) = \lim_{x \to x_0} \frac{f(x) - f(x_0)}{x - x_0} = \lim_{x \to x_0} \frac{x^2 - x_0^2}{x - x_0} = \lim_{x \to x_0} \frac{(x - x_0)(x + x_0)}{x - x_0} = \lim_{x \to x_0} (x + x_0) = x_0 + x_0 = 2x_0$$

Aus $f'(x_0) = 2x_0$ erhält man dann beispielsweise für $x_0 = 3$ die Ableitung $f'(3) = 2 \cdot 3 = 6$ und für $x_0 = 0{,}6$ die Ableitung $f'(0{,}6) = 2 \cdot 0{,}6 = 1{,}2$.
Die Funktion $f'\colon x \mapsto 2x$ liefert also für jedes beliebige x die zugehörige Ableitung f'(x).

Definition
Zu einer Funktion f heißt die Funktion $f'\colon x \mapsto f'(x)$ die Ableitungsfunktion oder kurz die **Ableitung** von f.

Bemerkungen

1. Das Ermitteln der Ableitung von f nennt man „Ableiten" oder „Differenzieren" von f.
2. Wie in Lerneinheit 2 und 3 gesehen, ordnet die Ableitung einer Funktion f jeder Stelle x, an der f differenzierbar ist, den Wert der Steigung des Graphen von f im Punkt $P(x \mid f(x))$ zu.

Man schreibt auch:
$[x^2]' = 2x$
oder $\frac{d}{dx}x^2 = 2x$

Berechnung der Ableitungen an den Stellen $\frac{3}{4}$ bzw. $\frac{1}{4}$ mithilfe der Ableitung $f'\colon x \mapsto 2x$:
$f'\left(\frac{3}{4}\right) = 2 \cdot \frac{3}{4} = \frac{3}{2}$
$f'\left(\frac{1}{4}\right) = 2 \cdot \frac{1}{4} = \frac{1}{2}$

Rechts sind die Graphen G_f und $G_{f'}$ für $f\colon x \mapsto x^2$ und ihre Ableitung $f'\colon x \mapsto 2x$ gezeichnet.
Für $x < 0$ fällt G_f mit zunehmenden x-Werten, daher verläuft $G_{f'}$ unterhalb der x-Achse. Da G_f zum Ursprung hin immer flacher wird, nähern sich die y-Werte von f' immer mehr dem Wert null.
Für $x = 0$ hat G_f die Steigung null, daher ist $f'(0) = 0$.
Für $x > 0$ steigt G_f mit zunehmenden x-Werten immer steiler an, daher nehmen die Werte von f' immer mehr zu.

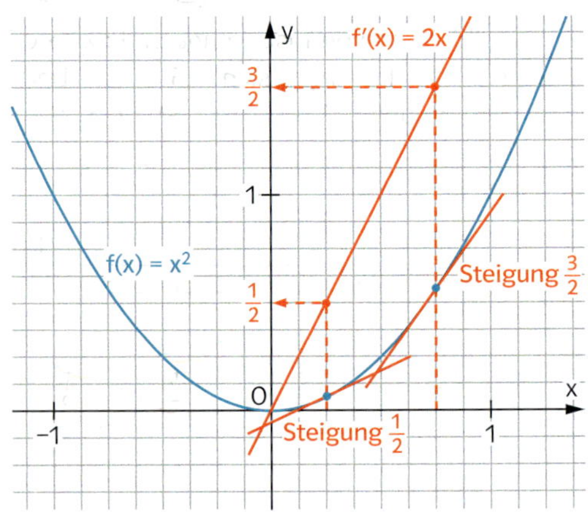

Ist der Graph G_f einer Funktion f vorgegeben, so kann mithilfe von G_f eine Skizze des Graphen $G_{f'}$ der Ableitung f′ erstellt werden. Man ermittelt dazu für verschiedene Punkte von G_f jeweils die Steigung der zugehörigen Tangente. So können einzelne Punkte des Graphen von f′ eingezeichnet und eine Skizze von $G_{f'}$ erstellt werden. Weist ein Graph „markante" Graphenpunkte (z. B. mit waagrechter Tangente) auf, so bezieht man diese als erstes in die Überlegungen ein. Eine mögliche Vorgehensweise wird im Folgenden dargestellt.

Gegeben ist der (blau gezeichnete) Graph der Funktion f.
In den Punkten $P_1(x_1 | f(x_1))$ und $P_2(x_2 | f(x_2))$ ist die Steigung des Graphen von f null, d. h. es gilt $f'(x_1) = f'(x_2) = 0$.
Daher hat die Ableitung f′ von f an den Stellen x_1 und x_2 Nullstellen.

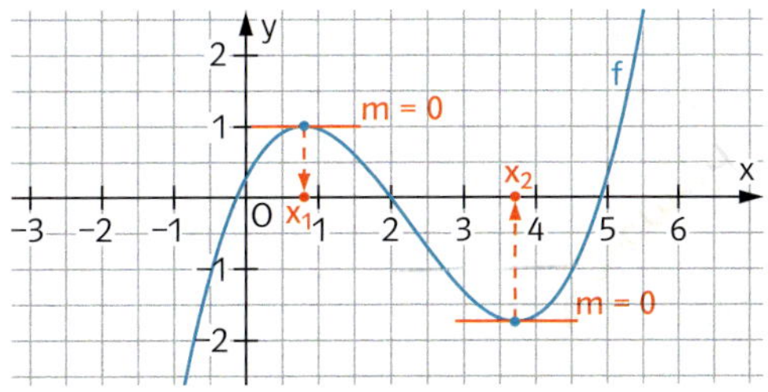

Zwischen x_1 und x_2 fällt der Graph von f, d. h. es gilt $f'(x) < 0$ für $x_1 < x < x_2$.
Die negative Steigung von G_f nimmt bis x_3 immer mehr zu und dann wieder ab. Also hat f′ bei x_3 ihren kleinsten Funktionswert, nämlich ca. −1,5 (bestimmbar mit der Tangente).
Damit kann $G_{f'}$ für $x_1 < x < x_2$ skizziert werden.

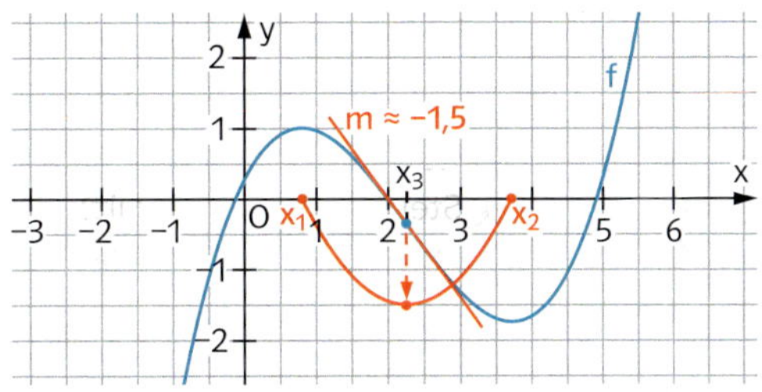

Für $x > x_2$ steigt der Graph von f, d. h. es gilt $f'(x) > 0$ für $x > x_2$.
Da die Steigung von G_f für größer werdende x-Werte immer mehr zunimmt, nehmen auch die Werte von f′ immer mehr zu.
Entsprechendes gilt für $x < x_1$.
Bestimmt man z. B. für x_4 und x_5 zusätzlich Steigungswerte, kann man $G_{f'}$ gut skizzieren.

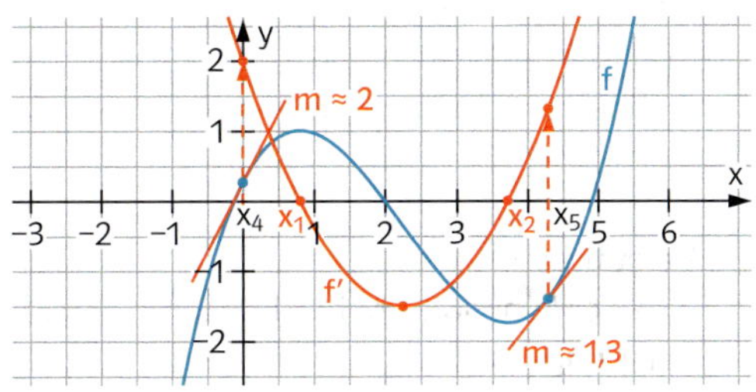

Beispiel 1

a) Bestimmen Sie für die Funktion $f: x \mapsto 0{,}25x^2$ die Ableitung f′.

b) In welchem Punkt $P(x | f(x))$ hat der Graph von f die Steigung 1,5?

Lösung:

a) $f'(x_0) = \lim\limits_{x \to x_0} \frac{0{,}25x^2 - 0{,}25x_0^2}{x - x_0} = \lim\limits_{x \to x_0} \frac{0{,}25(x - x_0)(x + x_0)}{x - x_0} = \lim\limits_{x \to x_0} 0{,}25(x + x_0) = 0{,}25(x_0 + x_0) = 0{,}5x_0$

Die Ableitung von f ist demnach $f': x \mapsto 0{,}5x$.

b) Aus $f'(x) = 1{,}5$ ergibt sich $0{,}5x = 1{,}5$. Daraus folgt $x = 3$ und $f(3) = 2{,}25$. Also hat der Graph von f im Punkt $P(3 | 2{,}25)$ die Steigung 1,5.

Alternative Schreibweisen für die Lösung:
$[0{,}25x^2]' = \frac{d}{dx} 0{,}25x^2 = 0{,}5x$

Beispiel 2

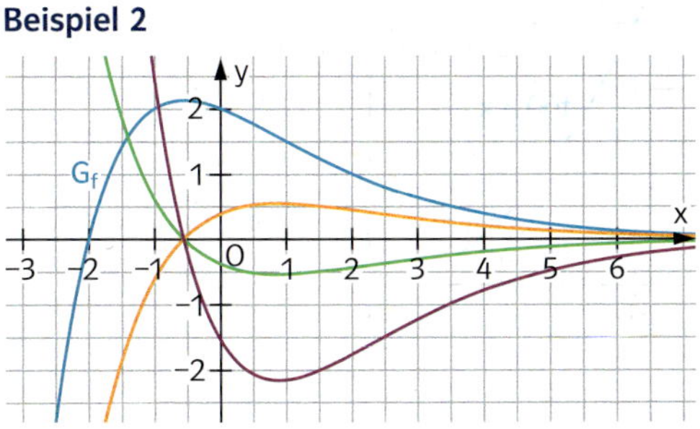

Links ist blau der Graph der Funktion f gezeichnet. Einer der anderen Graphen ist der Graph von f′. Welcher? Begründen Sie.

Lösung:

Da G_f für $x > 0$ fällt, scheidet der orangefarbene Graph aus. Für $0 < x < 2$ fällt G_f nahezu konstant mit $m \approx -\frac{1}{2}$. Daher ist die grüne Kurve der Graph der Ableitung f′ von f.

Strategie:
Rückwärts arbeiten (Ausschlussprinzip)

Beispiel 3

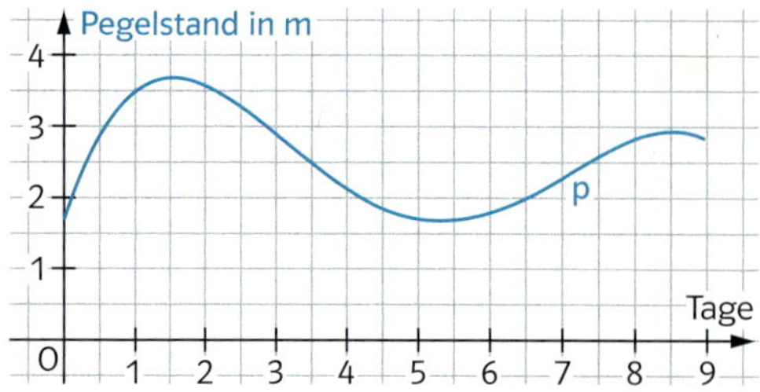

Zur Lösung von b): Für $x_1 < x < x_2$ und $x > x_3$ nimmt die Wasserhöhe ab. Man kann auch sagen, dass die Zunahme der Wasserhöhe negativ ist. Diese Sprechweise macht verständlich, warum der Graph von p′ in diesen Bereichen unterhalb der x-Achse verläuft.

Die Funktion p beschreibt die Wasserhöhe eines Flusses an einer Messstation in Abhängigkeit von der Zeit. Die Abbildung zeigt den Graphen G_p von p.

a) Was beschreibt die Ableitung p′ von p?

b) Markieren Sie in der Abbildung die Stellen x_i, an denen G_p waagrechte Tangenten besitzt. Überlegen Sie, in welchen Intervallen $G_{p'}$ ober- bzw. unterhalb der x-Achse verläuft. Skizzieren Sie dann $G_{p'}$.

c) Wann etwa beträgt die momentane Änderungsrate der Wasserhöhe 1 m/Tag?

Lösung:

a) Durch p′ ist die momentane Änderungsrate der Wasserhöhe gegeben.

b) Für $x < x_1$ und $x_2 < x < x_3$ verläuft $G_{p'}$ oberhalb der x-Achse, da G_p in diesen Intervallen steigt.
Für $x_1 < x < x_2$ und $x > x_3$ verläuft $G_{p'}$ unterhalb der x-Achse, da G_p in diesen Intervallen fällt.

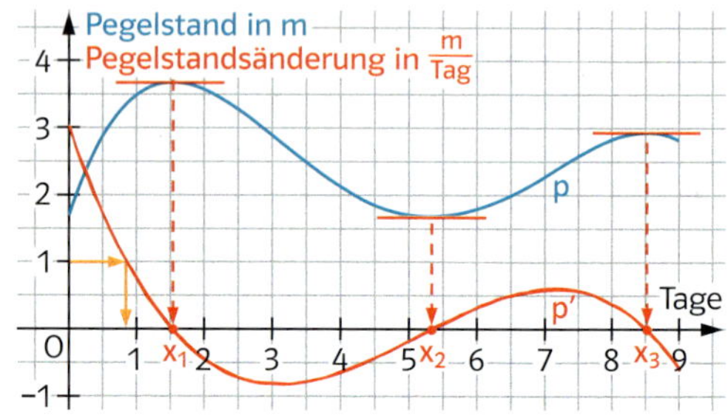

c) Ungefähr nach etwas mehr als einem dreiviertel Tag (orangefarbene Pfeile).

Aufgaben

2

Bestimmen Sie für die Funktion f die Ableitung f′ und zeichnen Sie G_f und $G_{f'}$. Ermitteln Sie dann, falls möglich, den Punkt $P(x\,|\,f(x))$, in dem G_f die Steigung 2 aufweist.

a) $f\colon x \mapsto 2x^2$
b) $f\colon x \mapsto -4x^2$
c) $f\colon x \mapsto 2$
d) $f\colon x \mapsto 2x$
e) $f\colon x \mapsto \frac{3}{5} - 4x$
f) $f\colon x \mapsto \frac{1}{2}x^2 - 2x$

3

Der Punkt $B(x_0\,|\,f(x_0))$ ist der Berührpunkt der Tangente t mit der Steigung $m = -5$ an den Graphen der Funktion $f\colon x \mapsto x^2$.

a) Berechnen Sie die Koordinaten des Punktes B und ermitteln Sie eine Gleichung der Tangente t in B.

b) Die Koordinatenachsen und t schließen eine Fläche ein. Wie groß ist ihr Inhalt?

4

a) Zeichnen Sie die Graphen der Funktionen $f\colon x \mapsto x^2 - 4$, $g\colon x \mapsto x^2 + 1$ und $h\colon x \mapsto x^2 + 4$ und ermitteln Sie f′, g′ und h′.

b) Geben Sie für $c \in \mathbb{R}$ die Ableitung der Funktion $f_c\colon x \mapsto x^2 + c$ an.

5

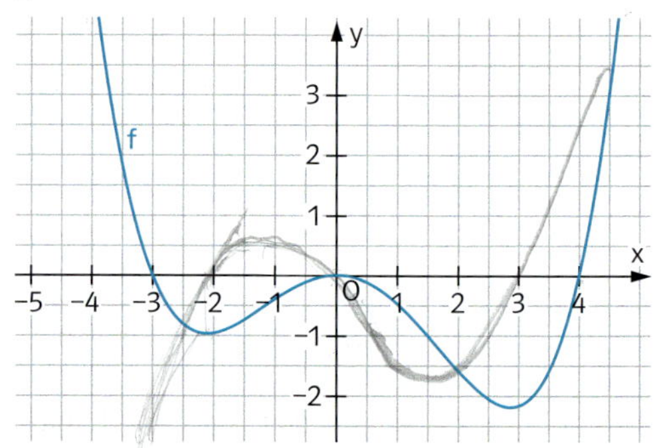

Die Abbildung zeigt den Graphen einer ganzrationalen Funktion vierten Grades. Entscheiden Sie, welche der folgenden Aussagen richtig sind. Begründen Sie jeweils kurz.

(1) Der Graph von f kreuzt die x-Achse außerhalb des gezeichneten Bereichs noch einmal.

(2) Die Graphen von f und f′ schneiden sich im Ursprung.

(3) Die Ableitung von f hat drei Nullstellen.

(4) Für $x \in \,]0;4[$ verläuft der Graph von f′ auch unterhalb der x-Achse.

(5) Die Graphen von f und f′ schneiden sich im II. Quadranten.

6

Zeichnen Sie den Graphen einer Funktion, deren Ableitung

a) keine (eine, zwei) Nullstellen besitzt,
b) für $x \geqq 0$ negativ ist,
c) nur Funktionswerte zwischen −1 und 1 besitzt,
d) bei $x_1 = 2$ eine doppelte Nullstelle besitzt.

7

Die Funktion p beschreibt die Wasserhöhe eines Flusses in Abhängigkeit von der Zeit. Welche der vier farbigen Graphenskizzen könnte die Pegelstandsänderung beschreiben? Begründen Sie ihre Antwort.

8

Skizzieren Sie einen beliebigen Funktionsgraphen G_f und im gleichen Koordinatensystem drei weitere Graphen, wobei einer davon eine Skizze des Graphen der Ableitung f′ von f sein soll. Tauschen Sie die Graphenskizzen mit Ihrem Banknachbarn aus und finden Sie heraus, welcher der drei weiteren Graphen die Ableitung f′ darstellt.

9

Die Funktion $f: x \mapsto 0{,}5x^3 - 2x^2 + 2$ besitzt die Ableitung $f': x \mapsto 1{,}5x^2 - 4x$.

a) Zeichnen Sie die Graphen von f und f′ mithilfe eines Funktionsplotters und drucken Sie diese aus.
b) Bestimmen Sie durch Rechnung, in welchen Punkten der Graph von f eine Steigung von 2 hat.
c) Ermitteln Sie graphisch und rechnerisch, in welchem Punkt $A(x_0 \mid f(x_0))$ der Graph von f am stärksten fällt.
d) Ermitteln Sie graphisch und rechnerisch, für welche x-Werte der Graph der Funktion f steigt.
e) Ermitteln Sie graphisch und rechnerisch, für welche Werte von x die Steigung des Graphen von f größer als 3 ist.

10

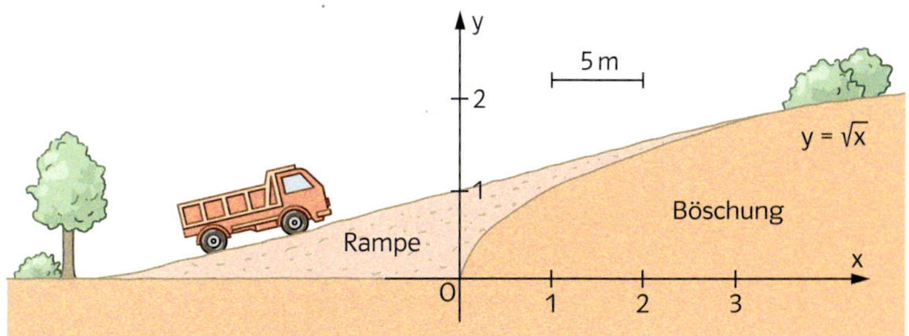

Das Profil einer Böschung wird näherungsweise beschrieben durch die Funktion $f: x \mapsto \sqrt{x}$ (Längeneinheit 5 m). An die Böschung soll eine Rampe mit einem Steigungswinkel von 14° angebaut werden.

a) Ermitteln Sie mithilfe der Ableitungsfunktion $f': x \mapsto \frac{1}{2\sqrt{x}}$, wo die Rampe auf der Böschung beginnt und wo sie im Gelände endet.
b) Bestimmen Sie die Länge der Rampe.

11

Die folgenden Abbildungen zeigen fünf Funktionsgraphen (blau gezeichnet) und die zugehörigen Graphen der Ableitungsfunktionen (rot gezeichnet). Ordnen sie jeder Funktion ihre Ableitung zu. Begründen Sie jeweils.

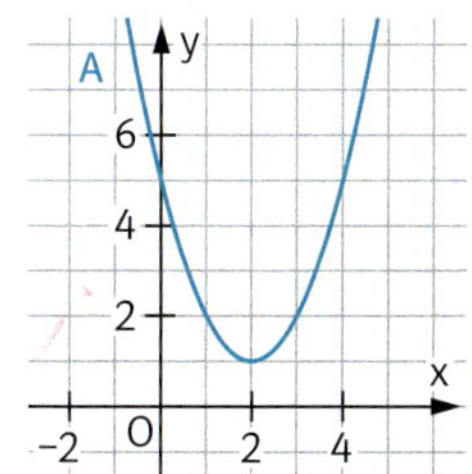

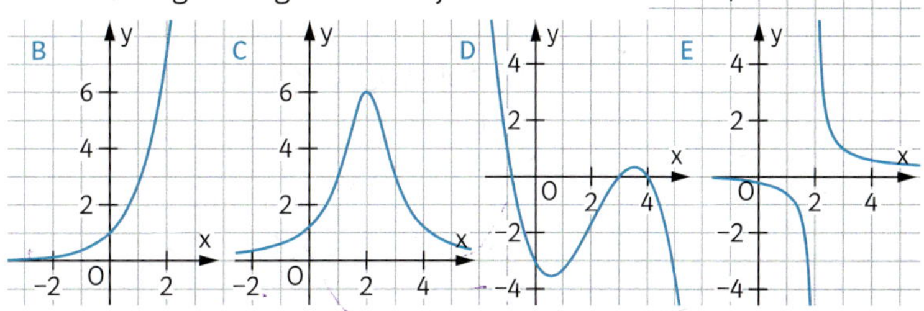

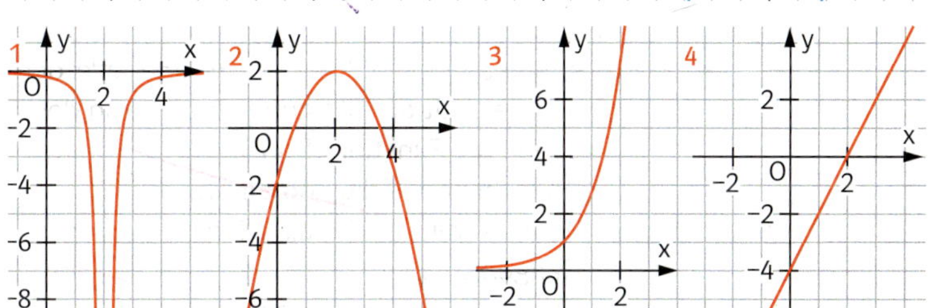

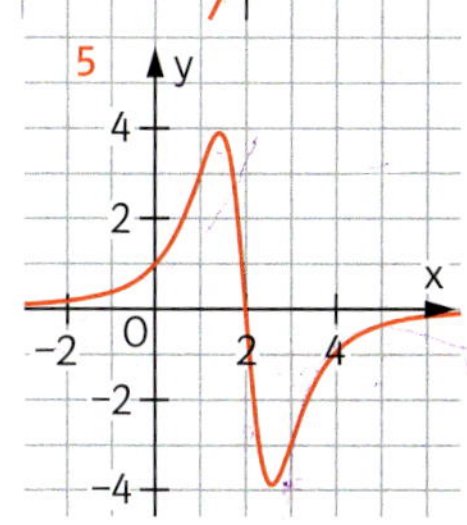

12

Geben Sie den Term einer Funktion f an, welche die angegebene Bedingung erfüllt.

a) Die Steigung des Graphen von f ist immer negativ.
b) f′ hat mindestens eine Nullstelle.
c) G_f hat genau zwei waagrechte Tangenten.

13

Die Funktion h beschreibt für $t \geqq 0$ die Bewegung eines Körpers in Abhängigkeit von der Zeit t. Die Abbildung zeigt G_h.

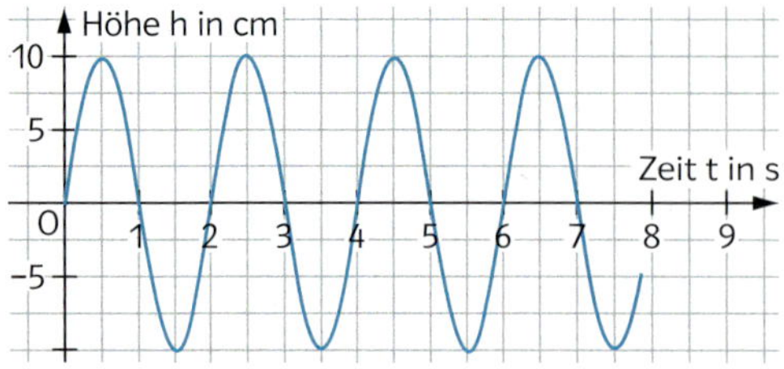

a) Skizzieren Sie den Graphen der Funktion $h': t \mapsto h'(t)$.

b) Erläutern Sie, was h′ beschreibt.

c) Geben Sie ein Beispiel für eine Bewegung an, die durch h beschrieben wird.

14

Die Abbildung zeigt jeweils den Graphen einer Funktion f. Geben Sie die x-Werte an, für die f′(x) null, positiv oder negativ ist und skizzieren Sie den Graphen von f′.

a)

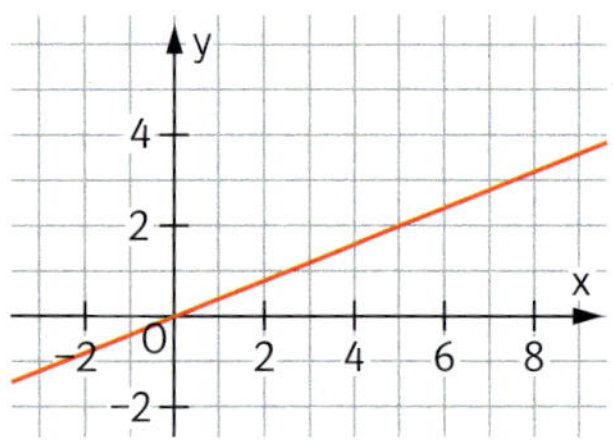

b)

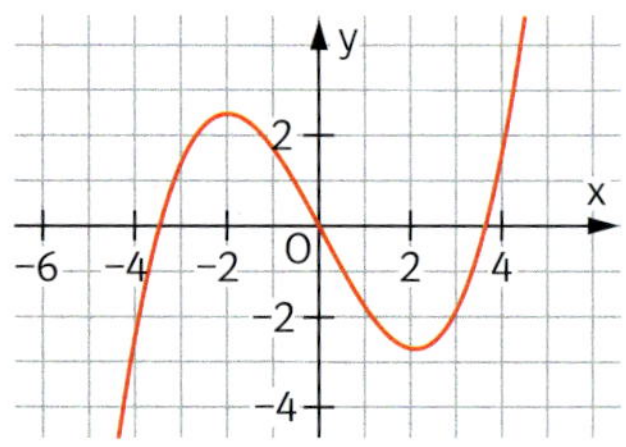

c)

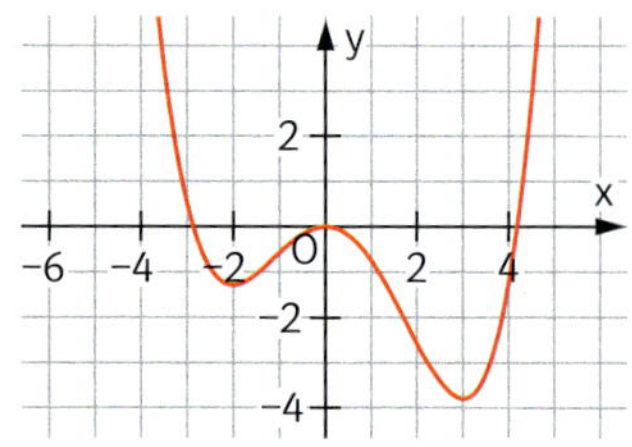

d)

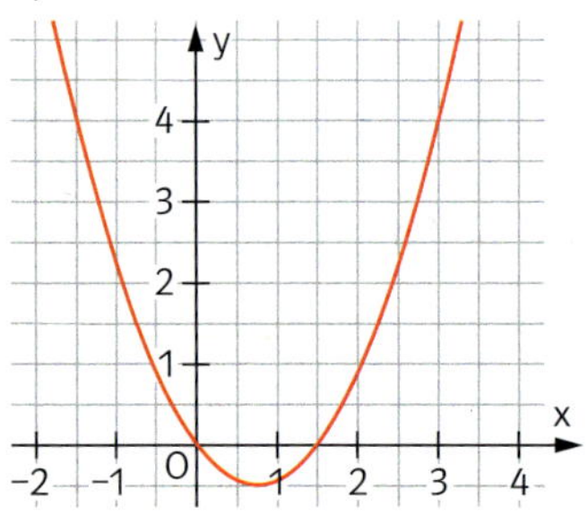

e)

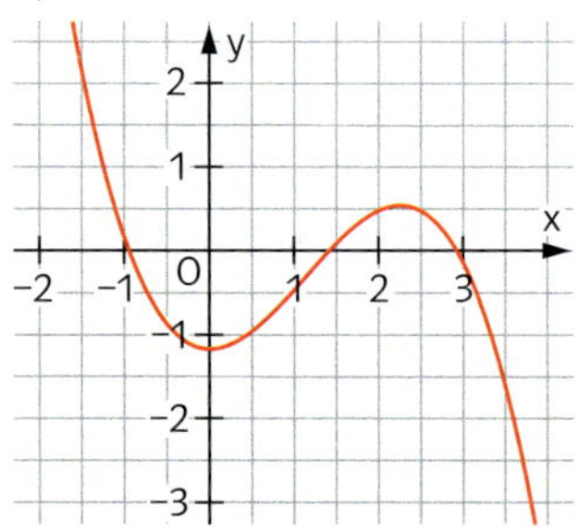

f)

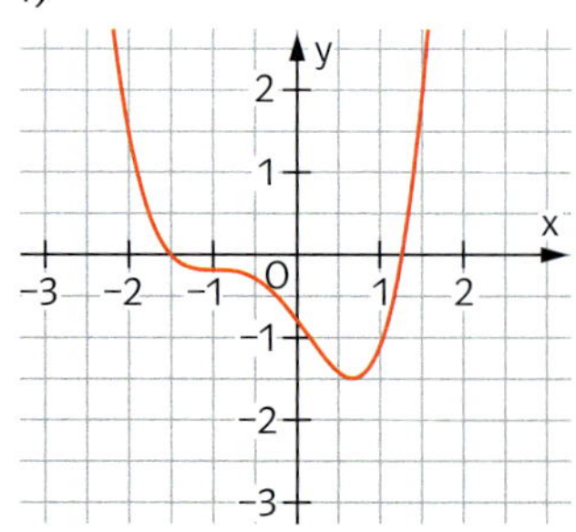

g)

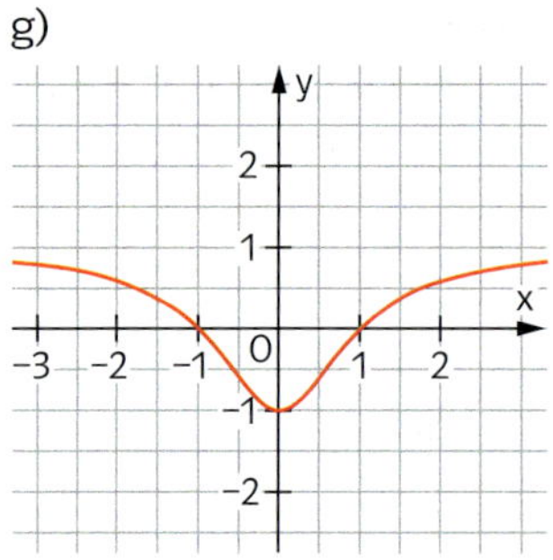

h)

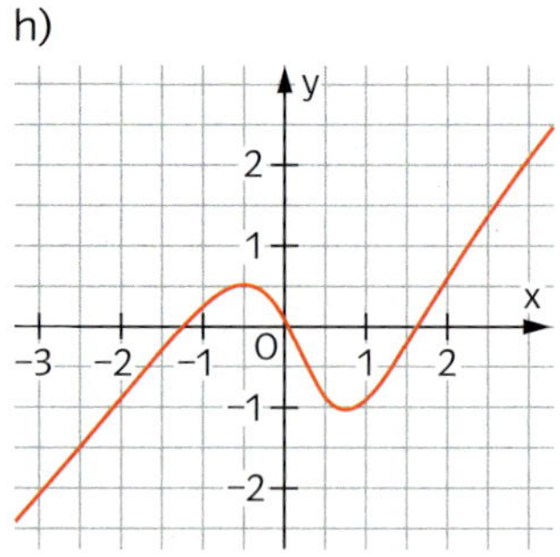

i)

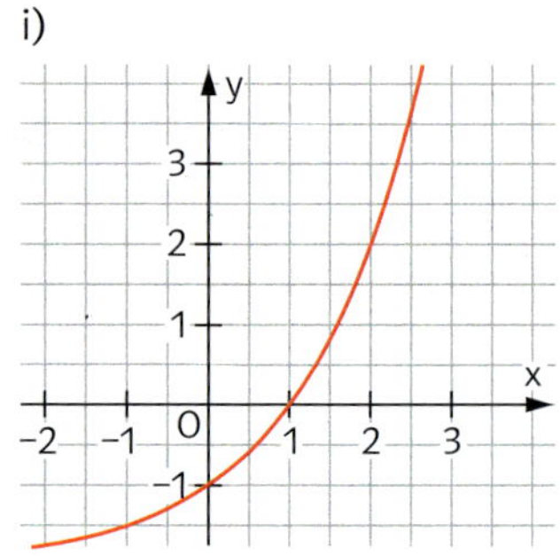

*15

Gegeben sind die Funktion $f: x \mapsto x^2$ und der Punkt $Z(2\,|\,0)$. Für einen Punkt $P(u\,|\,u^2)$ auf G_f ist die Länge der Strecke [ZP] minimal. Bestimmen Sie diese minimale Länge auf zwei Nachkommastellen genau. Welche Strategie haben Sie zur Lösung verwendet?

G 16

Bei einer regelmäßigen vierseitigen Pyramide mit der Grundkante $a = 5\,cm$ sind die Seitenflächen gegen die Grundfläche unter dem Winkel $\alpha = 64°$ geneigt.
Berechnen sie das Volumen und den Oberflächeninhalt der Pyramide.

G 17

Wie oft muss man eine Laplace-Münze mindestens werfen, damit mit mindestens 99 % Wahrscheinlichkeit mindestens einmal Wappen erscheint?

5 Stammfunktion

1

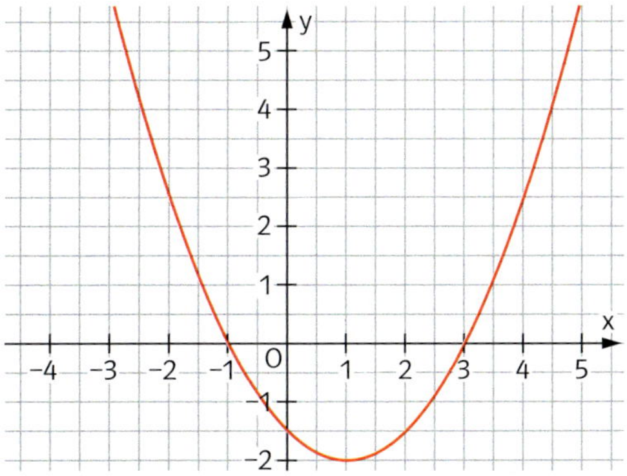

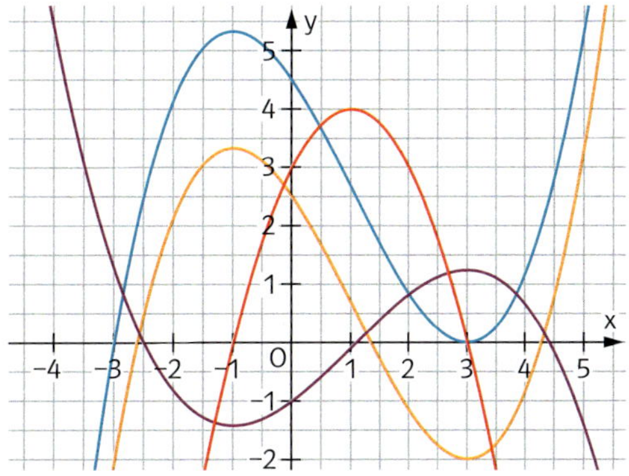

Die linke Abbildung zeigt den Graphen der Ableitung f′ einer Funktion f. Welcher der rechts gezeichneten Graphen kann zur Funktion f gehören? Begründen Sie Ihre Wahl.

Rechts sind blau die Graphen der Funktionen F: $x \mapsto 0{,}25x^2$, G: $x \mapsto 0{,}25x^2 + 2$ und H: $x \mapsto 0{,}25x^2 - 2$ gezeichnet.
Wegen $G(x) = F(x) + 2$ bzw. $H(x) = F(x) - 2$ entstehen die Graphen von G bzw. H aus dem Graphen von F durch Verschiebung in y-Richtung. Daher haben alle drei Parabeln für jedes $x \in \mathbb{R}$ das gleiche Steigungsverhalten. Dies bedeutet, dass F, G und H dieselbe Ableitungsfunktion, nämlich $x \mapsto 0{,}5x$, haben.
Wir bezeichnen diese mit f und können dann schreiben: $F' = G' = H' = f$. Man sagt auch, dass die Funktion f: $x \mapsto 0{,}5x$ von jeder der Funktionen F, G und H abstammt.

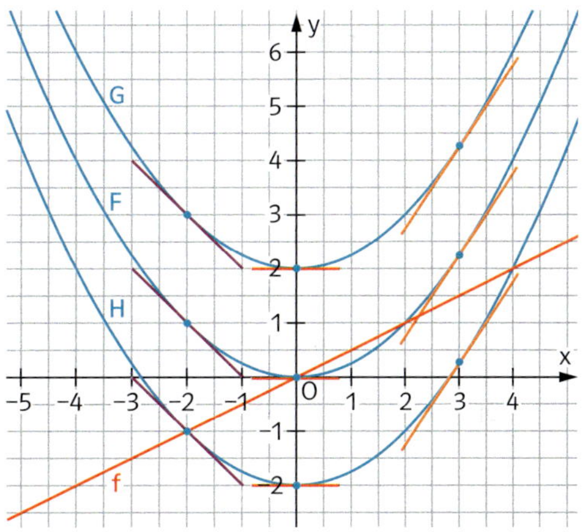

Die eingezeichneten Tangenten an die jeweiligen Graphen veranschaulichen das gleiche Steigungsverhalten der drei Parabeln: Für jeden der drei x-Werte sind die Tangenten parallel.

Definition
Eine Funktion F heißt eine **Stammfunktion** der Funktion f, wenn F und f denselben Definitionsbereich besitzen und gilt: $F'(x) = f(x)$

Bemerkung
Durch Ableiten testet man, ob eine vermutete Stammfunktion tatsächlich die geforderte Ableitung besitzt. Die Stammfunktion von Funktionen ist nicht eindeutig bestimmt.
Z.B. hat die Funktion f: $x \mapsto 0{,}5x$ unendlich viele Stammfunktionen F_c: $x \mapsto 0{,}25x^2 + c$ $(c \in \mathbb{R})$.
Der Graph von F_c ist im Vergleich zum Graphen von F_0 um den Wert c in y-Richtung verschoben.

Strategie:
Rückwärts arbeiten und systematisches Probieren helfen bei der Suche nach einer Stammfunktion.

Beispiel
Überprüfen Sie, ob F: $x \mapsto 2x^2 + 1$ eine Stammfunktion von f: $x \mapsto 4x$ ist.
Lösung:

$$F'(x_0) = \lim_{h \to 0} \frac{2(x_0+h)^2 + 1 - (2x_0^2 + 1)}{h} = \lim_{h \to 0} \frac{2x_0^2 + 4x_0h + 2h^2 + 1 - 2x_0^2 - 1}{h} = \lim_{h \to 0} \frac{4x_0h + 2h^2}{h}$$

$$= \lim_{h \to 0} (4x_0 + 2h) = 4x_0$$

Es gilt also $F'(x) = 4x = f(x)$ und somit ist F Stammfunktion von f.

Aufgaben

2
Überprüfen Sie, ob die Funktion F eine Stammfunktion der Funktion f ist.
a) $F: x \mapsto 0{,}5x^2$ und $f: x \mapsto x$
b) $F: x \mapsto 2x - 2$ und $f: x \mapsto -2$
c) $F: x \mapsto 3x^2 + 1$ und $f: x \mapsto 6x$
d) $F: x \mapsto x^2 - 2x$ und $f: x \mapsto 2x - 2$
e) $F: x \mapsto -x^3 + 3$ und $f: x \mapsto -3x$

3
Im gleichen Koordinatensystem sind der Graph einer Funktion f und der Graph einer Stammfunktion F von f gezeichnet.
Welcher Graph gehört zu f, welcher zu F? Begründen Sie Ihre Entscheidung.

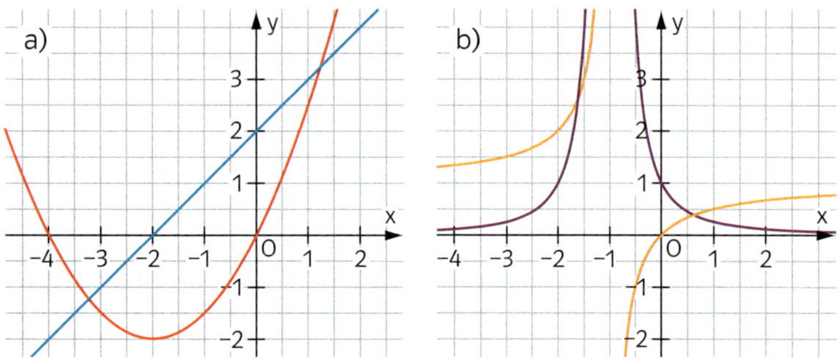

4
Gegeben sind die Graphen der Funktionen f und g (rot gezeichnet) sowie acht weitere Graphen, darunter die Graphen von Stammfunktionen von f und g.
Ordnen Sie den Funktionen ihre Stammfunktionen zu.

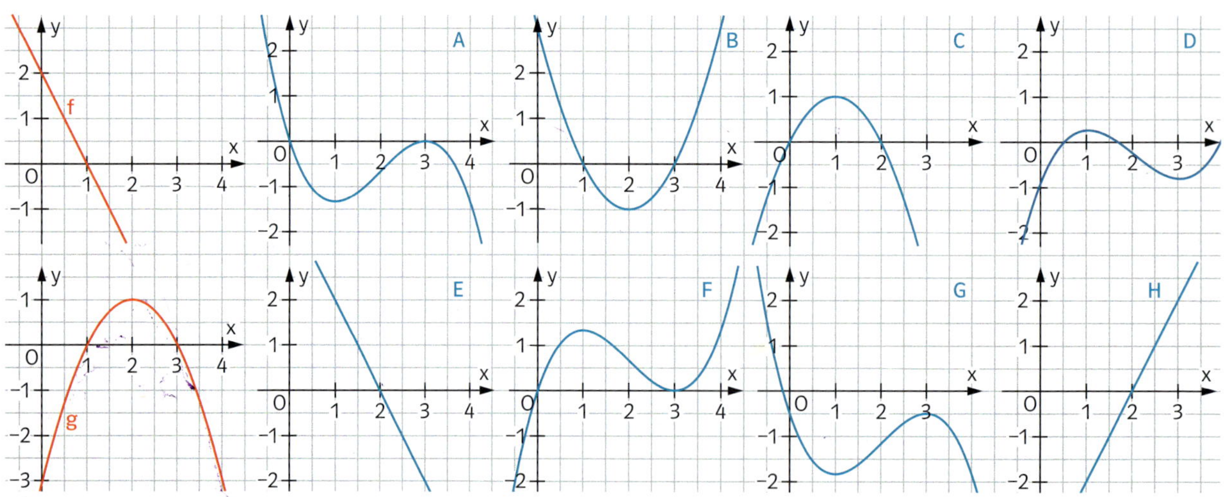

5 (💻)
Die Funktion $F: x \mapsto 0{,}5x^3$ ist eine Stammfunktion von $f: x \mapsto 1{,}5x^2$.
a) Zeichnen Sie die Graphen der Funktionen F und f in ein gemeinsames Koordinatensystem.
b) Welche Steigung hat der Graph von F im Punkt P(0,8 | ?)? Gibt es einen weiteren Punkt S, in dem G_F die gleiche Steigung besitzt?
c) Geben Sie zwei weitere Stammfunktionen G und H von f an und zeichnen Sie die zugehörigen Graphen in das Koordinatensystem von a) ein.
d) Beschreiben Sie, wie die Graphen von F, G und H zusammenhängen.
e) Geben Sie eine Stammfunktion K von f an, für die $K(2) = 11$ gilt.

G 6
Skizzieren Sie jeweils einen möglichen Funktionsgraphen.
a) Die Funktion f ist ganzrational vom Grad drei und hat eine doppelte Nullstelle.
b) Der Graph der Funktion g schließt mit der x- und y-Achse einen Flächeninhalt von $7{,}5\,cm^2$ ein.
c) Die Funktion h ist ganzrational vom Grad vier und hat genau drei Nullstellen.
d) Die Funktion k hat bei $x = 2$ eine Polstelle, bei $x = 1$ eine Nullstelle und es gilt $k(x) \to +\infty$ für $|x| \to \infty$.

6 Die Ableitung der Funktion $x \mapsto x^n$ $(n \in \mathbb{Z})$

1 (🖳)

a) Ergänzen Sie die Tabelle im Heft.

b) Welche Vermutung ergibt sich für $f'(x)$ bei der Funktion $f: x \mapsto x^n$ mit $n \in \mathbb{Z}$?

c) Versuchen Sie, Ihre Vermutung mit einem Funktionsplotter zu überprüfen.

n	3			
$f(x) = x^n$	x^3	x^2	x	$\frac{1}{x}$
$f'(x)$	$3x^2$			

Erinnerung:
Menge der ganzen Zahlen:
$\mathbb{Z} = \{\ldots; -1; 0; 1; 2; \ldots\}$

Die Ableitungen von $f: x \mapsto x^0$ bzw. $g: x \mapsto x^1$ ergeben sich aus einfachen Überlegungen:
Der Graph der Funktion $f: x \mapsto x^0$ ist eine Parallele zur x-Achse und hat die Steigung $m = 0$.
Somit ergibt sich als Ableitung $f': x \mapsto 0$ (vgl. oberes Bild am Rand).
Der Graph der Funktion $g: x \mapsto x^1$ ist eine Gerade mit der Steigung $m = 1$.
Somit ergibt sich als Ableitung $g': x \mapsto 1$ (vgl. unteres Bild am Rand).

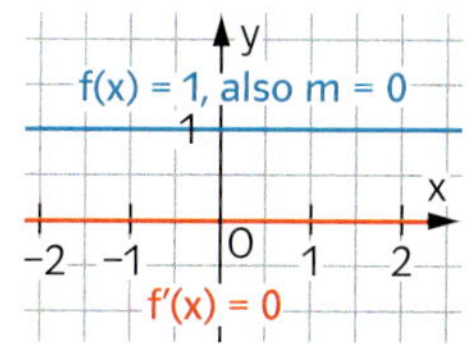

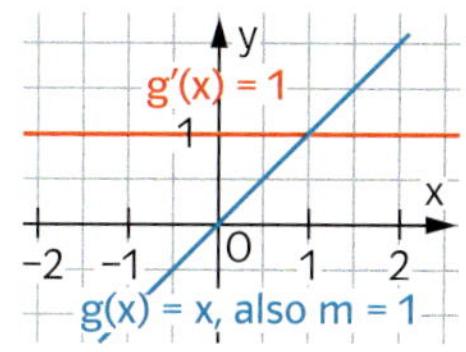

Für $n \in \mathbb{Z}\setminus\{0; 1\}$ wird nun die Ableitung der Funktion $x \mapsto x^n$ an einer Stelle x_0 bestimmt.

Dazu wird zunächst der Differenzenquotient $\frac{f(x_0+h) - f(x_0)}{h} = \frac{(x_0+h)^n - x_0^n}{h}$ vereinfacht und anschließend der Grenzwert für $h \to 0$ bestimmt. Dabei werden zwei Fälle unterschieden.

Fall $n > 1$:
Der Term $(x_0 + h)^n$ wird ausmultipliziert. Dabei erhält man für $n = 2; 3$ bzw. 4:

$(x_0+h)^2 = x_0^2 + 2hx_0 + h^2 \qquad = x_0^2 + 2hx_0 + h^2 \cdot 1 \qquad = x_0^2 + 2hx_0 + h^2 \cdot T_2$

$(x_0+h)^3 = x_0^3 + 3hx_0^2 + 3h^2x_0 + h^3 \qquad = x_0^3 + 3hx_0^2 + h^2 \cdot (3x_0 + h) \qquad = x_0^3 + 3hx_0^2 + h^2 \cdot T_3$

$(x_0+h)^4 = x_0^4 + 4hx_0^3 + 6h^2x_0^2 + 4h^3x_0 + h^4 = x_0^4 + 4hx_0^3 + h^2 \cdot (6x_0^2 + 4hx_0 + h^2) = x_0^4 + 4hx_0^3 + h^2 \cdot T_4$

Beachten Sie:
Die Terme T_i werden hier so (als Polynome mit der Variable h) definiert, dass deren Graphen für $h \to 0$ keine Polstelle besitzen.

Analog kann man schreiben:

$(x_0+h)^5 = x_0^5 + 5 \cdot h \cdot x_0^{5-1} + h^2 \cdot T_5$ bzw. allgemein

$(x_0+h)^n = x_0^n + n \cdot h \cdot x_0^{n-1} + h^2 \cdot T_n$

Damit folgt: $\frac{(x_0 + h)^n - x_0^n}{h} = \frac{x_0^n + n \cdot h \cdot x_0^{n-1} + h^2 \cdot T_n - x_0^n}{h} = n \cdot x_0^{n-1} + h \cdot T_n$

Also gilt: $f'(x_0) = \lim\limits_{h \to 0} (n \cdot x_0^{n-1} + h \cdot T_n) = n \cdot x_0^{n-1}$

Fall $n < 0$:
Mit $n = -k$ ergibt sich entsprechend wie im Fall $n > 1$:

$$\frac{(x_0 + h)^n - x_0^n}{h} = \frac{\frac{1}{(x_0+h)^k} - \frac{1}{x_0^k}}{h} = -\frac{(x_0 + h)^k - x_0^k}{h \cdot (x_0 + h)^k \cdot x_0^k} = -\frac{x_0^k + k \cdot h \cdot x_0^{k-1} + h^2 \cdot T_k - x_0^k}{h \cdot (x_0 + h)^k \cdot x_0^k} = -\frac{k \cdot x_0^{k-1} + h \cdot T_k}{(x_0 + h)^k \cdot x_0^k}$$

Also gilt: $f'(x_0) = \lim\limits_{h \to 0} -\frac{k \cdot x_0^{k-1} + h \cdot T_k}{(x_0 + h)^k \cdot x_0^k} = -\frac{k \cdot x_0^{k-1}}{x_0^k \cdot x_0^k} = -k \cdot x_0^{k-1} \cdot x_0^{-2k} = -k \cdot x_0^{-k-1} = n \cdot x_0^{n-1}$

Hinweis:
Für die zweite Umformung wurde mit dem Hauptnenner des Zählers erweitert.

Satz
Die Funktion $f: x \mapsto x^n$ $(n \in \mathbb{Z})$ besitzt die Ableitung $f': x \mapsto n \cdot x^{n-1}$.

Beispiel
Bestimmen Sie für die Funktion $g: x \mapsto \frac{1}{x^4}$ die Gleichung der Tangente an den Graphen von g, die die Steigung $m = 4$ besitzt.

Lösung:
$g(x) = \frac{1}{x^4} = x^{-4} \Rightarrow g'(x) = -4 \cdot x^{-5} = -\frac{4}{x^5}$; $g'(x) = 4 \Leftrightarrow -\frac{4}{x^5} = 4 \Leftrightarrow x^5 = -1 \Leftrightarrow x = -1$

Zugehöriger y-Wert: $y = g(-1) = \frac{1}{(-1)^4} = 1$; Tangentengleichung: $y = 4x + t$

Wegen $1 = 4 \cdot (-1) + t$ folgt $t = 5$. $\Rightarrow$ Tangentengleichung: $y = 4x + 5$

Eine Skizze gibt einen Überblick und zeigt, dass der Berührpunkt im II. Quadranten liegt:

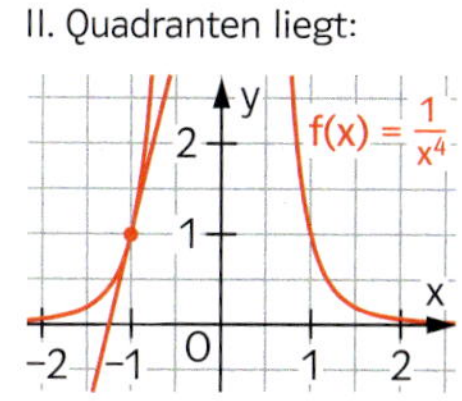

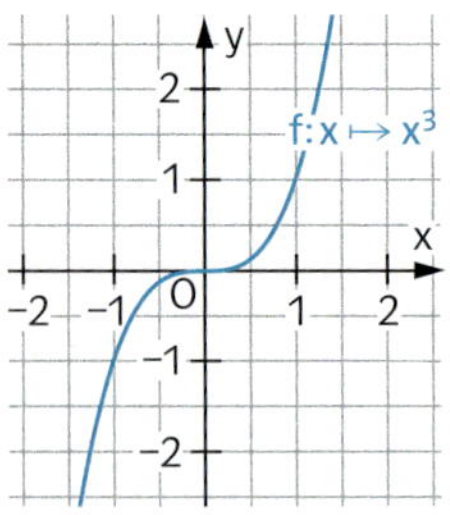

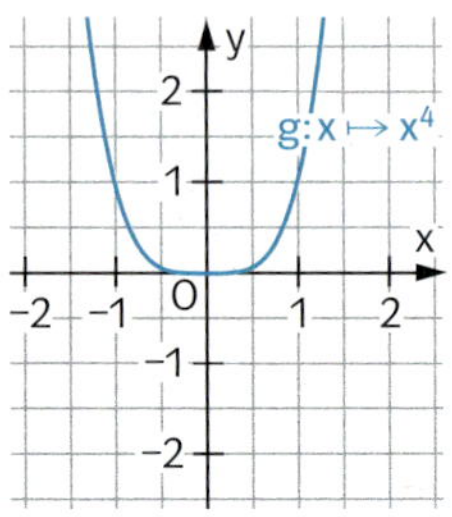

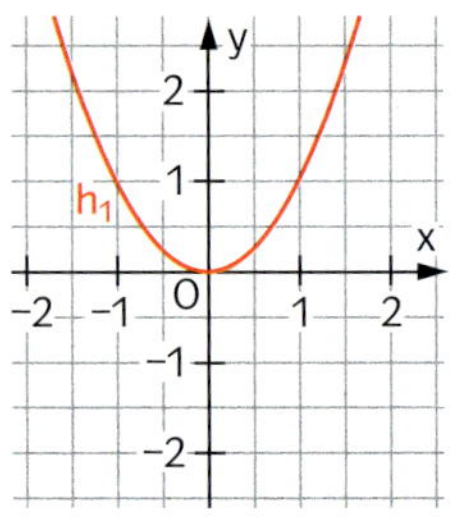

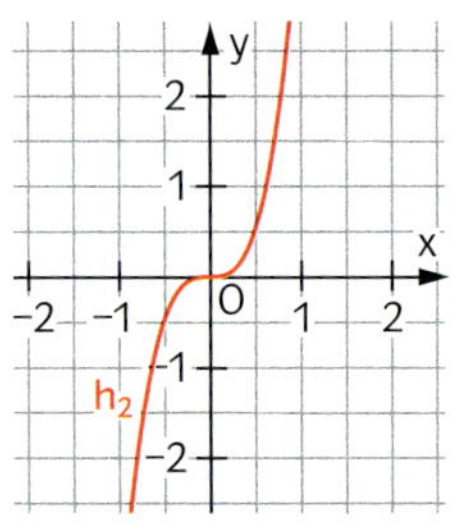

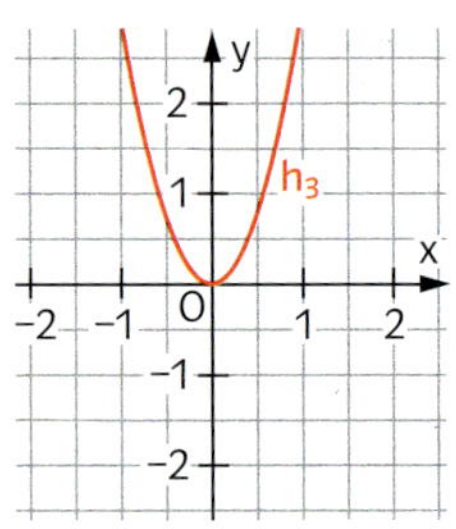

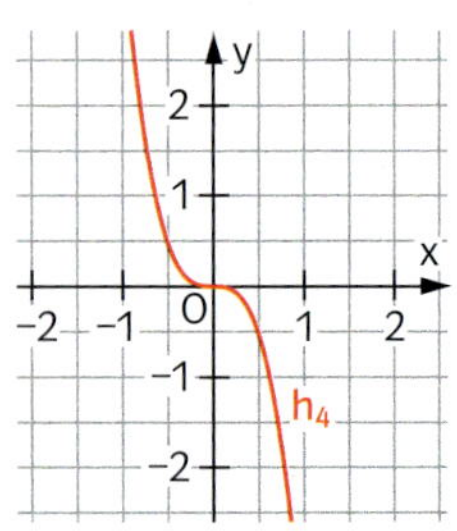

Aufgaben

2
Bestimmen Sie $f'(x)$ für die Funktion f mit

a) $f(x) = x^4$ b) $f(x) = x^6$
c) $f(x) = x^9$ d) $f(x) = x^{-2}$
e) $f(x) = x^{-5}$ f) $f(x) = x^{35}$
g) $f(x) = \frac{1}{x^8}$ h) $f(x) = \frac{1}{x^{-100}}$

3
Es sei $k, m, n \in \mathbb{Z}$.
Bestimmen Sie $f'(x)$ für die Funktion f mit

a) $f(x) = x^k$; b) $f(x) = x^{2n}$;
c) $f(x) = x^{2k+1}$; d) $f(x) = x^{3-m}$;
e) $f(x) = x^{-n+5}$; f) $f(x) = x^{1-3n}$;
g) $f(x) = \frac{1}{x^m}$; h) $f(x) = \frac{1}{x^{-n-1}}$.

4
Welche der folgenden Funktionen können Sie mithilfe der in dieser Lerneinheit neu erlernten Regel ableiten? Begründen Sie und bestimmen Sie gegebenenfalls die Ableitung.

a) $f: x \mapsto (x^2)^3$ b) $g: x \mapsto (x^{-3})^2$
c) $h: x \mapsto x^{\frac{1}{3}}$ d) $k: x \mapsto \left(x^{\frac{1}{3}}\right)^9$
e) $r: t \mapsto \left(t^{\sqrt{2}}\right)^2$ f) $s: a \mapsto a^{3,5}$
g) $g: r \mapsto \left(\frac{1}{r^{-4}}\right)^{2,5}$ h) $h: u \mapsto \left(\frac{1}{u^{-5}}\right)^{0,1}$

5
Gegeben sind am Rand die Graphen der Funktionen f und g (blau gezeichnet) sowie vier weitere Graphen (rot gezeichnet), unter anderem die Graphen der Ableitungsfunktionen von f und g. Ordnen Sie den Funktionen ihre Ableitungsfunktionen zu.

6
Bestimmen Sie für die Funktion f eine Gleichung der Tangente an den Graphen von f, die die angegebene Steigung besitzt.

a) $f(x) = x^4$; $m = -4$ b) $f(x) = x^3$; $m = 12$
c) $f(x) = x^{-1}$; $m = -\frac{3}{4}$ d) $f(x) = x^{-2}$; $m = \frac{1}{4}$
e) $f(x) = \frac{1}{x^6}$; $m = 6$ f) $f(x) = \frac{1}{x^{-5}}$; $m = 0$

7
Bestimmen Sie erst graphisch (verwenden Sie eine geeignete Einheit), dann rechnerisch, an welchen Stellen die Tangente an den Graphen von f den Steigungswinkel α hat.

a) $f(x) = x^3$; $\alpha = 30°$ b) $f(x) = x^4$; $\alpha = 45°$
c) $f(x) = x^5$; $\alpha = 60°$ d) $f(x) = x^{-4}$; $\alpha = 21°$

8
Ein anfangs ruhendes Auto wird gleichmäßig beschleunigt.
Die Länge $s(t)$ des zur Zeit t zurückgelegten Weges wird durch die Funktion $s: t \mapsto t^2$ (s in Meter und $0 < t < 20$ in Sekunden) beschrieben.

a) Bestimmen Sie die mittlere Änderungsrate der Funktion s im Intervall $[0;10]$. Beschreiben Sie, was dieser Wert angibt.
b) Zu welchem Zeitpunkt hat das Auto die Momentangeschwindigkeit 15 $\left(\text{in } \frac{m}{s}\right)$?

9
a) Weisen Sie nach, dass der Graph der Ableitung der Funktion $f: x \mapsto x^5$ achsensymmetrisch bezüglich der y-Achse ist.
b) Zeigen Sie allgemein für ungerade Exponenten n: Der Graph der Ableitung von $f: x \mapsto x^n$ ist achsensymmetrisch bezüglich der y-Achse.
c) Kann man eine entsprechende Aussage wie in b) auch für gerade Exponenten n formulieren? Begründen Sie.

10
Gegeben ist die Funktion $h: x \mapsto x^3$.

a) Die Tangente an G_h in $B(1|1)$ schneidet G_h im Punkt P. Bestimmen Sie P.
b) Bestimmen Sie die Gleichung der Tangente an G_h in einem beliebigen Punkt $T_a(a|a^3)$.

11
Zeichnen Sie die Graphen zweier Funktionen f und g, für deren Ableitungsfunktionen gilt:

a) $f'(x) = g'(x)$ b) $f'(x) = -g'(x)$
c) $f'(x) = 2g'(x)$ d) $f'(x) = g'(x) + 1$

G 12
Beschreiben Sie unter Verwendung der Begriffe Periode, Amplitude und Phasenverschiebung die Bedeutung der Parameter a, b und c bei den folgenden Funktionen:

a) $x \mapsto a \cdot \sin(bx)$ b) $x \mapsto \cos(bx + c)$

G 13
Berechnen Sie exakt (ohne Taschenrechner):

a) $\sqrt{\frac{1}{9} - \frac{1}{25}}$ b) $\sqrt{\frac{1}{36} + \frac{1}{64}}$

7 Summenregel und Faktorregel

1
Bestimmen Sie die Ableitungsfunktionen der Funktionen $g: x \mapsto x^2$ und $h: x \mapsto \frac{1}{x}$.
Bestimmen Sie die Ableitungsfunktion f′ von $f: x \mapsto x^2 + \frac{1}{x}$ mithilfe des Differentialquotienten.
Vergleichen Sie f′ mit g′ und h′.

2
Rechts sind jeweils die Graphen der Funktionen $f: x \mapsto \frac{1}{4}x^2$ und g, mit $g(x) = 2f(x)$ gezeichnet. Für $x = 1$ bzw. für $x = 2$ sind die Tangenten an die Graphen von f und g mit eingezeichnet
Vergleichen Sie jeweils die Steigungen von G_f und G_g an den Stellen $x = 1$ bzw. $x = 2$ durch Ablesen an der Zeichnung
und danach rechnerisch (mithilfe des Differentialquotienten).
Welcher Zusammenhang besteht offenbar zwischen $f'(x)$ und $g'(x)$?

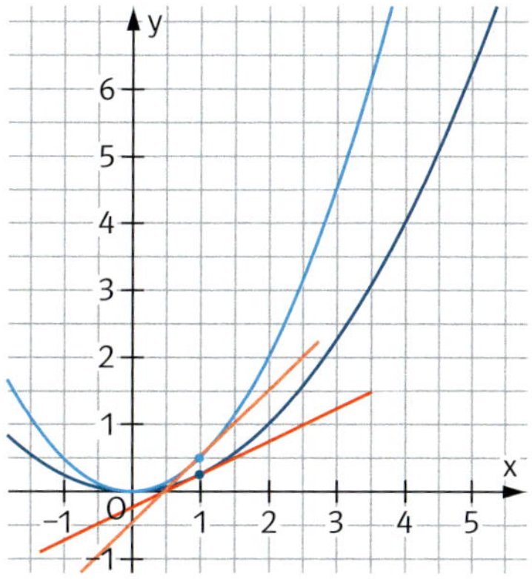

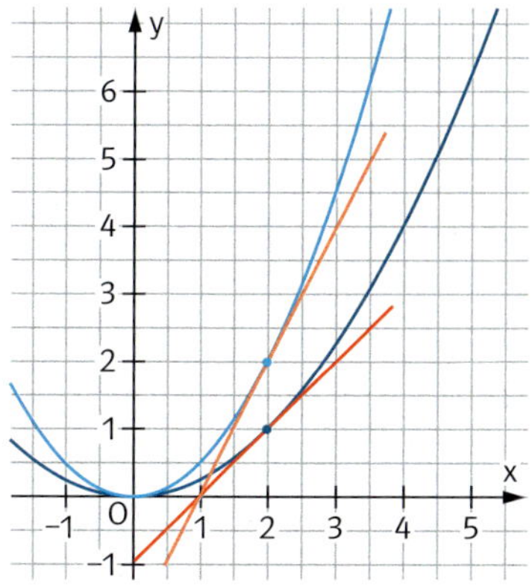

Wir haben in der vorausgehenden Lerneinheit gesehen, dass sich für die Ableitung einer Potenzfunktion eine einfache Regel formulieren lässt.
Rationale Funktionen, deren Funktionsterme Polynomfunktionen sind, sind aus Potenzfunktionen zusammengesetzt. Daher liegt es nahe, auch hierfür nach einfachen Ableitungsregeln zu suchen.

Sind f, g und h Funktionen, für deren Funktionsterme $f(x) = g(x) + h(x)$ gilt, so erhält man aus der Betrachtung des Differentialquotienten:

$$f'(x_0) = \lim_{x \to x_0} \frac{f(x) - f(x_0)}{x - x_0} = \lim_{x \to x_0} \frac{g(x) + h(x) - (g(x_0) + h(x_0))}{x - x_0} = \lim_{x \to x_0} \frac{g(x) - g(x_0) + h(x) - h(x_0)}{x - x_0}$$

$$= \lim_{x \to x_0} \frac{g(x) - g(x_0)}{x - x_0} + \lim_{x \to x_0} \frac{h(x) - h(x_0)}{x - x_0} = g'(x_0) + h'(x_0)$$

Sind f und g Funktionen, für deren Funktionsterme $f(x) = c \cdot g(x)$ gilt, so erhält man aus der Betrachtung des Differentialquotienten:

$$f'(x_0) = \lim_{x \to x_0} \frac{f(x) - f(x_0)}{x - x_0} = \lim_{x \to x_0} \frac{c \cdot g(x) - c \cdot g(x_0)}{x - x_0} = \lim_{x \to x_0} \frac{c \cdot (g(x) - g(x_0))}{x - x_0} = c \cdot \lim_{x \to x_0} \frac{g(x) - g(x_0)}{x - x_0} = c \cdot g'(x_0)$$

Bei den nebenstehenden Umformungen und bei weiteren Betrachtungen werden die folgenden **Grenzwertsätze** verwendet:

$$\lim_{x \to x_0} (f(x) \pm g(x)) = \lim_{x \to x_0} f(x) \pm \lim_{x \to x_0} g(x)$$

$$\lim_{x \to x_0} (f(x) \cdot g(x)) = \lim_{x \to x_0} f(x) \cdot \lim_{x \to x_0} g(x)$$

$$\lim_{x \to x_0} (f(x) : g(x)) = \lim_{x \to x_0} f(x) : \lim_{x \to x_0} g(x)$$

Damit ist der folgende Satz gezeigt:

Satz
Sind die Funktionen g und h differenzierbar, so gilt:
Summenregel: $f(x) = g(x) + h(x) \Rightarrow f'(x) = g'(x) + h'(x)$
Faktorregel: $f(x) = c \cdot g(x) \Rightarrow f'(x) = c \cdot g'(x) \quad (c \in \mathbb{R})$

$(g + h)' = g' + h'$
$(cg)' = cg'$

Summenregel und Faktorregel ermöglichen die Ermittlung der Ableitungsfunktion von rationalen Funktionen.
So erhält man für $f: x \mapsto 3x^4 - 5x^2 - 8x + 5$:

$$f'(x) = [3x^4 - 5x^2 - 8x + 5]'$$
$$= 3[x^4]' - 5[x^2]' - 8[x]' + 5[1]' =$$
$$= 3 \cdot 4x^3 - 5 \cdot 2x - 8 \cdot 1 + 5 \cdot 0 = 12x^3 - 10x - 8$$

Erinnerung:
Der Grad einer ganzrationalen Funktion ist der Wert des größten bei der Variable vorkommenden Exponenten.

Da die Ableitungsfunktion jeder einzelnen Potenzfunktion eine Potenzfunktion mit einem um 1 reduzierten Grad ist, ist auch die Ableitung einer ganzrationalen Funktion eine ganzrationale Funktion mit einem um 1 reduzierten Grad.

Satz
Jede ganzrationale Funktion f vom Grad n ist differenzierbar und ihre Ableitung ist eine ganzrationale Funktion vom Grad $n-1$.

$f(x) = 4x^3 - 3x^2 - x - 4$

$f'(x) = 12x^2 - 6x - 1$

Bemerkung
Umgekehrt kann man mithilfe des Satzes eine Stammfunktion einer ganzrationalen Funktion suchen: So ist eine Stammfunktion von $f: x \mapsto 8x^3 - 2x^2 - 3$ durch $F: x \mapsto 2x^4 - \frac{2}{3}x^3 - 3x$ gegeben, da $F'(x) = f(x)$ ist.

Beispiel 1
Bestimmen Sie $f'(x)$ zu f mit
a) $f(x) = x^3 + \frac{1}{x}$ b) $f(x) = 3x^4$ c) $f(x) = ax^2 + bx + c$

Lösung:
a) $f'(x) = [x^3 + x^{-1}]' = 3x^2 + (-1)\cdot x^{-2} = 3x^2 - \frac{1}{x^2}$ b) $f'(x) = 3\cdot 4x^3 = 12x^3$ c) $f'(x) = 2ax + b$

Beispiel 2
Gegeben sind die Funktionen $g: x \mapsto \frac{1}{4}x^2$ und $h: x \mapsto \frac{1}{2}x - \frac{3}{2}$ sowie die Funktion f mit $f(x) = g(x) + h(x)$.
Zeichnen Sie die Graphen von f, g und h in ein gemeinsames Koordinatensystem und zeichnen Sie die drei Tangenten an die jeweiligen Graphen für $x = -1$ und für $x = 2$ mit ein.
Was gilt für die Tangentensteigungen?

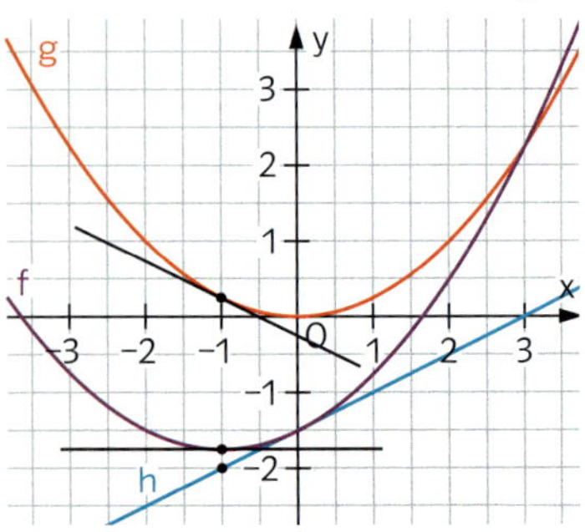

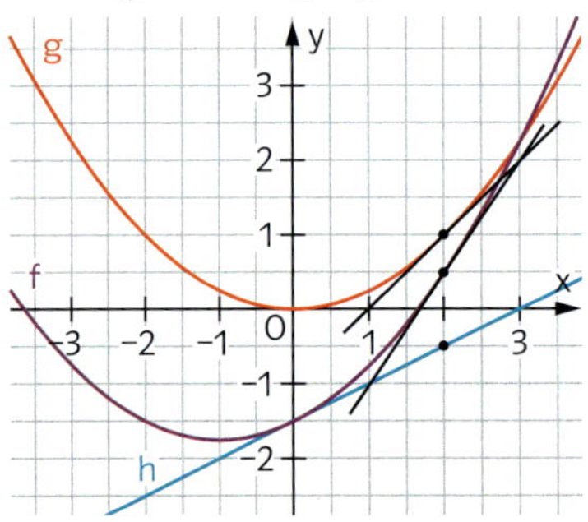

Lösung:
Der Graph von h und die Tangenten an den Graphen von h fallen zusammen, weil h eine lineare Funktion ist.
An beiden Stellen $x = -1$ und $x = 2$ gilt: Die Steigungen der Tangenten von g und h addieren sich jeweils zur Steigung der Tangente von f.
Wegen $f'(x) = g'(x) + h'(x)$ gilt dies für die Tangentensteigung an jeder Stelle $x \in D$.

Beispiel 3
a) Berechne die Ableitungsfunktion von $f: x \mapsto 3x^5 - 4x^2 + 3$ und geben Sie deren Grad an.
b) Berechnen Sie $(f')'(x)$. Wie groß ist der Grad von $(f')'$?
c) Bestimmen Sie zwei verschiedene Stammfunktionen von $g: x \mapsto 2x^3 - 4x^2 - 2$.
d) Wie groß ist der Grad der Ableitung h' und wie groß der Grad der Stammfunktion H von $h: x \mapsto 3x^2 - x^3$?

Lösung:
a) $f'(x) = 3\cdot 5x^4 - 4\cdot 2x + 0 = 15x^4 - 8x$. Der Grad von f' ist 4.
b) $(f')'(x) = 15\cdot 4x^3 - 8\cdot 1 = 60x^3 - 8$. Der Grad von $(f')'$ ist 3.
c) G_1 mit $G_1(x) = \frac{1}{2}x^4 - \frac{4}{3}x^3 - 2x$ und G_2 mit $G_2(x) = \frac{1}{2}x^4 - \frac{4}{3}x^3 - 2x + 1$ sind Stammfunktionen von g, weil $G_1'(x) = G_2'(x) = g(x)$ gilt.
d) Da 3 der Grad von h ist, ist der Grad von h' gleich 2 und der Grad von H gleich 4.

Aufgaben

3
Bestimmen Sie die Ableitung.

a) $f: x \mapsto 1 + \frac{1}{x}$ b) $g: x \mapsto x^2 - \frac{1}{x^2}$

c) $f: z \mapsto \frac{4}{3} z^6$ d) $f: x \mapsto x^3 + x^{-5}$

e) $g: u \mapsto u^{-8} - 8u^3$ f) $f: x \mapsto \frac{2x}{5} + \frac{5}{x^2}$

g) $f: x \mapsto \frac{3}{4x^2}$ h) $f: x \mapsto 5$

i) $g: x \mapsto \frac{3}{5} x^{-5}$ k) $h: x \mapsto \frac{1}{2} \cdot \frac{1}{x^{10}} - 3$

4
Berechnen Sie die Ableitungsfunktion f′ und geben Sie die Werte f′(0) und f′(1) an. Steigt oder fällt der Graph von f an der Stelle $x = 0$?

a) $f(x) = 4x^3 - 5x^2 - 3x + 1$

b) $f(x) = \frac{3}{4}x^8 - 2x^5 + \frac{5}{6}x^3 - \frac{1}{3}x^2 - 5$

c) $f(x) = 0{,}8x^4 - 1{,}3x^2 + ax - 2 \ (a \in \mathbb{R})$

d) $f(x) = \frac{2}{3}x^6 - \frac{5}{6}x^2 - 3x - \frac{2}{x}$

e) $f(x) = -x^3 + 1{,}5x^2 - 3{,}5x + 2{,}5$

f) $f(x) = ax^3 - 5x^5 - 1 \ (a \in \mathbb{R})$

g) $f(x) = x^7 - x^6 + x^5 - x^4 + x$

5
Gegeben ist der Graph der Funktion g:

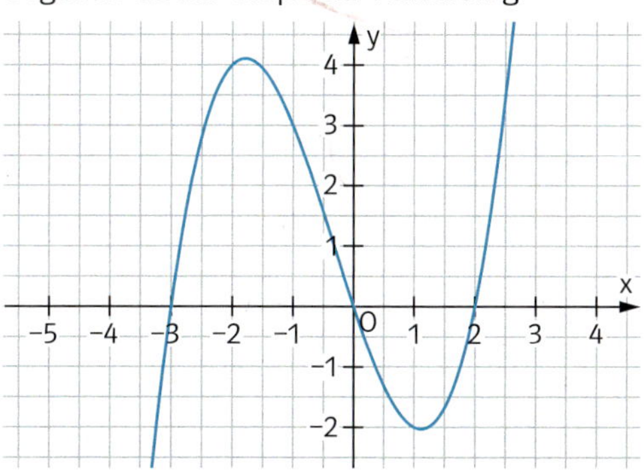

a) Welche der folgenden Funktionen kann die Ableitungsfunktion von g sein? Begründen Sie Ihre Entscheidung!

$h_1(x) = 2x^2 + \frac{3}{2}x + 1$; $h_2(x) = \frac{1}{2}x^3 + x - 2$;

$h_3(x) = \frac{3}{2}x^2 + x - 3$; $h_4(x) = -\frac{1}{2}x^2 + x - 3$

b) Welche der folgenden Funktionen kann eine Stammfunktion von g sein? Begründen Sie Ihre Entscheidung!

$k_1(x) = \frac{1}{4}x^4 + \frac{1}{3}x^2 - \frac{3}{4}x$

$k_2(x) = \frac{1}{8}x^4 + \frac{1}{6}x^3 - \frac{3}{2}x^2$

$k_3(x) = \frac{1}{3}x^3 + \frac{1}{2}x^2 - 2$

$k_4(x) = -x^4 + \frac{1}{3}x^3 + \frac{1}{2}x^2$

6
Geben Sie den Term der Ableitungsfunktion an.

a) $h(x) = 6x^2 + \frac{3}{2x} - 1$ b) $f(a) = \frac{1}{2}a^{-3} - 3a$

c) $g(x) = 2x^2 - 3a^2$ d) $h(a) = 2x^2 - 3a^2$

e) $f(t) = 4t^{-1} - at$ f) $g(x) = 3a^2 - a$

g) $h(x) = \frac{4}{3}x^4 - z + \frac{1}{x}$ h) $f(z) = \frac{3}{8}z^4 - \frac{3}{2}z^2$

i) $f(t) = (2t^2 - 3t) \cdot t$ k) $h(x) = \frac{1}{x}(3x^3 - 2x)$

l) $g(x) = 1{,}3x^6 - 2{,}1z^3 + 8z - \frac{1}{2z^2}$

Hinweis:
Der Vergleich von 6c) und 6d) zeigt, wie wichtig es ist, auf die richtige Funktionsvariable zu achten.

7
a) Bestimmen Sie die Ableitungen der konstanten Funktionen $f: x \mapsto 2$; $g: x \mapsto -\frac{12}{5}$ und $h: x \mapsto c$.

b) Bestimmen Sie die Ableitungen der linearen Funktionen $f: x \mapsto 2x + 3$; $g: x \mapsto -\frac{1}{2}x + t$ und $h: x \mapsto mx + t$.

Lösungssalat zu 4 (Werte für f′(0)):

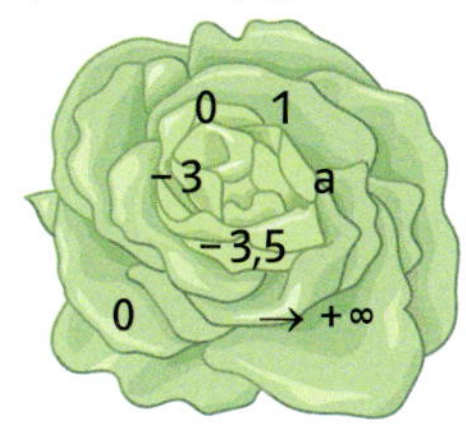

8
Ordnen Sie den folgenden Funktionstermen jeweils ein rotes Kärtchen als Ableitungsfunktion und ein grünes Kärtchen als eine Stammfunktion zu. Die vier verbleibenden Kärtchen ergeben ein Lösungswort.

$f_1(x) = 3x + \frac{1}{x^2}$

$f_2(x) = 2{,}4x^2 - \frac{1}{2}x^4$

$f_3(x) = -\frac{5}{x^2} - 4x$

$f_4(x) = x^3 - 2x^2$

$f_5(x) = 3 - \frac{3}{x^2}$

$f_6(x) = 4x^3 - 3x^4$

Rote Kärtchen:

- $-4x + 3x^2$ | A
- $\frac{5}{x^3} - 4$ | H
- $6x^{-3}$ | L
- $4{,}8x - 2x^3$ | E
- $-12x^3 + 12x^2$ | R
- $12x^3 + 12x^2$ | O
- $3 - \frac{2}{x^3}$ | R
- $-4 + 10x^{-3}$ | B

Grüne Kärtchen:

- $3x + \frac{3}{x}$ | M
- $x^4 - \frac{3}{5}x^5$ | D
- $\frac{5}{x} - 2x^2$ | N
- $\frac{3}{2}x^2 - \frac{1}{x}$ | Z
- $0{,}8x^3 - \frac{1}{10}x^5$ | K
- $3x - \frac{3}{x}$ | E
- $\frac{2}{3}x^3 - \frac{1}{4}x^4$ | S
- $\frac{1}{4}x^4 - \frac{2}{3}x^3$ | T

9
Berechnen und vergleichen Sie die Steigungen an den drei Stellen $x = -1$; $x = 0$ und $x = 1$:

a) $f(x) = 9x^3 - 2x + 6$

b) $f(x) = 2x^n - 5 \ (n \in \mathbb{Z})$

10

a) Zeichnen Sie den Graph der Funktion f ab und skizzieren Sie den Graphen der zugehörigen Ableitungsfunktion f′.

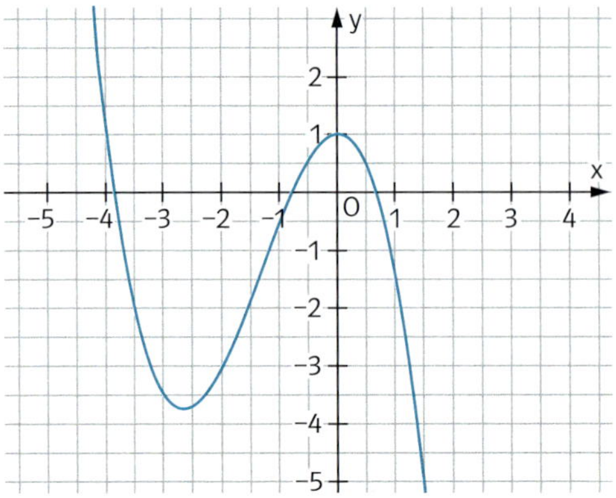

b) Zeichnen Sie den Graph der Funktion g ab und skizzieren Sie den Graphen der zugehörigen Stammfunktion G, für die $G(0) = 0$ gilt.

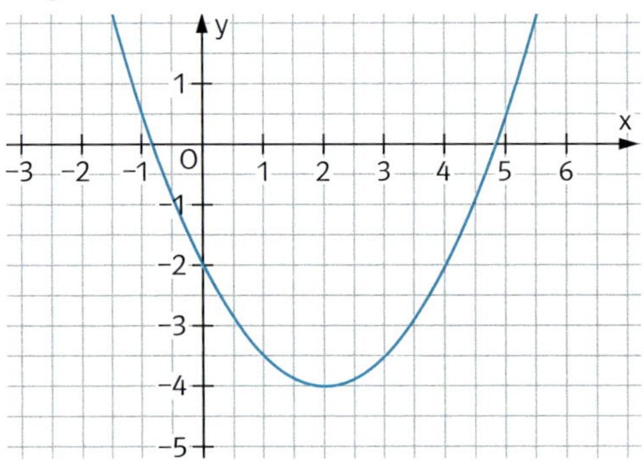

11

Berechnen Sie zur Funktion
$f: x \mapsto 0{,}4x^5 - \frac{5}{6}x^3 - 4x^2 + x - 3$
die Ableitungsfunktion $f'(x)$ und deren Ableitungsfunktion $g(x) = (f')'(x)$.
Wie groß ist der Grad von f′, wie groß der Grad von g?

12

Berechnen Sie die Ableitungsfunktion f′ und bestimmen Sie alle Nullstellen von f′.

a) $f: x \mapsto \frac{5}{6}x^2 - \frac{3}{2}x + 2$

b) $f: x \mapsto 2x^3 + x^2 - x + 1$

c) $f: x \mapsto \frac{4}{9}x^3 - 2x - \frac{1}{2}$

d) $f: x \mapsto 3x^3 + \frac{2}{x} - 4$

e) $f: x \mapsto \frac{3}{4}x^4 - \frac{2}{3}x^3 - \frac{1}{2}x^2 + 2$

f) $f: x \mapsto \frac{2}{3}x^5 + \frac{1}{8}x^3 + 3x - \frac{1}{2}$

13 (💻)

Gegeben ist die Funktion f mit
$f(x) = 2x^4 - x^2 - 3$.

a) Untersuchen Sie f auf Symmetrie.

b) Bestimmen Sie die Ableitungsfunktion f′.

c) Untersuchen Sie f′ auf Symmetrie.

d) Zeichen Sie die beiden Graphen mit einem Funktionsplotter.

e) Begründen Sie allgemein, dass die Ableitungsfunktion einer bezüglich der y-Achse achsensymmetrischen Funktion punktsymmetrisch bezüglich des Ursprungs ist und umgekehrt.

14

Berechnen Sie jeweils die Steigung des Graphen von f in den Schnittpunkten mit den Koordinatenachsen.

a) $f(x) = 4x - x^3$

b) $f(x) = 4x^2 - x - 3$

c) $f(x) = x^3 - 3x + 2$

d) $f(x) = 3x^2 - 1$

e) $f(x) = 3x^2 - x^4$

f) $f(x) = x^4 - 5x^2 + 4$

15

Gegeben sind die Funktionen f und g mit
$f(x) = \frac{2}{9}x^3 - \frac{x}{2}$ bzw. $g(x) = -\frac{1}{18}x^3 + 2x$.

a) Berechnen Sie die Schnittwinkel der x-Achse mit den Tangenten an G_f und G_g in allen Nullstellen.

b) Ermitteln Sie die gemeinsamen Punkte der beiden Funktionsgraphen.
Berechnen Sie die Schnittwinkel der Tangenten in diesen Punkten.

c) Bestimmen Sie die Gleichung einer waagrechten Geraden h, die Tangente an den Graphen von g in einem Punkt mit positivem x-Wert ist.

G16

Ein Dreieck ABC soll durch einen Schnitt parallel zu AB in zwei Teile mit gleichem Flächeninhalt zerlegt werden.
Wie müssen sich die Abschnitte verhalten, in welche die Höhe h_c zu teilen ist?

G17

Der Graph der Funktion $f: x \mapsto 2x^2 - 3x - 2$ wird mit dem Streckungsfaktor 2 in x-Richtung gestreckt. Bestimmen Sie den Funktionsterm, der zu dem gestreckten Graphen gehört. Ermitteln Sie die Nullstellen der beiden Funktionen.

8 Produktregel und Quotientenregel

1

Betrachten Sie die Funktion f mit $f(x) = u(x) \cdot v(x)$ und $u(x) = 3x^2 - 4$, $v(x) = 4x^3 - 3x$.

a) Berechnen Sie $u'(x)$ und $v'(x)$.

b) Multiplizieren Sie den Funktionsterm $f(x)$ aus und berechnen Sie anschließend $f'(x)$.

c) Ist die Gleichung $f'(x) = u'(x)v'(x)$ richtig?

2

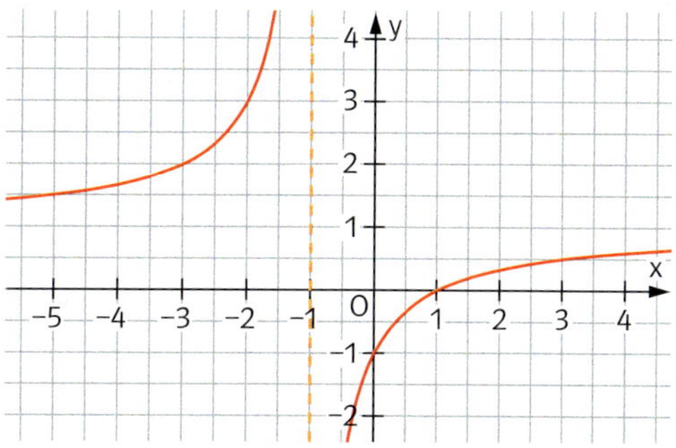

Rechts ist der Graph der Funktion f mit $f(x) = \frac{x-1}{x+1}$ gezeichnet.
Übertragen Sie den Graphen in Ihr Heft und skizzieren Sie dazu den Graphen der Ableitungsfunktion f'.
Benennen Sie Eigenschaften der Funktion f' und versuchen Sie, an Hand dieser Eigenschaften und der Skizze, einen möglichen Funktionsterm für f' anzugeben.

In der vorangegangenen Lerneinheit haben wir gesehen, dass die Ableitungsfunktion der Summe zweier Funktionen g und h gleich der Summe der Ableitungsfunktionen der beiden Funktionen g und h ist.
Daher lässt sich zur Funktion $f: x \mapsto x^2 + 3x$ die Ableitungsfunktion $f': x \mapsto 2x + 3$ ermitteln, weil man die Ableitungen der beiden Summanden von f kennt.

Einfache Beispiele zeigen, dass die Situation bei der Bestimmung der Ableitung eines Produkts zweier Funktionen nicht ganz so einfach ist:
Betrachtet man $f: x \mapsto x^2 \cdot 3x$, so ist wegen $x^2 \cdot 3x = 3x^3$ die Ableitungsfunktion: $f': x \mapsto 9x^2$.
Das Produkt der Ableitungen der einzelnen Faktoren ist dagegen $[x^2]' \cdot [3x]' = 2x \cdot 3 = 6x$.

Um auch für das Produkt zweier Funktionen eine Ableitungsregel zu erhalten, betrachtet man den Differentialquotient für die Funktion f mit $f(x) = u(x) \cdot v(x)$ an einer beliebigen Stelle x_0:

$$
\begin{aligned}
f'(x_0) &= \lim_{x \to x_0} \frac{f(x) - f(x_0)}{x - x_0} = \lim_{x \to x_0} \frac{u(x) \cdot v(x) - u(x_0) \cdot v(x_0)}{x - x_0} \\
&= \lim_{x \to x_0} \frac{u(x) \cdot v(x) - u(x_0) v(x) + u(x_0) v(x) - u(x_0) v(x_0)}{x - x_0} \\
&= \lim_{x \to x_0} \frac{u(x) \cdot v(x) - u(x_0) v(x)}{x - x_0} + \lim_{x \to x_0} \frac{u(x_0) v(x) - u(x_0) v(x_0)}{x - x_0} \\
&= \lim_{x \to x_0} v(x) \frac{u(x) - u(x_0)}{x - x_0} + \lim_{x \to x_0} u(x_0) \frac{v(x) - v(x_0)}{x - x_0} \\
&= \lim_{x \to x_0} v(x) \cdot \lim_{x \to x_0} \frac{u(x) - u(x_0)}{x - x_0} + u(x_0) \cdot \lim_{x \to x_0} \frac{v(x) - v(x_0)}{x - x_0} \\
&= v(x_0) \cdot u'(x_0) + u(x_0) \cdot v'(x_0)
\end{aligned}
$$

Es werden die **Grenzwertsätze**
$\lim_{x \to x_0} (f(x) \pm g(x))$
$= \lim_{x \to x_0} f(x) \pm \lim_{x \to x_0} g(x)$
und
$\lim_{x \to x_0} (f(x) \cdot g(x))$
$= \lim_{x \to x_0} f(x) \cdot \lim_{x \to x_0} g(x)$
verwendet.

Damit ist der folgende Satz gezeigt:

Satz
Sind die Funktionen u und v differenzierbar, so gilt:
Produktregel: $f(x) = u(x) \cdot v(x) \Rightarrow f'(x) = u'(x) \cdot v(x) + u(x) \cdot v'(x)$

$(u \cdot v)' = u' \cdot v + u \cdot v'$

Bemerkung
Die Faktorregel ist ein Spezialfall der Produktregel. Denn betrachtet man $f(x) = c \cdot g(x)$ und setzt $u(x) = c$ und $v(x) = g(x)$, so erhält man mit der Produktregel
$f'(x) = [c]' \cdot g(x) + c \cdot g'(x) = 0 \cdot g(x) + c \cdot g'(x) = c \cdot g'(x)$, was auch die Faktorregel liefert.

Auch für Funktionen, deren Funktionsterme sich als Quotient zweier Funktionsterme ergeben, kann man durch Betrachtung des Differentialquotienten eine Ableitungsregel erhalten.

Man betrachtet für eine Funktion f mit $f(x) = \frac{u(x)}{v(x)}$ und eine beliebige Stelle x_0 mit $v(x_0) \neq 0$:

$$f'(x_0) = \lim_{x \to x_0} \frac{f(x) - f(x_0)}{x - x_0} = \lim_{x \to x_0} \frac{\frac{u(x)}{v(x)} - \frac{u(x_0)}{v(x_0)}}{x - x_0} = \lim_{x \to x_0} \frac{\frac{u(x) \cdot v(x_0)}{v(x) \cdot v(x_0)} - \frac{u(x_0) \cdot v(x)}{v(x_0) \cdot v(x)}}{x - x_0}$$

$$= \lim_{x \to x_0} \frac{1}{v(x) \cdot v(x_0)} \cdot \frac{u(x) \cdot v(x_0) - u(x_0) \cdot v(x)}{x - x_0}$$

Wieder werden bei der Umformung die Grenzwertsätze verwendet.

$$= \lim_{x \to x_0} \frac{1}{v(x) \cdot v(x_0)} \cdot \lim_{x \to x_0} \frac{u(x) \cdot v(x_0) - u(x_0) \cdot v(x)}{x - x_0}$$

$$= \frac{1}{v(x_0) \cdot v(x_0)} \cdot \lim_{x \to x_0} \frac{u(x) \cdot v(x_0) - u(x_0) \cdot v(x_0) + u(x_0) \cdot v(x_0) - u(x_0) \cdot v(x)}{x - x_0}$$

$$= \frac{1}{[v(x_0)]^2} \cdot \left(\lim_{x \to x_0} \frac{u(x) \cdot v(x_0) - u(x_0) \cdot v(x_0)}{x - x_0} + \lim_{x \to x_0} \frac{u(x_0) \cdot v(x_0) - u(x_0) \cdot v(x)}{x - x_0} \right)$$

$$= \frac{1}{[v(x_0)]^2} \cdot \left(v(x_0) \cdot \lim_{x \to x_0} \frac{u(x) - u(x_0)}{x - x_0} + u(x_0) \cdot \lim_{x \to x_0} \frac{v(x_0) - v(x)}{x - x_0} \right)$$

$$= \frac{1}{[v(x_0)]^2} \cdot \left(v(x_0) \cdot \lim_{x \to x_0} \frac{u(x) - u(x_0)}{x - x_0} - u(x_0) \cdot \lim_{x \to x_0} \frac{v(x) - v(x_0)}{x - x_0} \right)$$

$$= \frac{1}{[v(x_0)]^2} \cdot \left(v(x_0) \cdot u'(x_0) - u(x_0) \cdot v'(x_0) \right) = \frac{v(x_0) \cdot u'(x_0) - u(x_0) \cdot v'(x_0)}{[v(x_0)]^2}$$

Damit ergibt sich der folgende Satz:

$$\left(\frac{u}{v}\right)' = \frac{u' \cdot v - u \cdot v'}{v^2}$$

Satz
Sind die Funktionen u und v differenzierbar, so gilt für alle x mit $v(x) \neq 0$:

Quotientenregel: $f(x) = \frac{u(x)}{v(x)} \Rightarrow f'(x) = \frac{u'(x) \cdot v(x) - u(x) \cdot v'(x)}{[v(x)]^2}$

Bemerkung
Im Gegensatz zur Faktorregel und zur Summenregel liefern die Produktregel und die Quotientenregel keinen Hinweis auf eine Stammfunktion. So ist nicht ohne Weiteres erkennbar, dass zur Funktion $f(x) = \frac{-2}{(x-1)^2}$ die Funktion $f(x) = \frac{2x}{x-1}$ eine Stammfunktion ist.

Beispiel 1
Berechnen Sie auf zwei verschiedene Weisen die Ableitung f' zu f mit $f(x) = (2x^2 - 1)(x - 3x^2)$.
Lösung:
Mit Produktregel:
$f(x) = u(x) \cdot v(x)$ mit $u(x) = 2x^2 - 1$ und $v(x) = x - 3x^2 \Rightarrow u'(x) = 4x$ und $v(x) = 1 - 6x$
$f'(x) = 4x(x - 3x^2) + (2x^2 - 1)(1 - 6x) = 4x^2 - 12x^3 + (2x^2 - 12x^3 - 1 + 6x) = -24x^3 + 6x^2 + 6x - 1$
Durch Ausmultiplizieren:
$f(x) = (2x^2 - 1)(x - 3x^2) = 2x^3 - 6x^4 - x + 3x^2 = -6x^4 + 2x^3 + 3x^2 - x$
$f'(x) = -6 \cdot 4x^3 + 2 \cdot 3x^2 + 3 \cdot 2x - 1 = -24x^3 + 6x^2 + 6x - 1$

Beispiel 2

Berechnen Sie f'(x) und f'(0).

a) $f(x) = \frac{3x}{1-x}$ b) $f(x) = 4x^2 - \frac{4-x}{x^2}$ c) $f(x) = \frac{x^2 - 5x + 1}{2x^2 + 3}$

Lösung:

a) $f(x) = \frac{u(x)}{v(x)}$ mit $u(x) = 3x$ und $v(x) = 1 - x \Rightarrow u'(x) = 3;\ v'(x) = -1$

$f'(x) = \frac{3(1-x) - 3x(-1)}{(1-x)^2} = \frac{3 - 3x + 3x}{(1-x)^2} = \frac{3}{(1-x)^2};\ f'(0) = \frac{3}{(1-0)^2} = 3$

Anfangs ist es meist hilfreich, sich die Einzelterme so getrennt aufzuschreiben.

b) $f'(x) = 8x - \frac{-1 \cdot x^2 - 2x(4-x)}{x^4} = 8x - \frac{-x^2 - 8x + 2x^2}{x^4} = 8x - \frac{x^2 - 8x}{x^4} = 8x - \left(\frac{x^2}{x^4} - \frac{8x}{x^4}\right) = 8x - \frac{1}{x^2} + \frac{8}{x^3};$

f'(0) ist nicht definiert (f besitzt für $x = 0$ eine Definitionslücke).

Alternatives Vorgehen:

$f(x) = 4x^2 - \frac{4-x}{x^2} = 4x^2 - \frac{4}{x^2} + \frac{1}{x} \Rightarrow f'(x) = 8x - (-2)\frac{4}{x^3} - \frac{1}{x^2} = 8x + \frac{8}{x^3} - \frac{1}{x^2}$

c) $f(x) = \frac{u(x)}{v(x)}$ mit $u(x) = x^2 - 5x + 1$ und $v(x) = 2x^2 + 3 \Rightarrow u'(x) = 2x - 5;\ v'(x) = 4x$

$f'(x) = \frac{(2x-5)(2x^2+3) - (x^2 - 5x + 1)\cdot 4x}{(2x^2+3)^2} = \frac{(4x^3 + 6x - 10x^2 - 15) - (4x^3 - 20x^2 + 4x)}{(2x^2+3)^2}$

$= \frac{4x^3 + 6x - 10x^2 - 15 - 4x^3 + 20x^2 - 4x}{(2x^2+3)^2} = \frac{10x^2 + 2x - 15}{(2x^2+3)^2};$

$f'(0) = \frac{-15}{3^2} = -\frac{5}{3}$

Sofern es nicht für die Weiterarbeit notwendig ist, wird der Nenner nicht ausmultipliziert.

Beispiel 3

Berechnen Sie die Ableitung der Funktion $f: x \mapsto \frac{2x+1}{3-2x}$. Zeichnen Sie die Graphen von f und f' in ein gemeinsames Koordinatensystem. Wie verhalten sich f bzw. f' an der Definitionslücke?

Lösung:

$f'(x) = \frac{2(3-2x) - (2x+1)\cdot(-2)}{(3-2x)^2}$

$= \frac{6 - 4x - (-4x - 2)}{(3-2x)^2}$

$= \frac{8}{(3-2x)^2}$

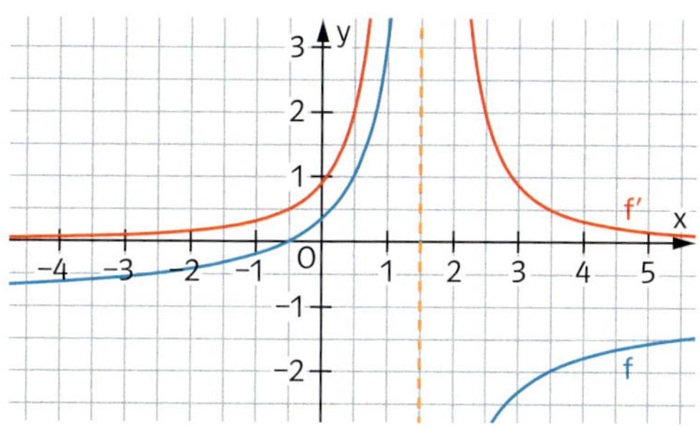

An der Stelle $x = \frac{3}{2}$ besitzt f eine Polstelle mit Vorzeichenwechsel.
f' besitzt an der Stelle $x = \frac{3}{2}$ ebenfalls eine Polstelle, allerdings ohne Vorzeichenwechsel.

Beispiel 3 zeigt: Die Polstelle bleibt beim Ableiten erhalten, jedoch ändert sich das Vorzeichenwechsel-Verhalten.

Aufgaben

3

Berechnen Sie die Ableitung auf zwei verschiedene Weisen mithilfe der Produktregel bzw. durch Ausmultiplizieren.

a) $f(x) = (x^3 - 2x - 1)(x^2 + 3)$
b) $f(x) = (2x^2 - x + 2)(0{,}5x^2 - x - 3)$
c) $f(x) = (x - 1)(x + 3)$
d) $f(x) = (x^4 - x^2 + 1)(x^2 - 2x + 2)$
e) $f(x) = (x^3 + 4x)(x^3 + 3)$
f) $f(x) = (0{,}25x^2 - 2x + 4)(2x^3 + 4x - 3)$
g) $f(x) = (x^2 - x)\left(\frac{1}{2}x^2 + \frac{1}{2}x\right)$

4

Berechnen Sie die Ableitung.

a) $f(x) = \frac{x}{x+1}$ b) $g(x) = \frac{2x}{1+3x}$
c) $f(z) = \frac{1-z^2}{z+2}$ d) $f(t) = \frac{t^2+t+1}{t^2-1}$
e) $g(x) = \frac{6x}{15-x^2}$ f) $h(z) = \frac{4z^2-5}{2z+1}$

5

Berechnen Sie die Ableitung der Funktion $f: x \mapsto \frac{1}{x^2}$ mit der Quotientenregel und vergleichen Sie mit dem bereits bekannten Resultat.

6

Für einige Funktionen sind die Ableitungsfunktionen wie folgt vorgegeben:

$g(x) = \sqrt{2x} \Rightarrow g'(x) = \frac{1}{\sqrt{2x}}$

$g(x) = \cos(2x - 1) \Rightarrow g'(x) = -2\sin(2x - 1)$

$g(x) = \sin\frac{x}{2} \Rightarrow g'(x) = \frac{1}{2} \cdot \cos\frac{x}{2}$

$g(x) = \sqrt{1 + x^2} \Rightarrow g'(x) = \frac{x}{\sqrt{1 + x^2}}$

Berechnen Sie unter Verwendung dieser Vorgaben und der Produktregel die Ableitungsfunktion f' zur Funktion f.

a) $f(x) = x^2 \sin\frac{x}{2}$

b) $f(x) = \sqrt{2x}\,(x^2 - x - 1)$

c) $f(x) = \sqrt{1 + x^2}\cos(2x - 1)$

d) $f(x) = \sqrt{2x^3 + 2x}$

e) $f(x) = \left(\sin\frac{x}{2}\right)^2$

f) $f(x) = \sqrt{2x^3 - 4x^2 + 2x}$

7

Berechnen Sie die Ableitungsfunktion. Versuchen Sie, soweit möglich, ohne Quotientenregel auszukommen.

a) $f(x) = x - \frac{4x^2 + 1}{2x}$ b) $f(x) = \frac{3x^2 + 3x}{x + 1}$

c) $f(x) = \frac{4x^2 + 1}{2x - 1}$ d) $f(x) = \frac{3 - 4x^2}{x^3}$

e) $f(x) = 2x^3 - \frac{x^2 - 1}{5}$ f) $f(x) = \frac{2x - 3}{2x + 3}$

8

Gegeben ist die Funktion $f: x \mapsto \frac{4 - x}{2 - x}$.
Berechnen Sie die Funktionswerte an den Stellen $x = -2; 0; 1{,}5; 2{,}5; 6$ und tragen Sie die zugehörigen Punkte in ein Koordinatensystem ein.
Berechnen Sie für jeden der eingetragenen Punkte die Steigung des Graphen von f. Zeichnen Sie die jeweiligen Tangenten mit ein und skizzieren Sie damit den Graphen von f'.

9

Berechnen Sie die Ableitung.

a) $g(x) = (4x^3 - 2x)(x^2 + 2x - 3)$

b) $f(x) = (x^2 - ax + 1)(x^2 - a)$

c) $f(x) = \frac{3a}{1 + x^2}$ d) $f(a) = \frac{3a}{1 + x^2}$

e) $g(x) = \frac{x^4}{x^4 + 4}$ f) $h(x) = \frac{tx^2 + 2}{x + 1}$

10

a)

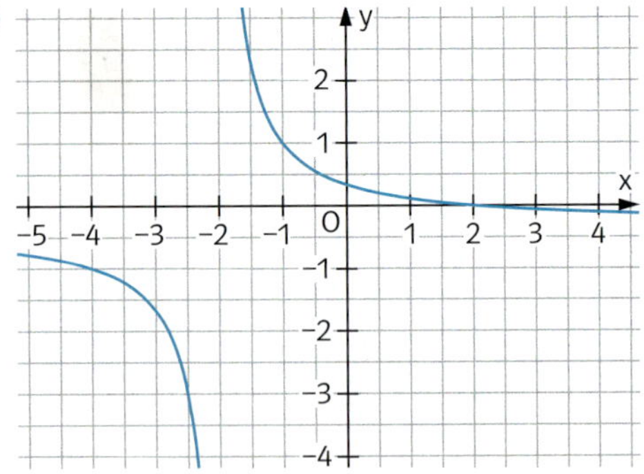

Zeichnen Sie den Funktionsgraphen ab und skizzieren Sie dazu den Graphen seiner Ableitungsfunktion.

b)

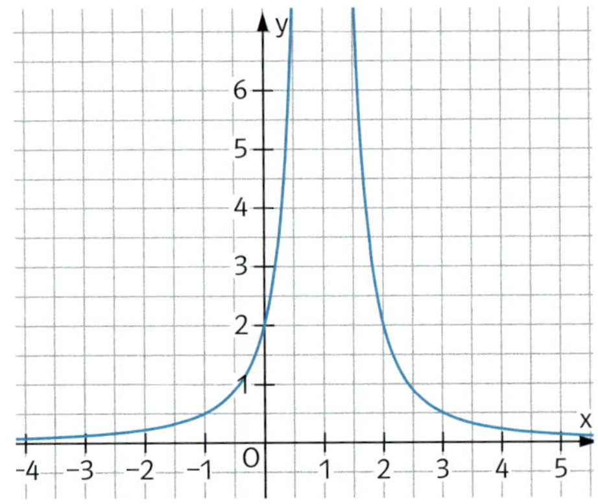

Zeichnen Sie den Funktionsgraphen ab und skizzieren Sie dazu den Graphen einer zugehörigen Stammfunktion.

11

An welchen Stellen hat die Ableitung der Funktion f den Wert m?

a) $f(x) = \frac{x}{2} + \frac{3}{2x}$; $m = -\frac{1}{2}$

b) $f(x) = \frac{1 - x^2}{x}$; $m = -5$

c) $f(x) = \frac{x^2 - 9}{x + 2}$; $m = \frac{6}{5}$

12

An welchen Stellen stimmen die Funktionswerte von f' und g überein?
Was bedeutet das geometrisch?
Zeichnen Sie die Graphen von f und g.

a) $f(x) = x^2$; $g(x) = -\frac{1}{x^2}$

b) $f(x) = \frac{1}{x + 1}$; $g(x) = \frac{1}{x - 1}$

c) $f(x) = -x^2 + 2x - 1$; $g(x) = \frac{-4x}{x - 2}$

13

Bestimmen Sie die Gleichungen der Tangenten an den Graphen von f an den Stellen $x = 1$ und $x = 2$.

a) $f(x) = \frac{x}{x+1}$ b) $f(x) = \frac{4x^3 - 2}{x}$

14

Bestimmen Sie die Gleichung der Tangente an den Graphen von f, die durch den Punkt P(1|1) geht.

a) $f(x) = \frac{2x}{x-2}$ b) $f(x) = \frac{2x+1}{2x-1}$

15

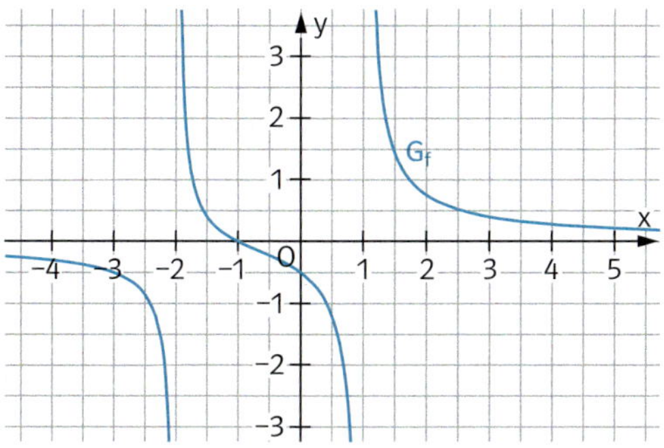

Suchen Sie zum Graphen von f den Graphen der zugehörigen Ableitungsfunktion f′ aus den unten abgebildeten Graphen heraus.
Geben Sie einen möglichen Funktionsterm von f an und bestimmen Sie rechnerisch die Ableitung. Passen f′ und der von Ihnen bestimmte Ableitungsgraph zusammen?

16

Die Konzentration eines Medikaments $\left(\text{in } \frac{mg}{cm^3}\right)$ im Blut eines Patienten lässt sich durch die Funktion $f: t \mapsto 0{,}16 \frac{t}{(t+2)^2}$ beschreiben (t: Zeit in Minuten ab Zeitpunkt der Einnahme).

a) Berechnen Sie die anfängliche Änderungsrate der Konzentration sowie die Änderungsraten nach 3 Minuten bzw. 6 Minuten und vergleichen Sie mit der mittleren Änderungsrate in den ersten 6 Minuten.

b) Zeichnen Sie die Graphen von f und von f′ mit einem Funktionsplotter in ein gemeinsames Koordinatensystem und beschreiben Sie den Verlauf des Graphen von f im Bereich [0 ; 6] in Worten.

17

Begründen Sie, dass die folgende Aussage richtig ist: Besitzt eine gebrochen rationale Funktion einen Pol mit Vorzeichenwechsel, so besitzt ihre Ableitungsfunktion an derselben Stelle einen Pol ohne Vorzeichenwechsel.
Hinweis: Machen Sie sich den Sachverhalt zunächst an einem selbstgewählten Beispiel klar.

G 18

Bestimmen Sie die Gleichung der Gerade, die durch die Punkte A(4|2) und $B\left(-5\middle|\frac{1}{3}\right)$ geht.

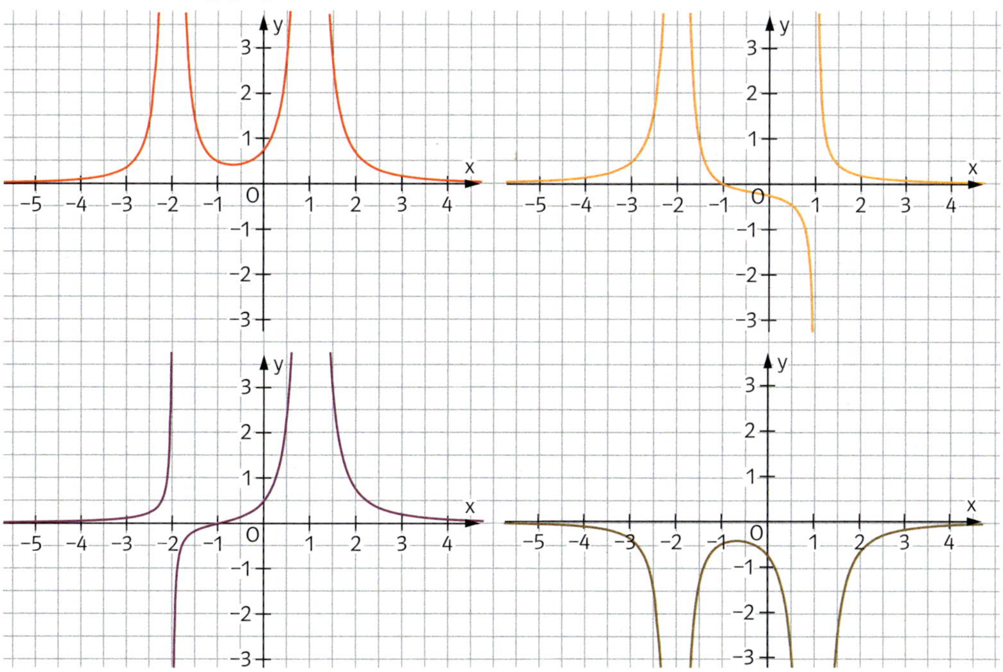

Stetigkeit und Differenzierbarkeit von Funktionen

Eine Funktion f ist bekanntlich eine Vorschrift, die jeder reellen Zahl $x \in D_f$ genau eine reelle Zahl $y = f(x)$ zuordnet.
Diese Definition der Funktion ist so allgemein gefasst, dass der Graph einer Funktion unter Umständen an manchen Stellen nicht die Eigenschaften besitzt, die wir anschaulich erwarten und stillschweigend vorausgesetzt haben. Dazu gehören z. B. die folgenden Aussagen:

Aussage 1:
Ist eine Funktion f auf dem abgeschlossenen Intervall $[a;b]$ definiert und haben die Funktionswerte $f(x_1)$ und $f(x_2)$ für $x_1, x_2 \in [a;b]$ verschiedene Vorzeichen,
so gibt es mindestens eine Stelle $z \in [a;b]$ mit $f(z) = 0$.

Beispiel:

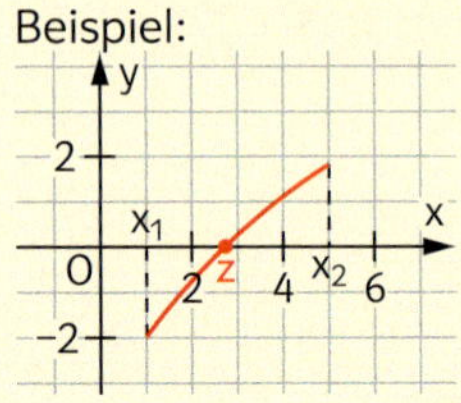

Gegenbeispiel:

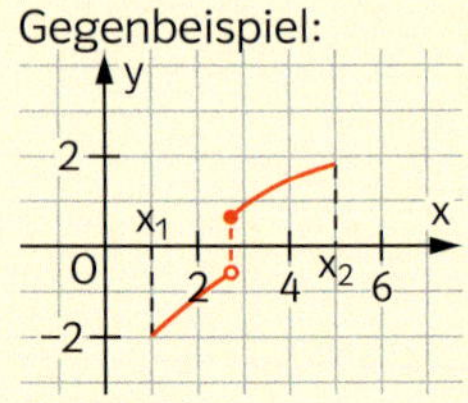

Aussage 2:
Ist eine Funktion auf einem abgeschlossenen Intervall $[a;b]$ definiert,
so nehmen die Funktionswerte auf dem Intervall $[a;b]$ sowohl einen größten als auch einen kleinsten Wert an.

Beispiel:

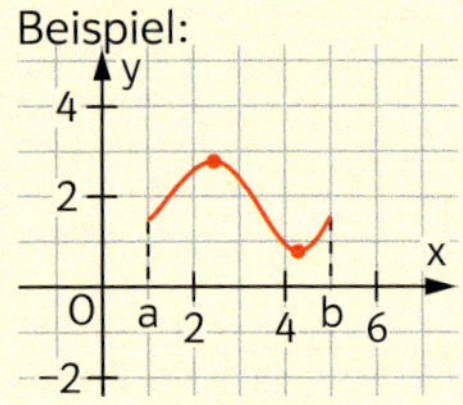

Gegenbeispiel:

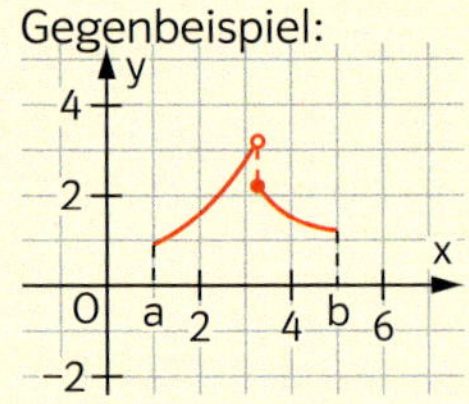

Damit diese beiden Aussagen gültig sind,
müssen die Funktionen eine Bedingung erfüllen, die man Stetigkeit nennt.

Die Funktion $f: x \mapsto \frac{1}{x}$ kann an der Stelle $x = 0$ nicht auf Stetigkeit untersucht werden, weil sie dort nicht definiert ist.

Definition
Ist eine Funktion in einem Intervall $[a;b]$ definiert, so heißt sie an der Stelle $x_0 \in [a;b]$ **stetig**, wenn der Grenzwert von $f(x)$ für $x \to x_0$ existiert und mit dem Funktionswert $f(x_0)$ übereinstimmt, wenn also gilt: $\lim\limits_{x \to x_0} f(x) = f(x_0)$
Eine Funktion heißt stetig (auf D_f), wenn sie an jeder Stelle ihres Definitionsbereichs stetig ist.

Beispielsweise folgende Aufgabenstellung liefert eine Funktion, die nicht überall stetig ist:
Eine Ware wird zu folgenden Bedingungen angeboten: Kauft man bis zu 3 kg, so kostet sie 1,50 € pro kg. Bei einem Großeinkauf von mehr als 3 kg zahlt man 1,00 € pro kg.

$$f(x) = \begin{cases} 1{,}5\,x & \text{für } 0 \leq x \leq 3 \\ x & \text{für } x > 3 \end{cases}$$

Die Variable x gibt die Menge in kg an und f(x) den Preis in Euro. Es gilt:
$\lim\limits_{\substack{x \to 3 \\ <}} f(x) = 4{,}5$; $\lim\limits_{\substack{x \to 3 \\ >}} f(x) = 3$ und $f(3) = 4{,}5$

$\lim\limits_{x \to 3} f(x)$ existiert also nicht.

Die Funktion f ist an der Stelle $x_0 = 3$ nicht stetig. Der Graph von f hat eine Sprungstelle.

Untersucht man den Zusammenhang zwischen der Stetigkeit und der Differenzierbarkeit einer Funktion, so erkennt man am Differenzenquotienten $\frac{f(x) - f(x_0)}{x - x_0}$ Folgendes:

Für $x \to x_0$ strebt der Nenner gegen null. Damit der Quotient trotzdem einen endlichen Grenzwert haben kann, muss notwendigerweise auch der Zähler den Grenzwert null besitzen.
Dies bedeutet dass $\lim\limits_{x \to x_0} (f(x) - f(x_0)) = 0$ bzw. $\lim\limits_{x \to x_0} f(x) = f(x_0)$ gilt. Also folgt:

Satz über den Zusammenhang zwischen Stetigkeit und Differenzierbarkeit:
Ist eine Funktion f an der Stelle x_0 differenzierbar, so ist f an der Stelle x_0 stetig.

Aus diesem Satz folgt unmittelbar die Stetigkeit der ganzrationalen Funktionen.

Der obige Satz ist gleichbedeutend mit dem folgenden Satz:
Wenn eine Funktion an einer Stelle x_0 nicht stetig ist, so ist sie dort auch nicht differenzierbar.

Die Umkehrung des Satzes gilt nicht, wie das Beispiel der Betragsfunktion $f: x \mapsto |x|$ zeigt. Der linksseitige und der rechtsseitige Grenzwert des Differenzenquotienten an der Stelle $x_0 = 0$ existieren, sie haben aber verschiedene Werte. Damit ist die Funktion nicht differenzierbar. Der Graph hat an der Stelle $x_0 = 0$ einen Knick. Die Funktion ist aber stetig.

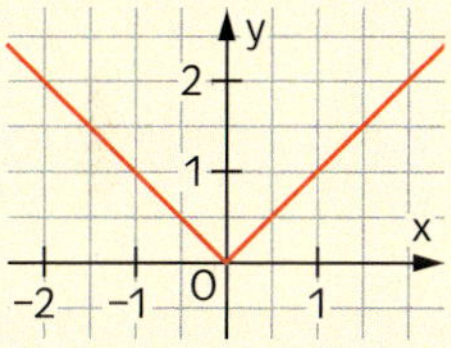

Für Funktionen, die auf einem Intervall definiert sind, kann man anschaulich sagen:
Stetigkeit:
Man kann den Graphen zeichnen, ohne den Zeichenstift abzusetzen.
Differenzierbarkeit:
Man kann den Graphen ohne Knick zeichnen.

1
In den Abbildungen am Rand sind die Graphen zweier Funktionen f und g gegeben.
Geben Sie an, an welchen Stellen die Funktionen stetig sind. An welchen Stellen sind sie sogar differenzierbar?

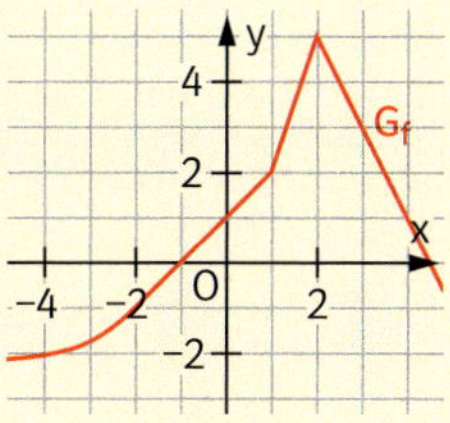

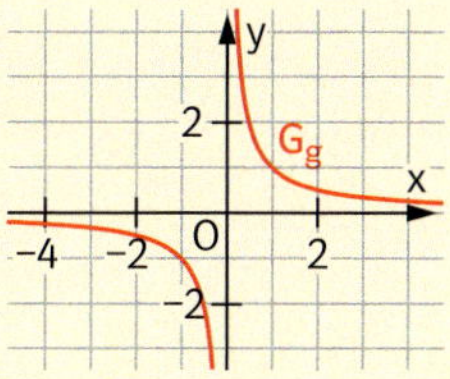

2
Am ersten Tag geht ein Bergwanderer morgens früh um 8 Uhr los und erreicht die Hütte um 15 Uhr. Am nächsten Tag läuft er von 8 bis 15 Uhr auf demselben Weg wieder herunter. Gibt es auf dem Weg eine Stelle, an der er zur selben Uhrzeit wie am Vortag vorbeikommt? Begründen Sie Ihre Antwort.

3
Welche der folgenden Aussagen sind richtig? Welche sind falsch? Begründen Sie.
a) Eine in x_0 stetige Funktion kann an dieser Stelle differenzierbar sein, muss aber nicht.
b) Ist eine Funktion in x_0 differenzierbar, so hat der Graph an dieser Stelle keinen Sprung.

Rückblick

Differenzenquotient, mittlere Änderungsrate

Ist die Funktion f auf dem Intervall [a;b] definiert, so heißt $\frac{f(b) - f(a)}{b - a}$ der Differenzenquotient oder die mittlere Änderungsrate von f im Intervall [a;b].

Anschaulich entspricht $m = \frac{f(b) - f(a)}{b - a}$ der Steigung der Sekante durch die Graphenpunkte $P(a\,|\,f(a))$ und $Q(b\,|\,f(b))$.

$f\colon x \mapsto 0{,}25x^2 + 1$

Mittlere Änderungsrate im Intervall [−3;0]:

$m = \frac{f(0) - f(-3)}{0 - (-3)} = \frac{1 - 3{,}25}{3} = \frac{-2{,}25}{3} = -0{,}75$

Differentialquotient, lokale Änderungsrate

Wenn für eine Funktion f an der Stelle x_0 der Grenzwert $\lim\limits_{x \to x_0} \frac{f(x) - f(x_0)}{x - x_0}$ der mittleren Änderungsrate existiert, dann heißt er Differentialquotient oder lokale (momentane) Änderungsrate von f an der Stelle x_0 und wird meist mit m_{x_0} bezeichnet.

Die Gerade durch den Punkt $P_0(x_0\,|\,f(x_0))$ mit der Steigung m_{x_0} heißt Tangente an den Graphen in P_0.

Die Tangentensteigung m_{x_0} wird als Steigung des Graphen im Punkt P_0 $(x_0\,|\,f(x_0))$ bezeichnet.

Lokale Änderungsrate an der Stelle $x_0 = 3$:

$$m_3 = \lim_{x \to 3} \frac{f(x) - f(3)}{x - 3} = \lim_{x \to 3} \frac{0{,}25x^2 + 1 - 3{,}25}{x - 3}$$
$$= \lim_{x \to 3} \frac{0{,}25(x^2 - 9)}{x - 3} = \lim_{x \to 3} \frac{0{,}25(x - 3)(x + 3)}{x - 3}$$
$$= \lim_{x \to 3} 0{,}25(x + 3) = 0{,}25 \cdot (3 + 3) = 1{,}5$$

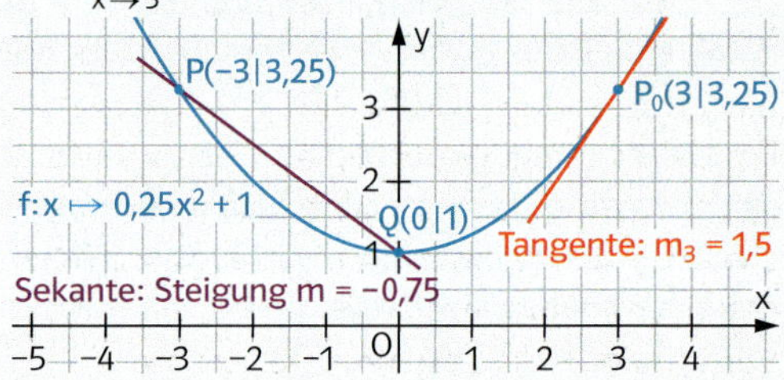

Differenzierbarkeit

Wenn eine Funktion f an der Stelle x_0 den Differentialquotienten bzw. die lokale (momentane) Änderungsrate $m_{x_0} = \lim\limits_{x \to x_0} \frac{f(x) - f(x_0)}{x - x_0}$ besitzt, so heißt f an der Stelle x_0 differenzierbar.

Man nennt den Grenzwert m_{x_0} die Ableitung von f an der Stelle x_0 und schreibt dafür $f'(x_0)$. Die Ableitung $f'(x_0)$ ist also gleich der lokalen (momentanen) Änderungsrate m_{x_0}.

Ist eine Funktion f für alle Werte x_0 aus einem Intervall I differenzierbar, so nennt man f eine auf I differenzierbare Funktion.

Die Funktion $f\colon x \mapsto x^3 - 2x^2 - x + 1$ ist für alle $x \in \mathbb{R}$ differenzierbar. Die Funktion

$$h\colon x \mapsto \begin{cases} -(x+3)^2 + 1; & \text{falls } x < -3 \\ 2\,|x + 2| - 1{,}5; & \text{falls } x \geqq -3 \end{cases}$$ ist

für $x_1 = -3$ und $x_2 = -2$ nicht differenzierbar.

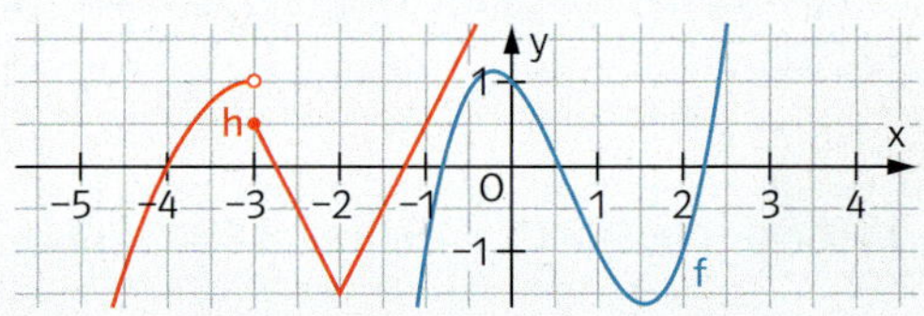

Ableitungsfunktion, Stammfunktion

Zu einer Funktion f heißt die Funktion $f'\colon x \mapsto f'(x)$ die Ableitungsfunktion oder kurz die Ableitung von f.

Eine Funktion F heißt eine Stammfunktion der Funktion f, wenn im gemeinsamen Definitionsbereich gilt: $F'(x) = f(x)$

Jede ganzrationale Funktion f vom Grad n ist differenzierbar und ihre Ableitung ist eine ganzrationale Funktion vom Grad $n - 1$.

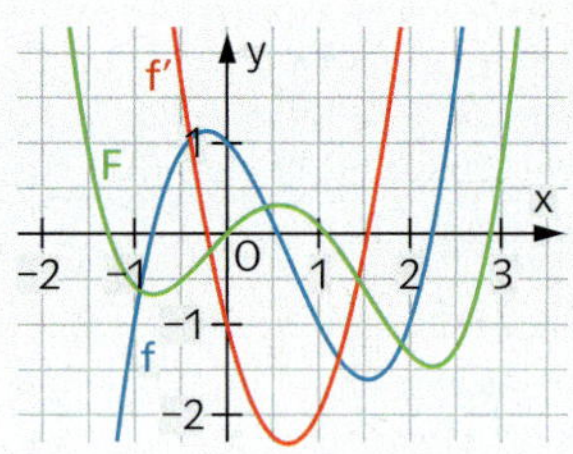

Funktion: $f(x) = x^3 - 2x^2 - x + 1$

Ableitung: $f'(x) = 3x^2 - 4x - 1$

Stammfunktion: $F(x) = \frac{1}{4}x^4 - \frac{2}{3}x^3 - \frac{1}{2}x^2 + x$

Ableitungsregeln

Potenzfunktionen:	$f(x) = x^n$	$\Rightarrow f'(x) = n \cdot x^{n-1}$ $(n \in \mathbb{Z})$
Summenregel:	$f(x) = g(x) + h(x)$	$\Rightarrow f'(x) = g'(x) + h'(x)$
Faktorregel:	$f(x) = c \cdot g(x)$	$\Rightarrow f'(x) = c \cdot g'(x)$ $(c \in \mathbb{R})$
Produktregel:	$f(x) = u(x) \cdot v(x)$	$\Rightarrow f'(x) = u'(x) \cdot v(x) + u(x) \cdot v'(x)$
Quotientenregel:	$f(x) = \frac{u(x)}{v(x)}$	$\Rightarrow f'(x) = \frac{u'(x) \cdot v(x) - u(x) \cdot v'(x)}{[v(x)]^2}$

$f(x) = \frac{1}{x^3} = x^{-3} \Rightarrow f'(x) = -3 \cdot x^{-4} = -\frac{3}{x^4}$

$f(x) = 4x^2 - \frac{3}{x}$

$\Rightarrow f'(x) = 4 \cdot 2x - 3 \cdot (-1) \cdot \frac{1}{x^2} = 8x + \frac{3}{x^2}$

$f(x) = \frac{2x}{x - 1} = \frac{u(x)}{v(x)}$; $u'(x) = 2$; $v'(x) = 1$

$\Rightarrow f'(x) = \frac{2 \cdot (x - 1) - 2x \cdot 1}{(x - 1)^2} = \frac{2x - 2 - 2x}{(x - 1)^2} = \frac{-2}{(x - 1)^2}$

Aufgaben zum Üben und Wiederholen

1 (💻)

Gegeben ist die Funktion $f: x \mapsto 0{,}1x(x^2 - 9)$.

a) Zeichnen Sie den Graphen G_f von f.

b) Bestimmen Sie mithilfe von G_f die mittlere Änderungsrate m von f in den Intervallen $I_1 = [-4;-2]$, $I_2 = [-1;1]$ und $I_3 = [2;5]$.

c) Berechnen Sie für die in b) angegebenen Intervalle die mittleren Änderungsraten von f und vergleichen Sie diese mit den in b) erhaltenen Werten.

d) Geben Sie zwei Intervalle an, in denen f jeweils die gleiche mittlere Änderungsrate hat.

2 (💻)

Die Funktion $h: t \mapsto -0{,}2t^3 + 2{,}4t$ beschreibt für $0 \leqq t \leqq 2$ die Wasserhöhe in einem zylinderförmigen Glas, in das es hineinregnet.
Die Zeit t wird in Stunden und die Wasserhöhe h(t) in cm gemessen.
Bestimmen Sie die momentane Änderungsrate der Wasserhöhe zum Zeitpunkt $t = 1$ sowohl mithilfe des Graphen von h als auch mithilfe des Differentialquotienten.

3

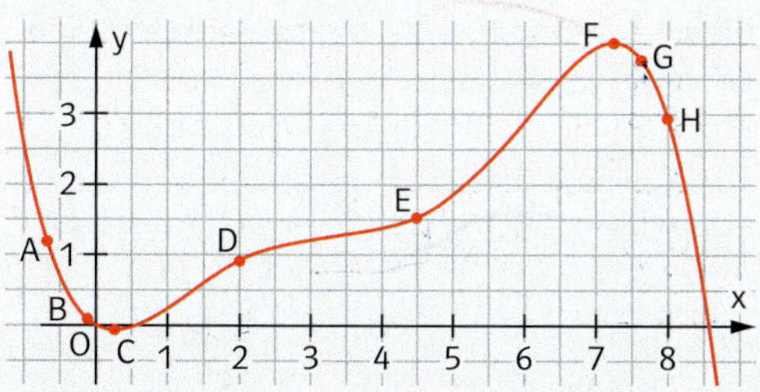

Beantworten Sie die Fragen mithilfe des Graphen und den eingezeichneten Punkten.

a) Wie groß ist die Steigung im Punkt G?

b) In welchem Punkt ist die Steigung am größten?

c) In welchem Punkt ist die Steigung −3?

d) Es gibt zwei Punkte mit der Steigung 0. Welche sind dies?

e) Die Punkte mit der Steigung 0 sind für den Verlauf des Graphen besondere Punkte. Beschreiben Sie, welche Besonderheit hier auftritt.

f) Tritt eine Besonderheit wie in e) bei jedem Graphen auf, wenn er einen Punkt mit der Steigung 0 besitzt?

4

Gegeben ist die Funktion $f: x \mapsto x^3 - 2x$.

a) Ermitteln Sie die Gleichung der Tangente t und der Normale n an den Graphen G_f im Punkt O(0|0).

b) Die Normale n schneidet G_f in zwei weiteren Punkten S und T. Bestimmen Sie diese.

c) Zeigen Sie, dass die Tangenten an G_f in den Punkten S und T zueinander parallel sind.

5

Skizzieren Sie einen möglichen Graphen einer Funktion $f: x \mapsto f(x)$, wenn gilt:
$f'(x) > 0$ für $x < -2$; $f'(x) < 0$ für $-2 < x < 2$ und $f'(x) = 0$ für $x = 2$.

6

Bestimmen Sie jeweils die Ableitungsfunktion f′ von f und geben Sie eine Stammfunktion F von f an.

a) $f: x \mapsto 4x^3 + 2x - 1$
b) $f: x \mapsto 2x^2 - 3x^3$
c) $f: x \mapsto -2x^{-3} + 4x^2$
d) $f: x \mapsto x^5 + 0{,}5x^2$
e) $f: x \mapsto \frac{1}{x^2} - 7x^2 + 5$
f) $f: x \mapsto \frac{4}{x^{-4}} + \frac{2}{x^3}$
g) $f: x \mapsto 5(x-2)^2 + 3$
h) $f: x \mapsto x(2x^4 - 3)$

7

Berechnen Sie die Ableitung und ermitteln Sie die Gleichung der Tangente an den Graphen für $x = 1$.

a) $f(x) = x^4 - x^3 + 2x - 4$

b) $f(x) = (x^2 - 2x + 2)\cdot(x^2 - 1)$

c) $f(x) = (2x - 1)(x + 2) - \frac{1}{x}$

8

Welche Ableitungsfunktionen können zu den am Rand abgebildeten Graphen gehören?

$f'(x) = \frac{6}{(2x+4)^2}$

$g'(x) = \frac{3}{x+2}$

$h'(x) = x^3 + 3x + 2$

$k'(x) = \frac{1}{(2x+2)^2}$

$u'(x) = 3x^2 - 6x - 1$

$v'(x) = 3x^2 + 2x$

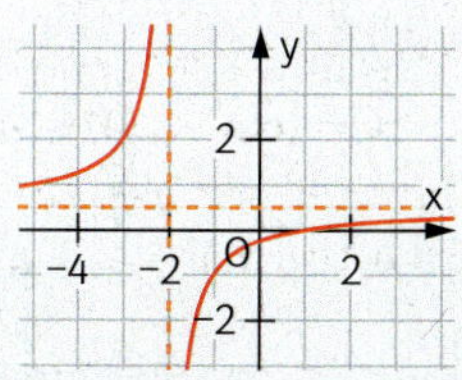

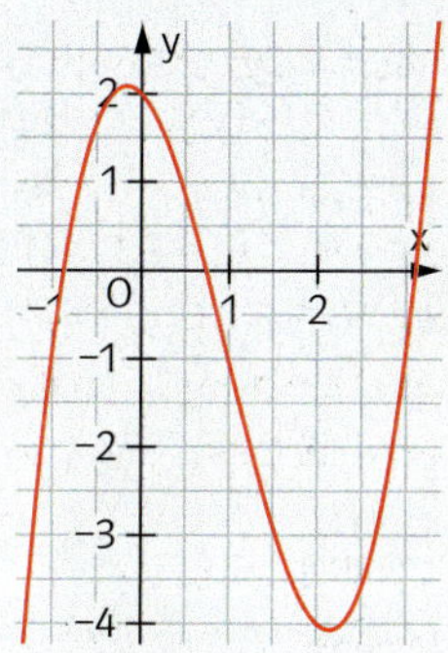

9

Berechnen Sie die Ableitung und geben Sie, falls möglich, die Steigung des Graphen für $x = 0$ an.

a) $f: x \mapsto \frac{3}{2x - 1}$
b) $f: x \mapsto \frac{2 + x}{1 - x^2}$
c) $g: t \mapsto t^3 - \frac{1 - t}{3t^2}$
d) $f: x \mapsto \frac{1 - x^2}{2x^2 - 1}$

Die Lösungen zu den Aufgaben dieser Seite finden Sie auf den Seiten 227 und 228.

Aufgaben zur Vorbereitung auf das Abitur

1

Die Abbildung rechts zeigt sowohl den Graphen einer Funktion f als auch den Graphen der Ableitung f' von f und den Graphen einer Stammfunktion F von f.
Welcher Graph gehört zu welcher Funktion? Begründen Sie ihre Antwort.

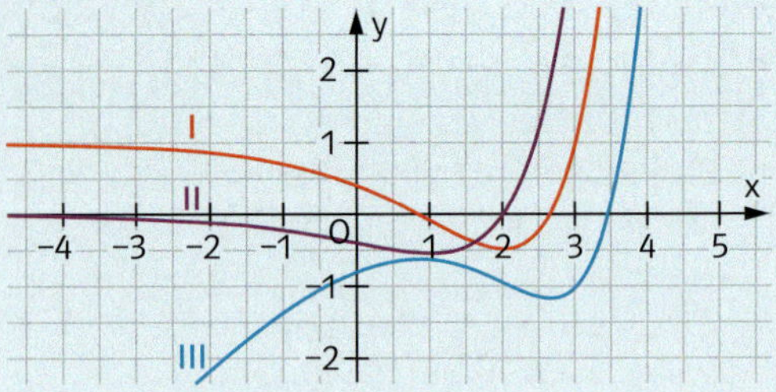

2

Gegeben ist die Funktion $f: x \mapsto 0{,}5x^3 - 2x$.

a) Der Graph von f schneidet die negative x-Achse im Punkt N.
Berechnen Sie die Koordinaten von N.

b) Bestimmen Sie die Gleichungen der Tangenten t_O bzw. t_N an den Graphen im Ursprung bzw. im Punkt N.

c) Die Tangenten t_O, t_N und die x-Achse schließen eine Dreiecksfläche ein.
Bestimmen Sie den Inhalt dieser Fläche.

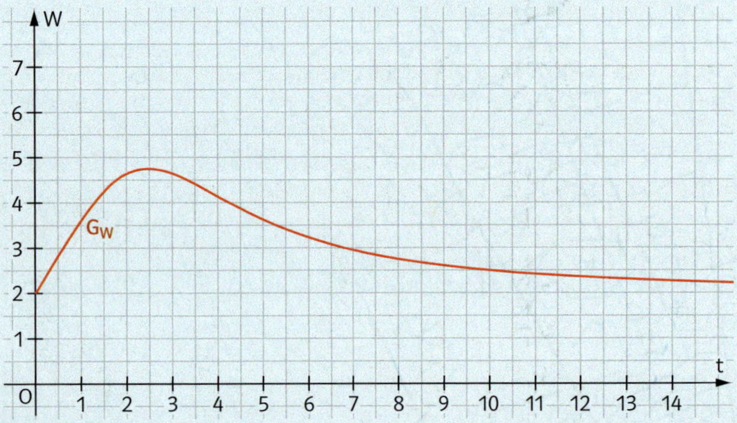

3

Die Funktion $W: t \mapsto \frac{50t}{t^3+30} + 2$ mit $t \geqq 0$ beschreibt die Wasserhöhe eines Flusses an einer Messstation in Abhängigkeit von der Zeit t. Dabei wird t in Tagen und W(t) in Meter gemessen. Zu Beginn der Messung hat der Wasserpegel den Normalwert 2m.
Die Abbildung zeigt den Graphen von W. Einige Teilaufgaben sollen mithilfe des Graphen von W gelöst werden. Zeichnen Sie daher zunächst den Graphen mit einem Funktionsplotter und drucken Sie ihn aus oder verwenden Sie den Funktionsplott aus dem Internetauftritt.

Eine passende Datei mit dem Funktionsplott befindet sich im Internet-Auftritt.

a) Bestimmen Sie mithilfe des Funktionsgraphen, nach etwa wie vielen Stunden (seit Beginn der Messung) der kritische Pegelstand von 4,5m wieder unterschritten wird.

b) Berechnen Sie, zu welchem Zeitpunkt t_0 die momentane Änderungsrate der Wasserhöhe den Wert null annimmt. Welcher Pegelstand $W(t_0)$ ist zu diesem Zeitpunkt erreicht?
$\left[\text{Zur Kontrolle: } W'(t) = \frac{1500 - 100t^3}{(t^3+30)^2};\ t_0 \approx 2{,}47\right]$

c) Um wie viel Prozent ist die Wasserhöhe zwischen den Zeitpunkten $t = 0$ und $t = t_0$ angestiegen?

d) Berechnen Sie die mittlere Änderungsrate der Wasserhöhe im Intervall $[0; t_0]$ und beschreiben Sie in Worten, was dieser Wert angibt.

e) Berechnen Sie die momentane Änderungsrate der Wasserhöhe zum Zeitpunkt $t = 4$.

f) Berechnen Sie W'(0) und skizzieren Sie zum Graphen von W den Graphen der Ableitungsfunktion W' von W.
Beachten Sie dabei, dass die Wasserhöhe etwa zur Zeit $t = 4$ am stärksten abnimmt.

g) Nun wird angenommen, dass die Wasserhöhe ab dem Zeitpunkt $t = 7$ konstant mit der zu diesem Zeitpunkt erreichten Änderungsrate abnimmt. Bestimmen Sie mithilfe der Zeichnung den Zeitpunkt, zu dem der Wasserpegel gemäß dieser Annahme den Normalwert von 2m erreicht.

Die Lösungen zu den Aufgaben dieser Seite finden Sie auf Seite 239.

Aufgaben zur Vorbereitung auf das Abitur

1

Gegeben ist die Funktion $f\colon x \mapsto \frac{x}{x+1}$ mit $D_f = \mathbb{R}\setminus\{-1\}$

a) In welchen Punkten des Graphen von f ist die Tangente an den Graphen parallel zur Geraden $y = \frac{1}{4}x + 1$?

b) Zeigen Sie am Beispiel der Funktion $f\colon x \mapsto \frac{1}{4}x^3 - x + 1$, dass es Tangenten geben kann, die mit dem Graphen nicht nur einen Punkt gemeinsam haben.

2

Gegeben sind Funktionen der Form $f\colon x \mapsto a \cdot x^2 + b \cdot x + c$ sowie die beiden Punkte $P(x_1 | f(x_1))$ und $Q(x_2 | f(x_2))$.

a) Welche besondere Lage hat der Berührpunkt der Tangente, die zur Sekante durch P und Q parallel ist? Plotten Sie hierzu solche Funktionsgraphen, formulieren Sie eine Vermutung und begründen Sie diese algebraisch.

b) Untersuchen Sie, ob diese besondere Lage auch für Funktionen der Form $f\colon x \mapsto a \cdot x^3 + b \cdot x^2 + c \cdot x + d$ zutrifft.

3

Bestimmen Sie Stammfunktionen zu folgenden Funktionen:

a) $f\colon x \mapsto \left(2x^3 + x^2 + \frac{2}{5}\right)\left(3x^2 - \frac{1}{3}x + 4\right)$

b) $g\colon x \mapsto \dfrac{\frac{1}{12}x^4 + \frac{13}{36}x^2 + \frac{1}{3}}{\frac{1}{4}x^2 + \frac{1}{3}}$

c) $h\colon x \mapsto \dfrac{\frac{1}{3}x^3 + 2x^2 + \frac{1}{15}x + \frac{2}{5}}{x^2 + 0{,}2}$

d) $k\colon x \mapsto \dfrac{\frac{1}{3}x^4 - \frac{1}{2}x^3 + \frac{13}{6}x^2 - 3x + 1}{\frac{1}{3}x^2 + 2}$

4

Der Querschnitt einer spiegelnden Oberfläche wird durch den Graphen der Funktion $f\colon x \mapsto \frac{1}{2} \cdot x^2$ beschrieben. Die Gerade mit der Gleichung $x = 2$ repräsentiert einen Lichtstrahl, der von oben auf diese Oberfläche fällt und so reflektiert wird, dass die Winkel δ und ε gleich groß sind.

Zeigen Sie, dass sich der Steigungswinkel des reflektierten Strahls nach folgender Formel berechnen lässt:

$\beta = 2\alpha - 90°$, wobei α der Steigungswinkel der Tangente im Punkt $(2 | f(2))$ ist. Wo schneidet der reflektierte Strahl die y-Achse?

5

a) Bestimmen Sie für die Funktion $f\colon x \mapsto \frac{1}{3}x^2 - 1$ die Gleichung der Normale an G_f im Punkt $P\left(1 \middle| -\frac{2}{3}\right)$. Wo schneidet die Normale die y-Achse?

b) Bestimmen Sie allgemein für x_0 die Gleichung der Normale durch den Punkt $Q(x_0 | f(x_0))$. Untersuchen Sie die Lage vom Schnittpunkt der Normale mit der y-Achse für $x_0 \to 0$.

c) Untersuchen Sie die Lage dieses Schnittpunktes der Normale mit der y-Achse allgemein für Parabeln mit der Gleichung $y = a \cdot x^2 + b$.

Die Lösungen zu den Aufgaben dieser Seite finden Sie auf Seite 248.

1 Monotonie

1

a) Ordnen Sie jedem der drei rechts abgebildeten Graphen jeweils eine der im Folgenden angegebenen Ableitungen passend zu: f_1': $x \mapsto 0$; f_2': $x \mapsto x^2$ und f_3': $x \mapsto -x^2$.
b) Beschreiben Sie den Zusammenhang zwischen dem Verlauf des Graphen und dem Vorzeichen der Ableitung.

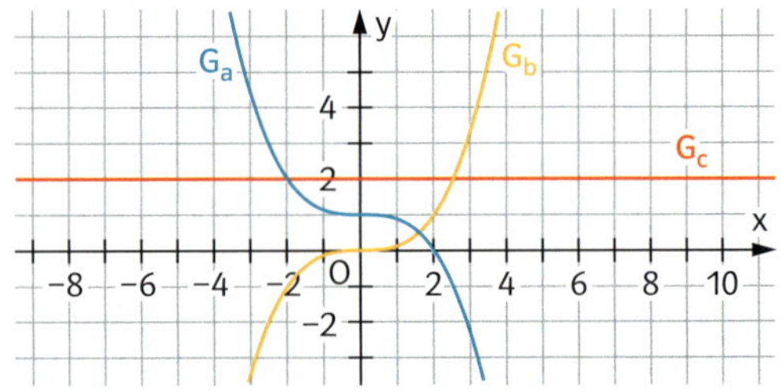

Soll der Graph einer Funktion skizziert werden, hilft es, die Bereiche zu kennen, in denen mit wachsenden x-Werten die zugehörigen Funktionswerte f(x) nur zu- oder abnehmen.

Am Graphen der Funktion f: $x \mapsto \frac{1}{4}(x-1)^2$ sieht man, dass rechts vom Scheitel die Funktionswerte f(x) zunehmen, wenn die x-Werte größer werden. In diesem Bereich gilt:
Für $x_1 < x_2$ ist $f(x_1) < f(x_2)$.
Dagegen nehmen für die Funktion g: $x \mapsto -\frac{1}{4}x^2 + 3$ rechts vom Scheitel die Funktionswerte mit wachsenden x-Werten ab. In diesem Bereich gilt:
Für $x_1 < x_2$ ist $g(x_1) > g(x_2)$.

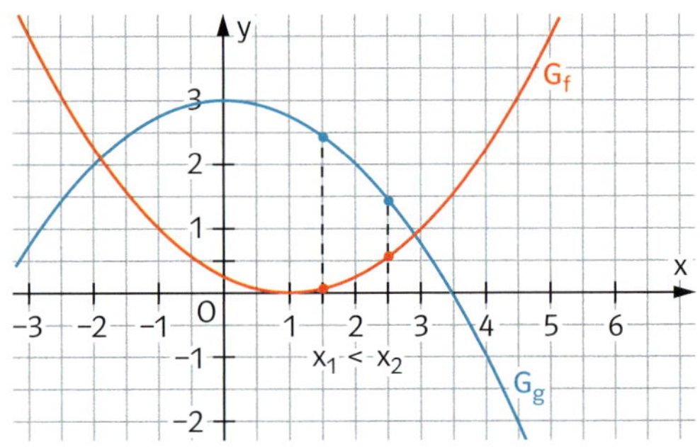

Man sagt: Der Graph G_1 **steigt streng monoton**, bzw. der Graph G_2 **fällt streng monoton**.

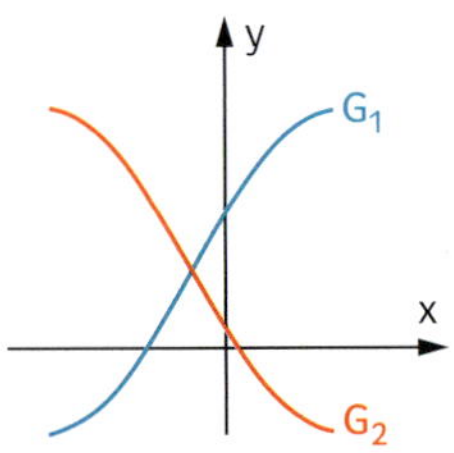

Definition
Die Funktion f heißt

streng monoton zunehmend	**streng monoton abnehmend**
in einem Intervall I des Definitionsbereichs, wenn **für alle** $x_1, x_2 \in I$ mit $x_1 < x_2$ gilt:	
$f(x_1) < f(x_2)$	$f(x_1) > f(x_2)$
Gilt $f(x_1) \leqq f(x_2)$, so heißt f **monoton zunehmend** in I.	Gilt $f(x_1) \geqq f(x_2)$, so heißt f **monoton abnehmend** in I.

Die größtmöglichen Intervalle, in denen die Funktion jeweils streng monoton ist, nennt man **Monotonieintervalle** oder **Monotoniebereiche**.

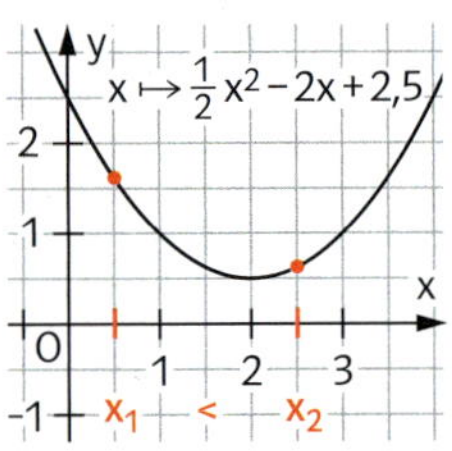

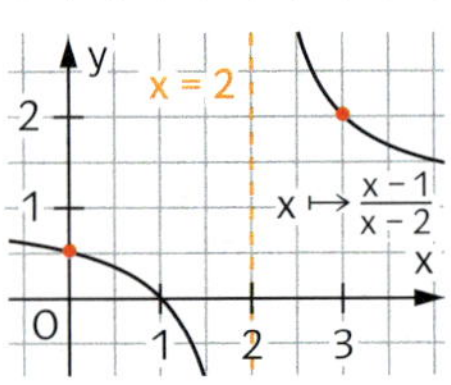

Beachten Sie:
- In der obigen Definition der Monotonie ist die Forderung, dass die Bedingung „**für alle** $x_1, x_2 \in I$ mit $x_1 < x_2$" gelten muss, sehr wichtig. Denn z.B. für die links oben gezeichnete Funktion f gilt für die zwei Werte x_1 und x_2, dass $x_1 < x_2$ und $f(x_1) > f(x_2)$ ist, aber die Funktion ist offensichtlich nicht streng monoton abnehmend im Bereich zwischen x_1 und x_2.
- Die links unten gezeichnete Hyperbel ist in beiden Ästen streng monoton fallend, da in beiden Ästen für alle $x_1 < x_2$ gilt $f(x_1) > f(x_2)$, aber die Funktion ist offensichtlich nicht im gesamten Definitionsbereich streng monoton abnehmend, da z.B. $0 < 3$, aber $f(0) < f(3)$.
Besitzt eine Funktion Definitionslücken, so muss sie separat links und rechts dieser auf Monotonie untersucht werden. Zur Feststellung der Monotonie muss also die betrachtete Funktion auf dem ganzen zu untersuchenden Intervall I definiert sein.

Ist der Graph einer Funktion gegeben, wie z. B. der auf der Randspalte mithilfe eines Funktionsplotters erstellte Graph, so lassen sich diesem im gezeichneten Bereich die Monotonieintervalle ungefähr entnehmen. Beispielsweise gilt anscheinend für die Funktion f:

für $x \in]-\infty;-1]$ ist G_f streng monoton fallend,	für $x \in [-1;0]$ ist G_f streng monoton steigend,	für $x \in [0;1]$ ist G_f streng monoton fallend,	für $x \in [1;+\infty[$ ist G_f streng monoton steigend.

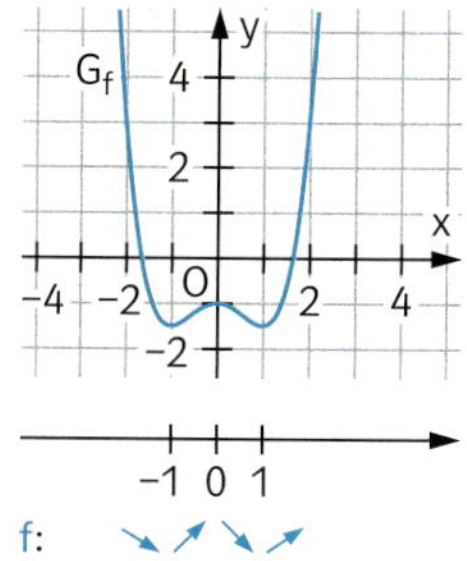

Ist der Term einer Funktion gegeben, so kann mithilfe der Ableitung auf das Monotonieverhalten geschlossen werden.
Der anschauliche Zusammenhang zwischen der Monotonie von f und der Ableitung f′ (siehe Abbildungen rechts), liefert das folgende Kriterium für strenge Monotonie:

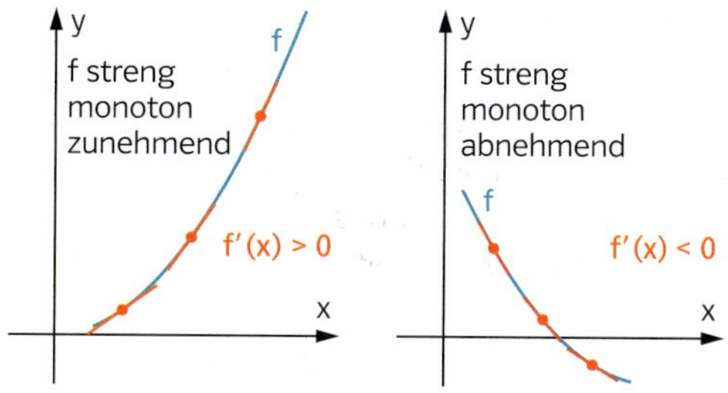

Satz (Monotoniekriterium)
Die Funktion f sei im Intervall I differenzierbar. Wenn für alle $x \in I$ gilt:

$\mathbf{f'(x) > 0}$,	$\mathbf{f'(x) < 0}$,
dann ist f streng monoton zunehmend in I.	dann ist f streng monoton abnehmend in I.

Bemerkungen
- Die auf der Randspalte gezeichnete Funktion $f: x \mapsto x^3$ ist offensichtlich streng monoton zunehmend. Es gilt aber $f'(0) = 0$. Das oben aufgestellte Monotoniekriterium ist offensichtlich nicht erfüllt.
  Das Monotoniekriterium kann somit insofern abgeschwächt werden, dass isolierte Stellen x_0 mit $f'(x_0) = 0$ die strenge Monotonie nicht stören.
  Somit ist die Umkehrung des Monotoniekriteriums nicht richtig.

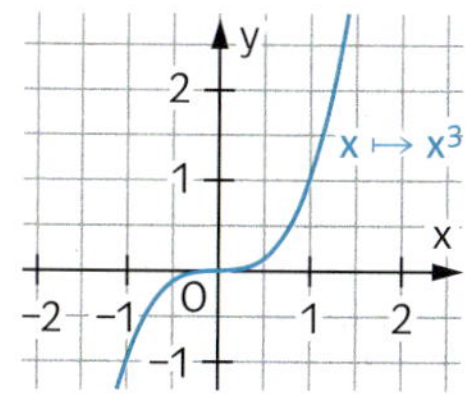

- Für die rechts gezeichnete Parabel mit dem Funktionsterm $f(x) = \frac{1}{2}x^2 - 2x$ gilt:
  $f'(x) = x - 2 < 0$ für $x < 2$, aber f ist sogar streng monoton abnehmend für $x \leqq 2$ und
  $f'(x) = x - 2 > 0$ für $x > 2$, aber f ist sogar streng monoton zunehmend für $x \geqq 2$.
  Für eine Funktion kann man also die Randstellen zum Monotonieintervall hinzunehmen, wenn für alle inneren Stellen $x \in I$ die Bedingung $f'(x) > 0$ bzw. $f'(x) < 0$ erfüllt ist.

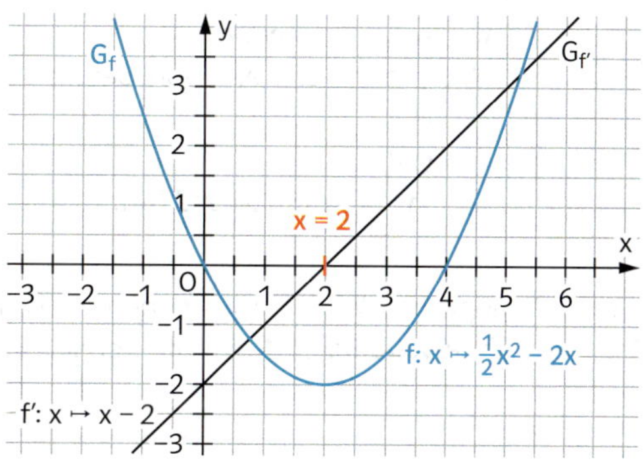

Beispiel 1
Untersuchen Sie die Funktion $f: x \mapsto \frac{1}{3}x^3 - x$ mithilfe der Ableitung auf Monotonie.

Lösung:
Es ist $f'(x) = x^2 - 1 = (x-1)(x+1)$.

Für $x < -1$ gilt: $f'(x) > 0$, also ist f streng monoton zunehmend für $x \in]-\infty;-1]$.	Für $-1 < x < 1$ gilt: $f'(x) < 0$, also ist f streng monoton abnehmend für $x \in [-1;1]$.	Für $x > 1$ gilt: $f'(x) > 0$, also ist f streng monoton zunehmend für $x \in [1;+\infty[$.

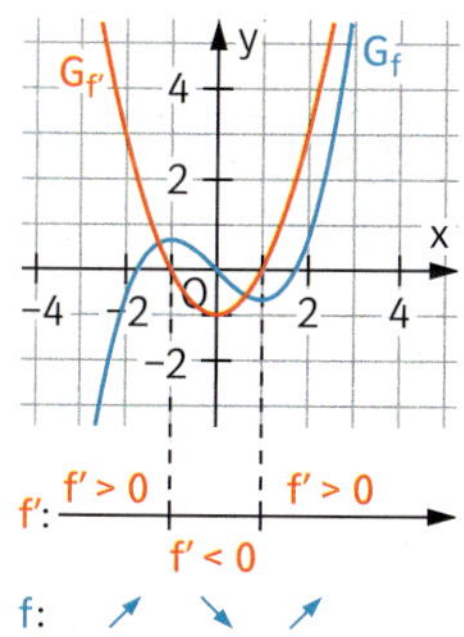

Schema zur übersichtlichen Darstellung des Monotonieverhaltens von f.

Beispiel 2

Bestimmen Sie die Monotoniebereiche der Funktion $f\colon x \mapsto \frac{3x-5}{x-2}$ im maximalen Definitionsbereich der Funktion und untersuchen Sie die Funktion geeignet, um ihren Graphen skizzieren zu können. Skizzieren Sie anschließend diesen Graphen G_f.

Lösung:

Maximaler Definitionsbereich: $D_f = \mathbb{R}\setminus\{2\}$.

$$f'(x) = \frac{3(x-2)-(3x-5)}{(x-2)^2}$$

$$= -\frac{1}{(x-2)^2} < 0 \quad \text{für alle } x \in D_f$$

Monotonieverhalten von f:

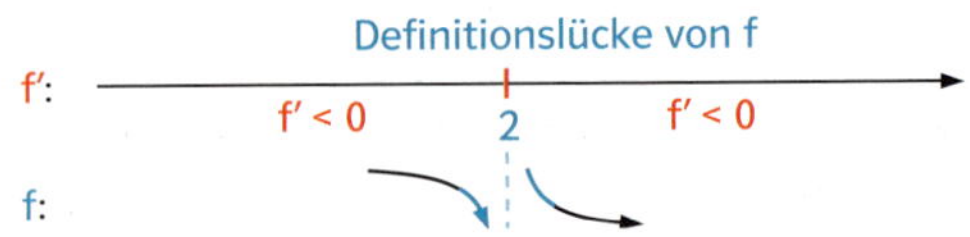

Also ist f streng monoton abnehmend für $x < 2$
und streng monoton abnehmend für $x > 2$.

Die Funktion ist jedoch nicht streng monoton abnehmend im gesamten Definitionsbereich.

Sie hat eine Definitionslücke an der Stelle $x_0 = 2$.

f hat die senkrechte Asymptote mit der Gleichung $x = 2$.

Verhalten an der Definitionslücke $x_0 = 2$:

Zur Probe kann das Verhalten an der Definitionslücke auch mithilfe einer Vorzeichenuntersuchung bestimmt werden!

Aus dem Monotonieverhalten von f folgt:

$\lim\limits_{x \underset{<}{\to} 2} f(x) = -\infty$ und $\lim\limits_{x \underset{>}{\to} 2} f(x) = +\infty$

Verhalten für $x \to \pm\infty$:

$$\lim_{x\to\pm\infty} f(x) = \lim_{x\to\pm\infty} \frac{x\left(3-\frac{5}{x}\right)}{x\left(1-\frac{2}{x}\right)} \Rightarrow \lim_{x\to\pm\infty} f(x) = 3,$$

also hat f die waagrechte Asymptote mit der Gleichung $y = 3$.

Erinnerung:
Wenn
Zählergrad = Nennergrad,
hat die Funktion eine waagrechte Asymptote.

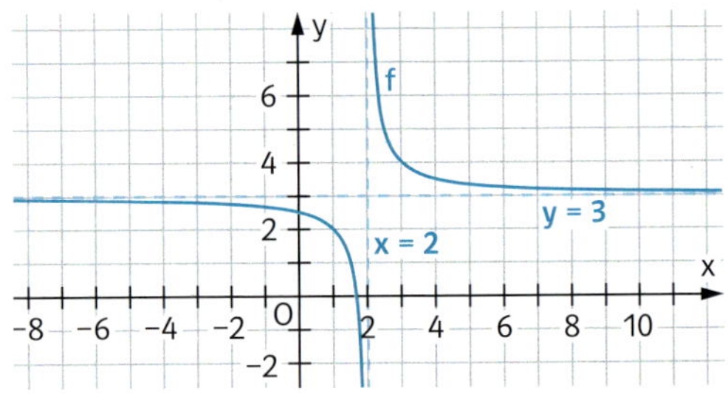

Aufgaben

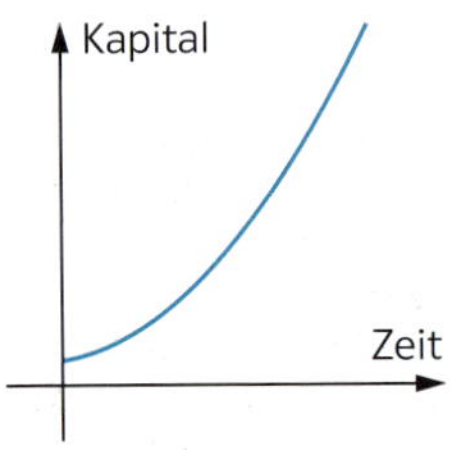

Ein streng monotones Verhalten kann sehr erfreulich sein.

2

Die angegebenen Vorgänge lassen sich durch die Abhängigkeit von Größen beschreiben. Stellen Sie diese Abhängigkeiten näherungsweise graphisch dar.
Zeigt sich dabei Monotonie?

a) Kosten eines Telefongesprächs
b) Tankinhalt eines Autos während einer Fahrt
c) Freier Fall eines Gegenstandes
d) Wachsen eines Grashalms

3

Ermitteln Sie anhand des Graphen möglichst große Intervalle, in denen f monoton ist.

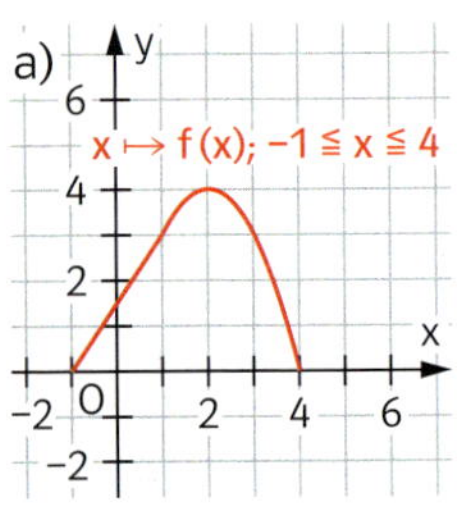

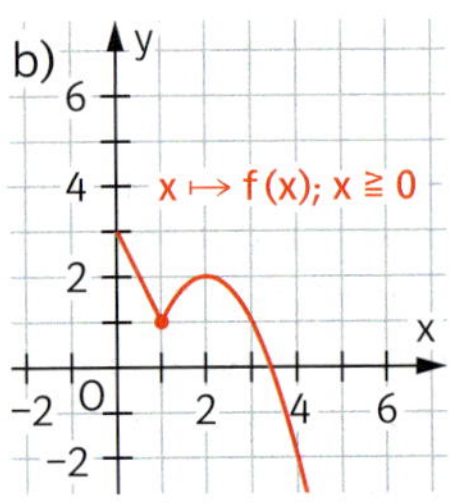

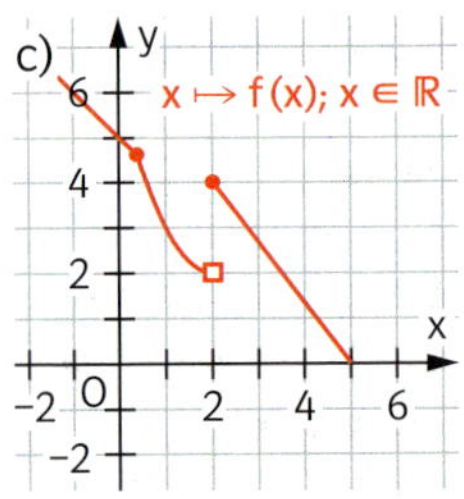

4

Erstellen Sie den Graphen von f mithilfe eines Funktionsplotters und beschreiben Sie den Verlauf des Graphen. Geben sie außerdem an, in welchen Bereichen die Ableitung der Funktion positiv bzw. negativ ist.

a) $f(x) = \frac{1}{4}x^4 - x^3 + \frac{3}{4}x$

b) $f(x) = \frac{3}{x^2} + \frac{2}{x^3}$

c) $f(x) = 2\sin\left(2x + \frac{1}{2}\pi\right)$

5

Ermitteln Sie rechnerisch die Monotonieintervalle der Funktion f.
Skizzieren Sie den Graphen.

a) $f(x) = 4x + x^2$
b) $f(x) = \frac{1}{3}x^3 - 9x + 1$
c) $f(x) = -\frac{1}{8}x^4 + 4x$
d) $f(x) = \frac{1}{5}x^5 - \frac{1}{4}x^4$
e) $f(x) = \frac{1}{x^2-4}$
f) $f(x) = \frac{x}{x+1}$
g) $f(x) = \frac{2x}{(x-1)^2}$
h) $f(x) = \left(\frac{x}{x+1}\right)^2$

6

Zeichnen Sie den Graphen von f und bestimmen Sie möglichst große Monotoniebereiche.

a) $f(x) = 1 + \frac{1}{x}$ b) $f(x) = 2 - \frac{1}{x}$

c) $f(x) = \frac{1}{x} - 2x$ d) $f(x) = x^2 - \frac{1}{x}$

7

In der oberen der beiden folgenden Zeichnungen ist der Punkt A gegeben, der auf dem Graphen von f liegt. Einer der rechts gegebenen Punkte B, C oder D liegt ebenfalls auf G_f. In der unteren Zeichnung ist der Graph der zugehörigen Ableitungsfunktion f′ gegeben.

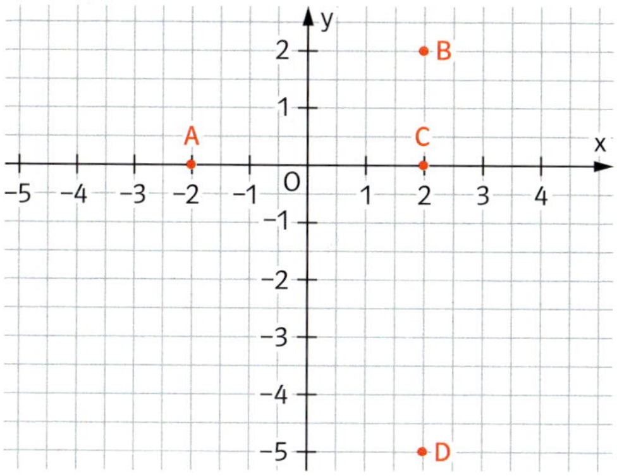

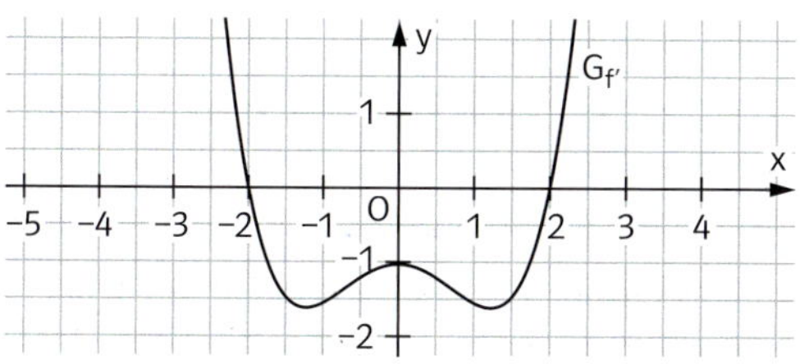

a) Ermitteln Sie anhand der Ableitungsfunktion, welcher Punkt B, C oder D auf dem Graphen von f liegt und geben Sie die Koordinaten von einem weiteren Punkt E an, der dann sicher auch auf dem Graphen von f liegt.

b) Skizzieren Sie in Ihr Heft grob den Verlauf des Graphen G_f.

8

Bestimmen Sie die Monotonieintervalle der Funktion in Abhängigkeit vom Parameter $a \in \mathbb{R}$.

a) $f_a(x) = ax - x^2$ b) $g_a(x) = x^3 - ax$

c) $h_a(x) = ax^3 - ax^2$ d) $k_a(x) = x^4 + ax^2$

Skizzieren Sie jeweils grob den Verlauf der Graphen von f_a, g_a, h_a und k_a für ein frei gewähltes $a > 0$ $(a < 0)$.

9

Auf der Randspalte sind die Graphen dreier Funktionen f_a, f_b und f_c gezeichnet. Ordnen Sie diesen die Graphen der zugehörigen Ableitungsfunktionen f_i' zu.

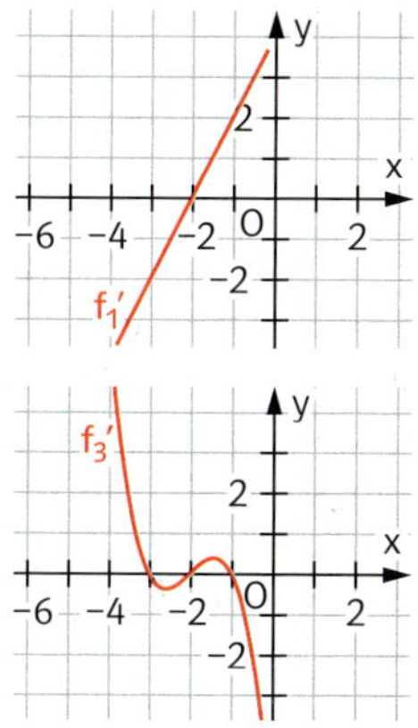

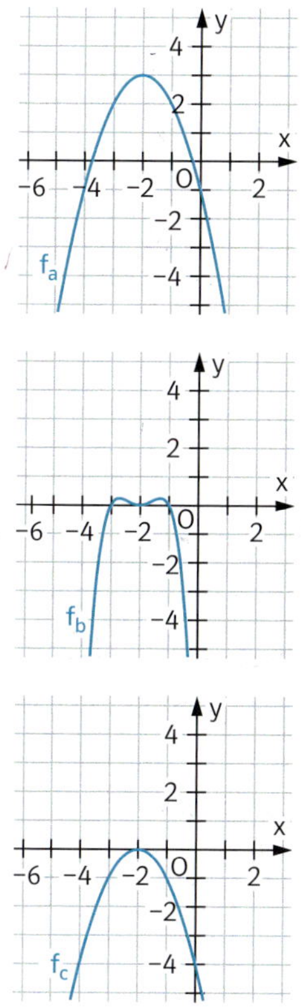

10

Ordnen Sie der Funktion $f\colon x \mapsto \frac{1}{(x-1)^2}$ den zu einer Stammfunktion F gehörenden Graphen G_F passend zu und begründen Sie Ihre Entscheidung.

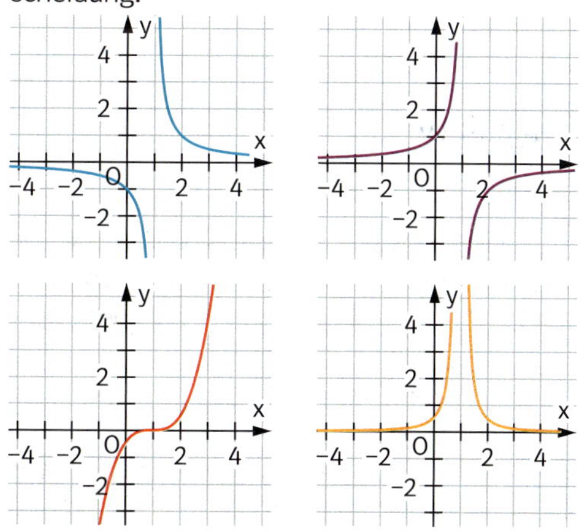

Hinweis:
Hat f eine Polstelle gerader Ordnung, dann hat f′ eine Polstelle ungerader Ordnung.
Hat f eine Polstelle ungerader Ordnung, dann hat f′ eine Polstelle gerader Ordnung.

G11

Welcher Zusammenhang besteht zwischen der Änderung der Wachstumsgröße f(t) und der Zeit t beim linearen (exponentiellen) Wachstum?

G12

Wo liegen die Punkte, von denen aus die Strecke [AB] unter einem rechten Winkel erscheint und die von [AB] den Abstand d haben? Wie viele solche Punkte gibt es? Wann gibt es keine Lösungen?

2 Extremstellen, Extremwerte

1

Das Diagramm zeigt den Temperaturverlauf an einem Ort von 8.00 Uhr bis 20.00 Uhr.

a) Wann wurde im angegebenen Zeitraum die höchste (niedrigste) Temperatur erreicht?

b) Welche Besonderheit liegt zwischen 13.00 Uhr und 15.00 Uhr vor?
Wie könnte man die Temperatur um 14.00 Uhr charakterisieren?

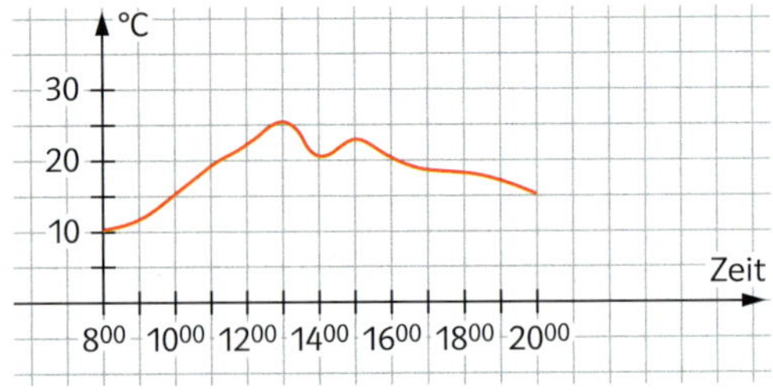

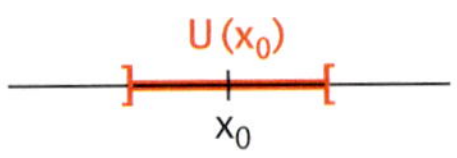

Hinweis:
Eine Umgebung $U(x_0)$ muss nicht symmetrisch zu x_0 liegen.

Um einen Funktionswert $f(x_0)$ als größten oder kleinsten Funktionswert zu erkennen, vergleicht man ihn mit den Werten $f(x)$ aus einer Umgebung von x_0. Dabei verstehen wir unter einer **Umgebung von x_0** ein (eventuell sehr kleines) offenes Intervall, das x_0 als Punkt enthält. Hierfür schreiben wir kurz $U(x_0)$.

Für den rechts gezeichneten Graphen ist die Ungleichung $f(x) \leqq f(x_0)$ für alle $x \in U(x_0)$ erfüllt. Bezüglich $U(x_0)$ ist also $f(x_0)$ ein größter Funktionswert.
Untersucht man die Randstelle a (bzw. b) des Definitionsbereichs, so werden nur Werte $x \in U(a) \cap [a;b]$ (bzw. $x \in U(b) \cap [a;b]$) betrachtet.
Wegen $f(x) \geqq f(a)$ bzw. $f(x) \geqq f(b)$ sind $f(a)$ bzw. $f(b)$ dort kleinste Funktionswerte.

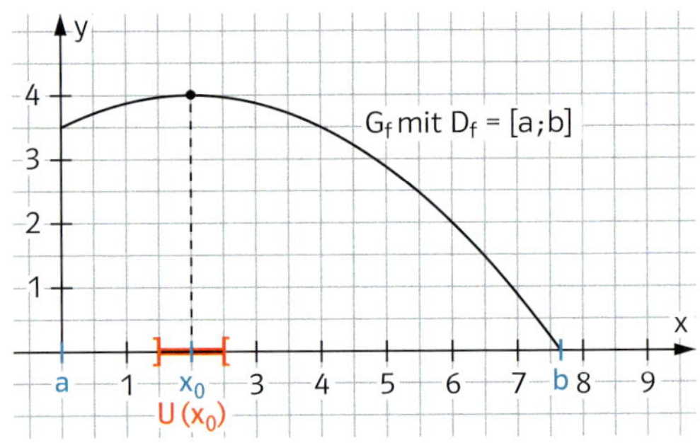

Definition

Der Funktionswert $f(x_0)$ heißt

lokales Maximum von f, | **lokales Minimum von f,**

wenn es eine Umgebung $U(x_0)$ gibt, so dass für alle Werte $x \in U(x_0)$ aus dem Definitionsbereich gilt:

$$f(x) \leqq f(x_0) \qquad\qquad f(x) \geqq f(x_0)$$

Ist der Funktionswert $f(x_0)$ ein Maximum oder ein Minimum, nennt man ihn auch **Extremwert** und x_0 eine **Extremstelle**.

Der Punkt $P_0(x_0 \mid f(x_0))$ des zu f gehörenden Graphen heißt **Extrempunkt**.

Im Falle des Maximums heißt P_0 **Hochpunkt.**

Im Falle des Minimums heißt P_0 **Tiefpunkt.**

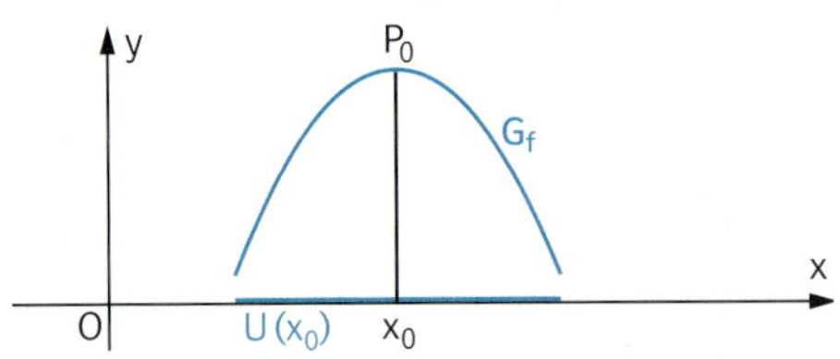

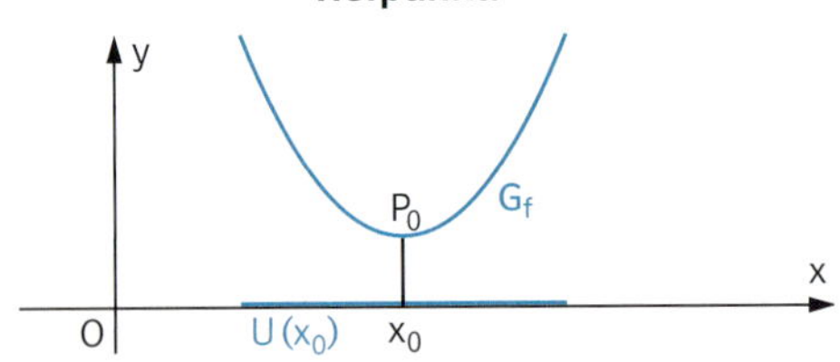

Hier existiert kein globales Maximum oder Minimum:

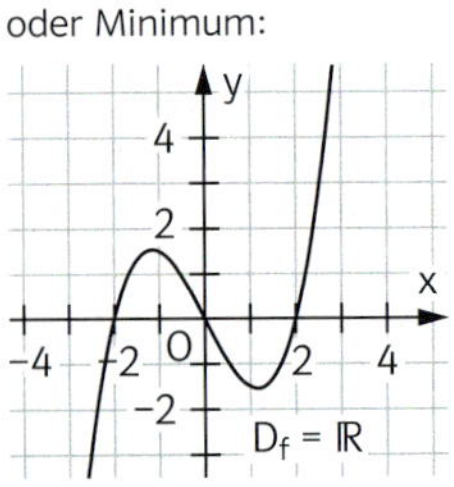

Gilt die Bedingung $f(x) \leqq f(x_0)$ bzw. $f(x) \geqq f(x_0)$ für alle Werte x aus dem Definitionsbereich, dann heißt $f(x_0)$ auch
globales oder **absolutes Maximum** von f bzw. **globales** oder **absolutes Minimum** von f in D_f.

Ein globales Extremum an einer Randstelle von D_f nennt man **globales Randextremum**, ein lokales Extremum am Rand nennt man ein **lokales Randextremum**.

Beispiel 1

Untersuchen Sie die unten gezeichnete Funktion bezüglich lokaler und globaler Extrema, lokaler und globaler Randextrema sowie Hoch- und Tiefpunkte.

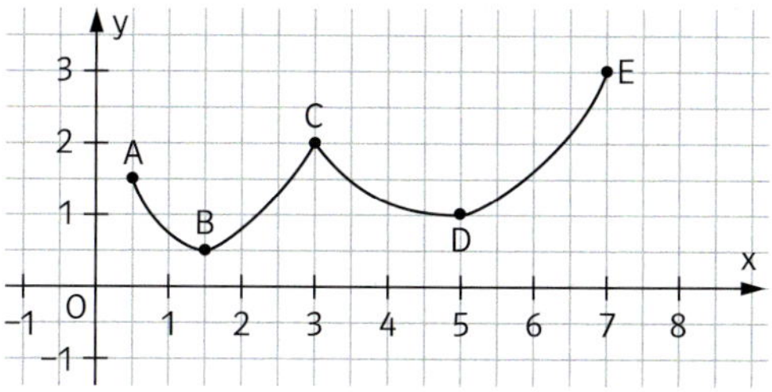

Lösung:

$x_1 = 0{,}5$; $x_2 = 1{,}5$; $x_3 = 3$; $x_4 = 5$ und $x_5 = 7$ sind Extremstellen. $f(x_1) = 1{,}5$; $f(x_3) = 2$ und $f(x_5) = 3$ sind lokale Maxima, dabei ist $f(x_5) = 3$ das globale Maximum, also auch ein globales Randmaximum, $f(x_1) = 1{,}5$ ein lokales Randmaximum.

$f(x_2) = 0{,}5$ und $f(x_4) = 1$ sind lokale Minima, dabei ist $f(x_2) = 0{,}5$ das globale Minimum.

$A(0{,}5\,|\,1{,}5)$, $C(3\,|\,2)$ und $E(7\,|\,3)$ sind Hochpunkte.

$B(1{,}5\,|\,0{,}5)$ und $D(5\,|\,1)$ sind Tiefpunkte.

Beispiel 2

Gegeben ist die Funktion $f\colon x \mapsto (x-1)^2\,(x+2)$.

Begründen Sie am Term, dass es sich bei der Stelle $x_0 = 1$ um eine Extremstelle handelt und ermitteln Sie, von welcher Art diese ist.

Lösung:

An der Stelle $x_0 = 1$ liegt eine Nullstelle vor. Für alle x-Werte $(x \neq 1)$ in einer Umgebung von 1 gilt:

$(x-1)^2 > 0$ und $(x+2) > 0$. Damit gilt auch für $f(x)$ in dieser Umgebung von 1: $f(x) > 0$.

Also befindet sich an der Stelle $x_0 = 1$ ein lokales Minimum.

Aufgaben

2

Lesen Sie am Graphen der Funktion die Extremstellen ab. Geben Sie die Koordinaten der Hoch- und Tiefpunkte an. Nennen Sie lokale und globale Maxima und Minima.

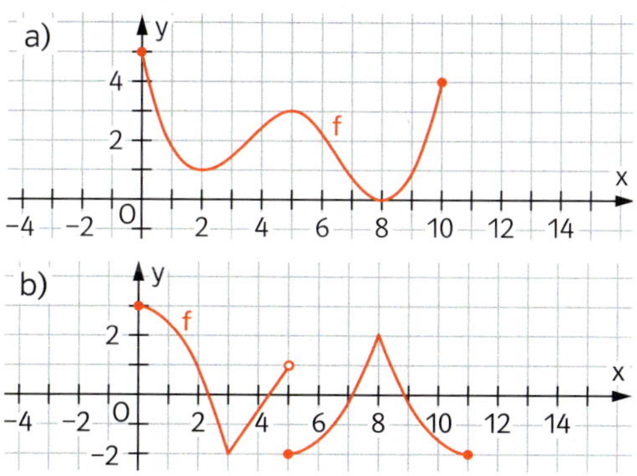

3

Begründen Sie am Term $f(x) = x^2(x-3)^2$, dass die Funktion f zwei Extrema besitzt und ermitteln Sie, von welcher Art diese sind.

4

Zeichnen Sie den Graphen von f. Nennen Sie Extremstellen und Extremwerte, falls solche vorhanden sind. Geben Sie die Koordinaten der Hoch- und Tiefpunkte an.

a) $f(x) = x^2$ b) $f(x) = x^3$ c) $f(x) = \frac{1}{x}$

d) $f(x) = \sqrt{x}$ e) $f(x) = |x|$ f) $f(x) = 2^x$

g) $f(x) = \sin x;\ x \in [0; 2\pi]$

h) $f(x) = \cos x;\ x \in [-\pi; 2\pi]$

5

Skizzieren Sie den Graphen der Funktion $f\colon x \mapsto -x^3 + 7x^2 - 10x$ mithilfe ihrer Nullstellen und ihres Verhaltens im Unendlichen.

In welchen Bereichen liegen die Extremstellen der Funktion und von welcher Art ist dieses Extremum jeweils?

Besitzt die Funktion ein globales Extremum? Begründen Sie.

G 6

Lösen Sie die Gleichung $3x^2 - 2x - 1 = 0$.

Rechnerischer Nachweis, dass die Funktion $f\colon x \mapsto \frac{1}{2}(x-2)^2 - 2$ an der Stelle $x = 2$ ein Minimum hat:

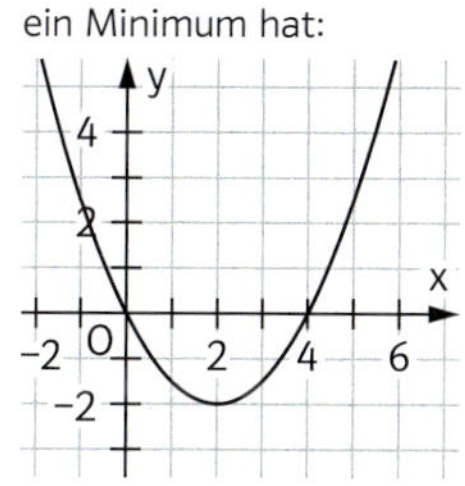

Zu zeigen: $f(x) \geqq f(2)$

Für alle $x \in \mathbb{R}$ gilt:

$(x-2)^2 \geqq 0$

$\Rightarrow \frac{1}{2}(x-2)^2 \geqq 0$

$\Rightarrow \frac{1}{2}(x-2)^2 - 2 \geqq -2$

3 Bedingungen für Extrema

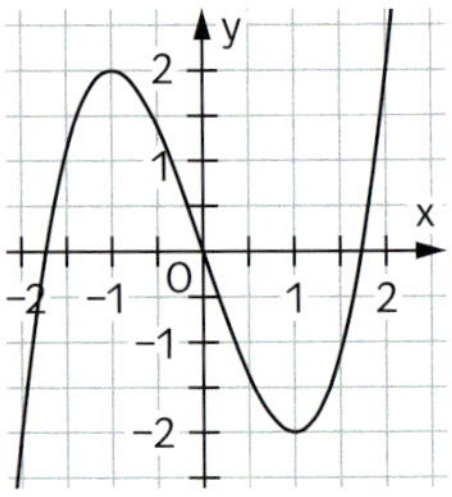

1

Auf der Randspalte ist der Graph der Funktion $f: x \mapsto x^3 - 3x$ abgebildet.

a) Bestimmen Sie die Monotonieintervalle der Funktion.

b) An welchen Stellen sind Extrema? Bestimmen Sie an diesen Stellen $f'(x)$.

Um Extremstellen einer Funktion zu ermitteln, greift man meist nicht auf die Definition zurück, sondern verwendet die Ableitung.

Man erkennt am rechts gegebenen Graphen, dass im Extrempunkt $P(x_0 | f(x_0))$ die Tangente an den Graphen in x_0 parallel zur x-Achse verläuft, dort gilt also $f'(x_0) = 0$.

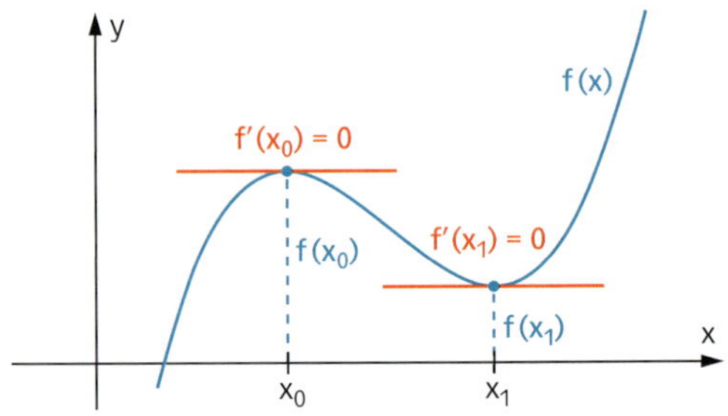

Satz

Ist die Funktion f auf einem Intervall $I =]a;b[$ differenzierbar und ist x_0 eine **innere Stelle** von I, d.h. $x_0 \in]a;b[$, so gilt:

Wenn f an der Stelle x_0 einen Extremwert hat, dann ist $\mathbf{f'(x_0) = 0}$.

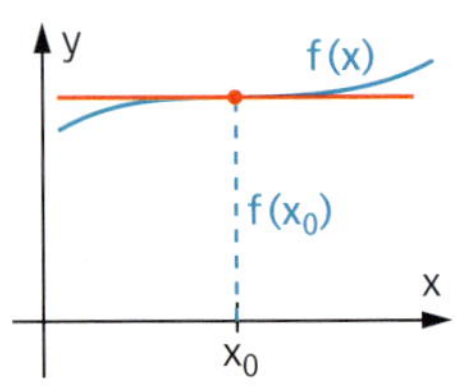

Der links gezeichnete Graph zeigt jedoch, dass nicht jeder Punkt, bei dem der Graph eine waagrechte Tangente besitzt, auch ein Extremum sein muss.

Statt zu sagen „Wenn A, dann B", sagt man auch „B ist notwendig für A". Man sagt: Die Bedingung $f'(x_0) = 0$ ist zwar notwendige, aber nicht hinreichende Bedingung für eine Extremstelle.

Die Bedingung $f'(x_0) = 0$ reicht also nicht aus, um x_0 als Extremstelle zu identifizieren. Gesucht sind zusätzliche Bedingungen, die garantieren, dass x_0 eine Extremstelle ist. Beim Betrachten von Funktionsgraphen in der Umgebung eines Punktes mit waagrechter Tangente, d.h. an einer Stelle mit $f'(x_0) = 0$, erkennt man diese zusätzlichen Bedingungen für Extremstellen.

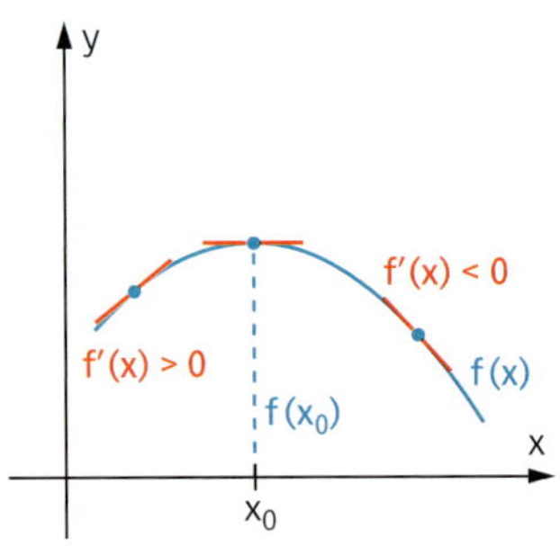

Ist f für $x < x_0$ monoton zunehmend und für $x > x_0$ monoton abnehmend, so besitzt G_f an der Stelle x_0 einen Hochpunkt.

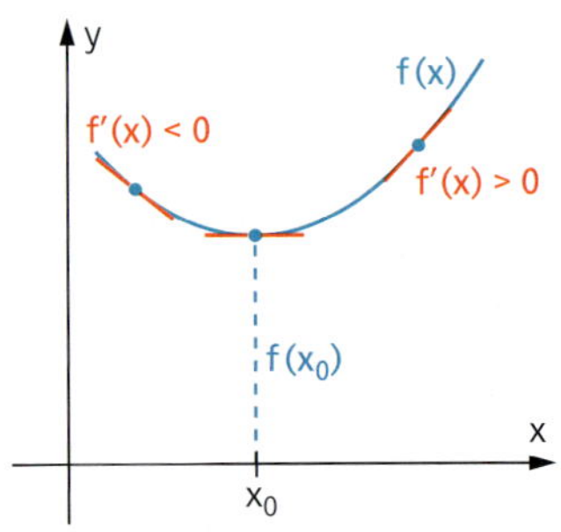

Ist f für $x < x_0$ monoton abnehmend und für $x > x_0$ monoton zunehmend, so besitzt G_f an der Stelle x_0 einen Tiefpunkt.

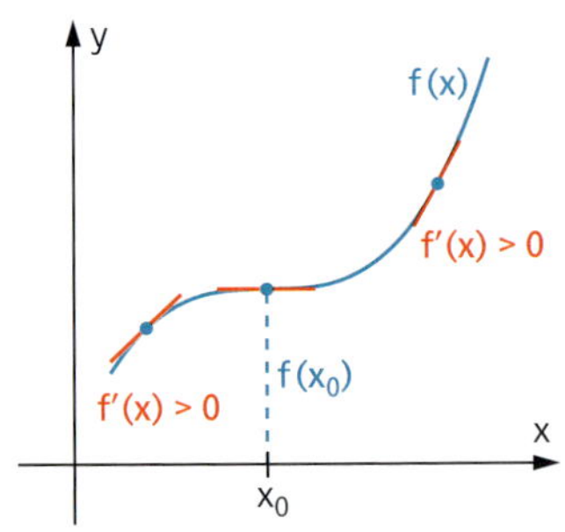

Ist f für $x < x_0$ **und** für $x > x_0$ monoton zunehmend (bzw. für $x < x_0$ **und** für $x > x_0$ monoton abnehmend), so ist x_0 keine Extremstelle, sondern G_f besitzt an dieser Stelle einen sogenannten **Terrassenpunkt**.

Ein lokales Extremum liegt also vor, wenn zusätzlich zur Bedingung $f'(x_0) = 0$ das Monotonieverhalten von f an der Stelle x_0 wechselt.
Ist f differenzierbar, liegt nach dem Monotoniekriterium ein solcher Wechsel dann vor, wenn es eine Umgebung $U(x_0)$ gibt, sodass für alle $x \in U(x_0) \cap D_f$ gilt:

Für $x < x_0$ gilt $f'(x) > 0$ und für $x > x_0$ gilt $f'(x) < 0$;
d.h. f' hat an der Stelle x_0 einen
Vorzeichenwechsel von + nach −.

Für $x < x_0$ gilt $f'(x) < 0$ und für $x > x_0$ gilt $f'(x) > 0$;
d.h. f' hat an der Stelle x_0 einen
Vorzeichenwechsel von − nach +.

Man sagt: Ein Wechsel des Monotonieverhaltens von f an der Stelle x_0 ist eine hinreichende Bedingung dafür, dass x_0 eine Extremstelle ist.

Es bietet sich die folgende schematische Schreibweise zum Monotonieverhalten von f an:

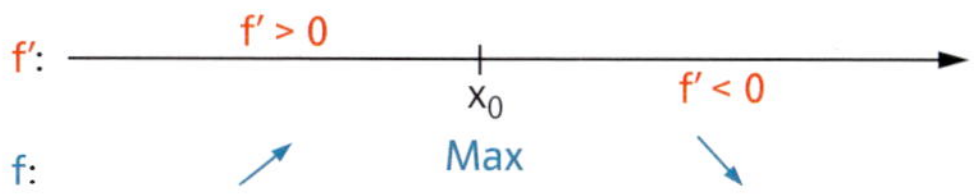

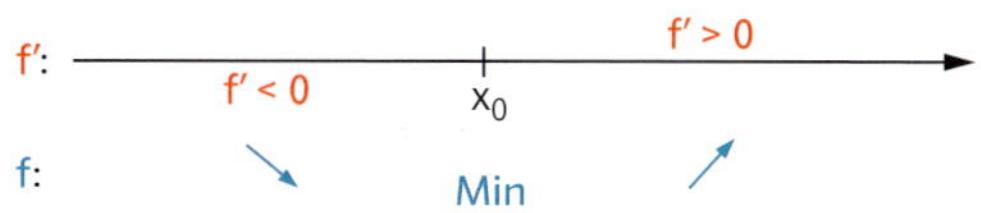

Satz
Die Funktion f sei auf einem Intervall $I =]a;b[$ differenzierbar und x_0 eine innere Stelle von I, d.h. $x_0 \in]a;b[$.

Wenn $f'(x_0) = 0$ ist und f' bei x_0 einen Vorzeichenwechsel von + nach − hat, dann hat die Funktion f ein lokales Maximum an der Stelle x_0.

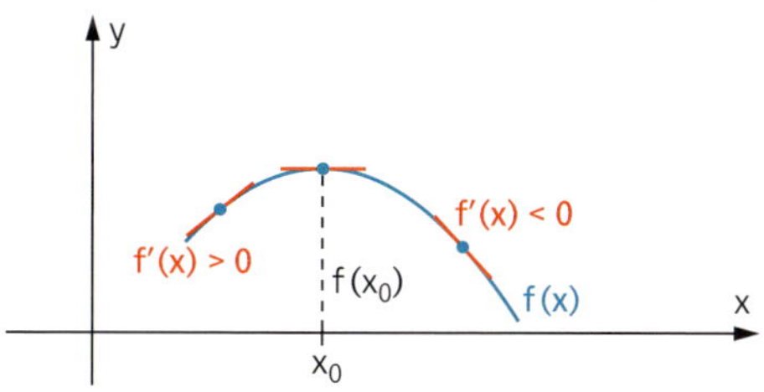

Wenn $f'(x_0) = 0$ ist und f' bei x_0 einen Vorzeichenwechsel von − nach + hat, dann hat die Funktion f ein lokales Minimum an der Stelle x_0.

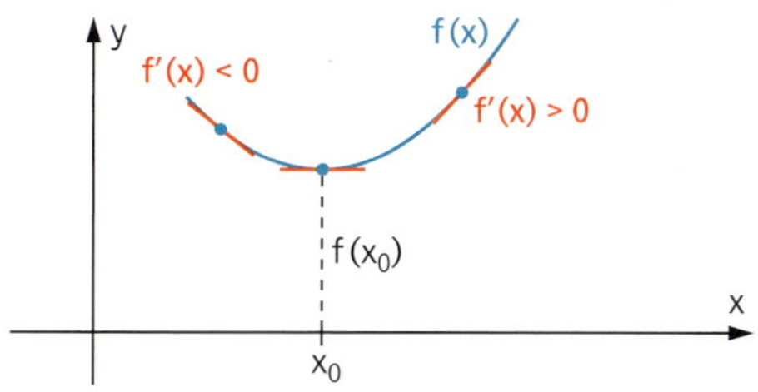

Statt zu sagen „Wenn A, dann B", sagt man auch „A ist hinreichend für B."

Bemerkungen

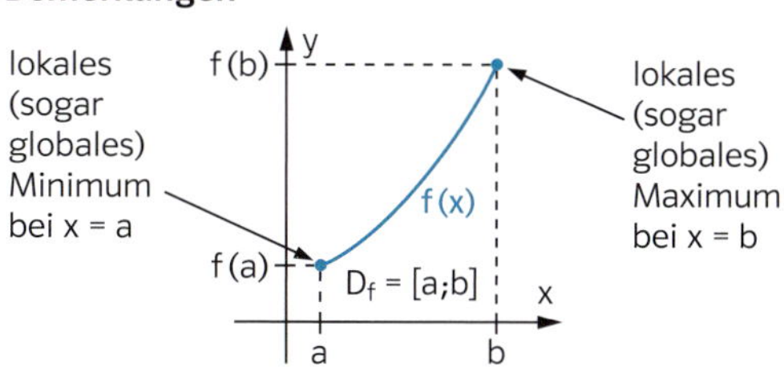

Obiger Satz kann nur angewendet werden, wenn die Extremstellen im Inneren des betrachteten Intervalls liegen, denn für Randextremstellen muss $f'(x) = 0$ nicht gelten.

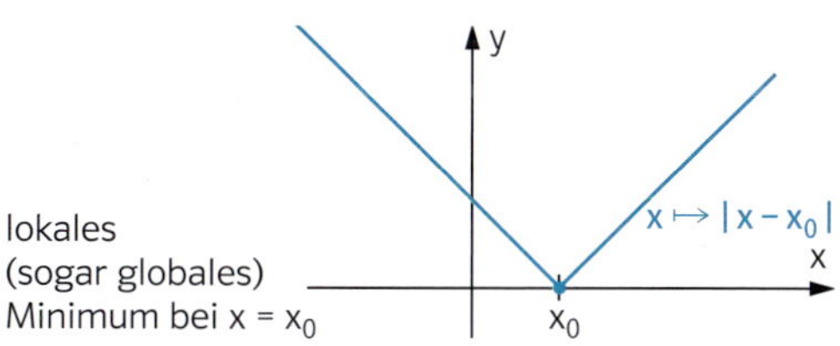

Außerdem muss die Funktion an der Extremstelle x_0 differenzierbar sein, denn nur wenn man die Ableitung bilden kann, kann das Kriterium angewendet werden.
Um Stellen zu untersuchen, an denen die Ableitung f' nicht definiert ist, hilft es, die Ableitung in der Umgebung der Stelle zu betrachten, an der diese nicht existiert.

Die globalen Extremwerte erhält man durch den Vergleich aller Extremwerte.
Dazu muss gegebenenfalls auch das Verhalten von $x \to -\infty$ bzw. $x \to +\infty$ untersucht werden. Beispielsweise hat die rechts gezeichnete Funktion ein globales Maximum an der Stelle $x_1 = 4$, aber sie besitzt kein globales Minimum, obwohl sie bei $x_2 = 1$ ein lokales Minimum hat.

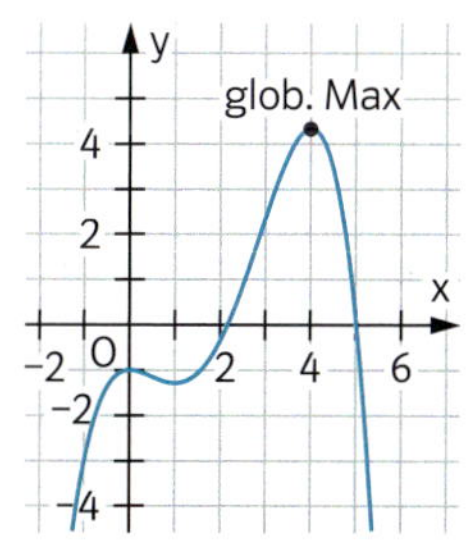

Stellen mit $f'(x_0) = 0$ sind Kandidaten für Extremstellen.

Beispiel 1

Gegeben ist die Funktion $f: x \mapsto x^4 - 2x^3 - 1$.

a) Bestimmen Sie die Monotoniebereiche und die Extremstellen der Funktion.

b) Skizzieren Sie den Graphen von f und bestimmen Sie gegebenenfalls globale Extrema.

Lösung:

Stellen mit $f'(x_0) = 0$ sind Kandidaten für Extremstellen.

z.B. $f'(-1) = -10 < 0$

$f'(1) = -2 < 0$

$f'(2) = 8 > 0$

a) $f'(x) = 4x^3 - 6x^2 = 4x^2(x - 1{,}5)$

Nullstellen von f': $x_1 = 0$ und $x_2 = 1{,}5$.

Für $x < 0$ gilt: $f'(x) < 0$,

für $0 < x < 1{,}5$ gilt: $f'(x) < 0$,

für $x > 1{,}5$ gilt: $f'(x) > 0$.

Monotonieverhalten von f:

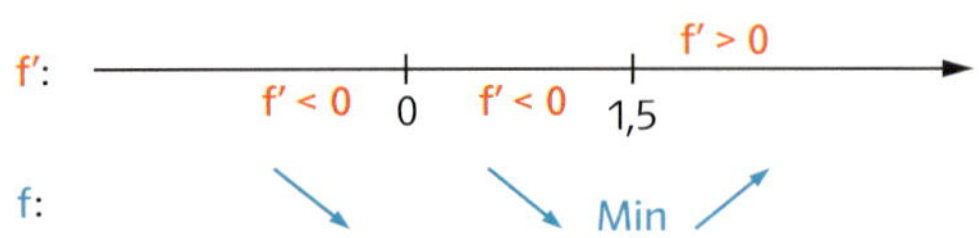

Also ist G_f

- streng monoton fallend für $x \in]-\infty; 1{,}5]$
- streng monoton steigend für $x \in [1{,}5; +\infty[$

und hat ein lokales Minimum für $x_2 = 1{,}5$.

b) $\lim\limits_{x \to \pm\infty} f(x) = \infty$

$\Rightarrow$ $y_2 = f(x_2) = f(1{,}5) = -2{,}6875$ ist ein globales Minimum. Tiefpunkt $(1{,}5 \mid \approx -2{,}7)$

$y_1 = f(x_1) = f(0) = -1$,

also Terrassenpunkt $(0 \mid -1)$

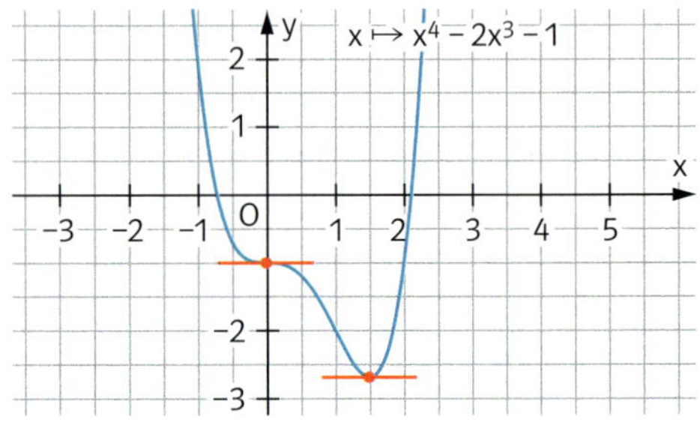

Beispiel 2

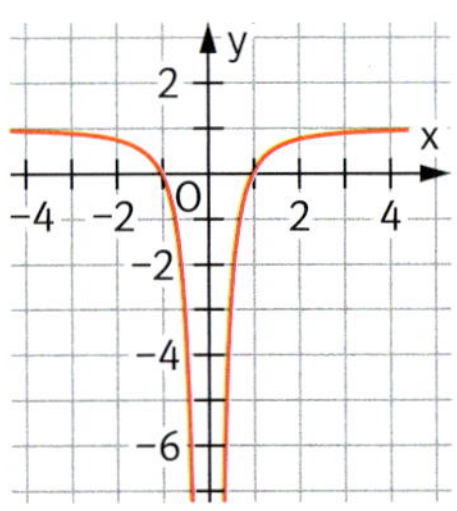

Die Abbildung links zeigt den Graphen der Ableitung f' der Funktion $f: x \mapsto x + \frac{1}{x}$.

a) Ermitteln Sie anhand des Graphen von f' die Monotoniebereiche und die Extremstellen von f.

b) Überprüfen Sie Ihre Ergebnisse aus a) anhand des Funktionsterms, bestimmen Sie die Lage der Extrema und skizzieren Sie die Funktion f auch unter Verwendung des Graphen von f'.

Lösung:

Es müssen auch die Definitionslücken der Ableitung f' untersucht werden, da dort f' das Vorzeichen ändern könnte. Entsprechend muss das Schema angepasst werden.

a) Aus dem Graphen von f' folgt:

Für $x < -1$ gilt: $f'(x) > 0$

für $-1 < x < 0$ gilt: $f'(x) < 0$

für $0 < x < 1$ gilt: $f'(x) < 0$

für $x > 1$ gilt: $f'(x) > 0$

Monotonieverhalten von f:

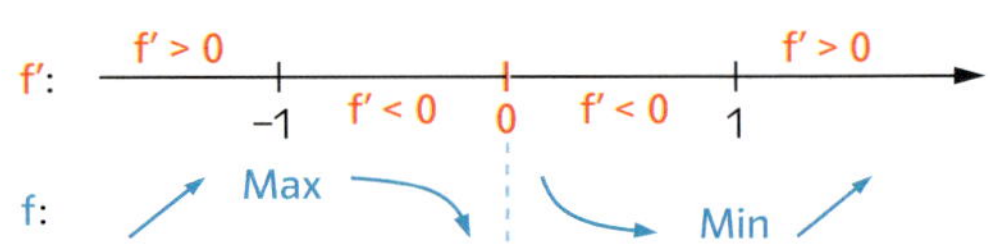

Die Funktion hat bei $x_1 = -1$ ein lokales Maximum und bei $x_2 = 1$ ein lokales Minimum.

b) $f'(x) = 1 - \frac{1}{x^2} = \frac{x^2 - 1}{x^2} = \frac{(x+1)(x-1)}{x^2}$

Definitionslücke von f': $x_0 = 0$

Nullstellen von f': $x_1 = -1$ und $x_2 = 1$.

Vorzeichenwechsel bei x_1 und x_2:

$\Rightarrow$ lokales Maximum: $y_1 = f(x_1) = f(-1) = -2$

$\Rightarrow$ lokales Minimum: $y_2 = f(x_2) = f(1) = 2$

Aus dem Graphen von f':

Für $x \to -\infty$ und für $x \to +\infty$ gilt

$f'(x) \to 1$, d.h. G_f hat in diesen Bereichen ungefähr die Steigung 1.

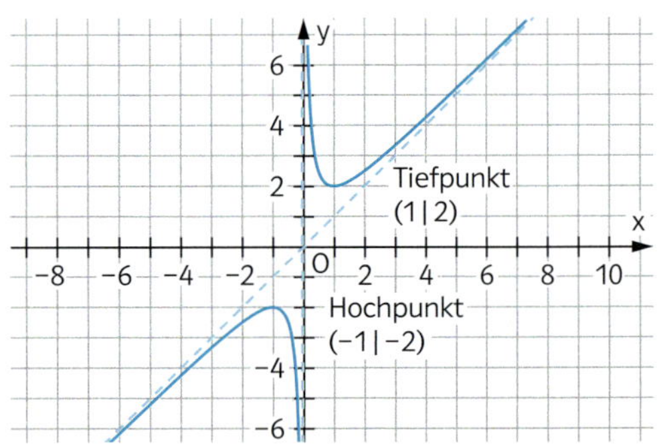

Am Funktionsterm $f(x) = x + \frac{1}{x}$ könnte man auch die schräge Asymptote $y = x$ für $x \to \infty$ ablesen.

Aufgaben

Lösungssalat zu 2:

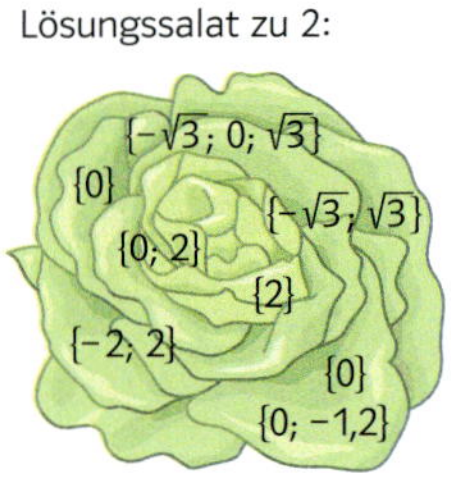

2

Bestimmen Sie die Stellen mit $f'(x) = 0$, um Kandidaten für Extremstellen zu gewinnen.

a) $f(x) = x^4 - 6x^2 + 1$ b) $f(x) = \frac{1}{8}x^2 + \frac{2}{x}$ c) $f(x) = -\frac{1}{10}x^5 + 8x$ d) $f(x) = \frac{2 - x^2}{x^2 - 9}$

e) $f(x) = x^3 + \frac{27}{x}$ f) $f(x) = \frac{x^2}{x - 1}$ g) $f(x) = \frac{36}{x^2 + 9}$ h) $f(x) = x^6 - \frac{6}{5}x^5 - 3x^4 + 6$

3

Die folgende Abbildung zeigt den Graphen der Ableitung einer Funktion f.

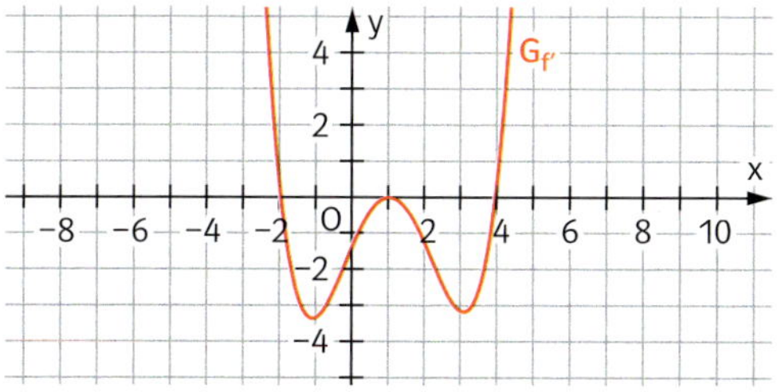

Bestimmen Sie die Monotonieintervalle und die Extremstellen der Funktion f. Skizzieren Sie anschließend grob den Verlauf des Graphen, wenn bekannt ist, dass der Graph G_f durch den Punkt (1|1) verläuft.

4

Ermitteln Sie die lokalen und globalen Extremwerte der Funktion f. Skizzieren Sie grob den Graphen von f.

a) $f(x) = -\frac{1}{4}x^4 + x^3 - x^2$ b) $f(x) = x^3 - 3x^2 + 1$

c) $f(x) = x^2 - \frac{1}{x}$ d) $f(x) = \frac{8}{4 - x^2}$

e) $f(x) = \frac{1}{4}x^4 - \frac{1}{3}x^3 - x^2$ f) $f(x) = (x^2 - 1)^2$

g) $f(x) = \frac{x^2 - 4}{x^2 + 2}$ h) $f(x) = \frac{(1 - x)^2}{2 - x}$

5

Erstellen Sie mit dem Funktionsplotter den Graphen der Funktion. Untersuchen Sie f anhand des Graphen auf Extremwerte.

a) $f(x) = x^2 - |x|$

b) $f(x) = |x^3 - x|$

c) $f(x) = |x^2 - 2x|$

d) $f(x) = |(x - 1)(x + 2)|$

e) $f(x) = |x^2 - 2x - 3|$

f) $f(x) = \left|\frac{1}{5}x^5 - x^4 + x^3\right|$

6

Geben Sie mögliche Funktionsterme von Funktionen an, die

a) bei $x_1 = -1$ ein lokales Maximum und bei $x_2 = 3$ ein lokales Minimum haben,

b) bei $x_1 = -1$ und bei $x_2 = 3$ ein Minimum haben.

c) Überlegen Sie sich selbst entsprechende Eigenschaften für eine Funktion und lassen Sie Ihren Nachbarn eine passende Funktion finden.

7

Skizzieren Sie eine Funktion, für die

a) $f'(1) = 0$, und $x = 1$ eine Extremstelle ist,

b) $f'(1) = 0$, aber $x = 1$ keine Extremstelle ist,

c) $f'(1) \neq 0$, aber $x = 1$ eine Extremstelle ist.

Geben Sie jeweils den Term einer möglichen Funktion mit Definitionsmenge an.

8

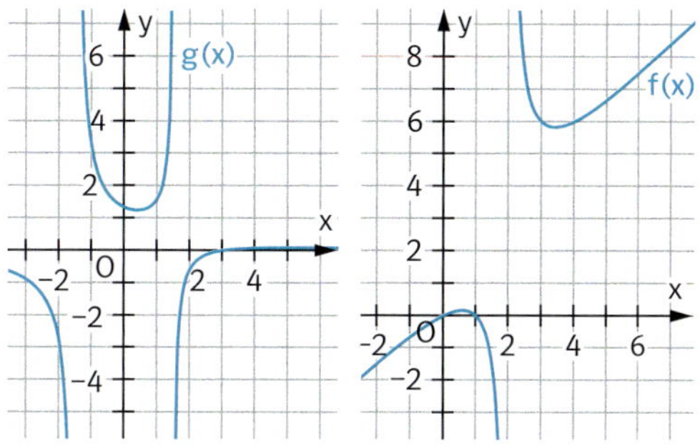

Die Bilder oben zeigen die Graphen zweier Funktionen G_g und G_f. Unter den vier auf der Randspalte gegebenen Graphen sind auch die Graphen deren Ableitungsfunktionen. Ordnen Sie den Funktionen g und f ihre Ableitungen zu und begründen Sie Ihre Entscheidungen.

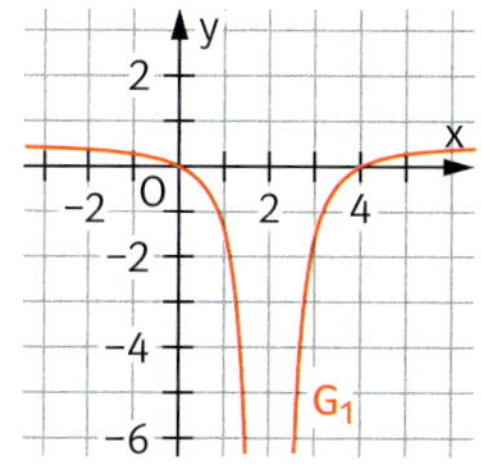

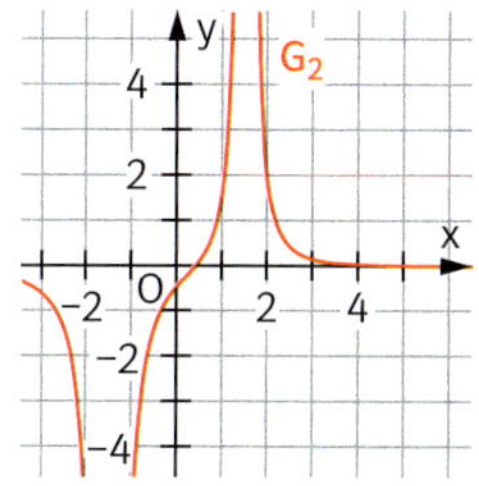

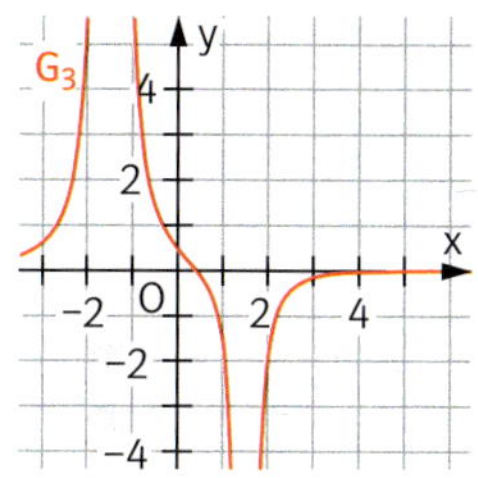

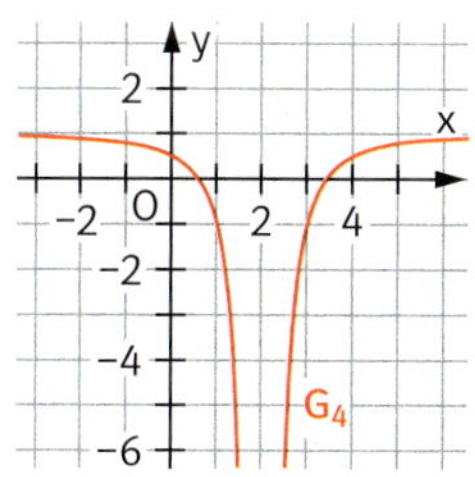

9

Für welche $a \in \mathbb{R}$ hat der Graph eine, mehrere oder keine Extremstellen? Beschreiben Sie jeweils den typischen Verlauf des Graphen.

a) $f(x) = x^3 - ax$ b) $f(x) = x^4 + ax^2$

c) $f(x) = \frac{1}{3}x^3 + x^2 + ax$

10

a) Zeichnen Sie G_f und $G_{f'}$ wie auf der Randspalte gezeigt für einen Hochpunkt, einen Tiefpunkt und einen Terrassenpunkt.

b) Geben Sie zu den drei Fällen aus a) jeweils ein Beispiel mit Funktionsterm an.

c) Erstellen Sie in einer Gruppe ein Handout oder Poster, das übersichtlich die einfachsten Fälle (1, 2 oder 3 Stellen mit waagrechter Tangente) wie in a) und b) behandelt.

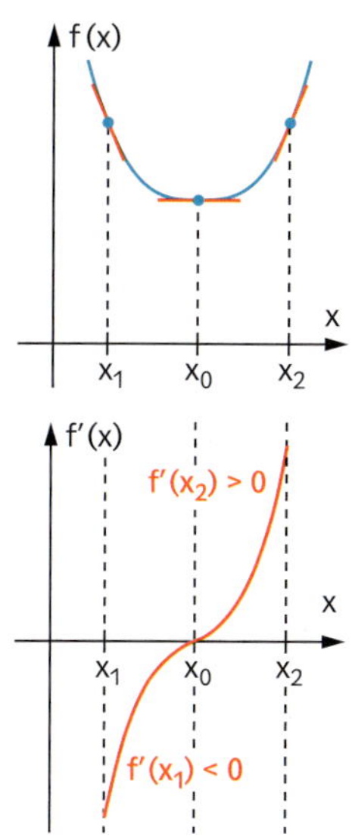

G 11

Herbert wirft zehnmal einen Würfel und hat keinen einzigen Sechser. Er behauptet, dass der Würfel gezinkt ist. Mit welcher Wahrscheinlichkeit spricht er dem Würfel unberechtigterweise die Laplace-Eigenschaft ab?

4 Funktionsuntersuchungen rationaler Funktionen

1
Welche Aspekte können bei der Funktionsuntersuchung von ganzrationalen und gebrochen rationalen Funktionen untersucht werden?
Welche Gesichtspunkte kommen nun durch die Anwendung der 1. Ableitung noch dazu?

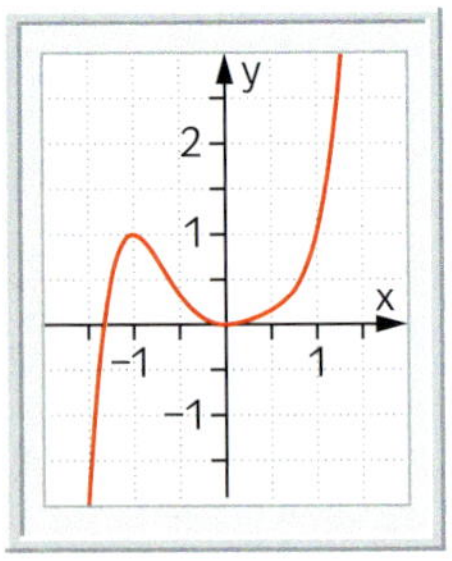

2
Auf der Randspalte sehen Sie den von einem Funktionsplotter erstellten Graphen der Funktion $f: x \mapsto x^5 - x^3 + x^2$.
a) Erstellen Sie selbst mit einem Funktionsplotter den Graphen von f und lesen Sie dem Graphen G_f möglichst viele Eigenschaften von f ab.
b) Welchen Nachteil hat die graphische Methode gegenüber einer rechnerischen Bestimmung? Welche Vorteile hat die graphische Methode?

Die bisher schon gesammelten Erkenntnisse über Funktionen werden nun angewendet, um ganzrationale und gebrochen rationale Funktionen, die sogenannten **rationalen Funktionen,** möglichst umfassend zu untersuchen. Bei einer solchen **Funktionsuntersuchung** werden verschiedene Aspekte untersucht. Je nach dem, um welchen Funktionstyp es sich handelt, können unterschiedliche Punkte dabei interessant sein. Beispielsweise muss bei gebrochen rationalen Funktionen gegebenenfalls das Verhalten in der Umgebung der Definitionslücken untersucht werden, welche ganzrationale Funktionen im Normalfall gar nicht haben.

Im Folgenden werden bereits bekannte Aspekte zusammengetragen und wiederholt, um eine gebrochen rationale Funktion ausführlich zu untersuchen.

Funktionsuntersuchung der Funktion f: $f(x) = \frac{x^3}{x^2 - 4}$

Der Funktionsterm kann auch dargestellt werden in der Form

$f(x) = x + \frac{4x}{x^2 - 4}$ oder $f(x) = \frac{x^3}{(x+2)(x-2)}$.

Je nach dem zu untersuchenden Aspekt wird man die geeignete Darstellung wählen.

Wenn nichts anderes festgelegt ist, betrachten wir immer die maximal mögliche Definitionsmenge.

Definitionsmenge:
Für ganzrationale Funktionen ist der maximal mögliche Definitionsbereich immer ganz $\mathbb{R}$. Gebrochen rationale Funktionen haben gegebenenfalls Definitionslücken an den Nullstellen des Nenners.

Nullstellen des Nenners:
Ansatz: $x^2 - 4 = (x+2)(x-2) = 0$
Lösungen: $x_1 = -2$ und $x_2 = 2$
$\Rightarrow$ Definitionslücken $x_1 = -2$ und $x_2 = 2$
$\Rightarrow$ $D_f = \mathbb{R}\setminus\{-2; 2\}$

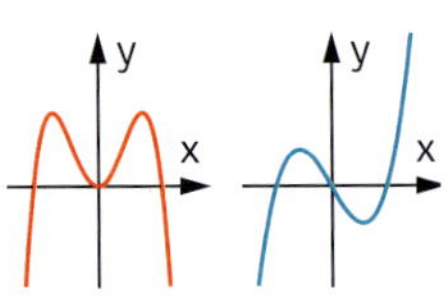

Die Symmetrie sollte frühzeitig untersucht werden, da man so von den Erkenntnissen auf einer Seite der y-Achse auf die andere Seite schließen kann.

Symmetrie:
Der Definitionsbereich muss symmetrisch um den Ursprung liegen.
- Achsensymmetrie bzgl. der y-Achse: $f(-x) = f(x)$ für alle $x \in D_f$.
- Punktsymmetrie bzgl. des Ursprungs: $f(-x) = -f(x)$ für alle $x \in D_f$.

$f(-x) = \frac{(-x)^3}{(-x)^2 - 4} = \frac{-x^3}{x^2 - 4} = -f(x)$
für alle $x \in D_f$.
Der Graph von f ist also punktsymmetrisch bezüglich des Ursprungs.

Erinnerung:
Eine Nullstelle x_0 ist eine Lösung der Gleichung $f(x) = 0$.

Schnittpunkte mit den Achsen:
- Schnittpunkte mit der x-Achse: $S_x(x_0|0)$ mit $f(x_0) = 0$
- Schnittpunkt mit der y-Achse: $S_y(0|f(0))$

$f(x) = \frac{x^3}{x^2 - 4} = 0 \Leftrightarrow x^3 = 0$
Nullstelle: $x_3 = 0$ (dreifache Nullstelle)
Schnittpunkt mit der x- und y-Achse: $S(0|0)$

Verhalten an den Definitionslücken:
Eine Definitionslücke x_P der Funktion, für die der Nenner, aber nicht der Zähler null wird, ist eine Polstelle. Hier hat der Graph der Funktion eine senkrechte Asymptote mit der Gleichung $x = x_P$.
Es gilt: $\lim\limits_{x \to x_P} f(x) = \pm\infty$

Theoretisch mögliche Fälle:

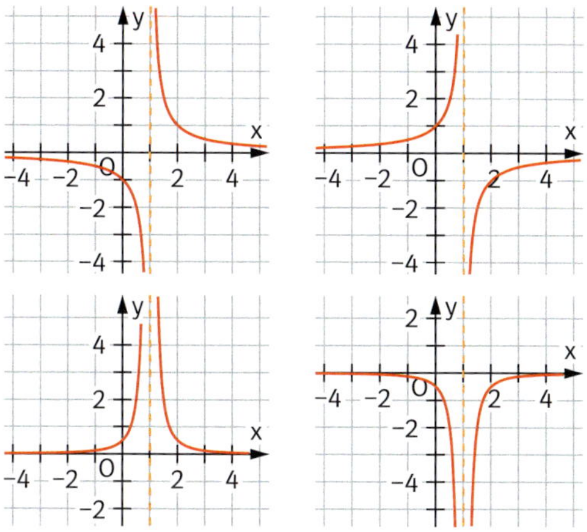

Untersuchung an der Definitionslücke $x_1 = -2$:

$$f(x) = \frac{x^3}{x-2} \cdot \frac{1}{x+2}$$

Für $x \to -2$ gilt: $\to \frac{-8}{-4}$ $\quad -/+$

Also liegt eine Polstelle mit Vorzeichenwechsel von − nach + vor und es gilt:
$\lim\limits_{\substack{x \to -2\\ <}} f(x) = -\infty$ und $\lim\limits_{\substack{x \to -2\\ >}} f(x) = +\infty$

Untersuchung an der Definitionslücke $x_2 = 2$:

$$f(x) = \frac{x^3}{x+2} \cdot \frac{1}{x-2}$$

Für $x \to 2$ gilt: $\to \frac{8}{4}$ $\quad -/+$

Also liegt ebenfalls eine Polstelle mit Vorzeichenwechsel von − nach + vor und es gilt:
$\lim\limits_{\substack{x \to 2\\ <}} f(x) = -\infty$ und $\lim\limits_{\substack{x \to 2\\ >}} f(x) = +\infty$
Die Funktion besitzt zwei senkrechte Asymptoten mit den Gleichungen $x = 2$ und $x = -2$.

Skizziert man Schritt für Schritt aus den gefundenen Eigenschaften den Graphen der Funktion, so könnte man gleich Widersprüche erkennen.

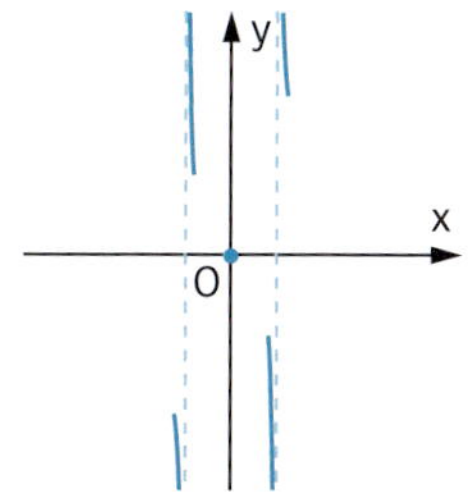

Den genauen Verlauf des Graphen bei Annäherung an die senkrechten Asymptoten kann man auch mithilfe der Erkenntnisse über das Monotonieverhalten der Funktion (vgl. unten) ermitteln. Außerdem kann man die Symmetrie ausnutzen.

Verhalten im Unendlichen:
Bei ganzrationalen Funktionen ist das Verhalten von $f(x)$ für betragsmäßig große x-Werte durch den Summanden mit dem größten Exponenten bestimmt.
Für gebrochen rationale Funktionen mit Zählergrad n und Nennergrad m bzw. deren Graphen gilt:

$n < m$:	x-Achse ist waagrechte Asymptote.
$n = m$:	waagrechte Asymptote.
$n = m + 1$:	schräge Asymptote.
$n > m$:	keine Asymptote.

$f(x) = \frac{x^3}{x^2 - 4}$
Zählergrad = Nennergrad + 1, also besitzt der Graph eine schräge Asymptote.
Der ebenfalls gegebenen Darstellung der Funktion $f(x) = x + \frac{4x}{x^2 - 4}$, die man auch durch Polynomdivision erhalten könnte, entnimmt man, dass die Gerade mit der Gleichung $y = x$ schräge Asymptote von G_f ist.
Also gilt: $\lim\limits_{x \to -\infty} f(x) = -\infty$
und $\lim\limits_{x \to +\infty} f(x) = +\infty$.

Vergleichen Sie hierzu Seite 14 f.

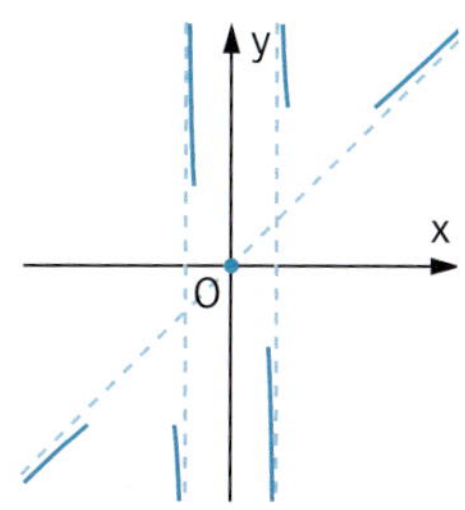

Extremwerte und Monotonie:
Bedingung für Extremwerte:
$f'(x_0) = 0$ und
f' hat bei x_0 einen Vorzeichenwechsel
von + nach − (lokales Maximum)
von − nach + (lokales Minimum).
Die Monotoniebereiche liegen zwischen den Extrema bzw. den Rändern des Definitionsbereichs.

$$f'(x) = \frac{x^4 - 12x^2}{(x^2-4)^2} = \frac{x^2(x^2-12)}{(x^2-4)^2} = \frac{x^2(x+2\sqrt{3})(x-2\sqrt{3})}{(x^2-4)^2}$$

Ansatz: $f'(x) = 0$
Lösungen:
$x_4 = 0$ (= x_3); $x_5 = -2\sqrt{3}$; $x_6 = 2\sqrt{3}$

Monotonieverhalten von f:

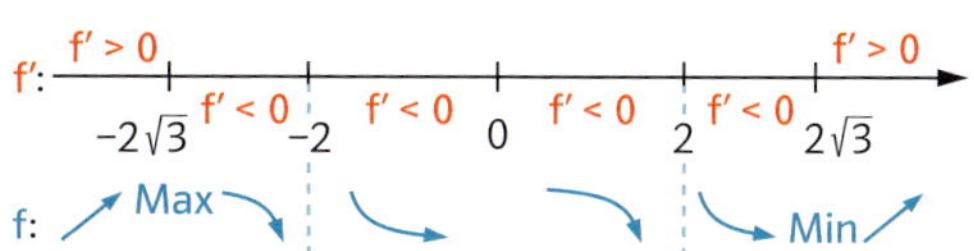

$\Rightarrow$ lokales Maximum: $f(-2\sqrt{3}) = -3\sqrt{3}$
Hochpunkt $(-2\sqrt{3} \mid -3\sqrt{3})$
lokales Minimum: $f(2\sqrt{3}) = 3\sqrt{3}$
Tiefpunkt $(2\sqrt{3} \mid 3\sqrt{3})$
Terrassenpunkt $S(0 \mid 0)$

Erinnerung:
Nullstellen mit gerader Vielfachheit:
kein Vorzeichenwechsel.
Nullstellen mit ungerader Vielfachheit:
Vorzeichenwechsel.

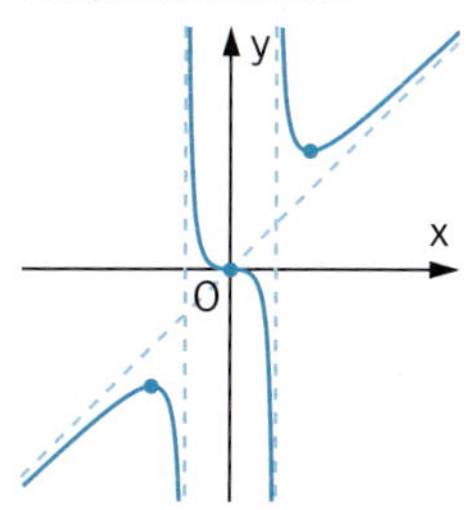

Im Gegensatz zur Skizze, die nur den groben Verlauf des Graphen zeigt, sollte eine Zeichnung z.B. einige exakte Funktionswerte enthalten und die Steigung an ausgewählten Punkten zeigen.

Graph:

Ein mit einem Funktionsplotter erstellter Graph zeigt alle gefundenen Eigenschaften:

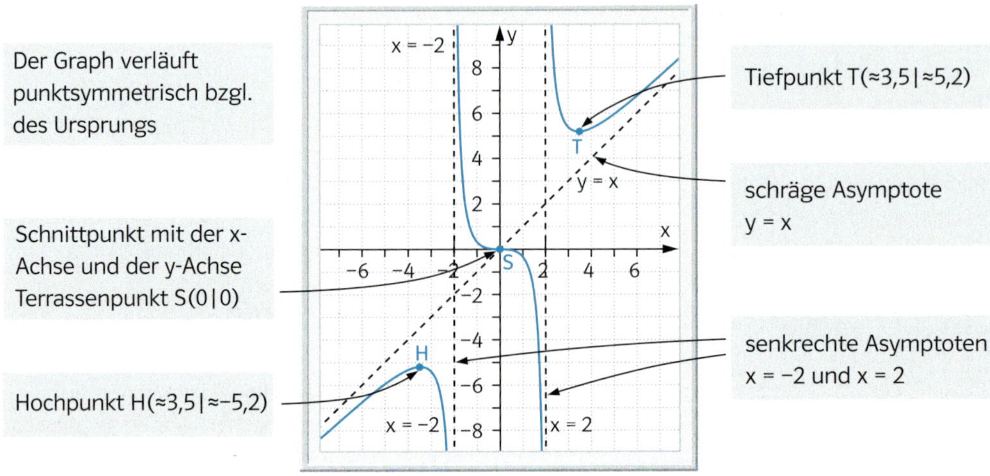

Beispiel 1

Untersuchen Sie die Funktion $f: x \mapsto 2x^4 + 7x^3 + 5x^2$ mit $D_f = \mathbb{R}$ auf Symmetrie. Bestimmen Sie die Nullstellen, das Verhalten im Unendlichen und die Extremwerte von f. Skizzieren Sie mit diesen Erkenntnissen den Graphen.

Lösung:

- Symmetrie:
  f(x) hat in der gegebenen Darstellung gerade und ungerade Exponenten. Deshalb zeigt der Graph von f weder eine Symmetrie bezüglich des Ursprungs noch bezüglich der y-Achse.
- Nullstellen:
  $f(x) = 2x^4 + 7x^3 + 5x^2 = x^2(2x^2 + 7x + 5) = 0$
  Nullstellen: $x_1 = 0$ (zweifache Nullstelle); $x_2 = -1$ und $x_3 = -2{,}5$ (einfache Nullstellen)
  Schnittpunkte mit der x-Achse: $S_1(0|0)$; $S_2(-1|0)$; $S_3(-2{,}5|0)$
- Verhalten im Unendlichen:
  Der Summand von f(x) mit dem höchsten Exponenten ist $2x^4$, also gilt: $\lim\limits_{x \to \pm\infty} f(x) = +\infty$
- Extremwerte:
  $f'(x) = 8x^3 + 21x^2 + 10x = 8x\left(x^2 + \frac{21}{8}x + \frac{5}{4}\right)$
  Ansatz: $f'(x) = 0$
  Lösungen: $x_4 = 0$ (zugleich Nullstelle x_1);
  $x_5 = -\frac{5}{8}$; $x_6 = -2$
  $\Rightarrow f'(x) = 8x(x + 2)\left(x + \frac{5}{8}\right)$
- Monotonieverhalten von f:

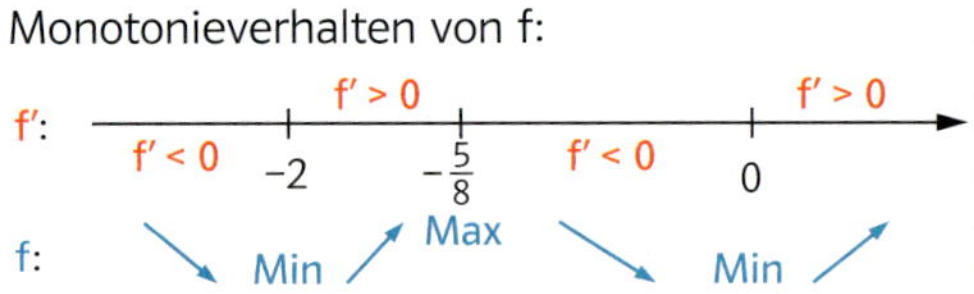

$\Rightarrow$ lokale Minima:
$f(0) = 0$ und $f(-2) = -4$
Tiefpunkte: $T_0(0|0)$ und $T_1(-2|-4)$
lokales Maximum: $f\left(-\frac{5}{8}\right) \approx 0{,}55$
Hochpunkt:
$H\left(-\frac{5}{8}\middle|\approx 0{,}55\right) = H(\approx -0{,}63|\approx 0{,}55)$

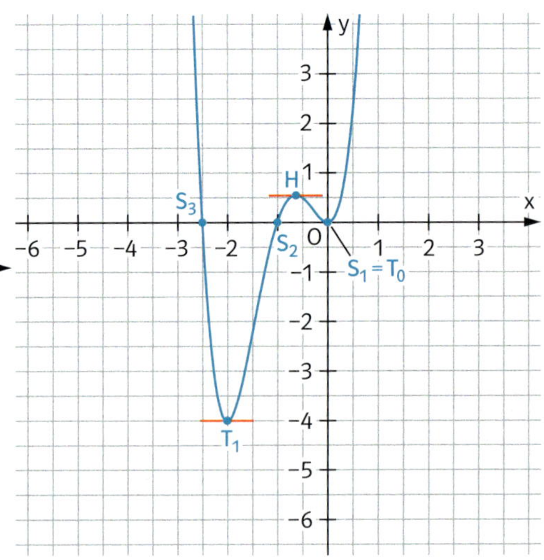

Erinnerung:
Die Lösungen einer quadratischen Gleichung $ax^2 + bx + c = 0$ lassen sich bestimmen mit der Lösungsformel
$x_{1,2} = \frac{-b \pm \sqrt{b^2 - 4ac}}{2a}$
$\Rightarrow ax^2 + bx + c = a(x - x_1)(x - x_2)$

Kennt man bei ganzrationalen Funktionen das Verhalten im Unendlichen und die Nullstellen mit ihrer Vielfachheit, kann man den groben Verlauf des Graphen schon skizzieren:

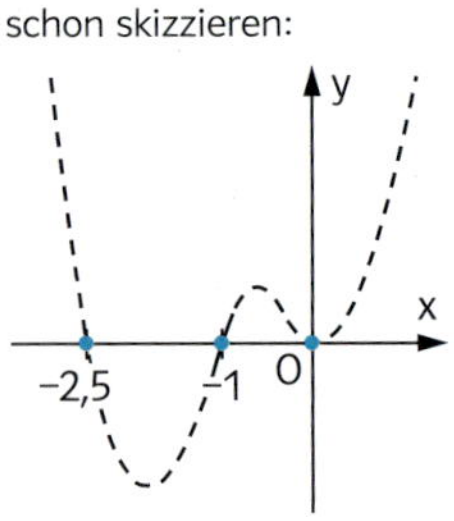

Beispiel 2

Die nebenstehende Abbildung zeigt den Graphen $G_{f'}$ der Ableitung der Funktion f.
Genau einer der folgenden Funktionsterme beschreibt die Funktion f. Welcher ist es?
Begründen Sie Ihre Entscheidung.

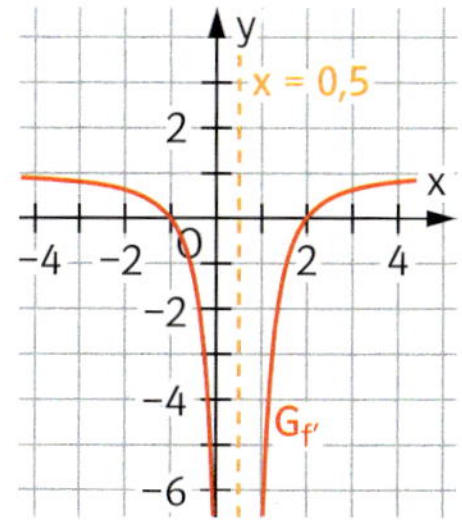

$f_1(x) = \frac{1}{3}x^3 - 0{,}5x^2 - 2x$ $\quad f_2(x) = \frac{x^2}{4x^2 - 1}$ $\quad f_3(x) = x^2 + \frac{x}{x + 0{,}5}$ $\quad f_4(x) = \frac{x^3 - x}{(2x - 1)^2}$

$f_5(x) = \frac{x^2 + 4x}{1 - 2x}$ $\quad f_6(x) = \frac{x^2 + x}{x - 0{,}5}$ $\quad f_7(x) = \frac{x^2 + 4x}{x - 0{,}5}$ $\quad f_8(x) = \frac{x + 1}{2x - 1}$

Lösung:

Eine mögliche Funktion hat – bis auf eine mögliche Verschiebung in y-Richtung – den rechts gezeigten Verlauf, denn:

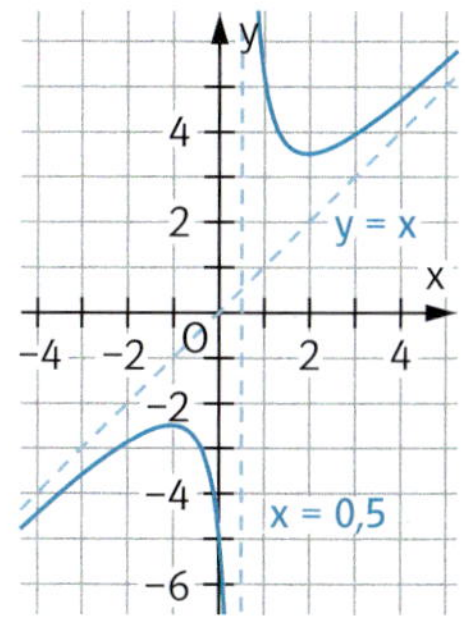

- Die Funktion f hat eine Definitionslücke bei $x_0 = 0{,}5$.
- $f'(x)$ ist auf beiden Seiten der Definitionslücke negativ, also fällt G_f links und rechts der Definitionslücke, d.h. es gilt: $\lim\limits_{\substack{x \to 0{,}5 \\ <}} f(x) = -\infty$ und $\lim\limits_{\substack{x \to 0{,}5 \\ >}} f(x) = +\infty$
- Die Funktion f hat ein lokales Maximum bei $x_1 = -1$ und ein lokales Minimum bei $x_2 = 2$.
- f' nähert sich für $x \to \pm\infty$ dem Wert 1, d.h. für die Steigung des Graphen G_f im Unendlichen gilt $m = 1$. Also hat die Funktion f eine schräge Asymptote mit der Steigung $m = 1$.

Es scheiden die folgenden Funktionen aus:

- f_1, f_2 und f_3, denn f_1 hat keine Definitionslücke, f_3 hat die Definitionslücke $x_1 = -0{,}5$ und f_2 hat zwei Definitionslücken und verläuft außerdem achsensymmetrisch bzgl. der y-Achse.
- f_4 und f_5, denn die Funktion f_4 hat bei Annäherung an die Definitionslücke keinen Vorzeichenwechsel und f_5 hat einen Vorzeichenwechsel von + nach −.
- f_8, denn diese hat im Unendlichen die waagrechte Asymptote mit der Gleichung $y = \frac{1}{2}$.
- f_6, denn $f_6'(x) = \frac{x^2 - x - 0{,}5}{(x - 0{,}5)^2}$ und $f_6'(-1) = \frac{2}{3} \neq 0$ bzw. $f_6'(2) = \frac{2}{3} \neq 0$.

Also gilt: $f(x) = f_7(x) = \frac{x^2 + 4x}{x - 0{,}5}$

Strategie: Rückwärts arbeiten (Ausschlussprinzip)

Aufgaben

3

Untersuchen Sie die Funktionen auf Symmetrie. Bestimmen Sie die Nullstellen, ggf. das Verhalten an den Definitionslücken und die Extrema. Skizzieren Sie anschließend G_f.

a) $f(x) = \frac{1}{2}x^3 - 4x^2 + 8x$ b) $f(x) = \frac{1}{3}x^3 - x$

c) $f(x) = 3x^4 + 4x^3$ d) $f(x) = 2 - \frac{5}{2}x^2 + x^4$

e) $f(x) = \frac{4 + x^2}{x^2 - 9}$ f) $f(x) = \frac{x^2 - 4}{x^2 + 1}$

4

Untersuchen Sie die Funktion f so weit, dass Sie den Graphen skizzieren können. Bestimmen Sie anschließend die Gleichung der Tangente an den Graphen G_f, die parallel zur Geraden g verläuft.

a) $f(x) = -2x^2 + 12x - 10$; g: $y = -4x + 6$

b) $f(x) = x^3 - 6x^2 + 10x + 4$; g: $y = x + 8$

5

Gegeben ist die Funktion $f\colon x \mapsto \frac{x^2 - 1}{x^2}$.
Welcher der beiden Graphen auf der Randspalte gehört zu f?
Begründen Sie Ihre Antwort.

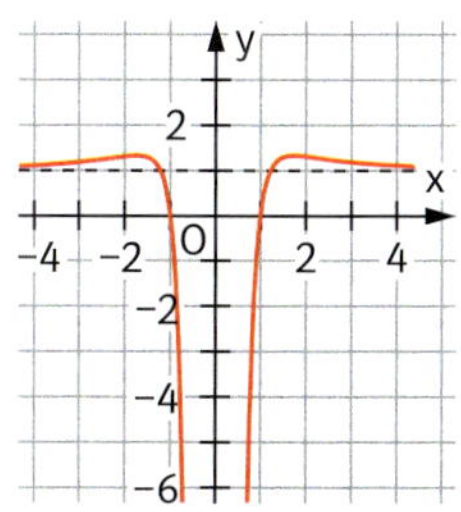

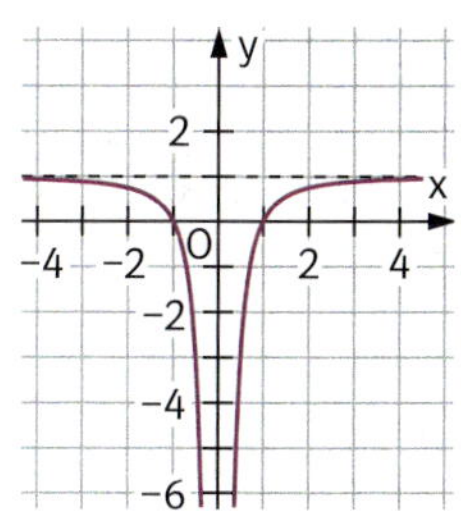

6

Untersuchen Sie die Funktion f so weit, dass Sie den Graphen möglichst genau skizzieren können.

a) $f(x) = \frac{1}{6}x^3 - 3x^2 + 2x$

b) $f(x) = \frac{1}{6}(x + 1)^2 (x - 2)$

c) $f(x) = \frac{1}{9}x^3 - 3x$ d) $f(x) = \frac{1}{2}(x^2 - 1)^2$

e) $f(x) = 0{,}1(x^2 + 1)^2$ f) $f(x) = (x^2 - 1)^3$

g) $f(x) = \frac{1}{20}x^5 - \frac{1}{6}x^3$ h) $f(x) = \frac{x}{x - 1}$

i) $f(x) = \frac{2x + 1}{x - 2}$ k) $f(x) = \frac{8}{4 - x^2}$

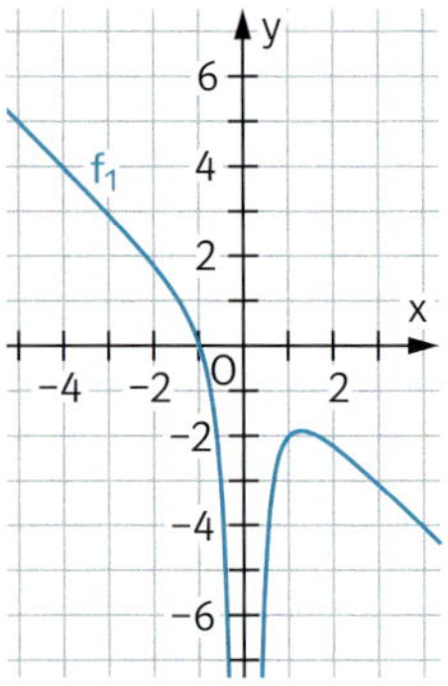

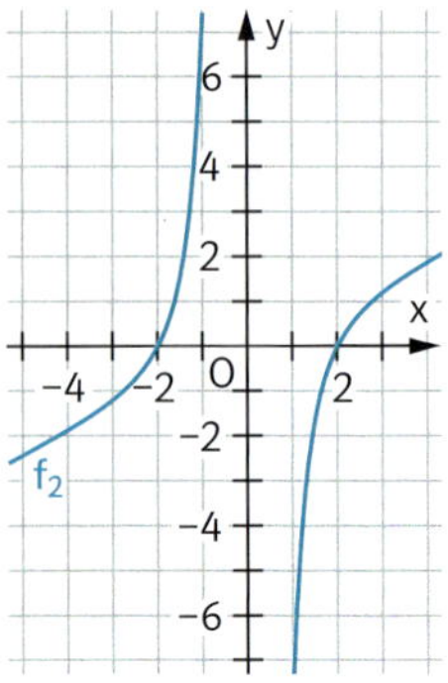

7

Auf der Randspalte sind die Graphen zweier Funktionen f_1 und f_2 gegeben. Ordnen Sie jeweils einen möglichen Term für eine zugehörige Stammfunktion zu.

$F_a(x) = \frac{2 + x^3}{2x}$ $\qquad F_b(x) = \frac{16 - x^4}{4x^2}$

$F_c(x) = \frac{x^3 - 2}{2x}$ $\qquad F_d(x) = \frac{16 + x^4}{4x}$

$F_e(x) = \frac{2 - x^3}{2x}$ $\qquad F_f(x) = \frac{16 + x^4}{4x^2}$

8

Gegeben sind die Funktionen f_1, f_3 und f_4 mit
$f_1(x) = x^3 - x^2 + 3x$;
$f_3(x) = x^3 - 3x^2 + 3x$ und
$f_4(x) = x^3 - 4x^2 + 3x$.

a) Bestimmen Sie für alle drei Funktionen die Schnittpunkte mit der x-Achse, das Verhalten im Unendlichen und gegebenenfalls die Extrema.
Skizzieren Sie anschließend ihre Graphen.

b) Alle drei Funktionsterme haben die Form $f_a(x) = x^3 - ax^2 + 3x$. Für welche Parameterwerte a $(a \in \mathbb{R})$ besitzen die Funktionen, die diese Form haben, zwei Extrema, ein Extremum bzw. kein Extremum?

9

Welche Eigenschaften des Graphen von f gelten für $c \neq 0$ auch für den Graphen der Funktion g?
Wie verändern sich gegebenenfalls die Eigenschaften, z. B. die Koordinaten der Extrema?

a) $g(x) = f(x) + c$ $\qquad$ b) $g(x) = c \cdot f(x)$

c) $g(x) = f(x + c)$ $\qquad$ d) $g(x) = f(c \cdot x)$

10

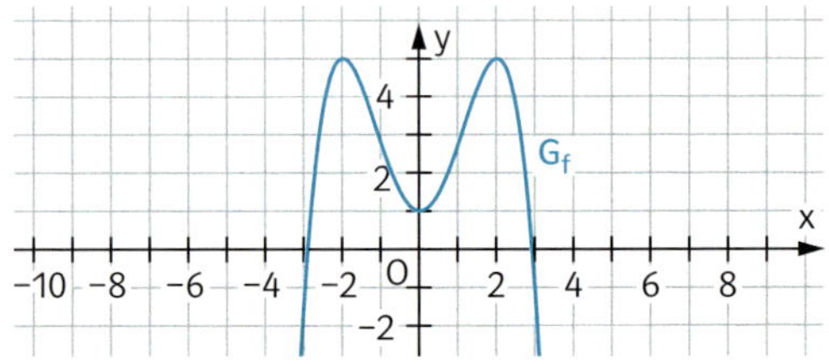

Der Graph der Funktion f ist gegeben. Ermitteln Sie aus dem Verlauf des Graphen mögliche Terme der Ableitung f′. Bestimmen Sie daraus anschließend den Funktionsterm von f.

11

Im folgenden Bild sind fünf Funktionsgraphen und mögliche Ableitungsterme gegeben. Ordnen Sie jeweils Graph und zugehörige Ableitung zu. Es ergibt sich ein Lösungswort.

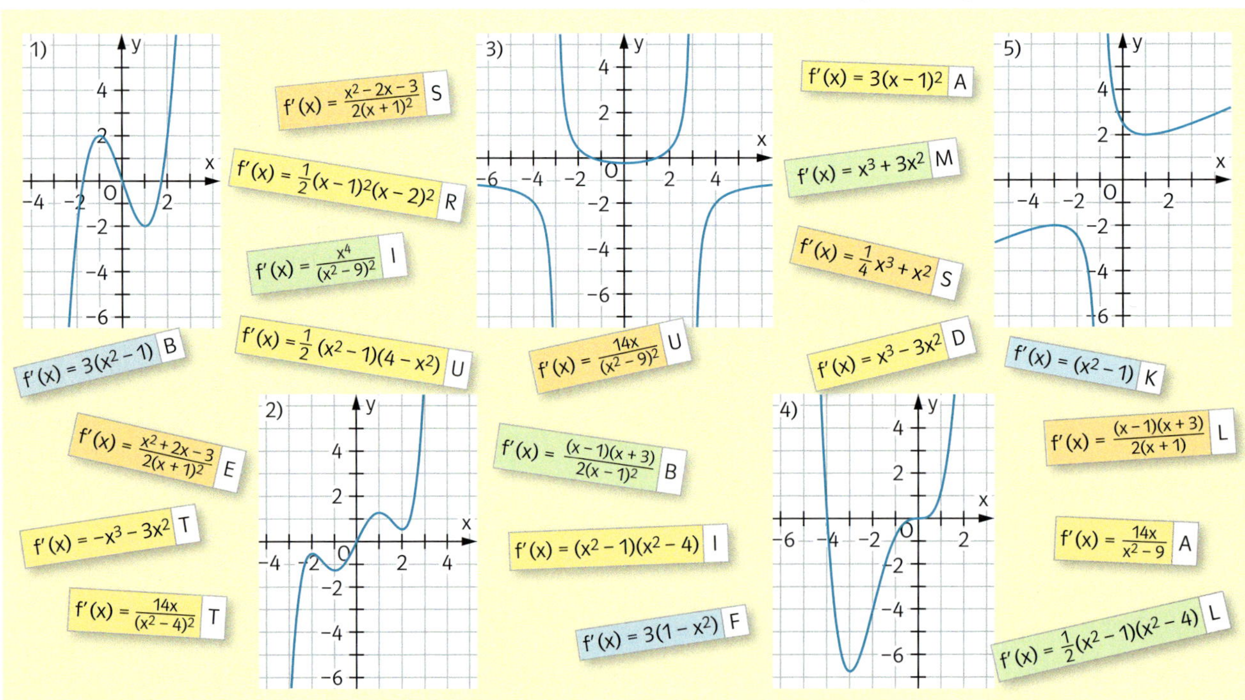

12
Bestimmen Sie die Punkte P des Graphen, in denen eine Tangente an den Graphen gelegt werden kann, die durch den Ursprung geht. Skizzieren Sie anschließend den Graphen und zeichnen Sie diese Tangenten mit ein.

a) $f(x) = -2x^2 - 2$ b) $f(x) = x^2 - 4x + 9$
c) $f(x) = \frac{2}{3}x^3 + \frac{9}{2}$ d) $f(x) = \frac{2}{x} - 3$

13
a) Untersuchen Sie den Graphen der Funktion $f\colon x \mapsto \frac{1}{48}(x^4 - 24x^2 + 80)$ auf Symmetrie, Schnittpunkte mit den Achsen und Extrempunkte. Skizzieren Sie den Graphen.
b) Für welche Werte von c hat die Gleichung $\frac{1}{48}(x^4 - 24x^2 + 80) = c$ vier, drei, zwei, eine oder keine Lösung?

14
Ganzrationale Funktionen lassen sich mithilfe des allgemeinen Ansatzes
$f(x) = ax^n + bx^{n-1} + \dots$ aus der Angabe verschiedener Eigenschaften bestimmen.
Beispielsweise hat eine ganzrationale Funktion 3. Grades die allgemeine Darstellung $f(x) = ax^3 + bx^2 + cx + d$ und somit gilt $f'(x) = 3ax^2 + 2bx + c$. Mit ausreichend vielen Eigenschaften lässt sich so ein lineares Gleichungssystem aufstellen und lösen.
Bestimmen Sie den Term
a) einer ganzrationalen Funktion 4. Grades, deren Graph achsensymmetrisch bzgl. der y-Achse verläuft, durch den Punkt A(0|2) geht und den Tiefpunkt B(1|0) hat,
b) einer ungeraden ganzrationalen Funktion vom Grad 3 mit Terrassenpunkt in (0|0).

15
Für jedes $t \in \mathbb{R}$ ist eine Funktion f_t gegeben durch $f_t(x) = \frac{tx^3}{2(x^2 - 4)}$.
a) Erstellen Sie für verschiedene Werte von t mit $t > 0$ jeweils den Graphen der Funktion mithilfe eines Funktionsplotters. Welche gemeinsamen Eigenschaften lassen sich erkennen?
b) Begründen Sie anhand des Funktionsterms von f_t, dass diese Eigenschaften tatsächlich für alle $t \in \mathbb{R}$, $t > 0$ gelten.
c) Was ändert sich am Funktionsverlauf für $t < 0$?

16
a) Sortieren Sie jeweils drei Kärtchen passend zusammen: den Funktionsterm, den zugehörigen Graphen der Ableitung und eine Eigenschaft der Funktion. Begründen Sie Ihre Entscheidung.

$f(x) = \frac{(1-x)^2}{(x-2)^2}$ $g(x) = \frac{x^2-4}{x^2+4}$

$h(x) = \frac{x^3}{x^2-4}$ $k(x) = \frac{(1-x)^2}{x-2}$

A. Die Funktion hat ein Extremum für $x_0 = 1$ und eine Polstelle mit Vorzeichenwechsel.

B. Die Funktion hat eine waagrechte Tangente für x = 0 und ist achsensymmetrisch bzgl. der y-Achse.

C. Die Funktion hat zwei Extrema und ist punktsymmetrisch bzgl. des Ursprungs.

D. Die Funktion hat nur eine Polstelle und im Unendlichen eine waagrechte Asymptote.

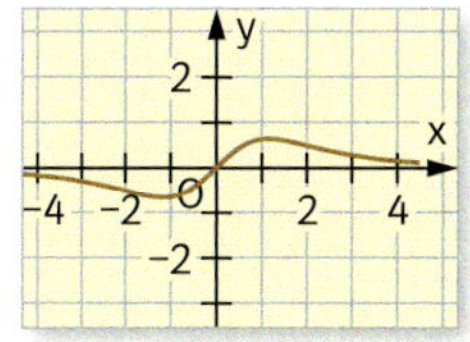

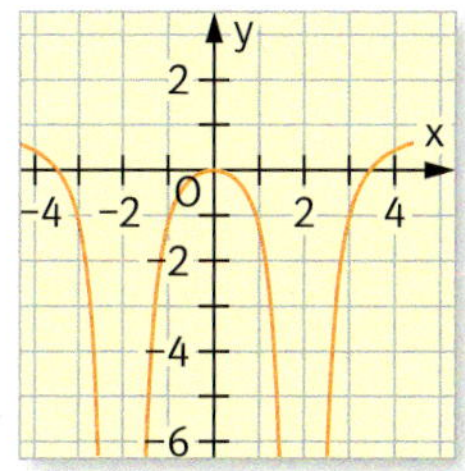

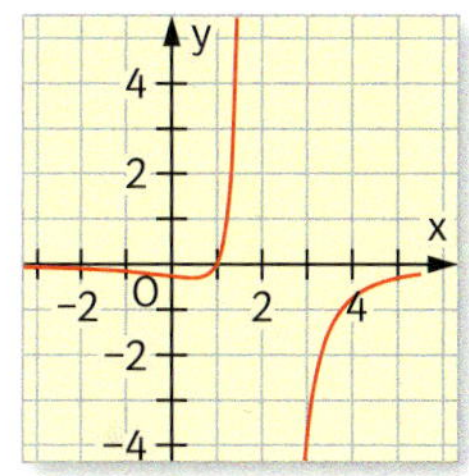

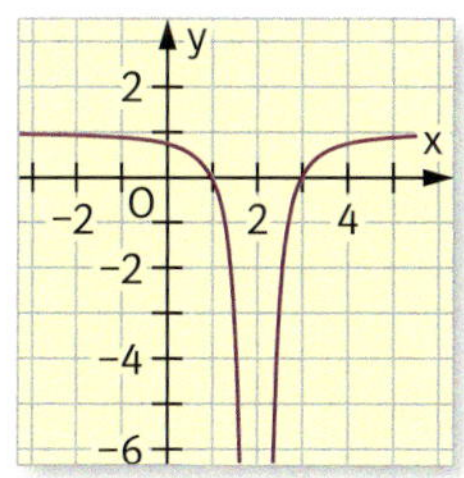

b) Erstellen Sie selbst mithilfe eines Funktionsplotters zu zwei Funktionen jeweils drei solche Kärtchen und lassen Sie Ihren Nachbarn diese zusammenfinden.

17
Der Innenbogen des „Gateway-Arch" in St. Louis (USA) lässt sich näherungsweise beschreiben (x in m) durch die Funktion
$f\colon x \mapsto 187{,}5 - 1{,}579 \cdot 10^{-2}x^2 - 1{,}988 \cdot 10^{-6}x^4$.
a) Berechnen Sie die Höhe und die Breite des Innenbogens.
b) Wie groß sind die Winkel, die der Innenbogen mit der Grundfläche bildet?
c) Bei einer Flugveranstaltung soll ein Flugzeug mit einer Flügelspannweite von 18 m unter dem Bogen hindurchfliegen. Welche Maximalflughöhe muss der Pilot einhalten, wenn in vertikaler und in horizontaler Richtung ein Sicherheitsabstand zum Bogen von 10 m eingehalten werden muss?

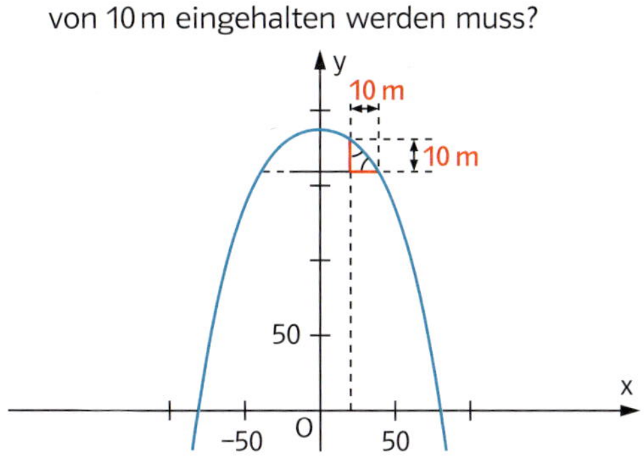

Der „Gateway-Arch" wurde in den Jahren 1959–1965 aus rostfreiem Stahl gebaut. Er soll als „Tor zum Westen" an den nach 1800 einsetzenden Siedlerstrom in den Westen der USA erinnern.

18

Der Horizontalflug eines Flugzeugs erfordert eine gewisse Motorleistung. Diese hängt von der Geschwindigkeit ab. Für eine hohe Geschwindigkeit ist eine hohe Leistung erforderlich. Mit abnehmender Geschwindigkeit nimmt auch die benötigte Leistung bis zu einer bestimmten Geschwindigkeit v* ab. Für noch kleinere Geschwindigkeiten nimmt die erforderliche Leistung wieder zu, da zum Langsamflug der Anstellwinkel vergrößert werden muss, wodurch der Luftwiderstand zunimmt. Mit derselben Motorleistung sind also zwei Geschwindigkeiten möglich. Aus Sicherheitsgründen wählt der Pilot normalerweise die höhere Geschwindigkeit.

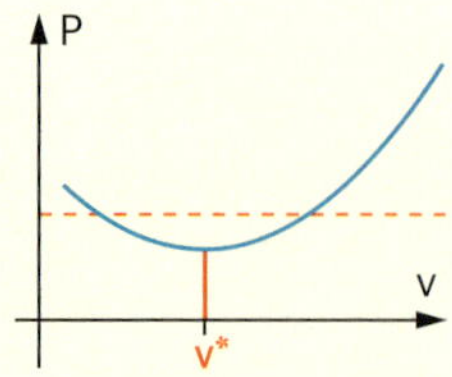

Bei einem Kleinflugzeug lässt sich die Motorleistung P in Abhängigkeit von der Geschwindigkeit näherungsweise durch
$P(v) = \frac{1}{160}v^2 - \frac{3}{2}v + 120;\ v \geqq 60$
beschreiben $\left(v \text{ in } \frac{km}{h}, P \text{ in PS}\right)$.

a) Zeichnen Sie den Graphen für $80 \leqq v \leqq 240$.

b) Welche Geschwindigkeiten können mit der Motorleistung 32,5 PS geflogen werden?

c) Bei welcher Geschwindigkeit ist die benötigte Leistung am kleinsten? Warum ist in diesem Fall die Flugdauer am größten?

19

Belastet man einen Muskel durch ein Gewicht, so zieht sich der Muskel zusammen. Der Zusammenhang zwischen der Gewichtskraft F (in N) und der Geschwindigkeit v $\left(\text{in } \frac{m}{s}\right)$, mit der sich der Muskel zusammenzieht, wird durch die Hill'sche Gleichung beschrieben:
$(F + a)\cdot(v + b) = c$, wobei a, b und c vom Muskel abhängige Konstanten sind.

a) Drücken Sie die Geschwindigkeit v in Abhängigkeit von der Gewichtskraft F aus.

b) Für einen menschlichen Armmuskel wurden die Konstanten $a = 40$ (in N), $b = 1{,}5$ $\left(\text{in } \frac{m}{s}\right)$ und $c = 370$ $\left(\text{in } \frac{N\cdot m}{s}\right)$ ermittelt. Zeichnen Sie den Graphen der Funktion $F \mapsto v$.

c) Welche Kontraktionsgeschwindigkeit ergibt sich für einen menschlichen Armmuskel bei einer Belastung von 50 Newton?

Archibald Hill (1886–1977), bedeutender englischer Physiologe; Nobelpreis für Medizin im Jahre 1922

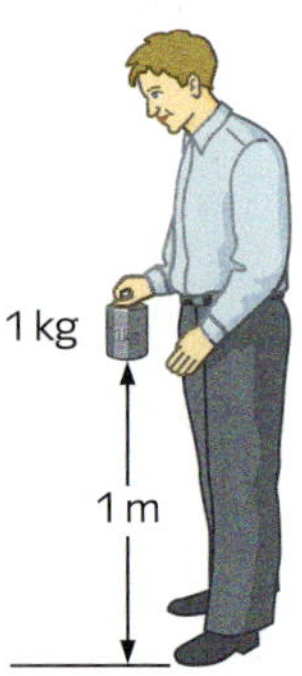

Um 1 kg um 1 m anzuheben benötigt man etwa 10 Joule.

20

Seit Jahrtausenden wird die Mistel in der Heilbehandlung eingesetzt. In neuester Zeit wird der Mistelwirkstoff Lektin bei der Behandlung von Krebspatienten verwendet. Mistellektine steigern die Anzahl und die Aktivität der NK-Zellen (Natürliche Killerzellen, die direkt an der Tumorabwehr beteiligt sind) und der Lymphozyten-Zelltypen, die für die Bekämpfung von Tumorzellen von Bedeutung sind. Daneben werden auch andere Zellen des Immunsystems aktiviert, die Krebszellen über verschiedene Mechanismen abtöten können.

Die Erhöhung E der Aktivität der NK-Zellen (in %) durch Lektinpräparate hängt entscheidend von der Dosis x (in µl pro kg Körpergewicht) ab. Sie kann für $x \geqq \frac{5}{8}$ näherungsweise durch $E(x) = \frac{5}{9}\cdot\left(85 - 8x - \frac{50}{x}\right)$ beschrieben werden.

a) Bei welcher Dosis ist die Wirkung am größten? Welches ist die optimale Dosis für eine Person mit 85 kg Körpergewicht?

b) Ab welcher Dosis wirkt das Präparat sogar schädlich?

21 (💻)

Einer der wichtigsten Nährstoffe für Pflanzen ist Stickstoff (N). Er wird den Pflanzen (neben dem schon im Boden vorhandenen Stickstoff) in Form von Dünger zugegeben. Man fand heraus, dass für ein Getreidefeld der zusätzliche Ertrag f(x) $\left(\text{in } 100\,\frac{kg}{ha}\right)$ aufgrund der Zugabe von Stickstoffdünger x $\left(\text{in } \frac{kg}{ha}\right)$ näherungsweise beschrieben werden kann durch eine Funktion f der Form $f(x) = \frac{a\cdot x}{x^2 + b}$, $x \geqq 0$.
Für f gilt dabei $f(100) = 25$ und $f(600) = 20$.

a) Bestimmen Sie a und b; runden Sie die Ergebnisse auf natürliche Zahlen.

b) Skizzieren Sie den Graphen von f und berechnen Sie die optimale Düngerzugabe.

G 22

Wahr oder falsch? Erläutern Sie.
„Aus $\sqrt{3}\cos\alpha = 2\cos\beta$ folgt $\alpha < \beta$."

5 Das Newton-Verfahren

1

Die rechte Abbildung zeigt den Graphen der Funktion $f: x \mapsto x^3 - 5x^2 + 8x - 5$.

a) Die Punkte P_1 und P_2 liegen auf dem Graphen von f. Wie kann man mithilfe der angegebenen Koordinaten einen Näherungswert für die Nullstelle von f ermitteln?

b) Versuchen Sie mithilfe der Tangente an den Graphen von f in P_2 einen Näherungswert für die Nullstelle von f zu bestimmen.

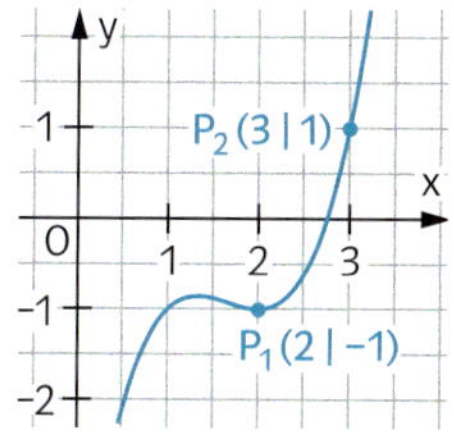

Manchmal lassen sich die Nullstellen einer Funktion f nicht oder nur schwierig durch Lösen der Gleichung $f(x) = 0$ bestimmen. Im Folgenden wird ein rechnerisches Verfahren vorgestellt, mit dem man in vielen Fällen wenigstens einen Näherungswert rasch ermitteln kann. Bei diesem Verfahren, dem **Newton-Verfahren**, handelt es sich um ein Iterationsverfahren, bei dem man von einem Näherungswert für die Nullstelle ausgeht und die Näherung dann von einem Iterationsschritt zum nächsten immer weiter verbessert.

Erinnerung:
Ein Verfahren, bei dem immer wieder der gleiche Schritt wiederholt wird, nennt man Iterationsverfahren.

Kennt man den groben Verlauf des Graphen einer Funktion f, so kann man meist feststellen, ob die Gleichung $f(x) = 0$ eine Lösung hat und in welchem Intervall die Lösung liegt. Hierzu versucht man zwei Stellen a und b aus D_f zu ermitteln, für die f(a) und f(b) verschiedene Vorzeichen haben. In diesem Fall hat f in $[a;b]$ mindestens eine Nullstelle (vgl. Randspalte) unter der Voraussetzung, dass zwischen den beiden Stellen a und b keine Definitionslücken oder Sprungstellen von f liegen.

Zwischenwertsatz für stetige (vgl. S. 58) Funktionen:
Zwischen a und b liegt mindestens eine Nullstelle

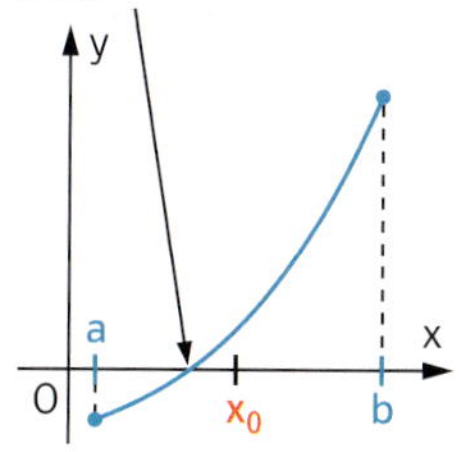

Man wählt einen Wert $x_0 \in [a;b]$ als Näherungswert für die gesuchte Nullstelle x^*. Es bietet sich an, für x_0 den Mittelwert zwischen a und b zu wählen.

Beim Newton-Verfahren nähert man nun in einer Umgebung von x_0 den Graphen von f durch die Tangente an G_f im Punkt $P_0(x_0 | f(x_0))$ an und berechnet die Stelle x_1, an der die Tangente die x-Achse schneidet.
In vielen Fällen ist dann x_1 ein besserer Näherungswert für x^* als x_0. Wiederholt man dieses Verfahren, erhält man (unter gewissen Voraussetzungen) eine Folge $x_0, x_1, x_2, \dots$ von immer besseren Näherungswerten.

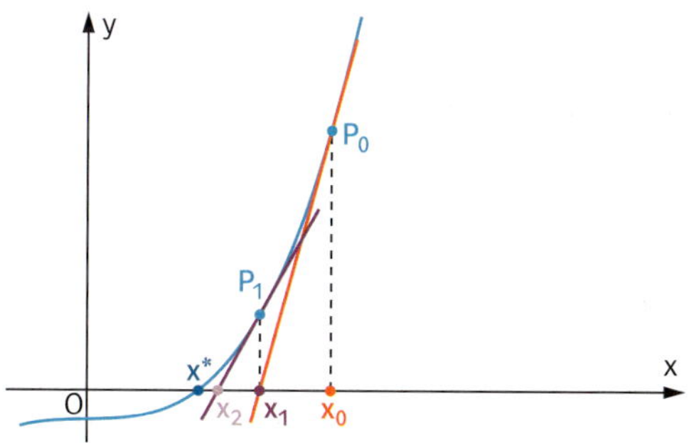

Diese geometrischen Überlegungen führen zu den folgenden Schritten.

1. Aufstellung der Gleichung der Tangente im Punkt P_0:
   Ist f differenzierbar, so ergibt sich als Gleichung der Tangente in P_0:
   $y = f(x_0) + f'(x_0)(x - x_0)$
2. Berechnung der Stelle, an der die Tangente die x-Achse schneidet:
   Aus $f(x_0) + f'(x_0)(x - x_0) = 0$ mit $f'(x_0) \neq 0$ folgt $x = x_0 - \frac{f(x_0)}{f'(x_0)}$. Diesen x-Wert bezeichnet man mit x_1.

Zur Gleichung der Tangente vgl. S. 37 und S. 39 Aufgabe 12.

Mit x_1 als neuem Startwert lässt sich die Rechnung wiederholen.

Newton-Verfahren
Hat die differenzierbare Funktion f eine Nullstelle, so kann man diese meist näherungsweise mit dem Newton-Verfahren ermitteln. Die Iterationsvorschrift mit dem Startwert x_0 lautet:

$$x_{n+1} = x_n - \frac{f(x_n)}{f'(x_n)}, \quad n \in \mathbb{N}$$

Beachte:
Das Newton-Verfahren ist für jede differenzierbare Funktion anwendbar. Aber nicht immer führt das Verfahren zum Erfolg. Damit x_{n+1} berechnet werden kann, muss $f'(x_n) \neq 0$ sein. Aber auch wenn dies der Fall ist, kann es vorkommen, dass sich die errechneten x_n-Werte nicht der gesuchten Nullstelle x^* annähern, wie man an den folgenden Funktionen erkennt.

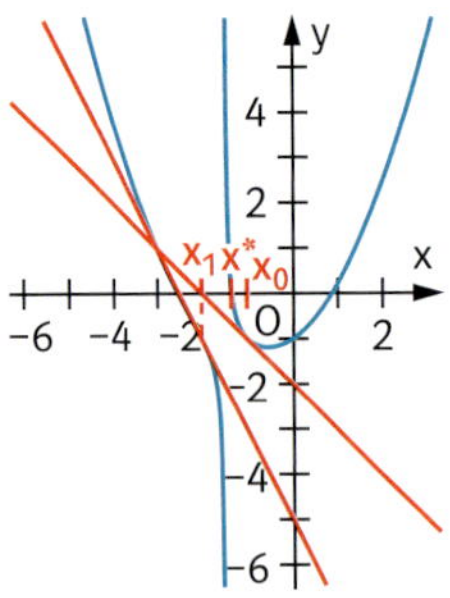

$f(x) = \frac{x^3 + 3x^2 - 3}{2x + 3}$

Startwert: $x_0 = -1$

Die x_n-Werte nähern sich der falschen Nullstelle an. Diese liegt jenseits der Definitionslücke der Funktion.

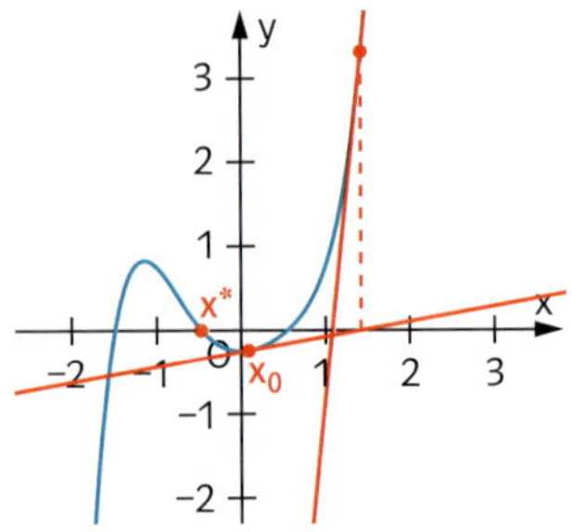

$f(x) = \frac{1}{2}x^5 - \frac{1}{2}x^3 + x^2 - \frac{1}{4}$

Startwert: $x_0 = 0{,}1$

Die x_n-Werte nähern sich der falschen Nullstelle an. Diese liegt auf der anderen Seite der Extremstelle.

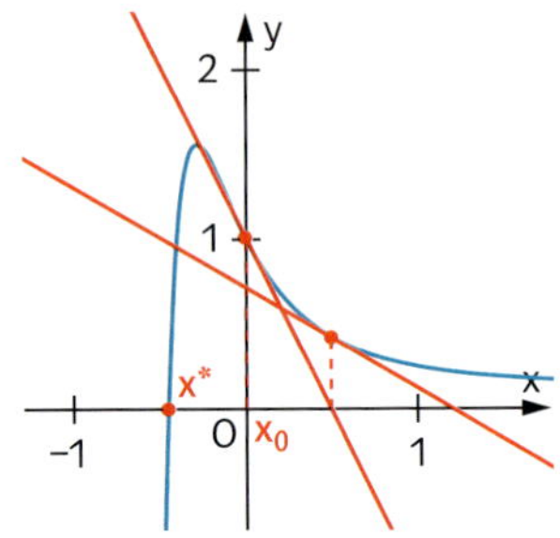

$f(x) = \frac{x^3 + 2x + 1}{(x + 1)^4}$

Startwert: $x_0 = 0$

Die x_n-Werte nähern sich keinem Wert an, denn sie wandern immer mehr ins Unendliche.

In solchen Fällen muss man einen Startwert wählen, der dichter an der gesuchten Nullstelle x^* liegt.

Beispiel 1

Die Funktion $f: x \mapsto \frac{1}{3}x^3 - x^2 - \frac{1}{3}$ hat genau eine Nullstelle x^*.

a) Untersuchen Sie die Funktion f so weit, dass Sie einen sinnvollen Startwert für das Newton-Verfahren festlegen können.

b) Geben Sie die Iterationsvorschrift für das Newton-Verfahren an und ermitteln Sie die Nullstelle x^* mithilfe eines Tabellenkalkulationsprogramms. Berechnen Sie die Nullstelle auf die dritte Stelle nach dem Komma genau.

Ändert sich die vierte Stelle nach dem Komma nicht mehr, kann auf die dritte Nachkommastelle gerundet werden.

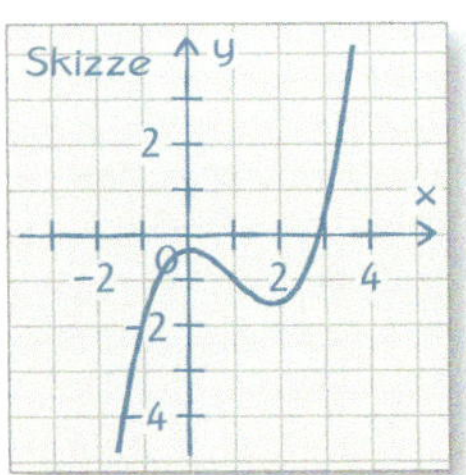

Lösung:

a) $f'(x) = x^2 - 2x = x(x - 2)$ $\qquad f'(x) = 0$ für $x_1 = 0$ und $x_2 = 2$

Monotonieverhalten von f:

f': $f' > 0$ | 0 | $f' < 0$ | 2 | $f' > 0$

f: ↗ Max ↘ Min ↗

lokales Maximum: $f(0) = -\frac{1}{3} \approx -0{,}3$

lokales Minimum: $f(2) = -\frac{5}{3} \approx -1{,}7$

Die Nullstelle liegt rechts vom lokalen Minimum, deshalb sollte der Startwert x_0 größer als 2 gewählt werden. $f(3) = -\frac{1}{3}$ und $f(4) = 5$. Also ist z. B. $x_0 = 3{,}5$ ein sinnvoller Startwert.

b) Iterationsvorschrift: $x_{n+1} = x_n - \frac{\frac{1}{3}x_n^3 - x_n^2 - \frac{1}{3}}{x_n^2 - 2x_n}$

Datei Bearbeiten Ansicht Einfügen Format Extras Daten Fenster ?

C2 fx =1/3*B2^3-B2^2-1/3

	A	B	C	D	E	F
1	n	x_n	$f(x_n)$	$f'(x_n)$	$f(x_n)/f'(x_n)$	x_{n+1}
2	0	3,5	1,708333333	5,25	0,325396825	3,174603175
3	1	3,174603175	0,253223061	3,728898967	0,067908265	0,106694909
4	2	3,106694909	0,009923866	3,438163440	0,002886386	3,103808523
5	3	3,103808523	0,000017543	3,426010303	0,000005121	3,103803403

= 1/3*B2^3-B2^2-1/3

= B2^2-2B2

= C2/D2

= B2-E2

= F2

Auf 3 Stellen nach dem Komma gerundet ergibt sich $x^* = 3{,}104$.

Eine Regel zum Ermitteln eines Startwertes, die meistens zum Erfolg führt: Bestimmen Sie zunächst ein Intervall mit ganzzahligen Intervallgrenzen, das die gesuchte Nullstelle enthält. Wählen Sie dann als Startwert x_0 die Mitte dieses Intervalls.

Beispiel 2
Die Funktion $f: x \mapsto \frac{x^3+1}{x-1}$ besitzt ein lokales Extremum (vgl. Graph auf dem Rand). Inwiefern kann diese Extremstelle mithilfe des Newton-Verfahrens gefunden werden?
Wählen Sie als Startwert $x_0 = 2$ und führen Sie zwei Iterationsschritte durch.

Lösung:
Mit dem Newton-Verfahren wird die Nullstelle der Ableitung (= Extremstelle der Funktion) gesucht: $f'(x) = \frac{2x^3 - 3x^2 - 1}{(x-1)^2}$ $\qquad f'(x) = 0$ für $2x^3 - 3x^2 - 1 = 0$
Bestimmung der Nullstelle x^* der Funktion g mit dem Term $g(x) = 2x^3 - 3x^2 - 1$:
$g'(x) = 6x^2 - 6x$. Also lautet die Iterationsvorschrift: $x_{n+1} = x_n - \frac{2x_n^3 - 3x_n^2 - 1}{6x_n^2 - 6x_n}$.
Mit $x_0 = 2$ ergibt sich $x_1 = 1{,}75$ und dann $x_2 = 1{,}682\,539\,683 \approx 1{,}68$.

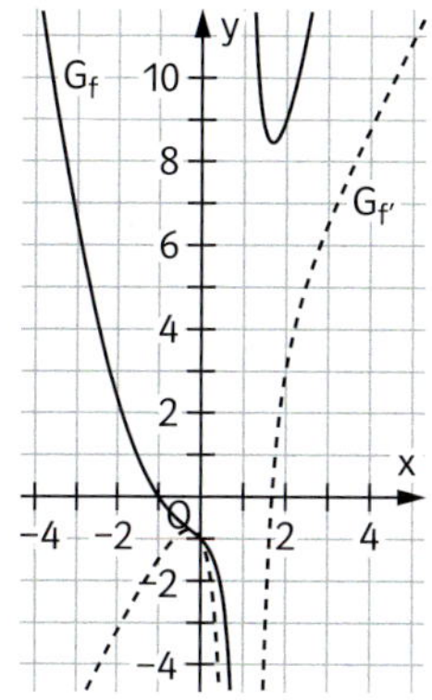

Aufgaben

2 💻
Die folgende Gleichung hat genau eine Lösung x^*. Berechnen Sie x^* nach dem Newton-Verfahren mithilfe eines Tabellenkalkulationsprogramms auf die dritte Stelle nach dem Komma genau.
a) $x^3 + 2x - 1 = 0$ $\qquad$ b) $x^3 + 3x - 6$
c) $x^3 + 3x^2 - 8 = 0$ $\qquad$ d) $x^5 - x^3 + 1 = 0$
e) $2x^3 - x^2 + x - 1 = 0$ $\qquad$ f) $\frac{3}{x} - 1 + x^4 = 0$
g) $\frac{1}{x} + x^4 - 1 = 0$

3 💻
Die Funktion hat mehrere Nullstellen. Bestimmen Sie diese auf 3 Nachkommastellen genau. Skizzieren oder plotten Sie zunächst den Funktionsgraph, um sinnvolle Startwerte wählen zu können.
a) $f(x) = x^3 + 3x^2 - 3$
b) $f(x) = x^4 + x^3 - 4x^2 + x + 0{,}5$
c) $f(x) = \frac{x^3 - 3x - 1}{x - 1}$
d) $f(x) = \frac{x^4 - 2x^3 - 5x^2 + 1}{(1-x)^2}$

4
Untersuchen Sie die Funktion f so weit, dass Sie den Graphen skizzieren können. Führen Sie mit dem angegebenen Startwert x_0 den 1. Schritt des Newton-Verfahrens zeichnerisch durch, d.h. skizzieren Sie G_f, zeichnen Sie die entsprechende Tangente an G_f mit ein und bestimmen Sie aus Ihrer Zeichnung den nächsten Näherungswert x_1. Überprüfen Sie Ihr Ergebnis anschließend rechnerisch.
a) $f(x) = \frac{1}{3}x^3 + x^2 - \frac{7}{3}$; $x_0 = 1$
b) $f(x) = \frac{1}{x} + x^2 + 2$; $x_0 = -1$

5
Die Funktion hat genau ein Extremum. Ermitteln Sie die Extremstelle auf 2 Nachkommastellen genau. Führen Sie dazu 2 Schritte des Newton-Verfahrens durch.
a) $f(x) = x^2 + 3x - \frac{1}{x}$ $\qquad$ b) $f(x) = 2x^2 - x + \frac{1}{x}$
c) $f(x) = \frac{x^3 + 4x}{6x - 12}$ $\qquad$ d) $f(x) = \frac{2x^3 - 3x}{x - 1}$

6 💻
Die Funktion f hat an genau einer Stelle x^* im Intervall [2;3] die Steigung m. Berechnen Sie x^* auf drei Nachkommastellen genau.
a) $f(x) = \frac{1}{2}x^4 - x^3 - 4$; $m = 12$
b) $f(x) = 0{,}1x^4 - x^2 - x + 1$; $m = 1$
c) $f(x) = x^2 - 1 + \frac{1}{x^2}$; $m = 5$
d) $f(x) = \frac{x^3 - x^2 + 1}{x - 1}$; $m = 4$

7
Der Graph der Funktion g schneidet den Graphen der Funktion h an genau einer Stelle x^*. Ermitteln Sie x^* mithilfe des Newton-Verfahrens. Führen Sie dazu 2 Iterationsschritte durch.
a) $g(x) = x^2$; $h(x) = x^3 - 1$
b) $g(x) = x^3$; $h(x) = \frac{1}{2}x^3 - 2x + 2$
c) $g(x) = \frac{1}{x}$; $h(x) = x^4 - 2x^3$
d) $g(x) = \frac{1}{x^2 + 1}$; $h(x) = \frac{x}{x^2 + x + 2}$

G 8
Der Preis einer Fahrkarte ist von 13,50 € auf 15,10 € gestiegen. Um wie viel Prozent ist der Preis erhöht worden? Um wie viel war die Fahrkarte vor der Verteuerung günstiger als sie heute ist?

Lösungssalat zu 2:

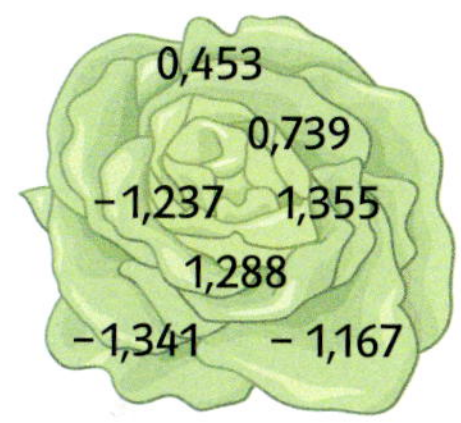

Bei der Durchführung des Newton-Verfahrens ist die Verwendung der Speicher des Taschenrechners ratsam!

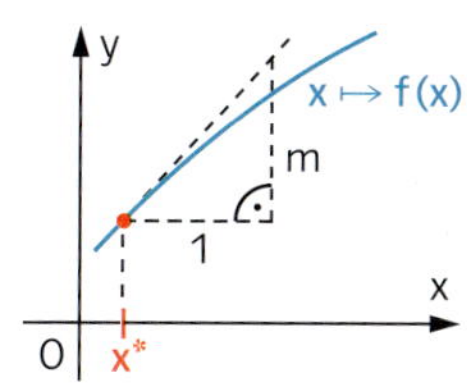

Pierre de Fermat – ein Wegbereiter der modernen Analysis

Pierre de Fermat (1601–1655)

Hinweis:
Fermat schrieb in französischer und lateinischer Sprache. Seine Bezeichnungen sind uns heute wenig vertraut. Deshalb sind seine hier orangefarben unterlegten Ausführungen den heutigen Gepflogenheiten angepasst.

Newton und Leibniz haben zwar die Grundgedanken der Analysis fast zeitgleich gefunden, doch haben sich zuvor viele berühmte Gelehrte mit ähnlichen Fragestellungen beschäftigt und dabei bedeutende Vorarbeiten geleistet.
Ein solcher Wegbereiter der Analysis ist Fermat.

Pierre de Fermat wurde als Sohn reicher Eltern in der Gascogne geboren. Sein Leben verlief äußerlich ohne Höhepunkte und Einschnitte. Er studierte Rechtswissenschaften in Toulouse, wurde dort Anwalt und bekleidete ab 1631 auch verschiedene Ämter am Gerichtshof.
Höhere Mathematik, die man damals in Toulouse nicht studieren konnte, betrieb er als Amateur. Die meisten seiner Entdeckungen wurden nach seinem Tod von seinem Sohn veröffentlicht.

Unter dem Titel „Über die Tangenten von Kurven" schrieb de Fermat im Jahre 1629:

Wir benützen die zuvor angegebene Methode [gemeint ist eine Methode zur Bestimmung von Maxima und Minima von Kurven], *um die Tangente in einem gegebenen Punkt dieser Kurve zu bestimmen.*

Im Folgenden werden die Überlegungen von Fermat nachvollzogen.

1

Zu Zeiten von Fermat wurden Kurven nicht in vorgegebenen Koordinatensystemen betrachtet. Er beschrieb Kurven durch eine charakterisierende Eigenschaft.
Für die abgebildete Kurve ist dies die Gleichung $\frac{\overline{OQ'}}{\overline{OQ}} = \frac{\overline{P'Q'}^2}{\overline{PQ}^2}$.
Zeigen Sie, dass die Kurve die Gleichung $y = r \cdot \sqrt{x}$ hat.
Anleitung:
Setzen Sie Q an als Q(a|0), P als P(a|b), Q' als Q'(x|0) und P' als P'(x|y).

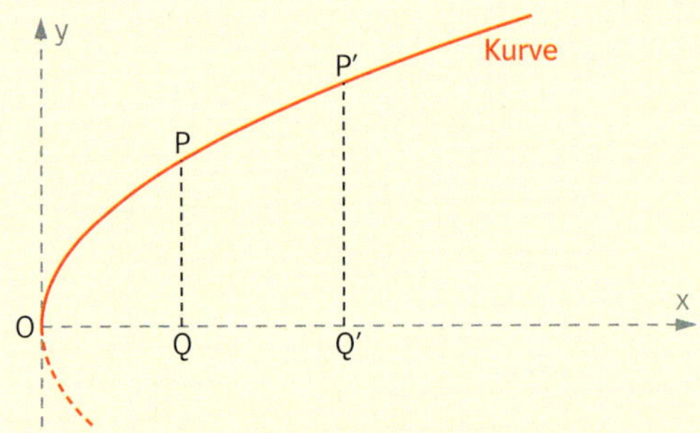

2

Wir betrachten die Parabel OP mit dem Scheitel O und der Tangente im Punkt P.
[...]
Da der Punkt R außerhalb der Parabel liegt, gilt: $\frac{\overline{OQ}}{\overline{OS}} > \frac{\overline{PQ}^2}{\overline{RS}^2}$. Es ist aber $\frac{\overline{PQ}^2}{\overline{RS}^2} = \frac{\overline{QT}^2}{\overline{ST}^2}$ wegen der Ähnlichkeit der Dreiecke.
Daher ist $\frac{\overline{OQ}}{\overline{OS}} > \frac{\overline{QT}^2}{\overline{ST}^2}$.

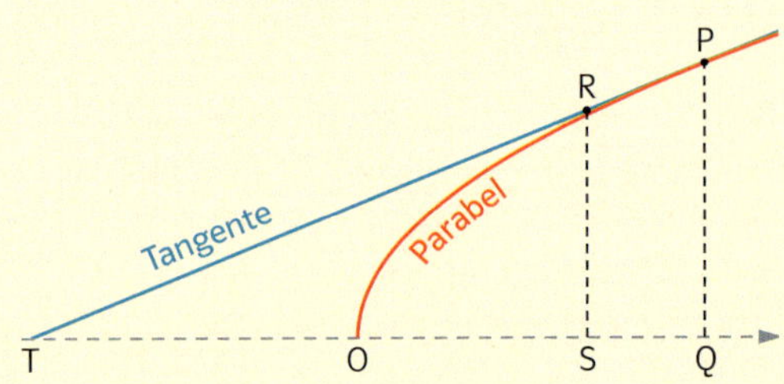

a) Begründen Sie die Überlegungen von Fermat ausführlich.
b) Welches Ergebnis erhielte Fermat, wenn der Punkt R rechts von P liegt?

3

Ist nun der Punkt P gegeben, so ist auch die Entfernung $\overline{PQ}$ und der Punkt Q gegeben, also auch $\overline{OQ}$. Es sei $\overline{OQ} = d$ diese gegebene Größe. Wir setzen $\overline{QT} = a$ und $\overline{QS} = e$.
Dann erhalten wir: $\frac{d}{d-e} > \frac{a^2}{a^2 + e^2 - 2ae}$
Daraus folgt […] $a^2 e + de^2 \approx 2ade$ […].

Dividieren wir alle Ausdrücke durch e, so ist $a^2 + de \approx 2ad$. Nimmt man noch de weg, bleibt $a^2 = 2da$. Folglich ist $a = 2d$.
Damit ist bewiesen, dass $\overline{QT}$ das Doppelte von $\overline{OQ}$ ist – das ist mein Ergebnis.

a) Begründen Sie, wie man $\frac{d}{d-e} > \frac{a^2}{a^2 + e^2 - 2ae}$ erhält.
b) Führen Sie die hier weggelassenen algebraischen Umformungen durch. Welche aus heutiger Sicht unzulässigen Schritte führte Fermat durch? Welche Terme vernachlässigte er und warum wohl?
c) Welchen für die Analysis zentralen Begriff vermissen Sie in der Arbeit von Fermat?
d) Wie kann man nun die Tangente im Punkt P konstruieren?

Aufgabe 3 bezieht sich auf die Figur zu Aufgabe 2.

Fermat gab keine logische Begründung seines Verfahrens; stolz schreibt er jedoch weiter:

Diese Methode versagt nie und könnte auf eine Anzahl von schönen Problemen ausgedehnt werden. Mit ihrer Hilfe haben wir die Möglichkeit, die Schwerpunkte von Figuren zu finden, die von Geraden begrenzt werden oder auch von Kurven, auch Schwerpunkte von Körpern, …

Descartes (1596–1650), mit dem Fermat im Briefwechsel stand, hatte Einwände gegen dessen Methode und forderte Fermat auf, die Tangente in einem beliebigen Punkt an die nebenstehend abgebildete Kurve zu finden.
Fermat nahm die Herausforderung an und löste mit seiner Methode das Problem.

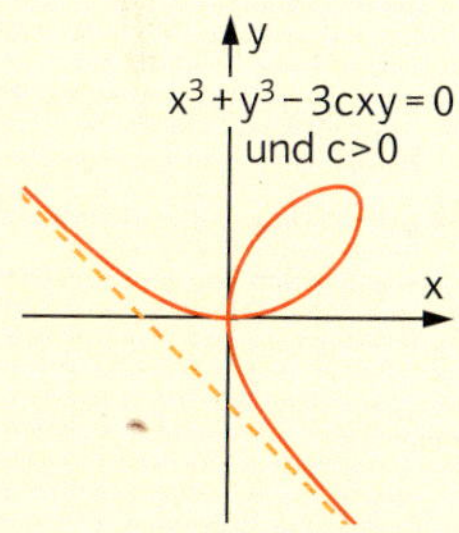

Diese Kurve heißt heute kartesisches Blatt.

Eine Bemerkung von Fermat hat auch viele Nichtmathematiker jahrhundertelang beschäftigt:

Das Fermat'sche Problem

Als Fermat ein Buch des griechischen Mathematikers Diophant las, schrieb er auf den Rand:

Ist $n \in \mathbb{N}$ und $n > 2$, so hat die Gleichung $x^n + y^n = z^n$ keine Lösungen $x, y, z \in \mathbb{N}$ mit $x, y, z > 0$. Dafür habe ich einen wunderbaren Beweis gefunden, doch ist dieser Rand hier zu schmal, um ihn zu fassen.

OBSERVATIO DOMINI PETRI DE FERMAT.

Cubum autem in duos cubos, aut quadratoquadratum in duos quadratoquadratos & generaliter nullam in infinitum vltra quadratum poteſtatem in duos eiuſdem nominis fas eſt diuidere cuius rei demonſtrationem mirabilem ſane detexi. Hanc marginis exiguitas non caperet.

Sein Sohn entdeckte diese Bemerkung nach dem Tod des Vaters und veröffentlichte sie.
Das Problem erwies sich als hartnäckig. 1905 wurde ein Preis von 100 000 Goldmark (das entsprach fast 36 kg Gold) ausgesetzt; er löste eine Flut von „Beweisen" aus, die jedoch alle falsch waren. Aber im Laufe der Jahre wurde die Zahl n, für die $x^n + y^n = z^n$ sicher keine Lösung $x, y, z \in \mathbb{N}$ mit $x, y, z > 0$ hat, immer größer. Um 1900 war $n \geqq 100$, um 1980 sogar $n \geqq 125\,000$.

Zur großen Überraschung bewies der englische Mathematiker Andrew Wiles (geb. 1953) im Jahre 1993 während eines Workshops in Cambridge – nach 10-jähriger Forschungsarbeit – einen Satz, aus dem sich die Behauptung ergibt, die Fermat auf den Buchrand geschrieben hat. Eine in den folgenden Monaten gefundene Lücke im Beweis konnte er schließen. Am 27. Juni 1997 erhielt Wiles den ausgesetzten Preis, der nach zwei Währungsreformen noch etwa 40 000 € betrug.

Rückblick

Monotonie

Wenn für eine Funktion f für alle x_1, x_2 aus einem Intervall I des Definitionsbereichs mit $x_1 < x_2$ gilt
- $f(x_1) < f(x_2)$, dann heißt f streng monoton zunehmend in I,
- $f(x_1) > f(x_2)$, dann heißt f streng monoton abnehmend in I.

Gilt
- $f(x_1) \leqq f(x_2)$, so heißt f monoton zunehmend in I,
- $f(x_1) \geqq f(x_2)$, so heißt f monoton abnehmend in I.

Monotoniekriterium:
Die Funktion f sei im Intervall I differenzierbar.
Wenn für alle $x \in I$ gilt
- $f'(x) > 0$, dann ist f streng monoton zunehmend in I,
- $f'(x) < 0$, dann ist f streng monoton abnehmend in I.

$f\colon x \mapsto \frac{1}{2}x^3 - \frac{1}{8}x^4$; $D_f = \mathbb{R}$

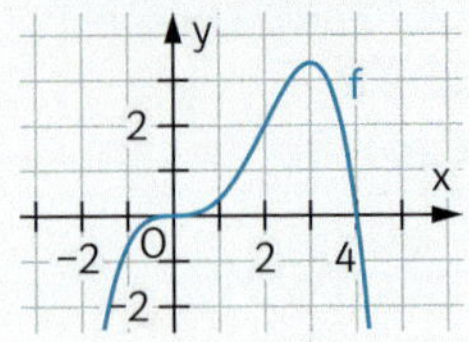

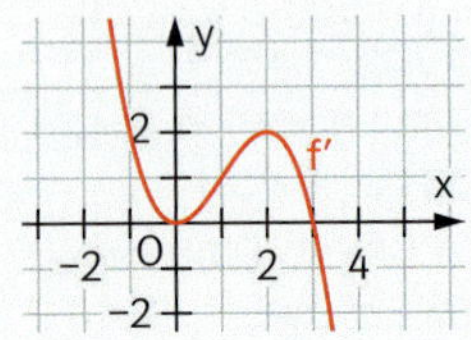

f ist
- streng monoton zunehmend für $x \in]-\infty; 3]$,
- streng monoton abnehmend für $x \in [3; +\infty[$.

$f'(x) = \frac{3}{2}x^2 - \frac{1}{2}x^3$
$= \frac{1}{2}x^2(3 - x)$

$f'(x) = 0$ für $x_1 = 0$ und $x_2 = 3$

Extremwerte

Wenn es eine Umgebung $U(x_0)$ gibt, so dass für alle Werte $x \in U(x_0)$ aus dem Definitionsbereich gilt
- $f(x) \leqq f(x_0)$, dann heißt der Funktionswert $f(x_0)$ lokales Maximum,
- $f(x) \geqq f(x_0)$, dann heißt der Funktionswert $f(x_0)$ lokales Minimum

von f.

Ist der Funktionswert $f(x_0)$ ein Maximum oder ein Minimum, nennt man ihn auch Extremwert und x_0 eine Extremstelle.
Der Punkt $P_0(x_0 \,|\, f(x_0))$ des zu f gehörenden Graphen heißt Extrempunkt. Im Falle des Maximums heißt P_0 Hochpunkt, im Falle des Minimums heißt P_0 Tiefpunkt.

Bedingung für Extremwerte:
Die Funktion f sei auf einem Intervall $I =]a; b[$ differenzierbar und x_0 eine innere Stelle von I, d.h. $x_0 \in]a; b[$.
Wenn $f'(x_0) = 0$ ist und f' bei x_0 einen Vorzeichenwechsel
- von + nach − hat, dann hat die Funktion f ein lokales Maximum,
- von − nach + hat, dann hat die Funktion f ein lokales Minimum

an der Stelle x_0.

Monotonieverhalten von $f\colon x \mapsto \frac{1}{2}x^3 - \frac{1}{8}x^4$:

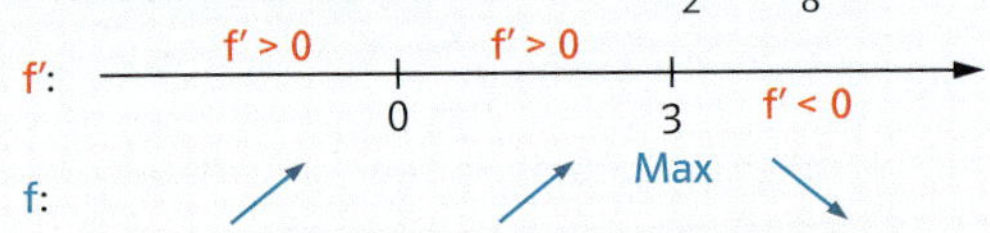

lokales (und globales) Maximum $f(3) = 3\frac{3}{8}$
$\Rightarrow$ Hochpunkt $H(3 \,|\, 3{,}375)$;
Terrassenpunkt $(0 \,|\, 0)$

Funktionsuntersuchungen

Eine Funktion kann beispielsweise unter den folgenden Aspekten untersucht werden: Definitionsmenge, Symmetrie, Schnittpunkte mit den Achsen, Verhalten an den Definitionslücken, Verhalten im Unendlichen, Extremwerte und Monotonie, Graph.

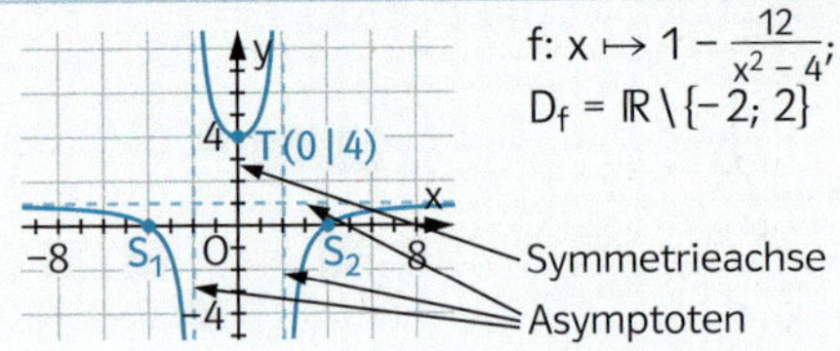

$f\colon x \mapsto 1 - \frac{12}{x^2 - 4}$;
$D_f = \mathbb{R} \setminus \{-2; 2\}$

Newton-Verfahren

Hat die differenzierbare Funktion f eine Nullstelle x^*, so kann diese näherungsweise mit dem Newton-Verfahren ermittelt werden. Ist x_0 ein sinnvoll gewählter Näherungswert für die Nullstelle x^*, so kann man x_0 sukzessive verbessern durch die Iterationsvorschrift:

$$x_{n+1} = x_n - \frac{f(x_n)}{f'(x_n)}$$

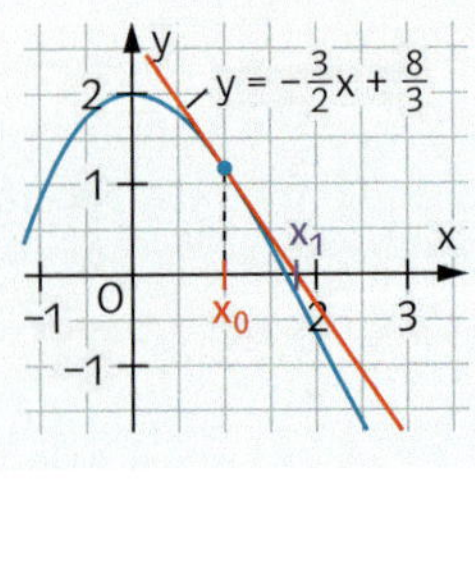

$f(x) = \frac{1}{6}x^3 - x^2 + 2$

$f'(x) = \frac{1}{2}x^2 - 2x$

Startwert $x_0 = 1$

$x_1 = 1 - \frac{f(1)}{f'(1)} = 1 - \frac{\frac{7}{6}}{-\frac{3}{2}}$
$= \frac{16}{9}$

Aufgaben zum Üben und Wiederholen

1

Gegeben ist der Graph der Ableitung f' der Funktion f. Bestimmen Sie anhand des Graphen $G_{f'}$ die Monotoniebereiche der Funktion f.

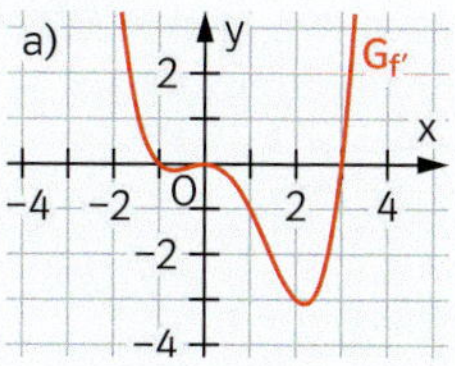

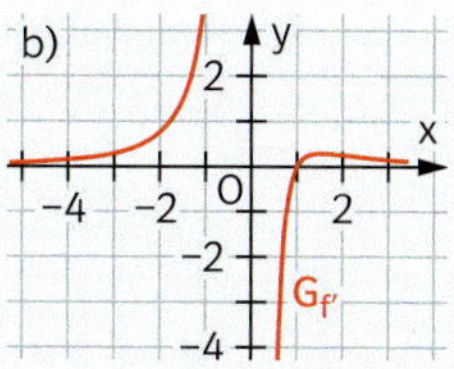

2

Bestimmen Sie die Monotonieintervalle der Funktion f und die Art der Monotonie, ohne f' zu berechnen. Überprüfen Sie Ihr Ergebnis anschließend anhand der Ableitung f'.

a) $f(x) = (x^2 - 4)^2$ b) $f(x) = \frac{x^2}{x^2 - 1}$

3

Erstellen Sie mithilfe eines Funktionsplotters den Graphen G_f. Untersuchen Sie f anhand des Graphen auf Monotonie.

a) $f(x) = |x + 2|$ b) $f(x) = 3 - 2|x - 2|$

4

Begründen Sie für ganzrationale Funktionen:

a) Ist der Grad von f gerade, so hat f mindestens eine Extremstelle.

b) Wenn f drei verschiedene Extremstellen hat, so ist der Grad von f mindestens 4.

c) Eine ganzrationale Funktion f vom Grad n hat höchstens $n - 1$ Extremstellen.

5

a) Skizzieren Sie den Graphen der Funktion $f: x \mapsto -(x - 1)^2 + 1$ in Ihr Heft.

Skizzieren Sie dazu die Graphen

b) der Ableitungsfunktion f';

c) einer Stammfunktion F von f.

6

Der Graph einer ganzrationalen Funktion hat ein Extremum im Ursprung und bei $x = 2$ einen Hochpunkt.

a) Bestimmen Sie für die Ableitung einen möglichen Term f'(x).

b) Der Hochpunkt hat die Koordinaten (2 | 2). Bestimmen Sie f(x) exakt.

7

Untersuchen Sie die Funktionen auf Symmetrie bzgl. y-Achse und Ursprung. Bestimmen Sie die Nullstellen, gegebenenfalls das Verhalten an den Definitionslücken und die Extrema. Skizzieren sie anschließend G_f.

a) $f(x) = \frac{1}{16}(x^3 - 3x^2 - 24x)$ b) $f(x) = \frac{x^2}{4} - \frac{2}{x}$

c) $f(x) = \frac{3}{4}x^4 + x^3 - 3x^2$ d) $f(x) = \frac{x^2 - 1}{(x - 2)^2}$

8

Rechts ist der Graph von f gegeben.

a) Skizzieren Sie grob den Verlauf von $G_{f'}$.

b) Ermitteln Sie für die Ableitung f' mögliche Terme.

c) Bestimmen Sie daraus den Term von f, wenn der Funktionsgraph G_f exakt durch den Punkt (2 | −1,4) verläuft.

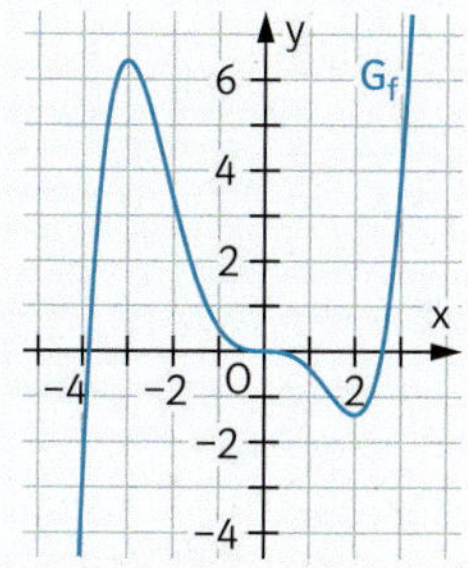

9

Ordnen Sie jeweils 2 Kärtchen passend zusammen und begründen Sie Ihre Entscheidung.

$f_1'(x) = \frac{4x}{(x+2)^3}$

$f_2(x) = \frac{x^2}{2 - x^2}$

$f_3'(x) = \frac{-12x}{(x^2+2)^2}$

G_a hat einen Hochpunkt für $x_0 = 0$ und eine waagrechte Asymptote.

G_b hat eine waagrechte Tangente für $x_0 = 0$ und genau eine Polstelle.

G_c hat einen Tiefpunkt für $x_0 = 0$ und die waagrechte Asymptote mit der Gleichung $y = -1$.

10

Erstellen Sie den Graphen der Funktion f mit $f(x) = \frac{2(3 - x^2)}{(x^2 - 2)^2} - \frac{7}{2}$ mit einem Funktionsplotter. Lesen Sie diesem die Eigenschaften von f ab und bestätigen Sie diese anschließend durch Untersuchen des Terms von f.

11

Auf der Randspalte ist der Graph G_f der Funktion $f: x \mapsto \frac{1}{2}x^2 - \frac{1}{12}x^3 - 1$ gegeben.

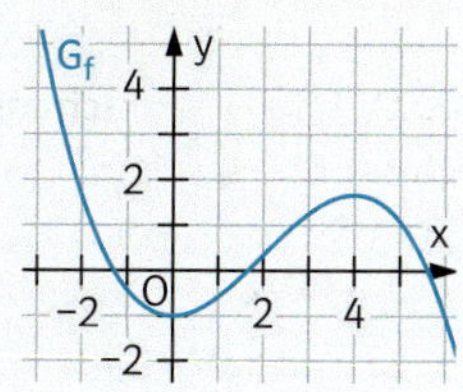

a) Skizzieren Sie ohne Berechnung von f'(x) möglichst exakt den Graphen $G_{f'}$.

Die mittlere Nullstelle der Funktion f soll mit dem Newton-Verfahren ermittelt werden.

b) Führen Sie den 1. Iterationsschritt mit dem Startwert $x_0 = 2$ durch.

c) Warum kann man nicht als Start $x_0 = 3{,}5$ wählen? Erstellen Sie eine Zeichnung, die bei diesem Startwert die ersten beiden Schritte des Verfahrens veranschaulicht.

d) Welcher Nullstelle würde man sich annähern, wenn man einen Startwert $x_0 \in]0; 0{,}5[$ wählt?

Die Lösungen zu den Aufgaben dieser Seite finden Sie auf den Seiten 229 bis 231.

Aufgaben zur Vorbereitung auf das Abitur

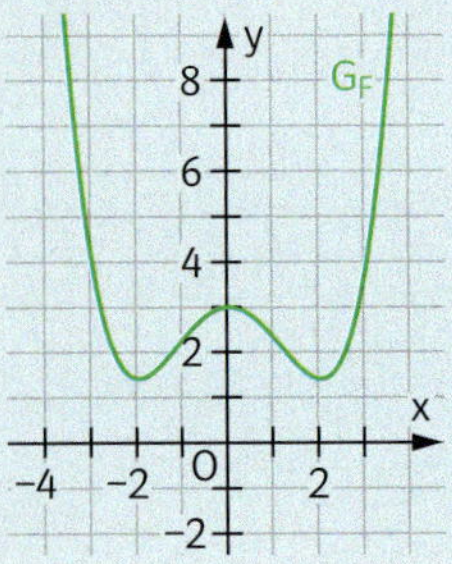

1

Die linke Abbildung zeigt den Graphen einer Stammfunktion F der Funktion f. Skizzieren Sie den Graphen der Funktion f.

2

Geben Sie einen möglichen Term für eine gebrochen rationale Funktion an, die die folgenden Eigenschaften besitzt: Der Graph der Funktion ist achsensymmetrisch bezüglich der y-Achse und die Gerade mit der Gleichung $y = 3$ ist waagrechte Asymptote. Eine Polstelle der Funktion ist $x_0 = -3$ und eine Nullstelle ist $x_1 = 2$.

3

Gegeben ist die Funktion $f: x \mapsto 2^x + 0{,}5^x$ mit $x \in \mathbb{R}$.

a) Überprüfen Sie, ob der Graph der Funktion eine Symmetrie bezüglich des Ursprungs bzw. bezüglich der y-Achse zeigt.

b) Skizzieren Sie den Graphen der Funktion, indem Sie diese als Summe zweier Funktionen betrachten.

4

Die Abbildung zeigt einen Ausschnitt des Graphen der Ableitung g′ der Funktion g.

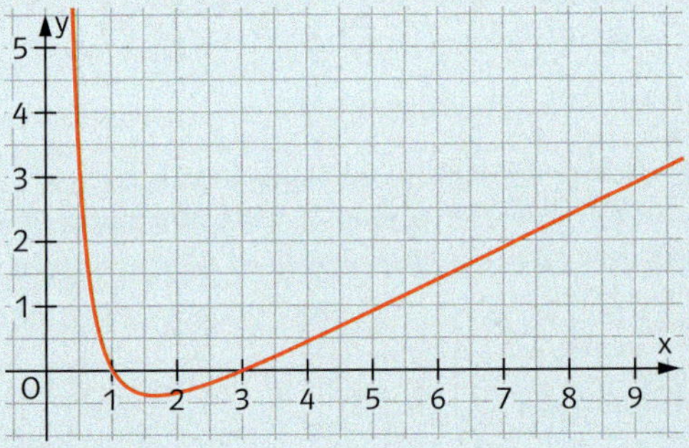

a) Geben Sie für den gezeigten Bereich das Monotonieverhalten und die Extremstellen der zugehörigen Funktion g an.

b) Der Graph der Funktion g verläuft durch den Punkt (1 | 0). Skizzieren Sie den Graphen G_g.

c) Überprüfen Sie, ob die Funktion $f: x \mapsto \frac{(x-1)^2(x-4{,}5)}{4x}$ im gezeichneten Bereich mit der Funktion g übereinstimmen kann.

d) Bestimmen Sie die Nullstellen und die Extrema der Funktion f und untersuchen Sie das Verhalten der Funktion an den Grenzen ihres maximalen Definitionsbereichs und bei Annäherung an die Definitionslücke.

5

Eine Firma produziert Arzneimittel. Für ein bestimmtes Präparat kann bei einer Produktionsmenge x (in Tonnen) der Gewinn (in Millionen €) mit folgender Funktion angenähert werden:
$g: x \mapsto -0{,}5x^3 + 2x^2 + 1{,}5x - 4$
Diese Näherungsfunktion gilt jedoch nur bis zu einer Menge von bis zu 4 Tonnen.

a) Welchen Gewinn macht die Firma, wenn 4 Tonnen der Arznei verkauft werden? Bestimmen Sie die Menge an Arznei, für die der Gewinn am größten wird. Welchen maximalen Gewinn kann die Firma erreichen?

b) Skizzieren Sie den Graphen der Funktion g und beschreiben Sie in Worten, welche Erkenntnisse über Gewinn bzw. Verlust man dem Graphen entnehmen kann.

c) Mithilfe des Newton-Verfahrens lässt sich die Produktionsmenge bestimmen, ab der die Firma einen Gewinn erwirtschaftet. Beschreiben Sie, worauf man achten muss, wenn man einen sinnvollen Startwert für das Newton-Verfahren wählen will. Warum eignet sich der Wert $x = 4$ nicht, um die gesuchte Produktionsmenge zu bestimmen?

d) Ermitteln sie mithilfe des Newton-Verfahrens die gesuchte Produktionsmenge auf Kilogramm genau. Wählen Sie dabei als Startwert $x_0 = 1$ und führen Sie zwei Schritte des Verfahrens durch. Veranschaulichen Sie den 1. Schritt des Newton-Verfahrens in Ihrer Skizze.

Die Lösungen zu den Aufgaben dieser Seite finden Sie auf den Seiten 239 und 240.

Aufgaben zur Vorbereitung auf das Abitur

1

Die Abbildung zeigt einen Ausschnitt des Graphen einer Funktion f.

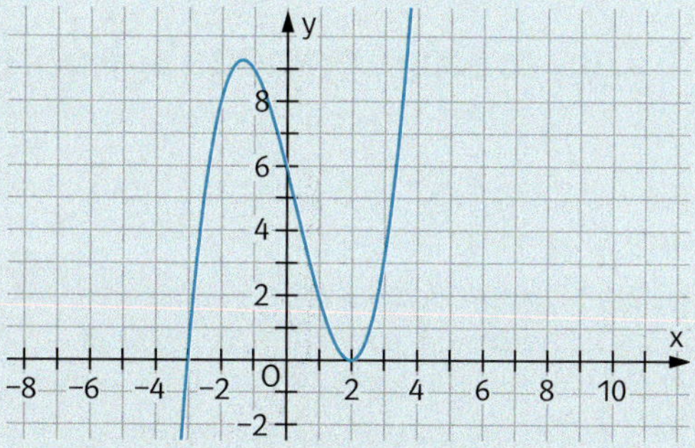

a) Welche Aussagen können Sie über Nullstellen und Extremstellen einer Stammfunktion F von f machen?
b) Skizzieren Sie einen möglichen Graphen von F in der Umgebung der Stelle $x = 2$.
c) Bestimmen Sie einen möglichen Funktionsterm von f.
d) Geben Sie eine Stammfunktion von f an.

2

Die Abbildung zeigt einen Ausschnitt des Graphen der Ableitung g′ der Funktion g. Die Schnittpunkte mit den Achsen können der Zeichnung entnommen werden.

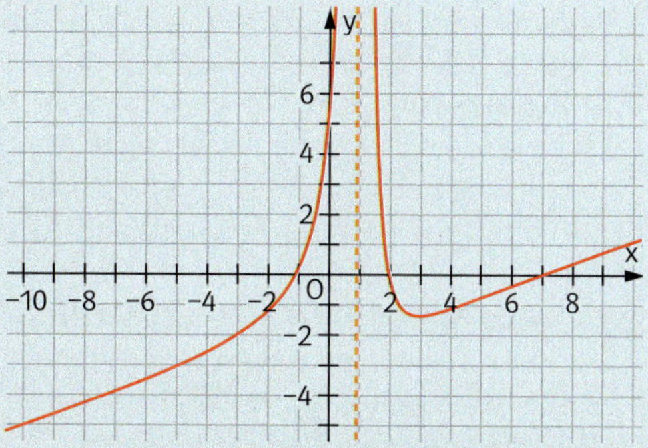

a) Bestimmen Sie für den gezeigten Bereich das Monotonieverhalten und die Extremstellen der zugehörigen Funktion g. Skizzieren Sie einen möglichen Graphen von g.
b) Bestimmen Sie einen möglichen Funktionsterm von g′ und lesen Sie die schräge Asymptote ab.

3

Die Abbildung zeigt einen Ausschnitt des Graphen der Funktion H.

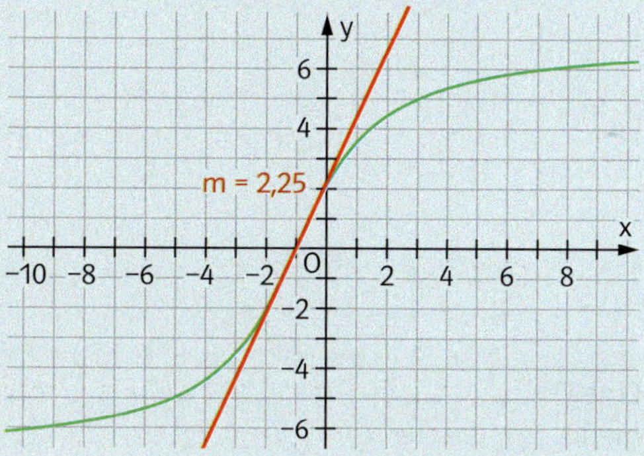

a) Skizzieren Sie den Graphen der Ableitung h.
b) Die Funktion h gehört zu einer Funktionenschar $h_a\colon x \mapsto \frac{5 + a^2}{x^2 + a \cdot x + a^2 + 1}$ mit $a > 0$. Bestimmen Sie den Parameter a so, dass h_a die Ableitung der Funktion H ist.
c) Beschreiben Sie, wie sich der Graph von h_a verändert, wenn a immer größer wird.
d) Zeigen Sie, dass die Funktionsgraphen von h_a keine senkrechten Asymptoten besitzen.
e) Begründen Sie nur anhand der Funktionsterme von h_a, dass alle Graphen der Funktionenschar einen Hochpunkt besitzen. Bestimmen Sie anschließend die Koordinaten der Extrempunkte der Graphen von h_a.
f) Plotten Sie den Graphen von h_2 und den Graphen von $f\colon x \mapsto \frac{4x^2 + 5}{3x^2 + 1}$.
Weisen Sie rechnerisch nach, dass der Hochpunkt des Graphen von h_2 auf G_f liegt.
Zeigen Sie, dass für jede Funktion h_a mit $a > 0$ der Hochpunkt auf G_f liegt.
g) Zeigen Sie, dass alle Graphen G_{h_a} zwischen den Geraden $y = 5$ und $y = 0$ verlaufen.
h) Plotten Sie zunächst für einige $c \in \mathbb{R}$ Graphen der Geradenschar $g_c\colon x \mapsto -\frac{9}{16}x + c$ und untersuchen Sie, welche der Geraden g_c den Graphen von h_2 genau einmal schneiden.
i) Berechnen Sie mithilfe des Satzes des Pythagoras die Entfernung des Hochpunktes des Graphen G_{h_2} vom Punkt $Q(5\,|\,5)$.
Welcher Punkt $P(x\,|\,h_2(x))$ des Graphen von h_2 hat vom Punkt $Q(5\,|\,5)$ die Entfernung 5?
Welcher Punkt des Graphen von h_2 hat die kleinste Entfernung vom Punkt $Q(5\,|\,5)$?

Die Lösungen zu den Aufgaben dieser Seite finden Sie auf den Seiten 249 und 250.

1 Das dreidimensionale Koordinatensystem

1

Die Abbildung zeigt eine Figur aus vier gleich großen Würfeln mit 1m Kantenlänge.
Geben Sie verschiedene Möglichkeiten an, wie man die Lagen der Ecken A, B, C und D im Raum beschreiben kann.
Welche Vereinbarungen wären sinnvoll, um die Lage alleine durch die Angabe von Zahlen beschreiben zu können?

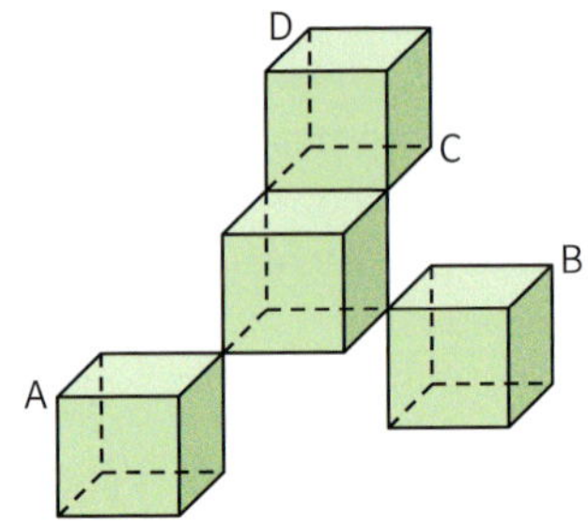

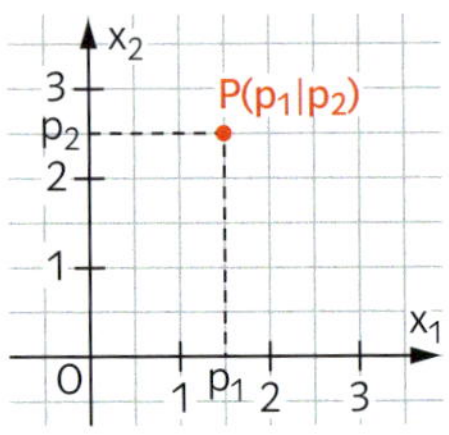

Das bisher verwendete Koordinatensystem hat zwei zueinander senkrechte Achsen. Es ermöglicht die Lage von Punkten in einer Ebene $\mathbb{R}^2$ durch Zahlenpaare anzugeben. In der analytischen Geometrie ist es üblich, die Achsen nicht wie bisher mit x und y zu bezeichnen, sondern wie in der Abbildung mit x_1 und x_2. Zur Bezeichnung der **Koordinaten von Punkten** verwendet man auch Indizes, z. B. $P(p_1|p_2)$. Entsprechend gilt im Raum $\mathbb{R}^3$:

Zur Beschreibung der Lage von Punkten im Raum benötigt man ein **dreidimensionales Koordinatensystem**, dessen paarweise aufeinander senkrecht stehende Achsen man mit x_1, x_2 und x_3 bezeichnet.

Die Koordinaten eines Punktes P werden als **Zahlentripel** $(p_1|p_2|p_3)$ angegeben.

Man schreibt $P(p_1|p_2|p_3)$, z. B. $P(3|4|2)$.

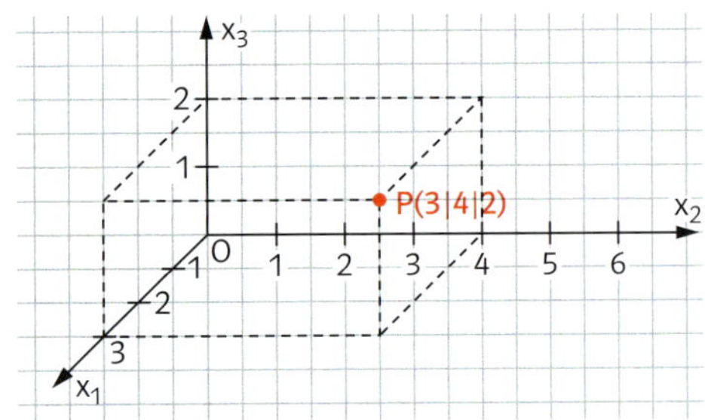

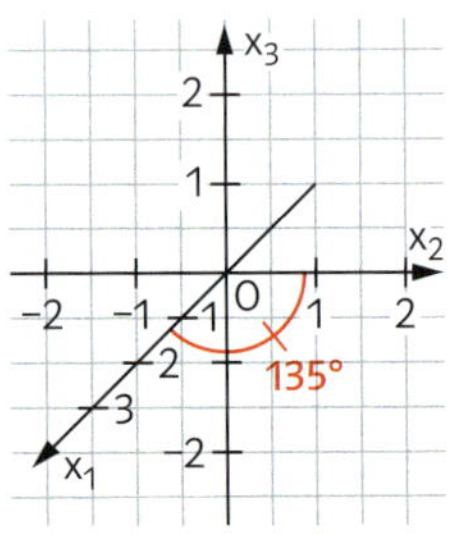

Das Schrägbild eines räumlichen Koordinatensystems zeichnet man zweckmäßigerweise wie in der nebenstehenden Abbildung auf kariertes Papier, die x_1-Achse nach vorne, die x_2-Achse nach rechts und die x_3-Achse nach oben. Entsprechen auf der x_2- und der x_3-Achse zwei Kästchen einer Längeneinheit, dann wählt man üblicherweise auf der x_1-Achse eine Kästchendiagonale als Längeneinheit.

Koordinaten besonderer Punkte im Koordinatensystem:

Punkte auf der x_1-Achse:	$P(p_1\|0\|0)$,	Punkte in der x_1x_2-Ebene:	$P(p_1\|p_2\|0)$
Punkte auf der x_2-Achse:	$P(0\|p_2\|0)$,	Punkte in der x_1x_3-Ebene:	$P(p_1\|0\|p_3)$
Punkte auf der x_3-Achse:	$P(0\|0\|p_3)$	Punkte in der x_2x_3-Ebene:	$P(0\|p_2\|p_3)$

Die drei Koordinatenebenen zerlegen den Raum in acht **Oktanten**:

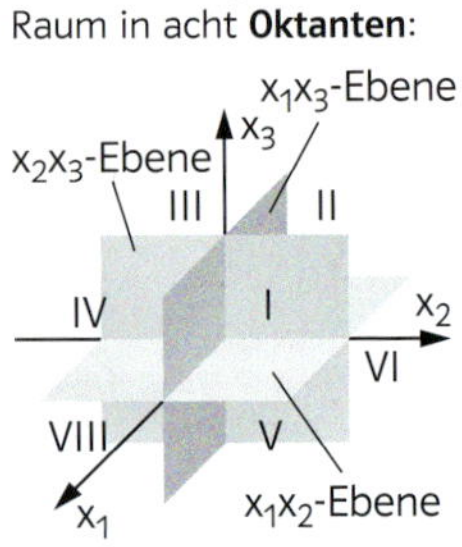

Beispiel 1

Beschreiben Sie die Lage aller Punkte $P(p_1|3|1)$ im Koordinatensystem anhand einer Zeichnung.

■ Lösung:

Die Punkte P liegen auf einer Parallelen zur x_1-Achse durch den Punkt $P_0(0|3|1)$ im I. und II. Oktanten.

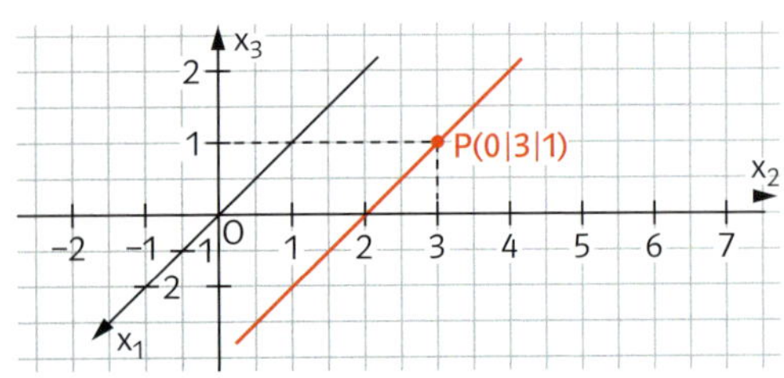

Beispiel 2

Ein Würfel ABCDEFGH hat die Ecken A(0|0|0), B(2|0|0), C(2|2|0) und E(0|0|2).

a) Zeichnen Sie diesen Würfel und geben Sie die Koordinaten der restlichen Ecken an.

b) Zeichnen Sie den dazu an der Geraden DH gespiegelten Würfel und geben Sie die Koordinaten seiner Ecken an.

Lösung:

a) D(0|2|0), F(2|0|2), G(2|2|2), H(0|2|2)

b) A′(0|4|0), B′(−2|4|0), C′(−2|2|0), D′ = D, E′(0|4|2), F′(−2|4|2), G′(−2|2|2), H′ = H

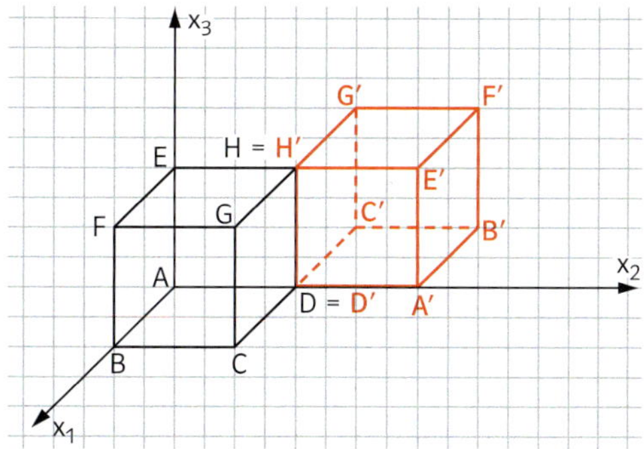

Aufgaben

2

a) Zeichnen Sie die Punkte A(2|3|4), B(−2|0|1), C(3|−1|0) und D(0|0|−3) in ein Koordinatensystem.

b) Zeichnen Sie die an der x_1x_2-Ebene gespiegelten Punkte und geben Sie deren Koordinaten an.

3

Wo liegen im räumlichen Koordinatensystem alle Punkte, deren

a) x_1-Koordinate (x_2-Koordinate, x_3-Koordinate) null ist,

b) x_2-Koordinate und x_3-Koordinate null sind,

c) x_1- und x_2-Koordinate eins sind?

4

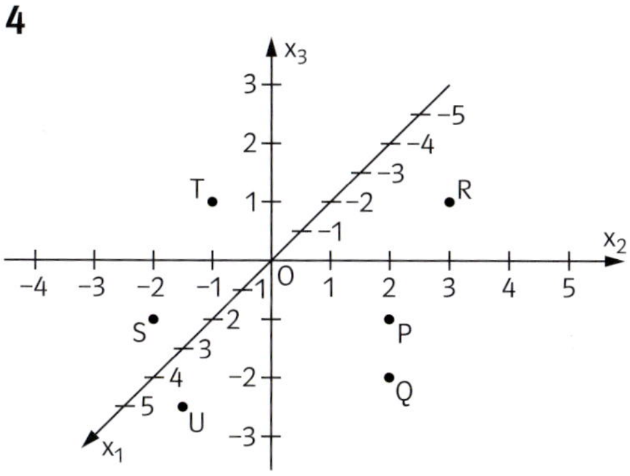

In der Abbildung befinden sich die Punkte P und Q in der x_1x_2-Ebene, die Punkte R und S in der x_2x_3-Ebene, die Punkte T und U in der x_1x_3-Ebene. Bestimmen Sie die Koordinaten dieser Punkte. Beschreiben Sie Ihr Vorgehen.

5

Welche Koordinaten haben die Bildpunkte von A(2|0|0), B(−1|2|−1), C(−2|3|4) und D(3|4|−2) bei Spiegelung an der

a) x_1x_2-Ebene,

b) x_2x_3-Ebene,

c) x_1x_3-Ebene,

d) am Ursprung?

Lösungssalat zu 5b) (Summen der Koordinaten der Punkte):

6

Ein Würfel ABCDEFGH hat die Ecken A(0|0|0), B(0|−4|0), D(4|0|0) und E(0|0|4).

a) Zeichnen Sie diesen Würfel und geben Sie die Koordinaten der restlichen Ecken an.

b) Zeichnen Sie den dazu an der x_1-Achse gespiegelten Würfel und geben Sie die Koordinaten seiner Ecken an.

Viele räumliche Situationen lassen sich gut mit einem 3D-Geometriesystem (3D-GS) darstellen. Häufig lassen sich dadurch Problemlösungen eleganter finden bzw. kontrollieren.

7

Drei Kanten von Würfeln mit der Kantenlänge 3 liegen auf den Koordinatenachsen. Zeichnen Sie diese Würfel im II., III., VI. und VII. Oktanten.

8

Von einem Würfel ABCDEFGH mit zu den Koordinatenebenen parallelen Seitenflächen sind zwei Eckpunkte gegeben. Ermitteln Sie die Koordinaten der restlichen Eckpunkte und zeichnen Sie den Würfel in ein Koordinatensystem. Markieren Sie eventuell vorhandene Schnittpunkte der Koordinatenachsen mit den Würfelflächen.

a) B(5|6|1) und H(1|2|5)

b) B(3|3|−3) und H(−2|−2|2)

c) D(−2|−2|−3) und F(3|3|2)

9

Legen Sie im Klassenzimmer ein Koordinatensystem fest und schätzen Sie Koordinaten von markanten Punkten oder Gegenständen in Ihrem Klassenzimmer.
Überprüfen Sie Ihre Schätzungen bzw. lassen Sie zu gefundenen Koordinaten die entsprechenden Punkte/Gegenstände bestimmen. Sie können auch in mehreren Gruppen arbeiten.

10

Von einem Quader ABCDEFGH mit zu den Koordinatenebenen parallelen Seitenflächen sind die Punkte $C(-2|3|-2{,}5)$ und $E(3|-2|0{,}5)$ gegeben.

a) Zeichnen Sie die Punkte in ein Koordinatensystem und bestimmen Sie die Kantenlängen des Quaders. Beschreiben Sie ihre dabei gemachten Überlegungen.

b) Geben Sie die Koordinaten der übrigen Eckpunkte des Quaders an und zeichnen Sie den Quader fertig. Markieren Sie die eventuell vorhandenen Schnittpunkte der Koordinatenachsen mit den Seitenflächen des Quaders.

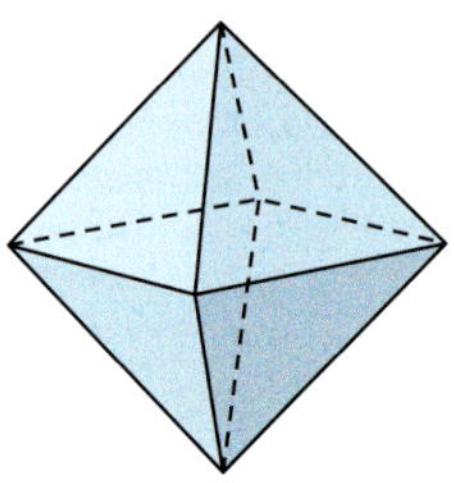

11

Von einem Oktaeder ABCDEF sind die Koordinaten folgender Eckpunkte gegeben:
$A(0|0|0)$, $B(0|4|0)$, $C(-4|4|0)$ und $D(-4|0|0)$.

a) Zeichnen Sie die gegebenen Punkte in ein Koordinatensystem und geben Sie die Koordinaten des Mittelpunktes des Vierecks ABCD an.

b) Bestimmen Sie die Koordinaten der Punkte E und F durch Rechnung. Nutzen Sie hierfür die Symmetrieeigenschaften des Oktaeders.

c) Zeichnen Sie das vollständige Oktaeder ABCDEF und das an der x_3-Achse gespiegelte Oktaeder A'B'C'D'E'F'.

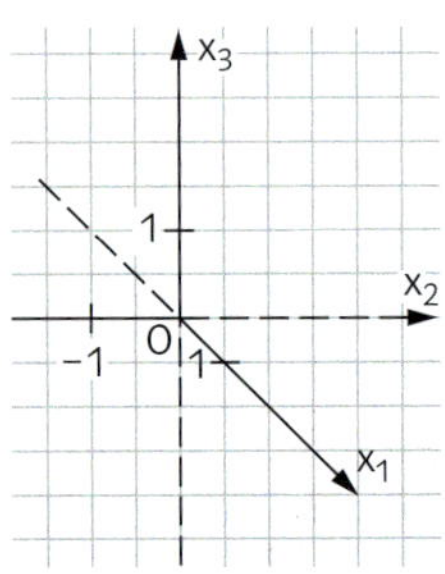

12

Die Abbildung veranschaulicht den Blick von links oben in den IV. Oktanten eines dreidimensionalen Koordinatensystems.
Zeichnen Sie in entsprechender Weise Koordinatensysteme für die Blickrichtung von rechts unten in den V. Oktanten und von links unten in den VIII. Oktanten.

13

a) Zeichnen Sie die Punkte $A(3|5)$ und $B(5|3)$ in ein zweidimensionales Koordinatensystem. Welche besondere Lage in diesem Koordinatensystem haben alle Punkte, bei denen die Koordinaten vertauscht sind?

b) Welche besondere Lage haben die Punkte $A(3|5|2)$ und $B(5|3|2)$ in einem dreidimensionalen Koordinatensystem?

14

Von einem Würfel ABCDEFGH sind die Eckpunkte $A(8|2|0)$, $B(8|6|3)$ und $D(3|2|0)$ gegeben.

a) Zeichnen Sie die gegebenen Punkte in ein Koordinatensystem.

b) Welche Würfelflächen liegen parallel zu einer der Koordinatenebenen? Woran kann man dies erkennen?

c) Zeigen Sie durch Rechnung, dass gilt: $\overline{AB} = \overline{AD}$

d) Ermitteln Sie die Koordinaten von E durch Konstruktion und bestätigen Sie das Ergebnis durch Rechnung.

e) Ermitteln Sie Koordinaten der restlichen Eckpunkte und zeichnen Sie den Würfel. Verwenden Sie hierbei für verdeckte Kanten Strichlinien.

G15

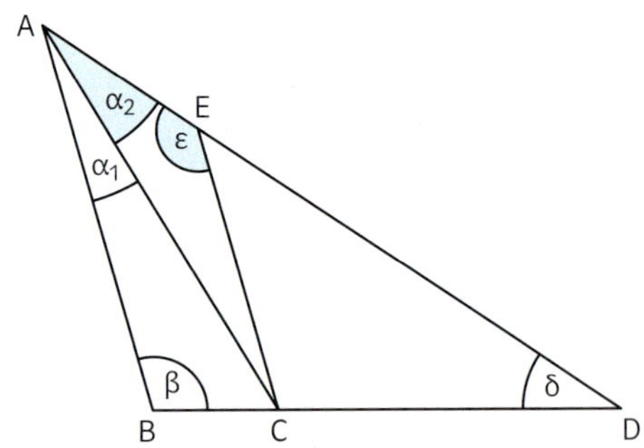

In der Figur sind die Winkel $\alpha_2 = 15{,}6°$ und $\varepsilon = 142°$ bekannt. Die Strecken [AB] und [EC] sind parallel und $\delta = \frac{1}{3}\beta$.
Berechnen Sie die Größen der Winkel α_1 und δ und begründen Sie Ihre Vorgehensweise.

G16

$f: x \mapsto -x^2 - 4x - 3$ $\qquad h_a: x \mapsto ax^2$

Für welches a haben die Graphen von f und h_a nur einen Punkt gemeinsam?
Berechnen Sie dessen Koordinaten.

2 Vektoren

1

a) Vergleichen Sie die Pfeile in der Abbildung miteinander.

b) Welche physikalische Größe wird vermutlich durch die Pfeile symbolisiert? Wie viele Pfeile müssen hierzu mindestens gezeichnet werden?

c) Welche Information kann man durch die Pfeile mitteilen? Welche Angabe fehlt in der Abbildung?

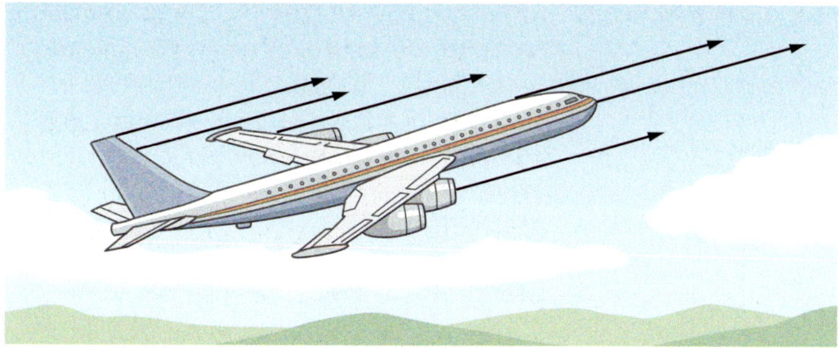

Im Koordinatensystem betrachtet man nicht nur Punkte, sondern auch Verbindungen zwischen ihnen, z. B. Pfeile. $\overrightarrow{AB}$ bezeichnet einen Pfeil mit dem **Fußpunkt** A und der **Spitze** B.

Beachten Sie den Unterschied:
$\overrightarrow{AB}$: Pfeil
$\overline{AB}$: Streckenlänge

Um vom Fußpunkt A(2 | 1) zur Spitze B(6 | 3) zu gelangen, geht man
6 − 2 = 4 Einheiten in x_1-Richtung und
3 − 1 = 2 Einheiten in x_2-Richtung.

Man schreibt, um von der Koordinatendarstellung von Punkten in Zeilenschreibweise zu unterscheiden,
$\overrightarrow{AB} = \begin{pmatrix} 6-2 \\ 3-1 \end{pmatrix} = \begin{pmatrix} 4 \\ 2 \end{pmatrix}$ und bezeichnet diese Spaltenschreibweise $\begin{pmatrix} 4 \\ 2 \end{pmatrix}$ als **Koordinatendarstellung** des Pfeils $\overrightarrow{AB}$.

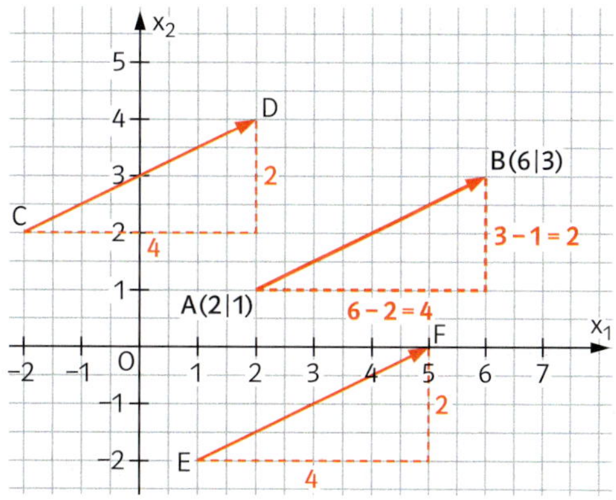

Koordinatendarstellung von $\overrightarrow{AB}$: „Spitze minus Fuß"

Die Pfeile $\overrightarrow{AB}$, $\overrightarrow{CD}$ und $\overrightarrow{EF}$ haben alle die gleiche Koordinatendarstellung $\begin{pmatrix} 4 \\ 2 \end{pmatrix}$, denn
$\begin{pmatrix} 6-2 \\ 3-1 \end{pmatrix} = \begin{pmatrix} 2-(-2) \\ 4-2 \end{pmatrix} = \begin{pmatrix} 5-1 \\ 0-(-2) \end{pmatrix} = \begin{pmatrix} 4 \\ 2 \end{pmatrix}$.
Die Pfeile sind parallel, gleich lang und gleich gerichtet.
Wegen dieser gemeinsamen Eigenschaft führt man einen neuen Begriff ein.

Definition
Die Menge aller zueinander paralleler, gleich langer und gleich gerichteter Pfeile bezeichnet man als **Vektor**. Jeder einzelne Pfeil heißt **Repräsentant** des Vektors.
Vektoren werden häufig mit kleinen Buchstaben und einem Pfeil darüber bezeichnet, z. B. $\vec{a}$, $\vec{b}$, $\vec{v}$.

vehere (lat.): ziehen, schieben,
vector (lat.): Träger, Fahrer

Sind die Repräsentanten zweier Vektoren $\vec{a}$ und $\vec{b}$ zueinander parallel und gleich lang, aber entgegengesetzt gerichtet, so heißt $\vec{b}$ **Gegenvektor** zu $\vec{a}$ (und $\vec{a}$ Gegenvektor zu $\vec{b}$).
Man schreibt: $\vec{b} = -\vec{a}$ bzw. $\vec{a} = -\vec{b}$.

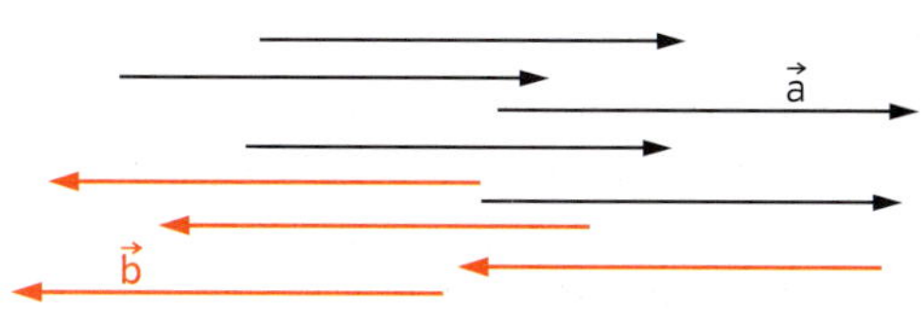

Derjenige Vektor, bei dem Fußpunkt und Spitze zusammenfallen, heißt **Nullvektor** und wird mit $\vec{o}$ bezeichnet.

Für den Nullvektor ist auch die Bezeichnung $\vec{0}$ gebräuchlich.

Zur Beschreibung von Pfeilen im dreidimensionalen Koordinatensystem benötigt man Zahlentripel.

Man sagt auch: Der Vektor $\overrightarrow{AB}$ verschiebt den Punkt A auf den Punkt B.

Um vom Fußpunkt A(2 | 1,5 | 0,5) des Pfeils $\overrightarrow{AB}$ zur Spitze B(4 | 6,5 | 3) zu gelangen, muss man

$4 - 2 = 2$ Einheiten in x_1- Richtung,
$6{,}5 - 1{,}5 = 5$ Einheiten in x_2-Richtung und
$3 - 0{,}5 = 2{,}5$ Einheiten in x_3-Richtung gehen.

Man schreibt: $\overrightarrow{AB} = \begin{pmatrix} 4 - 2 \\ 8{,}5 - 1{,}5 \\ 3 - 0{,}5 \end{pmatrix} = \begin{pmatrix} 2 \\ 5 \\ 2{,}5 \end{pmatrix}$ und bezeichnet $\begin{pmatrix} 2 \\ 5 \\ 2{,}5 \end{pmatrix}$ als Koordinatendarstellung des Pfeils $\overrightarrow{AB}$.

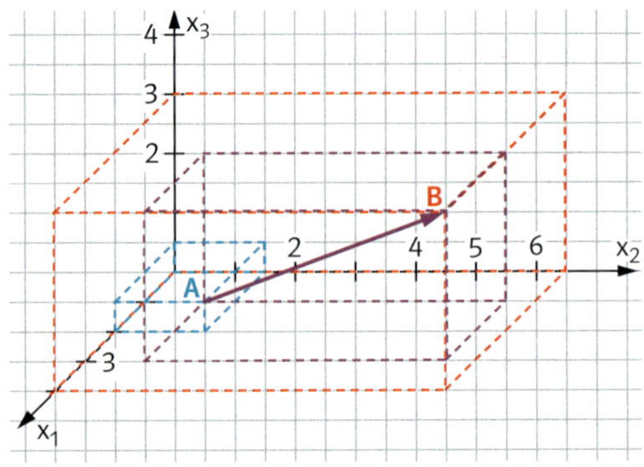

Alle zu $\overrightarrow{AB}$ parallelen, gleich langen und gleich gerichteten Pfeile haben dieselbe Koordinatendarstellung. Sie repräsentieren also alle denselben Vektor.
$\overrightarrow{AB}$ bezeichnet nicht nur den Verbindungspfeil der Punkte A und B, sondern auch den Vektor, der durch diesen Pfeil repräsentiert wird.

Ein Vektor in der Ebene (im Raum) wird vollständig beschrieben durch die Angabe von zwei (drei) Koordinaten. Man schreibt z. B. $\vec{v} = \begin{pmatrix} 4 \\ 2 \end{pmatrix}$ bzw. $\vec{w} = \begin{pmatrix} 2 \\ 5 \\ 2{,}5 \end{pmatrix}$.

Allgemein erhält man die Koordinatendarstellung eines Vektors $\overrightarrow{AB}$ aus den Koordinaten von A und B durch $\overrightarrow{AB} = \begin{pmatrix} b_1 - a_1 \\ b_2 - a_2 \end{pmatrix}$ im zweidimensionalen bzw. $\overrightarrow{AB} = \begin{pmatrix} b_1 - a_1 \\ b_2 - a_2 \\ b_3 - a_3 \end{pmatrix}$ im dreidimensionalen Koordinatensystem.

Beachten Sie den Unterschied:
B(1 | 3 | 5) $\quad \vec{B} = \begin{pmatrix} 1 \\ 3 \\ 5 \end{pmatrix}$

Fällt der Fußpunkt A des Repräsentanten mit dem Ursprung des Koordinatensystems zusammen, so bezeichnet man den Vektor $\overrightarrow{OB}$ als **Ortsvektor** und schreibt kurz: $\vec{B} = \begin{pmatrix} b_1 \\ b_2 \end{pmatrix}$ bzw. $\vec{B} = \begin{pmatrix} b_1 \\ b_2 \\ b_3 \end{pmatrix}$.

Bemerkung
Vektoren werden in der Physik zur Beschreibung von Größen, z. B. der Geschwindigkeit, verwendet, zu deren eindeutiger Bestimmung auch die Angabe der Richtung nötig ist.

$\overrightarrow{BA} \neq \overrightarrow{AB}$,
aber $\overrightarrow{BA} = -\overrightarrow{AB}$

Beispiel 1
Bestimmen Sie die Koordinaten der Vektoren $\overrightarrow{AB}$ und $\overrightarrow{BA}$ für A(3 | 4 | −7) und B(3 | −4 | 2).
■ Lösung:
$\overrightarrow{AB} = \begin{pmatrix} 3 - 3 \\ -4 - 4 \\ 2 - (-7) \end{pmatrix} = \begin{pmatrix} 0 \\ -8 \\ 9 \end{pmatrix}$; $\overrightarrow{BA} = \begin{pmatrix} 3 - 3 \\ 4 - (-4) \\ -7 - 2 \end{pmatrix} = \begin{pmatrix} 0 \\ 8 \\ -9 \end{pmatrix}$

Beispiel 2
Das Viereck $A_1A_2A_3A_4$ ist durch die Punkte $A_1(1 | 1)$, $A_2(6 | 0)$, $A_3(7 | 5)$ und $A_4(2 | 6)$ gegeben.
Begründen Sie, dass das Viereck ein Parallelogramm ist.
■ Lösung:
$\overrightarrow{A_1A_2} = \begin{pmatrix} 5 \\ -1 \end{pmatrix}$; $\overrightarrow{A_4A_3} = \begin{pmatrix} 5 \\ -1 \end{pmatrix}$ Die Gegenseiten sind parallel und gleich lang.
Also ist das Viereck $A_1A_2A_3A_4$ ein Parallelogramm.

Aufgaben

2

Ein Würfel hat die Ecken A, B, C, D, E, F, G, und H. Je zwei der Ecken legen einen Pfeil fest, z.B. $\overrightarrow{AB}$.

a) Wie viele solche Pfeile gibt es?

b) Wie viele verschiedene Vektoren werden durch diese Pfeile festgelegt? Geben Sie für jeden Vektor alle Pfeile an, die ihn repräsentieren.

3

a) Zeichnen Sie das Viereck ABCD mit $A(-2|-2)$, $B(3|0)$, $C(2|4)$ und $D(-3|2)$.

b) Geben Sie Koordinaten der Vektoren $\overrightarrow{AB}$, $\overrightarrow{AD}$, $\overrightarrow{BC}$ und $\overrightarrow{DC}$ an. Um welches Viereck handelt es sich?

4

Bestimmen Sie die Koordinaten der Vektoren $\overrightarrow{AB}$ und $\overrightarrow{BA}$ für

a) $A(1|0|1)$, $B(3|4|1)$;

b) $A(4|2|0)$, $B(3|3|3)$;

c) $A(-1|2|3)$, $B(2|-2|4)$.

5

Zeichnen Sie das Viereck ABCD mit $A(-2|-3|2)$, $B(1|1|3)$, $C(1|2|5)$ und $D(-2|-2|4)$. Begründen Sie durch Rechnung, dass das Viereck ABCD ein Parallelogramm ist.

6

„Verschiebt ein Vektor $\vec{a}$ einen Punkt A auf B und ein Vektor $\vec{b}$ den Punkt B auf C, so sind die Repräsentanten von $\vec{a}$ und von $\vec{b}$ zusammen höchstens so lang wie der Repräsentant von $\overrightarrow{AC}$."

Ist die Aussage wahr? Begründen Sie Ihre Antwort.

7

Zeichnen Sie ein Dreieck ABC.

Verschieben Sie B durch $\overrightarrow{AB}$ auf B_1 und C durch $\overrightarrow{AC}$ auf C_1.

Verschieben Sie nun B_1 durch $\overrightarrow{AB_1}$ auf B_2 und C_1 durch $\overrightarrow{AC_1}$ auf C_2 usw., bis Sie das Dreieck AB_4C_4 erhalten.

Wievielmal so groß ist der Flächeninhalt des Dreiecks AB_4C_4 wie der Flächeninhalt des Dreiecks ABC?

8

a) Zeichnen Sie ein Oktaeder ins Heft und bezeichnen Sie die Eckpunkte. Geben Sie alle möglichen Verbindungspfeile der Eckpunkte an. Wie viele verschiedene Vektoren werden durch diese Pfeile repräsentiert?

b) Lösen Sie die entsprechende Aufgabe für das Tetraeder.

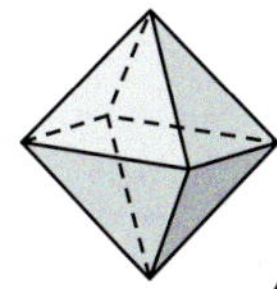

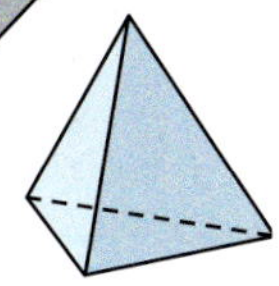

9

a) Ein Springer (ein Turm) eines Schachspiels steht auf dem Feld e4. Wie viele verschiedene Vektoren benötigt man, um die möglichen nächsten Züge zu beschreiben, wenn keine andere Figur stört?

b) Überlegen Sie sich ähnliche Aufgaben und stellen Sie diese Ihrer Nachbarin/Ihrem Nachbarn.

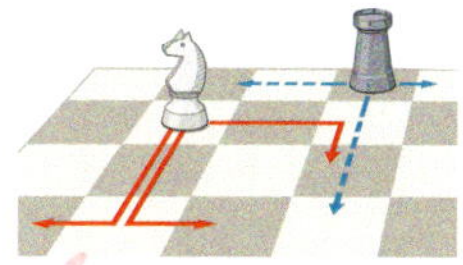

Springer: 2 Felder vor, 1 Feld zur Seite.
Turm: beliebig viele Felder geradeaus.

10

Ein Punkt A wird durch einen Vektor $\vec{a}$ auf A_1 und durch den Gegenvektor zu $\vec{a}$ auf A_2 verschoben. Weiterhin wird A durch einen Vektor $\vec{b}$ auf B verschoben. Wie müssen $\vec{a}$ und $\vec{b}$ gewählt werden, damit das Dreieck A_1A_2B gleichschenklig (gleichseitig) ist?

11

Zeichnen Sie das Dreieck ABC mit $A(-2|-1)$, $B(3|1)$ und $C(-1|3)$.

Ergänzen Sie das Dreieck auf jede mögliche Weise zu einem Parallelogramm und geben Sie die Koordinaten des jeweiligen 4. Eckpunktes an.

Überprüfen Sie Ihre zeichnerischen Ergebnisse durch Rechnung.

G12

Radizieren und vereinfachen Sie die Terme soweit wie möglich.

a) $\sqrt{125} - \sqrt{98} - \sqrt{45} - 3\sqrt{8} - \sqrt{5}$

b) $\sqrt{\frac{1{,}47\,a\,c^4 d^2}{b}} : \sqrt{3\frac{a\,c}{b^2}}$

c) $\sqrt{x^4y^5 - x^2y^7}$

G13

Geben Sie den Winkel als Vielfaches von π und als Dezimalzahl im Bogenmaß an.

a) 15° b) 435° c) 480° d) 135°

e) 225° f) −315° g) −690° h) 345°

3 Addition und Subtraktion von Vektoren

1

Der computergesteuerte „Igel“ kann jede Position innerhalb des umrandeten Feldes erreichen. Die Befehle dazu heißen:
„Gehe i_1 Einheiten in x_1-Richtung und i_2 Einheiten in x_2-Richtung“.
Wie lauten die Befehle für die Bewegungen von A nach B, von B nach C und von A nach C? Vergleichen Sie diese Befehle.

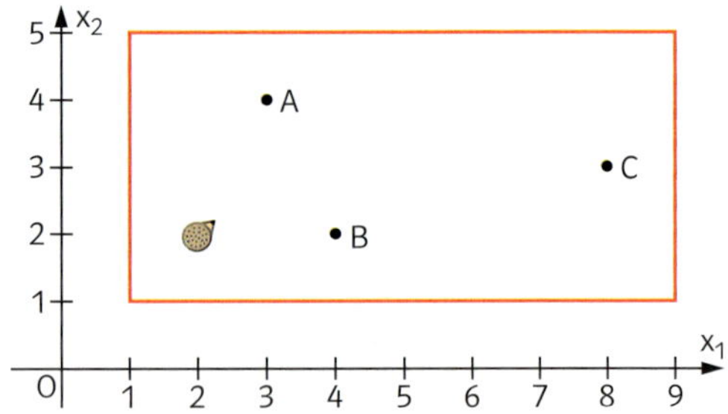

Mit Vektoren in der Ebene oder im Raum kann man auch rechnen, also z. B. Vektoren addieren und subtrahieren.

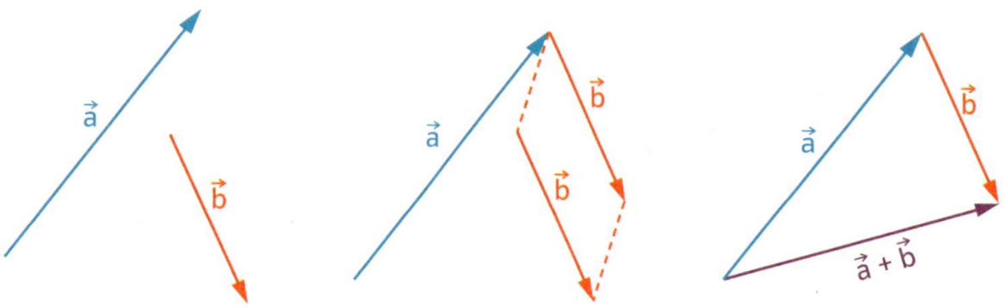

Zwei Vektoren $\vec{a}$ und $\vec{b}$ werden **addiert**, indem geeignete Repräsentanten von $\vec{a}$ und $\vec{b}$, wie in der Zeichnung veranschaulicht, aneinander gefügt werden.
Der Repräsentant des Summenvektors $\vec{a} + \vec{b}$ geht dann vom Fußpunkt von $\vec{a}$ zur Spitze von $\vec{b}$.

Sind die Koordinaten von $\vec{a}$ und $\vec{b}$ bekannt, so kann man die Koordinaten von $\vec{a} + \vec{b}$ wie im Bild veranschaulicht berechnen.

Für $\vec{a} = \begin{pmatrix} 3 \\ 4 \end{pmatrix}$ und $\vec{b} = \begin{pmatrix} 4 \\ -2 \end{pmatrix}$ gilt:

$$\vec{a} + \vec{b} = \begin{pmatrix} 3 \\ 4 \end{pmatrix} + \begin{pmatrix} 4 \\ -2 \end{pmatrix} = \begin{pmatrix} 3+4 \\ 4+(-2) \end{pmatrix} = \begin{pmatrix} 7 \\ 2 \end{pmatrix}$$

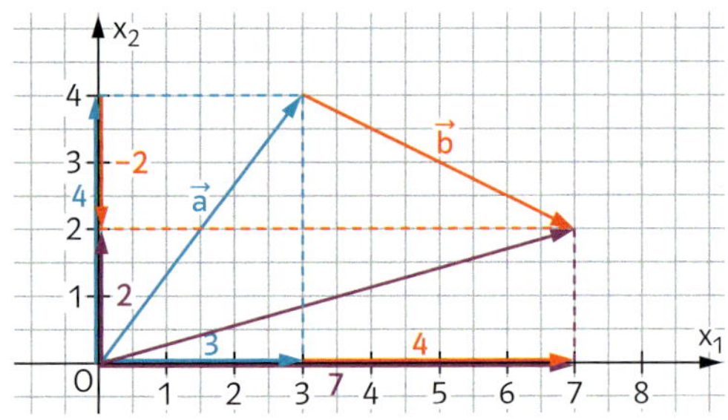

Analog geht man im dreidimensionalen Koordinatensystem vor:

Für $\vec{a} = \begin{pmatrix} 2 \\ -3 \\ 1 \end{pmatrix}$ und $\vec{b} = \begin{pmatrix} 1 \\ 2 \\ -3 \end{pmatrix}$ gilt: $\vec{a} + \vec{b} = \begin{pmatrix} 2 \\ -3 \\ 1 \end{pmatrix} + \begin{pmatrix} 1 \\ 2 \\ -3 \end{pmatrix} = \begin{pmatrix} 2+1 \\ -3+2 \\ 1+(-3) \end{pmatrix} = \begin{pmatrix} 3 \\ -1 \\ -2 \end{pmatrix}$

Merke:
Summenvektor $\vec{a} + \vec{b}$:
Vom Fußpunkt von $\vec{a}$ zur Spitze von $\vec{b}$

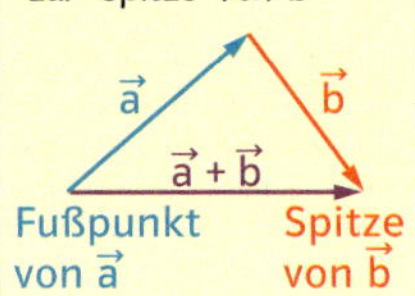

Bei der **Addition von Vektoren** $\vec{a}$ und $\vec{b}$ erhält man einen Repräsentanten des Summenvektors $\vec{a} + \vec{b}$, indem man, wie in der Abbildung veranschaulicht, Repräsentanten von $\vec{a}$ und $\vec{b}$ aneinanderfügt.
Für den Summenvektor gilt:

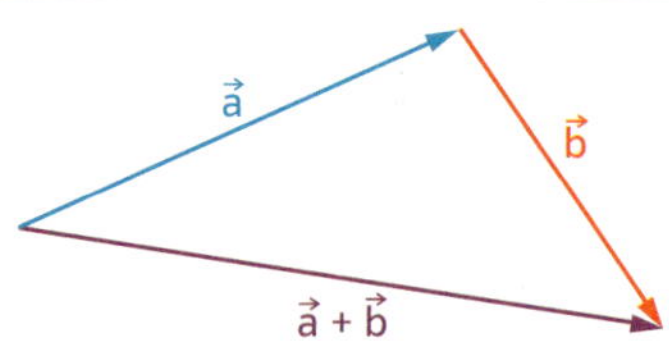

$$\vec{a} + \vec{b} = \begin{pmatrix} a_1 \\ a_2 \end{pmatrix} + \begin{pmatrix} b_1 \\ b_2 \end{pmatrix} = \begin{pmatrix} a_1 + b_1 \\ a_2 + b_2 \end{pmatrix}$$

bzw. $\vec{a} + \vec{b} = \begin{pmatrix} a_1 \\ a_2 \\ a_3 \end{pmatrix} + \begin{pmatrix} b_1 \\ b_2 \\ b_3 \end{pmatrix} = \begin{pmatrix} a_1 + b_1 \\ a_2 + b_2 \\ a_3 + b_3 \end{pmatrix}$

Die Addition des Gegenvektors $-\vec{b}$ zu $\vec{a}$ bezeichnet man als **Subtraktion von Vektoren**:
$\vec{a} - \vec{b} = \vec{a} + (-\vec{b})$

Die Abbildungen veranschaulichen, wie man $\vec{a} - \vec{b}$ erhält.

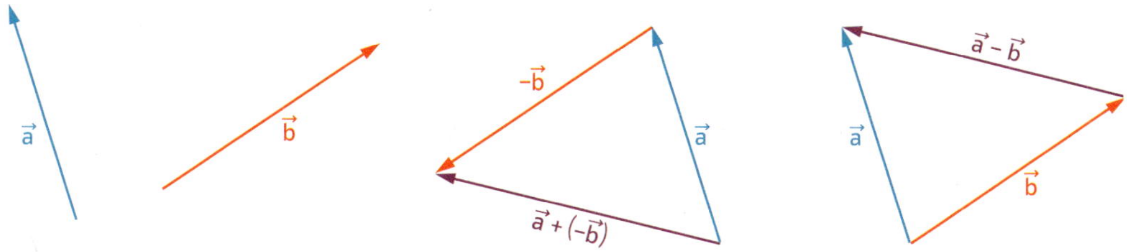

Der Repräsentant von $\vec{a} - \vec{b}$ zeigt von der Spitze von $\vec{b}$ zur Spitze von $\vec{a}$.

Ist ein Vektor durch die Punkte A und B gegeben, so gilt: $\overrightarrow{AB} = \vec{B} - \vec{A}$ (vgl. Randspalte).

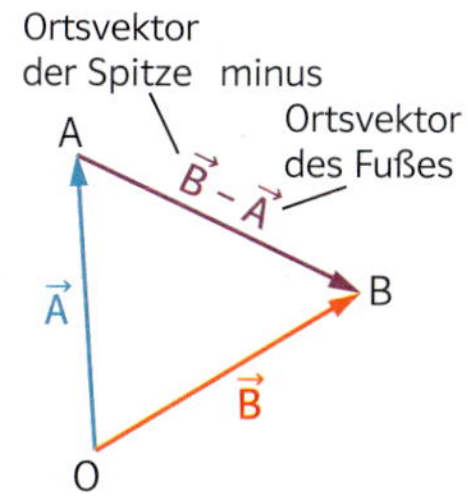

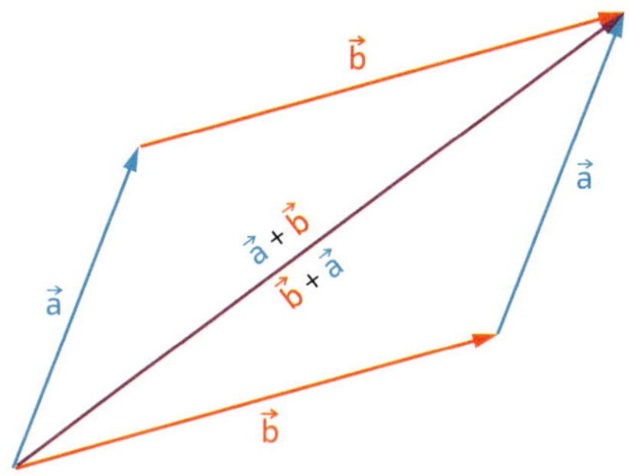

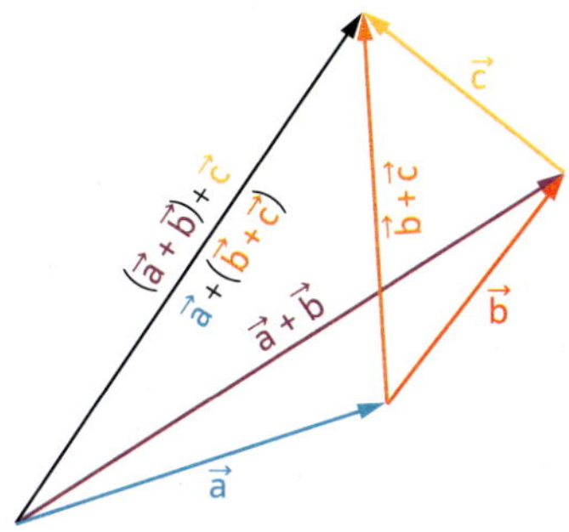

Bei der **Parallelogrammkonstruktion** lassen sich Addition und Subtraktion veranschaulichen:

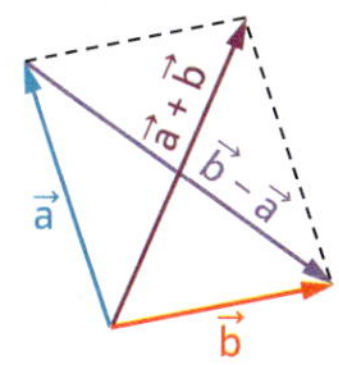

Für die Vektoraddition gelten die gleichen **Rechengesetze** wie für die Addition von Zahlen:

$\vec{a} + \vec{b} = \vec{b} + \vec{a}$
Kommutativgesetz

$\vec{a} + \vec{b} + \vec{c} = (\vec{a} + \vec{b}) + \vec{c} = \vec{a} + (\vec{b} + \vec{c})$
Assoziativgesetz

Beispiel 1

Drücken Sie die Vektoren $\overrightarrow{AB}$, $\overrightarrow{CD}$, $\overrightarrow{BD}$ und ihre Gegenvektoren in der Abbildung durch die Vektoren $\vec{a}$, $\vec{b}$ und $\vec{c}$ aus.

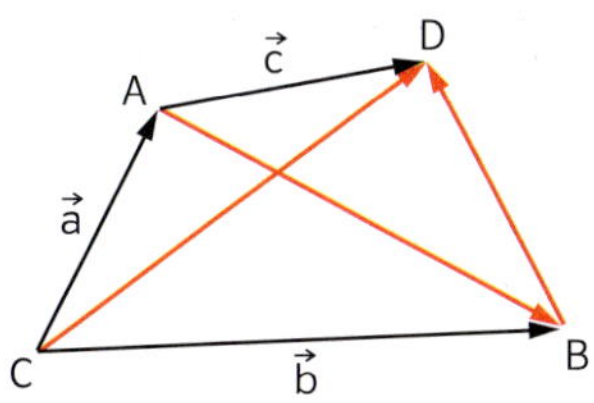

▪ Lösung:

$\overrightarrow{AB} = \vec{b} - \vec{a}$

$-\overrightarrow{AB} = \overrightarrow{BA} = \vec{a} - \vec{b}$

$\overrightarrow{CD} = \vec{a} + \vec{c}$

$-\overrightarrow{CD} = \overrightarrow{DC} = (-\vec{c}) + (-\vec{a}) = (-\vec{a}) + (-\vec{c}) = -\vec{a} - \vec{c}$

$\overrightarrow{BD} = \overrightarrow{BA} + \vec{c} = \vec{a} - \vec{b} + \vec{c}$

$-\overrightarrow{BD} = \overrightarrow{DB} = -\vec{c} + \overrightarrow{AB} = -\vec{c} + \vec{b} - \vec{a} = -\vec{a} + \vec{b} - \vec{c}$

Beispiel 2

Gegeben ist das Dreieck ABC mit A(3|0|0), B(0|4|0) und C(0|0|2).

a) Zeichnen Sie das Dreieck und ergänzen Sie es zu einem Parallelogramm ABCD.

b) Berechnen Sie die Koordinaten von D.

▪ Lösung:

a) Siehe Abbildung.

b) Für das Parallelogramm gilt $\overrightarrow{CD} = \overrightarrow{BA}$.

$\overrightarrow{CD} = \vec{D} - \vec{C} \Rightarrow \vec{D} = \vec{C} + \overrightarrow{BA}$

$$\vec{D} = \begin{pmatrix} 0 \\ 0 \\ 2 \end{pmatrix} + \begin{pmatrix} 3-0 \\ 0-4 \\ 0-0 \end{pmatrix} = \begin{pmatrix} 3 \\ -4 \\ 2 \end{pmatrix}$$

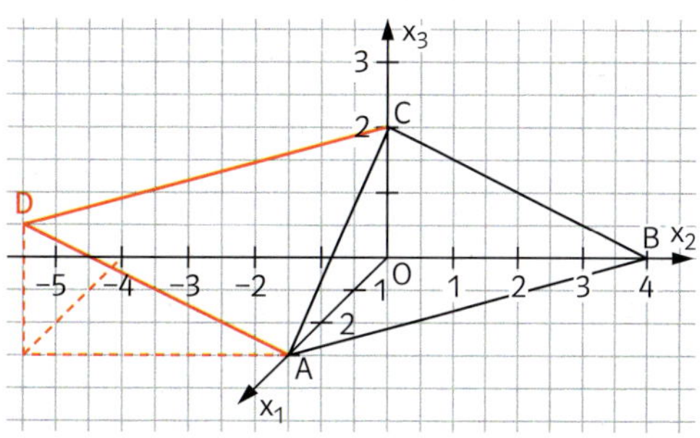

Aufgaben

2

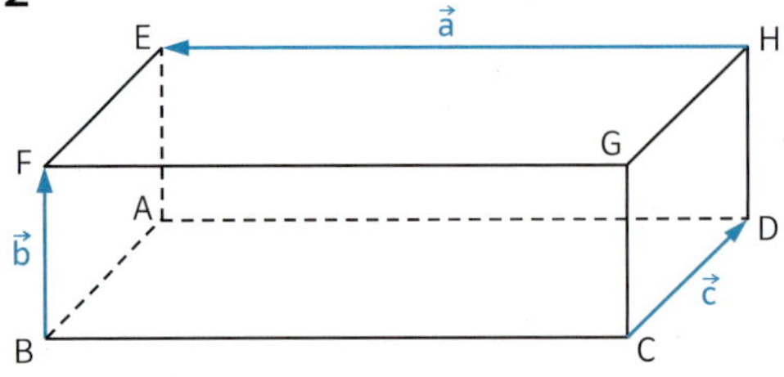

Drücken Sie die Vektoren $\overrightarrow{AG}$, $\overrightarrow{CE}$, $\overrightarrow{FH}$, $\overrightarrow{BF}$ und $\overrightarrow{DG}$ durch die Vektoren $\vec{a}$, $\vec{b}$ und $\vec{c}$ aus.

3

Vereinfachen Sie den Ausdruck so weit wie möglich.

a) $\overrightarrow{PQ} + \overrightarrow{QR}$ b) $\overrightarrow{AB} + \overrightarrow{BA}$
c) $\overrightarrow{PQ} - \overrightarrow{RQ}$ d) $\overrightarrow{QP} + \overrightarrow{RQ}$
e) $\overrightarrow{PQ} + \overrightarrow{QR} + \overrightarrow{RS}$ f) $\overrightarrow{PQ} - \overrightarrow{QR} + \overrightarrow{QP}$
g) $\overrightarrow{AB} + \vec{A}$ h) $\overrightarrow{PQ} - \overrightarrow{RS} - \overrightarrow{PR}$

4

Zeichnen Sie fünf Punkte A, B, C, D und P in Ihr Heft. Drücken Sie die Vektoren $\overrightarrow{AB}$, $\overrightarrow{AC}$, $\overrightarrow{AD}$, $\overrightarrow{BC}$, $\overrightarrow{CD}$ und ihre Gegenvektoren durch die Vektoren $\vec{a} = \overrightarrow{PA}$, $\vec{b} = \overrightarrow{PB}$, $\vec{c} = \overrightarrow{PC}$ und $\vec{d} = \overrightarrow{PD}$ aus.

5

Berechnen Sie.

a) $\begin{pmatrix} 4 \\ -1 \\ 2 \end{pmatrix} + \begin{pmatrix} 3 \\ 2 \\ -4 \end{pmatrix}$ b) $\begin{pmatrix} 2 \\ 1 \\ -3 \end{pmatrix} - \begin{pmatrix} 3 \\ 2 \\ 1 \end{pmatrix} + \begin{pmatrix} 1 \\ 2 \\ -5 \end{pmatrix}$

c) $\begin{pmatrix} 3 \\ -4 \\ 5 \end{pmatrix} - \left[\begin{pmatrix} -5 \\ 6 \\ 2 \end{pmatrix} - \begin{pmatrix} -2 \\ 3 \\ -4 \end{pmatrix}\right]$

6

Der Vektor $\overrightarrow{AB} = \begin{pmatrix} 2 \\ -1 \\ 3 \end{pmatrix}$ verschiebt A auf B.

Berechnen Sie die Koordinaten des fehlenden Punktes.

a) A(2 | −1 | 3) b) A(17 | 11 | 31)
c) B(−17 | 11 | 31) d) B(33 | −71 | −181)

Lösungssalat zu 7 (Summen der Koordinaten):

7

Berechnen Sie für A(2 | −1 | 5), B(3 | 0 | 3), C(−2 | 7 | 1) und D(4 | 4 | 4) die Koordinaten von

a) $\overrightarrow{AB} + \overrightarrow{CD}$, b) $\overrightarrow{AD} - \overrightarrow{BC}$,
c) $\overrightarrow{AB} - \overrightarrow{BC} - \overrightarrow{CA}$, d) $\overrightarrow{BD} + \overrightarrow{AC} - \overrightarrow{DB}$,
e) $\overrightarrow{CD} - \overrightarrow{DC} + \overrightarrow{BD}$, f) $\overrightarrow{AC} + \overrightarrow{CD} + \overrightarrow{DB}$.

8

Der Vektor $\vec{a}$ verschiebt den Punkt P auf den Punkt Q und der Vektor $\vec{b}$ verschiebt den Punkt Q auf den Punkt R.
Zu welchem Punkt S ist $\vec{a} + \vec{b}$ Ortsvektor?
Auf welche Punkte P′, Q′ und R′ werden die Punkte P, Q und R durch den Vektor $\vec{a} + \vec{b}$ verschoben?
Veranschaulichen Sie sich die Situation zunächst in einer Skizze.

a) P(2 | 7 | −1), Q(3 | −5 | 9), R(2 | 6 | −5)
b) P(11 | 0 | −2), Q(8 | 13 | −5), R(5 | 6 | 7)

9

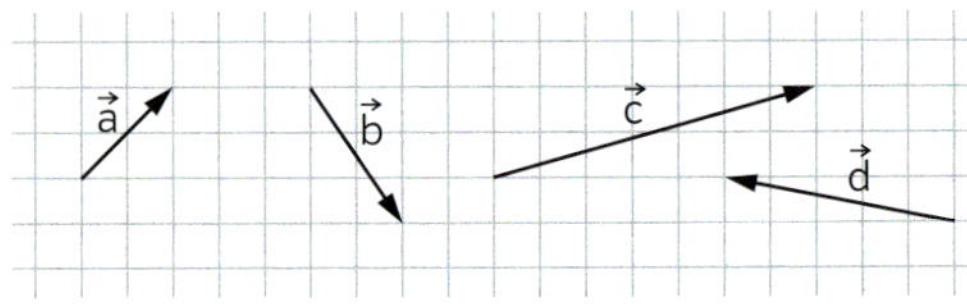

Zeichnen Sie mit den in der Abbildung veranschaulichten Vektoren $\vec{a}$, $\vec{b}$, $\vec{c}$ und $\vec{d}$ einen Repräsentanten von

a) $\vec{a} + \vec{b}$, $\vec{a} - \vec{b}$, $-\vec{a} + \vec{b}$, $-\vec{c} - \vec{d}$, $\vec{d} - \vec{c}$;
b) $(\vec{a} + \vec{b}) + \vec{c}$, $\vec{d} - (\vec{a} - \vec{c})$, $(\vec{c} - \vec{d}) - \vec{a}$;
c) $(\vec{a} + \vec{b}) - (\vec{c} + \vec{d})$, $(\vec{a} - \vec{b}) + (\vec{c} - \vec{d})$.

10

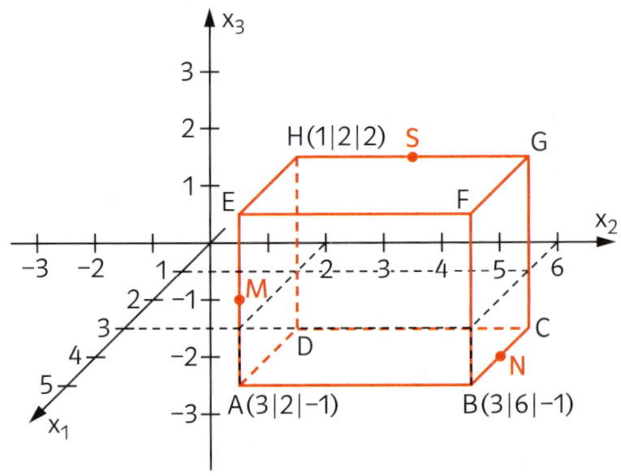

a) Zeichnen Sie den Quader ins Heft und geben Sie die fehlenden Koordinaten der Eckpunkte des Quaders an.
b) M ist der Mittelpunkt von [AE], N ist der Mittelpunkt von [BC] und S ist der Mittelpunkt von [HG].
Bestimmen Sie die Koordinaten der Vektoren $\overrightarrow{MN}$, $\overrightarrow{MS}$ und $\overrightarrow{NS}$.

11

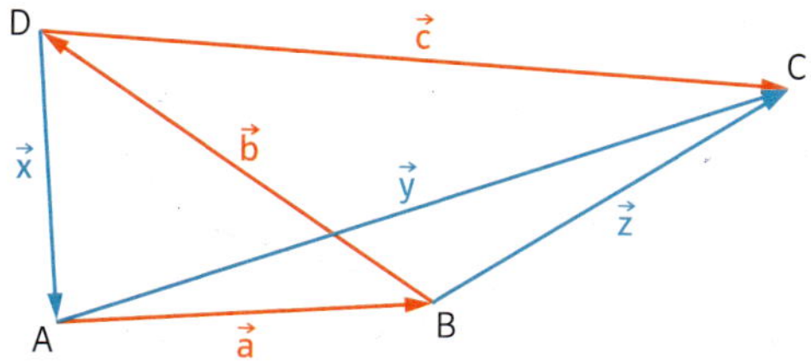

Drücken Sie die Vektoren $\vec{a}$, $\vec{b}$ und $\vec{c}$ durch die Vektoren $\vec{x}$, $\vec{y}$ und $\vec{z}$ aus.

12

Zeichnen Sie ein Schrägbild einer quadratischen geraden Pyramide ABCDS und drücken Sie den Vektor $\overrightarrow{CS}$ durch die Vektoren $\overrightarrow{AS}$, $\overrightarrow{AB}$ und $\overrightarrow{DA}$ aus.

13

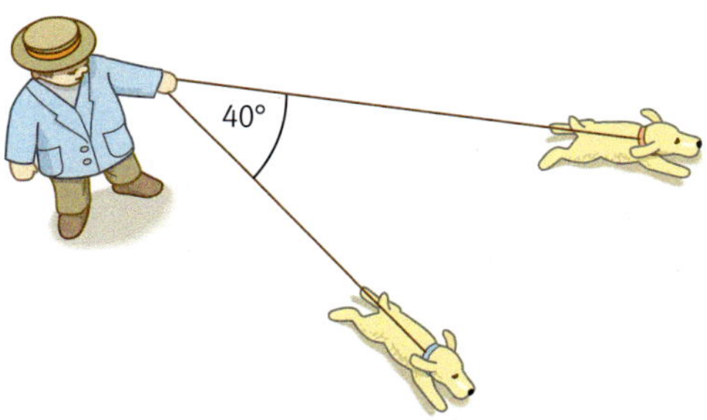

a) In welche Richtung wird der Mann von den beiden Hunden gezogen, wenn jeder Hund mit der gleichen Kraft (der obere Hund mit der doppelten Kraft) zieht?
Stellen Sie die resultierende Kraft jeweils mithilfe eines Vektors dar.

b) Bei welchem Winkel zwischen den ziehenden Hunden wird der Mann mit der geringsten Kraft gezogen?

14

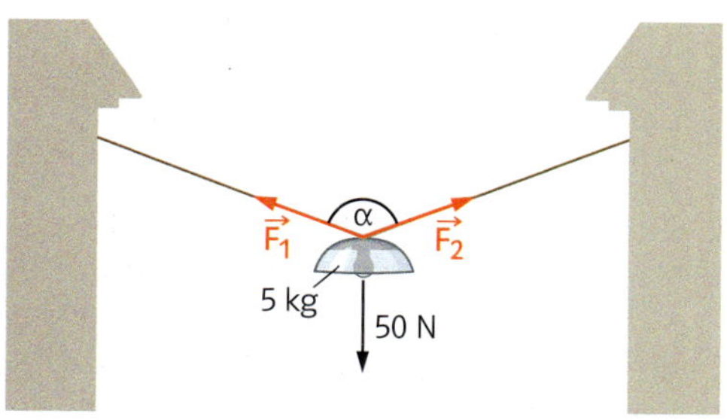

Bestimmen Sie zeichnerisch die Kräfte $\vec{F_1}$ und $\vec{F_2}$ an den Aufhängedrähten für

a) $\alpha = 120°$ b) $\alpha = 160°$

15

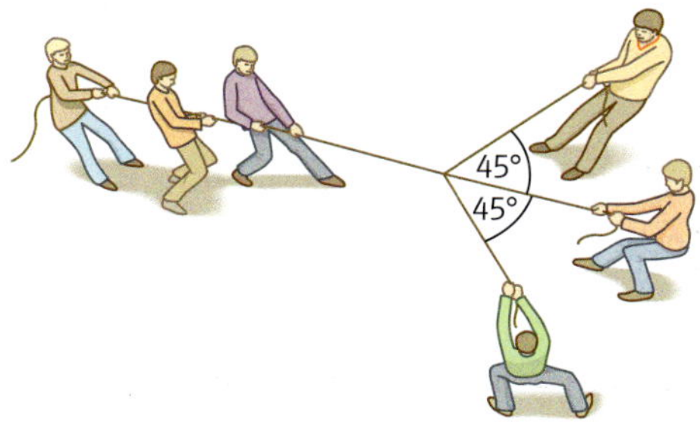

Im Rahmen einer Benefizveranstaltung treten beim Tauziehen Profisportler gegen Hobbysportler an. Um Chancengleichheit herzustellen, ziehen die Hobbysportler in die gleiche Richtung und die Profisportler in verschiedene Richtungen. In jeder Gruppe ziehen die drei Sportler jeweils gleich stark.
Wie stark muss ein Hobbysportler im Vergleich zum Profisportler mindestens ziehen, um nicht zu verlieren?

16

Die Repräsentanten der Vektoren $\vec{a}$ und $\vec{b}$ sind gleich lang. Welchen Winkel schließen ein Repräsentant von $\vec{a}$ und ein Repräsentant von $\vec{b}$ ein, wenn ein Repräsentant von $\vec{a} + \vec{b}$ $\sqrt{2}$-mal so lang ist wie ein Repräsentant von $\vec{a}$?

G17

Bestimmen Sie die Nullstellen der Funktion, indem Sie den Funktionsterm faktorisieren.

a) $f: x \mapsto -2x^2 + 8$
b) $g: x \mapsto 4x^2 - 4x - 8$
c) $k: x \mapsto x^3 - 2x^2 + x$
d) $h: x \mapsto 2x^4 - 20x^2$
e) $s: x \mapsto 10x^5 + 40x^3$
f) $d: x \mapsto 8x^2 - 4x - 5x^3 + x^4$
g) $f: x \mapsto 5x^4 - 45x^2$

G18

Lösen Sie das Gleichungssystem.

a) $\frac{2}{3}x - 5y + 1 = 0$
$\frac{1}{3}x = y + 1$

b) $\frac{x}{2} - \frac{y}{3} = 5$
$\frac{x}{4} - 4 = \frac{2y}{3}$

G19

Vier Laplace-Würfel werden geworfen.
Mit welcher Wahrscheinlichkeit zeigt mindestens einer die Augenzahl sechs?

Hinweis zu 13–15:
Kräfte sind vektorielle Größen. Sie können mithilfe von Vektoren dargestellt werden. Hierbei gibt die Länge des Repräsentanten den Betrag der jeweiligen Kraft an. Greifen zwei Kräfte an einem gemeinsamen Punkt an, so können sie durch eine Kraft ersetzt werden, deren Vektor sich als Summe der beiden Vektoren ergibt.

4 Multiplikation eines Vektors mit einer Zahl (S-Multiplikation)

1

a) Begründen Sie, dass die Repräsentanten des Vektors $\overrightarrow{OQ}$ r-mal so lang sind wie die Repräsentanten des Vektors $\overrightarrow{OP}$.

b) Spiegelt man Q an O, so erhält man den Punkt Q'. Vergleichen Sie die Repräsentanten der Vektoren $\overrightarrow{OQ'}$ und $\overrightarrow{OP}$.

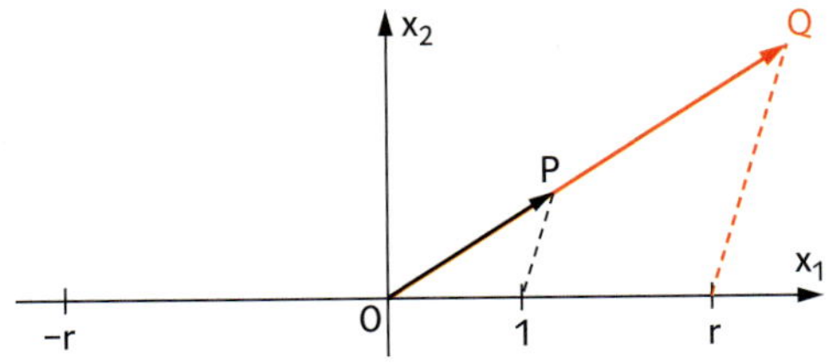

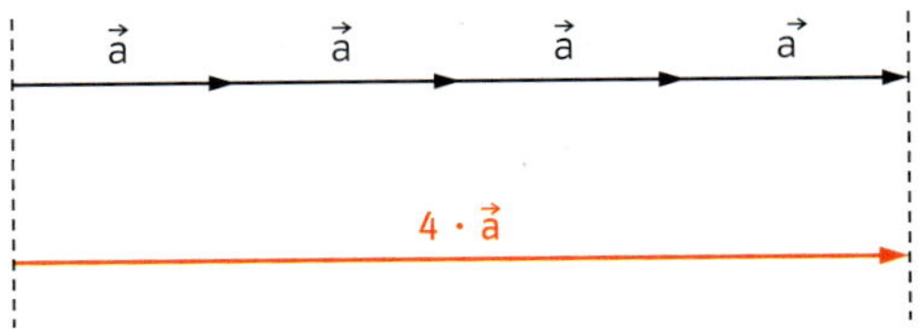

Die Abbildung veranschaulicht die Summe $\vec{a} + \vec{a} + \vec{a} + \vec{a}$ aus 4 Summanden.
Die Repräsentanten des Ergebnisvektors sind viermal so lang wie der Repräsentant von $\vec{a}$.
Außerdem sind sie parallel und gleich gerichtet zu den Repräsentanten von $\vec{a}$.

Diesen Ergebnisvektor bezeichnet man deshalb mit $4 \cdot \vec{a}$. Er ist ein Beispiel für die Multiplikation eines Vektors mit einer Zahl.

Skalar: Maßzahl auf einer Skala

Zahlen werden im Unterschied zu Vektoren auch als Skalare bezeichnet. Man spricht deshalb auch von **S-Multiplikation**.

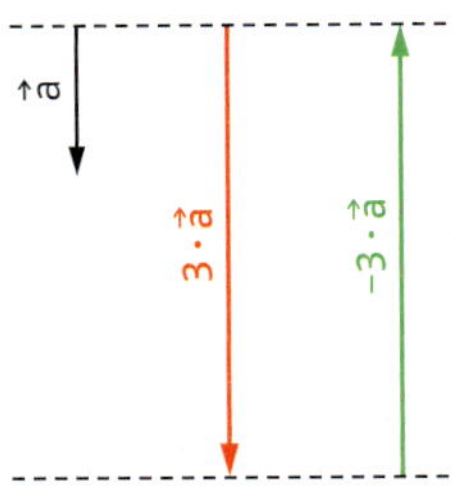

Definition der S-Multiplikation
Für einen Vektor $\vec{a}$ $(\vec{a} \neq \vec{0})$ und eine reelle Zahl r $(r \neq 0)$ bezeichnet man mit $r \cdot \vec{a}$ den Vektor, dessen Repräsentanten
- $|r|$-mal so lang wie die Repräsentanten von $\vec{a}$ sind,
- parallel zu den Repräsentanten von $\vec{a}$ sind,
- gleich gerichtet zu den Repräsentanten von $\vec{a}$ sind, falls $r > 0$ und entgegengesetzt gerichtet zu den Repräsentanten von $\vec{a}$ sind, falls $r < 0$.

Beachte:
$0 \cdot \vec{a} = \vec{o}$, d.h. es ergibt sich der Nullvektor und nicht die Zahl Null.

$-1 \cdot \vec{a} = -\vec{a}$, d.h. den Gegenvektor zu $\vec{a}$ erhält man durch Multiplikation von $\vec{a}$ mit (-1).

Für die S-Multiplikation gelten die in den Abbildungen veranschaulichten **Rechengesetze**:

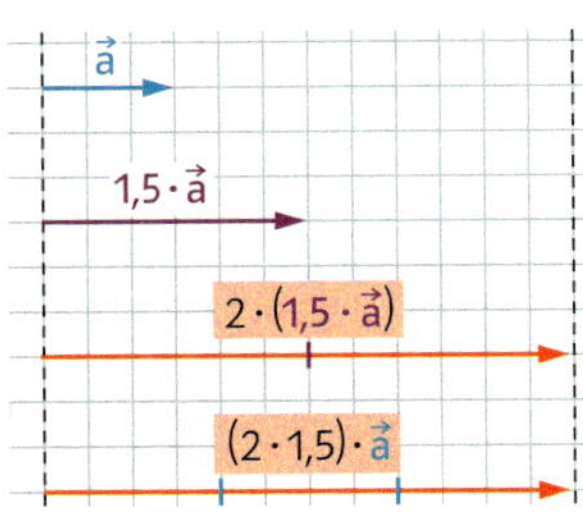

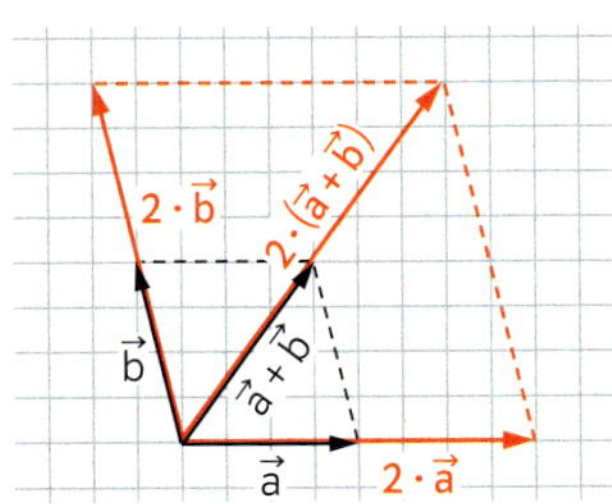

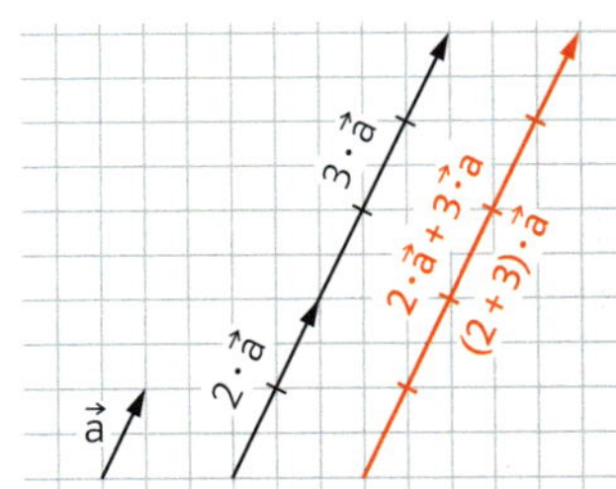

$r \cdot (s \cdot \vec{a}) = (r \cdot s) \cdot \vec{a}$ — **Assoziativgesetz**

$r \cdot (\vec{a} + \vec{b}) = r \cdot \vec{a} + r \cdot \vec{b}$ und $(r + s) \cdot \vec{a} = r \cdot \vec{a} + s \cdot \vec{a}$ — **Distributivgesetze**

Beachten Sie bei den Distributivgesetzen: $(\vec{a} + \vec{b})$ ist ein Vektor. $(r + s)$ ist eine Zahl.

Kennt man die Koordinaten von $\vec{a}$ und die Zahl r, so kann man die Koordinaten von $r \cdot \vec{a}$ berechnen. (Siehe dazu Aufgabe Nr. 5.)

S-Multiplikation in Koordinatendarstellung

Für einen Vektor $\begin{pmatrix} a_1 \\ a_2 \end{pmatrix}$ bzw. $\begin{pmatrix} a_1 \\ a_2 \\ a_3 \end{pmatrix}$ und eine reelle Zahl r gilt:

$$r \cdot \begin{pmatrix} a_1 \\ a_2 \end{pmatrix} = \begin{pmatrix} r \cdot a_1 \\ r \cdot a_2 \end{pmatrix} \quad \text{bzw.} \quad r \cdot \begin{pmatrix} a_1 \\ a_2 \\ a_3 \end{pmatrix} = \begin{pmatrix} r \cdot a_1 \\ r \cdot a_2 \\ r \cdot a_3 \end{pmatrix}$$

Einen Term von der Form $r_1 \cdot \vec{a_1} + r_2 \cdot \vec{a_2} + \ldots + r_n \cdot \vec{a_n}$ $(n \in \mathbb{N})$ nennt man eine **Linearkombination** der Vektoren $\vec{a_1}, \vec{a_2}, \ldots, \vec{a_n}$; die reellen Zahlen $r_1, r_2, \ldots, r_n$ heißen **Koeffizienten**.
$2 \cdot \vec{a} + 3 \cdot \vec{b}$ ist z. B. eine Linearkombination der Vektoren $\vec{a}$ und $\vec{b}$ (vgl. Rand).

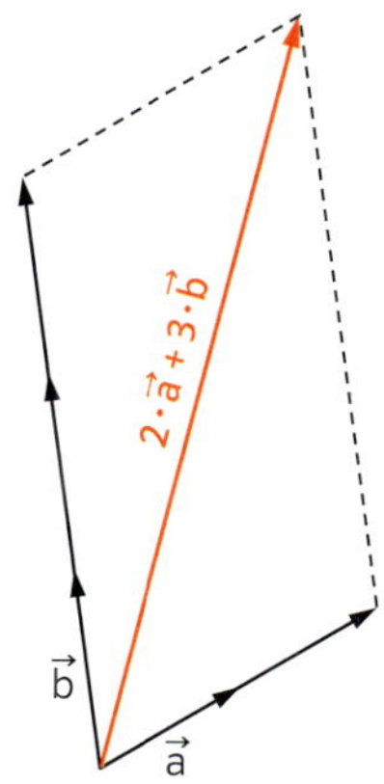

Beispiel 1

Vereinfachen Sie:

a) $5 \cdot \begin{pmatrix} 0{,}2 \\ 1{,}6 \\ \frac{3}{5} \end{pmatrix}$ b) $\frac{2}{3} \cdot \left[\frac{3}{2} \cdot \begin{pmatrix} 1 \\ 2 \\ 3 \end{pmatrix}\right]$ c) $0{,}25 \cdot \vec{a} + \frac{3}{4} \cdot \vec{a}$ d) $3 \cdot \begin{pmatrix} 2{,}7 \\ -8{,}2 \\ 0{,}4 \end{pmatrix} + 3 \cdot \begin{pmatrix} 1{,}3 \\ -1{,}8 \\ 0{,}6 \end{pmatrix}$

Lösung:

a) $5 \cdot \begin{pmatrix} 0{,}2 \\ 1{,}6 \\ \frac{3}{5} \end{pmatrix} = \begin{pmatrix} 5 \cdot 0{,}2 \\ 5 \cdot 1{,}6 \\ 5 \cdot \frac{3}{5} \end{pmatrix} = \begin{pmatrix} 1 \\ 8 \\ 3 \end{pmatrix}$

b) $\frac{2}{3} \cdot \left[\frac{3}{2} \cdot \begin{pmatrix} 1 \\ 2 \\ 3 \end{pmatrix}\right] = \left(\frac{2}{3} \cdot \frac{3}{2}\right) \cdot \begin{pmatrix} 1 \\ 2 \\ 3 \end{pmatrix} = 1 \cdot \begin{pmatrix} 1 \\ 2 \\ 3 \end{pmatrix} = \begin{pmatrix} 1 \\ 2 \\ 3 \end{pmatrix}$

c) $0{,}25 \cdot \vec{a} + \frac{3}{4} \cdot \vec{a} = (0{,}25 + 0{,}75) \cdot \vec{a} = 1 \cdot \vec{a} = \vec{a}$

d) $3 \cdot \begin{pmatrix} 2{,}7 \\ -8{,}2 \\ 0{,}4 \end{pmatrix} + 3 \cdot \begin{pmatrix} 1{,}3 \\ -1{,}8 \\ 0{,}6 \end{pmatrix} = 3 \cdot \begin{pmatrix} 2{,}7 + 1{,}3 \\ -8{,}2 - 1{,}8 \\ 0{,}4 + 0{,}6 \end{pmatrix} = 3 \cdot \begin{pmatrix} 4 \\ -10 \\ 1 \end{pmatrix} = \begin{pmatrix} 3 \cdot 4 \\ 3 \cdot (-10) \\ 3 \cdot 1 \end{pmatrix} = \begin{pmatrix} 12 \\ -30 \\ 3 \end{pmatrix}$

Beispiel 2

R und S sind Kantenmitten des Quaders ABCDEFGH. Stellen Sie den Vektor $\overrightarrow{RS}$ als Linearkombination der Vektoren $\vec{a}$, $\vec{b}$ und $\vec{c}$ dar. Suchen Sie dazu einen Vektorweg, der von R nach S führt. Suchen Sie einen zweiten Weg und zeigen Sie, dass er zum gleichen Ergebnis führt.

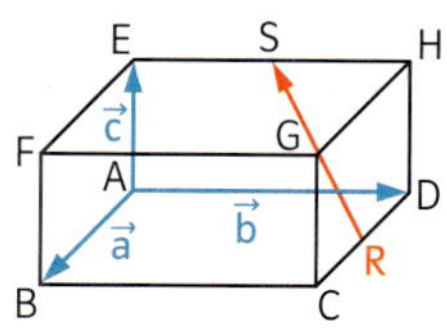

Lösung:

1. Möglichkeit: $\overrightarrow{RS} = \overrightarrow{RD} + \overrightarrow{DH} + \overrightarrow{HS} = -0{,}5 \cdot \vec{a} + \vec{c} - 0{,}5 \cdot \vec{b}$

2. Möglichkeit: $\overrightarrow{RS} = \overrightarrow{RC} + \overrightarrow{CG} + \overrightarrow{GH} + \overrightarrow{HS} = 0{,}5 \cdot \vec{a} + \vec{c} - \vec{a} - 0{,}5 \cdot \vec{b} = -0{,}5 \cdot \vec{a} + \vec{c} - 0{,}5 \cdot \vec{b}$

Aufgaben

2

Berechnen Sie die Koordinaten des Vektors.

a) $3 \cdot \begin{pmatrix} 2 \\ -1 \end{pmatrix}$ b) $-\frac{1}{3} \cdot \begin{pmatrix} 1{,}2 \\ -3 \end{pmatrix}$ c) $2a \cdot \begin{pmatrix} a^{-1} \\ c \end{pmatrix}$

d) $7 \cdot \begin{pmatrix} \frac{3}{28} \\ \frac{4}{7} \\ -\frac{6}{35} \end{pmatrix}$ e) $(-3) \cdot \begin{pmatrix} -1 \\ 0 \\ 11 \end{pmatrix}$ f) $\left(-\frac{3}{4}\right) \cdot \begin{pmatrix} 10 \\ 11 \\ 12 \end{pmatrix}$

3

Schreiben Sie als Produkt aus einer reellen Zahl und einem Vektor mit ganzzahligen Koordinaten.

a) $\begin{pmatrix} \frac{1}{2} \\ \frac{1}{3} \\ \frac{1}{4} \end{pmatrix}$ b) $\begin{pmatrix} 5 \\ \frac{2}{5} \\ \frac{3}{2} \end{pmatrix}$ c) $\begin{pmatrix} -8 \\ 12 \\ 36 \end{pmatrix}$ d) $\begin{pmatrix} 12 \\ -\frac{5}{6} \\ -0{,}125 \end{pmatrix}$

4

Berechnen Sie.

a) $3\cdot\begin{pmatrix}-1\\4\\2\end{pmatrix} - 2\cdot\begin{pmatrix}-2\\4\\1\end{pmatrix} + 3\cdot\begin{pmatrix}-1\\4\\2\end{pmatrix}$

b) $2\cdot\begin{pmatrix}-2\\-3\\\frac{1}{2}\end{pmatrix} + 4\cdot\begin{pmatrix}2\\-1\\2\end{pmatrix} + 3\cdot\begin{pmatrix}2\\3\\-\frac{1}{2}\end{pmatrix}$

c) $\frac{2}{3}\cdot\begin{pmatrix}3\\12\\-6\end{pmatrix} + 6\cdot\begin{pmatrix}0,\overline{3}\\0,5\\2\end{pmatrix} - \frac{3}{4}\cdot\begin{pmatrix}8\\0,\overline{6}\\3,\overline{9}\end{pmatrix}$

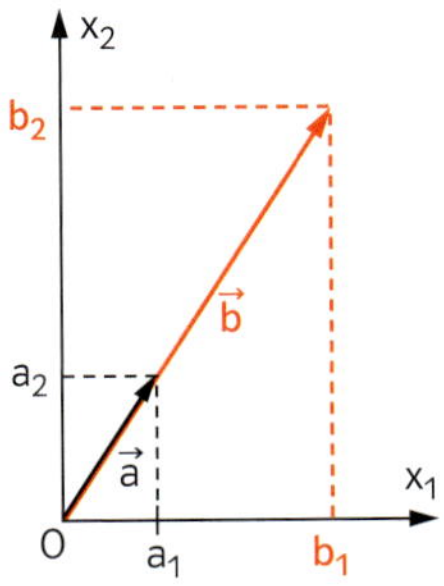

5

a) Begründen Sie mithilfe der Zeichnung auf dem Rand:
Aus $\vec{b} = r\cdot\vec{a}$ folgt $r\cdot\begin{pmatrix}a_1\\a_2\end{pmatrix} = \begin{pmatrix}r\cdot a_1\\r\cdot a_2\end{pmatrix}$

b) Fertigen Sie für den Fall $r < 0$ eine entsprechende Zeichnung an und begründen Sie die Behauptung aus Teilaufgabe a).

Lösungssalat zu 6:

6

Bestimmen Sie, falls möglich, eine reelle Zahl x so, dass gilt:

a) $\begin{pmatrix}8\\4\end{pmatrix} = x\cdot\begin{pmatrix}2\\1\end{pmatrix}$ b) $\begin{pmatrix}\sqrt{3}\\0\end{pmatrix} = x\cdot\begin{pmatrix}2\\0\end{pmatrix}$

c) $\begin{pmatrix}3\\1\end{pmatrix} = x\cdot\begin{pmatrix}2\\5\end{pmatrix}$ d) $\begin{pmatrix}1\\2\\3\end{pmatrix} = x\cdot\begin{pmatrix}-2\\-4\\-6\end{pmatrix}$

e) $\begin{pmatrix}2\\4\\6\end{pmatrix} = x\cdot\begin{pmatrix}0,1\\0,2\\0,3\end{pmatrix}$ f) $\begin{pmatrix}8\\3\\-1\end{pmatrix} = x\cdot\begin{pmatrix}1,\overline{3}\\0,5\\-0,1\overline{6}\end{pmatrix}$

7 **Mittelpunkt einer Strecke**

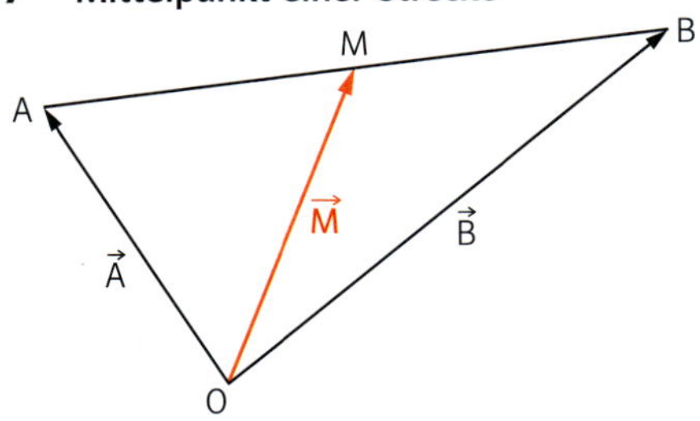

M ist der Mittelpunkt der Strecke [AB].
Begründen Sie: $\vec{M} = \frac{1}{2}\cdot(\vec{A} + \vec{B})$

8

a) Bestimmen Sie die Koordinaten der Seitenmitten des Dreiecks ABC mit A(−2|−3|2), B(2|3|2) und C(−4|−1|4) und fertigen Sie eine Zeichnung an.

b) Welche besondere Lage im Koordinatensystem haben die Seite [AB] und der Mittelpunkt dieser Seite?

9

Vereinfachen Sie.

a) $7\cdot\vec{a} + 5\cdot\vec{a} - 12\cdot\vec{a}$

b) $6,3\cdot\vec{a} + 7,4\cdot\vec{b} - 2,8\cdot\vec{c}$
$+ 17,5\cdot\vec{a} - 9,3\cdot\vec{c} + \vec{b} - \vec{a}$

c) $2\cdot(\vec{a} + \vec{b}) + \vec{a} - (-\vec{a} - \vec{b})$

d) $3\cdot(\vec{a} + 2\cdot(\vec{a} + \vec{b}))$

e) $7\cdot\vec{u} + 5\cdot(\vec{u} - 2\cdot(\vec{u} + \vec{v}))$

10

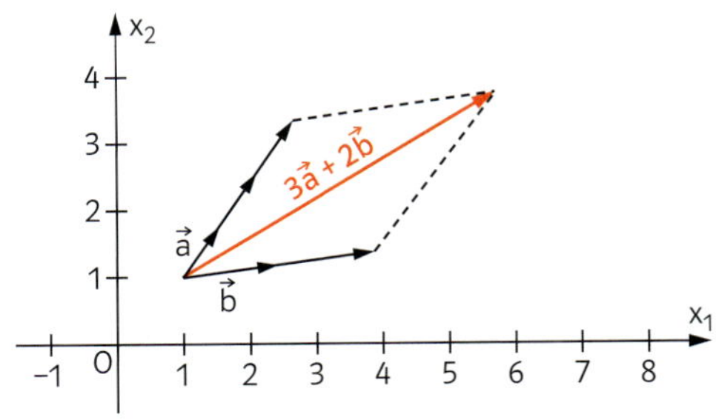

Stellen Sie die Linearkombination zeichnerisch dar. Die Abbildung zeigt ein Beispiel.

a) $2\cdot\begin{pmatrix}1\\2\end{pmatrix} + 3\cdot\begin{pmatrix}2\\0\end{pmatrix}$ b) $4\cdot\begin{pmatrix}1\\1\end{pmatrix} - 2\cdot\begin{pmatrix}1\\3\end{pmatrix}$

c) $\frac{3}{2}\cdot\begin{pmatrix}4\\3\end{pmatrix} + \frac{1}{2}\cdot\begin{pmatrix}-6\\5\end{pmatrix}$ d) $\begin{pmatrix}7\\2,5\end{pmatrix} - 0,5\cdot\begin{pmatrix}2\\3\end{pmatrix}$

11

Richtig oder falsch? Begründen Sie Ihre Antwort. Korrigieren Sie falsche Aussagen.

a) $\overrightarrow{AB} + \overrightarrow{BA} = \vec{o}$ b) $\vec{a} - \vec{a} = 0$

c) $0\cdot\vec{a} = 0$ d) $a\cdot\vec{o} = \vec{o}$

e) $\overrightarrow{AB} = \vec{A} - \vec{B}$ f) $\overrightarrow{AB} + \overrightarrow{BC} + \overrightarrow{CA} = 0$

Überlegen Sie sich ähnliche Aufgaben und stellen Sie diese Ihren Mitschüler(inne)n.

12

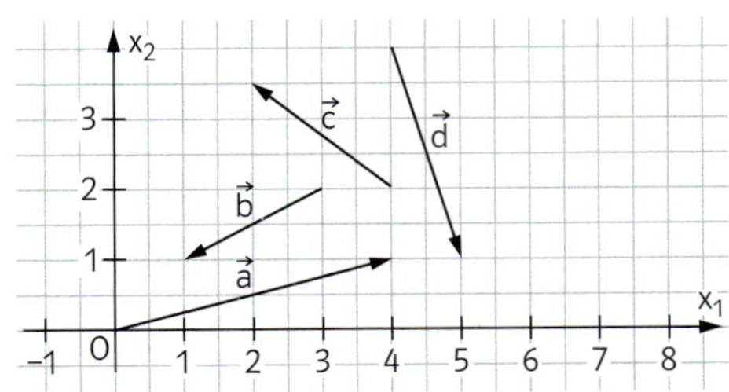

Bestimmen Sie die Koordinaten der gezeichneten Vektoren. Bestimmen Sie zeichnerisch und rechnerisch die Linearkombination:

a) $\vec{a} + 2\cdot\vec{b}$ b) $\vec{b} - 2\cdot\vec{a}$

c) $3\cdot\vec{c} - 4\cdot\vec{d}$ d) $0,5\cdot\vec{a} - \vec{b} + 2\cdot\vec{d}$

13

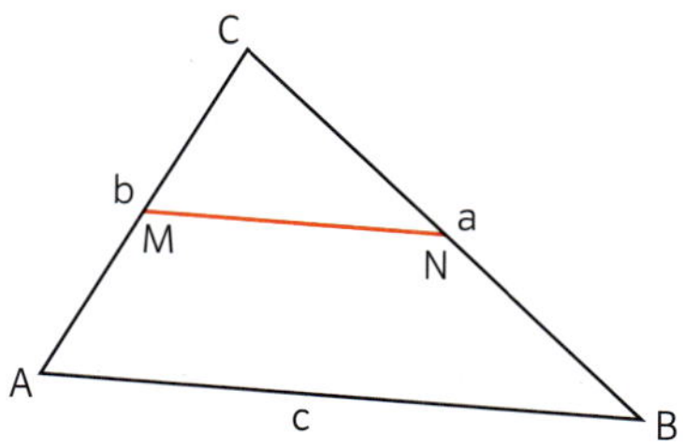

In einem Dreieck ABC sind M und N die Mittelpunkte der Seiten b und a.
Begründen Sie mithilfe von Vektoren:
Die Strecke [MN] ist parallel zur Dreiecksseite c und halb so lang wie diese.

14

Bestimmen Sie die Koordinaten des Vektors $\vec{x}$ geeignet.

a) $4\cdot\begin{pmatrix}0{,}75\\0{,}5\\0{,}25\end{pmatrix}+\vec{x}=\frac{1}{3}\cdot\begin{pmatrix}12\\-9\\3\end{pmatrix}$

b) $2\cdot\begin{pmatrix}1\\-2\\-0{,}5\end{pmatrix}+0{,}\overline{3}\cdot\begin{pmatrix}-6\\1{,}5\\9\end{pmatrix}=\vec{x}-\begin{pmatrix}3\\-1\\4\end{pmatrix}$

c) $3\cdot\begin{pmatrix}3\\-2\\0{,}\overline{6}\end{pmatrix}+2\cdot\vec{x}=\frac{1}{2}\cdot\begin{pmatrix}2\\-8\\12\end{pmatrix}$

15

Legen Sie ein Koordinatensystem für Ihr Klassenzimmer fest und bestimmen Sie

a) die Koordinaten des Mittelpunktes der Strecke, die vom Schlüsselloch der Tür und einem Fenstergriff begrenzt wird;
b) die Koordinaten des Mittelpunktes der Strecke, die begrenzt wird vom Diagonalenschnittpunkt einer Wand und dem Diagonalenschnittpunkt der Decke.

16

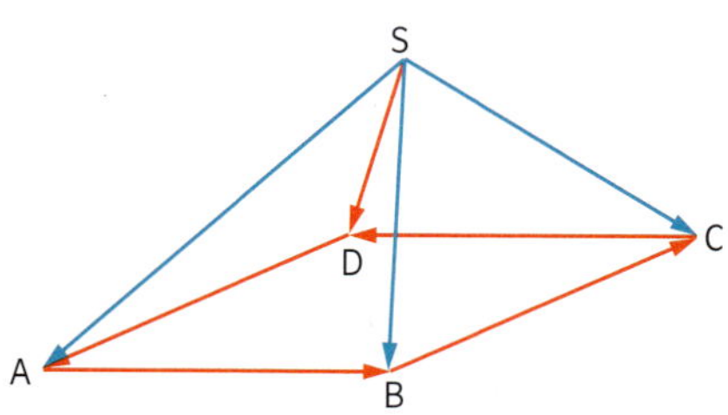

Drücken Sie die Vektoren $\overrightarrow{SD}$, $\overrightarrow{AB}$, $\overrightarrow{BC}$, $\overrightarrow{CD}$ und $\overrightarrow{DA}$ der quadratischen Pyramide als Linearkombination der Vektoren $\overrightarrow{SA}$, $\overrightarrow{SB}$ und $\overrightarrow{SC}$ aus.

17

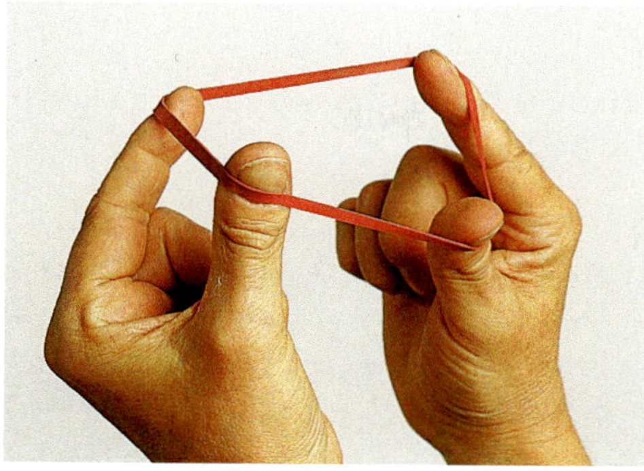

Hält man ein Gummiband wie in der Abbildung, so entsteht ein **Viereck im Raum**, also ein Viereck, dessen Ecken nicht alle in einer Ebene liegen müssen.

a) Zeichnen Sie ein beliebiges Viereck mit seinen Seitenmitten und begründen Sie mithilfe von Kenntnissen aus dem Geometrieunterricht der Mittelstufe, dass die Seitenmitten ein Parallelogramm bilden.
b) Beweisen Sie mithilfe von geeigneten Vektoren, dass die Seitenmitten dieses Vierecks aus a) ein Parallelogramm bilden. Hinweis: In Aufgabe 7 erfahren Sie, wie man den Ortsvektor der Seitenmitte bestimmt.
c) Gilt der Beweis auch für ein Viereck im Raum? Begründen Sie Ihre Antwort.

G 18

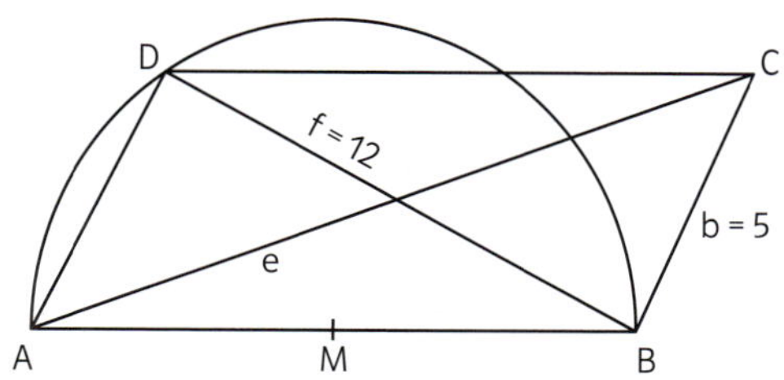

a) Welchen Flächeninhalt hat das gezeichnete Parallelogramm ABCD?
b) Berechnen Sie $\overline{AB}$ und die Höhe des Dreiecks ABD durch D.
c) Wie lässt sich ein Punkt auf [BC] konstruieren, der von den Diagonalen gleichen Abstand d hat? Unter welcher Bedingung ist dieser Punkt die Mitte von [BC]?

G 19

Beschreiben Sie die Lage des Graphen der Funktion $f\colon x \mapsto -\frac{1}{2}x^2 + 2x + 3$.

5 Betrag von Vektoren, Länge von Strecken

1

Berechnen Sie den Abstand der Punkte P(3|1) und Q(7|6).

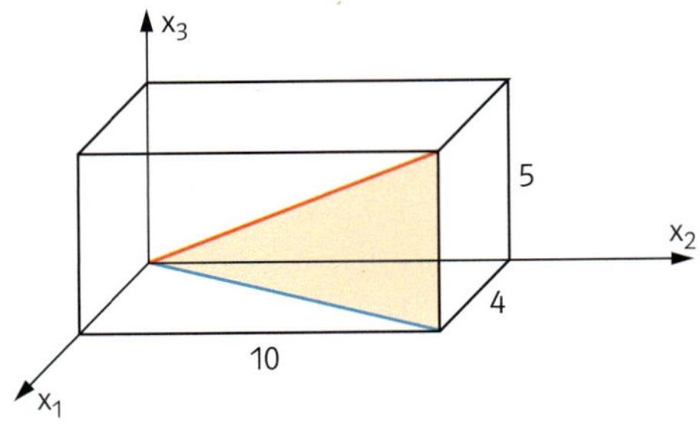

2

a) Berechnen Sie die Länge der Diagonale der Grundfläche des abgebildeten Quaders.

b) Berechnen Sie die Länge der Raumdiagonale.

In den folgenden Lerneinheiten werden zur Behandlung metrischer Probleme (Größe eines Winkels, Flächen- und Rauminhalte) neue Vektoroperationen definiert. Grundlage hierfür bildet der **Betrag eines Vektors**.

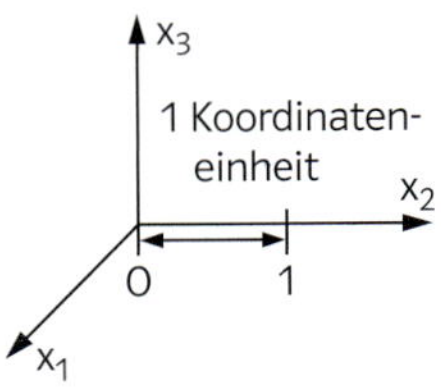

Üblicherweise ist die gewählte Einheit auf allen Koordinatenachsen gleich. Die Koordinaten sind dann die Maßzahlen der gewählten Längeneinheit.
Werden reale Größen, z. B. Geschwindigkeiten, durch Vektoren beschrieben, so ist darauf zu achten, dass sie in der gleichen Maßeinheit angegeben sind.

Mit dem Satz von Pythagoras kann man die Entfernung des Punktes $A(a_1|a_2|a_3)$ vom Ursprung des Koordinatensystems in zwei Schritten berechnen.

$\overline{OA'}^2 = a_1^2 + a_2^2$

$\overline{OA}^2 = \overline{OA'}^2 + a_3^2 = a_1^2 + a_2^2 + a_3^2$

Also gilt: $\overline{OA} = \sqrt{a_1^2 + a_2^2 + a_3^2}$

Die Länge dieser Strecke bezeichnet man als Betrag des Ortsvektors $\vec{A}$.

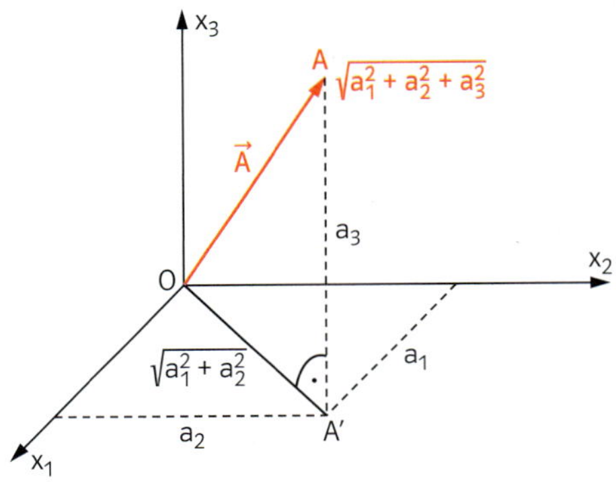

Entsprechend definiert man den Betrag eines Vektors allgemein:

Definition

Unter dem **Betrag eines Vektors** $\vec{a}$ versteht man die Länge eines zu $\vec{a}$ gehörenden Repräsentanten. Der Betrag von $\vec{a}$ wird mit $|\vec{a}|$ bezeichnet.

Für $\vec{a} = \begin{pmatrix} a_1 \\ a_2 \end{pmatrix}$ gilt $|\vec{a}| = \sqrt{a_1^2 + a_2^2}$ bzw. für $\vec{a} = \begin{pmatrix} a_1 \\ a_2 \\ a_3 \end{pmatrix}$ gilt $|\vec{a}| = \sqrt{a_1^2 + a_2^2 + a_3^2}$.

Einen Vektor mit dem Betrag 1 nennt man **Einheitsvektor**.
Ist $\vec{a} \neq \vec{o}$, so bezeichnet man mit $\vec{a_0}$ den zu $\vec{a}$ gehörenden Einheitsvektor.
Er hat die gleiche Richtung wie $\vec{a}$. Es gilt: $\vec{a_0} = \frac{1}{|\vec{a}|} \cdot \vec{a}$

Beispiel 1

Bestimmen Sie für $\vec{a} = \begin{pmatrix} 12 \\ -4 \\ 3 \end{pmatrix}$ den Betrag $|\vec{a}|$ und den Einheitsvektor $\vec{a_0}$.

Lösung:

$|\vec{a}| = \sqrt{12^2 + (-4)^2 + 3^2} = \sqrt{169} = 13;\ \vec{a_0} = \frac{1}{13} \cdot \vec{a} = \frac{1}{13} \cdot \begin{pmatrix} 12 \\ -4 \\ 3 \end{pmatrix} = \begin{pmatrix} \frac{12}{13} \\ -\frac{4}{13} \\ \frac{3}{13} \end{pmatrix}$

Beispiel 2

Bestimmen Sie die Länge der Strecke [PQ] für P(−6 | −2 | 3) und Q(9 | −2 | 11).

Lösung:

$\overrightarrow{PQ} = \vec{Q} - \vec{P} = \begin{pmatrix} 9 \\ -2 \\ 11 \end{pmatrix} - \begin{pmatrix} -6 \\ -2 \\ 3 \end{pmatrix} = \begin{pmatrix} 15 \\ 0 \\ 8 \end{pmatrix}$; $|\overrightarrow{PQ}| = \sqrt{15^2 + 0^2 + 8^2} = 17$

Aufgaben

3

Berechnen Sie die Beträge der Vektoren und bestimmen Sie jeweils den zugehörigen Einheitsvektor.

$\vec{a} = \begin{pmatrix} 1 \\ 2 \end{pmatrix}$; $\vec{b} = \begin{pmatrix} 3 \\ 4 \end{pmatrix}$; $\vec{c} = \begin{pmatrix} -2 \\ -5 \end{pmatrix}$; $\vec{d} = \frac{1}{\sqrt{5}}\begin{pmatrix} 4 \\ -3 \end{pmatrix}$;

$\vec{x} = \begin{pmatrix} 3 \\ -2 \\ 4 \end{pmatrix}$; $\vec{y} = \begin{pmatrix} 3 \\ -2 \\ 6 \end{pmatrix}$; $\vec{u} = \begin{pmatrix} 0{,}2 \\ 0{,}2 \\ 0{,}1 \end{pmatrix}$; $\vec{v} = \begin{pmatrix} \sqrt{2} \\ \sqrt{3} \\ \sqrt{5} \end{pmatrix}$

Lösungssalat zu 3:

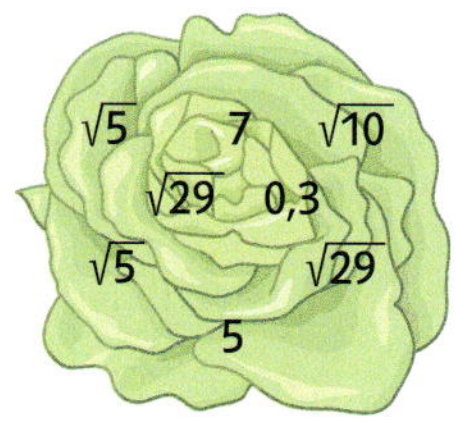

4

Untersuchen Sie, ob das Dreieck ABC gleichschenklig ist.

a) A(1 | −5), B(0 | 3), C(−8 | 2)
b) A(−1 | 7), B(8 | −3), C(−5 | −6)
c) A(1 | −2 | 2), B(3 | 2 | 1), C(3 | 0 | 3)
d) A(7 | 0 | −1), B(5 | −3 | −1), C(4 | 0 | 1)

5

Bestimmen Sie die fehlende Koordinate p so, dass der Punkt P(5 | 0 | p) vom Punkt Q(4 | −2 | 5) den Abstand 3 hat.

6

Für zwei Vektoren $\vec{u}$ und $\vec{v}$ gilt:
$\vec{u} = r \cdot \vec{v}$ mit $r \in \mathbb{R}$.
Vergleichen Sie $|\vec{u}|$ mit $|\vec{v}|$.

7

Vergleichen Sie $|\vec{a} + \vec{b}|$ mit $|\vec{a}| + |\vec{b}|$.

8

a) Zeichnen Sie das Dreieck ABC mit den Eckpunkten A(0 | 1 | 0), B(2 | 0 | 2) und C(−1 | 3 | 2).
b) Prüfen Sie durch Rechnung, ob das Dreieck rechtwinklig ist.

9

Bestimmen Sie die fehlende Koordinate b in B(2 | b) so, dass das Dreieck OAB mit A(4 | 0) gleichseitig ist.

10

Welcher Gleichung müssen die Koordinaten des Punktes $X(x_1 | x_2 | x_3)$ genügen, damit der Punkt X vom Punkt M(4 | 1 | −1) den Abstand 3 hat? Geben Sie drei Lösungen dieser Gleichung an.

11

a) Begründen Sie durch Rechnung, dass alle Dreiecke ABC_k mit A(3 | 2 | 1), B(5 | 5 | 7) und $C_k(4 + 3k | 3{,}5 + 2k | 4 - 2k)$ gleichschenklig sind.
b) Bestimmen Sie die Werte von k, für die sich ein gleichseitiges Dreieck ergibt.
c) Was lässt sich über die Lage aller Punkte C_k sagen?
Begründen Sie Ihre Antwort.

G12

Einer Kugel mit dem Radius r ist ein gerader Kreiszylinder einbeschrieben, dessen Höhe h sich zum Kugelradius wie 8 : 5 verhält.
Wie viel % des Kugelvolumens wird durch den Zylinder ausgefüllt?

G13

a) Die Punkte A(0 | ?) und B(3 | ?) liegen auf einer Parabel mit der Gleichung $y = (x - 1)^2 - 4$.
Bestimmen Sie die Gleichung der Geraden g = AB.
b) Wie lautet die Gleichung einer Parabel durch die Punkte A und B? Warum gibt es unendlich viele Lösungen? Welche Parabel geht durch den Punkt C(2 | 1)?

G14

Erklären Sie, warum der Graph der gebrochen rationalen Funktion $f: x \mapsto \frac{2x^3 - 5x^2 - 5x - 1}{2x + 1}$ Teil einer Parabel mit der Gleichung $y = x^2 - 3x - 1$ ist und ermitteln Sie deren Scheitelpunkt.

6 Skalarprodukt von Vektoren, Größe von Winkeln

1

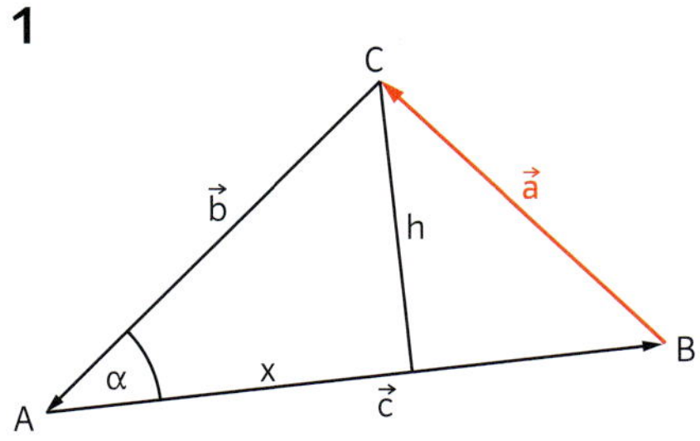

a) Berechnen Sie im abgebildeten Dreieck ABC die Länge des Vektors $\vec{a}$ für $|\vec{b}| = 3{,}5$; $|\vec{c}| = 4{,}8$ und $\alpha = 37{,}35°$.
Hinweis: Berechnen Sie zunächst die Längen von x und h.

b) Formulieren Sie eine Gleichung, welche beschreibt, wie $|\vec{a}|$ allgemein von $|\vec{b}|$, $|\vec{c}|$ und α abhängt.

Unter dem **Winkel φ zwischen den Vektoren $\vec{a}$ und $\vec{b}$** versteht man den kleineren der Winkel zwischen einem Repräsentanten von $\vec{a}$ und einem Repräsentanten von $\vec{b}$ mit gleichem Anfangspunkt. φ ist kleiner oder gleich 180°.

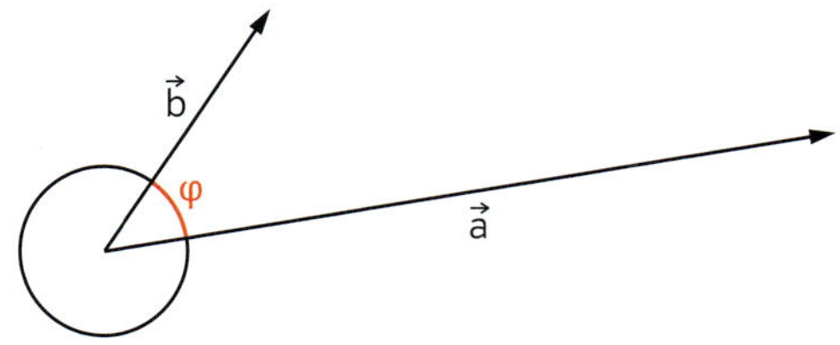

Erinnerung:
Kosinussatz:
$c^2 = a^2 + b^2 - 2ab\cdot\cos\gamma$

Um im Dreieck OAB den Winkel φ aus gegebenem $|\vec{a}|$, $|\vec{b}|$ und $|\vec{a}-\vec{b}|$ zu berechnen, wendet man den Kosinussatz in der Form
$|\vec{a}-\vec{b}|^2 = |\vec{a}|^2 + |\vec{b}|^2 - 2\cdot|\vec{a}|\cdot|\vec{b}|\cdot\cos\varphi$
an.

Dabei enthält der Term $|\vec{a}|\cdot|\vec{b}|\cdot\cos\varphi$ den Winkel φ.

Diesen Term nennt man das Skalarprodukt von $\vec{a}$ und $\vec{b}$. Die Bezeichnung **Skalar**produkt erinnert daran, dass dieses Produkt zweier Vektoren kein Vektor, sondern ein „Skalar" ist, d.h. eine reelle Zahl.

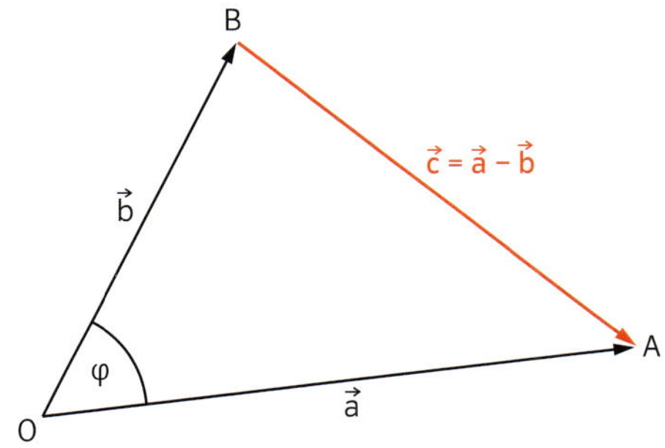

Beachten Sie den Unterschied:
Skalarprodukt: $\vec{a}\circ\vec{b}$
Multiplikation mit einem Skalar: $r\cdot\vec{a}$

Definition
Ist φ der Winkel zwischen den Vektoren $\vec{a}$ und $\vec{b}$, so heißt die reelle Zahl
$\vec{a}\circ\vec{b} = |\vec{a}|\cdot|\vec{b}|\cdot\cos\varphi$ das **Skalarprodukt** von $\vec{a}$ und $\vec{b}$.

Erinnerung:

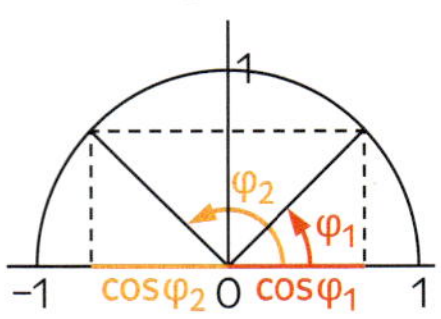

Beachte: Für $0° < \varphi < 90°$ gilt $\vec{a}\circ\vec{b} > 0$ und für $90° < \varphi < 180°$ gilt $\vec{a}\circ\vec{b} < 0$.

Sind die Vektoren $\vec{a}$ und $\vec{b}$ durch ihre Koordinaten gegeben, so kann man das Skalarprodukt $\vec{a}\circ\vec{b}$ mithilfe des Kosinussatzes auch in Koordinatendarstellung angeben.

Hierzu löst man den Kosinussatz nach $|\vec{a}|\cdot|\vec{b}|\cdot\cos\varphi$ auf und erhält aus der Definition des Skalarprodukts

$$\vec{a}\circ\vec{b} = |\vec{a}|\cdot|\vec{b}|\cdot\cos\varphi = \tfrac{1}{2}\cdot\left(|\vec{a}|^2 + |\vec{b}|^2 - |\vec{a}-\vec{b}|^2\right)$$

Für $\vec{a} = \begin{pmatrix} a_1 \\ a_2 \\ a_3 \end{pmatrix}$ und $\vec{b} = \begin{pmatrix} b_1 \\ b_2 \\ b_3 \end{pmatrix}$ ergibt sich:

$$\vec{a}\circ\vec{b} = \tfrac{1}{2}\cdot\left(\left(a_1^2 + a_2^2 + a_3^2\right) + \left(b_1^2 + b_2^2 + b_3^2\right) - \left[(a_1 - b_1)^2 + (a_2 - b_2)^2 + (a_3 - b_3)^2\right]\right)$$
$$= \tfrac{1}{2}\cdot\left(a_1^2 + a_2^2 + a_3^2 + b_1^2 + b_2^2 + b_3^2 - \left[a_1^2 - 2a_1b_1 + b_1^2 + a_2^2 - 2a_2b_2 + b_2^2 + a_3^2 - 2a_3b_3 + b_3^2\right]\right)$$
$$= a_1b_1 + a_2b_2 + a_3b_3$$

Koordinatendarstellung des Skalarprodukts:

$\vec{a} \circ \vec{b} = \begin{pmatrix} a_1 \\ a_2 \end{pmatrix} \cdot \begin{pmatrix} b_1 \\ b_2 \end{pmatrix} = a_1 \cdot b_1 + a_2 \cdot b_2$ bzw. $\vec{a} \circ \vec{b} = \begin{pmatrix} a_1 \\ a_2 \\ a_3 \end{pmatrix} \cdot \begin{pmatrix} b_1 \\ b_2 \\ b_3 \end{pmatrix} = a_1 \cdot b_1 + a_2 \cdot b_2 + a_3 \cdot b_3$

Die Koordinatendarstellung des Skalarprodukts ermöglicht es nun, die Größe des Winkels zwischen zwei Vektoren direkt aus ihren Koordinaten zu berechnen.
Sind die Koordinaten von $\vec{a}$ und $\vec{b}$ gegeben, so folgt aus $\vec{a} \circ \vec{b} = |\vec{a}| \cdot |\vec{b}| \cdot \cos\varphi$ und der Koordinatendarstellung des Skalarprodukts die **Formel zur Berechnung des Winkels zwischen $\vec{a}$ und $\vec{b}$:**

$\cos\varphi = \frac{a_1 \cdot b_1 + a_2 \cdot b_2}{\sqrt{a_1^2 + a_2^2} \cdot \sqrt{b_1^2 + b_2^2}}$ bzw. $\cos\varphi = \frac{a_1 \cdot b_1 + a_2 \cdot b_2 + a_3 \cdot b_3}{\sqrt{a_1^2 + a_2^2 + a_3^2} \cdot \sqrt{b_1^2 + b_2^2 + b_3^2}}$

Zwei Vektoren $\vec{a}$ und $\vec{b}$ heißen zueinander **orthogonal** (senkrecht), wenn sie einen Winkel von 90° einschließen. Man schreibt: $\vec{a} \perp \vec{b}$

orthos (griech.): richtig
gonia (griech.): Ecke

Satz
Für $\vec{a}$ und $\vec{b}$ mit $\vec{a} \neq \vec{o}$, $\vec{b} \neq \vec{o}$ gilt: $\vec{a} \perp \vec{b}$ genau dann, wenn $\vec{a} \circ \vec{b} = 0$.

Die Aussagen des Satzes folgen unmittelbar aus der Definition des Skalarprodukts. Auf einen Beweis verzichten wir an dieser Stelle.

Zum Beweis vgl. Aufgabe 12.

Sonderfälle beim Skalarprodukt:
Sind $\vec{a}$ und $\vec{b}$ parallel und gleich gerichtet, also $\varphi = 0°$, so gilt: $\vec{a} \circ \vec{b} = |\vec{a}| \cdot |\vec{b}|$
Insbesondere gilt: $\vec{a} \circ \vec{a} = |\vec{a}|^2$, also $|\vec{a}| = \sqrt{\vec{a} \circ \vec{a}}$
Sind $\vec{a}$ und $\vec{b}$ parallel und entgegengesetzt gerichtet, also $\varphi = 180°$, so gilt:
$\vec{a} \circ \vec{b} = -|\vec{a}| \cdot |\vec{b}|$

Für die Multiplikation reeller Zahlen gilt eine Reihe von Rechengesetzen, u.a. das Kommutativgesetz, das Assoziativgesetz und in Verbindung mit der Addition das Distributivgesetz.
Ein Assoziativgesetz gilt jedoch nicht für das Skalarprodukt:
$(\vec{a} \circ \vec{b}) \circ \vec{c}$ ist kein sinnvoller Term, da das Skalarprodukt von $\vec{a}$ und $\vec{b}$ eine Zahl ergibt, für die also kein Skalarprodukt mit $\vec{c}$ gebildet werden kann.

Für das Skalarprodukt von Vektoren $\vec{a}, \vec{b}, \vec{c}$ gelten folgende **Rechengesetze:**
(1) $\vec{a} \circ \vec{b} = \vec{b} \circ \vec{a}$ **(Kommutativgesetz)**
(2) $(r \cdot \vec{a}) \circ \vec{b} = r \cdot (\vec{a} \circ \vec{b})$ für jede reelle Zahl r
(3) $(\vec{a} + \vec{b}) \circ \vec{c} = \vec{a} \circ \vec{c} + \vec{b} \circ \vec{c}$ **(Distributivgesetz)**
(4) $\vec{a} \circ \vec{a} \geqq 0$ wobei $\vec{a} \circ \vec{a} = 0$ nur für $\vec{a} = \vec{o}$.

Zur Begründung der Rechengesetze siehe Aufgabe Nr. 15.

Beispiel 1
Berechnen Sie $\vec{a} \circ \vec{b}$. Ist der Winkel φ zwischen $\vec{a}$ und $\vec{b}$ spitz oder stumpf?

a) $\vec{a} = \begin{pmatrix} 3 \\ 2 \end{pmatrix}$ und $\vec{b} = \begin{pmatrix} -1 \\ 4 \end{pmatrix}$ b) $\vec{a} = \begin{pmatrix} 2 \\ -1 \\ 5 \end{pmatrix}$ und $\vec{b} = \begin{pmatrix} 4 \\ 2 \\ -3 \end{pmatrix}$

Lösung:
a) $\vec{a} \circ \vec{b} = 3 \cdot (-1) + 2 \cdot 4 = 5 > 0 \Rightarrow 0° < \varphi < 90°$
b) $\vec{a} \circ \vec{b} = 2 \cdot 4 + (-1) \cdot 2 + 5 \cdot (-3) = -9 < 0 \Rightarrow 90° < \varphi < 180°$

Beispiel 2

Berechnen Sie für die Pyramide OABS in der Abbildung die Größe des Winkels φ.

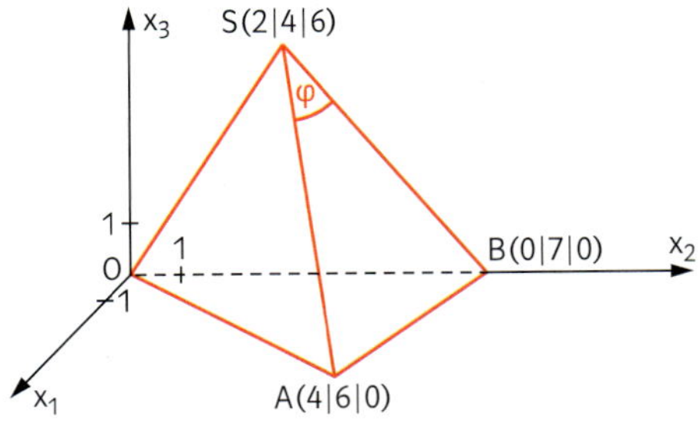

Lösung:

Der Winkel φ wird eingeschlossen von

$\overrightarrow{SA} = \begin{pmatrix} 2 \\ 2 \\ -6 \end{pmatrix}$ und $\overrightarrow{SB} = \begin{pmatrix} -2 \\ 3 \\ -6 \end{pmatrix}$

$$\Rightarrow \cos\varphi = \frac{2\cdot(-2) + 2\cdot 3 + (-6)\cdot(-6)}{\sqrt{4+4+36}\cdot\sqrt{4+9+36}} \approx 0{,}8184$$

$$\Rightarrow \varphi \approx 35{,}1°$$

Beispiel 3

Bestimmen Sie Vektoren $\vec{x} = \begin{pmatrix} x_1 \\ x_2 \\ x_3 \end{pmatrix}$, die zu $\vec{a} = \begin{pmatrix} 3 \\ 2 \\ 4 \end{pmatrix}$ und $\vec{b} = \begin{pmatrix} 6 \\ 5 \\ 4 \end{pmatrix}$ orthogonal sind.

Lösung:

Ist $\vec{x}$ ein zu $\vec{a}$ und $\vec{b}$ orthogonaler Vektor, so muss gelten: $\vec{a} \circ \vec{x} = 0$ und $\vec{b} \circ \vec{x} = 0$

Man erhält also folgendes Gleichungssystem:

(I) $3x_1 + 2x_2 + 4x_3 = 0$

(II) $6x_1 + 5x_2 + 4x_3 = 0$

Das Gleichungssystem mit zwei Gleichungen für drei Variablen ist unterbestimmt. Eine Variable ist frei wählbar. Wählt man $x_3 = t$, so gilt:

(I)	$3x_1 + 2x_2 + 4t = 0$	
(II)	$6x_1 + 5x_2 + 4t = 0$	
(II) − 2·(I)	$x_2 - 4t = 0$	$\Rightarrow x_2 = 4t$
eingesetzt in (II):	$6x_1 + 20t + 4t = 0$	$\Rightarrow x_1 = -4t$

Die Vektoren $\vec{x} = \begin{pmatrix} -4t \\ 4t \\ t \end{pmatrix} = t\cdot\begin{pmatrix} -4 \\ 4 \\ 1 \end{pmatrix}$ $(t \in \mathbb{R})$ sind orthogonal zu $\vec{a}$ und $\vec{b}$.

Aufgaben

2

Berechnen Sie:

a) $\begin{pmatrix} 2 \\ -3 \end{pmatrix} \circ \begin{pmatrix} 1 \\ 2 \end{pmatrix}$ b) $\begin{pmatrix} 3 \\ -4 \end{pmatrix} \circ \begin{pmatrix} -2 \\ 1{,}5 \end{pmatrix}$

c) $\begin{pmatrix} 2 \\ -1 \\ 3 \end{pmatrix} \circ \begin{pmatrix} -3 \\ 2 \\ 2 \end{pmatrix}$ d) $\begin{pmatrix} 4 \\ 0 \\ 3 \end{pmatrix} \circ \begin{pmatrix} 1{,}5 \\ 3 \\ -2 \end{pmatrix}$

Lösungssalat zu 3:

3

Gegeben sind $\vec{a} = \begin{pmatrix} 1 \\ 2 \\ 1 \end{pmatrix}$, $\vec{b} = \begin{pmatrix} -2 \\ 1 \\ 3 \end{pmatrix}$, $\vec{c} = \begin{pmatrix} 2 \\ 1 \\ 1 \end{pmatrix}$.

Berechnen Sie:

a) $\vec{a} \circ \vec{b}$ b) $\vec{a} \circ \vec{c}$

c) $\vec{b} \circ \vec{c}$ d) $\vec{a} \circ (\vec{b} + \vec{c})$

e) $\vec{a} \circ (\vec{b} - \vec{c})$ f) $(\vec{a} + \vec{b}) \circ (\vec{b} - \vec{c})$

4

Berechnen Sie die Größe des Winkels zwischen den Vektoren $\vec{a}$ und $\vec{b}$.

a) $\vec{a} = \begin{pmatrix} 2 \\ -3 \end{pmatrix}$, $\vec{b} = \begin{pmatrix} 5 \\ 7 \end{pmatrix}$ b) $\vec{a} = \begin{pmatrix} 1 \\ 3 \\ 1 \end{pmatrix}$, $\vec{b} = \begin{pmatrix} 5 \\ 0 \\ 3 \end{pmatrix}$

5

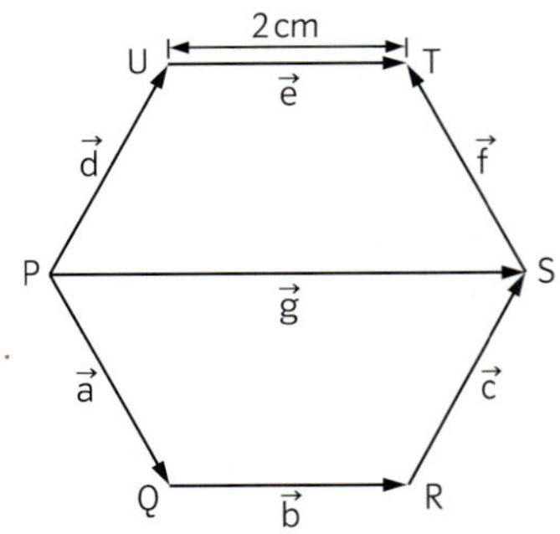

Berechnen Sie für das regelmäßige Sechseck PQRSTU: $\vec{a} \circ \vec{d}$; $\vec{a} \circ \vec{g}$; $\vec{d} \circ \vec{g}$; $\vec{e} \circ \vec{g}$; $\vec{b} \circ \vec{e}$

6

Berechnen Sie die Längen der Seiten und die Größen der Winkel im Dreieck ABC.

a) A(2|1), B(5|−1), C(4|3)

b) A(8|1), B(17|−5), C(10|9)

c) A(3|1|2), B(5|0|4), C(4|3|0)

7

Prüfen Sie, welche der Vektoren zueinander orthogonal sind.

$\vec{a} = \begin{pmatrix} 1 \\ 1 \\ \sqrt{2} \end{pmatrix}$, $\vec{b} = \begin{pmatrix} 1 \\ 1 \\ \sqrt{3} \end{pmatrix}$, $\vec{c} = \begin{pmatrix} 1 \\ 1 \\ -\sqrt{2} \end{pmatrix}$, $\vec{d} = \begin{pmatrix} -1 \\ -2 \\ \sqrt{3} \end{pmatrix}$

8

Bestimmen Sie die fehlenden Koordinaten so, dass $\vec{a} \perp \vec{b}$.

a) $\vec{a} = \begin{pmatrix} 2 \\ 3 \end{pmatrix}$, $\vec{b} = \begin{pmatrix} b_1 \\ -4 \end{pmatrix}$ b) $\vec{a} = \begin{pmatrix} 3 \\ 4 \end{pmatrix}$, $\vec{b} = \begin{pmatrix} b_1 \\ b_2 \end{pmatrix}$

c) $\vec{a} = \begin{pmatrix} 1 \\ a_2 \\ 3 \end{pmatrix}$, $\vec{b} = \begin{pmatrix} 2 \\ 1 \\ -1 \end{pmatrix}$ d) $\vec{a} = \begin{pmatrix} 2 \\ 1 \\ 2 \end{pmatrix}$, $\vec{b} = \begin{pmatrix} 1 \\ b_2 \\ b_3 \end{pmatrix}$

9

Wann gilt $a \cdot b = 0$ für $a, b \in \mathbb{R}$?
Wann gilt $\vec{a} \circ \vec{b} = 0$ für Vektoren $\vec{a}, \vec{b}$?
Vergleichen Sie.

10

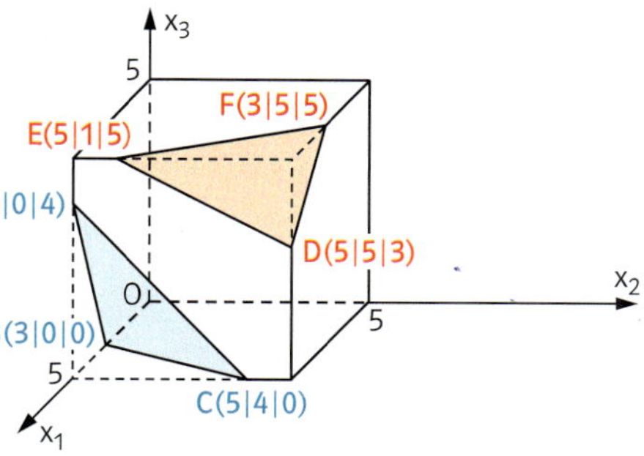

Berechnen Sie im Würfel die Länge der Seiten und die Größen der Winkel

a) des Dreiecks ABC, b) des Dreiecks EDF.

11

Bestimmen Sie Vektoren, die zu $\vec{a}$ und $\vec{b}$ orthogonal sind.

a) $\vec{a} = \begin{pmatrix} 1 \\ 2 \\ 3 \end{pmatrix}$, $\vec{b} = \begin{pmatrix} 2 \\ 0 \\ 3 \end{pmatrix}$

b) $\vec{a} = \begin{pmatrix} 3 \\ 2 \\ -1 \end{pmatrix}$, $\vec{b} = \begin{pmatrix} 5 \\ -1 \\ -2 \end{pmatrix}$

12

Richtig oder falsch?
Begründen Sie Ihre Antwort.

a) $\vec{a} \circ \vec{b} = 0 \quad \Rightarrow \vec{a} \perp \vec{b}$
b) $\vec{a} \perp \vec{b} \quad \Rightarrow \vec{a} \circ \vec{b} = 0$
c) $(\vec{a} + \vec{b}) \circ \vec{c} = \vec{a} \circ \vec{c} \quad \Rightarrow \vec{b} = \vec{o}$
d) $\vec{a} \perp \vec{b} \quad \Rightarrow (\vec{a} - \vec{b})^2 = \vec{a}^2 + \vec{b}^2$

13

Ein Quader ABCDEFGH hat als Grundfläche ein Rechteck mit den Seitenlängen 8 cm und 5 cm. Die Höhe des Quaders beträgt 3 cm. M sei der Schnittpunkt der Raumdiagonalen.

a) Zeichnen Sie den Quader in ein Koordinatensystem so, dass möglichst viele Eckpunkte auf den Koordinatenachsen liegen.
b) Bestimmen Sie die Koordinaten von M und berechnen Sie die Winkel AMB und BMC.
c) Berechnen Sie die Länge der Raumdiagonalen des Quaders.
d) Berechnen Sie die Winkel, welche die Raumdiagonale jeweils mit den Seitenflächen des Quaders einschließt.

14

Beweisen Sie anhand der Figur auf dem Rand den Satz des Pythagoras.

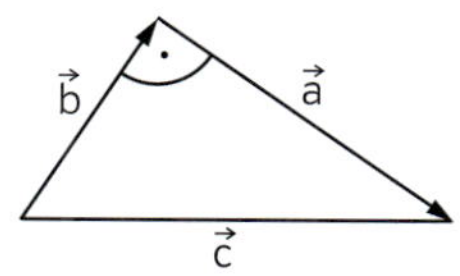

15

$\vec{a} = \begin{pmatrix} a_1 \\ a_2 \\ a_3 \end{pmatrix}$; $\vec{b} = \begin{pmatrix} b_1 \\ b_2 \\ b_3 \end{pmatrix}$; $\vec{c} = \begin{pmatrix} c_1 \\ c_2 \\ c_3 \end{pmatrix}$

Begründen Sie durch Rechnung die folgenden Gesetze für das Skalarprodukt:

(1) $\vec{a} \circ \vec{b} = \vec{b} \circ \vec{a}$ (Kommutativgesetz)
(2) $(r \cdot \vec{a}) \circ \vec{b} = r \cdot (\vec{a} \circ \vec{b})$ für jede reelle Zahl r
(3) $(\vec{a} + \vec{b}) \circ \vec{c} = \vec{a} \circ \vec{c} + \vec{b} \circ \vec{c}$
(Distributivgesetz)

Vergleichen Sie dazu die ausmultiplizierten Terme beider Seiten.

16 **Senkrechte Projektion eines Vektors**

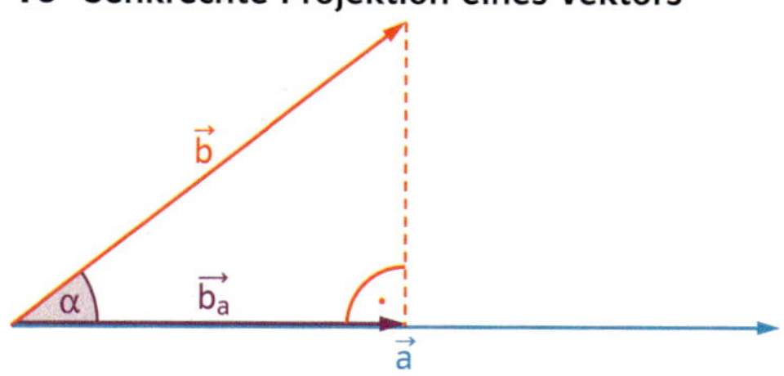

Den Vektor $\overrightarrow{b_a}$ bezeichnet man als senkrechte Projektion des Vektors $\vec{b}$ auf den Vektor $\vec{a}$. Begründen Sie, dass $|\overrightarrow{b_a}| = |\overrightarrow{a_0} \circ \vec{b}|$ und $\overrightarrow{b_a} = (\overrightarrow{a_0} \circ \vec{b}) \cdot \overrightarrow{a_0}$ gilt.

Erinnerung:
$\overrightarrow{a_0}$ ist der zu $\vec{a}$ gehörige Einheitsvektor.

17

Begründen Sie mithilfe des Skalarproduktes: In einem Parallelogramm mit gleich langen Seiten stehen die Diagonalen aufeinander senkrecht.

18

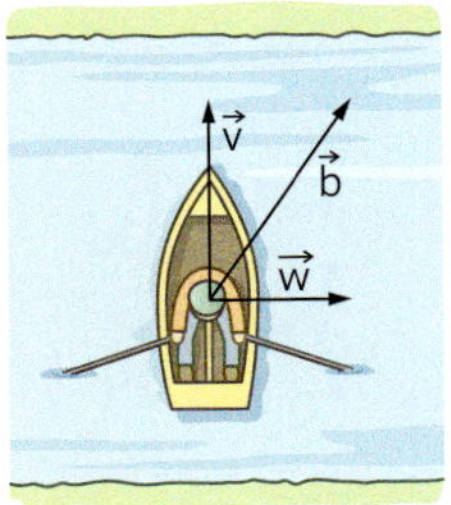

Ein Boot steuert mit einer Geschwindigkeit von $1{,}5\,\frac{m}{s}$ senkrecht zum Ufer eines 100 m breiten Flusses. Das Wasser hat eine Strömungsgeschwindigkeit von $0{,}5\,\frac{m}{s}$ relativ zum Ufer. In der Abbildung auf dem Rand ist die Situation durch die Vektoren $\vec{v}$ und $\vec{w}$ veranschaulicht.

a) Ein physikalisches Gesetz besagt, dass die beiden Geschwindigkeiten sich ungestört addieren. Konstruieren Sie die Richtung, in der sich das Boot bewegt.
b) Wie lange ist das Boot unterwegs?
c) Um welche Strecke wird das Boot beim Überqueren des Flusses abgetrieben?
d) Welchen Kurswinkel (= Winkel zwischen $\vec{v}$ und der Uferkante) muss das Boot einschlagen, damit es trotz der Strömung den Fluss senkrecht überquert?

19

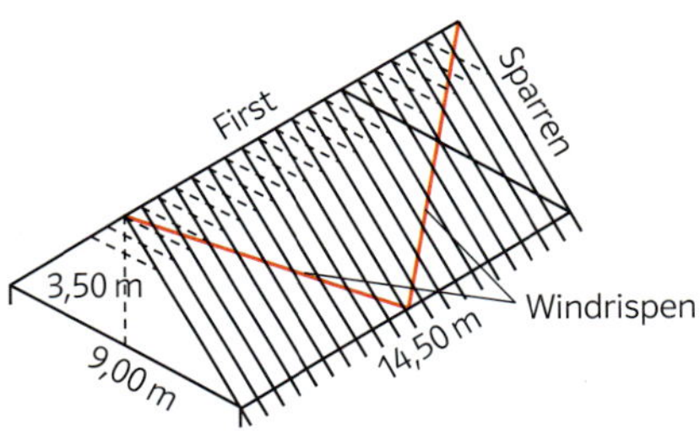

Die Abbildung zeigt die Anordnung der Balken eines Daches. Zur Längenaussteifung werden schräg liegende Bretter angebracht, die rot eingezeichneten Windrispen.

a) Wählen Sie ein geeignetes Koordinatensystem und beschreiben Sie jeweils die Lage eines Sparren und einer Windrispe durch einen passenden Vektor.
b) Berechnen Sie die Länge der Windrispe und die Größe des Winkels zwischen Windrispe und Sparren.

20 🖳

a) Zeigen Sie durch Rechnung, dass die Dreiecke ABC_k mit $A(-1|1|3)$, $B(3|3|-1)$ und $C_k(1+k|2+2k|1+2k)$ für alle k gleichschenklig sind.
b) Für welche k-Werte ist das Dreieck gleichseitig?
c) Welche Koordinaten hat der Mittelpunkt der Seite [AB]?
d) Zeigen Sie: $\overrightarrow{MC_k} \perp \overrightarrow{AB}$ für alle k.

21 (🖳)

Gegeben sind die Punkte $A(-1|-0{,}5)$, $B(3|-3{,}5)$ und $C_k(1+3k|-2+4k)$.

a) Zeichnen Sie einige Dreiecke ABC_k für verschiedene k-Werte. Was lässt sich über die Dreiecke aussagen?
Begründen Sie ihre Aussage.
b) Für welche k-Werte ist das Dreieck rechtwinklig (für welche gleichseitig)?
c) Was lässt sich über den Ort aller Eckpunkte C_k sagen? Begründen Sie Ihre Aussage durch Rechnung.

22 Satz des Thales

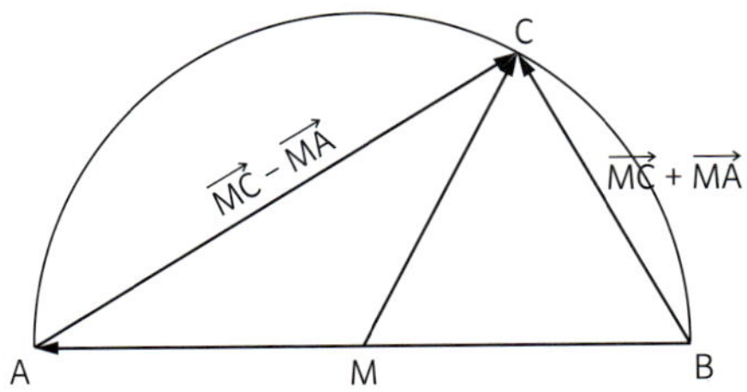

Beweisen Sie mithilfe des Skalarprodukts:

a) Liegt im Dreieck ABC der Punkt C auf einem Kreis mit dem Durchmesser [AB], dann beträgt die Größe des Winkels ACB 90°.
b) Hat Dreieck ABC bei C einen rechten Winkel, dann liegt C auf einem Kreis mit dem Durchmesser [AB].

G 23

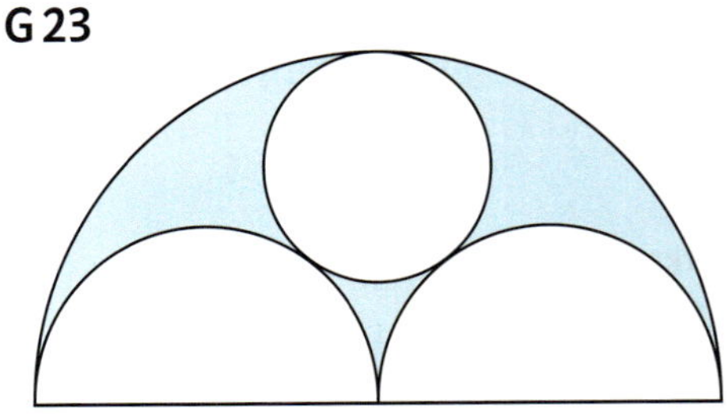

Welcher Anteil der Halbkreisfläche ist blau gefärbt?

G 24

Von einem geraden Kreiskegel (Radius r; Höhe $h = \sqrt{3} \cdot r$) wird durch eine zur Grundfläche parallele Ebene ein Teilkörper mit der Höhe $h_1 = \frac{1}{2}\sqrt{6}\,r$ abgeschnitten.

a) Zeigen Sie, dass die Mantelflächen der beiden Teilkörper gleich groß sind.
b) Bestimmen Sie das Verhältnis der Volumina der beiden Teilkörper.

7 Das Vektorprodukt

1

a) Die Vektoren $\vec{a} = \begin{pmatrix} 4 \\ 2 \\ 4 \end{pmatrix}$ und $\vec{b} = \begin{pmatrix} 1 \\ 2 \\ -2 \end{pmatrix}$ bestimmen das Parallelogramm OACB. Berechnen Sie seinen Flächeninhalt.

b) Wie viele zu $\vec{a}$ und $\vec{b}$ orthogonalen Vektoren gibt es? Bestimmen Sie einen solchen Vektor.

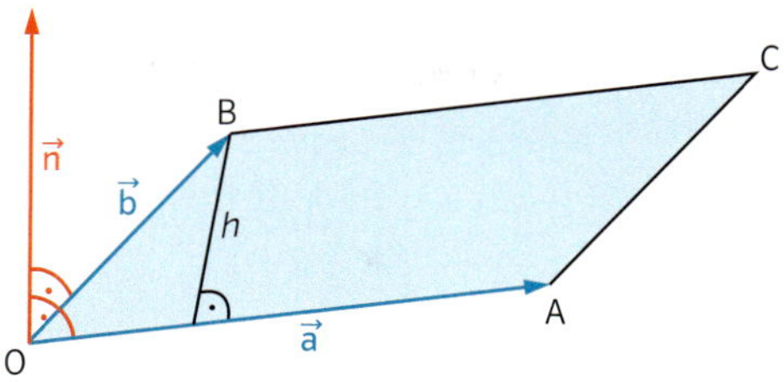

Im Raum gibt es neben dem Skalarprodukt noch eine weitere Möglichkeit, ein Produkt von zwei Vektoren $\vec{a}$ und $\vec{b}$ zu erklären.
Im Folgenden betrachten wir zwei Vektoren $\vec{a}$ und $\vec{b}$ im Raum, die nicht parallel sind.

Man kann Vektoren $\vec{c} = \begin{pmatrix} c_1 \\ c_2 \\ c_3 \end{pmatrix}$ bestimmen, die zu $\vec{a} = \begin{pmatrix} a_1 \\ a_2 \\ a_3 \end{pmatrix}$ und $\vec{b} = \begin{pmatrix} b_1 \\ b_2 \\ b_3 \end{pmatrix}$ orthogonal sind.

$\vec{c} \perp \vec{a} \quad \Rightarrow \quad \vec{a} \circ \vec{c} = 0 \quad \Rightarrow \quad \text{(I)} \quad a_1c_1 + a_2c_2 + a_3c_3 = 0$
$\vec{c} \perp \vec{b} \quad \Rightarrow \quad \vec{b} \circ \vec{c} = 0 \quad \Rightarrow \quad \text{(II)} \quad b_1c_1 + b_2c_2 + b_3c_3 = 0$

Durch Nachrechnen (siehe Aufgabe Nr. 8) kann man sehen, dass die Koordinaten von
$\vec{c} = \begin{pmatrix} a_2b_3 - a_3b_2 \\ a_3b_1 - a_1b_3 \\ a_1b_2 - a_2b_1 \end{pmatrix}$ eine Lösung des Gleichungssystems sind, d.h. $\vec{c}$ ist senkrecht zu $\vec{a}$ und $\vec{b}$.

Definition und Satz

Für $\vec{a} = \begin{pmatrix} a_1 \\ a_2 \\ a_3 \end{pmatrix}$ und $\vec{b} = \begin{pmatrix} b_1 \\ b_2 \\ b_3 \end{pmatrix}$ nennen wir den Vektor $\begin{pmatrix} a_2b_3 - a_3b_2 \\ a_3b_1 - a_1b_3 \\ a_1b_2 - a_2b_1 \end{pmatrix}$ das **Vektorprodukt** $\vec{a} \times \vec{b}$.
Der Vektor $\vec{a} \times \vec{b}$ ist orthogonal zu $\vec{a}$ und $\vec{b}$.

$\vec{a} \times \vec{b}$ wird gelesen $\vec{a}$ kreuz $\vec{b}$ und deshalb auch als **Kreuzprodukt** bezeichnet.

Alle Vektoren $r \cdot (\vec{a} \times \vec{b})$ mit $r \in \mathbb{R}$ sind orthogonal zu den Vektoren $\vec{a}$ und $\vec{b}$, denn sie sind parallel zu $\vec{a} \times \vec{b}$.
Sind die Vektoren $\vec{a}$ und $\vec{b}$ parallel, so gilt: $\vec{a} \times \vec{b} = \vec{o}$

Merkregel für die Bildung des Vektorprodukts:

$$\begin{pmatrix} a_1 \\ a_2 \\ a_3 \end{pmatrix} \times \begin{pmatrix} b_1 \\ b_2 \\ b_3 \end{pmatrix} = \begin{pmatrix} a_2b_3 - a_3b_2 \\ a_3b_1 - a_1b_3 \\ a_1b_2 - a_2b_1 \end{pmatrix} \qquad \begin{matrix} a_1 & b_1 \\ a_2 & b_2 \end{matrix}$$

$$\begin{pmatrix} 2 \\ -1 \\ 3 \end{pmatrix} \times \begin{pmatrix} -3 \\ 2 \\ 0 \end{pmatrix} = \begin{pmatrix} (-1) \cdot 0 - 3 \cdot 2 \\ 3 \cdot (-3) - 2 \cdot 0 \\ 2 \cdot 2 - (-1) \cdot (-3) \end{pmatrix} = \begin{pmatrix} -6 \\ -9 \\ 1 \end{pmatrix} \qquad \begin{matrix} 2 & -3 \\ -1 & 2 \end{matrix}$$

Zunächst werden die ersten beiden Koordinaten unter den Vektoren $\vec{a}$ und $\vec{b}$ wiederholt notiert. Um die i-te Koordinate zu berechnen, berechnet man die Differenz der Produkte aus den beiden nächsten Zeilen in der durch die Kreuze angedeuteten Weise.

Für das Vektorprodukt gilt $\vec{a} \times \vec{b} \neq \vec{b} \times \vec{a}$, d.h. es gilt kein Kommutativgesetz.

Die gegenseitige Lage von $\vec{a}$, $\vec{b}$ und $\vec{a} \times \vec{b}$ im Raum wird beschrieben durch die sogenannte **Rechtehandregel**: Weist $\vec{a}$ in Richtung des Daumens und $\vec{b}$ in Richtung des Zeigefingers, so weist der Mittelfinger in Richtung von $\vec{a} \times \vec{b}$.
Man sagt: Die Vektoren $\vec{a}$, $\vec{b}$ und $\vec{a} \times \vec{b}$ bilden in dieser Reihenfolge ein **Rechtssystem**.
Die x_1-, x_2- und x_3-Achse bilden in dieser Reihenfolge auch ein Rechtssystem.

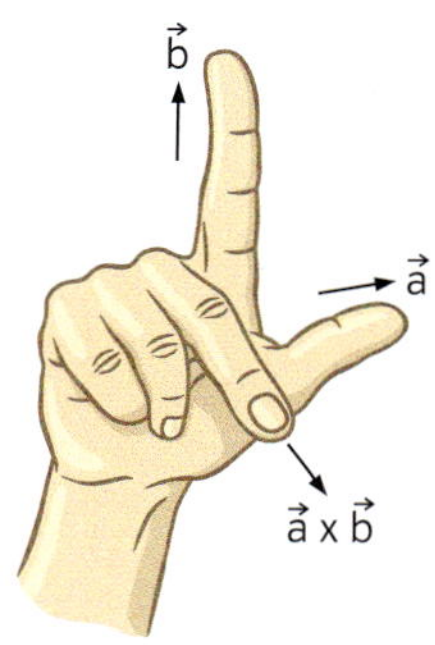

Für $\vec{a} \times \vec{b}$ gilt:

$$\begin{aligned}
|\vec{a} \times \vec{b}|^2 &= (a_2 b_3 - a_3 b_2)^2 + (a_3 b_1 - a_1 b_3)^2 + (a_1 b_2 - a_2 b_1)^2 \\
&= a_2^2 b_3^2 + a_3^2 b_2^2 + a_3^2 b_1^2 + a_1^2 b_3^2 + a_1^2 b_2^2 + a_2^2 b_1^2 - 2 \cdot (a_2 a_3 b_2 b_3 + a_1 a_3 b_1 b_3 + a_1 a_2 b_1 b_2) \\
&\quad + a_1^2 b_1^2 + a_2^2 b_2^2 + a_3^2 b_3^2 - \left(a_1^2 b_1^2 + a_2^2 b_2^2 + a_3^2 b_3^2\right) && \mid \text{Rechentrick} \\
&= \left(a_1^2 + a_2^2 + a_3^2\right) \cdot \left(b_1^2 + b_2^2 + b_3^2\right) - (a_1 b_1 + a_2 b_2 + a_3 b_3)^2 \\
&= |\vec{a}|^2 \cdot |\vec{b}|^2 - (\vec{a} \circ \vec{b})^2 && \mid \text{Definition Skalarprodukt} \\
&= |\vec{a}|^2 \cdot |\vec{b}|^2 - \left(|\vec{a}| \cdot |\vec{b}| \cdot \cos\varphi\right)^2 && \mid \text{Ausklammern} \\
&= |\vec{a}|^2 \cdot |\vec{b}|^2 \cdot (1 - (\cos\varphi)^2) && \mid \sin^2 x + \cos^2 x = 1 \\
&= |\vec{a}|^2 \cdot |\vec{b}|^2 \cdot (\sin\varphi)^2
\end{aligned}$$

Wegen $0° \leqq \varphi \leqq 180°$ gilt $\sin\varphi \geqq 0$, also gilt: $|\vec{a} \times \vec{b}| = |\vec{a}| \cdot |\vec{b}| \cdot \sin\varphi$

Der Betrag des Vektorprodukts hat eine ähnliche Struktur wie das Skalarprodukt von $\vec{a}$ und $\vec{b}$:

$|\vec{a} \times \vec{b}| = |\vec{a}| \cdot |\vec{b}| \cdot \sin\varphi$
$\vec{a} \circ \vec{b} = |\vec{a}| \cdot |\vec{b}| \cdot \cos\varphi$

Aus der Abbildung entnimmt man, dass der Flächeninhalt des von $\vec{a}$ und $\vec{b}$ aufgespannten Parallelogramms gleich $|\vec{a}| \cdot |\vec{b}| \cdot \sin\varphi$ ist. Der Betrag des Vektors $\vec{a} \times \vec{b}$ lässt sich also geometrisch deuten als Maßzahl des Flächeninhalts des Parallelogramms, das von den Vektoren $\vec{a}$ und $\vec{b}$ aufgespannt wird.

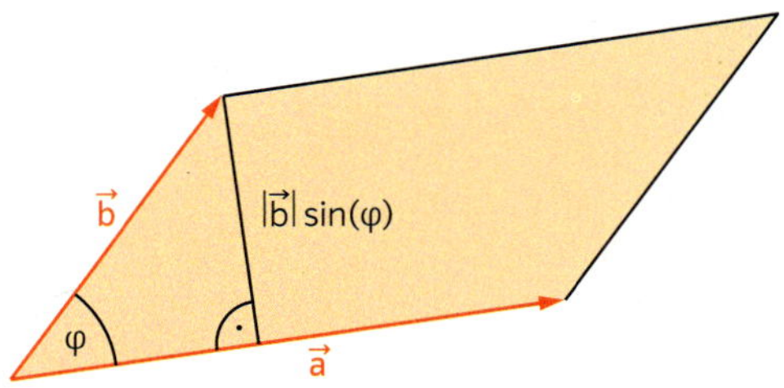

Das Vektorprodukt ermöglicht auch, das Volumen V eines von den Vektoren $\vec{a}$, $\vec{b}$ und $\vec{c}$ aufgespannten sogenannten **Spats** zu berechnen. Bilden die Vektoren wie in der Abbildung ein Rechtssystem, so gilt für den Flächeninhalt A der Grundfläche des abgebildeten Spats: $A = |\vec{a} \times \vec{b}|$

Für die Höhe h des Spats gilt:
$h = |\vec{c}| \cdot \cos\beta$, wobei gilt: $0° < \beta < 90°$

Damit ist:
$V = A \cdot h = |\vec{a} \times \vec{b}| \cdot |\vec{c}| \cdot \cos\beta = (\vec{a} \times \vec{b}) \circ \vec{c}$

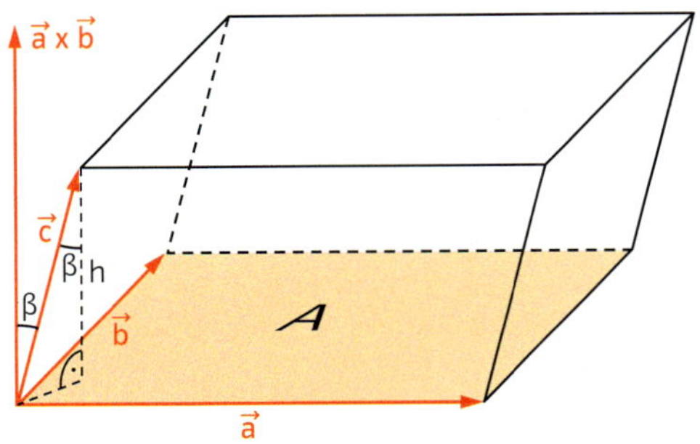

Bilden die Vektoren $\vec{a}$, $\vec{b}$ und $\vec{c}$ kein Rechtssystem so gilt: $V = |(\vec{a} \times \vec{b}) \circ \vec{c}|$

Satz
Die Maßzahl des Flächeninhalts des von den Vektoren $\vec{a}$ und $\vec{b}$ aufgespannten Parallelogramms beträgt $|\vec{a} \times \vec{b}| = |\vec{a}| \cdot |\vec{b}| \cdot \sin\varphi$.
Die Maßzahl des Volumens des von den Vektoren $\vec{a}$, $\vec{b}$ und $\vec{c}$ aufgespannten Spats beträgt $|(\vec{a} \times \vec{b}) \circ \vec{c}|$.

Der Term $|(\vec{a} \times \vec{b}) \circ \vec{c}|$ wird auch als **Spatprodukt** bezeichnet.

Für das Volumen der von den Vektoren $\vec{a}$, $\vec{b}$ und $\vec{c}$ aufgespannten Pyramide gilt:

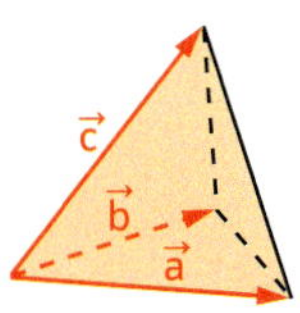

$V_{Pyramide}$

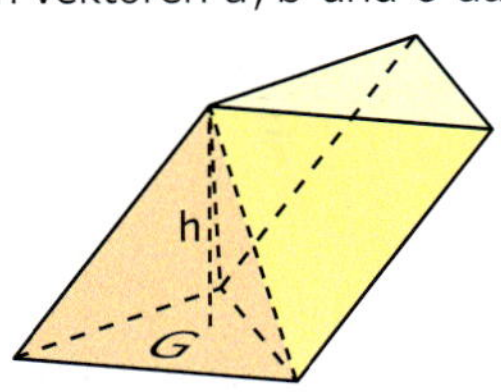

$= \frac{1}{3} \cdot V_{Prisma}$

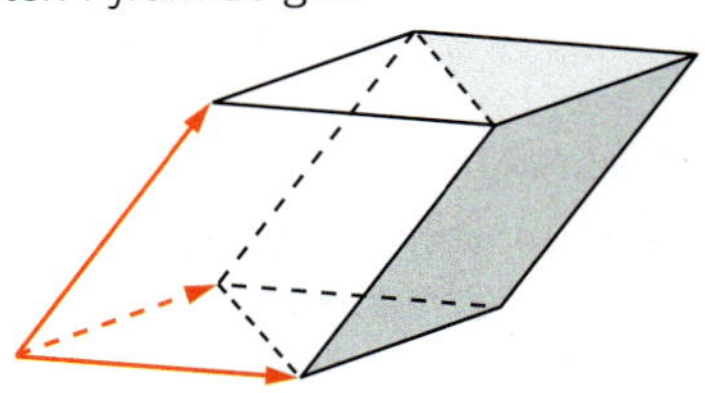

$= \frac{1}{3} \cdot \frac{1}{2} \cdot V_{Spat} = \frac{1}{6} \cdot |(\vec{a} \times \vec{b}) \circ \vec{c}|$

Beispiel 1

Bestimmen Sie einen Vektor der Länge 5, der orthogonal zu $\vec{a} = \begin{pmatrix} -3 \\ 4 \\ 1 \end{pmatrix}$ und $\vec{b} = \begin{pmatrix} 3 \\ -4 \\ \sqrt{2} \end{pmatrix}$ ist.

■ Lösung:

$$\vec{a} \times \vec{b} = \begin{pmatrix} -3 \\ 4 \\ 1 \end{pmatrix} \times \begin{pmatrix} 3 \\ -4 \\ \sqrt{2} \end{pmatrix} = \begin{pmatrix} 4\sqrt{2} + 4 \\ 3 + 3\sqrt{2} \\ 12 - 12 \end{pmatrix} = \begin{pmatrix} 4(\sqrt{2} + 1) \\ 3(\sqrt{2} + 1) \\ 0 \end{pmatrix}$$

$$\begin{matrix} -3 & 3 \\ 4 & -4 \end{matrix}$$

$$|\vec{a} \times \vec{b}| = \sqrt{4^2 \cdot (\sqrt{2} + 1)^2 + 3^2 (\sqrt{2} + 1)^2 + 0} = \sqrt{25 \cdot (\sqrt{2} + 1)^2} = 5 \cdot (\sqrt{2} + 1)$$

Also ist $\frac{1}{\sqrt{2} + 1} \cdot \begin{pmatrix} 4(\sqrt{2} + 1) \\ 3(\sqrt{2} + 1) \\ 0 \end{pmatrix} = \begin{pmatrix} 4 \\ 3 \\ 0 \end{pmatrix}$ der gesuchte Vektor.

Beispiel 2

Berechnen Sie die Maßzahl des Flächeninhalts des Dreiecks ABC für A(2 | 5 | −1), B(3 | 7 | 2) und C(9 | 6 | 3) mithilfe des Vektorprodukts.

■ Lösung:

Skizze:

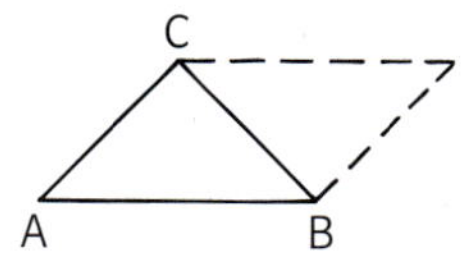

$$\overrightarrow{AB} \times \overrightarrow{AC} = \begin{pmatrix} 1 \\ 2 \\ 3 \end{pmatrix} \times \begin{pmatrix} 7 \\ 1 \\ 4 \end{pmatrix} = \begin{pmatrix} 2 \cdot 4 - 3 \cdot 1 \\ 3 \cdot 7 - 1 \cdot 4 \\ 1 \cdot 1 - 2 \cdot 7 \end{pmatrix} = \begin{pmatrix} 5 \\ 17 \\ -13 \end{pmatrix}$$

$$A = \frac{1}{2} \cdot |\overrightarrow{AB} \times \overrightarrow{AC}| = \frac{1}{2} \cdot \sqrt{5^2 + 17^2 + (-13)^2} = \frac{1}{2} \cdot \sqrt{483} \approx 10{,}99$$

Beispiel 3

Berechnen Sie die Maßzahl des Volumens der von $\vec{a} = \begin{pmatrix} 2 \\ 3 \\ 5 \end{pmatrix}$, $\vec{b} = \begin{pmatrix} 2 \\ -1 \\ 7 \end{pmatrix}$ und $\vec{c} = \begin{pmatrix} -3 \\ 9 \\ 2 \end{pmatrix}$ festgelegten dreiseitigen Pyramide.

■ Lösung:

$$V_{Pyramide} = \frac{1}{6} \cdot \left| \left(\vec{a} \times \vec{b}\right) \circ \vec{c} \right| = \frac{1}{6} \cdot \left| \left(\begin{pmatrix} 2 \\ 3 \\ 5 \end{pmatrix} \times \begin{pmatrix} 2 \\ -1 \\ 7 \end{pmatrix} \right) \circ \begin{pmatrix} -3 \\ 9 \\ 2 \end{pmatrix} \right| = \frac{1}{6} \cdot \left| \begin{pmatrix} 26 \\ -4 \\ -8 \end{pmatrix} \circ \begin{pmatrix} -3 \\ 9 \\ 2 \end{pmatrix} \right| = \frac{1}{6} \cdot |-130| = \frac{65}{3} \approx 21{,}7$$

Aufgaben

2

Berechnen Sie für $\vec{a} = \begin{pmatrix} 2 \\ 1 \\ 5 \end{pmatrix}$, $\vec{b} = \begin{pmatrix} 3 \\ 2 \\ 1 \end{pmatrix}$ und $\vec{c} = \begin{pmatrix} -1 \\ 0 \\ 0 \end{pmatrix}$:

a) $\vec{a} \times \vec{b}$, $\vec{b} \times \vec{a}$, $\vec{b} \times \vec{c}$ und $\vec{c} \times \vec{a}$

b) $\vec{a} \times (\vec{b} \times \vec{c})$ und $(\vec{a} \times \vec{b}) \times \vec{c}$

3

Berechnen Sie die Maßzahl des Flächeninhalts des Dreiecks ABC für

a) A(4 | 7 | 5), B(0 | 5 | 9), C(8 | 7 | 3),

b) A(−1 | 5 | 0), B(2 | 2 | 2), C(2 | 2 | 0),

c) A(5 | 1 | −2), B(3 | 0 | 0), C(1 | 3 | 1).

4

Berechnen Sie die Maßzahl des Volumens einer Pyramide mit den Ecken

a) A(0 | 0 | 0), B(1 | 7 | 3), C(2 | −3 | 4), D(6 | 1 | 10)

b) A(1 | −2 | 12), B(11 | 3 | 5), C(3 | 5 | 8), D(19 | 4 | 4)

5

a) Zeichnen Sie die Pyramide OABS mit A(4 | −2 | 0), B(2 | 4 | 0) und S(2 | 2 | 5).

b) Begründen Sie, dass die Grundfläche OAB ein rechtwinkliges Dreieck ist.

c) Wie lang ist die Höhe der Pyramide?

d) Bestimmen Sie die Maßzahl des Volumens der Pyramide.

6

Erläutern Sie anhand einer Zeichnung, dass $\vec{a} = \begin{pmatrix} 2 \\ 0 \\ 0 \end{pmatrix}$, $\vec{b} = \begin{pmatrix} 1 \\ 2 \\ 0 \end{pmatrix}$ und $\vec{a} \times \vec{b}$ ein Rechtssystem bilden.

7

Berechnen Sie $(\vec{a} \times \vec{b}) \times \vec{c}$ und $\vec{a} \times (\vec{b} \times \vec{c})$ für selbst gewählte Vektoren $\vec{a}$, $\vec{b}$ und $\vec{c}$.
Welche Aussage begründet dieses Beispiel?

Lösungssalat zu 2 (Summen der Koordinaten der Ergebnisvektoren):

8

a) Bestimmen Sie einen Vektor $\vec{c} = \begin{pmatrix} c_1 \\ c_2 \\ c_3 \end{pmatrix}$, der zu $\vec{a} = \begin{pmatrix} 3 \\ 2 \\ -1 \end{pmatrix}$ und $\vec{b} = \begin{pmatrix} -1 \\ 3 \\ 1 \end{pmatrix}$ orthogonal ist.

b) Zeigen Sie, dass die Vektoren

$$\vec{c_r} = r \cdot \begin{pmatrix} a_2 b_3 - a_3 b_2 \\ a_3 b_1 - a_1 b_3 \\ a_1 b_2 - a_2 b_1 \end{pmatrix} \text{ mit } r \in \mathbb{R}$$

orthogonal zu den Vektoren

$$\vec{a} = \begin{pmatrix} a_1 \\ a_2 \\ a_3 \end{pmatrix} \text{ und } \vec{b} = \begin{pmatrix} b_1 \\ b_2 \\ b_3 \end{pmatrix} \text{ sind.}$$

9

Beweisen Sie folgende Eigenschaften des Vektorprodukts durch Nachrechnen:

a) $\vec{b} \times \vec{a} = -\vec{a} \times \vec{b}$

b) $\vec{a} \times (\vec{b} + \vec{c}) = \vec{a} \times \vec{b} + \vec{a} \times \vec{c}$

c) $\vec{a} \times (r \cdot \vec{b}) = r \cdot (\vec{a} \times \vec{b})$ für $r \in \mathbb{R}$

10

Bestimmen Sie einen Vektor $\vec{c}$ der zu $\vec{a} = \begin{pmatrix} 3 \\ 2 \\ -4 \end{pmatrix}$ und $\vec{b} = \begin{pmatrix} -4{,}5 \\ -3 \\ 6 \end{pmatrix}$ orthogonal ist.

Warum ist bei dieser Aufgabe die Richtung des Vektors $\vec{c}$ nicht eindeutig festgelegt?

Strategie: Veranschaulichen durch eine Skizze

11

Begründen Sie: $\vec{a} \times (\vec{b} + r \cdot \vec{a}) = \vec{a} \times \vec{b}$

Zeichnen Sie eine Figur, die den Sachverhalt geometrisch deutet.

12

Bestimmen Sie x und y in $\vec{c} = \begin{pmatrix} 3 \\ y \\ x \end{pmatrix}$ so, dass $\vec{c}$ senkrecht zu $\vec{a} = \begin{pmatrix} 3 \\ -2 \\ -1 \end{pmatrix}$ und $\vec{b} = \begin{pmatrix} 1 \\ 2 \\ 3 \end{pmatrix}$ ist.

13

a) Begründen Sie, dass $A(-1|2|-1)$, $B(1|3|1)$, $C(-1|5|2)$ und $D(-3|4|0)$ ein Quadrat bilden.

b) Begründen Sie, dass in der Pyramide $ABCDS_k$ mit $S_k(-1+k|3{,}5+2k|0{,}5-2k)$ für jedes k die Seitenkanten gleich lang sind.

c) Berechnen Sie $\overrightarrow{AB} \times \overrightarrow{AD}$.

d) M ist der Schnittpunkt der Diagonalen des Quadrates. Welche Bedeutung hat der Vektor $\overrightarrow{MS_k}$ für die Pyramide?

e) Berechnen Sie das Volumen der Pyramide auf zwei verschiedenen Wegen.

14

Hat Jens mit folgenden Behauptungen recht? Begründen Sie Ihre Antworten.

a) Sind die Koordinaten der Eckpunkte eines Parallelogramms ganze Zahlen, so ist die Maßzahl seines Flächeninhalts eine ganze Zahl.

b) Das Volumen eines Spats, der von drei Vektoren mit ganzzahligen Koordinaten aufgespannt wird, hat eine ganzzahlige Maßzahl.

c) Für das Volumen des von den Vektoren $\vec{a}$, $\vec{b}$ und $\vec{c}$ aufgespannten Spats gilt:

$$|\vec{a} \circ (\vec{b} \times \vec{c})| = |(\vec{a} \times \vec{b}) \circ \vec{c}|$$

15

Richtig oder falsch?

Begründen Sie Ihre Antwort und korrigieren Sie eine falsche Aussage.

a) $\vec{a} \times (r \cdot \vec{a}) = 0$

b) $\vec{a} \circ (r \cdot \vec{a}) = r \cdot |\vec{a}|^2$

c) $\vec{a} \circ (\vec{b} \times \vec{c}) = (\vec{a} \times \vec{b}) \circ \vec{c}$

d) $\vec{a} \cdot (\vec{b} \circ \vec{a}) = (\vec{a} \circ \vec{b}) \cdot \vec{a}$

G16

In die folgende Tabelle ist der Unterschied D zwischen der Temperatur einer frisch gebrühten Tasse Tee und der Umgebungstemperatur von 20 °C zu verschiedenen Zeiten t eingetragen.

t in min	0	1	2	3	4
D in °C	70,0	63,0	56,6	51,0	45,8

a) Welches Wachstum liegt vor? Begründen Sie Ihre Antwort und bestimmen Sie die Wachstumsfunktion.

b) Nach welcher Zeit hat der Tee eine Temperatur von 40 °C?

G17

Wahr oder falsch?

Begründen Sie.

a) Die Graphen von Potenzfunktionen sind achsensymmetrisch.

b) Eine ganzrationale Funktion fünften Grades hat genau fünf Nullstellen.

c) Eine ganzrationale Funktion dritten Grades hat mindestens eine Nullstelle.

8 Kreise und Kugeln im Koordinatensystem

1

a) Zeichnen Sie die Punkte A(1|1), B(8|2) und C(4|10) und konstruieren Sie einen Kreis, der durch diese Punkte geht.

b) Auf welchen Eigenschaften des Kreises beruht diese Konstruktion?

c) Wo liegen alle Punkte im Raum, die von zwei festen Punkten den gleichen Abstand haben?

d) Wie viele Punkte im Raum müssen vorgeben werden, um eine Kugel eindeutig zu bestimmen? Beschreiben Sie Ihre Überlegungen.

Der **Kreis** ist die Menge aller Punkte (die Ortslinie) in einer Ebene, die von einem festen Punkt M den gleichen Abstand r haben.
Die **Kugel** ist die Menge aller Punkte im Raum, die von einem festen Punkt M den gleichen Abstand r haben.
Damit lassen sich die Gleichungen von Kreis bzw. Kugel einfach vektoriell beschreiben.

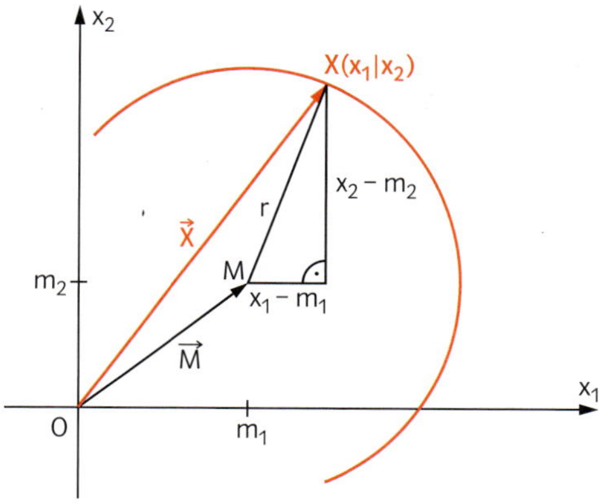

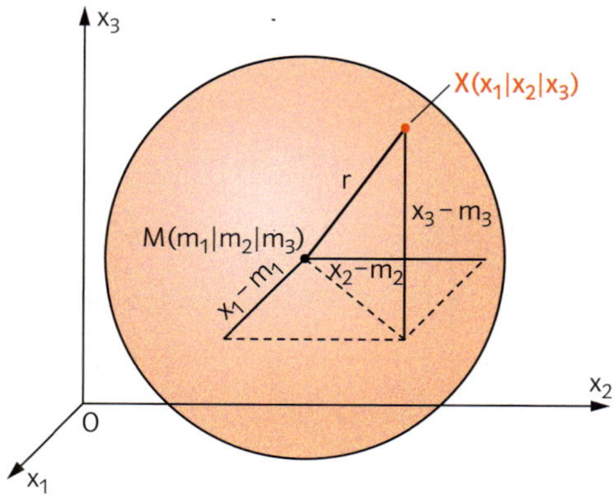

Liegt der Punkt $X(x_1|x_2)$ auf dem Kreis mit dem Mittelpunkt $M(m_1|m_2)$ und dem Radius r, so gilt: $\overline{MX} = |\overrightarrow{MX}| = r$
Für die Ortsvektoren der Punkte gilt damit:
$(\vec{X} - \vec{M})^2 = r^2$
Für die Koordinaten gilt also die Gleichung:
$(x_1 - m_1)^2 + (x_2 - m_2)^2 = r^2$

Liegt der Punkt $X(x_1|x_2|x_3)$ auf der Kugel mit dem Mittelpunkt $M(m_1|m_2|m_3)$ und dem Radius r, so gilt: $\overline{MX} = |\overrightarrow{MX}| = r$
Für die Ortsvektoren der Punkte gilt damit:
$(\vec{X} - \vec{M})^2 = r^2$
Für die Koordinaten gilt also die Gleichung:
$(x_1 - m_1)^2 + (x_2 - m_2)^2 + (x_3 - m_3)^2 = r^2$

Geht man umgekehrt von der Gültigkeit dieser Gleichungen für die Koordinaten aus, so folgt aus dem Satz des Pythagoras, dass X von M den Abstand r hat.
Die Gleichung $(\vec{X} - \vec{M})^2 = r^2$ bestimmt also die Menge aller Punkte X, die von M den Abstand r haben. In der Ebene ist dies ein Kreis, im Raum eine Kugel.

Kreis- und Kugelgleichung in Vektor- und Koordinatendarstellung

Ein Kreis im $\mathbb{R}^2$ mit dem Mittelpunkt $M(m_1|m_2)$ und dem Radius r wird beschrieben durch:
$(\vec{X} - \vec{M})^2 = r^2$ bzw.
$(x_1 - m_1)^2 + (x_2 - m_2)^2 = r^2$

Eine Kugel im $\mathbb{R}^3$ mit dem Mittelpunkt $M(m_1|m_2|m_3)$ und dem Radius r wird beschrieben durch:
$(\vec{X} - \vec{M})^2 = r^2$ bzw.
$(x_1 - m_1)^2 + (x_2 - m_2)^2 + (x_3 - m_3)^2 = r^2$

Beispiel 1

a) Ein Kreis K hat den Mittelpunkt M(3 | 4) und den Radius $r = 2{,}5$. Geben Sie die Kreisgleichung in Vektordarstellung und in Koordinatendarstellung an.

b) Eine Kugel hat den Mittelpunkt M(3 | 4 | 0) und den Radius $r = 2{,}5$. Geben Sie die Kugelgleichung in Vektordarstellung und in Koordinatendarstellung an.

Lösung:

a) Vektordarstellung: $\left[\begin{pmatrix} x_1 \\ x_2 \end{pmatrix} - \begin{pmatrix} 3 \\ 4 \end{pmatrix}\right]^2 = 2{,}5^2$ Koordinatendarstellung: $(x_1 - 3)^2 + (x_2 - 4)^2 = 2{,}5^2$

b) Vektordarstellung: $\left[\begin{pmatrix} x_1 \\ x_2 \\ x_3 \end{pmatrix} - \begin{pmatrix} 3 \\ 4 \\ 0 \end{pmatrix}\right]^2 = 2{,}5^2$ Koordinatendarstellung: $(x_1 - 3)^2 + (x_2 - 4)^2 + x^3 = 2{,}5^2$

Beispiel 2

a) Zeichnen Sie den Kreis mit dem Mittelpunkt M(2,5 | 1) und dem Radius $r = 2{,}5$.

b) Geben Sie die Gleichung des Kreises an und bestimmen Sie c im Punkt $P_c(c\,|\,3)$ so, dass P_c auf dem Kreis liegt. Zeichnen Sie die Punkte ein.

c) Für welche Werte von c liegt P_c innerhalb (außerhalb) des Kreises?

Lösung:

a)

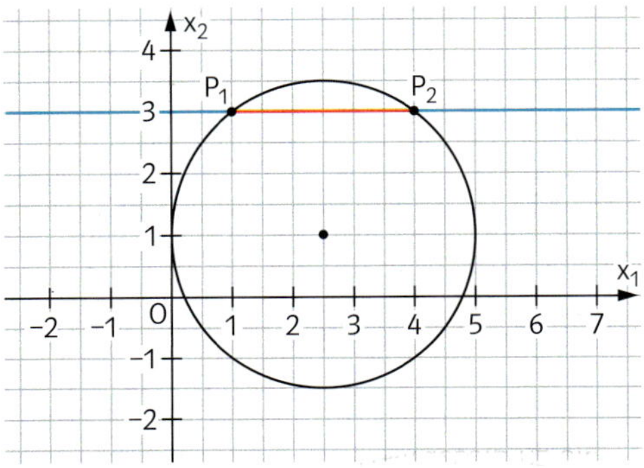

b) K: $(x_1 - 2{,}5)^2 + (x_2 - 1)^2 = 6{,}25$

$P \in K \Rightarrow (c - 2{,}5)^2 + (3 - 1)^2 = 6{,}25$

$\Rightarrow (c - 2{,}5)^2 = 2{,}25$

$\Rightarrow |c - 2{,}5| = 1{,}5$

$\Rightarrow c_1 = 1;\ c_2 = 4$

$P_1(1\,|\,3)$ und $P_4(4\,|\,3)$ liegen auf dem Kreis.

c) Für $|c - 2{,}5| < 1{,}5$; d.h. für $1 < c < 4$ liegen die Punkte innerhalb des Kreises (rote Strecke).

Für $|c - 2{,}5| > 1{,}5$; d.h. für $c > 1$ oder $c > 4$ liegen die Punkte P_c außerhalb des Kreises (blaue Halbgeraden).

Aufgaben

Lösungssalat zu 4 (Punkte auf der Kugel):

2

Geben Sie eine Gleichung eines Kreises bzw. einer Kugel jeweils in Vektordarstellung und in Koordinatendarstellung an.

a) M(5 | 2), $r = 3$ b) M(0 | 0), $r = 2$

c) M(2 | 3 | −1), $r = 1{,}5$ d) M(0 | 0 | 0), $r = 4$

e) $\vec{M} = \begin{pmatrix} -2 \\ -3 \end{pmatrix}$, $r = 5$ f) $\vec{M} = \begin{pmatrix} 2 \\ -2 \\ 1 \end{pmatrix}$, $r = 3$

3

Prüfen Sie, ob die Punkte A, B und C innerhalb der Kugel, auf der Kugel oder außerhalb der Kugel mit dem Mittelpunkt M und dem Radius r liegen.

a) A(4 | 1 | 3), B(3 | 0 | 10), C(−1 | 1 | 1), M(1 | 1 | 7), $r = 5$

b) A(8 | 1 | 2), B(7 | −3 | 5), C(−1 | −5 | −1), M(−2 | −2 | 3), $r = 8$

4

Für welche reellen Zahlen c liegt der Punkt P innerhalb der Kugel, auf der Kugel bzw. außerhalb der Kugel mit dem Mittelpunkt M(2 | −3 | 1) und dem Radius $r = 5\sqrt{2}$?

a) P(3 | 4 | c) b) P(2 | c | 6) c) P(c | c | 6)

5

Wie lauten die Gleichungen der Kreise mit dem Radius $r = 4\sqrt{2}$, deren Mittelpunkte auf der Geraden mit der Gleichung $x_1 - x_2 = 0$ liegen und die durch den Punkt P gehen?

a) P(0 | 0) b) P(−7 | 1)

6

Bestimmen Sie die Gleichung des Kreises mit den Durchmesserendpunkten A(−3 | −1) und B(5 | 5) in Vektor- und Koordinatendarstellung.

7
Welche Punktmengen beschreiben die Gleichungen $\left[\vec{x} - \begin{pmatrix} 5 \\ 3 \end{pmatrix}\right]^2 = 6^2$ und $\left[\vec{x} - \begin{pmatrix} 5 \\ 3 \\ 0 \end{pmatrix}\right]^2 = 6^2$?
In welcher Beziehung stehen sie zueinander?

8
Bestimmen Sie einen Kreis,
a) der beide Koordinatenachsen berührt und durch den Punkt $P(1|2)$ geht,
b) der die x_1-Achse berührt und durch die Punkte $P(1|2)$ und $Q(-3|2)$ geht.

9
Gegeben sind zwei Kugeln mit den Mittelpunkten $M_1(-7|1|3)$ bzw. $M_2(5|5|9)$ und den Radien $r_1 = 7$ bzw. $r_2 = 3$.
Wie groß ist der Abstand der Kugeln?

10
Geben Sie die Gleichungen aller Kugeln mit dem Radius 5 an, die eine der Koordinatenebenen im Ursprung berühren.

11
Eine Kugel mit dem Radius $r = 13$ und dem Mittelpunkt $M(m_1|m_2|m_3)$ $(m_1 > 0,\ m_2 > 0,\ m_3 > 0)$ berührt die x_1x_2-Ebene und die x_1x_3-Ebene und geht durch den Punkt $P(5|1|9)$.
Berechnen Sie den Mittelpunkt.

12
P und Q sind Punkte einer Kugel mit dem Durchmesser [PQ]. Geben Sie die Gleichung der Kugel in Vektor- und in Koordinatendarstellung an.
a) $P(5|-2|12)$, $Q(3|6|-4)$
b) $P(4|-2|5)$, $Q(-8|2|-1)$

13
Welche Punktmenge wird im Raum (!) durch die Gleichung $x_1^2 + x_2^2 = 100$ beschrieben?

14
Drei Ecken eines Würfels im II. Oktanten mit der Kantenlänge 5 cm liegen auf den Koordinatenachsen. Bestimmen Sie die Gleichung der Kugel, welche dem Würfel einbeschrieben (umschrieben) ist.

15
Das obere Bild zeigt eine brennende Kerze auf der Erde. Das untere Bild zeigt, wie eine Kerze im Weltall brennen würde. Suchen Sie nach einer Erklärung für dieses Phänomen.

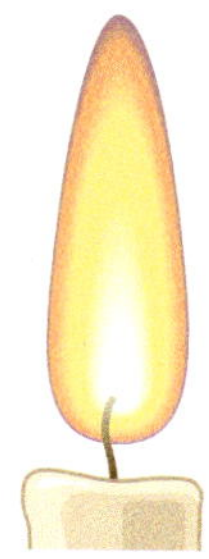

16
Die Eckpunkte eines Oktaeders mit der Kantenlänge $4\sqrt{2}$ liegen auf den Koordinatenachsen.
a) Zeichnen Sie diesen Oktaeder.
b) Berechnen Sie sein Volumen und seine Oberfläche.
c) Geben Sie die Gleichung der Kugel an, die diesen Oktaeder umschreibt.

G 17
Über die Wahrscheinlichkeiten der Ereignisse X und Y ist Folgendes bekannt.

	X	$\overline{X}$	
Y			0,25
$\overline{Y}$	0,3		
		0,6	1

a) Füllen Sie die Vierfeldertafel vollständig aus.
b) Erstellen Sie die beiden Baumdiagramme, die zu dieser Vierfeldertafel gehören.
c) Sind die Wahrscheinlichkeiten $P(X)$ und $P_Y(X)$ gleich groß?

G 18
Wahr oder falsch? Begründen Sie.
a) $-0{,}5x^2 - x + 2xz = x(-0{,}5x + 2z)$
b) $x \cdot (4 + 3a \cdot 2b) = 4x + 3ax \cdot 2xb$
c) $4v - 2(t - 2x) = 4v - 2t + 4x$
d) $2x^2 + 4x - 16 = -2(2 - x)(4 + x)$
e) $5{,}1 + 4{,}9t + 0{,}5t = 10{,}5t$

G 19
Berechnen Sie β, δ und ε.

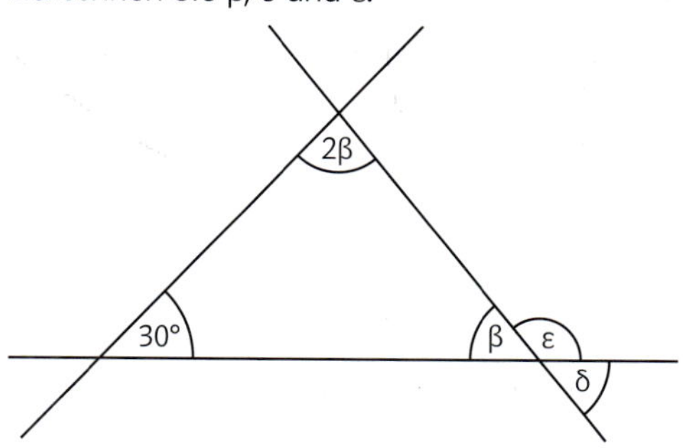

Vektoren in der Physik

In der Physik unterscheidet man zwischen **skalaren Größen** wie z. B. Masse oder Zeit und **vektoriellen Größen** wie z. B. Geschwindigkeit oder Kraft. Skalare Größen werden durch die Angabe von Maßzahl und Maßeinheit beschrieben, z. B. Masse 5 kg, Zeit 12 s.
Zur vollständigen Festlegung von vektoriellen Größen benötigt man außer der Angabe von Maßzahl und Maßeinheit noch die Angabe der Richtung. Vektorielle Größen werden durch Pfeile veranschaulicht. Die Maßzahl in der gewählten Maßeinheit bestimmt die Länge des Pfeils d. h. den Betrag des Vektors.

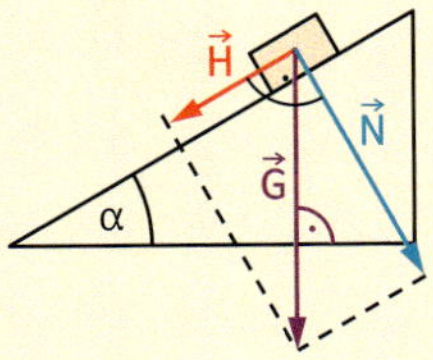

Mithilfe von Vektoren lassen sich physikalische Sachverhalte gut veranschaulichen und deren Größen berechnen, wie die Abbildung auf dem Rand zeigt:
Die Gewichtskraft $\vec{G}$ eines Körpers wird auf der schiefen Ebene in die Hangabtriebskraft $\vec{H}$ und die dazu senkrechte Normalkraft $\vec{N}$ zerlegt.
Es gilt: $|\vec{H}| = |\vec{G}| \cdot \sin\alpha$ und $|\vec{N}| = |\vec{G}| \cdot \cos\alpha$

Auch komplexere Sachverhalte kann man übersichtlich darstellen:
Die nebenstehende Abbildung veranschaulicht das Zusammenwirken verschiedener Kräfte bei einem Drachen, der an einer Schnur im Wind gehalten wird. Im Gleichgewichtsfall wirkt der Summe aus der Gewichtskraft $\vec{G}$ und der Zugkraft $\vec{Z}$ der Schnur die durch den Wind und die Schrägstellung des Drachens verursachte Kraft $\vec{F_W}$ entgegen. Sie ist senkrecht zum Drachen gerichtet, der ruhig im Wind steht.

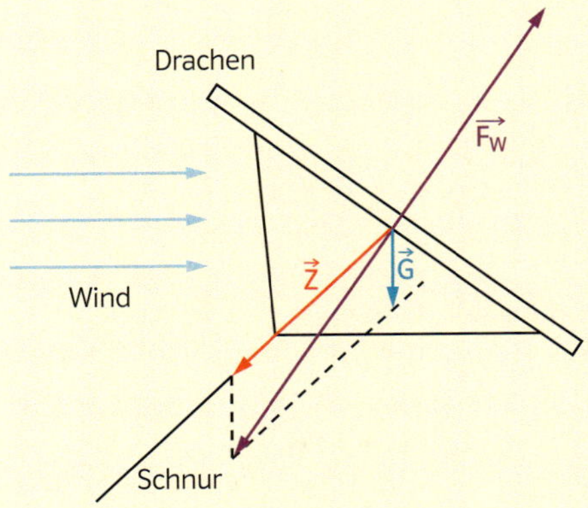

Ein weiteres Beispiel einer vektoriellen Größe ist die elektrische Feldstärke.
Im Raum zwischen den beiden festen Ladungen mit unterschiedlichen Vorzeichen besteht ein elektrisches Feld, welches durch die grau gezeichneten Feldlinien beschrieben wird. Auf eine bewegliche positive Ladung Q (eine skalare Größe) wirkt überall eine Kraft in Richtung der Tangente dieser Linien. Die Kraft $\vec{F}$ auf diese Ladung ist gleich der Summe der Kräfte, welche beide festen Ladungen auf die bewegliche Ladung ausüben.
Den Quotienten $\frac{\vec{F}}{Q}$ bezeichnet man als elektrische Feldstärke $\vec{E}$.

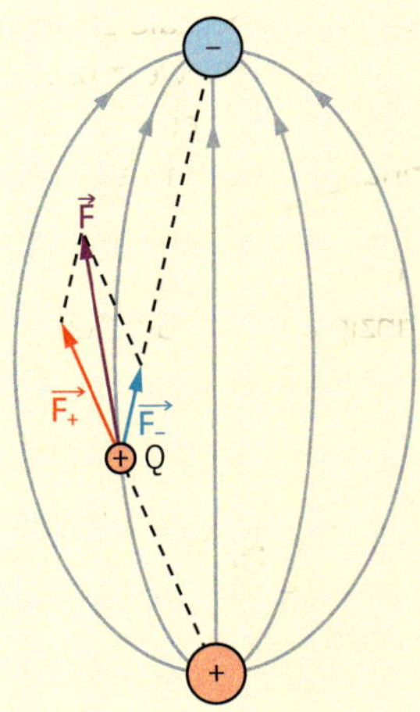

Die Verwendung von Vektoren erleichtert auch das formale Rechnen mit vektoriellen Größen. Die Arbeit ist ein Beispiel für die Anwendung des Skalarprodukts.
Es gilt: $W = \vec{F} \circ \vec{s} = |\vec{F}| \cdot |\vec{s}| \cdot \cos\varphi$

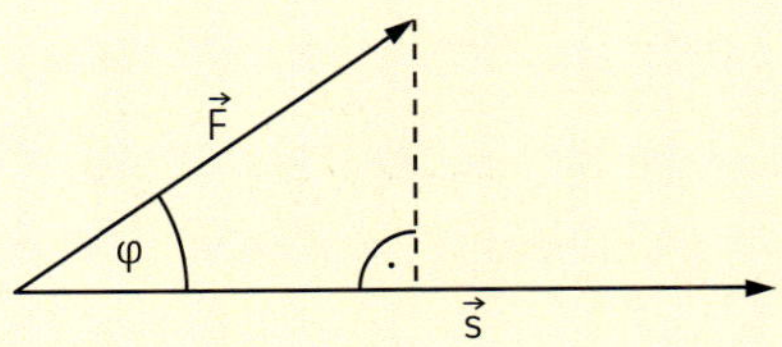

Wenn das Produkt vektorieller Größen wieder eine vektorielle Größe ergibt, kann in vielen Fällen das Ergebnis durch das Vektorprodukt beschrieben werden.

Drehmoment

Für einen starren Körper, der um eine feste Achse drehbar gelagert ist, gilt: Der Vektor $\vec{r}$ senkrecht zur Achse gibt den Abstand des Angriffspunktes einer Kraft $\vec{F}$ von der Achse an. Die Kraft ist ebenfalls senkrecht zur Achse gerichtet.
Der Vektor $\vec{M} = \vec{r} \times \vec{F}$ heißt Drehmoment.

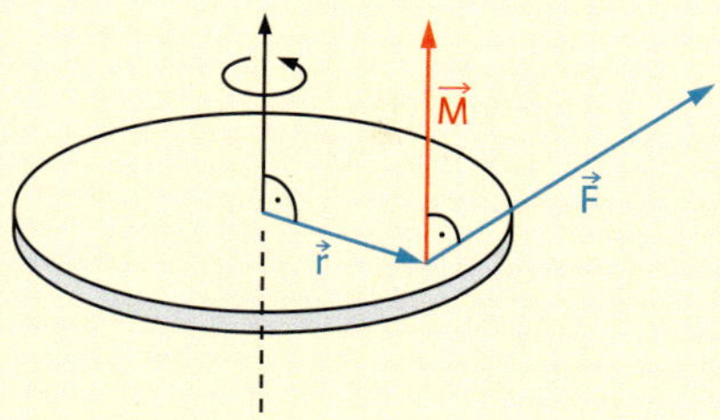

Lorentzkraft

Bewegt sich eine Ladung Q in einem homogenen Magnetfeld $\vec{B}$ mit der Geschwindigkeit $\vec{v}$, so wird sie durch die sogenannte Lorentzkraft $\vec{F_L}$ senkrecht zur Richtung der Feldlinien abgelenkt.
Es gilt: $\vec{F_L} = Q \cdot (\vec{v} \times \vec{B})$

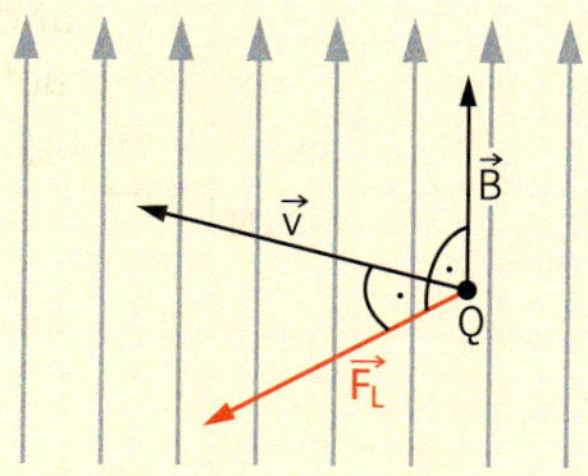

Im Leiterschaukelversuch wird das Grundprinzip des Gleichstromelektromotors demonstriert. Auf die im Leiter vom Minuspol zum Pluspol fließenden Elektronen wirkt im vom Nordpol zum Südpol gerichteten Magnetfeld die Lorentzkraft. Die Summe dieser Kräfte bewegt den Leiter nach rechts.
Wird umgekehrt der Draht mit der Hand durch das Magnetfeld bewegt, so werden die Elektronen durch die Lorentzkraft $\vec{F_L}$ bewegt und sammeln sich am vorderen Ende des Leiters. Es entsteht eine Spannung zwischen den Enden des Leiters.
Dieser Vorgang heißt **Induktion**.
Nach diesem Grundprinzip arbeiten die Generatoren zur Stromerzeugung.

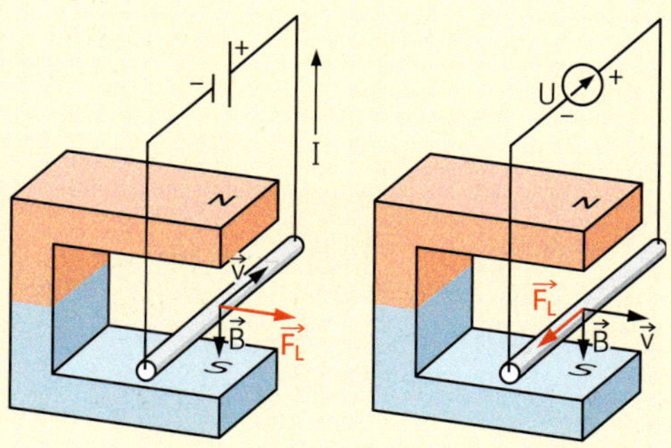

1

Die Kräfte $\vec{F_1} = \begin{pmatrix} 0 \\ 0 \\ -3 \end{pmatrix}$, $\vec{F_2} = \begin{pmatrix} 0 \\ 1 \\ -2 \end{pmatrix}$, $\overrightarrow{F_{3,k}} = \begin{pmatrix} 0 \\ -3k \\ -4k \end{pmatrix}$ greifen an dem um D drehbaren, waagrechten Hebel an.

a) Berechnen Sie mithilfe des Vektorprodukts die Summe der an dem Hebel angreifenden Drehmomente in Abhängigkeit von k.

b) Berechnen Sie $|\overrightarrow{F_{3,k}}|$ für den Fall, dass der Hebel im Gleichgewicht ist.

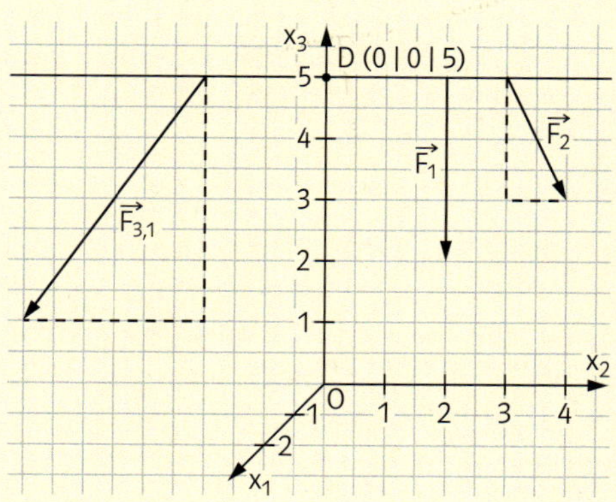

René Descartes: Mathematiker und Philosoph am Beginn einer neuen Zeit

René Descartes
(1596–1650)

Man schrieb das Jahr 1617.
Glaubensgegensätze zwischen Katholiken und Protestanten sowie der beginnende Aufstand deutscher Territorialfürsten gegen den Herrschaftsanspruch des Kaisers des heiligen römischen Reiches deutscher Nation mündeten letztlich in den Dreißigjährigen Krieg.
Ein intelligenter hochgebildeter 21-jähriger Adeliger schloss sich den Truppen des Moritz von Nassau an und zog später als eine Art Kriegsbeobachter mit den kaiserlichen Truppen durch Europa. Der junge Mann, er war Franzose und hieß René Descartes, nutzte hierbei viele Gelegenheiten, bedeutende europäische Wissenschaftler wie Johannes Kepler (1571–1630) oder Galileo Galilei (1564–1642) kennen zu lernen.
Nach vier Jahren schied er aus dem Militärdienst aus.
Zu diesem Zeitpunkt hatte Descartes bereits wichtige mathematische Zusammenhänge erarbeitet und entscheidende Schritte zu einem neuen philosophischen System unternommen.
Damit gehörte René Descartes bald zur wissenschaftlichen Elite. Die von ihm begründete philosophische Lehre des Rationalismus übte großen Einfluss auf die neuzeitliche Philosophie bis hin zu Immanuel Kant (1724–1804) aus.

Ausspruch eines unbekannten Jesuiten gegenüber Galilei:

„Es ist zwecklos mein Sohn. Ich habe den Aristoteles zweimal gelesen und darin nichts über Flecken auf der Sonne gefunden. Es gibt keine Flecken auf der Sonne. Sie sind entweder auf Mängel deines Teleskops oder auf Fehler in deinen Augen zurückzuführen“.

Motiv für seine neuen Ansätze war seine Unzufriedenheit mit den Zuständen in Politik und Wissenschaft: Ebenso, wie die Politik zum Beginn des 17. Jahrhunderts von absoluten Herrschern dominiert wurde, waren die Wissenschaften von Autoritäten geprägt. Man berief sich in der Philosophie, aber auch in der Naturwissenschaft z.B. auf Aristoteles (384–332 v. Chr.), in Glaubensfragen auf die Kirchenväter wie z.B. Augustinus (354–430). Alle Erkenntnis wurde stets mit diesen Autoritäten begründet.
Am Beispiel der Diskussion um die Sonnenflecken wird dies besonders deutlich. Im religiös geprägten Weltbild des Mittelalters war die Sonne makellos rein. Eventuelle Flecken konnten nur von Objekten zwischen Erde und Sonne herrühren, etwa von Wolken oder unbekannten Planeten. Der Jesuit Christoph Scheiner (1573–1650) erforschte mit dem Teleskop etwa zeitgleich mit Galilei die Sonnenflecken über einen längeren Zeitraum. Während Galilei im Prinzip die heutige Theorie der Entstehung vertrat, erklärte Scheiner die beobachteten Veränderungen der Sonnenflecken mit der Existenz eines Planeten.

Johannes Kepler
(1571–1630)

Descartes konnte sich mit dieser Art Wissenschaft nicht anfreunden und stellte den Zweifel ins Zentrum seiner Überlegungen. Er fragte, was denn übrig bliebe, wenn alles um ihn herum und auch seine eigenen Sinne ihn täuschten. Er kam zu dem Schluss, seine eigene Existenz sei ihm gewiss, denn er zweifle, er denke. *„Cogito, ergo sum.“ – „Ich denke (zweifle), also bin ich.“*
Auf diese Gewissheit gründete er weitere Folgerungen und erarbeitete dafür klare logische Regeln. Als Vorbild für diese Regeln diente ihm das methodische Vorgehen bei der Arithmetik und der Geometrie. Descartes zeigte die Mathematik als die Methode auf, die der Erforschung der Wahrheit dient.

Galileo Galilei
(1564–1642)

Zur Zeit vor Descartes befasste sich die Mathematik im Wesentlichen direkt mit den geometrischen Objekten wie z.B. Geraden, Strecken, Dreiecken und Kreisen. Geometrische Probleme wurden mithilfe geometrischer Verfahren gelöst. Algebraisches Wissen wurde dabei kaum verwendet. Descartes ging es wie in Philosophie so auch in Mathematik um klare Begriffe und eindeutige Definitionen. Hierzu nutzte er die vorhandenen Erkenntnisse der Algebra aus, insbesondere die von François Vieta (1540–1603) eingeführten Buchstaben als Stellvertreter von Zahlen (Variablen) zum symbolischen Rechnen.

Das in diesem Kapitel neu vorgestellte Verfahren der Vektorrechnung wurde in seinen Grundzügen von Descartes entwickelt. Es griff als Erster zur Lösung geometrischer Probleme algebraische Verfahren auf.
Descartes gilt als Begründer der sogenannten analytischen Geometrie. Man könnte wegen der von ihm eingeführten Vorgehensweise auch von algebraischer Geometrie sprechen.

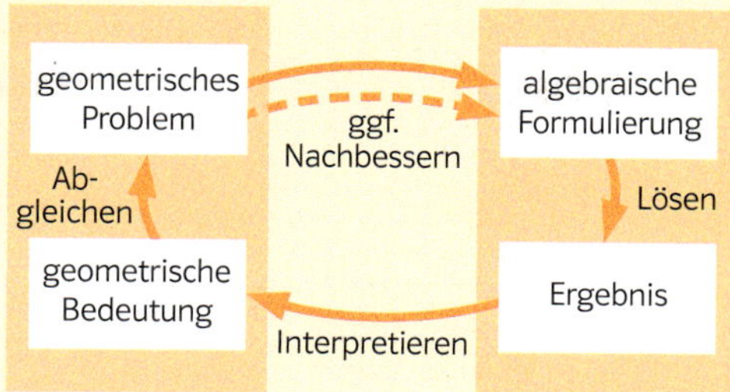

Vom Mathematiker Joseph Louis Lagrange (1736–1813) stammt folgendes Zitat:

„Algebra und Geometrie machten, solange sie getrennt blieben, geringe Fortschritte, und ihre Anwendungen waren beschränkt; jedoch seit die Trennung dieser beiden Disziplinen aufgehört hat, sind sie durch gegenseitige Unterstützung mit Riesenschritten ihrer Vollendung entgegengeeilt. Die Anwendung der Algebra auf die Geometrie verdankt man Descartes, und sie hat die größten Entdeckungen in allen Teilen der Mathematik hervorgerufen."

Das heute gebräuchliche Koordinatensystem mit senkrechten Achsen wird in Erinnerung an Descartes deshalb als **kartesisches Koordinatensystem** bezeichnet.

Descartes selbst verwendete jedoch noch nicht das heutige Koordinatensystem mit zwei Achsen, sondern er entwickelte einen Vorläufer davon. Es gab nur eine Achse, genauer eine Halbgerade und Strecken mit gleicher Richtung. Die nebenstehende Abbildung zeigt, wie Descartes Punkte mit Zahlenpaaren identifizierte. Die Strecken gleicher Richtung nannte Descartes auf Französisch *appliquées par ordre* und auf Latein *omnes ordinem applicatae* (alle der Reihe nach hinzugefügt). Daraus wurde die Bezeichnung Ordinate für den y-Wert bzw. den x_2-Wert.

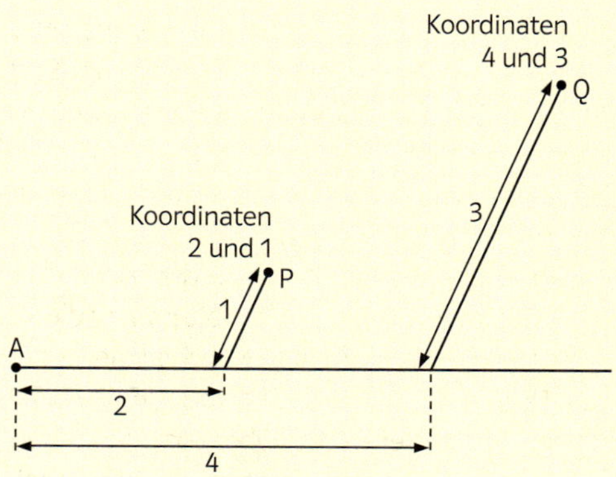

Der später verwendete Begriff Koordinaten kommt von **coordinata** (lat.): die Zugeordnete.

Das von Descartes entwickelte System ist gleichwertig mit dem I. Quadranten eines Koordinatensystems dessen Achsen nicht aufeinander senkrecht stehen. In diesem Koordinatensystem kann man neben Punkten, wie z.B. A(2|1) und B(4|2) auch den Vektor $\overrightarrow{AB} = \begin{pmatrix} 2 \\ 1 \end{pmatrix}$ und das Produkt $2 \cdot \overrightarrow{AB}$ beschreiben. Um auch $|\overrightarrow{AB}|$ wirklichkeitsgetreu abzubilden, braucht man senkrechte Achsen mit gleichen Einheiten auf beiden Achsen, denn der Lehrsatz des Pythagoras gilt nur im rechtwinkligen Dreieck.

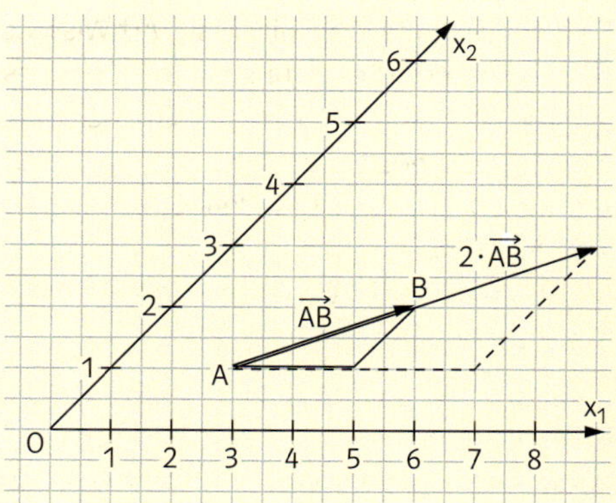

Leonhard Euler (1707–1783)

Das uns bekannte zweidimensionale nach Descartes benannte kartesische Koordinatensystem wurde von dem Schweizer Mathematiker Leonhard Euler (1707–1783) eingeführt.

Rückblick

Addition und Subtraktion von Vektoren

Sind die Koordinaten zweier Vektoren $\vec{a}$ und $\vec{b}$ gegeben, so gilt:

$$\vec{a}+\vec{b}=\begin{pmatrix}a_1\\a_2\\a_3\end{pmatrix}+\begin{pmatrix}b_1\\b_2\\b_3\end{pmatrix}=\begin{pmatrix}a_1+b_1\\a_2+b_2\\a_3+b_3\end{pmatrix}\qquad \vec{a}-\vec{b}=\begin{pmatrix}a_1\\a_2\\a_3\end{pmatrix}-\begin{pmatrix}b_1\\b_2\\b_3\end{pmatrix}=\begin{pmatrix}a_1-b_1\\a_2-b_2\\a_3-b_3\end{pmatrix}$$

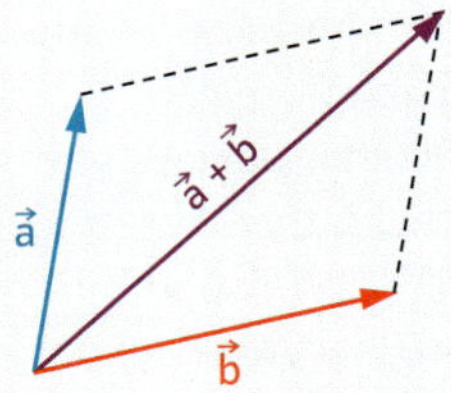

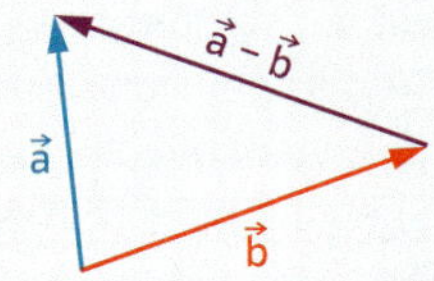

Multiplikation eines Vektors mit einer Zahl (S-Multiplikation)

Für einen Vektor $\vec{a}=\begin{pmatrix}a_1\\a_2\\a_3\end{pmatrix}$ und eine reelle Zahl r gilt: $r\cdot\begin{pmatrix}a_1\\a_2\\a_3\end{pmatrix}=\begin{pmatrix}r\cdot a_1\\r\cdot a_2\\r\cdot a_3\end{pmatrix}$

$$3\cdot\begin{pmatrix}-2\\4\\5\end{pmatrix}=\begin{pmatrix}3\cdot(-2)\\3\cdot\ 4\\3\cdot\ 5\end{pmatrix}=\begin{pmatrix}-6\\12\\15\end{pmatrix}$$

Einen Term wie $r_1\cdot\vec{a_1}+r_2\cdot\vec{a_2}+\ldots+r_n\cdot\vec{a_n}$ $(n\in\mathbb{N})$ nennt man eine **Linearkombination** der Vektoren $\vec{a_1},\vec{a_2},\ldots,\vec{a_n}$; die reellen Zahlen $r_1, r_2, \ldots, r_n$ heißen **Koeffizienten**.

$2\cdot\vec{a}-3\cdot\vec{b}+\vec{c}$ ist eine Linearkombination der Vektoren $\vec{a}$, $\vec{b}$ und $\vec{c}$.

Betrag eines Vektors

Unter dem Betrag eines Vektors $\vec{a}$ versteht man die Länge eines zu $\vec{a}$ gehörenden Repräsentanten.
Der Betrag von $\vec{a}$ wird mit $|\vec{a}|$ bezeichnet.
Für $\vec{a}=\begin{pmatrix}a_1\\a_2\\a_3\end{pmatrix}$ gilt: $|\vec{a}|=\sqrt{a_1^2+a_2^2+a_3^2}$

$$\left|\begin{pmatrix}-2\\6\\3\end{pmatrix}\right|=\sqrt{(-2)^2+6^2+3^2}=\sqrt{49}=7$$

Skalarprodukt, Winkel zwischen Vektoren $\vec{a}$ und $\vec{b}$

Skalarprodukt: $\vec{a}\circ\vec{b}=|\vec{a}|\cdot|\vec{b}|\cdot\cos\varphi$

Koordinatendarstellung: $\vec{a}\circ\vec{b}=\begin{pmatrix}a_1\\a_2\\a_3\end{pmatrix}\circ\begin{pmatrix}b_1\\b_2\\b_3\end{pmatrix}=a_1\cdot b_1+a_2\cdot b_2+a_3\cdot b_3$

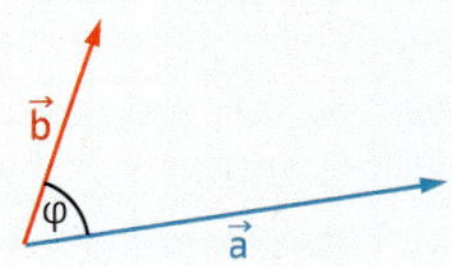

Winkel zwischen $\vec{a}$ und $\vec{b}$: $\cos\varphi=\dfrac{a_1\cdot b_1+a_2\cdot b_2+a_3\cdot b_3}{\sqrt{a_1^2+a_2^2+a_3^2}\cdot\sqrt{b_1^2+b_2^2+b_3^2}}$

Es gilt: $\vec{a}\perp\vec{b}\ \Leftrightarrow\ \vec{a}\circ\vec{b}=0$

$$\begin{pmatrix}2\\-3\\4\end{pmatrix}\circ\begin{pmatrix}3\\-2\\1\end{pmatrix}=2\cdot3+(-3)\cdot(-2)+4\cdot1=16$$

Vektorprodukt, Parallelogrammfläche und Spatvolumen

Vektorprodukt von $\vec{a}=\begin{pmatrix}a_1\\a_2\\a_3\end{pmatrix}$ und $\vec{b}=\begin{pmatrix}b_1\\b_2\\b_3\end{pmatrix}$: $\vec{a}\times\vec{b}=\begin{pmatrix}a_2b_3-a_3b_2\\a_3b_1-a_1b_3\\a_1b_2-a_2b_1\end{pmatrix}$

$$\begin{pmatrix}3\\1\\-2\end{pmatrix}\times\begin{pmatrix}4\\-2\\5\end{pmatrix}=\begin{pmatrix}1\cdot\ 5-(-2)\cdot(-2)\\(-2)\cdot\ 4-\ 3\cdot\ 5\\3\cdot(-2)-\ 1\cdot\ 4\end{pmatrix}=\begin{pmatrix}1\\-23\\-10\end{pmatrix}$$

Es gilt: $\vec{a}\times\vec{b}\perp\vec{a}$ und $\vec{a}\times\vec{b}\perp\vec{b}$

Der Flächeninhalt des von den Vektoren $\vec{a}$ und $\vec{b}$ aufgespannten Parallelogramms beträgt: $|\vec{a}\times\vec{b}|=|\vec{a}|\cdot|\vec{b}|\cdot\sin\varphi$

Der von den Vektoren $\vec{a}$, $\vec{b}$ und $\vec{c}$ aufgespannte Spat hat das Volumen $V=\left|(\vec{a}\times\vec{b})\circ\vec{c}\right|$.

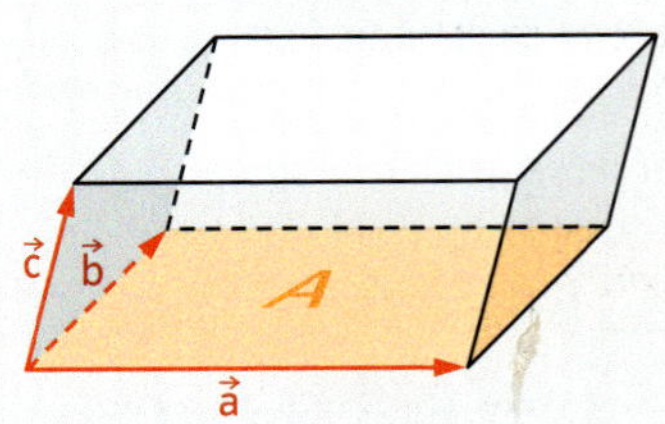

$A=|\vec{a}\times\vec{b}|$

$V=|(\vec{a}\times\vec{b})\circ\vec{c}|$

Kreis- bzw. Kugelgleichung

Gleichung in Vektordarstellung: $(\vec{X}-\vec{M})^2=r^2$

Gleichungen in Koordinatendarstellung:

Kreis: $(x_1-m_1)^2+(x_2-m_2)^2=r^2$

Kugel: $(x_1-m_1)^2+(x_2-m_2)^2+(x_3-m_3)^2=r^2$

Für $M(1\,|-3\,|\,0)$ und $r=4$ lautet die Kugelgleichung in Koordinatendarstellung:
$(x_1-1)^2+(x_2+3)^2+(x_3-0)^2=4^2$

Aufgaben zum Üben und Wiederholen

1
Von einem Würfel ABCDEFGH sind die Eckpunkte $A(0|0|0)$, $B(0|-4|0)$, $D(4|0|0)$ und $E(0|0|4)$ gegeben.
a) Zeichnen Sie den Würfel in ein Koordinatensystem und geben Sie die Koordinaten der übrigen Eckpunkte an.
b) Zeichnen Sie den an der x_3-Achse gespiegelten Würfel A'B'C'D'E'F'G'H' und geben Sie die Koordinaten seiner Eckpunkte an.
c) Z ist Mittelpunkt der Kante [AE]. Der ursprüngliche Würfel und der an der x_3-Achse gespiegelte Würfel sind punktsymmetrisch bezüglich Z. Geben Sie die Paare der einander zugeordneten Punkte an.

2
In dem regelmäßigen Sechseck sind Repräsentanten von Vektoren eingezeichnet.

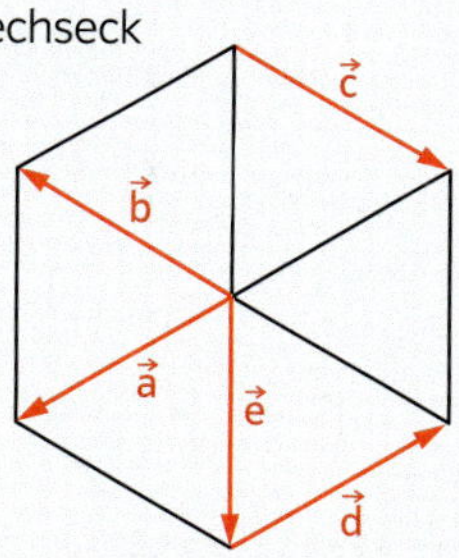

a) Drücken Sie die Vektoren $\vec{c}$, $\vec{d}$ und $\vec{e}$ durch die Vektoren $\vec{a}$ und $\vec{b}$ aus.
b) Drücken Sie die Vektoren $\vec{a}$, $\vec{b}$ und $\vec{c}$ durch die Vektoren $\vec{d}$ und $\vec{e}$ aus.

3
Was sagt die Gleichung $|\vec{a} \circ \vec{b}| = |\vec{a}| \cdot |\vec{b}|$ über die Vektoren $\vec{a}$ und $\vec{b}$ aus?

4
Bestimmen Sie alle zu $\vec{u} = \begin{pmatrix} 2 \\ -3 \\ 4 \end{pmatrix}$ und $\vec{v} = \begin{pmatrix} 1 \\ 0 \\ -2 \end{pmatrix}$ orthogonalen Vektoren.

5
Für $\vec{a} = \begin{pmatrix} 2 \\ 1 \\ -2 \end{pmatrix}$ und $\vec{b} = \begin{pmatrix} 1 \\ r \\ s \end{pmatrix}$ soll gelten:
$\vec{b} \perp \vec{a}$ und $|\vec{b}| = 3$. Berechnen Sie r und s.

6
Eine Kugel mit dem Radius 3 berührt die drei Koordinatenebenen und ihr Mittelpunkt hat lauter negative Koordinaten. Wie lautet ihre Gleichung?

7

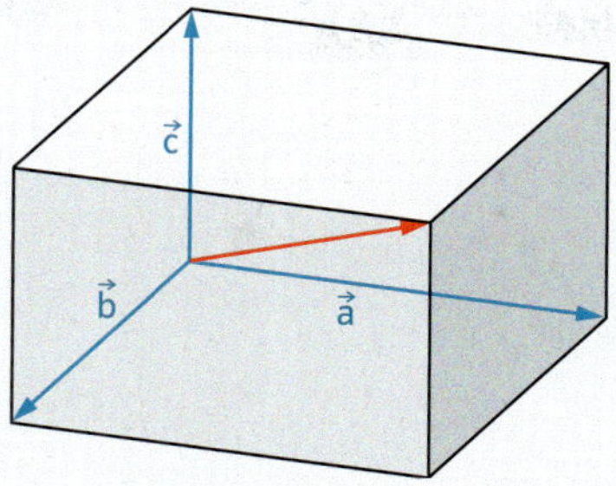

Beweisen Sie mithilfe des Skalarprodukts: Bei jedem Quader haben die Quadrate über drei von einer Ecke ausgehenden Kanten zusammen den gleichen Flächeninhalt wie das Quadrat über der Raumdiagonalen.

8
a) Bestimmen Sie die Gleichung einer Kugel mit dem Mittelpunkt $M(-3|2|1)$, die durch den Punkt $P(2|2|1)$ geht.
b) Prüfen Sie ob der Punkt $Q(1|3|-2)$ innerhalb, außerhalb oder auf der Kugeloberfläche liegt.

9
Eine Kugel K mit dem Radius 7 und dem Mittelpunkt $M(2|-1|m)$ geht durch den Punkt $A(8|2|5)$. Bestimmen Sie m.

10
Gegeben sind die Punkte $A(1|-2|-7)$, $B(17|-2|6)$, $C(-8|-2|6)$ und $D(1|6|7)$.
a) Berechnen Sie den Winkel CAB.
b) Berechnen Sie den Flächeninhalt des Dreiecks ABC.
c) Berechnen Sie das Volumen der dreiseitigen Pyramide mit den Ecken ABCD.

11
a) Zeigen Sie, dass die Punkte $A(0|0|0)$, $B(0|6|0)$, $C(3\sqrt{3}|3|0)$ und $D(\sqrt{3}|3|2\sqrt{6})$ ein Tetraeder bilden.
b) Zeichnen Sie das Tetraeder in ein Koordinatensystem.
c) Berechnen Sie den Winkel, den eine Seitenfläche mit der Grundfläche einschließt.
d) Berechnen Sie die Oberfläche und das Volumen des Tetraeders.

Die Lösungen zu den Aufgaben dieser Seite finden Sie auf den Seiten 231 und 232.

Aufgaben zur Vorbereitung auf das Abitur

1
Beschreiben Sie die Lage aller Punkte $P(2|x_2|3)$, $x_2 \in \mathbb{R}$, im Koordinatensystem.

2
Lösen Sie folgendes Gleichungssystem: (I) $3n_1 + 2n_2 - n_3 = 0$
(II) $2n_1 + n_2 + 2n_3 = 0$
Welches geometrische Problem löst dieses Gleichungssystem, wenn beide Terme links des Gleichheitszeichens als Skalarprodukte gedeutet werden?

3
Es gilt für beliebige Vektoren $\vec{a}$ und $\vec{b}$: $\vec{a} \times (\vec{b} + k \cdot \vec{a}) = \vec{a} \times \vec{b}$
Begründen Sie algebraisch die Gültigkeit dieser Gleichung und deuten Sie deren Aussage an geeigneten Parallelogrammflächeninhalten.

4
Die Vektoren $\vec{a} = \begin{pmatrix} 2 \\ 1 \\ -2 \end{pmatrix}$, $\vec{b} = \begin{pmatrix} 1 \\ 2 \\ 2 \end{pmatrix}$ und $\vec{c} = \begin{pmatrix} 2 \\ -2 \\ 1 \end{pmatrix}$ spannen einen Spat auf. Berechnen Sie sein Volumen. Welche besondere Gestalt hat der Spat? Begründen Sie Ihre Antwort.

5

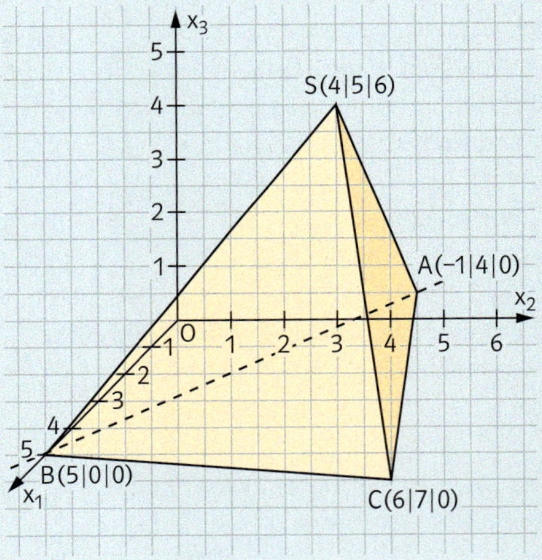

a) Ein Punkt Q bewegt sich auf der Geraden g durch die Pyramidenpunkte A und B in der x_1x_2-Ebene. Welche Gleichung gilt für seine Koordinaten x_1 und x_2?
[Teilergebnis: $2x_1 + 3x_2 - 10 = 0$]
b) Welche Punktmenge im dreidimensionalen Raum wird durch die Gleichung $x_3 = 0$ beschrieben?
c) Welche Punktmenge im dreidimensionalen Raum wird durch die Gleichung $2x_1 + 3x_2 - 10 = 0$ beschrieben? Begründen Sie Ihre Antwort.
d) Zeigen Sie, dass die Punkte mit dem Ortsvektor $\vec{Q} = \begin{pmatrix} -1{,}5\lambda + 5 \\ \lambda \\ 0 \end{pmatrix}$ auf g liegen.
e) Berechnen Sie den Abstand $\overline{SQ}$ in Abhängigkeit von λ. Für welchen Punkt Q_0 auf g ist er am kleinsten?
f) Berechnen Sie den Punkt Q_0 auf g mit dem kleinstmöglichen Abstand von S noch einmal durch Anwendung des folgenden Satzes: Der Fußpunkt des Lotes von einem Punkt P außerhalb auf eine Gerade g ist der Geradenpunkt, der den kürzesten Abstand von P hat.
g) Geben Sie die Gleichung der Kugel mit dem Mittelpunkt S und dem unbekannten Radius r an. Bestimmen Sie λ in Abhängigkeit von r so, dass der Geradenpunkt Q auf der Kugel liegt. Für welches r gibt es nur eine Lösung? Welche besondere Bedeutung hat dieser Punkt?
h) Zeichnen Sie die Pyramide ABCS mit den angegebenen Koordinaten und berechnen Sie den Winkel α, den die Seitenkante [BS] der Pyramide mit der Grundfläche ABC bildet.
i) Zeichnen Sie den Winkel β, den die Seitenfläche ABS der Pyramide mit der Grundfläche ABC bildet, in das Schrägbild und berechnen Sie seine Größe.
k) Berechnen Sie das Volumen der Pyramide ABCS für A, B und C aus der Abbildung und allgemein $S(x_1|x_2|6)$. Wie lässt sich das Ergebnis geometrisch erklären?

Die Lösungen zu den Aufgaben dieser Seite finden Sie auf Seite 241.

Aufgaben zur Vorbereitung auf das Abitur

1
Das Satellitennavigationssystem GPS basiert auf 24 Satelliten, die die Erde umkreisen. Sie sind mit präzisen synchron laufenden Atomuhren ausgestattet und senden ständig ihre Positionsangabe und die damit verbundene Zeitangabe. Dabei breitet sich das Signal mit einer Geschwindigkeit von $299792{,}5\,\frac{km}{s}$ nach allen Richtungen gleichmäßig aus. Empfänger, die das Signal zum gleichen Zeitpunkt empfangen, besitzen also die gleiche Entfernung vom Satelliten.
Ein GPS-Empfänger wertet die Signale aus, indem er mit seiner eingebauten Uhr die Signallaufzeiten ermittelt und daraus seine eigene Position berechnet.
In der nebenstehenden Tabelle sind die Koordinaten von drei Satelliten in einem kartesischen Koordinatensystem mit dem Erdmittelpunkt als Ursprung angegeben und die Signallaufzeiten zu einem bestimmten GPS-Empfänger.

Satellit	Position (in 1000 km)	Signallaufzeit (in Millisek.)
S1	(16,054 | 5,843 | 20,359)	67,5897
S2	(15,597 | 13,087 | 17,084)	69,7547
S3	(12,488 | 21,629 | 9,090)	76,8021

a) Bestimmen Sie die Entfernungen der Satelliten zum GPS-Empfänger.
Erläutern Sie, inwiefern die Bestimmung der Koordinaten des GPS-Empfängers durch Betrachten geeigneter Kugeln beschrieben werden kann.

b) Bestimmen Sie die Koordinaten x_1, x_2 und x_3 des GPS-Empfängers. Stellen Sie dazu die drei Kugelgleichungen für den GPS-Empfänger bezüglich der drei Satelliten auf und lösen Sie das Gleichungssystem. Berücksichtigen Sie dann, dass sich der GPS-Empfänger in 6370 km Entfernung vom Erdmittelpunkt befindet.

c) Für einen anderen Ort auf der Erde ermittelt ein Navigationsgerät die kartesischen Koordinaten (2,0665 | 1,1931 | 5,9062). Bestimmen Sie für diesen Ort in dem rechts dargestellten Koordinatensystem die Größe der Winkel φ und ϑ und die Entfernung r vom Erdmittelpunkt. Geben Sie die Länge und die Breite des Ortes an, wobei die x_1-Achse in Richtung des Nullmeridians und die x_3-Achse zum Nordpol weist.

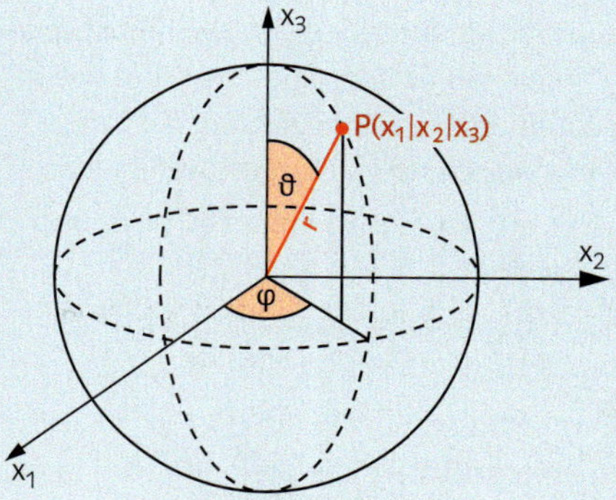

2
Die Grundfläche einer Pyramide ist ein Dreieck mit den Punkten A(−3 | 5 | 2), B(4 | −2 | 0) und C(3 | 6 | 1). Die Spitze liegt im Punkt S(2 | 4 | 8).

a) Bestimmen Sie das Volumen der Pyramide.

b) Bestimmen Sie aus dem Volumen und der Grundfläche die Höhe der Pyramide.

c) Bestimmen Sie den Fußpunkt F der Höhe der Pyramide mithilfe eines Vektors, der senkrecht zur Grundfläche steht.

d) Stellen Sie die Pyramide und ihre Höhe mithilfe eines geeigneten 3D-Geometriesystems dar und benutzen Sie die Veranschaulichung für die folgenden Überlegungen.

e) Zeigen Sie, dass sich das Volumen der Pyramide nicht verändert, wenn die Spitze S der Pyramide den Ortsvektor $\begin{pmatrix}2\\4\\8\end{pmatrix} + k \cdot \begin{pmatrix}5\\9\\0\end{pmatrix}$ hat.
Was bedeutet das Ergebnis für die relative Lage des Vektors $\begin{pmatrix}5\\9\\0\end{pmatrix}$ zur Grundfläche?

f) Wie lässt sich der in Teilaufgabe e) gefundene Zusammenhang mithilfe des Vektor- und Skalarprodukts überprüfen?

Die Lösungen zu den Aufgaben dieser Seite finden Sie auf den Seiten 250 und 251.

1 Ableiten der Sinus- und Kosinusfunktion

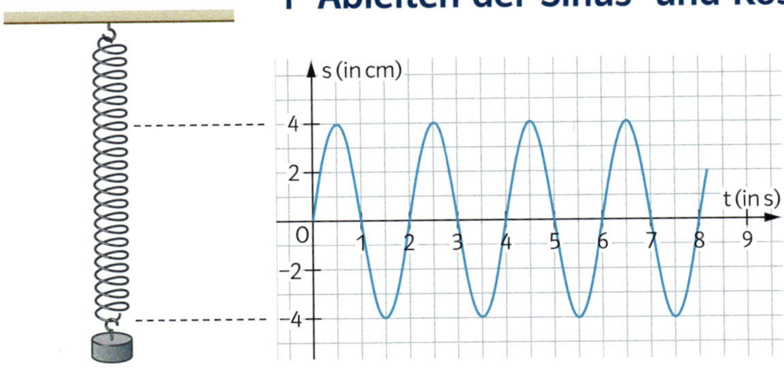

Die Geschwindigkeitsfunktion ist die Ableitung der Ortsfunktion.

1
Das Zeit-Ort-Diagramm zeigt die Auslenkung eines Federpendels bei einer Schwingung mit der Amplitude 4 cm.
Überlegen Sie, wie das zugehörige Zeit-Geschwindigkeits-Diagramm aussieht und skizzieren Sie diesen Graphen.
Welche Vermutung ergibt sich beim Betrachten beider Graphen?

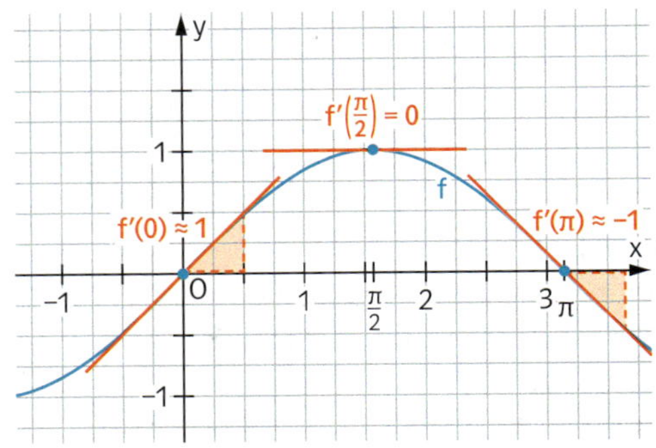

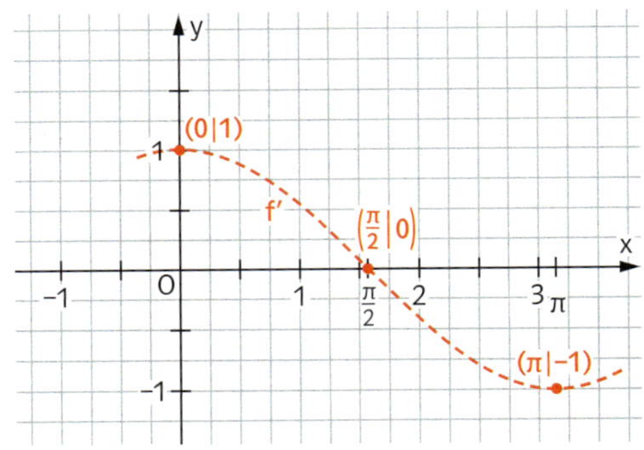

Die Figur rechts zeigt den Graphen der Sinusfunktion $f: x \mapsto \sin x$.
Um die Ableitung f' zu bestimmen, versuchen wir zunächst, den Graphen von f' zu skizzieren. Eine einfache Möglichkeit besteht darin, zuerst markante Stellen zu suchen, an denen die Tangentensteigung gut ablesbar ist. Man zeichnet also im Punkt $P(x\,|\,f(x))$ eine Tangente und trägt deren Steigung als Funktionswert f' in ein neues Koordinatensystem wie in der rechten unteren Figur ein. Bei der Sinusfunktion sind solche markanten Stellen z. B.
$x = 0$ mit $f'(0) \approx 1$; $x = \frac{\pi}{2}$ mit $f'\left(\frac{\pi}{2}\right) = 0$ und $x = \pi$ mit $f'(\pi) \approx -1$.
Darüber hinaus untersucht man das Steigungsverhalten der Sinusfunktion zwischen diesen markanten Stellen. Im Bereich $\left[0; \frac{\pi}{2}\right]$ ist z. B. zu erkennen, dass die Steigung vom Wert 1 bis zum Wert 0 zunächst langsam, dann immer stärker abnimmt. Entsprechend skizziert man den Verlauf von f' ins neue Koordinatensystem.
Führt man dieses Verfahren für mehrere Punkte bzw. Bereiche durch, so kann man nach und nach den Graphen der Ableitung der Sinusfunktion skizzieren.

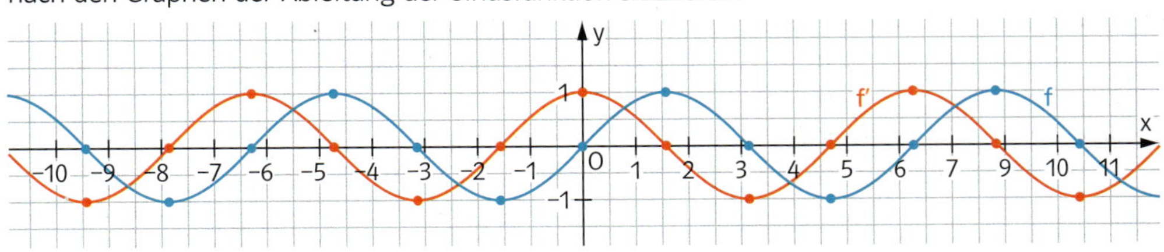

Es liegt die Vermutung nahe, dass die Kosinusfunktion die Ableitung der Sinusfunktion ist.

Analog betrachtet man den Graphen der Kosinusfunktion und kommt so zur Vermutung, dass die Funktion $f: x \mapsto -\sin x$ die Ableitung der Kosinusfunktion bildet.

Die Gültigkeit des folgenden Satzes wird im Thema auf S. 145 nachgewiesen.

Satz
Für die Funktion $f: x \mapsto \sin x$ gilt: $f'(x) = \cos x$
Für die Funktion $f: x \mapsto \cos x$ gilt: $f'(x) = -\sin x$

$(\sin x)' = \cos x$
$(\cos x)' = -\sin x$

Beispiel 1
Bestimmen Sie f'(x) für
a) $f(x) = 3 \cdot \sin x$ b) $f(x) = x^2 - 4 \cdot \cos x$ c) $f(x) = x^3 \cdot \sin x$
Lösung:
a) $f'(x) = 3 \cdot \cos x$ b) $f'(x) = 2x + 4 \cdot \sin x$ c) $f'(x) = 3x^2 \cdot \sin x + x^3 \cdot \cos x$

Beispiel 2
Ermitteln Sie die Gleichung der Tangente in $P\left(\frac{\pi}{4} \middle| \frac{\sqrt{2}}{2}\right)$ an den Graphen von $f: x \mapsto \sin x$ (vgl. Rand).
Lösung:
Es ist $f'(x) = \cos x$ und somit $f'\left(\frac{\pi}{4}\right) = \cos\left(\frac{\pi}{4}\right) = \frac{1}{2}\sqrt{2}$. Mit dem Ansatz $y = mx + t$ erhält man $y = \frac{1}{2}\sqrt{2}\,x + t$. Einsetzen der Koordinaten von P in diese Gleichung liefert $\frac{1}{2}\sqrt{2} = \frac{1}{2}\sqrt{2} \cdot \frac{\pi}{4} + t$, also $t = \frac{1}{2}\sqrt{2}\left(1 - \frac{\pi}{4}\right)$. Die Gleichung der Tangente lautet: $y = \frac{1}{2}\sqrt{2} \cdot x + \frac{1}{2}\sqrt{2}\left(1 - \frac{\pi}{4}\right)$

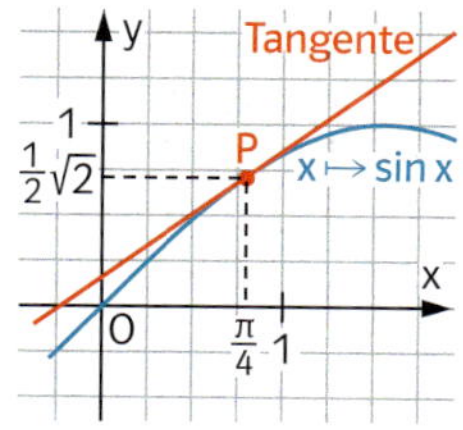

Beispiel 3
Bestimmen Sie die Extremwerte von $f: x \mapsto \sin x - \frac{1}{2}x$ im Intervall $[0; 2\pi]$. Berechnen Sie $f(0)$ und skizzieren Sie den Graphen im angegebenen Intervall.
Lösung:
$f'(x) = \cos x - \frac{1}{2}$. Da $f'(x) = 0$ gelten muss, folgt $\cos x = \frac{1}{2}$ und damit $x_1 = \frac{\pi}{3}$ und $x_2 = \frac{5}{3}\pi$.

Monotonieverhalten von f:

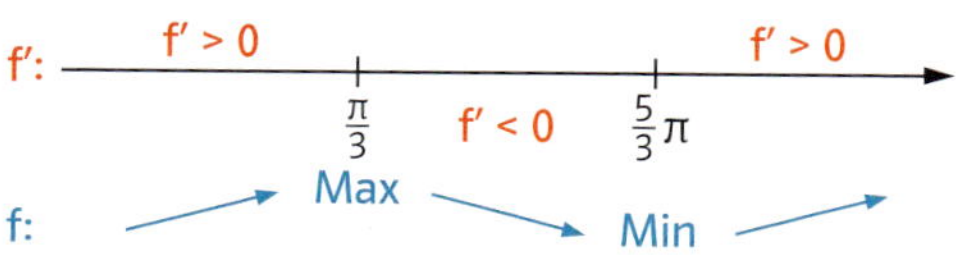

lok. Maximum: $f\left(\frac{\pi}{3}\right) = \frac{\sqrt{3}}{2} - \frac{\pi}{6} \approx 0{,}3424$
lok. Minimum: $f\left(\frac{5}{3}\pi\right) = -\frac{\sqrt{3}}{2} - \frac{5}{6}\pi \approx -3{,}4840$

Es gilt: $f(0) = \sin 0 - 0 = 0$

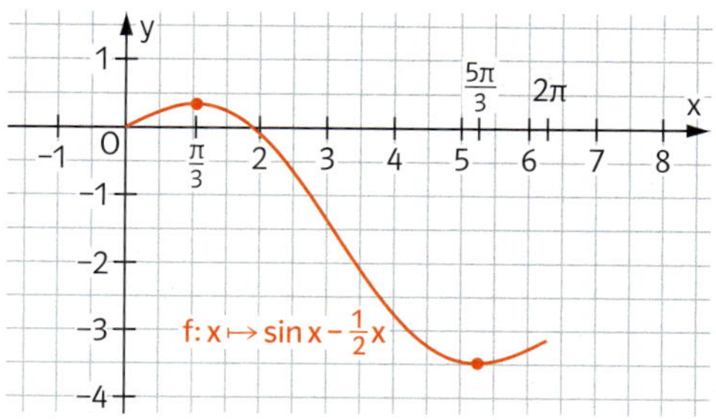

Erinnerung:
$f' > 0$ bedeutet:
G_f steigt streng monoton.
$f' < 0$ bedeutet:
G_f fällt streng monoton.

Aufgaben

2
Bestimmen Sie f'(x) und berechnen Sie $f'\left(\frac{\pi}{2}\right)$.
a) $f(x) = x^2 - \frac{1}{2} \cdot \cos x$ b) $f(x) = -9 \cdot \sin x$
c) $f(x) = \sqrt{5}\,x \cdot \cos x$ d) $f(x) = \frac{1}{x} + \frac{\sin x}{2}$
e) $f(x) = 6x^3 \cdot \cos x$ f) $f(x) = \sin x \cdot \cos x$
g) $f(x) = \frac{1}{3}x^2 \cdot (-\sin x)$ h) $f(x) = \frac{3}{4} \cdot \sin x + \frac{1}{8}x$

3
Welche Fehler sind beim Ableiten passiert?

$f(x) = 3x \cos x$; $f'(x) = -3 \sin x$
$g(x) = \frac{1}{x} - \cos x$; $g'(x) = -\frac{1}{x^2} - \sin x$

4
In welchen Punkten hat der Graph von $f: x \mapsto \sin x$ dieselbe Steigung wie
a) die Gerade mit der Gleichung $y = x$,
b) die x-Achse,
c) die Gerade mit der Gleichung $y = -x$,
d) die Gerade mit der Gleichung $y = \frac{1}{2}x$?

5
a) Wie oft müsste man die Funktion $f: x \mapsto \sin x$ ableiten, um wieder dieselbe Funktion zu erhalten?
b) Betrachten Sie analog $g: x \mapsto \cos x$.

Lösungssalat zu 2:

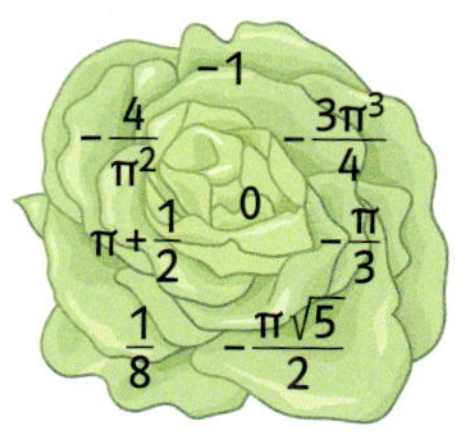

Hinweis zu 5:
Man kann Funktionen mehrfach ableiten. Hierzu betrachtet man die Ableitung als neue Funktion, die dann wiederum abgeleitet wird.

6
In den Figuren sind die Graphen von fünf Funktionen und deren Ableitungen gezeichnet. Ordnen Sie Funktion und entsprechende Ableitung einander zu und begründen Sie Ihre Wahl.

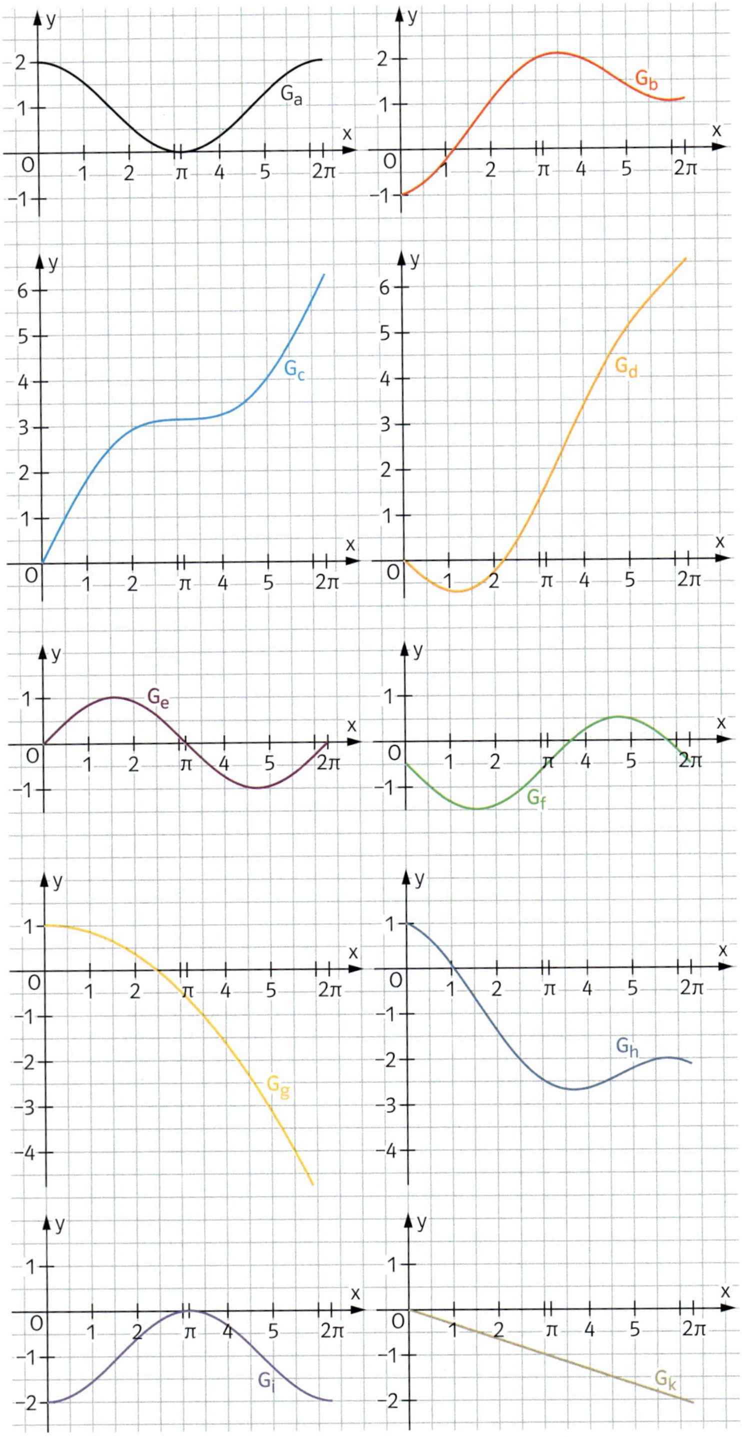

7

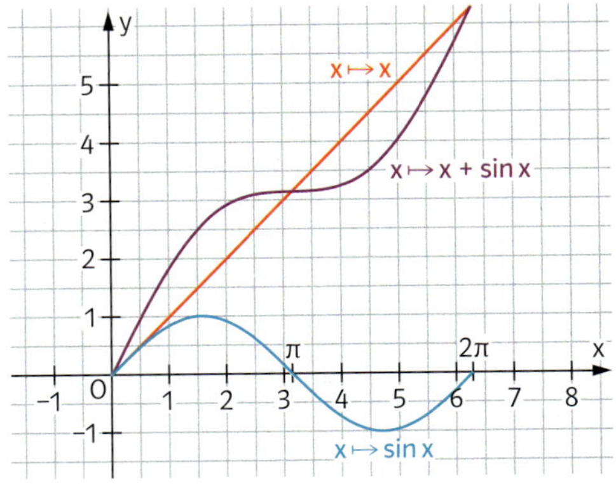

Gegeben sind die Funktionen f und g mit den Graphen G_f und G_g durch $f(x) = x + \sin x$ und $g(x) = x + \cos x$.

a) In der Figur ist G_f violett gezeichnet. Überlegen Sie, wie man diesen Graphen mithilfe der anderen beiden eingezeichneten Graphen erhalten kann und skizzieren Sie analog G_g für $-\frac{\pi}{2} \leqq x \leqq 2\pi$.

b) Bestimmen Sie zuerst näherungsweise graphisch, dann rechnerisch die Punkte auf G_g, in denen die zugehörige Tangente parallel zu der Geraden mit der Gleichung $y = 2x$ ist.

c) Zeigen Sie, dass sowohl G_f als auch G_g nirgends eine negative Steigung haben.

8 (💻)

a) Skizzieren Sie mithilfe eines Funktionsplotters oder wie in Aufgabe 7 den Graphen von $f\colon x \mapsto \sin x + \cos x$. Ermitteln Sie graphisch $f'(2)$ und $f'\left(\frac{3}{2}\pi\right)$, indem Sie an diesen Stellen näherungsweise die Steigung der Tangente ablesen. Kontrollieren Sie das Ergebnis durch Rechnung.

b) Skizzieren Sie mithilfe einer Wertetabelle oder wie in Aufgabe 7 den Graphen von $f\colon x \mapsto \sin x + g(x)$, wobei $g\colon x \mapsto mx + t$ eine lineare Funktion mit selbst gewähltem $m, t \in \mathbb{R}$ ist. Bestimmen Sie graphisch die Ableitung an zwei Stellen und kontrollieren Sie die Werte rechnerisch.

9
Ermitteln Sie für die Graphen der Funktionen $f\colon x \mapsto \sin x$ und $g\colon x \mapsto \cos x$ den Schnittpunkt S im Intervall $[0; \pi]$. Unter welchem Winkel schneiden die durch S verlaufenden Tangenten jeweils die x-Achse?

10

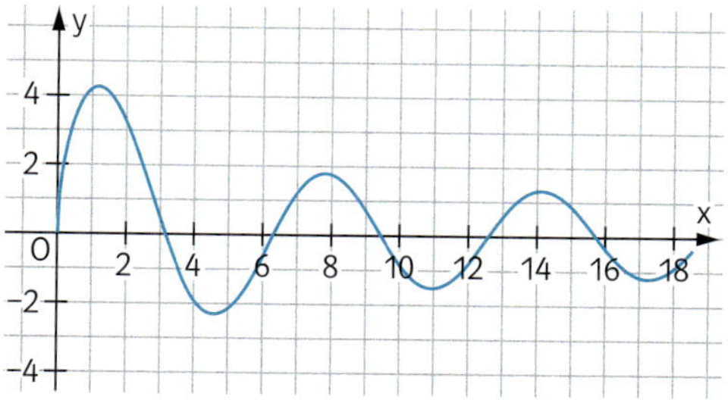

Skizzieren Sie zu diesem Graphen den Graphen der Ableitung.

11

Bestimmen Sie die Gleichungen der Tangente und der Normale an den Graphen von f im Punkt $P \in G_f$.

a) $f(x) = \sin x$; $P(0\,|\,?)$

b) $f(x) = \sin x$; $P\left(\frac{1}{3}\pi\,\middle|\,?\right)$

c) $f(x) = 3 \cdot \sin x$; $P\left(\frac{5}{3}\pi\,\middle|\,?\right)$

d) $f(x) = \cos x$; $P\left(\frac{1}{4}\pi\,\middle|\,?\right)$

e) $f(x) = x + 2 \cdot \sin x$; $P\left(\frac{1}{4}\pi\,\middle|\,?\right)$

f) $f(x) = 2 \cdot \cos x - 5 \cdot \sin x$; $P\left(\frac{3}{4}\pi\,\middle|\,?\right)$

g) $f(x) = \frac{1}{6}x^3 \cdot \cos x$; $P(\pi\,|\,?)$

12

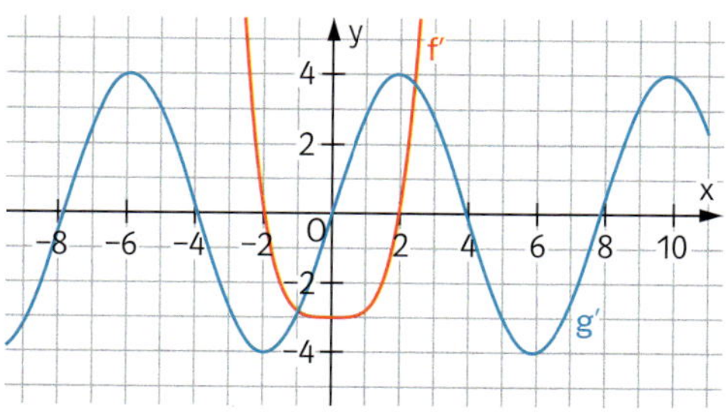

Betrachten Sie die gegebenen Graphen als Graphen von Ableitungen. Skizzieren Sie jeweils den Graphen einer Stammfunktion.

13

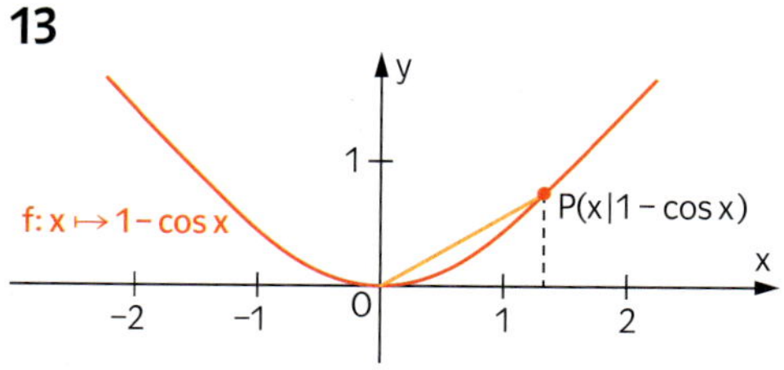

Geben Sie zuerst die Steigung der eingezeichneten Sekante [OP] an und erläutern Sie damit und anhand der Abbildung, dass $\lim\limits_{x \to 0} \frac{1 - \cos x}{x} = 0$ gilt.

14

a) Auf den Kärtchen sind Funktionen und zugehörige Ableitungen gegeben. Finden Sie die passenden Paare.

- $q(x) = \frac{1}{\sin x}$
- $m(x) = x^3 - \cos x$
- $t(x) = \frac{\sin x}{x}$
- $e(x) = -\sin x - x \cdot \cos x$
- $f(x) = 3x^2 - 2x$
- $a(x) = \frac{1}{2}x^2 + \sin x$
- $p(x) = -x \cdot \sin x$
- $d(x) = 3x^2 + \sin x$
- $h(x) = x + \cos x$
- $c(x) = x^3 - x^2$
- $n(x) = \frac{1}{x} \cdot \cos x - \frac{1}{x^2} \cdot \sin x$
- $r(x) = 2x \cdot \cos x - x^2 \cdot \sin x$
- $w(x) = -\frac{\cos x}{(\sin x)^2}$
- $g(x) = x^2 \cdot \cos x$
- $v(x) = 3x^2$
- $b(x) = x \cdot \cos x$
- $s(x) = \sin^2 x + x^3 + \cos^2 x$
- $k(x) = -x \cdot \sin x + \cos x$

b) Notieren Sie selbst solche Aufgaben und lassen Sie Ihre Nachbarin/Ihren Nachbarn die zusammengehörigen Paare suchen.

15

Bestimmen Sie von den Funktionen Nullstellen und Extrema und untersuchen Sie die Graphen auf Symmetrie. Skizzieren Sie anschließend die Graphen im Intervall $[-2\pi; 2\pi]$.

a) $f(x) = (\sin x)^2$

b) $f(x) = \cos x + \pi$

c) $f(x) = (\sin x)^2 + (\cos x)^2$

d) $f(x) = \frac{\sin x}{\cos x}$

16

Für welche $c \in \mathbb{R}$ berühren sich die Graphen von $f\colon x \mapsto \sin x$ und $g_c\colon x \mapsto \cos x + c$?

Hinweis:
Zum Berühren von Graphen vgl. Randbemerkung auf S. 37.

G 17

Fassen Sie zusammen und vereinfachen Sie:

a) $\sqrt{8^3 \cdot z} \cdot \sqrt[6]{32} \cdot \sqrt{4^{-1}} \cdot \sqrt[3]{4z} \cdot \sqrt[6]{z}$

b) $\left(\sqrt[3]{2}\right)^{-5} \cdot \sqrt{\sqrt{2x}} \cdot \sqrt{128x} \cdot \sqrt[12]{2^{-1}} \cdot \sqrt[4]{x}$

G 18

In einem Dreieck ist die Höhe h_c um 5 cm länger als die Seite c. Verkürzt man h_c um 3 cm und verlängert c um 2 cm, so bleibt der Flächeninhalt erhalten. Bestimmen Sie h_c und c.

2 Die Umkehrfunktion

1

Überlegen Sie, bei welchen der folgenden Zuordnungen die Umkehrung eindeutig ist.

a) Jedem Buchtitel ist eine ISBN-Codierung zugeordnet.

b) Jedem Schüler/jeder Schülerin ist in einer Mathematikschulaufgabe eine Note zugeordnet.

c) Jedem Menschen ist ein genetischer Fingerabdruck zugeordnet.

Bei einer Funktion $f: x \mapsto f(x)$ wird jedem x-Wert aus der Menge D_f genau ein Funktionswert $f(x)$ zugeordnet. Anhand zweier Funktionen mit gleichem Funktionsterm aber verschiedenen Definitionsmengen wird im Folgenden untersucht, ob die sogenannte **umgekehrte Zuordnung** $f(x) \mapsto x$ ebenfalls eine Funktion ist.

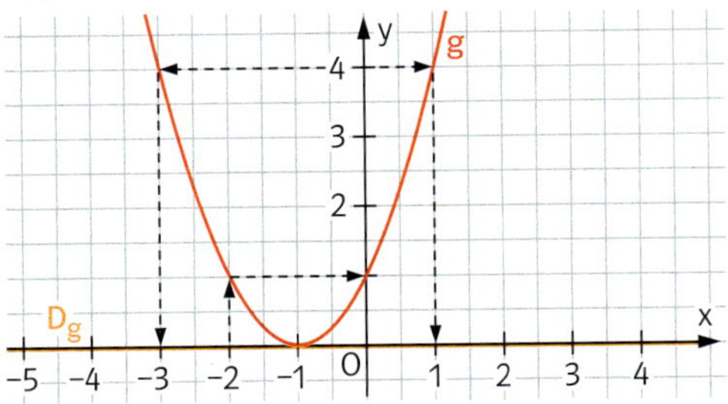

Bei der Funktion $g: x \mapsto (x+1)^2$ mit $D_g = \mathbb{R}$ wird jedem $x \in D_g$ eindeutig ein Funktionswert $g(x) \in W_g$ zugeordnet; z.B. $-2 \mapsto 1$.

x	−3	−2	−1	0	1
g(x)	4	1	0	1	4

Geht man umgekehrt vom Funktionswert 4 aus, wird man nicht zu einem eindeutig bestimmten x-Wert geführt: Sowohl −3 als auch 1 kommen in Frage. Die **umgekehrte Zuordnung** ist damit **keine Funktion**.

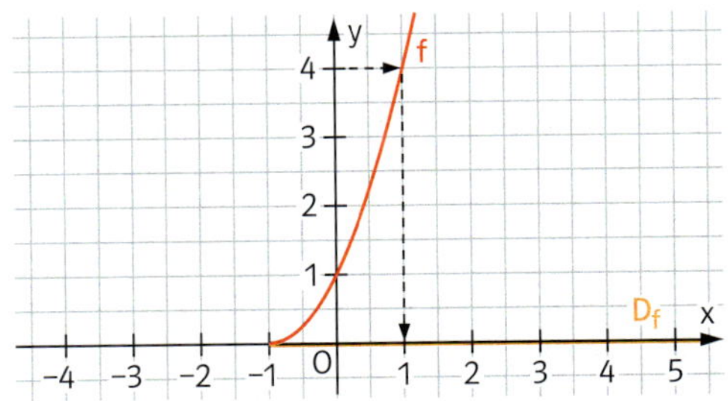

Bei der Funktion $f: x \mapsto (x+1)^2$ mit $D_f = [-1; \infty[$ wird jedem $x \in D_f$ eindeutig ein Funktionswert $f(x) \in W_f$ zugeordnet; z.B. $-1 \mapsto 0$.

x	−1	0	1
f(x)	0	1	4

Ausgehend vom Funktionswert 4 findet man nur den x-Wert 1. Auch für alle anderen Zahlen aus der Wertemenge findet man eindeutig einen x-Wert. Damit ist in diesem Fall die **umgekehrte Zuordnung** wieder **eine Funktion**.

Definition

Eine Funktion $f: x \mapsto f(x)$ mit der Definitionsmenge D_f und der Wertemenge W_f heißt **umkehrbar**, falls es zu jedem $y \in W_f$ genau ein $x \in D_f$ mit $f(x) = y$ gibt.

Ist eine Funktion umkehrbar, so ist die umgekehrte Zuordnung eine Funktion. Diese heißt **Umkehrfunktion** von f und wird mit f^{-1} bezeichnet.

Eine Wertetabelle von f^{-1} erhält man aus der Wertetabelle von f durch Tauschen der Zeilen:

x	0	1	4
$f^{-1}(x)$	−1	0	1

Für jeden Punkt P(a | b) des Graphen von f ergibt sich also durch Vertauschen der Koordinaten ein Punkt P'(b | a) des Graphen von f^{-1}. Somit sind $P(a|b) \in G_f$ und $P'(b|a) \in G_{f^{-1}}$ symmetrisch bezüglich der Winkelhalbierenden des I. und III. Quadranten.

Die Definitionsmenge der Umkehrfunktion ist W_f, ihre Wertemenge ist D_f, kurz: $D_{f^{-1}} = W_f$ und $W_{f^{-1}} = D_f$.

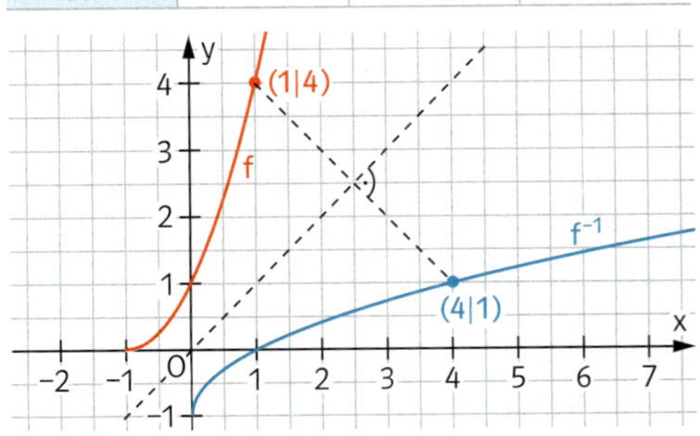

Im Folgenden wird gezeigt, wie man den Funktionsterm der Funktion f^{-1} bestimmen kann:

f ordnet jedem x einen Wert y zu: $f\colon\ x \mapsto y = f(x) = (x+1)^2$

f^{-1} ordnet jedem $y = f(x)$ den Wert x zu: $f^{-1}\colon y \mapsto x$

Hierbei erhält man x aus y durch Auflösen der Funktionsgleichung von f nach x:

$$y = (x+1)^2 \Rightarrow \sqrt{y} = x + 1 \qquad (\text{für } x \geqq -1)$$
$$\Rightarrow \sqrt{y} - 1 = x = f^{-1}(y)$$

In dieser Darstellung ist x der Funktionswert von f^{-1}, welcher y zugeordnet wird. Um die für Funktionen übliche Darstellung $x \mapsto y$ zu erhalten, müssen also die Variablen x und y getauscht werden:

$$\sqrt{x} - 1 = y = f^{-1}(x)$$

Bestimmen des Funktionsterms $f^{-1}(x)$:

1. Auflösen der Funktionsgleichung von f nach x. $\quad y = (x+1)^2 \Rightarrow x = \sqrt{y} - 1$
2. Vertauschen von x und y, wobei y nun für den Funktionswert von f^{-1} steht. $\quad y = \sqrt{x} - 1 = f^{-1}(x)$

$f^{-1}(x)$ bestimmen:
1. $y = f(x)$ nach x auflösen:
2. Variablentausch $x \longleftrightarrow y$

Falls es zu einem y-Wert y_0 mindestens zwei Werte x_1 und x_2 mit $f(x_1) = f(x_2) = y_0$ gibt, ist f **nicht umkehrbar**.

Am Graph lässt sich die Umkehrbarkeit von f daran erkennen, dass jede Parallele zur x-Achse den Graphen von f höchstens einmal schneidet. Dies ist sicher der Fall, wenn f streng monoton zunehmend oder streng monoton abnehmend ist.

Zusammen mit dem Monotoniekriterium ergibt sich der folgende Satz:

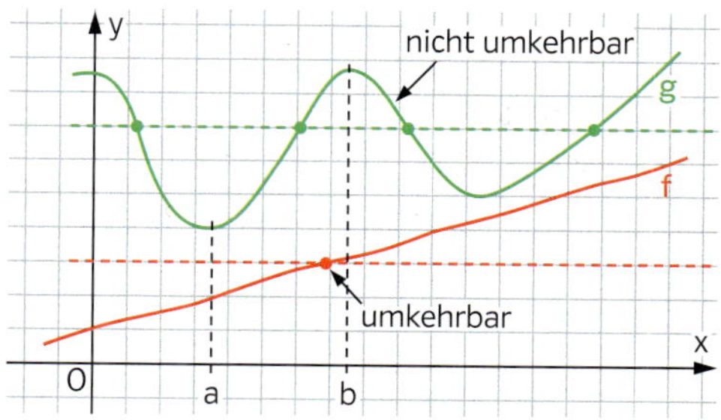

g ist jedoch in einzelnen Intervallen, wie z. B. in [a; b] umkehrbar.

Satz (Kriterium für Umkehrbarkeit)

Ist eine Funktion f streng monoton, so ist sie umkehrbar.

Insbesondere ist jede differenzierbare Funktion f, für die $f'(x) > 0$ für alle x in einem Intervall (bzw. $f'(x) < 0$ für alle x in einem Intervall), in diesem Intervall umkehrbar.

Beispiel

Ist die gegebene Funktion umkehrbar? Bestimmen Sie gegebenenfalls den Funktionsterm von f^{-1}, die Definitionsmenge $D_{f^{-1}}$ und skizzieren Sie die Graphen von f und f^{-1}.

a) $f(x) = \frac{3}{x-1}$; $D_f =]1; \infty[$ b) $f(x) = x^3 - x$; $x \in \mathbb{R}$

Lösung:

a) $f'(x) = \frac{-3}{(x-1)^2} < 0$

Also ist f streng monoton fallend und damit in D_f umkehrbar.

Auflösen der Gleichung $y = \frac{3}{x-1}$ nach x:

$x - 1 = \frac{3}{y} \quad \Rightarrow \quad x = \frac{3}{y} + 1$

Variablentausch: $y = \frac{3}{x} + 1$

Also $f^{-1}(x) = \frac{3}{x} + 1$ mit $D_{f^{-1}} = W_f = \mathbb{R}^+$.

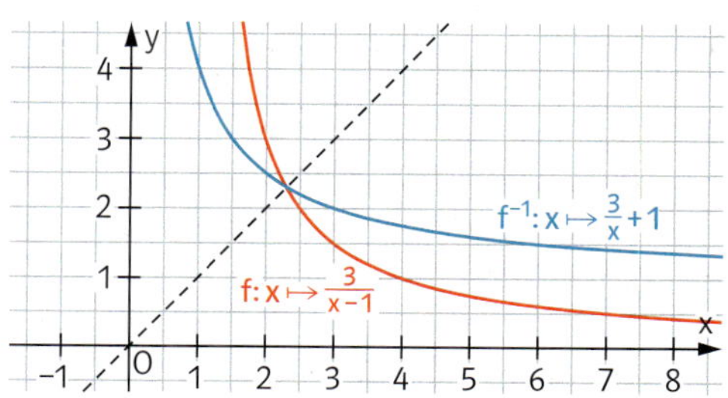

b) Es gilt z. B. $f(-1) = f(1) = 0$. Deshalb ist f nicht umkehrbar.

Alternative Begründung (vgl. Skizze des Graphen G_f am Rand): Die x-Achse (oder eine geeignete Parallele zu ihr) schneidet den Graphen mehrfach.

Hinweise:

Für die Skizzen kann man z. B. Wertetabellen benutzen. Am Graphen G_f lässt sich W_f leicht ablesen.

Skizze zu b):

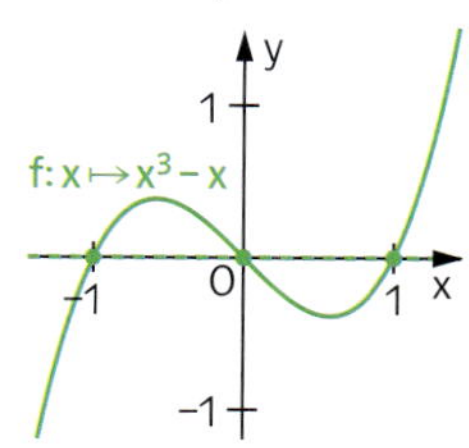

Aufgaben

2

Welche der folgenden Graphen gehören zu einer umkehrbaren Funktion? Begründen Sie.

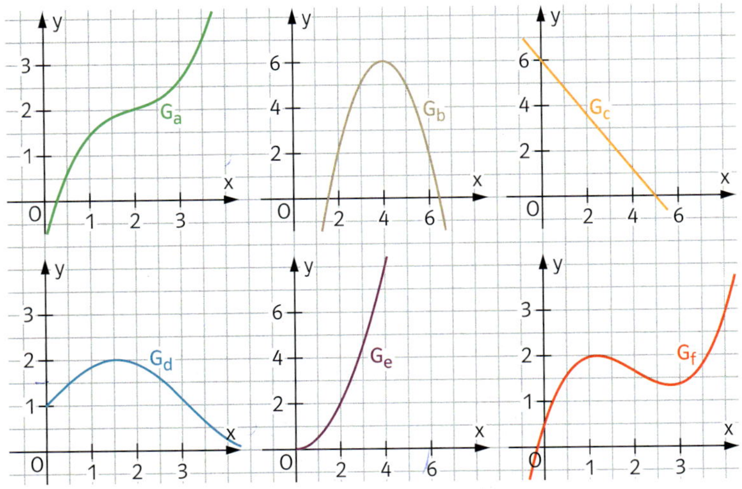

3

Zeigen Sie mithilfe der Ableitung, dass f umkehrbar ist.

a) $f: x \mapsto x^3 + x;\ x \in \mathbb{R}$ b) $f: x \mapsto \frac{2}{x+1};\ x \neq -1$

c) $f: x \mapsto x^3 - x;\ x > \sqrt{\frac{1}{3}}$ d) $f: x \mapsto \frac{5}{x-2};\ x > 2$

e) $f: x \mapsto x - \frac{2}{x};\ x > 0$ f) $f: x \mapsto \frac{2x-3}{1-x};\ x < 1$

4

Untersuchen Sie die Funktion auf Umkehrbarkeit. Schränken Sie gegebenenfalls den Definitionsbereich so ein, dass die Funktion dann umkehrbar ist.

a) $f: x \mapsto -x^2 + 3;\ x > 1$

b) $f: x \mapsto -x^2 + 5;\ x \in \mathbb{R}$

c) $f: x \mapsto 1 + \sin x;\ x \in [0; \pi]$

d) $f: x \mapsto 0{,}5x^3 + 3x - 5;\ x \in \mathbb{R}$

e) $f: x \mapsto x^3 - 2x^2 + 3;\ x \in \mathbb{R}$

f) $f: x \mapsto \frac{1}{1+x^2};\ x \in \mathbb{R}$

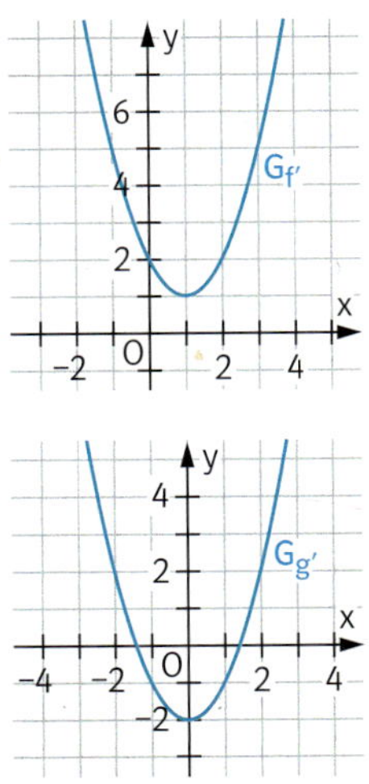

5

a) Von welchen der beiden links gezeichneten Ableitungen ist die zugehörige Funktion umkehrbar? Begründen Sie.

b) Skizzieren Sie jeweils eine zur Ableitung gehörende Funktion und gegebenenfalls deren Umkehrfunktion.

c) Wie kann man an dem Graphen einer Ableitung erkennen, in welchen Bereichen die zugehörige Funktion umkehrbar ist?

6

Zeigen Sie, dass die Funktion f umkehrbar ist. Bestimmen Sie die Umkehrfunktion f^{-1}. Geben Sie $D_{f^{-1}}$ und $W_{f^{-1}}$ an.

a) $f: x \mapsto \frac{2}{x-3};\ x > 3$ b) $f: x \mapsto \frac{4}{x-2};\ x < 2$

c) $f: x \mapsto 4 - \frac{6}{x};\ x < 0$ d) $f: x \mapsto (x-3)^2;\ x \geqq 3$

7

a) Welche linearen Funktionen $f: x \mapsto mx + t$ (mit $m, t \in \mathbb{R}$ und $D_f = \mathbb{R}$) sind umkehrbar?

b) Welche Potenzfunktionen $f: x \mapsto x^n$ (mit $n \in \mathbb{N}$ und $D_f = \mathbb{R}$) sind umkehrbar? Begründen Sie.

c) Geben Sie eine umkehrbare ganzrationale (gebrochen rationale) Funktion f mit ihrer Definitionsmenge an.

8

Welche Bedingungen müssen die Koeffizienten a und b erfüllen, damit die Funktion $f: x \mapsto ax^3 + bx$ ($a, b \in \mathbb{R}$) umkehrbar ist?

9

Begründen Sie die Aussage oder widerlegen Sie diese durch ein Gegenbeispiel. Es gelte stets $D_f = \mathbb{R}$.

a) Ist eine ganzrationale Funktion gerade, dann ist sie nicht umkehrbar.

b) Ist eine ganzrationale Funktion nicht umkehrbar, so ist sie gerade.

c) Hat eine ganzrationale Funktion keine Extremstellen, so ist sie umkehrbar.

d) Ist eine ganzrationale Funktion umkehrbar, so hat sie keine Extremstellen.

*e) Jede umkehrbare Funktion ist monoton.

10

Eine Funktion f besitzt die Funktionsgleichung $y = mx + t$. Welche Bedingungen müssen m und t erfüllen, damit $f(x) = f^{-1}(x)$ mit $D_f = D_{f^{-1}} = \mathbb{R}$ gilt? Beschreiben Sie die Lage der entsprechenden Funktionsgraphen.

G11

Bei der linearen Funktion $f: x \mapsto mx + t$ wachsen die Funktionswerte proportional zu den x-Werten. Stimmt diese Aussage? Begründen Sie Ihre Antwort.

3 Verkettung von Funktionen

1

Schüler der Klasse 11 A unterhalten sich über ihre Ferienjobs:
Rainer (R) und Heinz (H) arbeiten als Postausträger (PA). Matthias (M) gibt Nachhilfe (NH) und Thomas (T) jobt in einer Softwarefirma (SF). Der Job im Altersheim sowie der als Küchenhelfer bringen 110 €/Woche. Bruno (B) hat denselben Job wie zwei der anderen Schüler. Die Softwarefirma bietet 140 €/Woche. Florian (F) wird Küchenhelfer (KH) und Gerd (G) arbeitet im Altersheim (AH). Fürs Postaustragen gibt es 120 €/Woche.

Lösen Sie die folgenden Fragen mithilfe eines Mengendiagramms, wie nebenstehend gezeigt.

a) Wer verdient gleich viel und warum?

b) Von welchem Schüler kann man den Verdienst nicht bestimmen? Warum?

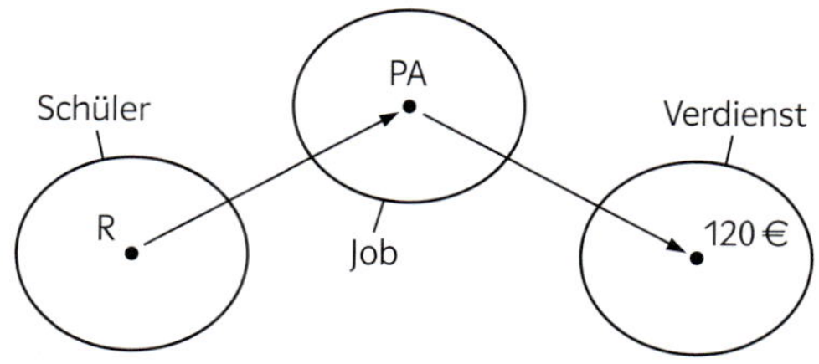

2

In ein CAS bzw. in ein Tabellenkalkulationsprogramm wurden vier Funktionen f_1 bis f_4 eingegeben.
Erläutern Sie, wie die nebenstehende Wertetabelle zustande gekommen ist.

x	f1(x): x^2−1	f2(x): 1/(f1(x))	f3(x): 1/x	f4(x): (f3(x))^2−1
−3.	8.	.125	−.333333	−.888889
−2.	3.	.333333	−.5	−.75
−1.	0.	#UNDEF	−1.	0.
0.	−1.	−1.	#UNDEF	#UNDEF
1.	0.	#UNDEF	1.	0.

Bisher haben wir gegebene Funktionsterme addiert, subtrahiert, multipliziert oder dividiert und auch Regeln kennen gelernt, wie man die so verknüpften Funktionen ableiten kann. Eine neue Art der Verknüpfung ist die Hintereinanderausführung oder Verkettung von Funktionen:

Definition

Für zwei Funktionen $v\colon x \mapsto v(x)$ und $u\colon x \mapsto u(x)$ heißt die Funktion $u \circ v\colon x \mapsto u(v(x))$ **Verkettung** oder **Hintereinanderausführung** der Funktionen u und v.
Die Definitionsmenge von $u \circ v$ besteht nur aus allen $x \in D_v$, für die $v(x)$ zu D_u gehört.

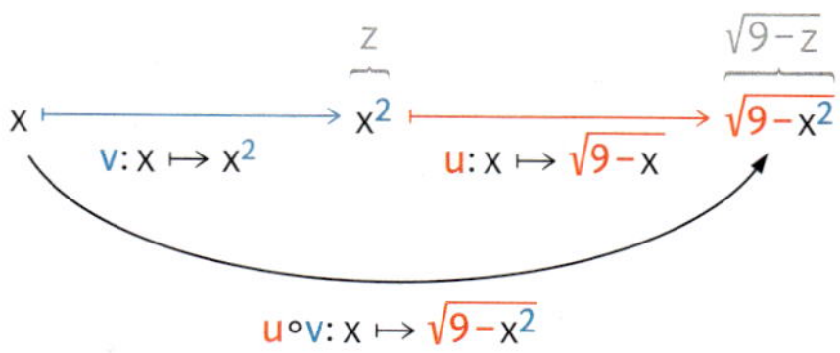

u∘v
lies:
u nach v

Manchmal muss die Definitionsmenge einer Verkettung eingeschränkt werden:
Ist z. B. $v(x) = x^2$ und $u(x) = \sqrt{9-x}$, so ist u nur für $x \leqq 9$ definiert; damit $u(v(x))$ gebildet werden kann, dürfen in $v(x)$ also nur Werte mit $-3 \leqq x \leqq 3$ eingesetzt werden.
Für die Definitionsmenge von $u \circ v$ gilt also:
$D_{u \circ v} = \{x \in D_v \mid v(x) \in D_u\} = [-3; 3]$.

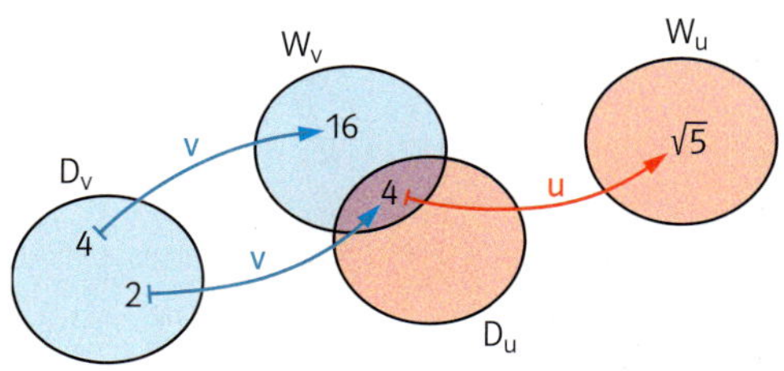

Für $x = 2$ kann $u \circ v$ gebildet werden.

Für $x = 4$ kann $u \circ v$ **nicht** gebildet werden.

Bei der Verkettung $x \mapsto u \circ v(x) = u(v(x))$ nennt man v die **innere** und u die **äußere** Funktion.
Es gilt dann: $u(v(x)) = \sqrt{9 - v(x)} = \sqrt{9 - x^2}$
Bildet man dagegen die Verkettung $v \circ u$, so ist u die innere und v die äußere Funktion.
In diesem Fall gilt: $v(u(x)) = (u(x))^2 = (\sqrt{9-x})^2 = 9 - x$
Die Verkettung zweier Funktionen ist also **nicht kommutativ**, i. A. gilt also: $u \circ v \neq v \circ u$

Andere Zerlegungsmöglichkeit für f: $v(x) = x^2$ und $u(x) = \sin(x+1)$

Umgekehrt lassen sich oft kompliziertere Funktionen wie $f: x \mapsto \sin(x^2 + 1)$ als Verkettung einfacher Funktionen darstellen. Wählt man als innere Funktion $v: x \mapsto x^2 + 1$, so erhält man die äußere Funktion $u(x) = \sin x$. Es ist $f = u \circ v$. Die Zerlegung einer Funktion ist nicht immer eindeutig (vgl. auch Rand und Beispiel 2b).

Beispiel 1

Gegeben sind die Funktionen $u: x \mapsto \frac{1}{2\sqrt{x}}$ und $v: x \mapsto x + 2$ mit $D_u = \mathbb{R}^+$ und $D_v = \mathbb{R}$.
Bestimmen Sie $u \circ v$ und $v \circ u$ und geben Sie jeweils die maximale Definitionsmenge an.

Lösung:

$u(v(x)) = \frac{1}{2\sqrt{v(x)}} = \frac{1}{2\sqrt{x+2}}$. Damit $x + 2 > 0$, muss $x > -2$ gelten.

Hier gilt: $D_{u \circ v} \subset D_v$

Somit gilt: $u \circ v: x \mapsto \frac{1}{2\sqrt{x+2}}$ mit $D_{u \circ v} =]-2; +\infty[$

Hier gilt: $D_{v \circ u} = D_u$

$v(u(x)) = u(x) + 2 = \frac{1}{2\sqrt{x}} + 2$. Somit gilt: $v \circ u: x \mapsto \frac{1}{2\sqrt{x}} + 2$ mit $D_{v \circ u} = \mathbb{R}^+$

Beispiel 2

a) Gegeben ist die Funktion $f: x \mapsto (2x^2 - 1)^4$. Bestimmen Sie Funktionen u, v mit $u \circ v = f$.
b) Geben Sie zwei Möglichkeiten zur Zerlegung der Funktion $f: x \mapsto \frac{1}{(x+3)^2}$ an.

Lösung:

a) Innere Funktion: $v(x) = 2x^2 - 1$
Damit $(2x^2 - 1)^4 = f(x) = u(v(x)) = u(2x^2 - 1)$ gilt, muss $u(x) = x^4$ gewählt werden.

b) 1. Möglichkeit: Innere Funktion $v(x) = x + 3$; damit $\frac{1}{(x+3)^2} = u(x+3)$ gilt,
muss als äußere Funktion $u(x) = \frac{1}{x^2}$ gewählt werden.

2. Möglichkeit: Innere Funktion $v(x) = (x+3)^2$; damit $\frac{1}{(x+3)^2} = u((x+3)^2)$ gilt,
muss als äußere Funktion $u(x) = \frac{1}{x}$ gewählt werden.

Aufgaben

Lösungssalat zu 3:

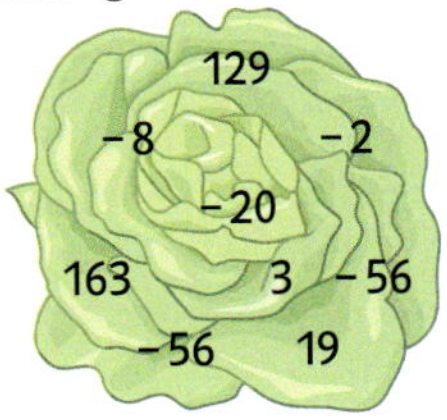

3

Berechnen Sie für $u(x) = 1 - 3x$ und $v(x) = 1 + 2x^2$:

a) $u(v(0))$ b) $v(u(0))$ c) $u(v(1))$
d) $v(v(2))$ e) $(u \circ v)(3)$ f) $(v \circ u)(3)$
g) $(u \circ u)(-2)$ h) $(v \circ v)(-1)$ i) $u(v \circ v(1))$

4

Es ist $f(x) = u(v(x))$ und $g(x) = v(u(x))$.
Vervollständigen Sie die Tabelle im Heft.

	f(x)	g(x)	v(x)	u(x)
a)			x^3	$3x + 1$
b)	$(x^2 + 1)^2$			x^2
c)		$(\sin x)^2$		$\sin x$
d)	$\frac{1}{2(x^2 - 4)}$		$x^2 - 4$	
e)		$\sqrt{8 - x}$		$8 - x$
f)		$\frac{2}{x^2 - 4}$	$\frac{2}{x}$	
g)	$2\sqrt{3 - 0{,}5x}$			$\sqrt{x}$

h) Erstellen Sie eine ähnliche Tabelle für Ihren Nachbarn/Ihre Nachbarin.

5

Geben Sie die Funktionen $f \circ g$ und $g \circ f$ sowie deren Definitionsmengen an.

a) $f: x \mapsto (x - 1)^2$; $g: x \mapsto x + 1$
b) $f: x \mapsto x^2$; $g: x \mapsto 2x + 3$
c) $f: x \mapsto 2 - x$; $g: x \mapsto 1$
d) $f: x \mapsto \frac{1}{x}$; $g: x \mapsto \frac{1}{x^2 - 4}$

6

Gegeben sind die Funktionen $v: x \mapsto x - 1$; $x \in \mathbb{R}$ und $u: x \mapsto \sqrt{x}$; $x \in \mathbb{R}_0^+$.

a) Zeigen Sie, dass die Funktion $u \circ v$ an der Stelle 0,5 nicht definiert ist.
b) Geben Sie die maximal mögliche $D_{u \circ v}$ an.

7

Bestimmen Sie die fehlende Funktion u bzw. v so, dass $f = u \circ v$ ist.

a) $f(x) = (2x + 6)^3$; $v(x) = 2x + 6$
b) $f(x) = (2x + 6)^3$; $v(x) = x + 3$
c) $f(x) = \frac{3}{(x-1)^2}$; $v(x) = x - 1$
d) $f(x) = \frac{3}{(x-1)^2}$; $u(x) = \frac{3}{x}$

8

Bilden Sie $f(x) = u(v(x))$ und $g(x) = v(u(x))$ mit den Termen $u(x)$ und $v(x)$.

a) $u(x) = 1 + x$; $v(x) = 3x + 4$

b) $u(x) = 2 + x$; $v(x) = x^2$

c) $u(x) = 1 - x^2$; $v(x) = (1 - x)^2$

d) $u(x) = 1 + x^2$; $v(x) = \frac{1}{x-1}$

e) $u(x) = \frac{1}{1 - x^2}$; $v(x) = \frac{2}{x}$

9 (💻)

Gegeben ist die Funktion $f: x \mapsto \sqrt{x^2 - 4x + 3}$.

a) Geben Sie geeignete Funktionen u und v an, so dass $f = v \circ u$ gilt und bestimmen Sie die maximalen Definitionsmengen D_u und D_v und daraus die Wertemenge W_f.

b) Bestimmen Sie die maximale Definitionsmenge D_f, die Nullstellen von f und skizzieren oder zeichnen Sie mithilfe eines Plotters den Graphen G_f im Intervall $[-6; 6]$.

10

Gegeben sind die Graphen G_u und G_v.

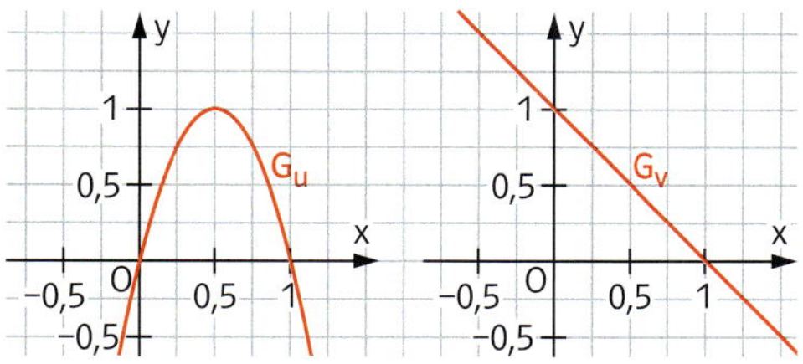

a) Bestimmen Sie für $x_0 = 0; 0{,}5; 1$ näherungsweise $u(v(x_0))$ und $v(u(x_0))$.

b) Skizzieren Sie die Graphen der Funktionen $f = u \circ v$ und $g = v \circ u$.

c) Es ist $u(x) = -4(x - 0{,}5)^2 + 1$ und $v(x) = -x + 1$. Prüfen Sie Ihre Ergebnisse aus b) rechnerisch nach.

11

Die Funktion f kann als Verkettung $u \circ v$ aufgefasst werden. Geben Sie geeignete Funktionen u und v an. Finden Sie für m) und n) mehrere Arten der Verkettung.

a) $f(x) = (2 - x)^3$ b) $f(x) = 2 - x^3$

c) $f(x) = \frac{1}{x^2 - 1}$ d) $f(x) = \frac{1}{x^2} - 1$

e) $f(x) = \sin^2 x$ f) $f(x) = \sin(x^2)$

g) $f(x) = (3 + 4x)^{-1}$ h) $f(x) = \sqrt{2x + x^2}$

i) $f(x) = 2^x - 3$ k) $f(x) = \frac{1}{\sin x}$

l) $f(x) = \frac{4}{(2x + 1)^2}$ m) $f(x) = \cos(3x + 6)^2$

n) $f(x) = \sqrt{(x + 2)^3}$ o) $f(x) = \frac{3}{2(3 - x^2)}$

12

In der Figur sind Graphen von Verkettungen der Funktionen $f: x \mapsto x^2$; $g: x \mapsto x + 1$; $h: x \mapsto \sin x$; $p: x \mapsto 3^x - 4$ und $q: x \mapsto -x$ dargestellt. Wie wurde verkettet?

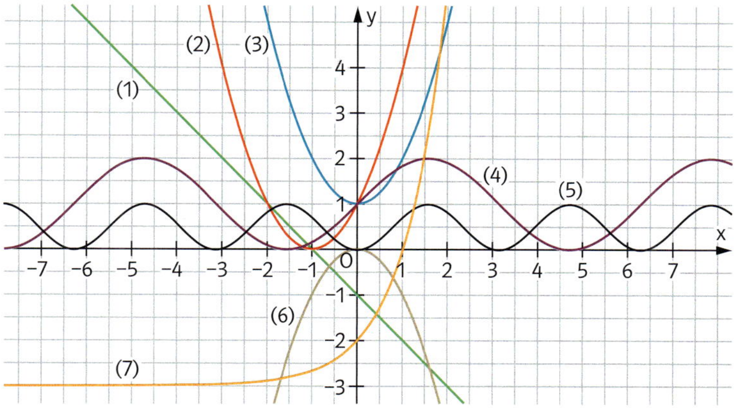

Tipp:
Oft kann man am Graph einer Verkettung leicht erkennen, welcher Funktionstyp an der Verkettung beteiligt ist.

13

Gegeben ist die Funktion u mit $u(x) = \sqrt{x}$. Geben Sie eine Funktion v an, so dass die Definitionsmenge von $u \circ v$

a) aus ganz ℝ besteht, b) die leere Menge ist,

c) nur die Zahl 0 (die Zahl 1) enthält.

14

a) Gegeben sind die Funktionen u, v und w. Geben Sie zuerst die Funktion $u \circ v \circ w$ und anschließend alle weiteren möglichen Verkettungen dieser drei Funktionen an.

b) Stellen Sie die Funktion $f: x \mapsto \sin(x^2 + \pi)$ als Verkettung dreier Funktionen dar.

15

a) Zeigen Sie: Die Verkettung zweier linearer Funktionen $v: x \mapsto m_1 x + t_1$ und $u: x \mapsto m_2 x + t_2$ ist wieder eine lineare Funktion der Form $f(x) = mx + t$.

b) Zeigen Sie, dass eine entsprechende Aussage für quadratische Funktionen nicht gilt.

G16

Zu welchem Zinssatz muss ein Kapital verzinst werden, damit es sich mit Zinseszinsen nach 12 Jahren verdoppelt?

Hinweis zu 11 e):
Es ist vereinbart:
$\sin^2 x = (\sin x)^2$
$\cos^2 x = (\cos x)^2$

G17

Vereinfachen Sie und schreiben Sie das Ergebnis ohne Nenner. (Es sei stets $x > 0$.)

a) $\left(x\sqrt[5]{x}\right)^{\frac{1}{3}}$ b) $\sqrt[6]{\frac{x^{2,5}}{\sqrt[5]{x^2}}}$ c) $\frac{x^{\frac{1}{n}}}{x^n}$ d) $\left(x^{n^2} : x\right)^{-\frac{1}{n}}$

4 Ableiten von verketteten Funktionen

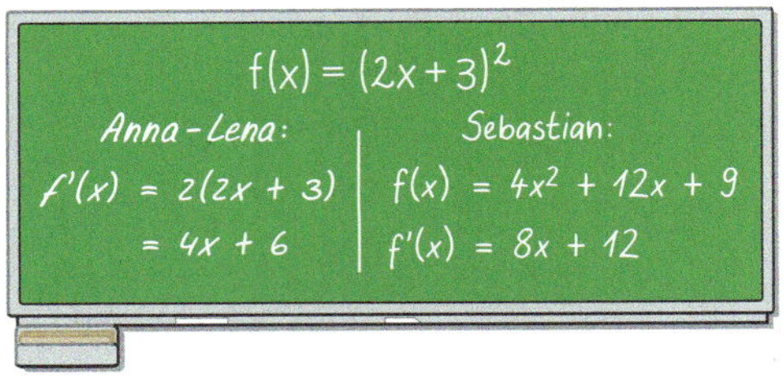

1
Sebastian und Anna-Lena sollen die Ableitung der Funktion $f: x \mapsto (2x+3)^2$ bilden. Anna-Lena hat gleich eine Idee und beginnt zu rechnen, während Sebastian zuerst ausmultipliziert und danach ableitet.
Wer hat recht?

Funktionen wie $f: x \mapsto \sqrt{2x+3}$ oder $g: x \mapsto \sin(x^2+2x)$ können wir mit den bisher bekannten Regeln nicht ableiten. Fasst man diese Funktionen aber als Verkettung geeigneter Funktionen auf, so kann man Ableitungen ermitteln.

Die nebenstehende Funktion $f: x \mapsto (4x-5)^2$ kann man mit den bisher bekannten Ableitungsregeln ableiten, wenn man den Funktionsterm zuerst ausmultipliziert.

$f(x) = (4x-5)^2$
$\quad = 16x^2 - 40x + 25$
$f'(x) = 32x - 40$

Alternativ kann man $f: x \mapsto (4x-5)^2$ als verkettete Funktion $f = u \circ v = u(v(x))$ auffassen.
Für die Funktionen u und v lassen sich dann die Ableitungen bestimmen.

innere Funktion: $v(x) = 4x - 5$
äußere Funktion: $u(x) = x^2$
$\Rightarrow \begin{cases} v'(x) = 4 \\ u'(x) = 2x \end{cases}$

Man ermittelt die Ableitung von u' an der Stelle v(x):

$u'(v(x)) = u'(4x-5) = 2(4x-5) = 8x - 10$

Vergleicht man die oben ermittelte Ableitung f' mit u' und v', so gilt offensichtlich für $f = u \circ v$:

$f'(x) = u'(v(x)) \cdot 4 = u'(v(x)) \cdot v'(x)$

Allgemein gilt folgender Satz:

Satz (Kettenregel)
Ist $f = u \circ v$ eine Verkettung zweier differenzierbarer Funktionen u und v, so ist auch f differenzierbar, und es gilt für $f(x) = (u \circ v)(x) = u(v(x))$:
$$f'(x) = (u \circ v)'(x) = u'(v(x)) \cdot v'(x)$$

Nachdifferenzieren nicht vergessen.

Das Bilden des Faktors $v'(x)$ nennt man **Nachdifferenzieren**.

Beweis der Kettenregel:
Es sei $f(x) = u(v(x))$. Die innere Funktion v sei an der Stelle x_0 differenzierbar, die äußere Funktion u an der Stelle $v(x_0)$. Um zu untersuchen, ob die Funktion f an der Stelle x_0 differenzierbar ist, betrachtet man den Differenzenquotienten von f und versucht, diesen mithilfe der Differenzenquotienten von u und v darzustellen:

$$\frac{f(x)-f(x_0)}{x-x_0} = \frac{u(v(x))-u(v(x_0))}{x-x_0} = \frac{u(v(x))-u(v(x_0))}{v(x)-v(x_0)} \cdot \frac{v(x)-v(x_0)}{x-x_0}$$

$$\Rightarrow f'(x_0) = \lim_{x \to x_0} \frac{f(x)-f(x_0)}{x-x_0} = \lim_{x \to x_0} \frac{u(v(x))-u(v(x_0))}{v(x)-v(x_0)} \cdot \lim_{x \to x_0} \frac{v(x)-v(x_0)}{x-x_0} = u'(v(x_0)) \cdot v'(x_0)$$

Im letzten Umformungsschritt wird ausgenutzt, dass mit $x \to x_0$ auch gilt: $v(x) \to v(x_0)$. Vgl. hierzu den Begriff der Stetigkeit auf S. 58.

Die Kettenregel erlaubt auch, $(f(-x))'$ zu bestimmen; in der folgenden Herleitung wird statt f nun u geschrieben und $v(x) = -x$ als innere Funktion gewählt:
$(u(-x))' = (u \circ v)'(x) = u'(v(x)) \cdot v'(x) = u'(-x) \cdot (-1) = -u'(-x)$; also gilt: $(f(-x))' = -f'(-x)$

Die Kettenregel kann oft auch die Quotientenregel ersetzen:

$$\left[\frac{1}{(\cos x)^2}\right]' = \left[(\cos x)^{-2}\right]' = -2(\cos x)^{-3} \cdot (-\sin x) = 2\frac{\sin x}{(\cos x)^3}$$

Beispiel

Leiten Sie die Funktion ab.

a) $f\colon x \mapsto (2-6x)^5$ b) $f\colon x \mapsto \frac{2}{4x^2-1}$ c) $f\colon x \mapsto \sin(x^3-4x^2)$

■ Lösung:

a) Innere Funktion: $v(x) = 2-6x$; $v'(x) = -6$; äußere Funktion: $u(x) = x^5$; $u'(x) = 5x^4$;
$f'(x) = u'(v(x))\cdot v'(x) = 5(2-6x)^4\cdot(-6) = -30(2-6x)^4$

b) Innere Funktion: $v(x) = 4x^2-1$; $v'(x) = 8x$; äußere Funktion: $u(x) = \frac{2}{x}$; $u'(x) = -\frac{2}{x^2}$;
$f'(x) = u'(v(x))\cdot v'(x) = -\frac{2}{(4x^2-1)^2}\cdot 8x = -\frac{16x}{(4x^2-1)^2}$

c) Innere Funktion: $v(x) = x^3-4x^2$; $v'(x) = 3x^2-8x$; äußere Funktion: $u(x) = \sin x$; $u'(x) = \cos x$
$f'(x) = u'(v(x))\cdot v'(x) = \cos(x^3-4x^2)\cdot(3x^2-8x)$

Alternativ könnte bei b) auch mit der Quotientenregel abgeleitet werden.

Aufgaben

2

Leiten Sie ab.

a) $f(x) = (1+x^2)^3$
b) $f(x) = \frac{1}{18}(3x+2)^6$
c) $f(x) = (1-x+x^3)^2$
d) $f(t) = (8t-7)^{-1}$
e) $f(x) = 3x^2-(x^2-1)^3$
f) $f(x) = 3\cos x^2$
g) $f(x) = \sin 2x$
h) $f(x) = \frac{1}{4}\sin(2x+1)$
i) $f(t) = \frac{3}{(5-t)^2}$
k) $f(x) = \frac{1}{2(5x-7)^3}$
l) $f(x) = \frac{1}{\cos x}$
m) $f(t) = \frac{1}{t^2} + \sin\frac{1}{t}$
n) $f(x) = (2x+1)^2 + \frac{1}{(2x+1)^2}$

3

a) Beim Ableiten haben sich Fehler eingeschlichen. Verbessern Sie.

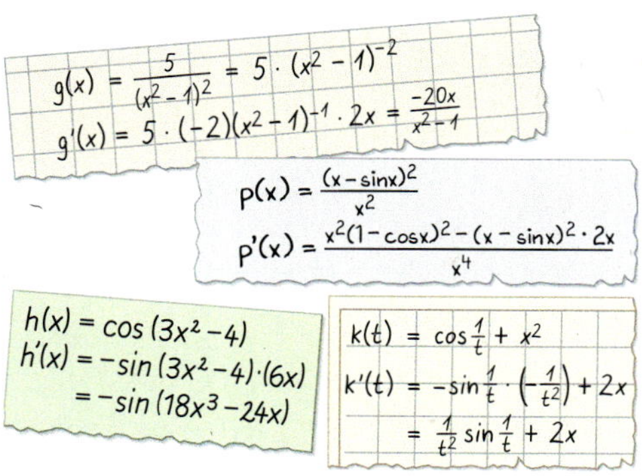

b) Erfinden Sie ähnliche fehlerhafte Ableitungen um Ihre Nachbarin/Ihren Nachbarn zu prüfen.

4

a) Zerlegen Sie die Funktion $f\colon x \mapsto \frac{7}{(\sin x)^2}$ auf zwei unterschiedliche Arten in zwei Verkettungen und bilden Sie jeweils die Ableitung.

b) Welche der gefundenen Verkettungen erwies sich beim Ableiten als vorteilhaft?

5

Leiten Sie ab und bestimmen Sie $f'(2)$.

a) $f(x) = \left(\frac{1}{5}x+1\right)^2$
b) $f(x) = (5-x)^2$
c) $f(x) = (2-3x+x^2)^3$
d) $f(x) = 2(5-x)^{-1}$
e) $f(x) = (7x-2x^3)^{-3}$
f) $f(x) = \frac{1}{(x-3)^2}$
g) $f(x) = 2\sin(2-x)$
h) $f(x) = (4x-7)^3$

Lösungssalat zu 5:

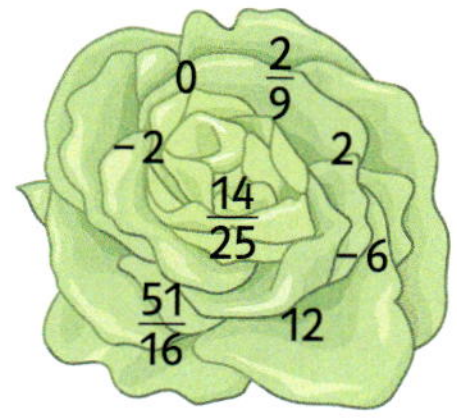

6

Übertragen Sie die Tabelle ins Heft und vervollständigen Sie. Es gelte stets $f = u\circ v$.

	a)	b)	c)	d)	e)	f)	g)	h)
$f(x)$	$\sin 2x$			$\frac{1}{3}(\cos x)^2$	$\frac{10}{\sin x}$		$\frac{1}{\cos x}$	
$u(x)$		$\frac{1}{8}x^7$	x^{-2}			$\frac{1}{x}$		$\sin x$
$v(x)$		$\frac{1}{2}-x^2$	$15x-3$		$\sin x$	$(x-1)^2$		$\frac{1}{x^2}$
$u'(x)$								
$v'(x)$								
$u'(v(x))$								
$f'(x)$								

7

Leiten Sie ab.

a) $f(t) = (at^3+1)^2$
b) $f(x) = (a+bx)^{-1}$
c) $f(x) = \frac{3a}{1+x^2}$
d) $f(t) = \frac{a}{(bt+1)^2}$
e) $f(t) = \sin(at^2)$
f) $f(x) = \sin(ax)^2$
g) $f(x) = (\sin(ax))^2$
h) $f(t) = t\cdot\sin(ax)^2$

8

Die Funktion $f\colon x \mapsto (\sin 2x)^2$ kann als Verkettung $f = u\circ v\circ w$ mit $u\colon x \mapsto x^2$, $v\colon x \mapsto \sin x$ und $w\colon x \mapsto 2x$ betrachtet werden. Bestimmen Sie die Ableitung von f durch zweimaliges Anwenden der Kettenregel.

9

Gegeben sind die Funktionen $u: x \mapsto \cos x$, $v: x \mapsto x^2 + 1$ und $w: x \mapsto \frac{1}{x}$.

a) Bilden Sie vier Verkettungen mit je zwei dieser Funktionen und leiten Sie diese ab.

b) Bilden Sie vier Verkettungen mit je drei dieser Funktionen und leiten Sie diese ab.

c) Wie viele Verkettungen wären in a) bzw. in b) insgesamt möglich?

d) Verketten Sie drei selbst gewählte Funktionen und leiten Sie die Verkettung ab.

10

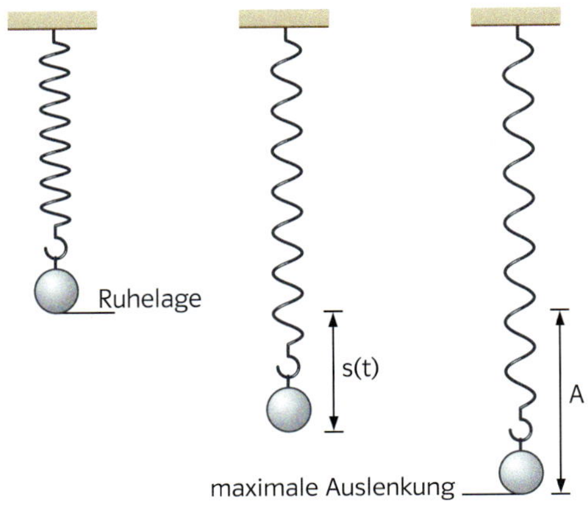

Für den zeitlichen Verlauf der Auslenkung eines Federpendels gilt: $s(t) = A \cdot \sin(\omega t)$. ω hängt von den Eigenschaften der Feder und der Masse des schwingenden Körpers ab.

a) Wie hängt die Auslenkung $s(t)$ mit der Geschwindigkeit $v(t)$ zusammen?

b) Wie groß ist die Geschwindigkeit beim Durchgang durch die Ruhelage?

c) Die Beschleunigungsfunktion ist die Ableitung der Geschwindigkeitsfunktion. Bestimmen Sie die Beschleunigung $a(t)$.

11

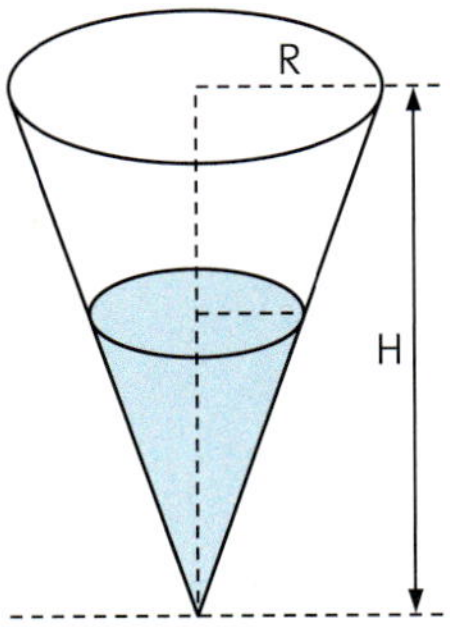

In einen kegelförmigen Behälter mit dem Radius $R = 10\,\text{cm}$ und der Höhe $H = 30\,\text{cm}$ werden pro Sekunde $20\,\text{cm}^3$ Wasser gefüllt. Die Höhe des Wasserspiegels und das Volumen des Wassers im Behälter hängen also von der Zeit t ab.

a) Bestimmen Sie den Funktionsterm der Zuordnung $h \mapsto V$.

b) Während des Füllvorgangs steigt der Wasserspiegel unterschiedlich schnell. Wie schnell steigt er in dem Moment, in dem das Wasser im Behälter 5 cm hoch steht?

12

Gegeben ist die Funktion $f: x \mapsto \sin\frac{2\pi}{1 + x^2}$.

a) Geben sie Definitions- und Wertemenge der Funktion an und untersuchen Sie das Symmetrieverhalten.

b) Bestimmen Sie die Extrempunkte von G_f.

c) In welchen Intervallen ist f streng monoton?

d) Berechnen Sie $f(x)$ und $f'(x)$ an den Stellen $\frac{1}{4}$; 1 und 4 und skizzieren Sie G_f.

13

Die Funktion f sei differenzierbar, $c \in \mathbb{R}$, $n \in \mathbb{N}$. Leiten Sie ab.

Beispiel: $g(x) = c \cdot f(x^n)$; dann gilt: $g'(x) = c \cdot f'(x^n) \cdot n \cdot x^{n-1}$

a) $g_1(x) = f(cx)$

b) $g_2(x) = c \cdot f(x)$

c) $g_3(x) = f(x) + c$

d) $g_4(x) = f(x + c)$

e) $g_5(x) = f(x^n)$

f) $g_6(x) = (f(x))^n$

g) $g_7(x) = f(nx + c)$

h) $g_8(x) = f(nx) + c$

14

Gegeben ist die Funktion $f: x \mapsto 3\sin(1 + 2x)$.

a) Bestimmen Sie die Definitions- und Wertemenge von f.

b) Geben Sie die Nullstellen an und untersuchen Sie die Funktion f auf Extremstellen.

c) Berechnen Sie im Intervall $[-6; 5]$ die Nullstellen und Extrema, untersuchen Sie dort die Funktion auf Monotonie und skizzieren Sie den Graphen im angegebenen Bereich.

15

Finden Sie für die Funktionen $u': x \mapsto 3x^2$ und $v': x \mapsto 32x^3 + 2$ eine Funktion $f = u \circ v$, bestimmen Sie deren Ableitung und skizzieren Sie den Graphen G_f.

G16

Für eine Funktion $f: x \mapsto b \cdot a^x + c$ mit $0 < a < 1$ gilt $\lim\limits_{x \to +\infty} f(x) = -1$.

Der Graph geht durch die Punkte $P(-1|3)$ und $Q(1|0)$. Bestimmen Sie die Variablen a, b und c und skizzieren Sie den Graphen von f.

G17

Berechnen Sie auf verschiedene Arten den Flächeninhalt eines Trapezes ABCD mit $AB \parallel DC$ und $\overline{AB} = 3{,}2\,\text{dm}$, $\overline{CD} = 18\,\text{cm}$, $\overline{AD} = 0{,}15\,\text{m}$, $\sphericalangle\, ADC = 90°$.

5 Potenzfunktionen mit rationalen Exponenten und ihre Ableitung

1
Es lässt sich zeigen, dass die Funktion $f: x \mapsto x^{\frac{1}{2}}$ die Ableitung $f': x \mapsto \frac{1}{2} \cdot x^{-\frac{1}{2}}$ hat.
Benutzen Sie diese Ableitung und die Produktregel für Ableitungen, um die Ableitungen von $g: x \mapsto x^{\frac{3}{2}}$, $h: x \mapsto x^{\frac{5}{2}}$, $k: x \mapsto x^{\frac{7}{2}}$, usw. zu bestimmen. Was fällt Ihnen auf?

Definition
Funktionen der Form $f: x \mapsto a \cdot x^{\frac{p}{q}} = a \cdot \sqrt[q]{x^p}$ $(a \in \mathbb{R},\ p \in \mathbb{Z}$ und $q \in \mathbb{N})$ heißen **Potenzfunktionen mit rationalen Exponenten.**

Insbesondere heißt $f: x \mapsto x^{\frac{1}{2}} = \sqrt{x}$ **(Quadrat-)Wurzelfunktion.**

Bei Potenzfunktionen mit rationalen Exponenten muss ggf. die Definitionsmenge geeignet bestimmt werden, damit Wurzelterme definiert sind;
z.B. bei $f: x \mapsto x^{\frac{1}{2}}$ ist $D_f = \mathbb{R}_0^+$ bzw. bei $g: x \mapsto x^{-2}$ ist $D_g = \mathbb{R}\setminus\{0\}$.

Im Folgenden betrachten wir speziell Graphen von Potenzfunktionen mit $a = 1$.

Für **positive** Exponenten gilt:

Die Graphen verlaufen durch die Punkte (0 | 0) und (1 | 1).
Sie sind streng monoton steigend.
Für Exponenten > 1 verläuft der Graph für $x \in [0;1[$ unterhalb und für $x \in]1;+\infty[$ oberhalb der Winkelhalbierenden $y = x$.
Für Exponenten < 1 verläuft der Graph für $x \in [0;1[$ oberhalb und für $x \in]1;+\infty[$ unterhalb der Winkelhalbierenden $y = x$.

Für **negative** Exponenten gilt:

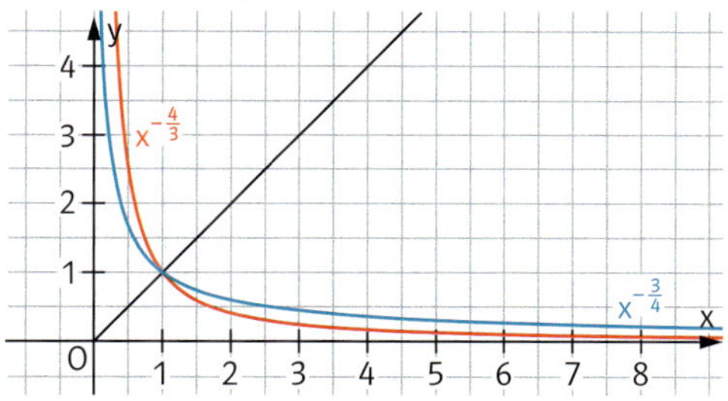

Die Graphen verlaufen durch den Punkt (1 | 1).
Sie sind streng monoton fallend.
Die x- und y-Achse sind Asymptoten, d.h., es existieren die Grenzwerte
$\lim\limits_{x \to +\infty} f(x) = 0$ und $\lim\limits_{x \underset{>}{\to} 0} f(x) = +\infty$.

Wie verlaufen die Graphen für die Exponenten 1 und −1?

An den beiden obigen Bildern erkennt man, dass z.B. die Graphen von $x \mapsto x^3$ und $x \mapsto x^{\frac{1}{3}}$ bzgl. der Winkelhalbierenden $y = x$ symmetrisch sind. Allgemein gilt:
Für $x \in \mathbb{R}_0^+$ hat die Funktion $f: x \mapsto x^{\frac{p}{q}}$ als Umkehrfunktion die Funktion $f^{-1}: x \mapsto x^{\frac{q}{p}}$.

Für die Ableitung von Potenzfunktionen mit rationalen Exponenten gilt:

Satz (Ableitungsregel für Potenzfunktionen)
Für Funktionen $f: x \mapsto a \cdot x^{\frac{p}{q}} = a \cdot \sqrt[q]{x^p}$ $(a \in \mathbb{R},\ p \in \mathbb{Z}$ und $q \in \mathbb{N})$ gilt: $f'(x) = \frac{p}{q} \cdot a \cdot x^{\frac{p}{q}-1}$

Für $f(x) = a \cdot x^r$ gilt: $f'(x) = ra \cdot x^{r-1}$

Beweis der Ableitungsregel:

In einem ersten Schritt werden zunächst Potenzfunktionen betrachtet, deren Exponenten die Form $\frac{1}{q}$ $(q \in \mathbb{N})$ haben.

Für die Funktion $g: x \mapsto x^q$ und die Funktion $f: x \mapsto x^{\frac{1}{q}}$, $q \in \mathbb{N}$ wird die Verkettung $g \circ f$ gebildet und abgeleitet:
$$(g \circ f)(x) = \left(x^{\frac{1}{q}}\right)^q = x \Rightarrow (g \circ f)'(x) = 1$$

Da für Potenzfunktionen $g: x \mapsto x^q$ mit ganzzahligen Exponenten $g'(x) = q \cdot x^{q-1}$ gilt, folgt für die Ableitung von g an der Stelle f(x):
$$g'(f(x)) = q \cdot \left(x^{\frac{1}{q}}\right)^{q-1} = q \cdot x^{1-\frac{1}{q}}$$

Nach der Kettenregel gilt somit für die Ableitung der Verkettung $g \circ f$:
$$(g \circ f)'(x) = g'(f(x)) \cdot f'(x) = q \cdot x^{1-\frac{1}{q}} \cdot f'(x)$$

Da, wie bereits oben gesehen, $(g \circ f)'(x) = 1$, muss für f'(x) gelten:
$$f'(x) = \frac{1}{q \cdot x^{1-\frac{1}{q}}} = \frac{1}{q} \cdot x^{\frac{1}{q}-1}$$

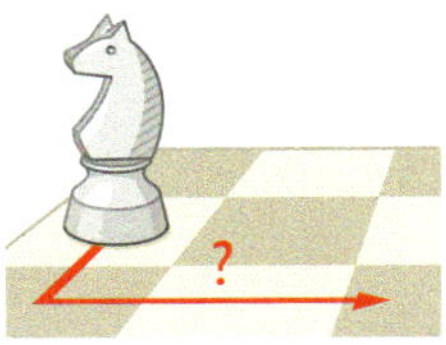

Die bisher bekannte Ableitungsregel für Potenzfunktionen der Form x^n gilt analog also auch für Exponenten der Form $\frac{1}{q}$ mit $q \in \mathbb{N}$.

Strategie: Zurückführen auf Bekanntes

In einem zweiten Schritt werden allgemein Potenzfunktionen betrachtet, deren Exponenten die Form $\frac{p}{q}$ $(p \in \mathbb{Z},\ q \in \mathbb{N})$ haben: $f(x) = x^{\frac{p}{q}} = \left(x^{\frac{1}{q}}\right)^p$

Nach der Kettenregel gilt: $f'(x) = p \cdot \left(x^{\frac{1}{q}}\right)^{p-1} \cdot \frac{1}{q} \cdot x^{\frac{1}{q}-1} = \frac{p}{q} \cdot x^{\frac{p-1}{q}+\frac{1}{q}-1} = \frac{p}{q} \cdot x^{\frac{p}{q}-1}$

Bemerkung

Für z.B. $f: x \mapsto 2x^{\frac{1}{2}}$ ergibt sich wegen $f'(x) = \frac{1}{2} \cdot 2x^{-\frac{1}{2}} = x^{-\frac{1}{2}} = \frac{1}{\sqrt{x}}$, dass $\lim\limits_{x \to 0} f'(x) = +\infty$ und somit der Graph G_f in $x = 0$ eine senkrechte Tangente besitzt.

Beispiel 1

Bestimmen Sie für die Funktion $f: x \mapsto x - \sqrt{x}$ die maximale Definitionsmenge, die Nullstellen, sowie Hoch- und Tiefpunkte. Skizzieren Sie anschließend den Graphen.

Lösung:

Definitionsmenge $D_f = [0; +\infty[$; Nullstellen: $x - \sqrt{x} = 0 \Rightarrow \sqrt{x}(\sqrt{x} - 1) = 0$; somit $x_1 = 0$; $x_2 = 1$.

Ableitung: $f'(x) = 1 - \frac{1}{2}x^{-\frac{1}{2}}$; $f'(x) = 0 \Rightarrow 1 = \frac{1}{2}x^{-\frac{1}{2}} \Rightarrow x^{\frac{1}{2}} = \frac{1}{2} \Rightarrow x = \frac{1}{4}$.

Monotonieverhalten von f:

f': f' < 0 | $\frac{1}{4}$ | f' > 0

f: ↘ Min ↗

Einsetzen von z.B. $x = \frac{1}{9}$ liefert $f'\left(\frac{1}{9}\right) = -\frac{1}{2} < 0$; analog $f'(4) = \frac{3}{4} > 0$.

Tiefpunkt: $f\left(\frac{1}{4}\right) = -\frac{1}{4}$; $T\left(\frac{1}{4} \middle| -\frac{1}{4}\right)$

Hochpunkt $N(0|0)$, da $f(x) < 0$ im Intervall $]0;1[$ und 0 die linke Grenze von D_f ist.

Randpunkte als Extrema nicht vergessen!

Skizze:

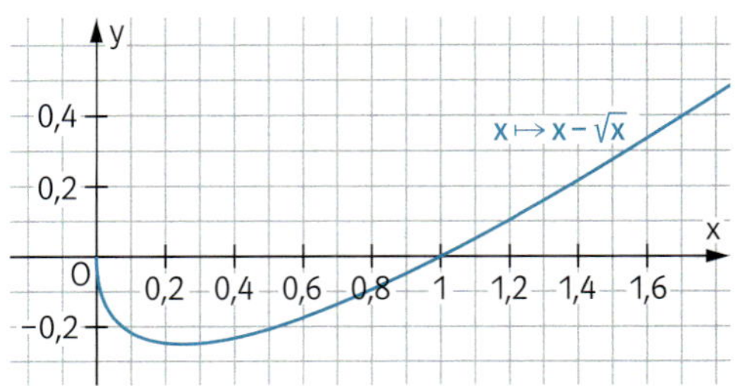

Beispiel 2

Bestimmen Sie die Ableitung f' und eine Stammfunktion F von f.

a) $f: x \mapsto \sqrt[3]{x^2}$; $x > 0$

b) $f: x \mapsto \sqrt[4]{8 - x}$; $x < \frac{8}{3}$

Erinnerung:
Zu $f: x \mapsto x^r$ ist $F: x \mapsto \frac{1}{r+1}x^{r+1}$ eine Stammfunktion.

Lösung:

a) Aus $f(x) = x^{\frac{2}{3}}$ folgt: $f'(x) = \frac{2}{3}x^{\frac{2}{3}-1} = \frac{2}{3}x^{-\frac{1}{3}} = \frac{2}{3} \cdot \frac{1}{\sqrt[3]{x}}$; $F(x) = \frac{1}{\frac{2}{3}+1} \cdot x^{\frac{2}{3}+1} = \frac{3}{5}x^{\frac{5}{3}} = \frac{3}{5} \cdot \sqrt[3]{x^5}$

b) Aus $f(x) = (8 - x)^{\frac{1}{4}}$ folgt: $f'(x) = \frac{1}{4} \cdot (8 - x)^{\frac{1}{4}-1} \cdot (-1) = -\frac{1}{4} \cdot (8 - x)^{-\frac{3}{4}} = -\frac{1}{4} \cdot \frac{1}{\sqrt[4]{(8 - x)^3}}$;

$F(x) = -\frac{1}{\frac{1}{4}+1} \cdot (8 - x)^{\frac{1}{4}+1} = -\frac{4}{5} \cdot (8 - x)^{\frac{5}{4}} = -\frac{4}{5} \cdot \sqrt[4]{(8 - x)^5}$

Beispiel 3

Für die Funktion $x \mapsto x^{\frac{2}{3}}$ ist die folgende Wertetabelle gegeben:

x	0	0,5	1	2	4	8
$x^{\frac{2}{3}}$	0	≈ 0,6	1	≈ 1,6	≈ 2,5	4

a) Bestimmen Sie die Ableitungen von $f_a: x \mapsto a \cdot x^{\frac{2}{3}};\ a \in \mathbb{R}$.
Welchen Einfluss hat a? Skizzieren Sie die Graphen dieser Funktionen f_a für $a = 1$ $(3; 0{,}5; -0{,}5)$ im Intervall $[0; 8]$.

b) Untersuchen Sie das Verhalten von f_1' für $x \to 0$. Was bedeutet dies für den Graphen von f_1?

Lösung:

a) $f_a'(x) = \frac{2}{3} a \cdot x^{-\frac{1}{3}}$

Je größer a, desto größer sind der Wert der Ableitung und die Graphensteigung.

Dies wird an der folgenden Skizze deutlich:

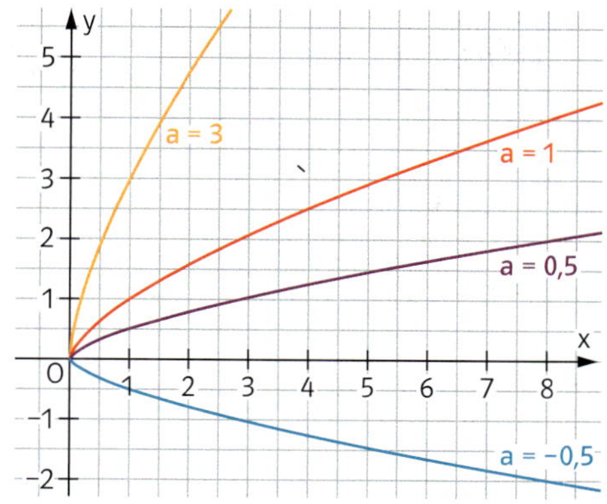

b) $\lim\limits_{x \underset{>}{\to} 0} f_1'(x) = \lim\limits_{x \underset{>}{\to} 0} \frac{2}{3} \cdot x^{-\frac{1}{3}} = \frac{2}{3} \cdot \lim\limits_{x \underset{>}{\to} 0} x^{-\frac{1}{3}} = +\infty$

Der Graph von f_1 besitzt an der Stelle $x = 0$ eine senkrechte Tangente.

Aufgaben

2

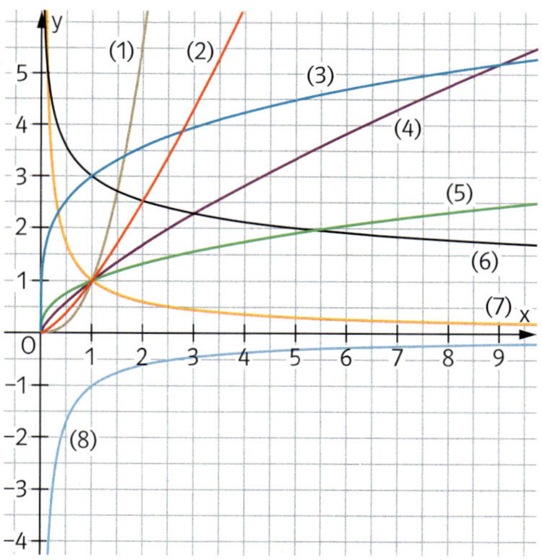

Ordnen Sie den Funktionen $f: x \mapsto 3x^{\frac{1}{4}}$, $g: x \mapsto 3x^{-\frac{1}{4}}$, $h: x \mapsto x^{\frac{3}{4}}$, $k: x \mapsto x^{-\frac{3}{4}}$, $p: x \mapsto x^{0,4}$, $q: x \mapsto x^{\frac{4}{3}}$, $r: x \mapsto \sqrt[4]{x^3}$ und $s: x \mapsto x^{2,5}$ ihre Graphen zu.

3

Bestimmen Sie jeweils maximale Definitionsmenge und Wertemenge von f und skizzieren Sie G_f und $G_{f'}$.

a) $f: x \mapsto \sqrt{x+2}$
b) $f: x \mapsto -\sqrt{x}$
c) $f: x \mapsto \sqrt{x-4}$
d) $f: x \mapsto -\sqrt{x+1} - 2$

4

Welche Fehler sind hier passiert?

$f(x) = (\sin x)^{-2}$
$\Rightarrow f'(x) = -2(\sin x)^{-1}$

$g(x) = 3 \cdot \sqrt[4]{x^3} = 3 \cdot x^{-\frac{4}{3}}$
$\Rightarrow g'(x) = 3 \cdot \frac{4}{3} \cdot x^{\frac{1}{3}} = 4 \cdot \sqrt[3]{x}$

$h(x) = 0{,}2 \cdot \sqrt[5]{x^2} = 0{,}2 \cdot x^{\frac{2}{5}} = 0{,}2 \cdot x^{0,4}$
$h'(x) = 0{,}2 \cdot 0{,}4 \cdot x^{-0,6} = 0{,}8 \cdot x^{-0,6} = \frac{0{,}8}{\sqrt[5]{x^3}}$

$p(t) = x + \sin\sqrt{t}$
$\Rightarrow p'(t) = 1 + \frac{1}{2} t^{-\frac{1}{2}} \cdot \cos\sqrt{t}$

5

Leiten Sie $f: x \mapsto f(x)$ ab und bestimmen Sie $f'(1)$. Geben Sie auch eine Stammfunktion F an.

a) $f(x) = x^{0,2}$
b) $f(x) = x^{\frac{4}{3}}$
c) $f(x) = x^{\frac{3}{4}}$
d) $f(x) = 2x^{0,7}$
e) $f(x) = \frac{1}{p} \cdot x^{-p}$
f) $f(x) = \sqrt[4]{x^5}$
g) $f(x) = \sqrt[5]{x^4}$
h) $f(x) = 0{,}02 \cdot \sqrt{x^7}$
i) $f(x) = \left(\sqrt[3]{x}\right)^{-1}$
k) $f(x) = 3 \cdot \left(\sqrt[3]{x^5}\right)^{-1}$
l) $f(x) = x^2 \cdot \sqrt[4]{x^3}$
m) $f(x) = \frac{12}{\sqrt[3]{x^4}}$

Lösungssalat zu 5:

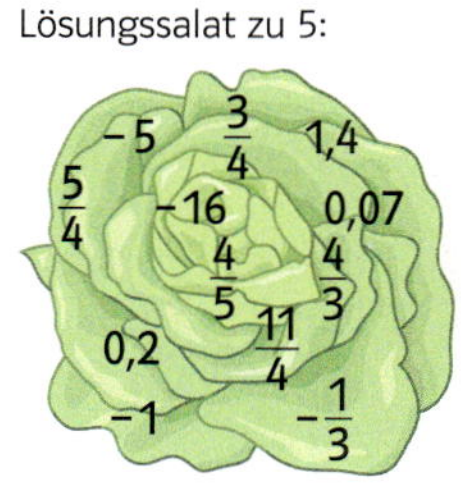

6

Bestimmen Sie zur Funktion f die Ableitung und eine Stammfunktion ($n, p, q \in \mathbb{N}$).

a) $f(x) = x^{-p}$

b) $f(x) = x^{-\frac{2}{n}}$

c) $f(t) = t^{-2p-1}$

d) $f(x) = x^{-\frac{p}{p+1}}$

e) $f(x) = p \cdot x^{-\frac{p}{q}-1}$

f) $f(s) = \frac{s^{-p-q}}{p+q}$

g) $f(x) = x^{-n} \cdot x^{-p}$

h) $f(x) = x^{-n} : x^{p}$

7

Leiten Sie ab. Manchmal benötigt man beim Nachdifferenzieren nochmals die Kettenregel.

a) $f(x) = \sqrt[3]{1 + 2x}$

b) $g(x) = (7x^2 - x)^{\frac{4}{5}}$

c) $f(t) = (1 + \sqrt{t})^3$

d) $f(x) = \sqrt[4]{\sin x}$

e) $f(x) = 2(x^2 - 3\sqrt{x})^2$

f) $f(x) = \sqrt{t^2x + 2t}$

g) $h(x) = (1 - \sin^2 x)^{\frac{3}{2}}$

h) $f(t) = \sqrt{t^2x + 2t}$

i) $k(x) = \sqrt{2 + (1 - x)^2}$

k) $f(s) = \sqrt{(1 - s)^3 + 1}$

l) $f(x) = (1 + \sqrt{3x + 2})^2$

m) $f(x) = 8(\sqrt{3x + 1})^{-\frac{3}{4}}$

n) $f(x) = \frac{1}{(x^3 - 2\sqrt{x})^2}$

o) $f(t) = \cos\frac{1}{\sqrt{t}}$

8

Die Abbildungen zeigen für $x \geqq 0$ Graphen der Funktionen $f: x \mapsto 0{,}5x^3$; $g: x \mapsto x^{-0{,}25}$; $h: x \mapsto \sqrt{x}$; $k: x \mapsto x^2$ und deren Ableitungen. Ordnen Sie jedem Graph die zugehörige Funktion bzw. Ableitungsfunktion zu und begründen Sie Ihre Zuordnung mithilfe charakteristischer Eigenschaften der Graphen.

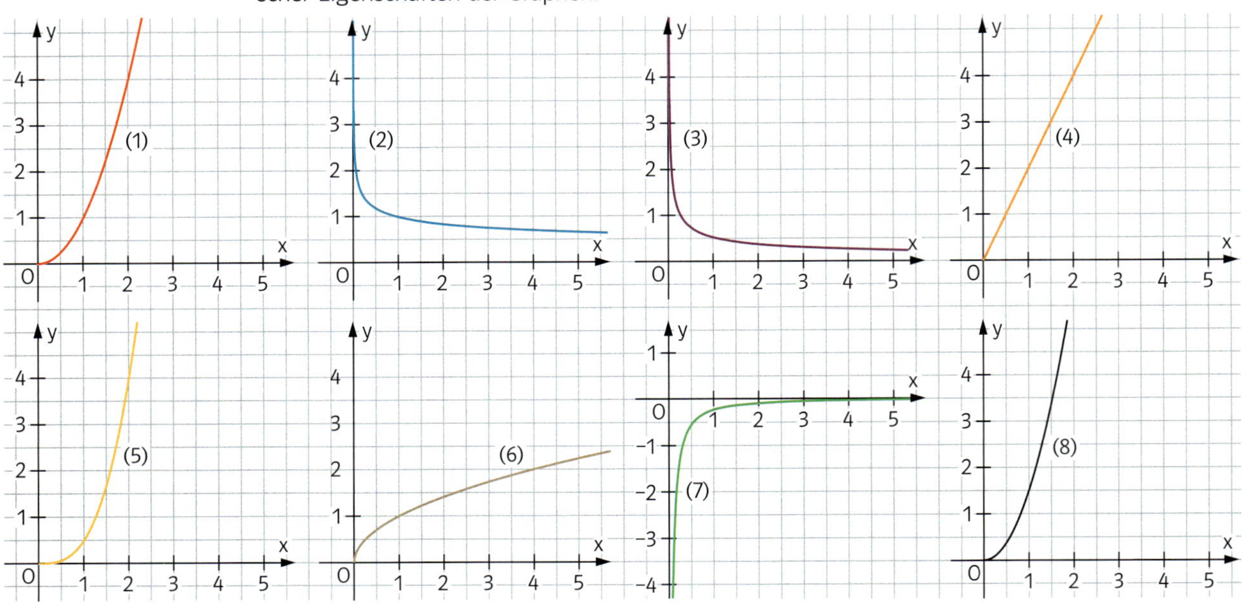

9

Skizzieren Sie die Graphen der Funktionen f, g und h in ein Koordinatensystem.

a) $f(x) = 2x^{\frac{1}{3}}$, $g(x) = 2x^{\frac{2}{3}}$, $h(x) = 2x^{\frac{4}{3}}$

b) $f(x) = -x^{\frac{5}{3}}$, $g(x) = -x^{\frac{3}{5}}$, $h(x) = -x^{-1{,}5}$

c) $f(x) = \frac{1}{5}x^{\frac{5}{2}}$, $g = f'$, $h = g'$

10

a) Zeichnen Sie mit einem Funktionsplotter die Graphen von $f: x \mapsto \sqrt{36 - x^2}$, $g: x \mapsto \sqrt{49 - x^2}$, $h: x \mapsto 2\sqrt{8 - 2x^2}$, $k: x \mapsto 0{,}5\sqrt{8 - 2x^2}$.

b) Beschreiben Sie die Graphen und untersuchen Sie das Verhalten der Ableitungen an den Grenzen des Definitionsbereichs. Was stellen Sie fest?

c) Was lässt sich über die Lage der Tangenten an diesen Randpunkten aussagen?

11

Untersuchen Sie die folgenden Funktionen bzgl. maximaler Definitionsmenge, Symmetrieeigenschaften, Nullstellen, Monotonie und Extremwerte.
Skizzieren Sie anschließend den Graphen und überprüfen Sie ggf. mit einem Funktionsplotter.

a) $f: x \mapsto \sqrt{2x} - x^2$

b) $g: x \mapsto \frac{1}{3}x \cdot \sqrt{16 - x^2}$

c) $h: x \mapsto \frac{3x}{\sqrt{9 + x^2}}$

12

Welche Funktion hat als Ableitung

a) $f'(x) = \frac{3}{4}x^{-0,25}$, b) $g'(x) = -\frac{4}{3}x^{-\frac{4}{3}}$,

c) $h'(x) = 0,4x^{-\frac{3}{5}}$, d) $k'(x) = x^{-\frac{3}{4}}$,

e) $p'(x) = 2\sqrt{x^{-1}}$, f) $q'(x) = 4,5\sqrt{x}$?

13

Gegeben sind die Funktionen u, v und w mit $u(x) = \sqrt{x}$, $v(x) = x^3 - 5$ und $w(x) = x^{-2}$.
Bilden Sie vier Verkettungen mit je zwei dieser Funktionen und leiten Sie diese ab.

14

Für jedes $a \in \mathbb{R}$ ist durch $f_a(x) = \frac{a \cdot x}{\sqrt{1 + ax^2}}$ eine Funktion f_a mit dem Graph G_a gegeben.

a) Untersuchen Sie G_a für $a > 0$ auf Monotonie sowie auf Symmetrie. Skizzieren Sie G_1.
b) Untersuchen Sie G_a für $a < 0$ auf Monotonie sowie auf Symmetrie. Skizzieren Sie G_{-1} ins vorhandene Koordinatensystem.
c) Welcher geometrische Zusammenhang besteht zwischen G_1 und G_{-1}?
d) Geben Sie den Funktionsterm der Funktion g an, deren Graph zu G_{-1} achsensymmetrisch bzgl. der y-Achse ist.
Skizzieren Sie G_g in das bereits vorhandene Koordinatensystem und argumentieren Sie geometrisch, warum dies der Graph der Umkehrfunktion von f_1 sein könnte.
e) Begründen Sie, dass $\lim\limits_{x \to +\infty} f_1(x) = 1$ und $\lim\limits_{x \to -\infty} f_1(x) = -1$.

15

Gegeben ist die Funktion f mit $f(x) = \sqrt{25 - x^2}$.

a) Berechnen Sie f'. Geben Sie die maximal möglichen Definitionsmengen D_f und $D_{f'}$ an.
b) Stellen Sie die Gleichungen der Tangenten und der Normalen an den Graphen von f in den Punkten A(3 | ?) und B(4 | ?) auf.
c) Skizzieren Sie den Graphen von f sowie die Tangenten und die Normalen. Was fällt bei der Lage der Normalen auf?
d) Funktionsgraph, x-Achse und die Normale durch B schließen einen Kreissektor ein. Berechnen Sie dessen Flächeninhalt.
e) Ergänzen Sie den Graphen G_f zum Kreis und geben Sie für diesen die zugehörige Gleichung in Vektor- und in Koordinatendarstellung an.

16

Sand lässt sich in Form eines Kreiskegels aufschütten. Der eingezeichnete Winkel β bzw. das Verhältnis von Grundkreisradius r zur Kegelhöhe h hängt nur von der Art des Sandes (Korngröße, Zurundungsgrad), nicht aber von der Größe des Kegels ab. Ein Förderband beginnt um 9.00 Uhr pro Sekunde $50\,dm^3$ Sand aufzuschütten.

a) Bestimmen Sie das Verhältnis r : h in dem oben stehenden Bild durch Messen.
b) Wie hoch ist der Kegel um 9.15 Uhr?
c) Bestimmen Sie die Kegelhöhe in Abhängigkeit von der Zeitdauer nach 9.00 Uhr.
d) Obwohl über das Förderband gleichmäßig Sand zugeführt wird, hat ein Beobachter den Eindruck, dass nach einiger Zeit der Berg kaum noch wächst.
Bestätigen Sie diese Beobachtung, indem Sie die momentane Wachstumsgeschwindigkeit der Kegelhöhe zu den Zeitpunkten 9.01 Uhr, 9.15 Uhr und 10.00 Uhr vergleichen.

17

a) Es sei f eine differenzierbare Funktion mit $f(x) > 0$ für alle $x \in \mathbb{R}$.
Zeigen Sie: Eine Stelle $x_0 \in \mathbb{R}$ ist Maximalstelle von $g: x \mapsto g(x) = \sqrt{f(x)}$, wenn sie eine Maximalstelle von f ist.
b) Bestimmen Sie mit den Kenntnissen aus a) die Maximalstelle von $g(x) = \sqrt{8,64x - 1,25x^4}$.
c) Untersuchen Sie, wie sich die Aussage in a) bzgl. der Wurzelfunktion allgemein auf streng monotone Funktionen übertragen lässt.

18

Es werden Funktionen $f_t\colon x \mapsto x^3 - (4t - t^3)x^2$ mit $t \in \mathbb{R}$ untersucht.

a) Plotten Sie die Graphen für verschiedene Werte $t \geqq 0$ und beschreiben Sie die Graphen und deren Abhängigkeit von t.

b) Für welchen Wert $t \geqq 0$ liegt der Tiefpunkt am weitesten rechts?

c) Für welchen Wert $t \geqq 0$ liegt der Tiefpunkt am tiefsten?

d) Untersuchen Sie die Fragestellungen a) bis c) nun für $t \leqq 0$. Welche Eigenschaft der Graphen können Sie hierbei ausnutzen?

*19

Zu jedem $a > 0$ ist die Funktion f_a gegeben durch $f_a(x) = a \cdot \sqrt{x - a^2}$.

a) Untersuchen Sie f_a auf ihre maximale Definitions- und Wertemenge.

b) Was lässt sich über das Monotonieverhalten der zugehörigen Graphen G_a aussagen?

c) G_a hat eine Tangente mit der Gleichung $y = \frac{1}{2}x$. Bestimmen Sie den Berührpunkt B_a in Abhängigkeit von a.
Skizzieren Sie G_1 und G_2.

20

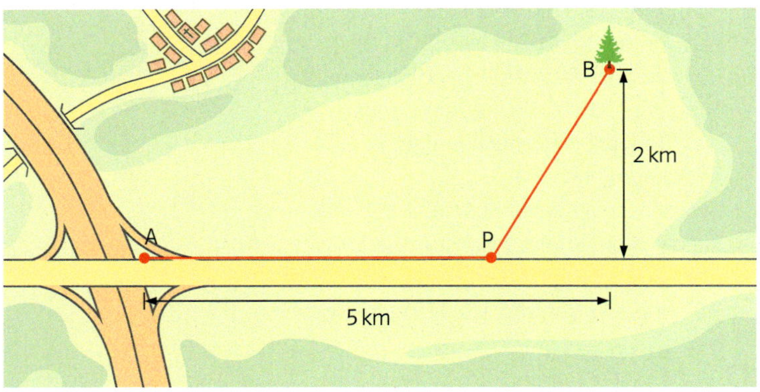

Bei einem Straßen-Querfeldein-Rennen muss ein Radsportler von A nach B fahren.
Auf der Straße erreicht er durchschnittlich eine Geschwindigkeit von 40 km/h, im freien Gelände jedoch nur 20 km/h.
In welchem Punkt P sollte der Radsportler die Straße verlassen, wenn er möglichst schnell am Ziel sein möchte?
Stellen Sie dazu eine Funktion für die Gesamtzeit auf und arbeiten Sie mithilfe der Ableitung.

*21

Für $c > 0$ sind die Funktionen $f_c\colon x \mapsto \frac{8}{x}(\sqrt{x} - c)$ mit den Graphen G_c gegeben.

a) Geben Sie die maximale Definitionsmenge der Funktionen f_c an und untersuchen Sie G_c auf gemeinsame Punkte mit der x-Achse.

b) Bestimmen Sie den Grenzwert der Funktionswerte für $x \to 0$ und untersuchen Sie G_c auf Extrempunkte. Skizzieren Sie G_1.

c) Welche Graphen G_c verlaufen unterhalb der Geraden g mit der Geradengleichung $y = 1$?

d) Geben Sie die Steigung der Tangente im Punkt $P(4\,|\,?)$ des Graphen G_c an. Für welchen Wert von c hat die Tangente t durch den Punkt P die Geradengleichung $y = \frac{1}{4}x$?

G 22

Die Körper haben alle gleiche Höhe.

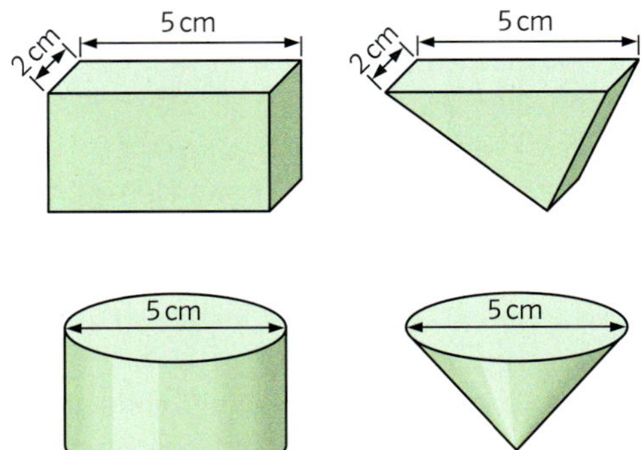

a) In welchem Verhältnis stehen ihre Volumina zueinander?

b) Berechnen Sie jeweils das Volumen, wenn die Höhe 3 cm beträgt. Geben Sie Ihre Resultate in m^3, dm^3, cm^3 und mm^3 an.

G 23

Lösen Sie das Gleichungssystem.

a) $\frac{1}{2}(x - 1) + \frac{1}{3}(y + 1) = 2$
$\frac{3}{4}(x + 1) + \frac{2}{5}(y + 3) = 5$

b) $0{,}5(x - 4) - 1{,}2(y - 4{,}5) = 1{,}4$
$0{,}2(1 - x) + 0{,}4(2y - 6{,}5) = 0$

G 24

Der Graph der Funktion $f\colon x \mapsto 2x^2 - 3x - 2$ wird um eine Einheit nach rechts und um zwei Einheiten nach oben verschoben. Bestimmen Sie den Funktionsterm, der zu dem verschobenen Graphen gehört.

Ableitung der Sinus- und Kosinusfunktion – eine Beweisführung

Es wird gezeigt, wie die bereits bekannte Ableitung der Sinusfunktion hergeleitet werden kann. Um die Ableitung der Sinusfunktion $f(x) = \sin x$ an einer Stelle x_0 zu bestimmen, bildet man den Differenzenquotienten und betrachtet den Grenzwert:

$$f'(x_0) = \lim_{h \to 0} \frac{\sin(x_0 + h) - \sin(x_0)}{h} = \lim_{h \to 0} \frac{2\cos\left(\frac{x_0 + h + x_0}{2}\right)\sin\left(\frac{x_0 + h - x_0}{2}\right)}{h} = \lim_{h \to 0} \frac{\cos\left(x_0 + \frac{h}{2}\right)\cdot \sin\frac{h}{2}}{\frac{h}{2}}$$

$$= \lim_{h \to 0} \cos\left(x_0 + \frac{h}{2}\right)\cdot \frac{\sin\frac{h}{2}}{\frac{h}{2}}$$

Bei nebenstehender Umformung wurde folgende Formel benutzt:
$\sin\alpha - \sin\beta$
$= 2\cos\frac{\alpha + \beta}{2}\cdot\sin\frac{\alpha - \beta}{2}$

Mithilfe eines Tabellenkalkulationsprogramms wird $\frac{\sin\frac{h}{2}}{\frac{h}{2}}$ für $h \to 0$ untersucht.

Die in der nebenstehenden Tabelle berechneten Werte lassen vermuten, dass gilt:

$$\lim_{h \to 0} \frac{\sin\frac{h}{2}}{\frac{h}{2}} = 1$$

	A	B	C
1	h	sin(h/2)	sin(h/2)/(h/2)
2	–0,2	–0,09983342	0,99833417
3	0,2	0,09983342	0,99833417
4	–0,02	–0,00999983	0,99998333
5	0,02	0,00999983	0,99998333
6	–0,002	–0,00100000	0,99999983
7	0,002	0,00100000	0,99999983

Um zu sehen, wie sich Termwerte entwickeln, kann man mit einem Tabellenkalkulationsprogramm arbeiten.

Im Folgenden wird dies näher begründet:

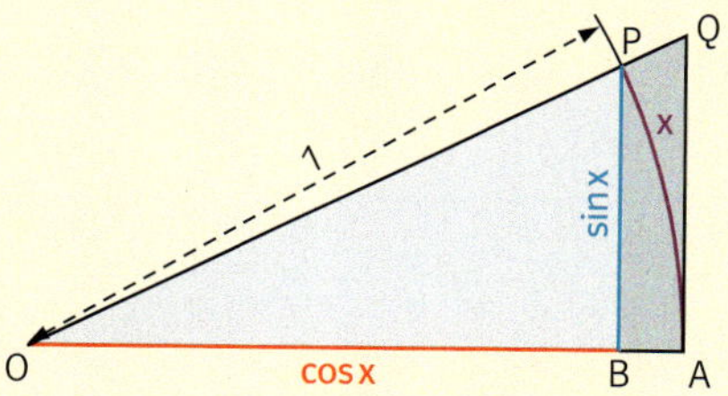

Im nebenstehenden Bild ist x die Bogenlänge. Es ist zu erkennen, dass
der Inhalt I_1 des Dreiecks OBP kleiner ist als der Inhalt I des Kreissektors OAP und
der Inhalt I_2 des Dreiecks OAQ größer ist als der Inhalt I.
Also gilt: $I_1 < I < I_2$

Strategie:
Veranschaulichen durch eine Skizze oder Zeichnung.

Dabei ist $I_1 = \frac{1}{2}\cdot\cos x\cdot\sin x$ und $I = \frac{1}{2}\cdot x\cdot 1 = \frac{1}{2}\cdot x$ (Fläche mit $r = 1$ und Bogenlänge x).

Wegen $\overline{QA}:\overline{PB} = \overline{OA}:\overline{OB}$ ist $\overline{QA} = \frac{\overline{OA}}{\overline{OB}}\cdot\overline{PB} = \frac{1}{\cos x}\cdot\sin x = \frac{\sin x}{\cos x}$ und dann $I_2 = \frac{1}{2}\cdot 1\cdot\frac{\sin x}{\cos x}$.

Also gilt: $\frac{1}{2}\cdot\cos x\cdot\sin x < \frac{1}{2}\cdot x < \frac{1}{2}\cdot\frac{\sin x}{\cos x} \;\Rightarrow\; \cos x < \frac{x}{\sin x} < \frac{1}{\cos x}$

Übergang zu den Kehrwerten ergibt: $\frac{1}{\cos x} > \frac{\sin x}{x} > \cos x$

Dies gilt auch für $x < 0$ (vgl. Aufgabe 3).

Für $x \to 0$ gilt: $\cos x \to 1$ und $\frac{1}{\cos x} \to 1$. Also ist $1 \geqq \lim_{x \to 0}\frac{\sin x}{x} \geqq 1$ und folglich $\lim_{x \to 0}\frac{\sin x}{x} = 1$.

Somit gilt für $f(x) = \sin x$: $f'(x_0) = \lim_{h \to 0}\cos\left(x_0 + \frac{h}{2}\right)\cdot\frac{\sin\frac{h}{2}}{\frac{h}{2}} = \lim_{h \to 0}\cos\left(x_0 + \frac{h}{2}\right)\cdot 1 = \cos x_0$ ∎

1
Fasse in eigenen Worten die wesentlichen Schritte der obigen Herleitung zusammen.

2
Zeige in analoger Weise, dass für die Funktion $g: x \mapsto \cos x$ gilt: $g'(x) = -\sin x$

Benutze dabei die Formel $\cos\alpha - \cos\beta = -2\sin\frac{\alpha + \beta}{2}\cdot\sin\frac{\alpha - \beta}{2}$.

3
Oben wurde die Ungleichung $\frac{1}{\cos x} > \frac{\sin x}{x} > \cos x$ für alle $x \in \left[0; \frac{\pi}{2}\right]$ bewiesen.
Zeigen Sie, dass diese Ungleichung auch für alle $x \in \left[-\frac{\pi}{2}; 0\right]$ gilt.

Exoten unter den Funktionen

Um eine griffige Vorstellung vom wesentlichen Inhalt einer Definition zu erhalten, versucht man häufig, den Sachverhalt anschaulich zu interpretieren, was jedoch zu fehlerhaften Vereinfachungen führen kann. Dieses Problem soll an den beiden Begriffen Stetigkeit und Differenzierbarkeit näher demonstriert werden.

Für eine Funktion f, die auf einem Intervall I definiert ist, gilt:
Eine Funktion f heißt an der Stelle $x_0 \in I$ **stetig**, wenn $\lim\limits_{x \to x_0} f(x)$ existiert und mit $f(x_0)$ übereinstimmt.
Anschaulich bedeutet dies für alle „nicht exotischen" Funktionen, dass sie dann stetig sind, wenn ihr Graph keinen Sprung aufweist bzw. wenn man den Graphen „mit einem Bleistiftzug durchzeichnen" kann („Bleistiftdefinition" der Stetigkeit).

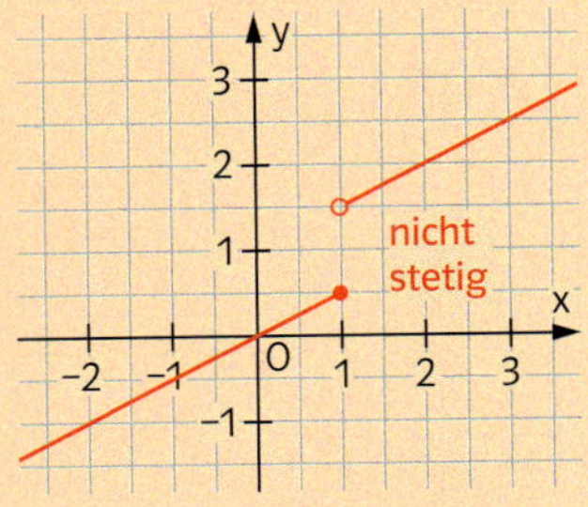

Der Graph besitzt einen „Sprung".

Weiterhin wird für eine Funktion f mit einem Intervall I als Definitionsmenge definiert:
Eine Funktion f heißt an der Stelle $x_0 \in I$ **differenzierbar**, wenn der Differenzenquotient $\frac{f(x) - f(x_0)}{x - x_0}$ für $x \to x_0$ einen Grenzwert besitzt.

Anschaulich bedeutet dies für alle „nicht exotischen" Funktionen, dass sie dann differenzierbar sind, wenn ihr Graph keinen Knick aufweist bzw. wenn der Graph „glatt durchgezeichnet" werden kann.

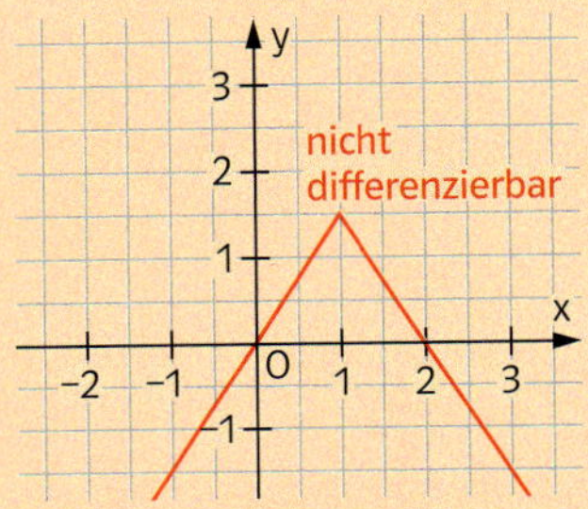

Der Graph besitzt einen „Knick".

Es gibt jedoch Funktionen, bei denen diese anschaulichen Interpretationen versagen.

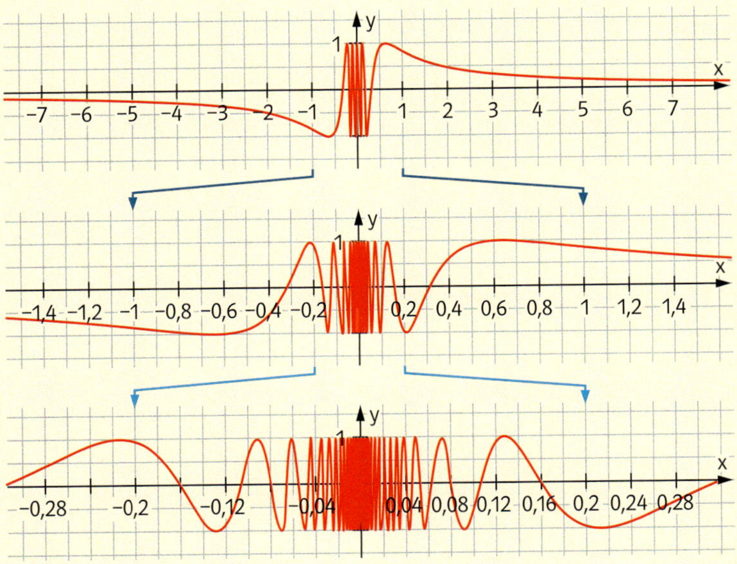

Unstetig, jedoch ohne „Sprung"!

Exotenfunktion Nr. 1:

$$f(x) = \begin{cases} \sin\frac{1}{x} & \text{für } x \neq 0 \\ 0 & \text{für } x = 0 \end{cases}$$

Selbst wenn man den Graphen von f in Richtung der x-Achse immer weiter streckt, entdeckt man an der Stelle 0 keinen Sprung.

Ist die Funktion f damit stetig?

Nein!

Nähert man sich nämlich der Stelle 0, so nimmt die Funktion f in jedem noch so kleinen Intervall [−h; h] sowohl den Funktionswert 1 als auch den Wert −1 an. Der Graph der Funktion f oszilliert sogar um so rascher zwischen den Werten −1 und 1, je näher man der Stelle 0 kommt. Deshalb hat f(x) für $x \to 0$ keinen Grenzwert.

Die Funktion f ist also an der Stelle 0 nicht stetig.

Exotenfunktion Nr. 2:

$$g(x) = \begin{cases} x \cdot \sin\frac{1}{x} & \text{für } x \neq 0 \\ 0 & \text{für } x = 0 \end{cases}$$

Diese Funktion ist stetig:

Der Faktor $\sin\frac{1}{x}$ nimmt nur Werte zwischen −1 und +1 an. Für $x \to 0$ „dämpft" der Faktor x aber die Oszillation.

Für $x \to 0$ gilt: $x \cdot \sin\frac{1}{x} \to 0$

Da $g(0) = 0$ ist, ist die Funktion g stetig an der Stelle 0 und damit auf der gesamten Definitionsmenge $\mathbb{R}$.

Betrachtet man nun den Graphen von g, so entdeckt man nirgends einen Knick.

Ist die Funkton g damit differenzierbar?

Nein!

Für $x \neq 0$ liefern zwar die Ableitungsregeln $g'(x) = \sin\frac{1}{x} - \frac{1}{x}\cos\frac{1}{x}$. Aber an der Stelle 0 gilt für den Differenzenquotienten:

$$\frac{g(x) - g(0)}{x - 0} = \frac{x\sin\frac{1}{x} - 0}{x - 0} = \sin\frac{1}{x}$$

Wie die Untersuchung der Exotenfunktion Nr. 1 gezeigt hat, besitzt $\sin\frac{1}{x}$ keinen Grenzwert für $x \to 0$. Der Differenzenquotient besitzt also keinen Grenzwert.

Damit ist die Funktion g zwar stetig, aber an der Stelle 0 nicht differenzierbar!

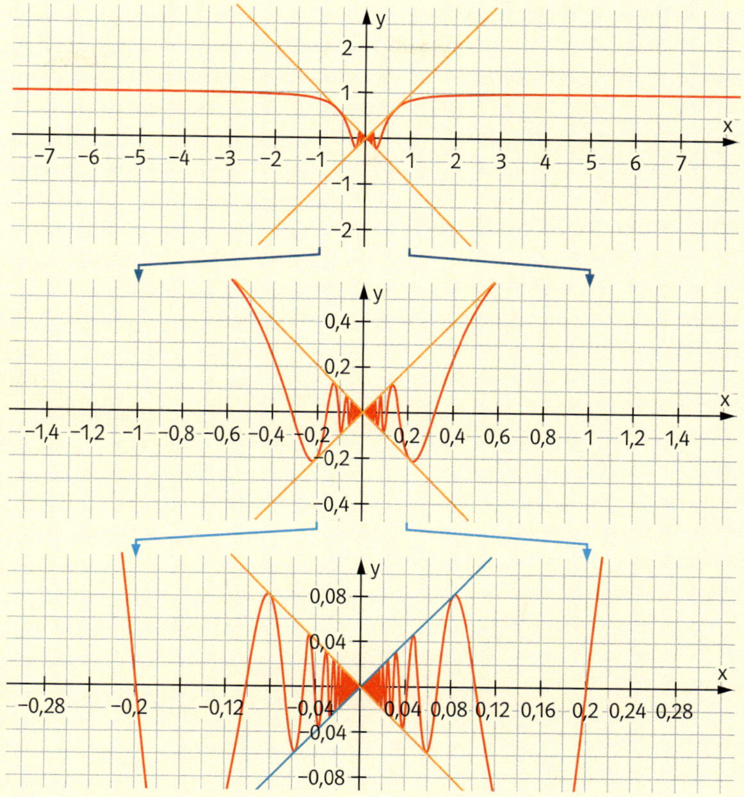

Nicht differenzierbar, jedoch ohne „Knick"!

Exotenfunktion Nr. 3:

$$h(x) = \begin{cases} x^2 \cdot \sin\frac{1}{x} & \text{für } x \neq 0 \\ 0 & \text{für } x = 0 \end{cases}$$

Diese Funktion ist stetig:

Die Funktion h ist stetig an der Stelle 0, da $\lim\limits_{x \to x_0} x^2 \sin\frac{1}{x} = 0$ ist und mit dem Funktionswert $h(0) = 0$ übereinstimmt.

Die Funktion h ist somit stetig auf der gesamten Definitionsmenge $\mathbb{R}$.

Die Funktion h ist im Gegensatz zur Funktion g auch differenzierbar an der Stelle 0, da der Differenzenquotient

$$\frac{h(x) - h(0)}{x - 0} = \frac{x^2\sin\frac{1}{x} - 0}{x - 0} = x \cdot \sin\frac{1}{x}$$ für $x \to 0$ den Grenzwert 0 besitzt (vgl. Exotenfunktion Nr. 2).

Mithilfe der Ableitungsregeln erhält man:

$$h'(x) = \begin{cases} 2x\sin\frac{1}{x} - \cos\frac{1}{x} & \text{für } x \neq 0 \\ 0 & \text{für } x = 0 \end{cases}$$

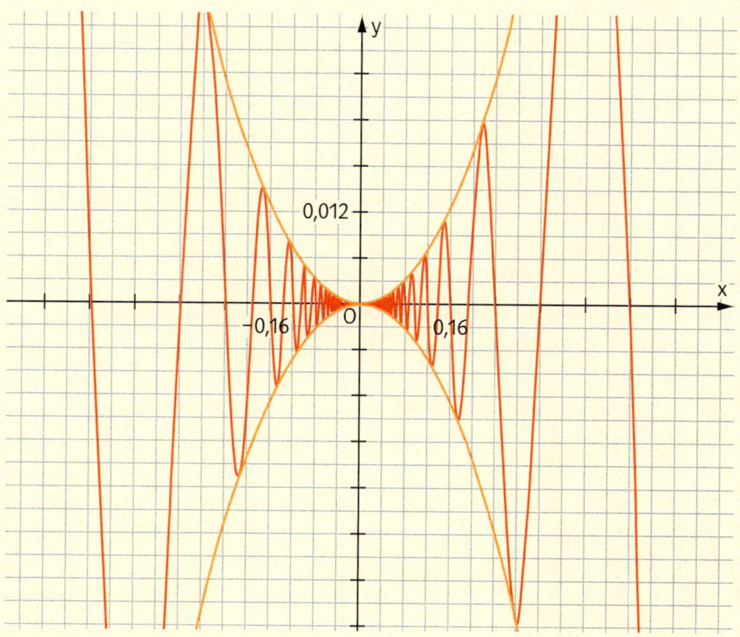

Die Funktion h ist somit differenzierbar auf ganz $\mathbb{R}$.

Rückblick

Umkehrbarkeit, Umkehrfunktion

Eine Funktion $f: x \mapsto f(x)$ mit der Definitionsmenge D_f und der Wertemenge W_f heißt **umkehrbar**, falls es zu jedem $y \in W_f$ genau ein $x \in D_f$ mit $f(x) = y$ gibt.
Ist eine Funktion f umkehrbar, so ist die umgekehrte Zuordnung eine Funktion. Diese heißt **Umkehrfunktion** von f und wird mit f^{-1} bezeichnet.

$f: x \mapsto (x-2)^2$ ist in $D_f =]2;+\infty[$ umkehrbar, denn $f'(x) = 2x - 4 > 0$ für $x > 2$

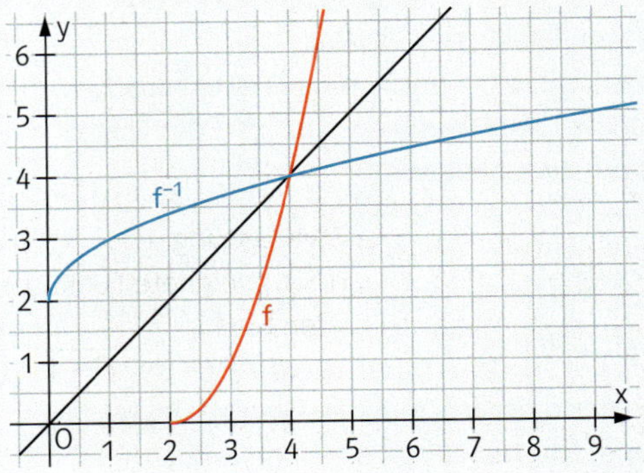

$D_{f^{-1}} = W_f =]0;+\infty[$

Kriterium für die Umkehrbarkeit

Ist eine Funktion f streng monoton, so ist sie umkehrbar. Insbesondere ist jede differenzierbare Funktion f, für die $f'(x) > 0$ für alle x in einem Intervall (bzw. $f'(x) < 0$ für alle x in einem Intervall), in diesem Intervall umkehrbar.

Die Graphen einer Funktion und ihrer Umkehrfunktion sind zueinander symmetrisch bzgl. der Winkelhalbierenden des I. und III. Quadranten.

Es gilt: $D_{f^{-1}} = W_f$ und $W_{f^{-1}} = D_f$

Bestimmen des Funktionsterms $f^{-1}(x)$

1. Auflösen der Funktionsgleichung $y = f(x)$ nach x
2. Variablentausch $x \longleftrightarrow y$, wobei nun $y = f^{-1}(x)$

1. $y = (x-2)^2 \Rightarrow \sqrt{y} = x - 2;\ x = \sqrt{y} + 2$
2. $y = \sqrt{x} + 2;\ f^{-1}: x \mapsto \sqrt{x} + 2$

Verkettung von Funktionen

Für zwei Funktionen $v: x \mapsto v(x)$ und $u: x \mapsto u(x)$ heißt die Funktion $u \circ v: x \mapsto u(v(x))$ **Verkettung** oder **Hintereinanderausführung** der Funktionen u und v. v heißt **innere** und u **äußere** Funktion.
Es gilt im Allgemeinen: $u \circ v \neq v \circ u$

$u: x \mapsto \frac{2}{x-1};\ v: x \mapsto 3x^2$

Es ist $u(v(x)) = \frac{2}{v(x)-1} = \frac{2}{3x^2-1}$.

Verkettung $u \circ v: x \mapsto \frac{2}{3x^2-1}$

Umgekehrt lässt sich oft eine komplizierte Funktion f als Verkettung von einfacheren Funktionen u und v darstellen mit $f = u \circ v$ (Zerlegung einer Verkettung).

Zerlegung der Funktion $f: x \mapsto 2\sqrt{4-x}$ in die Funktionen $v: x \mapsto 4 - x$ und $u: x \mapsto 2\sqrt{x}$ mit $f = u \circ v$

Ableitung von verketteten Funktionen (Kettenregel)

Ist $f = u \circ v$ eine Verkettung zweier differenzierbarer Funktionen u und v, so ist auch f differenzierbar, und es gilt für $f(x) = (u \circ v)(x) = u(v(x))$:
$f'(x) = (u \circ v)'(x) = u'(v(x)) \cdot v'(x)$

$f(x) = 4(5 - x^2)^3$
$v(x) = 5 - x^2;\ v'(x) = -2x$
$u(x) = 4x^3;\quad u'(x) = 12x^2$
$f'(x) = 12(5 - x^2)^2 \cdot (-2x) = -24x(5 - x^2)^2$

Potenzfunktionen mit rationalen Exponenten

Funktionen der Form $f: x \mapsto a \cdot x^{\frac{p}{q}} = a \cdot \sqrt[q]{x^p}$ $(a \in \mathbb{R},\ p \in \mathbb{Z}$ und $q \in \mathbb{N})$ heißen Potenzfunktionen mit rationalen Exponenten.
Insbesondere heißt $f: x \mapsto x^{\frac{1}{2}} = \sqrt{x}$ **(Quadrat-)Wurzelfunktion.**

Zu $f: x \mapsto a \cdot x^{\frac{p}{q}}$ ist $f^{-1}: x \mapsto \left(\frac{1}{a} \cdot x\right)^{\frac{q}{p}}$ die Umkehrfunktion.

$f: x \mapsto x^{\frac{3}{5}} = \sqrt[5]{x^3}$ ist eine Potenzfunktion.
$f^{-1}: x \mapsto x^{\frac{5}{3}} = \sqrt[3]{x^5}$

Ableitung von Potenzfunktionen

Für Funktionen $f: x \mapsto a \cdot x^{\frac{p}{q}} = a \cdot \sqrt[q]{x^p}$ $(a \in \mathbb{R},\ p \in \mathbb{Z}$ und $q \in \mathbb{N})$ gilt:
$f'(x) = \frac{p}{q} \cdot a \cdot x^{\frac{p}{q}-1}$

$f(x) = x^{\frac{3}{5}}$
$f'(x) = \frac{3}{5} x^{\frac{3}{5}-1} = \frac{3}{5} x^{-\frac{2}{5}}$

Ableitung von trigonometrischen Funktionen

Für die Funktion $f: x \mapsto \sin x$ gilt: $f'(x) = \cos x$
Für die Funktion $f: x \mapsto \cos x$ gilt: $f'(x) = -\sin x$

$f(x) = \sin x + \cos x$
$f'(x) = \cos x - \sin x$

Aufgaben zum Üben und Wiederholen

1

Bestimmen Sie die Ableitungsfunktion f' und eine Stammfunktion F von f mit

a) $f(x) = -7 \cdot \cos x$ b) $f(x) = 2x^3 + \sin x$

c) $f(x) = 2x\sqrt{x^5} + 3$ d) $f(x) = \sqrt[4]{x^3}$

e) $f(x) = -4x^{-4} - 4 \cdot \sin x - 4 \cdot \cos x + x^{0{,}2}$

2

Die Funktion f kann als Verkettung $u \circ v$ aufgefasst werden. Geben Sie geeignete Funktionen u und v an und bilden Sie f'.

a) $f(x) = (2x - 5)^3$ b) $f(x) = 3\sqrt{2x^2 + 1}$

c) $f(x) = \frac{1}{\left(\frac{2}{x^2} + 1\right)^2}$ d) $f(x) = \frac{-2}{(x+1)^4}$

3

Bestimmen Sie die Gleichung der Tangente und der Normale an den Graphen von f im Punkt $P \in G_f$.

a) $f: x \mapsto 2\sin x \cos x$; $P\left(\frac{\pi}{2} \middle| ?\right)$

b) $f: x \mapsto 2\sqrt{2x + 1}$; $P(0 \mid ?)$

4

Zeigen Sie, dass f in dem gegebenen Intervall umkehrbar ist. Bestimmen Sie die Umkehrfunktion f^{-1} und geben Sie $D_{f^{-1}}$ und $W_{f^{-1}}$ an.

a) $f: x \mapsto 2x + 1$; $x \in \mathbb{R}$

b) $f: x \mapsto \frac{1}{\sqrt{x}}$; $x > 0$

c) $f: x \mapsto \frac{2x}{x-1}$; $x > 1$

5

Untersuchen Sie die Funktion $f: x \mapsto 4x - x^2$; $x \in \mathbb{R}$ auf Umkehrbarkeit.
Schränken Sie gegebenenfalls den Definitionsbereich so ein, dass die Funktion dann umkehrbar ist.
Skizzieren Sie die Graphen von f und von f^{-1}.

6

Leiten Sie ab.

a) $f(x) = x^4 \cdot \sin x$ b) $g(t) = \frac{t}{\cos t}$

c) $h(x) = \sqrt[7]{x^3} \cdot (\cos x)^2$ d) $f(x) = \frac{1}{x} \cdot \cos x$

e) $g(x) = \sqrt{5x^2 - 7x + 1}$ f) $k(t) = t \cdot (\sin(2t))^2$

g) $f(x) = \sin t - \cos x$ h) $f(t) = t \cdot \cos\left(t^3 - \frac{\pi}{4}\right)$

i) $k(x) = \frac{\sin(2x)}{2x + 3}$ k) $h(x) = \frac{2x}{(x^2 - 3)^{1{,}25}}$

7

Bilden Sie $f(x) = u(v(x))$ und $g(x) = v(u(x))$ mit den Termen u(x) und v(x) und geben Sie die Definitionsmengen von f und g an.

a) $u(x) = x^3 + 1$; $v(x) = \frac{2}{x}$

b) $u(x) = \sqrt{x} - 2$; $v(x) = \sin x$

c) $u(x) = x^2$; $v(x) = \cos x$

8

Die sechs Graphen am Rand stellen Funktionen und deren Ableitungen dar.

a) Finden Sie die passenden Paare.

b) Welche der Graphen gehören zu umkehrbaren Funktionen?

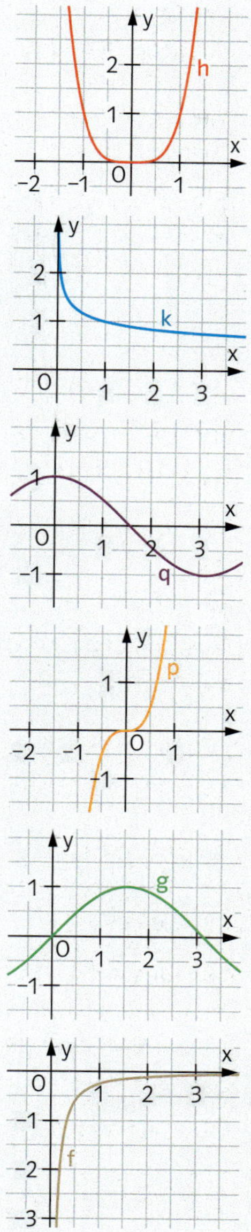

9

Bestimmen Sie die Gleichung der Tangente an den Graphen G_f, die parallel zur Geraden g ist.

a) $f(x) = (\sin x)^2$; $g: y = -3$

b) $f(x) = \sqrt{25 - x^2}$; $g: y = -\frac{4}{3}x$

10

Geben Sie die Definitionsmenge der Funktion f an und bestimmen Sie im angegebenen Intervall Nullstellen, Symmetrieeigenschaft, Extremwerte und die Grenzwerte von f an den Rändern des Definitionsbereichs.
Skizzieren Sie anschließend den Graphen.

a) $f: x \mapsto \frac{1}{\sin x}$; $I = [-2\pi; 2\pi]$

b) $f: x \mapsto 2\sqrt{9 - x^2}$; $I = [-4; 4]$

11

Widerlegen Sie folgende Behauptungen durch Angabe eines Gegenbeispiels:

a) Ist der Graph einer Funktion f symmetrisch zur y-Achse, dann ist f umkehrbar.

b) Hat der Graph eine waagrechte Tangente, dann ist f nicht umkehrbar.

c) Ist x_0 eine Nullstelle der Funktion v, dann ist x_0 auch eine Nullstelle der Funktion $u \circ v$.

d) Hat der Graph von v eine waagrechte Tangente, so gilt dies auch für $G_{u \circ v}$.

12

Gegeben sind die Funktionen $f: x \mapsto \sqrt{x}$ und $g: x \mapsto \sin x - 3$. Begründen Sie, warum kein einziger Funktionswert $f(g(x_0))$ gebildet werden kann.

Die Lösungen zu den Aufgaben dieser Seite finden Sie auf den Seiten 232 bis 234.

Aufgaben zur Vorbereitung auf das Abitur

1

a) Skizzieren Sie den Graphen von $f: x \mapsto (x+1)^2 - 2$ mit $D_f = [-1; +\infty[$ und den Graphen der zugehörigen Umkehrfunktion f^{-1} in ein Koordinatensystem. Bestimmen Sie anschließend den Term der Umkehrfunktion f^{-1} und geben Sie deren Definitions- und Wertemenge an.

b) Eine Funktion g mit $D_g = \mathbb{R}^+$ hat als Ableitung $g'(x) = \frac{1}{2\sqrt{x}}$.
Entscheiden Sie ohne Zeichnung oder weitere Rechnung, ob die Funktion g umkehrbar ist.

c) Bestimmen Sie die maximale Definitions- und Wertemenge sowie das Monotonieverhalten von $r: x \mapsto \sqrt{\frac{x-1}{3-x}}$.

2

Gegeben sind die Funktionen $w: x \mapsto \sqrt{x}$ und $s: x \mapsto \sin x$ mit jeweils maximalem Definitionsbereich.

a) Skizzieren Sie die Graphen von w und s im Intervall $[0; 4\pi]$ in ein gemeinsames Koordinatensystem.

b) Bestimmen Sie von der Funktion $h: x \mapsto \sqrt{x} \cdot \sin x$ die maximal mögliche Definitionsmenge und alle Nullstellen.

c) Begründen Sie ohne Verwendung der 1. Ableitung: Die Funktion h besitzt bei $x = \frac{\pi}{2}$ kein Extremum, jedoch liegt zwischen $\frac{\pi}{2}$ und π eine Extremstelle.
Führen sie mit dem Startwert $x_0 = 1{,}6$ den ersten Schritt des Newtonverfahrens zur näherungsweisen Bestimmung dieser Extremstelle durch.

d) Skizzieren Sie den Graphen von h im Intervall $[0; 4\pi]$ in das bereits vorhandene Koordinatensystem. Obwohl die Extremstellen x_h der Funktion h gegenüber den Extremstellen x_s der Sinusfunktion etwas nach rechts verschoben sind, genügt es, im Folgenden als Extrempunkte näherungsweise $(x_s | h(x_s))$ zu nehmen.

e) Zwei benachbarte Nullstellen und der dazwischen liegende Extrempunkt der Funktion h bilden ein Dreieck. Entlang der x-Achse ergibt sich so eine Folge von Dreiecken.
Was kann man über die Flächeninhalte dieser aufeinander folgenden Dreiecke aussagen?
Bestimmen Sie zwei aufeinander folgende Nullstellen, für die das entsprechende Dreieck den Flächeninhalt 40 erstmals überschreitet.

f) Gilt $\lim\limits_{x \to +\infty} h(x) = +\infty$? Begründen Sie Ihre Antwort.

g) Geben Sie einen Punkt $P(x|y)$ mit $x \in]0; \pi[$ an, in dem sich die Graphen von h und der Sinusfunktion s schneiden.

h) Bilden Sie die Verkettungen $w \circ s$ und $s \circ w$ und ordnen Sie $G_{w \circ s}$ und $G_{s \circ w}$ den beiden abgebildeten Graphen G_1 und G_2 zu.

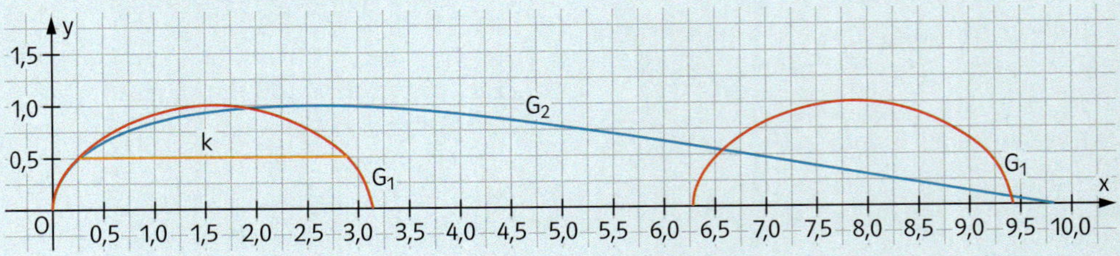

i) Geben Sie die maximale Definitionsmenge und die Wertemenge der Funktion $w \circ s$ an.

k) Untersuchen Sie die Steigung der Tangente an den Graphen der Funktion $w \circ s$ an den Rändern des Intervalls $]0; \pi[$. Inwiefern lässt sich das gefundene Ergebnis auf den ganzen Graphen erweitern?

l) Geben Sie allgemein die Nullstellen von $s \circ w$ an und beschreiben Sie den Graphen.

m) Bestimmen Sie von der Funktion $s \circ w$ die Koordinaten des Maximums, das in der Zeichnung zu erkennen ist, auf 2 Nachkommastellen genau.

n) Bestimmen Sie die Länge der eingezeichneten „Sekante" k auf 3 Nachkommastellen genau.

Die Lösungen zu den Aufgaben dieser Seite finden Sie auf Seite 242.

Aufgaben zur Vorbereitung auf das Abitur

1

Gegeben ist die Funktion $f: x \mapsto \frac{\sin x + x}{x}$, $D_f = [-2\pi; 2\pi] \setminus \{0\}$.

a) Untersuchen Sie das Verhalten von $f(x)$ in der Nähe der Definitionslücke.

b) Bestimmen Sie die Wertemenge der Funktion f. Geben Sie dabei die Intervallgrenzen auf vier Nachkommastellen gerundet an.

c) In welchem Punkt zwischen 0 und 2π hat der Graph von f das größte Gefälle?

2

Ein Kegel ($r = 2\,\text{cm}$, $h = 5\,\text{cm}$) wird mit der konstanten Geschwindigkeit von $0{,}8\,\frac{\text{cm}}{\text{s}}$ in ein Überlaufgefäß getaucht.

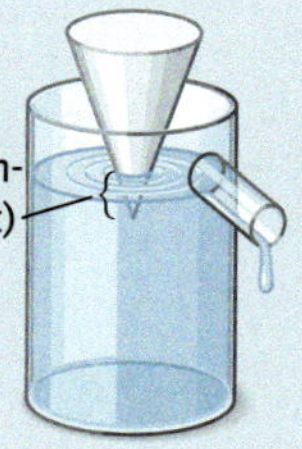

a) Bestimmen Sie die Stärke des Wasserstroms im Abflussrohr in Abhängigkeit von der Zeit.

b) Der Kegel wird erneut eingetaucht, nun aber mit der Geschwindigkeit $v(t) = \sin(0{,}3\,t)$ $\left(t \text{ in Sekunden, } 0 \leq t \leq 10,\ v(t) \text{ in } \frac{\text{cm}}{\text{s}}\right)$.
Bestimmen Sie die Eintauchtiefe $h(t)$ des Kegels als Stammfunktion von $v(t)$ mit $h(0) = 0$.
Zu welchem Zeitpunkt beträgt die Stromstärke des verdrängten Wassers $4\,\frac{\text{cm}^3}{\text{s}}$?

3

Gegeben sind die Funktionen $w: x \mapsto \sqrt{x}$ und $s: x \mapsto \sin x$ mit jeweils maximalem Definitionsbereich.

a) Bestimmen Sie von der Funktion $h: x \mapsto \sqrt{x} \cdot \sin x$ die maximal mögliche Definitionsmenge und alle Nullstellen.

b) Begründen Sie: Die Funktion h besitzt im Intervall $]0;\pi[$ eine Extremstelle. Diese Extremstelle ist jedoch keine Extremstelle der Sinusfunktion.
Bestimmen Sie mit dem Newtonverfahren für diese Extremstelle einen Näherungswert auf 6 Nachkommastellen genau.

c) Bestimmen Sie einen Startwert des Newtonverfahrens aus $]0;\pi[$, sodass das Newtonverfahren nicht die Extremstelle zwischen 0 und π annähert.

d) Untersuchen Sie, ob der Graph der Funktion h waagrecht in den Koordinatenursprung einmündet.

e) Zwei benachbarte Nullstellen und der dazwischen liegende Extrempunkt der Funktion h bilden ein Dreieck. Entlang der x-Achse ergibt sich so eine Folge von Dreiecken. Bestimmen Sie den Flächeninhalt des 4. Dreiecks dieser Folge näherungsweise.

f) Bilden Sie die Verkettungen $w \circ s$ und $s \circ w$ und ordnen Sie $G_{w \circ s}$ und $G_{s \circ w}$ den beiden abgebildeten Graphen G_1 und G_2 zu.

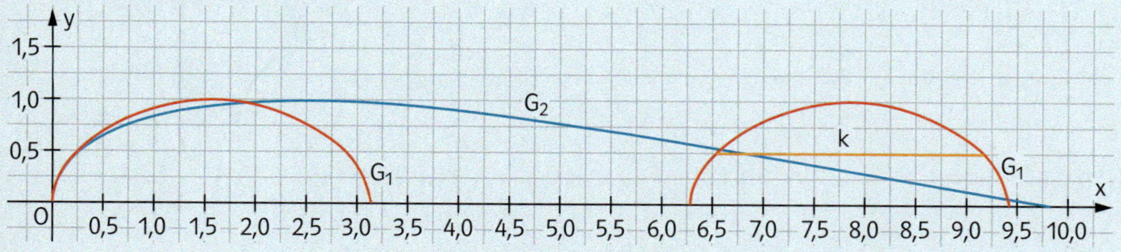

g) Geben Sie die maximale Definitionsmenge und die Wertemenge der Funktion $w \circ s$ an.

h) Was lässt sich für die Funktion $w \circ s$ über die Steigung der Tangente bei $x = 0$ und $x = \pi$ aussagen?

i) Bestimmen Sie die Länge der eingezeichneten „Sekante" k näherungsweise.

k) Neben der y-Achse gibt es noch weitere Tangenten, die sich vom Punkt $Y(0\,|\,2)$ an den Graphen von $w \circ s$ legen lassen. Wo schneidet für $x > 0$ die steilste dieser Tangenten die x-Achse?

l) Geben Sie allgemein die Nullstellen von $s \circ w$ an und beschreiben Sie den Graphen.

m) Bestimmen Sie näherungsweise von der Funktion $s \circ w$ die Koordinaten des Maximums, das in der Zeichnung zu erkennen ist.

Die Lösungen zu den Aufgaben dieser Seite finden Sie auf den Seiten 251 und 252.

1 Die natürliche Exponentialfunktion und ihre Ableitung

1

Zeichnen Sie z.B. mithilfe eines Funktionsplotters durch den Punkt A(0|1) die Gerade g mit der Steigung 1. Zeichnen Sie anschließend die Graphen verschiedener Exponentialfunktionen $f: x \mapsto a^x$. Versuchen Sie a so zu bestimmen, dass die Gerade g Tangente an den Graphen von f im Punkt A ist.

Erinnerung:
Exponentialfunktionen:

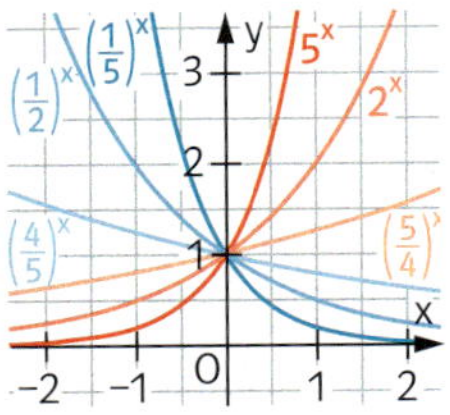

$m(h) = \frac{f(x_0 + h) - f(x_0)}{(x_0 + h) - x_0}$

$f'(x_0) = \lim\limits_{h \to 0} m(h) = \lim\limits_{h \to 0} \frac{f(x_0 + h) - f(x_0)}{h}$

Häufig lassen sich Wachstumsvorgänge mithilfe von Exponentialfunktionen der Form $f: x \mapsto b \cdot a^x$ $(b \in \mathbb{R};\ a > 0)$ beschreiben. Um die Stärke des Wachstums bestimmen zu können, wird im Folgenden zunächst speziell die Ableitung von $x \mapsto a^x$ ermittelt. Dabei wird gezeigt, dass für einen bestimmten Wert der Basis a die Ableitung besonders einfach wird.

Um die Ableitung von $f: x \mapsto a^x$ an einer Stelle x_0 zu bestimmen, wird zunächst der Differenzenquotient von f an x_0 betrachtet:

$m(h) = \frac{a^{x_0+h} - a^{x_0}}{h} = \frac{a^{x_0} \cdot a^h - a^{x_0}}{h} = a^{x_0} \cdot \frac{a^h - 1}{h}$

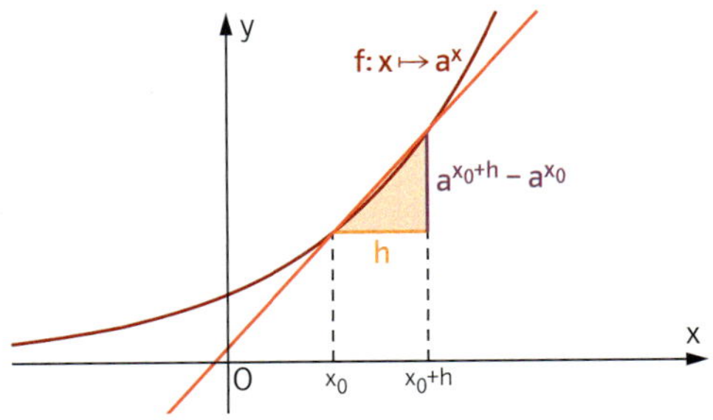

Der Differentialquotient ist der Grenzwert von m(h) für $h \to 0$:

$f'(x_0) = \lim\limits_{h \to 0} \frac{a^{x_0+h} - a^{x_0}}{h} = a^{x_0} \cdot \lim\limits_{h \to 0} \frac{a^h - 1}{h}$

Wegen $\lim\limits_{h \to 0} \frac{a^h - 1}{h} = f'(0)$ ist also die Ableitung der Exponentialfunktion $f: x \mapsto a^x$ an der Stelle x_0 gleich dem Produkt aus dem Funktionswert an der Stelle x_0 und der Ableitung von f an der Stelle 0. Sie hat für jedes a einen anderen Wert.

Mithilfe des Taschenrechners oder eines Tabellenkalkulationsprogramms lässt sich der Grenzwert $\lim\limits_{h \to 0} \frac{a^h - 1}{h}$ für verschiedene Werte von a annähern:

a \ h	0,1	0,001	0,00001	0,0000001	0,000000001
2	0,717734625	0,693387463	0,693149582	0,693147204	0,693147095
2,5	0,959582264	0,916710655	0,916294930	0,916290774	0,916290821
3	1,161231740	1,099215984	1,098618323	1,098612350	1,098612312

Die Tabelle legt die Vermutung nahe, dass im Intervall [2,5; 3] ein Wert von a liegt, für den gilt: $\lim\limits_{h \to 0} \frac{a^h - 1}{h} = 1$.

Um diese Basis a zu ermitteln, formt man um; für $h = \frac{1}{n}$ gilt: $\lim\limits_{h \to 0} \frac{a^h - 1}{h} = \lim\limits_{n \to \infty} \frac{a^{\frac{1}{n}} - 1}{\frac{1}{n}}$

Damit $\lim\limits_{n \to \infty} \frac{a^{\frac{1}{n}} - 1}{\frac{1}{n}} = 1$, muss für sehr große n gelten:

$a^{\frac{1}{n}} - 1 \approx \frac{1}{n}$ und damit $a^{\frac{1}{n}} \approx 1 + \frac{1}{n}$ sowie $a \approx \left(1 + \frac{1}{n}\right)^n$.

Der obige Grenzwert wird also dann 1, wenn gilt: $a = \lim\limits_{n \to \infty} \left(1 + \frac{1}{n}\right)^n$

Mithilfe des Taschenrechners oder eines Tabellenkalkulationsprogramms erhält man:

n	1	10^2	10^4	10^6	10^8	10^{10}
$\left(1 + \frac{1}{n}\right)^n$	2	2,704813829	2,718146927	2,718280469	2,718281815	2,718281828

Bei noch größeren Werten von n stoßen Taschenrechner an ihre Grenzen: $\frac{1}{n}$ wird durch 0 angenähert und folglich das unsinnige Ergebnis 1 angezeigt.

Der Grenzwert $\lim\limits_{n \to \infty} \left(1 + \frac{1}{n}\right)^n$ existiert und ist eine irrationale Zahl. Diese heißt **Euler'sche Zahl** und wird mit e bezeichnet.
Der Taschenrechner liefert für $e = 2{,}718\,281\,828\ldots$ einen Näherungswert.

Leonhard Euler
(1707–1783)

Der Schweizer Mathematiker Leonhard Euler hat als Erster nachgewiesen, dass dieser Grenzwert existiert und eine irrationale Zahl ist. Er bezeichnete diese Zahl mit e; sie wurde später ihm zu Ehren Euler'sche Zahl genannt.

Da die Funktion $f: x \mapsto e^x$ große Bedeutung bei der Modellierung von natürlichen Wachstums- und Zerfallsprozessen hat, bezeichnet man sie als die natürliche Exponentialfunktion. Die Basis e wurde oben so bestimmt, dass die Ableitung der Funktion $f: x \mapsto e^x$ mit der Funktion übereinstimmt. Die natürliche Exponentialfunktion $f: x \mapsto e^x$ hat also die Ableitung $f'(x) = e^x$.
Insbesondere ist $f'(0) = 1$.
Wegen $f'(x) = f(x) = e^x$ ist entsprechend $F(x) = e^x$ eine Stammfunktion von $f(x) = e^x$.

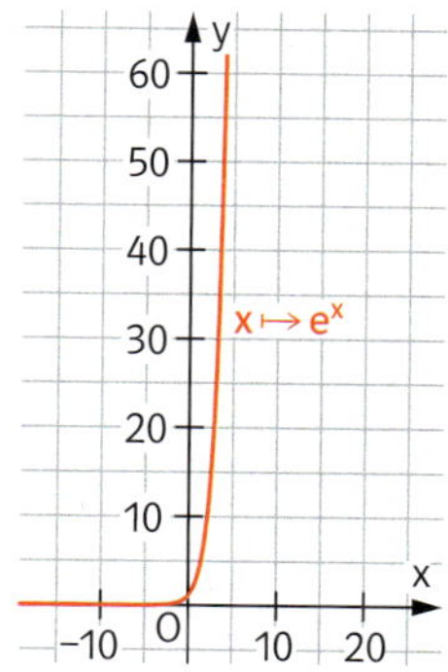

Die natürliche Exponentialfunktion im Großen

Satz
Die **natürliche Exponentialfunktion** $f: x \mapsto e^x$ hat die Ableitungsfunktion $f': x \mapsto e^x$.
Eine mögliche Stammfunktion ist $F: x \mapsto e^x$.

Die natürliche Exponentialfunktion ist (bis auf Multiplikation mit Konstanten $c \in \mathbb{R}$: $f_c: x \mapsto c \cdot e^x$; also z.B. $3 \cdot e^x$ und $0 \cdot e^x = 0$) die einzige Funktion, welche für alle $x \in \mathbb{R}$ die Eigenschaft $f'(x) = f(x)$ besitzt.

Beispiel 1
Bestimmen Sie die Ableitungsfunktion f' und berechnen Sie die Steigung des Graphen von f an den Stellen $x = 0; 1, -1$. Geben Sie eine mögliche Stammfunktion F von f an.

a) $f: x \mapsto 3e^x + x$

b) $f: x \mapsto \frac{1}{2} \cdot e^{x+1}$

Lösung:

a) $f'(x) = 3e^x + 1$
$f'(0) = 4;\ f'(1) = 3e + 1;\ f'(-1) = \frac{3}{e} + 1$
$F(x) = 3e^x + \frac{1}{2} \cdot x^2$

b) Wegen $f(x) = \frac{1}{2}e^x \cdot e^1$ ist $f'(x) = \frac{e}{2} \cdot e^x$.
$f'(0) = \frac{1}{2}e;\ f'(1) = \frac{1}{2}e^2;\ f'(-1) = \frac{1}{2}$
$F(x) = \frac{e}{2} \cdot e^x = \frac{1}{2} \cdot e^{x+1}$

Erinnerungen:
1) Ist F Stammfunktion von f, also $F'(x) = f(x)$, so liefern alle weiteren Funktionsterme $F(x) + c$ mit $c \in \mathbb{R}$ Stammfunktionen von f.
2) $e^0 = 1;\ e^1 = e$

Beispiel 2
a) Skizzieren Sie den Graphen der Funktion $f: x \mapsto \frac{1}{2}e^x$ mithilfe einiger Punkte.
b) Ermitteln Sie die Gleichung der Tangente g an G_f im Punkt $A(2\,|\,f(2))$. Zeichnen Sie diese ein.

Lösung:

a) Wertetabelle:

x	−1	0	1	2	2,5
y	$\frac{1}{2e} \approx 0{,}2$	$\frac{1}{2}$	$\frac{1}{2}e \approx 1{,}4$	$\frac{1}{2}e^2 \approx 3{,}7$	$\frac{1}{2}e^{2{,}5} \approx 6{,}1$

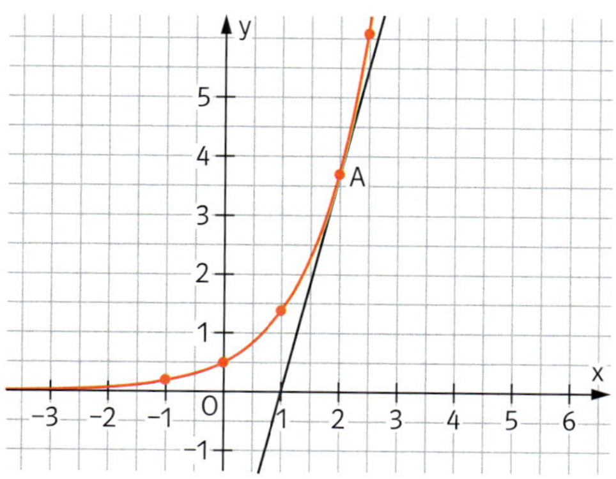

b) Ansatz für g: $y = mx + t$
Aus $f'(x) = \frac{1}{2} \cdot e^x$ folgt: $m = f'(2) = \frac{1}{2}e^2$
$A\left(2 \,\middle|\, \frac{1}{2} \cdot e^2\right) \in g$: $\frac{1}{2}e^2 = \frac{1}{2}e^2 \cdot 2 + t$
$\Rightarrow t = -\frac{1}{2} \cdot e^2$
Tangente: $y = \frac{1}{2} \cdot e^2 x - \frac{1}{2}e^2 = \frac{1}{2}e^2(x - 1)$

Strategie: Zurückführen auf Bekanntes:
Für Tangente Geradengleichung ansetzen.

Projektvorschlag: Recherchieren Sie über Leben und Werk Leonhard Eulers, über die Geschichte der Zahl e und die Bedeutung der natürlichen Exponentialfunktion.

Zu Aufgabe 9:

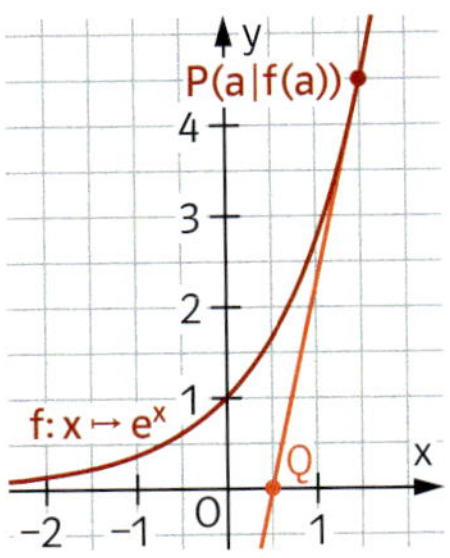

Zu Aufgabe 12:

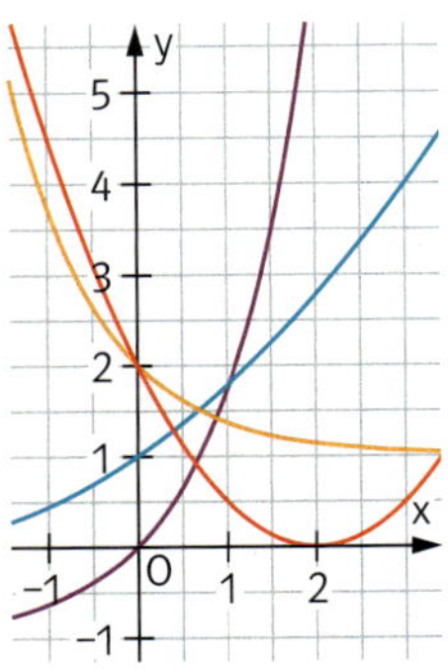

Aufgaben

2

Bestimmen Sie für die natürliche Exponentialfunktion den Funktionswert an den Stellen $x = 4;\ 0{,}25;\ -2;\ \sqrt{5};\ -1{,}2;\ e;\ -\sqrt{23};\ 2{,}67$ auf 4 Nachkommastellen genau.

3

Zeichnen Sie zunächst den Graphen der Funktion $f: x \mapsto e^x$.
Skizzieren Sie damit die Graphen von

a) $f_1: x \mapsto e^x + 1$;   b) $f_2: x \mapsto 2 \cdot e^x$;
c) $f_3: x \mapsto -e^x$ d) $f_4: x \mapsto e^{x-1}$.

4

Der Graph der Funktion $f: x \mapsto e^x$ soll für $x \geqq 0$ auf ein DIN-A4-Blatt gezeichnet werden, wobei der Koordinatenursprung in die linke untere Ecke, die x-Achse auf die kürzere Seite gelegt wird. Die Einheit soll auf beiden Koordinatenachsen 1 cm betragen.

a) Bis zu welchem x-Wert passt der Graph von f auf das Blatt?
b) Wie hoch müsste ein Blatt von gleicher Breite wie ein DIN-A4-Blatt sein, wenn der Graph die rechte obere Ecke erreichen soll?

Schätzen und rechnen Sie.

5

Bestimmen Sie die Steigung der Tangente an den Graphen von f an der Stelle x_0.

a) $f: x \mapsto 4 \cdot e^x;\ x_0 = -2$
b) $f: x \mapsto -3 \cdot e^x;\ x_0 = 0{,}5$
c) $f: x \mapsto \frac{1}{2} \cdot e^x - e \cdot x^2;\ x_0 = 1$
d) $f: x \mapsto 4 \cdot e^x - 3 \cdot x^e;\ x_0 = 0$

6

Es sei G der Graph von $f: x \mapsto e^x$.

a) Bestimmen Sie die Gleichungen der Tangenten an G in $A(1\,|\,e)$ und $B\left(-1\,\middle|\,\frac{1}{e}\right)$.
b) Geben Sie die Steigungen der Normalen an G in den Punkten A und B an.

7

In welchen Punkten $P(x_0\,|\,f(x_0))$ und $Q(x_0\,|\,g(x_0))$ haben die Graphen von f und g parallele Tangenten?

a) $f(x) = e^x;\ g(x) = x$
b) $f(x) = 2e^x;\ g(x) = -4x$
c) $f(x) = \sqrt{e} \cdot x;\ g(x) = e^x - 2$

8

Gegeben sind die Funktionen f_c mit $f_c(x) = c \cdot e^x$. Bestimmen Sie c so, dass der zu f_c gehörige Graph im Schnittpunkt mit der y-Achse die Steigung 0,4 hat.

9

Gegeben ist $f: x \mapsto e^x$ mit dem Graphen G_f.

a) In einem Punkt P (vgl. Randspalte) wird die Tangente an G_f gelegt. Berechnen Sie abhängig von a die Koordinaten des Punktes Q.
b) Welcher Zusammenhang besteht zwischen den x-Koordinaten der Punkte P und Q?
c) Für den Steigungswinkel α der Tangente an G_f in $P(x_0\,|\,f(x_0))$ gilt stets: $\tan\alpha = f'(x_0)$
Leiten Sie mithilfe dieser Beziehung das Ergebnis von b) geometrisch her.
d) Wie lässt sich mit dem Ergebnis von b) die Tangente an G_f in einem gegebenen Punkt konstruieren?

10

Geben Sie die Gleichung der Tangente an den Graphen von $y = e^x$ an, die durch $(0\,|\,0)$ geht. Welche Koordinaten hat der Berührpunkt?

11

Beschreiben Sie, wie der Graph der Funktion g aus dem Graphen von $f: x \mapsto e^x$ hervorgeht.

a) $g: x \mapsto e^{-x} + 1$ b) $g: x \mapsto e^{x+1}$
c) $g: x \mapsto -e^{-x}$ d) $g: x \mapsto e^{-x-1}$

12

Ordnen Sie den am Rand abgebildeten Graphen jeweils eine der folgenden Funktionen zu und begründen Sie die Entscheidung:

$f_1: x \mapsto e^x - 1$ $f_2: x \mapsto \frac{1}{9}x^2 + \frac{2}{3}x + 1$
$f_3: x \mapsto e^{-x} + 1$ $f_4: x \mapsto 2 - 2x + 0{,}5x^2$

13

Für welche Funktionen $f: x \mapsto c\,e^x + a$ gilt:

a) der Punkt $P(2\,|\,1)$ liegt auf G_f,
b) die Tangente im Punkt $A(0\,|\,1)$ an G_f hat die Steigung 2?

G 14

Geben Sie den Winkel im Gradmaß an.

a) $\frac{\pi}{10}$ b) 1   c) $-\frac{\pi}{5}$ d) $\frac{5\pi}{4}$ e) 2,5
f) −5   g) $\frac{8\pi}{3}$ h) 0,82   i) −4,5   k) $-\frac{17\pi}{6}$

2 Die natürliche Logarithmusfunktion und ihre Ableitung

1

Gegeben ist die natürliche Exponentialfunktion $f: x \mapsto e^x$ für $x \in \mathbb{R}$.

a) Zeichnen Sie ggf. mit einem Funktionsplotter den Graphen von f und spiegeln Sie diesen an der Winkelhalbierenden des I. Quadranten. Begründen Sie, dass sich dabei wieder der Graph einer Funktion g ergibt.

b) Bestimmen Sie die Funktionswerte von g an den Stellen e, e^2, e^{-1} und $\sqrt{e}$.

c) Beschreiben Sie für g die Zuordnung mit Worten; nutzen Sie den Begriff des Logarithmus.

Erinnerung:
$\log_a b$ ist diejenige Hochzahl, mit der a potenziert werden muss, um b zu erhalten.
Insbesondere ist ln x diejenige Hochzahl, mit der e potenziert werden muss, um x zu erhalten.

Die natürliche Exponentialfunktion $f: x \mapsto e^x$ mit $D_f = \mathbb{R}$ und $W_f = \mathbb{R}^+$ ist streng monoton zunehmend, da $f'(x) = e^x > 0$ ist für alle $x \in \mathbb{R}$. Damit gibt es zu jeder vorgegebenen positiven Zahl y genau eine Zahl x mit $e^x = y$. Die Funktion f ist also in $\mathbb{R}$ umkehrbar.
Die Lösung der Exponentialgleichung $e^x = y$ ist diejenige Zahl x, mit der man e potenzieren muss, um y zu erhalten, also ist $x = \log_e y$. Statt $\log_e$ schreibt man kürzer auch ln, also $x = \ln y$.
Nach Vertauschen von x und y ergibt sich die zu f gehörige Umkehrfunktion
$f^{-1}: x \mapsto \ln x$ mit $D_{f^{-1}} = \mathbb{R}^+$ und $W_{f^{-1}} = \mathbb{R}$.

Definition
In der Exponentialgleichung $e^x = y$ nennt man die Hochzahl x den **natürlichen Logarithmus** von y. Man schreibt $x = \ln y$.
Die Umkehrfunktion der natürlichen Exponentialfunktion heißt **natürliche Logarithmusfunktion**. Sie wird mit $x \mapsto \ln x$, $x \in \mathbb{R}^+$, bezeichnet.

Eigenschaften von $f: x \mapsto \ln x$:

- Für $x < 0$ gilt $0 < e^x < 1$, also folgt:
  $\ln x < 0$ für $0 < x < 1$
- Für $x > 0$ gilt $e^x > 1$, also folgt:
  $\ln x > 0$ für $x > 1$
- Wegen $e^0 = 1$ erhält man: **$\ln 1 = 0$**
- Für **$x \to +\infty$** gilt: **$\ln x \to +\infty$**
- Für **$x \underset{>}{\to} 0$** gilt: **$\ln x \to -\infty$**;
  die y-Achse ist senkrechte Asymptote des Graphen.

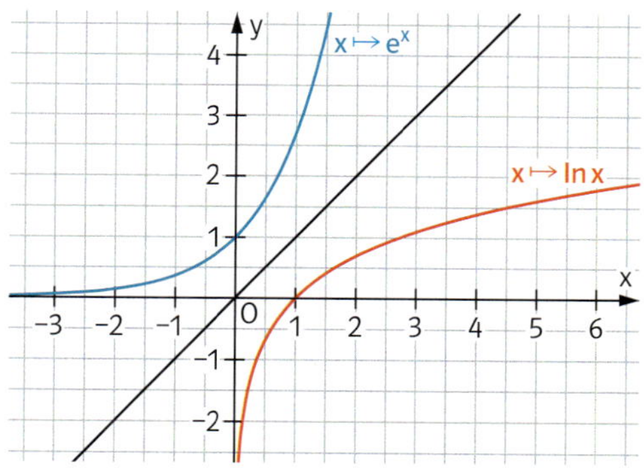

x	1	e	e^2	$\sqrt{e}$	$\frac{1}{e}$
ln x	0	1	2	$\frac{1}{2}$	−1

Die Ableitung der natürlichen Logarithmusfunktion erhält man so: Für die bezüglich der Winkelhalbierenden symmetrischen Punkte $P(x_0 | y_0) \in G_f$ und $P'(y_0 | x_0) \in G_g$ gilt:
$\tan\alpha = f'(x_0) = e^{x_0} = y_0$ und $\tan\beta = g'(y_0)$.
Wegen der Symmetrie sind das orange und das blau gefärbte Dreieck kongruent, also $\alpha + \beta = 90°$.

$$\Rightarrow g'(y_0) = \tan\beta = \tan(90° - \alpha) = \frac{\sin(90° - \alpha)}{\cos(90° - \alpha)}$$
$$= \frac{\cos\alpha}{\sin\alpha} = \frac{1}{\tan\alpha} = \frac{1}{e^{x_0}} = \frac{1}{y_0}$$

Ersetzt man y durch x, so erhält man:

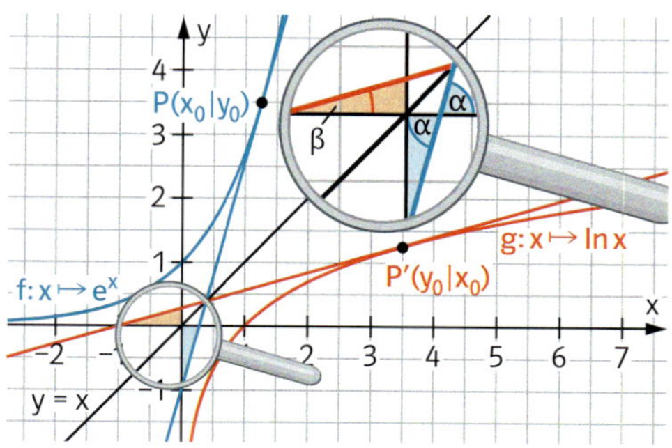

Alternative Herleitung:
Aus der Definition von ln x folgt: $e^{\ln x} = x$
Beidseitiges Ableiten:
$[e^{\ln x}]' = 1$
$\Rightarrow e^{\ln x} \cdot [\ln x]' = 1$
$\Rightarrow x \cdot [\ln x]' = 1$
$\Rightarrow [\ln x]' = \frac{1}{x}$

Satz
Die natürliche Logarithmusfunktion $f: x \mapsto \ln x$, $x \in \mathbb{R}^+$, hat die Ableitungsfunktion $f': x \mapsto \frac{1}{x}$.

Zu f mit $f(x) = \frac{1}{x}$ konnten wir bisher keine Stammfunktion angeben.

Damit ist die natürliche Logarithmusfunkton $x \mapsto \ln x$ eine Stammfunktion von $x \mapsto \frac{1}{x}$, zunächst nur für $x > 0$. Um auch für $x < 0$ eine Stammfunktion zu finden, betrachtet man die Funktion $x \mapsto \ln(-x)$. Für ihre Ableitung gilt unter Anwendung der Kettenregel:
$[\ln(-x)]' = \frac{1}{-x} \cdot (-1) = \frac{1}{x}$; also ist $x \mapsto \ln(-x)$ für $x < 0$ eine Stammfunktion von $x \mapsto \frac{1}{x}$.
Die Fälle $x > 0$ und $x < 0$ können mithilfe der Betragsschreibweise zusammengefasst werden:

Satz
Eine Stammfunktion der Funktion $f: x \mapsto \frac{1}{x}$ (für $x \neq 0$) ist die Funktion $F: x \mapsto \ln|x|$.

Logarithmengesetze
Es gelten auch für den natürlichen Logarithmus die Gesetze für das Rechnen mit Logarithmen:
Für $u > 0$ und $v > 0$ ist:

(1) $\ln(u \cdot v) = \ln u + \ln v$ z.B. $\ln(3 \cdot 4) = \ln 3 + \ln 4$
(2) $\ln(u : v) = \ln u - \ln v$ z.B. $\ln(3 : 4) = \ln 3 - \ln 4$
(3) $\ln u^x = x \cdot \ln u$ z.B. $\ln 3^{-4} = -4 \cdot \ln 3$

Umrechnungsformel:
$\log_a u = \frac{\ln u}{\ln a}$ z.B. $\log_2 x = \frac{\ln x}{\ln 2}$

Beispiel 1
Berechnen Sie die Ableitung von f unter Verwendung der Logarithmengesetze.
a) $f(x) = \ln(x^2)$; $x > 0$
b) $f(x) = \ln\frac{3}{x}$; $x > 0$

Lösung:

Umformen mit dem Logarithmengesetz (3) bzw. (2).

a) $f(x) = \ln(x^2) = 2 \cdot \ln x$
$f'(x) = 2 \cdot \frac{1}{x} = \frac{2}{x}$

b) $f(x) = \ln\frac{3}{x} = \ln 3 - \ln x$
$f'(x) = -\frac{1}{x}$

Beispiel 2
Untersuchen Sie, ob die Tangente an den Graphen von $f: x \mapsto \ln x$ an der Stelle $x_0 = e$ eine Ursprungsgerade ist. Zeichnen Sie die Tangente und G_f in ein Koordinatensystem.

Lösung:
Ansatz für die Gleichung der Tangente:
$y = mx + t$
Wegen $f'(x) = \frac{1}{x}$ folgt: $m = f'(e) = \frac{1}{e}$
Da $P(e|1)$ auf der Tangente liegt, gilt:
$1 = \frac{1}{e} \cdot e + t \Rightarrow t = 0$
Also: $y = \frac{1}{e} \cdot x$, d.h. die Tangente ist eine Ursprungsgerade.
Für die Zeichnung wird $\ln 1 = 0$ benutzt.

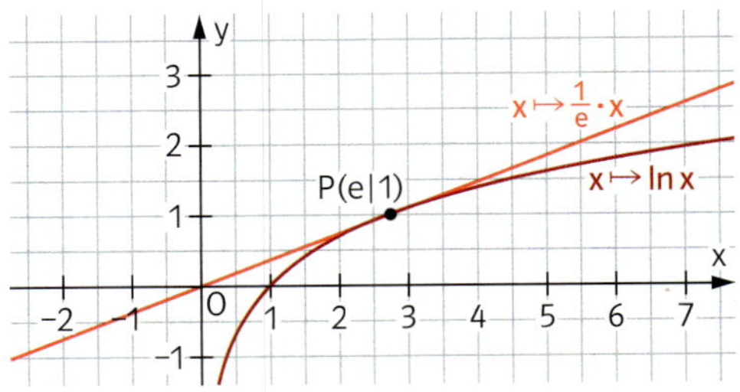

Erinnerung:
Ist F(x) der Term einer Stammfunktion, so ist auch F(x) + c Term einer Stammfunktion, wobei c eine beliebig gewählte Konstante ist.

Beispiel 3
Begründen Sie, dass F eine Stammfunktion der Funktion f für $x \neq 0$ ist.
a) $f: x \mapsto \frac{2}{3x}$
$F: x \mapsto \frac{2}{3}\ln|x| + c$
b) $f: x \mapsto \frac{x+1}{x}$
$F: x \mapsto x + \ln|x| + c$

Lösung:
a) $x > 0$: $F(x) = \frac{2}{3} \cdot \ln x + c$
$\Rightarrow F'(x) = \frac{2}{3} \cdot \frac{1}{x} = \frac{2}{3x} = f(x)$
$x < 0$: $F(x) = \frac{2}{3}\ln(-x) + c$
$\Rightarrow F'(x) = \frac{2}{3} \frac{1}{(-x)} \cdot (-1) = \frac{2}{3x} = f(x)$

b) $x > 0$: $F(x) = x + \ln x + c$
$\Rightarrow F'(x) = 1 + \frac{1}{x} = \frac{x+1}{x} = f(x)$
$x < 0$: $F(x) = x + \ln(-x) + c$
$\Rightarrow F'(x) = 1 + \frac{1}{(-x)} \cdot (-1) = \frac{x+1}{x} = f(x)$

Aufgaben

2

Es ist $\ln 3 \approx 1{,}10$ und $\ln 8 \approx 2{,}08$.
Berechnen Sie damit Näherungswerte für
a) $\ln 24$; b) $\ln 2\frac{2}{3}$; c) $\ln 72$;
d) $\ln 0{,}375$; e) $\ln \frac{1}{3}$; f) $\ln 2$.
Schätzen Sie zuerst und überprüfen Sie den ermittelten Wert mit dem Taschenrechner.

3

Welche Werte lassen sich ohne Taschenrechner ermitteln? Geben Sie diese an.
a) $\ln(4e)$ b) $\ln(e^{-1})$ c) $\ln(e^3)$
d) $\ln(\sqrt{e})$ e) $\ln(e + e^2)$ f) $\ln(1 - e^3)$
g) $[\ln(e^2)]^3$ h) $\ln[(e^{-2})^5]$ i) $\ln\left(\frac{5}{e^2}\right)$

4

Bestimmen Sie die maximal mögliche Definitionsmenge und die Ableitung.
a) $f(x) = 2\ln x$ b) $f(x) = \ln(2x)$
c) $f(x) = \ln\left(\frac{x}{3}\right)$ d) $f(x) = \ln(x^3)$
e) $f(x) = \ln(-3x)$ f) $f(x) = \ln\left(\frac{1}{x}\right)$

5

Gegeben sind die Funktionen
$f: x \mapsto 1 + \ln x$ $g: x \mapsto x + \ln(x^2)$
$h: x \mapsto x^2 + \ln(x^3)$ $k: x \mapsto \ln(x^{-2})$
$u: x \mapsto \ln(\sqrt{x})$ $v: x \mapsto 3\ln(\sqrt{4x})$
Auf den Kärtchen sind die Terme der zugehörigen Ableitungsfunktionen angegeben.

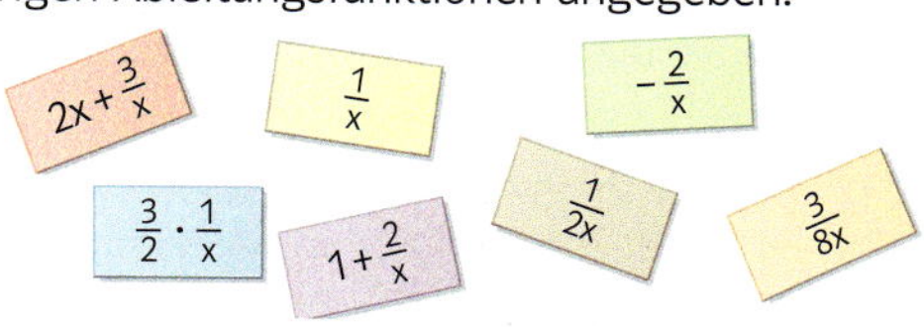

Ordnen Sie die Kärtchen den Funktionen passend zu. Begründen Sie Ihre Zuordnung.

6

Geben Sie für $x > 0$ $(x < 0)$ mehrere Stammfunktionen von f an.
a) $f(x) = \frac{4}{x}$ b) $f(x) = \frac{3}{4x}$
c) $f(x) = 1 + \frac{2}{x}$ d) $f(x) = 1 - \frac{5}{2x}$

7

Begründen Sie, dass F eine Stammfunktion von f ist.
a) $F(x) = 0{,}5x^2 - \ln|x|$; $f(x) = x - \frac{1}{x}$ $(x \neq 0)$
b) $F(x) = \ln|x - 1|$; $f(x) = \frac{1}{x-1}$ $(x \neq 1)$

8

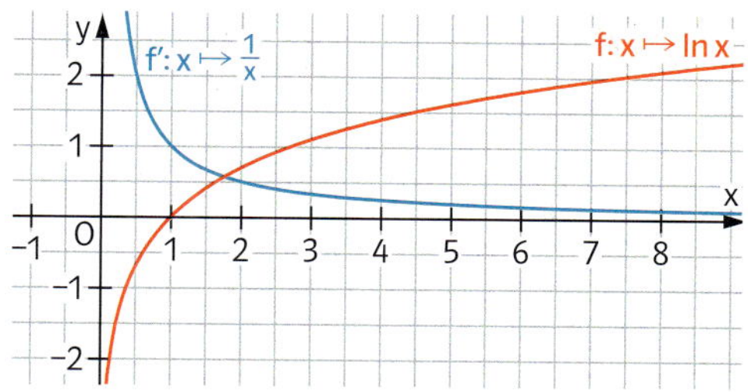

Ermitteln Sie mithilfe der Abbildung näherungsweise
a) die Steigung der Tangente an den Graphen G_f an der Stelle $x_0 = 0{,}5$ (1; 2; 4),
b) die Stelle, an der Funktionswert und Wert der Ableitung übereinstimmen.
Überprüfen Sie mit dem Taschenrechner.

9

Geben Sie die Gleichung der Tangente an den Graphen der natürlichen Logarithmusfunktion $f: x \mapsto \ln x$ an, die
a) im Punkt $P(e^2 | 2)$ den Graphen berührt,
b) von $A(0 | 2)$ aus an den Graphen von f gelegt wird,
c) von $B(0 | n)$ (wobei $n \in \mathbb{N}$) aus an den Graphen von f gelegt wird.

10

Gegeben sind die Funktionen f und g mit $f(x) = \ln x$ und $g(x) = \frac{x}{e}$.
a) Zeichnen Sie die beiden Graphen in ein Koordinatensystem. Welche Vermutung liegt nahe?
b) Bestimmen Sie den Schnittpunkt der beiden Graphen und bestätigen Sie ihre Vermutung durch Rechnung.

11

Gegeben sind die Funktionen f_k mit $f_k(x) = \ln(k \cdot x)$, $k \in \mathbb{R}$.
a) Zeichnen Sie z. B. mit einem Funktionsplotter für einige Werte von k die zugehörigen Graphen von f_k.
b) Zeigen Sie, dass es für jedes k eine Tangente an den Graphen der Funktion f_k gibt, die durch $A(0 | 2)$ verläuft.
c) Bestimmen Sie näherungsweise die Koordinaten des Punktes P des Graphen von f_1, dessen Normale durch den Ursprung geht.

Hinweis:
Taschenrechner haben meist außer der log-Taste eine ln-Taste, sodass man Näherungswerte für den natürlichen Logarithmus erhalten kann.

Lösungssalat zu 3:

Hat Carla recht?

Kaum zu glauben:
Wählt man im Klassenzimmer ein Koordinatensystem so, dass eine Ecke der Ursprung ist, die x-Achse waagerecht längs der Bodenleiste verläuft und die y-Achse mit der vertikalen Innenkante zusammenfällt, so steigt der Graph der ln-Funktion laufend. Bei welchem x-Wert erreicht er eine 3 m hohe Ecke? Vergleichen Sie mit der Entfernung Erde-Sonne ($1{,}5 \cdot 10^8$ km).

12

$y = \ln(x+3)$

$y = \ln(3x)$

$y = \ln x + 3$

$y = \sqrt{x+7}$

$y = 3 \cdot \ln x$

$y = \frac{x+1}{x+3}$

$y = \ln x + \ln 3$

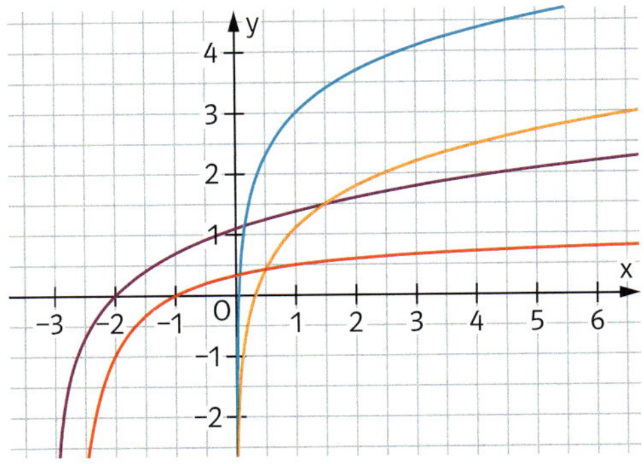

Welcher Graph gehört zu welcher Funktionsgleichung? Begründen Sie.

13

Wie lautet die Funktionsgleichung des Graphen, der aus dem Graphen der natürlichen Logarithmusfunktion hervorgeht durch

a) Verschiebung um 3 Einheiten in positiver y-Richtung,

b) Verschiebung um 3 Einheiten in negativer x-Richtung,

c) Streckung in y-Richtung mit dem Faktor 2,

d) Streckung in x-Richtung mit dem Faktor $\frac{1}{2}$.

Skizzieren Sie jeweils den Graphen und überprüfen Sie durch Zeichnen mit einem Funktionsplotter.

e) Stellen Sie Ihrem Nachbarn entsprechende Aufgaben.

14

Ermitteln Sie die Funktionsgleichungen der in der Abbildung gezeichneten Graphen und geben Sie an, durch welche Veränderung (Verschiebung oder Streckung in x- bzw. y-Richtung) des Graphen der natürlichen Logarithmusfunktion sie entstanden sind.

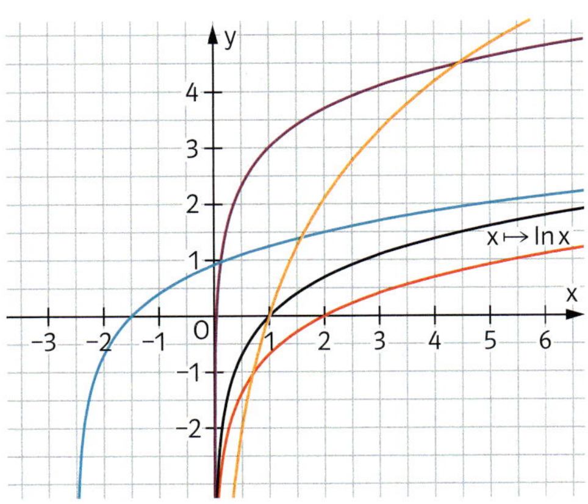

15

Welche der Parabeln mit der Funktionsgleichung $y = ax^2 + c$ schneiden den Graphen der natürlichen Logarithmusfunktion orthogonal?

Für welche der Parabeln liegt der Schnittpunkt auf der x-Achse?

Veranschaulichen Sie die Situation mit einem Funktionsplotter.

16

Gegeben ist die Funktion $f: x \mapsto x - \ln x$.

a) Untersuchen Sie f auf Nullstellen und Extremstellen. Zeichnen Sie G_f.

b) In welchem Punkt hat G_f die Steigung $-e$? Gibt es Punkte mit der Steigung e?

c) Vom Ursprung aus soll eine Tangente an G_f gelegt werden. Welche Koordinaten hat der Berührpunkt?

17

Der abgebildete Graph gehört zur Funktion $f: x \mapsto 4 \cdot \frac{\ln x}{x}$, $x > 0$.

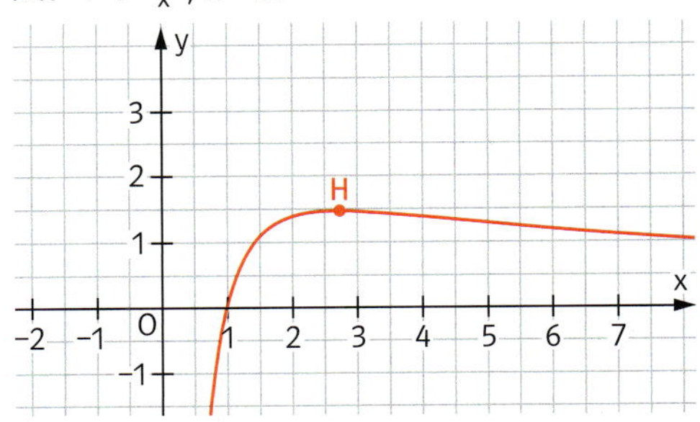

a) Geben Sie die maximal mögliche Definitionsmenge von f an.

b) Bestätigen Sie durch Rechnung, dass es nur einen Hochpunkt gibt und bestimmen Sie seine exakten Koordinaten.

c) Begründen Sie das Verhalten von f für $x \underset{>}{\to} 0$.

G18

In einer 7. Klasse sind insgesamt 30 Schüler, wobei der Jungenanteil bei 60 % liegt.

Die Hälfte der Jungen und ein Drittel der Mädchen hatten in der letzten Mathematikschulaufgabe eine Drei. Eine Person wird zufällig ausgewählt. Mit welcher Wahrscheinlichkeit

a) hat sie eine Drei?

b) ist es ein Junge, der eine Drei hat?

c) hat sie eine Drei, wenn sie ein Junge ist?

d) ist es ein Junge, wenn sie eine Drei hat?

3 Ableiten zusammengesetzter Funktionen

1

a) Wie erhält man die im Bild angegebenen Funktionen aus den Funktionen $f: x \mapsto e^x$, $u: x \mapsto x^2 + 1$ und $g: x \mapsto \ln x$?

b) Von welcher nebenstehenden Funktion ist $h: x \mapsto 2 \cdot e^{2x}$, von welcher $k: x \mapsto \frac{2x}{x^2+1}$ die Ableitungsfunktion?

$h_1: x \mapsto x^2 + 1 - e^x$

$h_2: x \mapsto (x^2+1) \cdot \ln x$

$h_3: x \mapsto e^{x^2+1}$

$h_4: x \mapsto \frac{x^2+1}{\ln x}$

$h_5: x \mapsto (e^x)^2 + 1$

$h_6: x \mapsto \ln(x^2+1)$

Durch Addition, Subtraktion, Multiplikation, Division oder Verkettung lassen sich auch aus der natürlichen Exponentialfunktion bzw. der natürlichen Logarithmusfunktion und einer weiteren Funktion neue Funktionen gewinnen. Für die Ableitung dieser Funktionen gelten die bekannten Ableitungsregeln. Besonders wichtig ist das Ausnutzen der bereits bekannten Kettenregel.

Satz

Ist $v: x \mapsto v(x)$ eine differenzierbare Funktion, so lassen sich die Verkettungen
$f: x \mapsto e^{v(x)}$ mit der natürlichen Exponentialfunktion bzw.
$g: x \mapsto \ln[v(x)]$ mit der natürlichen Logarithmusfunktion (wobei gelten muss: $v(x) > 0$)
mit der Kettenregel ableiten.

Für $\mathbf{f(x) = e^{v(x)}}$ gilt: $\mathbf{f'(x) = e^{v(x)} \cdot v'(x)}$

Für $\mathbf{g(x) = \ln[v(x)]}$ gilt: $\mathbf{g'(x) = \frac{v'(x)}{v(x)}}$

Erinnerung:
Man spricht von inneren Funktionen, hier $v(x)$, und äußeren Funktionen, hier die e- bzw. ln-Funktion.

Um die Nullstellen der Ableitungsfunktion zu bestimmen, ist es zweckmäßig, ihren Funktionsterm möglichst als Produkt darzustellen.

Bemerkung

Bei den Verkettungen f und g (wie im Kasten oben) überträgt sich das Monotonieverhalten von $v: x \mapsto v(x)$ auf f und g. Da die Faktoren $e^{v(x)}$ bzw. $\frac{1}{v(x)}$ nämlich für alle x im Definitionsbereich positiv sind, wird das Vorzeichen der Ableitung nur von $v'(x)$ bestimmt.

Beispiel 1

Geben Sie die innere und äußere Funktion der Verkettung an und leiten Sie die Funktion f mithilfe der Kettenregel ab.

a) $f: x \mapsto e^{3x-2}$

b) $f: x \mapsto \frac{2}{3} \cdot \ln(x^2 + 1)$

Erinnerung:
Nachdifferenzieren nicht vergessen!

Lösung:

a) $f(x) = e^{v(x)}$ mit $v(x) = 3x - 2$

$f'(x) = e^{v(x)} \cdot v'(x)$ (Kettenregel)

$= e^{3x-2} \cdot 3 = 3 \cdot e^{3x-2}$

b) $f(x) = \frac{2}{3} \cdot \ln[v(x)]$ mit $v(x) = x^2 + 1$

$f'(x) = \frac{2}{3} \cdot \frac{1}{v(x)} \cdot v'(x)$ (Kettenregel)

$= \frac{2}{3} \cdot \frac{1}{x^2+1} \cdot 2x = \frac{4}{3} \cdot \frac{x}{x^2+1}$

Beispiel 2

Bilden Sie die Ableitung der Funktion f und geben Sie die verwendeten Regeln an.

a) $f(x) = \frac{e^{2x+0,5}}{x+1}$

b) $f(x) = x^2 \ln(3x + 1)$

Lösung:

a) $f'(x) = \frac{2 \cdot e^{2x+0,5} \cdot (x+1) - e^{2x+0,5} \cdot 1}{(x+1)^2} = \frac{(2x+1) \cdot e^{2x+0,5}}{(x+1)^2}$

(Quotientenregel/Kettenregel)

b) $f'(x) = 2x \cdot \ln(3x + 1) + x^2 \cdot \frac{1}{3x+1} \cdot 3$

(Produktregel/Kettenregel)

Aufgaben

$f(x) = e^{2x}$ kann man auf mehrere Arten ableiten:
(1) Kettenregel:
$f(x) = e^{v(x)}$
$f'(x) = 2 \cdot e^{2x}$
(2) Produktregel:
$f(x) = e^{2x} = e^x \cdot e^x$
$f'(x) = e^x \cdot e^x + e^x \cdot e^x$
$= 2 \cdot e^{2x}$
(3) Regel zur Ableitung von Potenzen und Kettenregel:
$f(x) = (e^x)^2$
$f'(x) = 2 \cdot e^x \cdot e^x$
$= 2 \cdot e^{2x}$

Umformungen, die das Ableiten vereinfachen können:
(1) Quotienten in Produkte umwandeln:
$\frac{e^x}{x^2} = e^x \cdot x^{-2}$
(2) Logarithmische Terme zerlegen:
$\ln\frac{3}{x} = \ln 3 - \ln x$
(3) Terme durch Ausklammern vereinfachen:
$(x-1)e^{2x} + e^{2x}$
$= (x-1+1)e^{2x}$
$= x \cdot e^{2x}$

2
Leiten Sie die Funktion f ab.
a) $f(x) = x - e^x$ b) $f(x) = e + e^{2x}$
c) $f(x) = 3\ln\left(\frac{1}{3} \cdot x\right)$ d) $f(x) = e^{3x+4}$
e) $f(x) = \ln\left(\frac{1}{2} \cdot x^2 + 1\right)$ f) $f(x) = e^{-2x}$
g) $f(x) = \frac{1}{2} \cdot e^{x^2+2}$ h) $f(x) = \ln\left(\frac{1}{x}\right)$

3
Bestimmen Sie diejenige Funktion, zu der
a) $f: x \mapsto \ln(x^2)$, b) $g: x \mapsto (\ln x)^2$
eine Stammfunktion ist.

4
Bestimmen Sie die maximal mögliche Definitionsmenge der Funktion f und bilden Sie f'.
a) $f(x) = 2x \cdot e^x$ b) $f(x) = x \cdot \ln x$
c) $f(x) = x^2 \cdot e^{-x}$ d) $f(x) = \ln\sqrt{x}$
e) $f(x) = \sqrt{x} \cdot \ln x$ f) $f(x) = \frac{2x}{e^{-4x}}$
g) $f(x) = \ln\frac{x}{x-1}$ h) $f(x) = \frac{e^{2x}}{x+1}$

5
Welcher Fehler wurde beim Ableiten gemacht?

a) $f: x \mapsto e^{-x} \cdot \cos x$
$f': x \mapsto e^{-x} \cdot (\sin x - \cos x)$
b) $f: x \mapsto e^{-x} \cdot \ln x$
$f': x \mapsto e^{-x} \cdot \left(\ln x + \frac{1}{x}\right)$

6
Bilden Sie auf verschiedene Arten aus den Funktionen $f: x \mapsto 3 \cdot e^{2x}$ und $g: x \mapsto x^2 + 1$ durch Verknüpfungen neue Funktionen. Leiten Sie diese ab.

7
Leiten Sie ab. Kontrollieren Sie das Ergebnis mit einem Funktionsplotter anhand des Graphen. Beschreiben Sie ihr Vorgehen.
a) $f(x) = 2x - \frac{1}{e^{-x}}$ b) $f(x) = \ln\frac{x}{x+1}$
c) $f(x) = 3 \cdot \ln\sqrt{4x}$ d) $f(x) = e^{-x} + \frac{x}{e^x}$

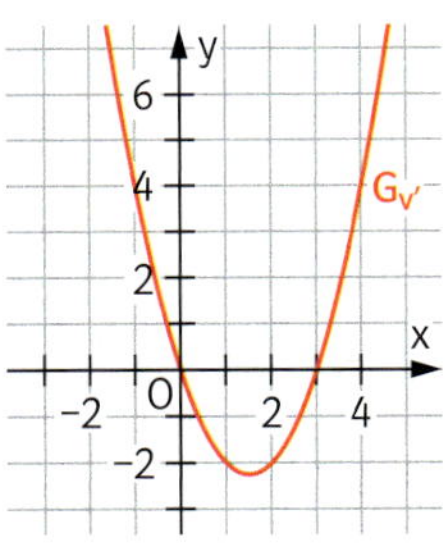

8
In der nebenstehenden Figur ist der Graph der Ableitung einer Funktion v gezeichnet. Welche Aussagen können Sie hiermit über die Funktion $f: x \mapsto e^{v(x)}$ machen? Erläutern Sie Ihre Überlegungen und skizzieren Sie einen möglichen Graphen von f.

9
In welchen Punkten besitzt der Graph der Funktion f waagrechte Tangenten?
a) $f: x \mapsto x + e^{-x}$ b) $f: x \mapsto x e^x$
c) $f: x \mapsto \frac{\ln x}{x}$ d) $f: x \mapsto x e^{2x+1}$

10
Welche der Funktionen ist eine Stammfunktion der natürlichen Logarithmusfunktion?
(1) $F: x \mapsto \frac{1}{2} \cdot \ln(x^2)$ (2) $F: x \mapsto \ln(x^2)$
(3) $F: x \mapsto \ln x(\ln x + x)$ (4) $F: x \mapsto x \cdot \ln x - x$

11
Die Figur zeigt die Graphen einer Funktion f, ihrer Ableitung f' und einer Stammfunktion F.

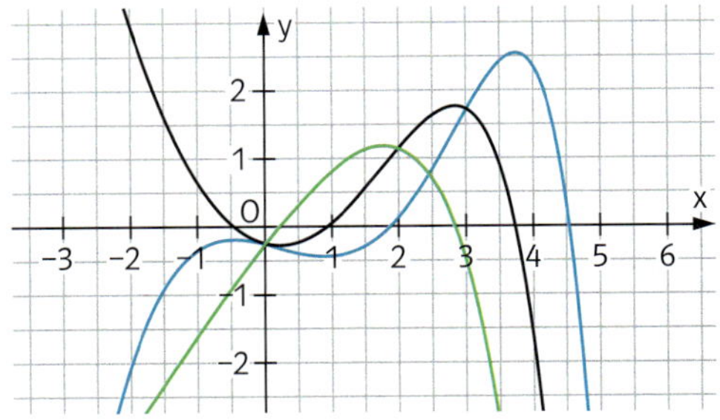

Ordnen Sie die Graphen zu und begründen Sie Ihre Zuordnung.

12
Gegeben ist die Funktion $f: x \mapsto \frac{e^x}{e^x + 1}$.
a) Welche Definitionsmenge hat f?
b) Zeigen Sie, dass $F: x \mapsto \ln(e^x + 1)$ eine Stammfunktion von f ist.
c) Zeichnen Sie z. B. mit einem Funktionsplotter die Graphen von f und F.

13
Gegeben ist die Funktion $f: x \mapsto e^{-x^2+1}$.
Ermitteln Sie die Gleichungen der Tangenten an den Graphen von f in den Punkten $P_1(-3 \mid f(-3))$ und $P_2(3 \mid f(3))$. In welchem Punkt schneiden sich die Tangenten?

G14
Gegeben sind die Funktionen
$f: x \mapsto \frac{4}{x}$ und $g_m: x \mapsto mx + 2$.
Bestimmen Sie m so, dass die Graphen von f und g_m nur einen Punkt gemeinsam haben. Berechnen Sie seine Koordinaten und zeichnen Sie die Graphen.

4 Exponentialfunktionen und Exponentialgleichungen

1 (💻)

Die Funktion f mit $f(t) = 929 \cdot e^{0{,}0192 \cdot t}$, $t > 0$ (t in Jahren, f(t) in Millionen), beschreibt näherungsweise die Bevölkerungsentwicklung Indiens. Dabei entspricht $t = 0$ dem Jahr 1995. Berechnen Sie, ggf. mit einem CAS oder Tabellenkalkulationsprogramm, wann Indien demnach 1,85 Milliarden (doppelt so viele wie 1995) Einwohner haben wird. Kontrollieren Sie Ihr Ergebnis auf verschiedene Arten.

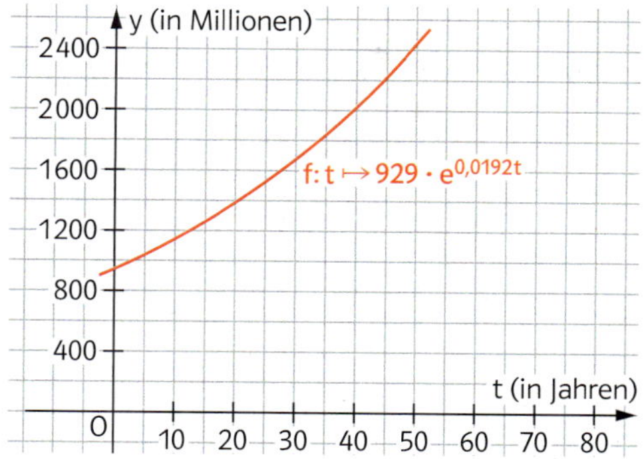

2

Bestimmen Sie eine Zahl k so, dass die Funktion $f: x \mapsto 2^x$ für alle reellen Zahlen $x \in \mathbb{R}$ in der Form $f: x \mapsto e^{kx}$ angegeben werden kann.

Ist bei der Exponentialfunktion $f: x \mapsto e^x$ ein Funktionswert y gegeben und der zugehörige x-Wert gesucht, so ist die **Exponentialgleichung** $e^x = y$ zu lösen. Ihre Lösung ist definitionsgemäß $x = \ln y$. Wie bereits auf Seite 155 gesehen, folgt aus der Definition des natürlichen Logarithmus:

Satz

Für alle $x \in \mathbb{R}^+$ gilt: $e^{\ln x} = x$ Für alle $x \in \mathbb{R}$ gilt: $\ln e^x = x$

$e^{\ln x} = x$
$\ln e^x = x$

Mithilfe des Satzes kann man Terme vereinfachen und Exponentialgleichungen sowie logarithmische Gleichungen lösen.

Beispiel 1

Vereinfachen Sie. a) $e^{2\ln 4}$ b) $e^{-\ln 6}$

■ Lösung:

a) $e^{2\ln 4} = (e^{\ln 4})^2 = 4^2 = 16$

b) $e^{-\ln 6} = (e^{\ln 6})^{-1} = 6^{-1} = \frac{1}{6}$

Beispiel 2

Bestimmen Sie die Lösung der folgenden Exponentialgleichung: $2 \cdot e^{2x-3} = e^{-x}$

■ Lösung:

1. Möglichkeit:

$2 \cdot e^{2x-3} = e^{-x}$ $\quad | \cdot \frac{1}{2}e^x$

$e^{3x-3} = \frac{1}{2}$ $\quad$ | Definition des ln

$3x - 3 = \ln\frac{1}{2}$

$\Rightarrow \quad x = 1 + \frac{1}{3}\ln\frac{1}{2} \approx 0{,}7690$

2. Möglichkeit (beidseitig Logarithmieren):

$\ln(2 \cdot e^{2x-3}) = \ln e^{-x}$

$\ln 2 + \ln e^{2x-3} = \ln e^{-x}$

$\ln 2 + (2x - 3) = -x$

$\Rightarrow \quad x = 1 - \frac{1}{3}\ln 2 \approx 0{,}7690$

Beispiel 3

Leiten Sie die Funktion f mit $f(x) = 3^x$ ab und geben Sie zwei Stammfunktionen von f an.

■ Lösung:

Umformung: $f(x) = (e^{\ln 3})^x = e^{x \ln 3}$

Ableitung (Kettenregel): $f'(x) = \ln 3 \cdot e^{x\ln 3} = \ln 3 \cdot 3^x \approx 1{,}0986 \cdot 3^x$

Mögliche Stammfunktionen: $x \mapsto \frac{1}{\ln 3} \cdot e^{x\ln 3} = \frac{1}{\ln 3} \cdot 3^x$; $x \mapsto \frac{1}{\ln 3} \cdot 3^x + 1$

Es gilt:
$a^x = (e^{\ln a})^x = e^{x \cdot \ln a}$

Allgemein gilt für $f(x) = a^x$, $a > 0$, $f'(x) = \ln a \cdot a^x$

Aufgaben

Lösungssalat zu 3:

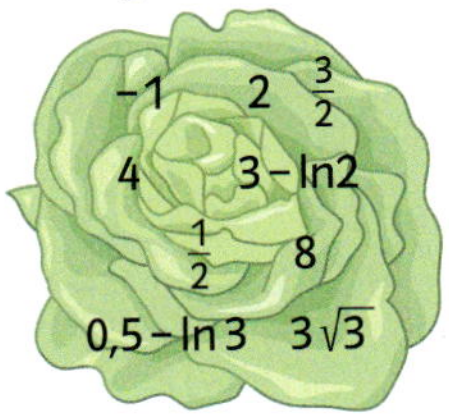

3
Vereinfachen Sie ohne Taschenrechner.

a) $e^{\ln 4}$ b) $e^{-\ln 2}$ c) $\ln(e^2)$
d) $\ln\left(\frac{1}{e}\right)$ e) $e^{3\ln 2}$ f) $\ln\left(\frac{1}{2}\cdot e^3\right)$
g) $\ln\left(\frac{1}{3}\sqrt{e}\right)$ h) $e^{3\ln\sqrt{3}}$ i) $\ln\left(\sqrt{e^3}\right)$

4
Zeigen Sie, dass die Gleichung gilt.

a) $\frac{\ln a^r}{\ln a^s} = \frac{r}{s}$ für $a > 0$
b) $a^{\frac{\ln b}{\ln a}} = b$ für $a > 0,\ b > 0$
c) $a^{\frac{1}{\ln a}} = e$ für $a > 0$

5
Ist die Umformung des Funktionsterms richtig oder falsch? Begründen Sie.

a) $f(x) = e \cdot e^{2x+1} = e^{2x+2}$
b) $f(x) = 2 \cdot e^{x-3} = e^{x-3\ln 2}$
c) $f(x) = 2^{2x} = e^{2\ln 2 \cdot x}$

Stellen Sie Ihrem Nachbarn entsprechende Aufgaben.

Eine Kontrolle ist mit Taschenrechner oder Funktionsplotter möglich.

6
Lösen Sie die Gleichung.

a) $e^x = \sqrt{2}$ b) $e^x = 1000$
c) $e^{0,5x} = -1$ d) $\ln\left(\frac{1}{x}\right) - \ln x = 4$
e) $2 \cdot e^{x+2} = 5$ f) $2\ln\left(\sqrt{x}\right) + \ln(x^2) = 1$

7
Gegeben ist die Funktion $f: x \mapsto 3 \cdot e^{2x}$.
An welcher Stelle hat der Graph von f die Steigung 12?

8
Gegeben sind die folgenden Gleichungen:

a) $2^x = 3$ b) $2^{x-1} = 3$
c) $2^{1-x} = 3$ d) $2^{x-2} = -3$

Welche Gleichung wird von welchem der unten angegebenen x-Werte gelöst? Begründen Sie.

$x = \frac{\ln 3}{\ln 2}$ $x = \frac{\ln 1{,}5}{\ln 2}$ $x = \frac{\ln 6}{\ln 2}$ $x = \frac{\ln\frac{2}{3}}{\ln 2}$

9
Erklären Sie, warum die Gleichung einfach zu lösen ist, und geben Sie die Lösung an.

a) $e^{-x} = \sqrt{e}$ b) $e^x = \frac{1}{e^2}$
c) $e^x \cdot (e^x - 2) = 0$ d) $(e^x - 1)(\ln x - 1) = 0$
e) $e^{2x} - 3 \cdot e^x = 0$ f) $\ln x \cdot (\ln x - 3) = 0$

10
Lösen Sie die Gleichung mithilfe einer Substitution.

a) $(e^x)^2 - 7 \cdot e^x + 12 = 0$ b) $e^{2x} - 2 \cdot e^x + 1 = 0$
c) $e^x - 2 - \frac{15}{e^x} = 0$ d) $e^{4x} - 3 \cdot e^{2x} = 10$

11
Gegeben ist die Exponentialfunktion
$f: x \mapsto e^{3x}$.

a) Skizzieren Sie den Graphen der Funktion.
b) An welcher Stelle x gilt $f(x) = 4$?
c) Berechnen Sie den Schnittpunkt des Graphen von f mit der Geraden $y = 5$.
d) In welchem Punkt ist die Tangente an den Graphen parallel zur Geraden $y = x$?

12
Schreiben Sie die Potenz mit der Basis e. Bilden Sie dann die Ableitung der Funktion und geben Sie eine Stammfunktion von f an (vgl. Beispiel 3, Seite 161).

a) $f: x \mapsto 4^x$ b) $f: x \mapsto \left(\frac{2}{3}\right)^x$
c) $f: x \mapsto 2^{x-2}$ d) $f: x \mapsto 0{,}5^{2x-1}$

13
Lösen Sie näherungsweise graphisch.

a) $e^x = x + 2$ b) $\ln x = \frac{1}{x}$
c) $5 + \ln x = e^x$ d) $\ln(x + 2) = 0{,}1x + 1$

G14
Vereinfachen Sie soweit wie möglich:

a) $\left(\sqrt{5} + \sqrt{3}\right)\left(\sqrt{5} - \sqrt{3}\right) - \left(\sqrt{5} - \sqrt{3}\right)^2$
b) $\sqrt{x^4 - x^2} : \sqrt{\frac{x+1}{x-1}}$
c) $\left(\sqrt{a+b} - \left(\sqrt{a} - \sqrt{b}\right)\right) \cdot \left(\sqrt{a+b} + \left(\sqrt{a} - \sqrt{b}\right)\right)$

8

Zwei gerade Straßenstücke, sollen so verbunden werden, dass die Verbindungsstraße knickfrei in die Straßen einmündet.

a)

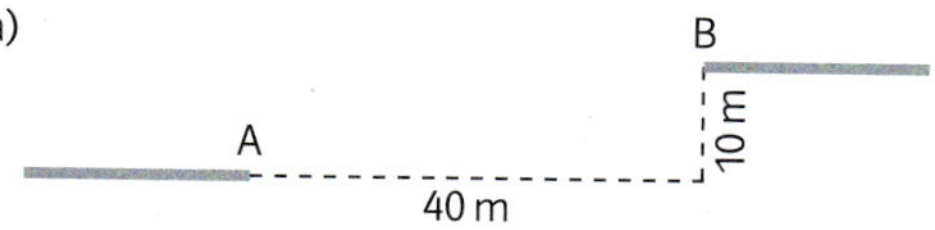

b)

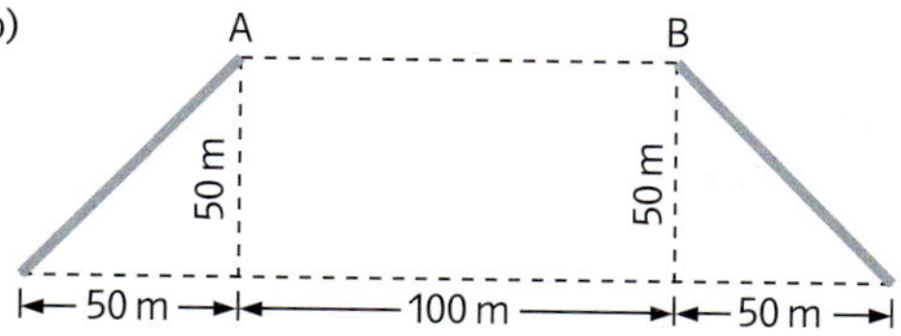

c)

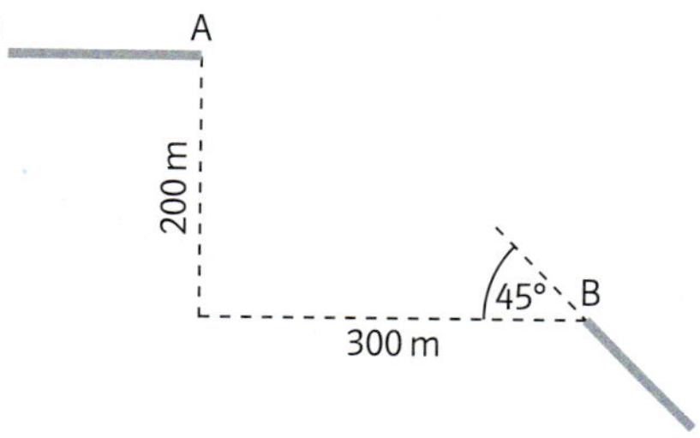

Die Trasse der Verbindungsstraße lässt sich durch den Graphen einer ganzrationalen Funktion beschreiben. Wählen Sie jeweils das Koordinatensystem geeignet und bestimmen Sie den Funktionsterm.

d) Überlegen Sie sich selbst eine entsprechende Problemstellung und lassen Sie diese von ihrem Nachbarn lösen.

9

Beim Bau einer Erdölpipeline muss zwischen zwei geradlinig verlaufenden Teilstücken eine Verbindung gebaut werden. In einem geeigneten Koordinatensystem lassen sich die beiden Teilstücke durch Geraden mit Gleichungen $y = -0{,}5x$ für $x \leqq 2$ bzw. durch $y = 2x - 13$ für $x \geqq 7$ darstellen.

a) Die Teilstücke der Pipelines sollen in guter Näherung knickfrei miteinander verbunden werden. Geben Sie eine ganzrationale Funktion 3. Grades an, deren Graph „glatt" in die geraden Teilstücke übergeht.

b) Lässt sich eine knickfreie Verbindung auch mit einer quadratischen Funktion herstellen? Erläutern Sie Ihre Antwort.

c) Ermitteln Sie näherungsweise die Länge des fehlenden Teilstücks, indem Sie den Graphen der berechneten ganzrationalen Funktion durch mehrere Geradenstücke ersetzen.

10

Ein Säugling, der bei der Geburt das Gewicht 3200 g hat, wiegt nach 4 Wochen 3800 g, nach 8 Wochen 4700 g und nach 12 Wochen 5400 g.

a) Stellen Sie eine ganzrationale Funktion f auf, welche die Gewichtszunahme in den ersten 12 Wochen modelliert.

b) Welche Bedeutung hat die mittlere Änderungsrate der Funktion f in dem Intervall [0;12]?

c) Zeichnen Sie den Graphen von f z. B. mit einem Funktionsplotter und machen Sie Aussagen über die Gültigkeit der Modellierung.

d) Zu welchem Zeitpunkt nimmt der Säugling am stärksten zu? Wie groß ist dann die wöchentliche Zunahme?

Erinnerung:
Mittlere Änderungsrate von f in [a ; b] ist $\frac{f(b) - f(a)}{b - a}$.

11

Der ursprüngliche Abstand der Pfeiler betrug exakt 1990 m. Durch das Erdbeben von 1995 wurden diese jedoch fast einen Meter weiter auseinandergeschoben. Da die Brücke zu diesem Zeitpunkt noch im Bau war, bereitete die Anpassung daran keine Schwierigkeiten.

Die beiden 282,8 m hohen Pfeiler der Akashi-Kaikyo-Brücke in Japan haben einen Abstand von 1991 m. Die Durchfahrtshöhe der Brücke beträgt 65 m. Beschreiben Sie die Form der Spannseile durch eine ganzrationale Funktion vom Grad 2. Wählen Sie zuerst ein geeignetes Koordinatensystem.

12

Um ein Gummiband um die Strecke s zu dehnen, ist eine von s abhängige Kraft F nötig. Messungen ergaben für s = 1 cm (5 cm; 10 cm) die Kraft F = 3,44 N (10 N; 20 N).

a) Zeigen Sie, dass durch den Funktionsterm $F(s) = 0{,}04s^3 - 0{,}6s^2 + 4s$ der Zusammenhang von Kraft und Dehnung geeignet beschrieben wird, und stellen Sie diesen für $s \leqq 12$ cm graphisch dar.

b) Interpretieren Sie den Verlauf des Graphen von F. Vergleichen Sie mit der Beobachtung, die man beim Aufblasen eines Luftballons macht.

13

Astronauten werden durch sogenannte „Parabelflüge“ auf die Schwerelosigkeit vorbereitet. Ein NASA-Pilot berichtete, wie ein solcher Flug mit einer Boeing abläuft:

„In 7000 m Höhe ziehe ich das Flugzeug in einem Winkel von 45° steil geradlinig nach oben. In 9000 m Höhe nehme ich den Schub aus den Triebwerken und es beginnt der Flug entlang einer vorausberechneten Parabelbahn. Ab diesem Moment ist im Flugzeug dann alles schwerelos. Die maximale Höhe unserer Flugbahn beträgt etwa 10 200 m. Bei einer konstanten Geschwindigkeit von 800 km/h in horizontaler Richtung haben wir nach 5000 m in horizontaler Richtung wieder die Ausgangshöhe von 9000 m erreicht. Dann fange ich die Maschine ab und die Schwerkraft setzt wieder ein.“

a) Bestimmen Sie die Gleichung der Parabelbahn.
b) Wie lange dauert die Schwerelosigkeit?

Projektvorschlag:
Ermitteln Sie in Gruppen Beispiele aus Natur, Technik und Wirtschaft, bei denen ganzrationale Funktionen zur Beschreibung des Zusammenhangs dienen.

14
Die Temperatur an der Oberfläche eines Teiches wird im Verlauf eines Tages gemessen. Um 0.00 Uhr beträgt sie 19 °C, am niedrigsten ist sie um 6.00 Uhr mit 17,8 °C, am höchsten um 17.00 Uhr.

a) Bestimmen Sie eine ganzrationale Funktion 3. Grades, die den Verlauf der Oberflächentemperatur innerhalb eines Tages modelliert.
b) Wie groß ist die momentane Änderungsrate um 22 Uhr? Interpretieren Sie das Ergebnis.

Erinnerung:
Lokale (momentane) Änderungsrate von f an x_0: $\lim\limits_{x \to x_0} \frac{f(x) - f(x_0)}{x - x_0}$

15
Ein Ferkel hat bei der Geburt im Durchschnitt eine Masse von 1,5 kg. Seine Massenzunahme in den ersten sechs Monaten kann man der folgenden Tabelle entnehmen:

t (in Monaten)	0	1	2	3	4	5	6
m (in kg)	1,5	9	30	50	67	88	88

a) Berechnen Sie die Änderungsrate der Masse in den ersten sechs Monaten. Welche Bedeutung hat sie?
b) Beschreiben Sie den Zusammenhang mit einer ganzrationalen Funktion 4. Grades.
c) Nach wie vielen Tagen ist die momentane Änderungsrate maximal? Deuten Sie diese.
d) Beschreiben Sie den obigen Zusammenhang mit einer ganzrationalen Funktion 3. Grades.
e) Vergleichen Sie die Funktionen aus b) und d) hinsichtlich ihrer Brauchbarkeit.

G16
a) Zeichnen Sie die Pyramide OABC mit O(0|0|0), A(3|4|0), B(0|5|0) und C(2|3|6) und berechnen Sie ihr Volumen.
b) Berechnen Sie die Größe des Winkels, den die Seitenkante [OC] mit der Grundfläche OAB einschließt.

G17
An einem Kegel der Höhe $h = 40\,cm$ verhalten sich die Inhalte von Grund- und Mantelfläche wie 9 : 41. Wie groß ist der Mittelpunktswinkel des abgerollten Kegelmantels? Berechnen Sie das Kegelvolumen.

2 Extremwertprobleme

1

Ein Stück Blech hat die Form eines gleichschenklig rechtwinkligen Dreiecks. Wie kann aus ihm ein möglichst großes, rechteckiges Stück (siehe Bild) ausgeschnitten werden?
Begründen Sie Ihre Antwort zunächst anschaulich und dann rechnerisch. Geben Sie dazu für den Flächeninhalt des Rechtecks einen Term in Abhängigkeit von a (Kathetenlänge) und x an und untersuchen Sie, für welches x er am größten wird.

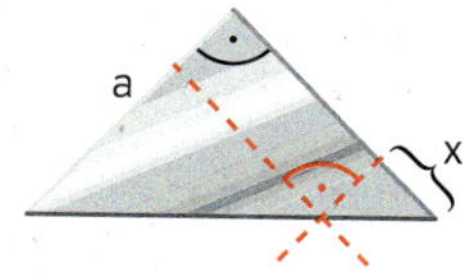

Bisher wurden für vorgegebene Funktionen Extremwerte bestimmt. Im Folgenden werden Extremwerte bei Problemstellungen gesucht, bei denen der Funktionsterm erst zu ermitteln ist.

Aus einem dreieckigen Stück einer Glasscheibe wie in der Figur soll ein rechteckiges Stück mit einem möglichst großen Flächeninhalt herausgeschnitten werden. Dazu muss derjenige Punkt $P(u\,|\,v)$ auf der Strecke [QR] bestimmt werden, für den der Flächeninhalt des eingezeichneten Recktecks am größten wird. Für den Flächeninhalt A des Rechtecks erhält man den Term:
(I) $A = u \cdot v$
A hängt in diesem Fall von den beiden Variablen u und v ab; diese sind nicht unabhängig voneinander. Da P auf der Geraden liegen soll, gilt folgende **Nebenbedingung**:
(II) $v = -\frac{5}{3}u + 5;\; 0 \leq u \leq 3$
Setzt man die Nebenbedingung (II) in (I) ein, so erhält man die sogenannte **Zielfunktion**:
$A(u) = u \cdot \left(-\frac{5}{3}u + 5\right) = -\frac{5}{3}u^2 + 5u;\; 0 \leq u \leq 3$
Die Zielfunktion wird wie üblich auf Extremwerte in ihrer Definitionsmenge untersucht.

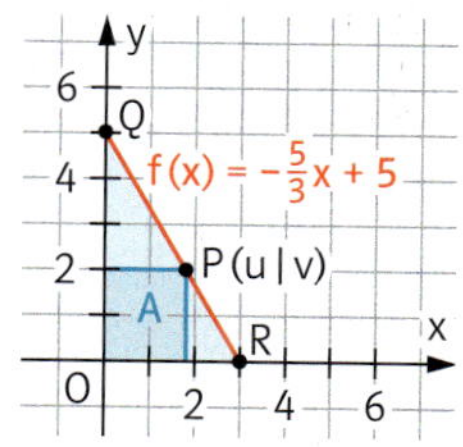

Vorgehen beim Lösen von Extremwertproblemen:
1. Beschreiben der Größe, die extremal werden soll, durch einen Term, der mehrere Variablen enthalten kann.
2. Formulieren von gegebenen Nebenbedingungen.
3. Bestimmen der Zielfunktion, die nur noch von einer Variablen abhängt.
4. Untersuchen der Zielfunktion auf Extremwerte und Formulierung des Ergebnisses. Hier sind auch Randwerte zu berücksichtigen.

Beispiel 1

Ein Sportstadion soll mit einer 400 m-Laufbahn aus zwei parallelen geraden Strecken und zwei angesetzten halbkreisförmigen Strecken so angelegt werden, dass die Fläche des eingeschlossenen Rechtecks als Fußballfeld möglichst groß wird.

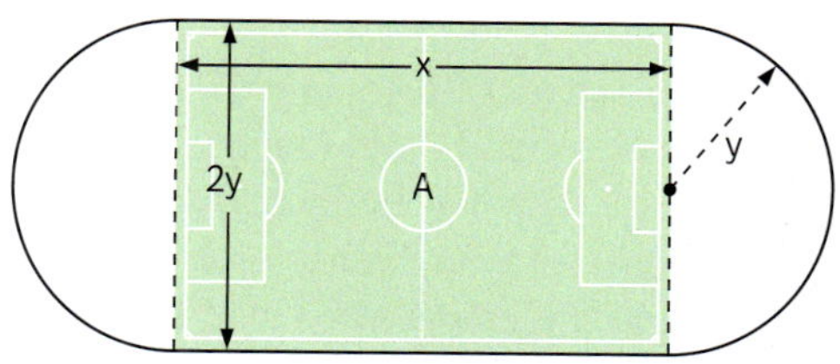

Lösung:

Inhalt des Rechtecks: (I) $A = x \cdot 2y$

Nebenbedingung: (II) $2x + 2\pi y = 400$, also $y = \frac{1}{\pi} \cdot (200 - x)$. Einsetzen in (I) ergibt die

Zielfunktion: $A(x) = x \cdot 2 \cdot \frac{1}{\pi} \cdot (200 - x) = \frac{2}{\pi} \cdot (200x - x^2)$ mit $x \in [0; 200]$

$A'(x) = \frac{2}{\pi} \cdot (200 - 2x)$

Extrema: Aus $A'(x) = 0$ folgt $x_0 = 100$. Es liegt ein lokales Maximum vor, da $A'(x) > 0$ für $x < 100$ und $A'(x) < 0$ für $x > 100$.
Dies ist zugleich ein globales Maximum, da die Randwerte $A(0) = A(200) = 0$ kleiner als $A(100)$ sind.

Für die Breite ergibt sich: $2 \cdot y_0 = 2 \cdot \frac{1}{\pi} \cdot 100 \approx 2 \cdot 31{,}83 = 63{,}66$; also Maximalfläche: 100 m · 63,7 m.

Anmerkung:
Maße eines Fußballfeldes:
Länge: 90 m bis 120 m
Breite: 45 m bis 90 m
In der Bundesliga und bei internationalen Wettbewerben sind üblich:
Länge: 105 m
Breite: 68 m

Beispiel 2

Der Punkt Q liegt auf dem Graphen von f: $x \mapsto \frac{7}{16}x^2 + 2$ zwischen den Punkten C und D (vgl. nebenstehende Figur).
Für welche Lage von Q wird der Inhalt des Rechtecks RBPQ maximal?

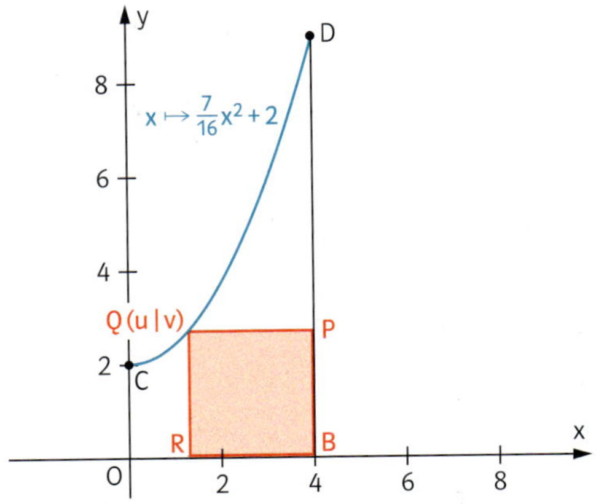

Lösung:

Flächeninhalt des Rechtecks: $A = (4 - u)v$

Nebenbedingung: $v = f(u) = \frac{7}{16} \cdot u^2 + 2$

Zielfunktion: $A(u) = (4 - u) \cdot \left(\frac{7}{16} \cdot u^2 + 2\right)$

$A(u) = -\frac{7}{16} \cdot u^3 + \frac{7}{4} \cdot u^2 - 2u + 8$; $D_A = [0;4]$

$A'(u) = -\frac{21}{16} \cdot u^2 + \frac{7}{2}u - 2$

Um die Art der Extrema zu erkennen, kann man den Graphen der Zielfunktion mit einem Funktionsplotter zeichnen.

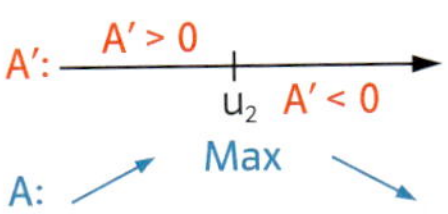

Extrema: Aus $A'(u) = 0$ folgt:

$$u_1 = \frac{4}{3} - \frac{4}{21} \cdot \sqrt{7} \approx 0{,}829; \; u_2 = \frac{4}{3} + \frac{4}{21} \cdot \sqrt{7} \approx 1{,}837$$

Da der Graph von A' eine nach unten geöffnete Parabel ist, gilt nahe bei u_1 bzw. u_2:
$A'(u) < 0$ für $u < u_1$ und $A'(u) > 0$ für $u > u_1$ bzw.
$A'(u) > 0$ für $u < u_2$ und $A'(u) < 0$ für $u > u_2$,
d.h. bei $x = u_1$ liegt ein lokales Minimum, bei $x = u_2$ ein lokales Maximum vor.
Es gilt: $A(u_2) = \frac{200}{27} + \frac{8}{189} \cdot \sqrt{7} \approx 7{,}52$
Randwerte: $A(0) = 8$; $A(4) = 0$
Wegen $A(0) > A(u_2)$ erhält man für $Q(0|2)$ den größten Inhalt des Rechtecks.

Aufgaben

2
Gegeben sind f und g durch $f(x) = 0{,}5x^2 + 2$ und $g(x) = x^2 - 2x + 2$. Für welchen Wert von $x \in [0;4]$ wird die Summe (Differenz) der Funktionswerte extremal?
Welcher Art ist das Extremum? Geben Sie den Extremwert an.

Zu Aufgabe 3:

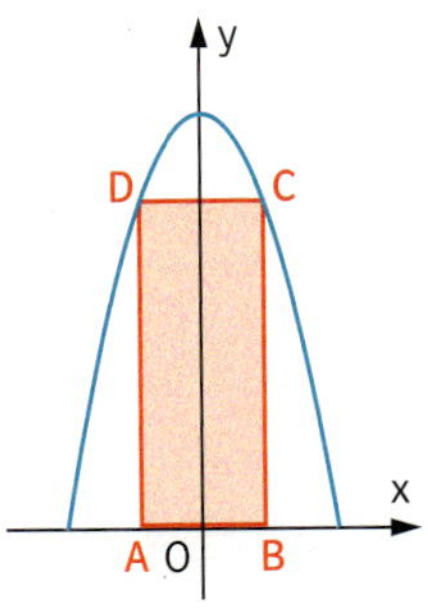

3
Die Punkte $A(-u|0)$, $B(u|0)$ mit $0 \leq u \leq 3$ und die Punkte C und D des Graphen von f mit $f(x) = -x^2 + 9$ bilden ein Rechteck (vgl. Fig.). Für welches u wird der Flächeninhalt (Umfang) des Rechtecks ABCD maximal? Wie groß ist er?

4
Nomaden bauen mithilfe von vier Stäben der Länge 2,40 m ein pyramidenförmiges Zelt mit quadratischer Grundfläche auf. Welche Länge müssen sie für die Quadratseite wählen, damit ein Zelt mit größtmöglichem Rauminhalt entsteht? Kann darin ein Erwachsener aufrecht stehen?

5
Die Graphen von f: $x \mapsto 4 - 0{,}25x^2$ und g: $x \mapsto 0{,}5x^2 - 2$ begrenzen eine Fläche, der ein bezüglich der y-Achse symmetrisches Rechteck einbeschrieben wird.
Für welche Lage der Eckpunkte wird sein Flächeninhalt (Umfang) extremal?
Geben Sie Art und Wert des Extremums an.

Zu Aufgabe 6:

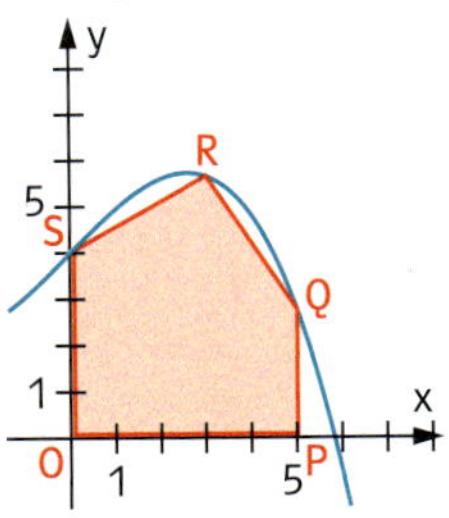

6
Die Punkte $O(0|0)$, $P(5|0)$, $Q(5|f(5))$, $R(u|f(u))$ und $S(0|4)$ des Graphen von f: $x \mapsto -0{,}05x^3 + x + 4$ mit $0 \leq x \leq 5$ bilden ein Fünfeck (vgl. Figur auf der Randspalte).
a) Beschreiben Sie, wie sich der Flächeninhalt des Fünfecks ändert, wenn der Punkt R auf G_f von S nach Q wandert.
Welche Randwerte ergeben sich?
b) Stellen Sie diesen Flächeninhalt als Funktion von u dar und zeichnen Sie den Graphen mit einem Funktionsplotter. Bestimmen Sie näherungsweise, für welches u der Inhalt maximal wird, und überprüfen Sie den gefundenen Wert durch Rechnung.

7

a) Zerlegen Sie die Zahl 12 so in zwei Summanden, dass ihr Produkt möglichst groß (die Summe ihrer Quadrate möglichst klein) wird.

b) Welche zwei positiven Zahlen, deren Produkt den Wert 8 hat, ergeben den kleinsten Summenwert?

8

Gegeben sind die Funktionen

f_t: $x \mapsto 3x^2 - 12x + 4t^2 - 6t$ und

g_t: $x \mapsto x^3 - 12x + (t-1)^2$ mit $t \in \mathbb{R}$.

a) Zeichnen Sie z. B. mit einem Funktionsplotter für einige Werte von t die Graphen von f_t und g_t.

b) Zeigen Sie, dass bei den Funktionen f_t und g_t an der Stelle $x_0 = 2$ ein lokales Minimum vorliegt.

c) Für welchen Wert von t hat die y-Koordinate des Tiefpunkts des Graphen von f_t bzw. g_t den kleinsten Wert?

9

Wie könnte eine Extremwertaufgabe gelautet haben, welche die Lösung hat „Es ist ein Quadrat mit der Seitenlänge 7,5 cm."?

10

Eine handelsübliche Streichholzschachtel (vgl. Abbildung) hat die Maße $l = 5{,}2\,\text{cm}$, $b = 3{,}4\,\text{cm}$ und $h = 1{,}1\,\text{cm}$.

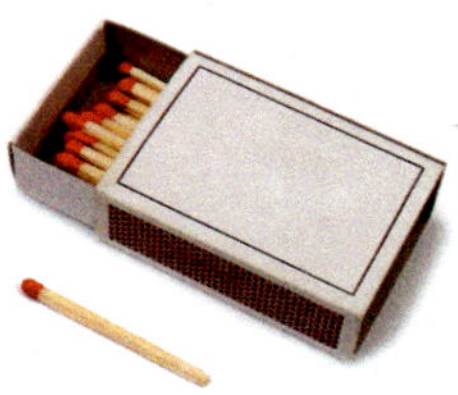

Prüfen Sie, ob diese Form den geringsten Materialverbrauch hat. Vergleichbare Schachteln mit anderen Maßen sollen gleich viele Zündhölzer von gleicher Länge beinhalten. (Klebelaschen usw. bleiben unberücksichtigt.)

11

Eine Seite eines Rechtecks liegt auf der x-Achse. Die beiden anderen Ecken liegen auf den Geraden $y = 2x$ bzw. $y = 30 - 3x$. Welche Koordinaten haben die Eckpunkte, wenn das Rechteck den größten Inhalt hat?

12

Mit einem Zaun der Länge 100 m soll ein rechteckiges Areal mit möglichst großem Flächeninhalt abgegrenzt werden.

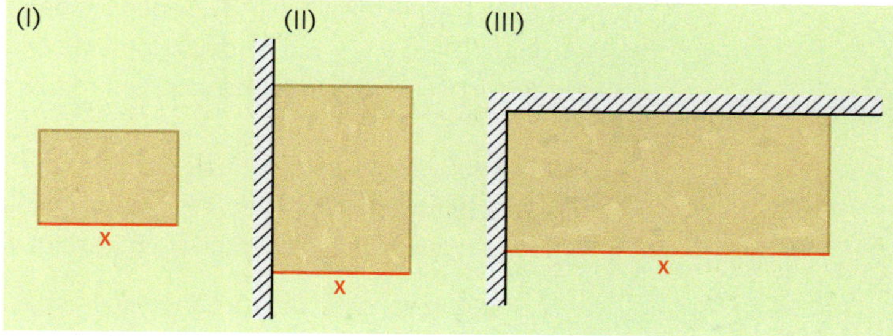

Bestimmen Sie für die drei Fälle jeweils die Breite x und die maximale Fläche

a) mithilfe der Differentialrechnung,

b) ohne Differentialrechnung.

13

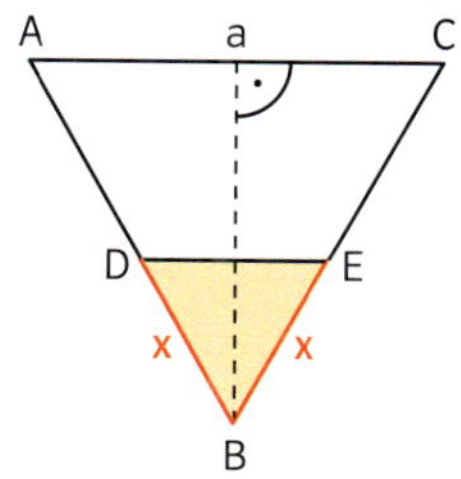

Vom gleichseitigen Dreieck ABC (vgl. Figur auf der Randspalte) wird längs [DE] das Dreieck DBE so hochgefaltet, dass das Dreieck DBE senkrecht zur ursprünglichen Dreiecksebene steht. Verbindet man gedanklich B mit A und C, so entsteht eine schiefe Pyramide.

a) Berechnen Sie das Volumen V_a der Pyramide in Abhängigkeit von der Streckenlänge x für die Seitenlänge a des Dreiecks.

b) Zeichnen Sie die Graphen der Funktionen V_a für $a = 3$ und $a = 6$ und lesen Sie näherungsweise ab, für welche Werte von x das Volumen jeweils maximal wird.

c) Zeigen Sie, dass sich als größtes Volumen $V_a = \frac{1}{36} \cdot a^3 \cdot \sqrt{3}$ ergibt und überprüfen Sie damit Ihre in b) gefundenen Werte.

*d) Überlegen Sie, ob man mit einer anderen Faltung ein größeres Volumen als das in c) angegebene erzielen kann.

G 14

Leiten Sie ab und vereinfachen Sie so weit wie möglich.

a) $f(x) = \sqrt{2x^2 - 3x + 8}$ b) $g(x) = \frac{\sin 5x}{5x + 1}$

c) $h(x) = \cos\frac{1}{x}$ d) $p(x) = \frac{\sqrt{x}}{\sin(-x)}$

G 15

Bestimmen Sie das Extremum der Funktion f mit $f(x) = \frac{1}{3}x^2 - x + 3{,}75$ durch quadratische Ergänzung.

3 Komplexere Extremwertprobleme

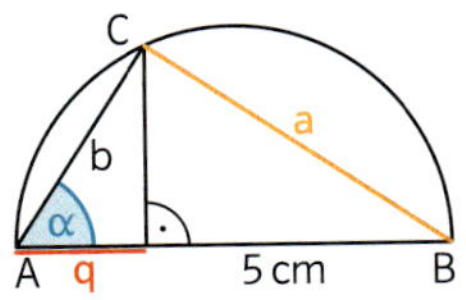

1

Die Hypotenuse eines rechtwinkligen Dreiecks hat die Länge $\overline{AB} = 5\,\text{cm}$. Der Punkt C wandert auf dem Thaleskreis über [AB]. Geben sie den Flächeninhalt des Dreiecks an als Funktion

a) der Kathete a, b) des Hypotenusenabschnitts q, c) des Winkels α.

Eignet sich jede dieser Funktionen, um mit ihrer Ableitung Extremwerte zu bestimmen?

Bei Extremwertproblemen muss der Term der Zielfunktion in Abhängigkeit von einer einzigen Variablen dargestellt werden. Welche Variable zweckmäßig ist, zeigt oft erst die Bearbeitung, wie am folgenden Problem exemplarisch gezeigt wird.

Vier Stangen von jeweils 4 m Länge sollen das Gerüst eines Zeltes in Form einer geraden quadratischen Pyramide bilden. Gesucht ist das Zelt mit dem größten Volumen.
Das Volumen $V = \frac{1}{3} \cdot a^2 \cdot h$ kann auf verschiedene Arten als Funktion einer einzigen Variablen dargestellt werden.

(1) Grundkante a:

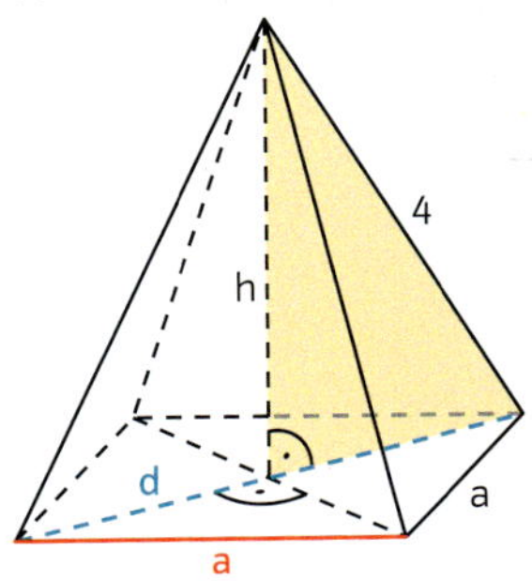

$$h^2 = 16 - \left(\frac{d}{2}\right)^2 = 16 - \frac{a^2}{2}$$
$$\Rightarrow h = \sqrt{16 - \frac{a^2}{2}}$$

(2) Höhe h:

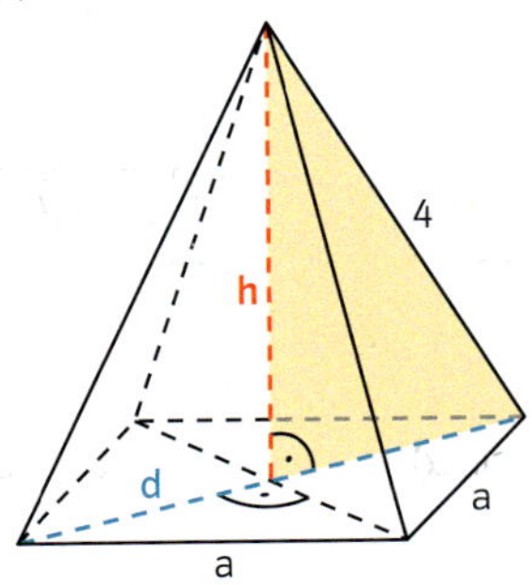

$$h^2 = 16 - \left(\frac{d}{2}\right)^2 = 16 - \frac{a^2}{2}$$
$$\Rightarrow a^2 = 32 - 2h^2$$

(3) Neigungswinkel α:

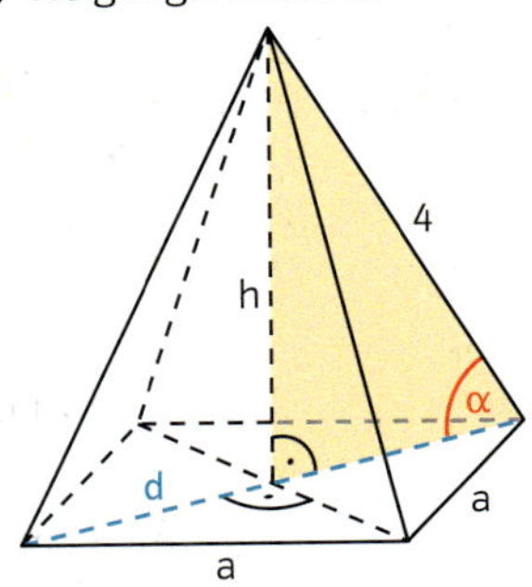

$$\sin\alpha = \frac{h}{4};\quad \cos\alpha = \frac{d}{2 \cdot 4}$$
$$\Rightarrow h = 4 \cdot \sin\alpha;\quad d = 8 \cdot \cos\alpha$$
$$\Rightarrow a^2 = \frac{d^2}{2} = 32 \cdot (\cos\alpha)^2$$

Damit ergeben sich folgende Terme, die jeweils von nur noch einer Variable abhängen:

(1) $V(a) = \frac{1}{3} \cdot a^2 \cdot \sqrt{16 - \frac{a^2}{2}}$ mit $0 \leqq a \leqq 4\sqrt{2}$

(2) $V(h) = \frac{1}{3} \cdot (32 - 2h^2) \cdot h$ mit $0 \leqq h \leqq 4$

(3) $V(\alpha) = \frac{128}{3} \cdot (\cos\alpha)^2 \cdot \sin\alpha$ mit $0 \leqq \alpha \leqq \frac{1}{2}\pi$

Nicht jede der Darstellungen (1) bis (3) ist für die weitere Untersuchung zweckmäßig.
Die ganzrationale Funktion in (2) gestattet eine einfache Extremwertbestimmung.
Für die Funktionen in (1) und (3) sind zwar Ableitungsregeln bekannt, die Untersuchung der dabei auftretenden Funktionen ist allerdings deutlich schwieriger.

> Bei Extremwertproblemen kann die Wahl der Variablen und die geeignete Verwendung von Nebenbedingungen entscheidend sein für die Einfachheit der Zielfunktion.

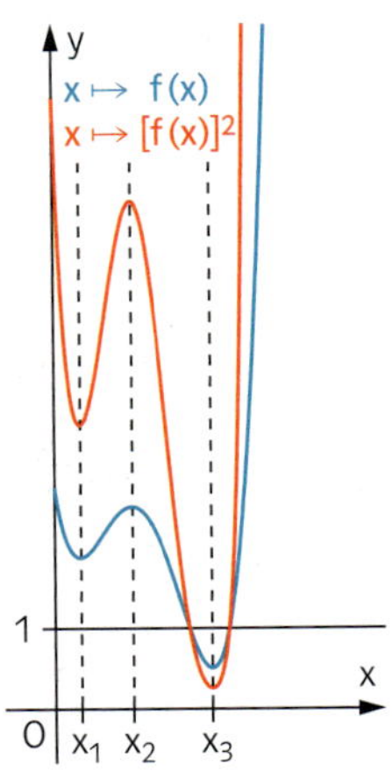

Mit der folgenden Überlegung kann man aber auch die Funktion V aus (1) relativ leicht untersuchen:
Da V(a) für keinen Wert von a negativ ist, wird V(a) und das Quadrat $[V(a)]^2$ für dieselben Werte von a minimal bzw. maximal (vgl. Figur am Rand). Statt V(a) kann man daher zur Bestimmung der Extremstellen die **Ersatzfunktion** E mit $E(a) = [V(a)]^2 = \frac{1}{9}a^4 \cdot \left(16 - \frac{a^2}{2}\right)$ benutzen.

Beispiel

Einem Viertelkreis mit dem Radius $r = 5\,cm$ wird ein Dreieck OPQ (vgl. Figur) einbeschrieben. Für welche Lage von Q wird der Inhalt des Dreiecks maximal?

a) Stellen Sie die Zielfunktion in Abhängigkeit vom Winkel α (in Abhängigkeit von der Kathete a) dar, zeichnen Sie z.B. mit einem Funktionsplotter ihren Graphen und bestimmen Sie näherungsweise den gesuchten Extremwert.

b) Lösen Sie die Aufgabe alternativ exakt durch Rechnung.

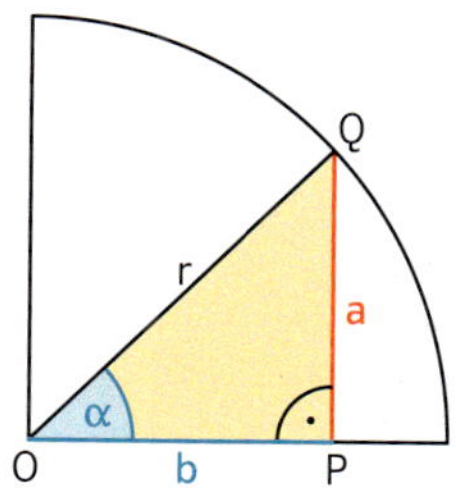

Lösung:

a) Flächeninhalt: $A = \frac{1}{2} \cdot a \cdot b$ | $A = \frac{1}{2} \cdot a \cdot b$

Variable: Winkel α | Kathete a

Nebenbedingung: $\sin\alpha = \frac{a}{5}$; $\cos\alpha = \frac{b}{5}$ | $b = \sqrt{25 - a^2}$

Zielfunktion: $A(\alpha) = \frac{1}{2} \cdot 25 \cdot \sin\alpha \cdot \cos\alpha$ mit $\alpha \in [0°; 90°]$ | $A(a) = \frac{1}{2} a \cdot \sqrt{25 - a^2}$ mit $a \in [0; 5]$

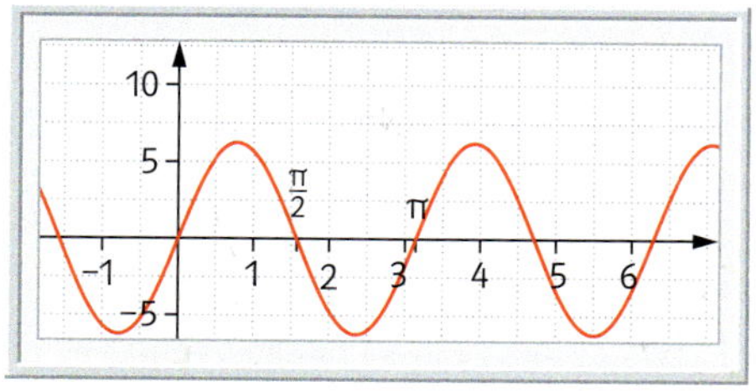

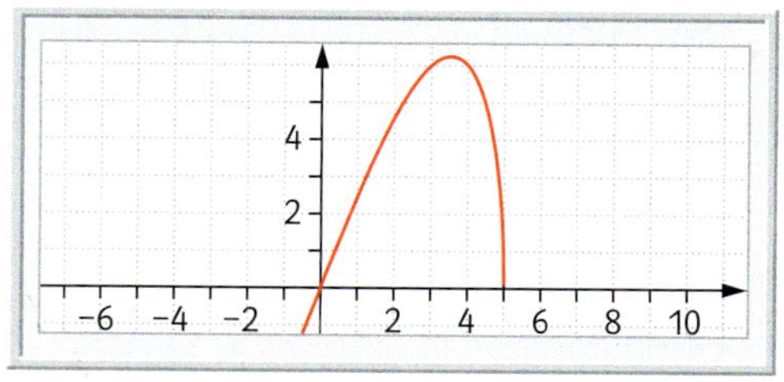

Maximum für $x \approx 0{,}8$; also $\alpha \approx 45°$ | für $a \approx 3{,}5$; also $b \approx 3{,}6$

b) Lösung für die Zielfunktion $A(\alpha)$:

$A'(\alpha) = \frac{1}{2} \cdot 25 \cdot (\cos\alpha \cdot \cos\alpha - \sin\alpha \cdot \sin\alpha)$

$= 12{,}5 \cdot (\cos^2\alpha - \sin^2\alpha)$

$= 12{,}5 \cdot (1 - 2\sin^2\alpha)$

Extrema: Aus $A'(\alpha) = 0$ folgt $\sin^2\alpha = \frac{1}{2}$,

also $\sin\alpha = \frac{1}{2} \cdot \sqrt{2}$, d.h. $\alpha_0 = 45°$.

Für $\alpha < 45°$ ist $A'(\alpha) > 0$ und

für $\alpha > 45°$ ist $A'(\alpha) < 0$.

Es liegt also bei α_0 ein lokales Maximum vor. Wegen $A(0) = A(90) = 0$ ist es ein globales Maximum.

Alternative Lösung für $A(a)$:

Ersatzfunktion: $E(a) = \frac{1}{4} a^2 \cdot (25 - a^2)$

$= \frac{1}{4} \cdot (25a^2 - a^4)$

$E'(a) = \frac{1}{4} \cdot (50a - 4a^3) = a(12{,}5 - a^2)$

Aus $E'(a) = 0$ folgt $a^2 = 12{,}5$;

also $a = \sqrt{12{,}5}$, d.h. $a_0 = \frac{5}{2} \cdot \sqrt{2}$.

Für $a < \frac{5}{2} \cdot \sqrt{2}$ ist $E'(a) > 0$ und

für $a > \frac{5}{2} \cdot \sqrt{2}$ ist $E'(a) < 0$.

Es liegt also bei a_0 ein lokales Maximum vor. Wegen $E(0) = E(5) = 0$ ist es ein globales Maximum.

Die zweite Lösung $a = 0$ liefert wegen $A(0) = 0$ kein Maximum.

Ergebnis: Das gesuchte Dreieck ist gleichschenklig rechtwinklig, also $\alpha_0 = 45°$ bzw. $a = b$.

Aufgaben

2

Von welchem Punkt des Graphen von f hat der gegebene Punkt Q den kleinsten Abstand?

Veranschaulichen Sie die Situation zunächst durch eine Skizze.

a) $f: x \mapsto \frac{1}{x}$; $Q(0|0)$

b) $f: x \mapsto x^2$; $Q(0|1{,}5)$

c) $f: x \mapsto x^2$; $Q(3|0)$

d) $f: x \mapsto \sqrt{x}$; $Q(2{,}5|0)$

3

Welches Rechteck mit dem Umfang 30 cm (mit dem Umfang a cm) hat die kürzeste Diagonale?

4

Welches rechtwinklige Dreieck mit der Hypotenuse 6 cm erzeugt bei Rotation um eine Kathete (um die Hypotenuse) den Rotationskörper größten Volumens?

Lösungssalat zu 2:

Aufgaben wie 10, 11 und 12 wurden bereits früher gestellt; sie können aber jetzt mithilfe der Differentialrechnung eleganter gelöst werden.

5 (💻)

Es sollen zylindrische Blechdosen mit Boden und Deckel hergestellt werden, die 1 Liter fassen. Dabei sollen der Radius r und die Höhe h der Dose so gewählt werden, dass die Oberfläche und damit der Materialverbrauch möglichst gering wird. (Der Materialverbrauch für die Nähte soll nicht berücksichtigt werden.)

a) Stellen Sie die Zielfunktion O(r) in Abhängigkeit von r bzw. O(h) in Abhängigkeit von h dar.

b) Zeichnen Sie z. B. mit einem Funktionsplotter in ein geeignetes Koordinatensystem die Graphen von O(r) bzw. O(h) und bestimmen Sie einen Näherungswert für das lokale Minimum.

c) Ermitteln Sie zur Kontrolle die Extremstellen rechnerisch.

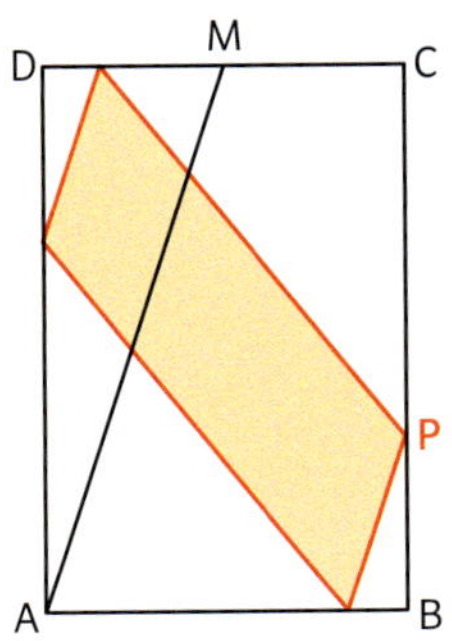

6

Ein Rechteck ABCD ist 12 cm lang und 8 cm breit. M ist die Mitte von [CD]. Dem Rechteck soll ein Parallelogramm so einbeschrieben werden, dass zwei Seiten parallel zu [AM] sind. Für welche Lage des Punktes P wird der Flächeninhalt des Parallelogramms am größten?

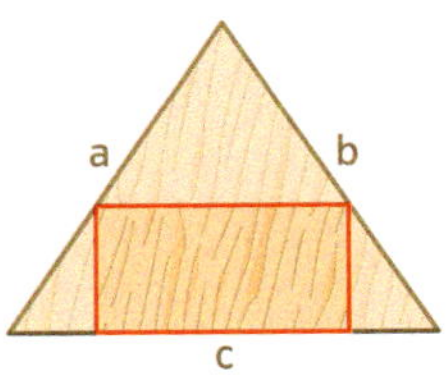

7

Aus einer Holzplatte, die die Form eines gleichschenkligen Dreiecks mit $c = 60\,\text{cm}$, $a = b = 50\,\text{cm}$ (vgl. Figur) hat, soll ein möglichst großes rechteckiges Brett herausgeschnitten werden. Wie viel Prozent Abfall entstehen?

8

Es sollen zylindrische, oben offene Dosen mit 2 Liter Volumen hergestellt werden (vgl. Figur). Wie sind Radius und Höhe zu wählen, damit

a) die Länge der Nahtlinie aus Bodenrand und Mantellinie minimal wird,

b) der Blechverbrauch möglichst klein wird?

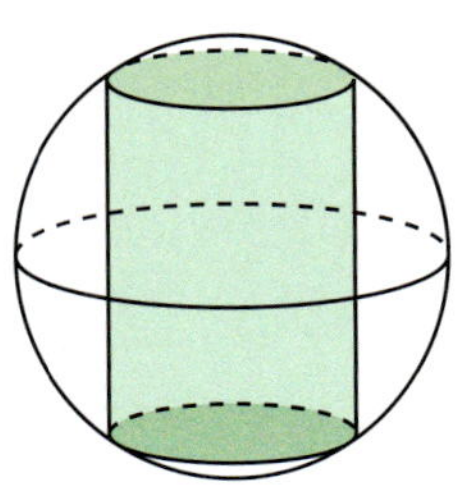

9

Einer Kugel soll ein Zylinder mit möglichst großem Rauminhalt einbeschrieben werden. Wie sind Radius und Höhe des Zylinders zu wählen?

Etwa wie viel Prozent des Kugelvolumens beträgt das Zylindervolumen?

10

Auf einem dreieckigen Grundstück soll eine rechteckige Lagerhalle gebaut werden.

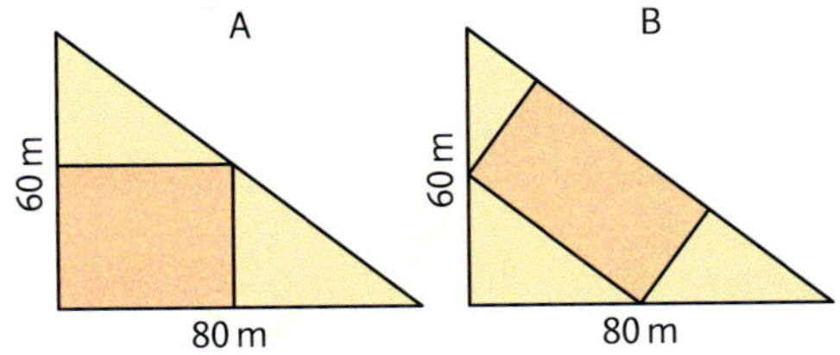

Bestimmen Sie für die Fälle A und B die größtmögliche Fläche der Halle, wenn diese

a) bis zur Grundstücksgrenze reichen darf,

b) 3 m Abstand zur Grenze haben muss.

11

Bei einer rechteckigen Glasplatte ist eine Ecke abgebrochen. Aus dem Rest soll eine rechteckige Scheibe mit möglichst großem Flächeninhalt herausgeschnitten werden.

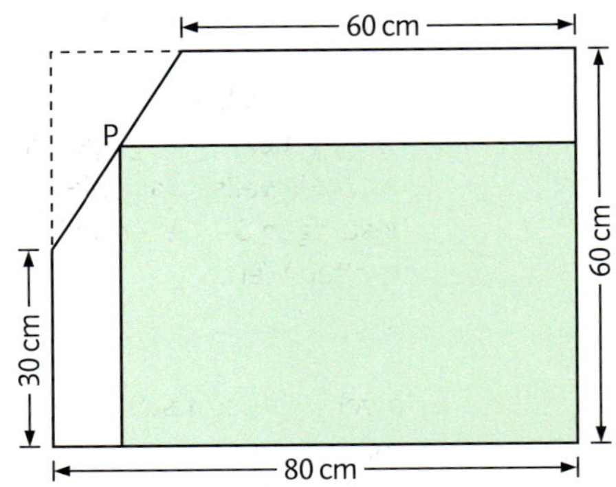

a) Wie ist der Punkt P zu wählen?
Lösen Sie die Aufgabe mit und ohne Differentialrechnung.

b) Aus dem Rest soll wiederum eine rechteckige Scheibe geschnitten werden.
Wie groß kann diese höchstens werden?
Stellen Sie zunächst eine Wertetabelle auf.
Welche Vermutung folgern Sie?
Begründen Sie diese durch Rechnung.

12

Eine Firma verkauft monatlich 5000 Produkte zum Stückpreis von je 25 €. Die Marktforschungsabteilung dieser Firma hat festgestellt, dass sich der durchschnittliche monatliche Absatz bei jeder Stückpreissenkung von 1 € um jeweils 300 Stück erhöhen würde. Bei welchem Stückpreis sind die monatlichen Einnahmen am größten?

13

Eine Firma stellt aus Holzbrettern der Länge l und der Breite $b = 15\,\text{cm}$ Blumentröge mit symmetrischem trapezförmigen Querschnitt (vgl. Figur) her.

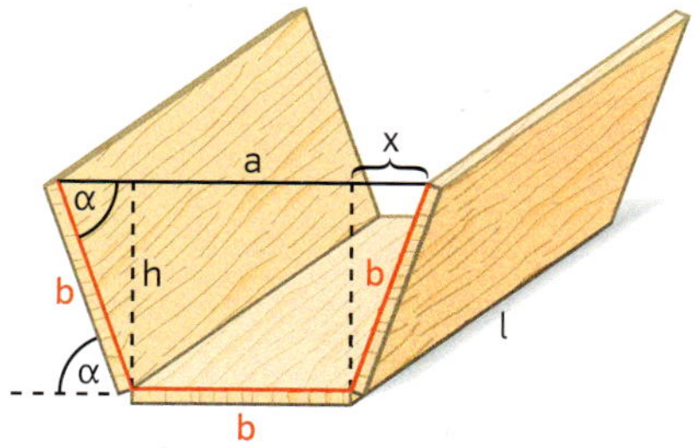

a) Zeigen Sie, dass sich der Inhalt der Querschnittsfläche durch die Funktion $A(\alpha) = b^2 \cdot (1 + \cos\alpha) \cdot \sin\alpha$ darstellen lässt.

b) Bestimmen Sie mit einem Tabellenkalkulationsprogramm einen Näherungswert für den Winkel α, für den der Trog ein maximales Volumen hat. Ermitteln Sie den exakten Wert rechnerisch.

c) Der Inhalt der Querschnittsfläche kann auch als Funktion von h bzw. x angegeben werden. Ermitteln Sie jeweils den Funktionsterm und bestätigen Sie den in Teilaufgabe b) ermittelten Wert.

14

Aus einer kreisförmigen Kunststoffscheibe mit Radius $r = 10\,\text{cm}$ soll eine rechteckige Platte mit möglichst großem Umfang ausgeschnitten werden.

a) Bestimmen Sie die Länge der Rechtecksseiten.

b) Berechnen Sie den prozentualen Anteil, den die Rechtecksfläche gegenüber der Kreisfläche ausmacht. Wie viel Prozent der Scheibe landen also im Recycling?

15

Einem Kreis mit dem Radius $r = 10\,\text{cm}$ wird das Netz einer quadratischen Pyramide einbeschrieben.

Wie groß kann das Volumen der entstehenden Pyramide höchstens werden? Wie groß ist in diesem Fall die Pyramidenoberfläche?

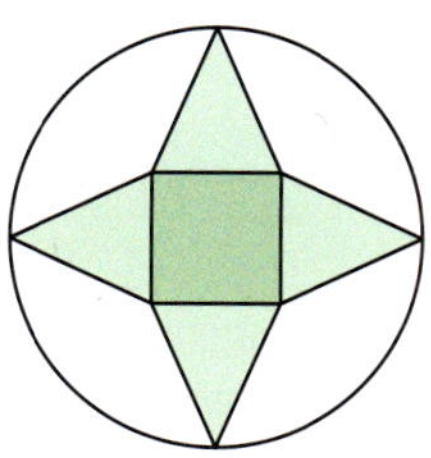

16

Die Tragfähigkeit von Holzbalken ist proportional zur Balkenbreite b und zum Quadrat der Balkenhöhe h.

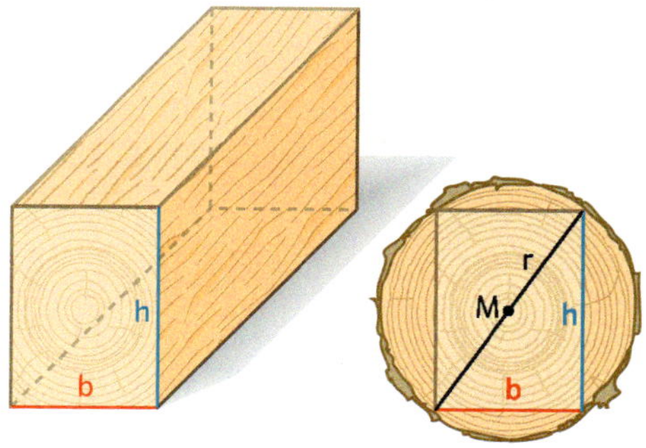

a) Aus einem zylindrischen Baumstamm mit dem Radius r soll ein Balken maximaler Tragfähigkeit herausgeschnitten werden. Wie sind Breite und Höhe zu wählen?

b) Wie genau ist die auf dem Rand zitierte Zimmermannsregel?

Zimmermannsregel:
Zeichne auf eine kreisförmige Querschnittsfläche des Baumstammes einen Durchmesser; teile diesen in drei gleiche Teile; ziehe in jedem Teilpunkt die Senkrechte zum Durchmesser; so ergibt sich der gesuchte Balkenquerschnitt.

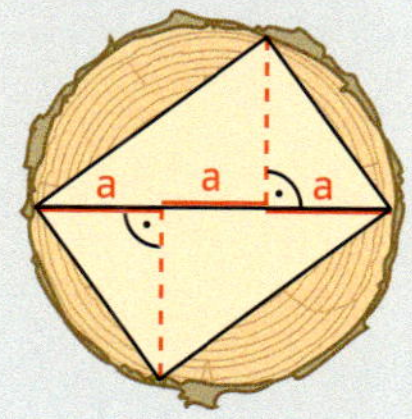

17

1-Liter-Milchtüten haben oft die Form einer quadratischen Säule. Sie sind aus einem einzigen rechteckigen Stück Pappe durch Falten und Verkleben hergestellt. Die Figur zeigt das Netz einer solchen Tüte. Die Tüten werden bis 2 cm unter dem oberen Rand gefüllt.

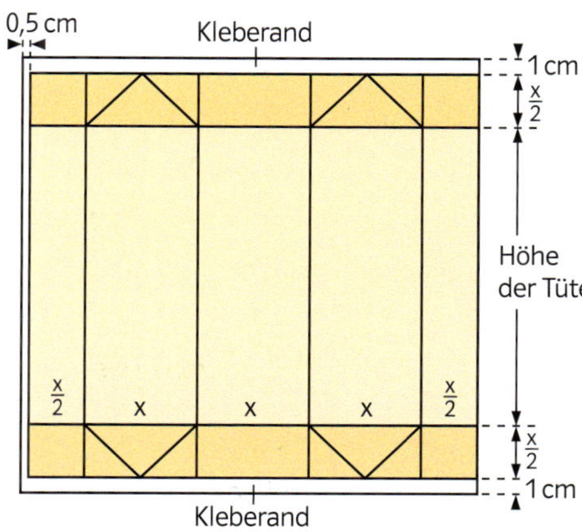

Bestimmen Sie den Flächeninhalt der verwendeten Pappe als Funktion der Grundkantenlänge x. Ist die reale Milchtüte hinsichtlich des Materialverbrauchs optimiert?

G 18

Nach wie vielen Jahren wächst ein Kapital, das mit 4 % Jahreszinssatz angelegt ist, mit Zinseszins auf das Dreifache an?

4 Funktionen mit Parametern

1

Der Mieter einer Wohnung leistet eine Kaution in Höhe von 1000 €, die auf einem Sparbuch angelegt und mit einem jährlichen Zinssatz von 3 % verzinst wird.

a) Geben Sie die Entwicklung dieses Kapitals für die nächsten 6 Jahre in einer Tabelle an.

b) Erläutern Sie, dass man mithilfe der Funktion $K_p(x) = 1000\left(1 + \frac{p}{100}\right)^x$ für $p = 3$ und $x = 1; 2; \ldots 6$ die Tabelle von Teilaufgabe a) enthält.

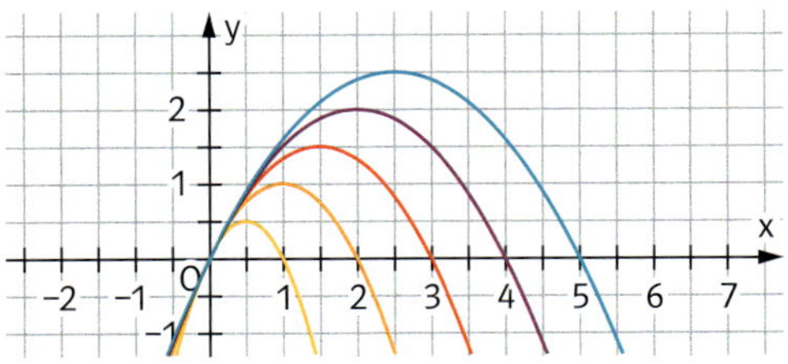

2

a) Für welche reellen Zahlen t ergeben sich die in der nebenstehenden Figur abgebildeten Parabeln aus der Funktionsgleichung $f_t(x) = -\frac{2}{t}\cdot x^2 + 2x$?

b) Wie hängt allgemein die x-Koordinate des Scheitels von t ab?

Bei realen Problemen hängt die zu untersuchende Größe oft von mehreren Variablen ab:

Aus einem quadratischen Stück Pappe mit der festen Seitenlänge a (in cm) soll eine oben offene Schachtel hergestellt werden.

In Abhängigkeit von der Länge x (in cm) des Einschnitts, erhält man für das Volumen:

$V_a(x) = x\cdot(a - 2x)^2 = 4x^3 - 4ax^2 + a^2x$

Das Volumen V hängt also von x und a ab, wobei $x < \frac{a}{2}$ sein muss.

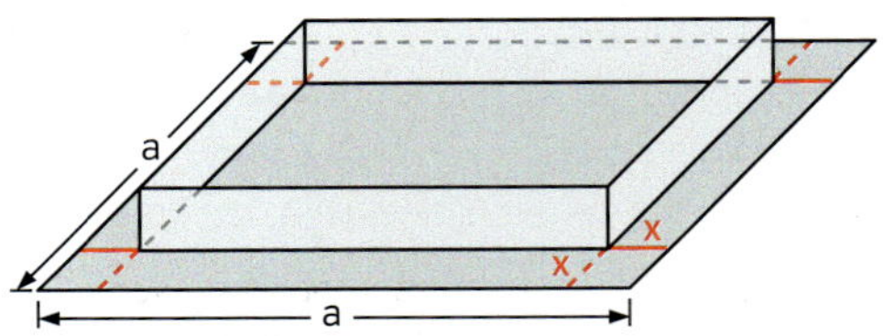

An den Graphen von V_a erkennt man, dass es für jedes a eine Länge x_0 gibt, für die das Volumen maximal wird. Die Extremstelle x_0 lässt sich mithilfe der Ableitung berechnen:

$x_1 = \frac{a}{2}$ ist keine sinnvolle Lösung.

$V_a'(x) = 12x^2 - 8ax + a^2 = 0 \Rightarrow x_0 = \frac{a}{6}$

Damit ergibt sich für das maximale Volumen in Abhängigkeit von a: $V_a\left(\frac{a}{6}\right) = \frac{2}{27}\cdot a^3$

Es ist wegen $V_a(0) = V_a\left(\frac{a}{2}\right) = 0$ ein globales Maximum.

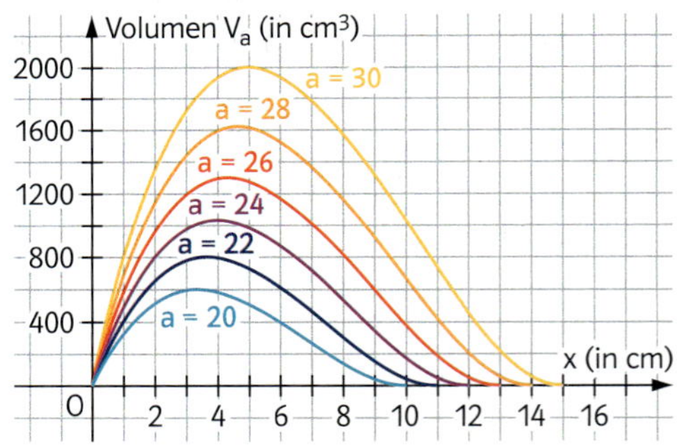

Enthält ein Funktionsterm außer der Variablen x noch eine weitere (von x unabhängige) Variable a, so gehört zu jedem möglichen Wert von a eine Funktion $f_a\colon x \mapsto f_a(x)$.

$f_a\colon x \mapsto \frac{1}{x}(a + \ln x)$

für $a = 1$ ist $f_1\colon\ x \mapsto \frac{1}{x}(1 + \ln x)$,

für $a = -0{,}5$ ist $f_{-0,5}\colon x \mapsto \frac{1}{x}(-0{,}5 + \ln x)$

Die Variable a nennt man **Parameter**.
Die Menge dieser Funktionen bezeichnet man als **Funktionenschar**.

Der Bereich, aus dem die Parameterwerte gewählt werden können, ist ggf. gemäß dem Sachproblem einzuschränken.

Funktionenscharen bieten den Vorteil, dass bei Untersuchungen nicht wiederholt dieselbe Rechnung für verschiedene Parameterwerte durchzuführen ist; man rechnet stattdessen allgemein mit dem Parameter.

Beispiel 1

Bei einer Zentralheizung wird die Temperatur im Heizkessel in Abhängigkeit von der Außentemperatur gesteuert. Der Zusammenhang zwischen Außentemperatur x (in °C) und der Temperatur im Heizkessel wird durch eine Heizkurve beschrieben. Diese Heizkurve kann durch einen Regler in ihrer Steilheit verändert werden. Für die Temperatur H_s (in °C) im Heizkessel gilt:

$H_s(x) = s(-0{,}001x^2 - 0{,}09x + 2{,}2) + 25$ mit $s \in [0;20]$ und $x \in [-30;30]$.

a) Zeichnen Sie mit einem Funktionsplotter für $s = 9$; 14 und 18 die Heizkurven.

b) Die Werkseinstellung ist $s = 14$. Wie hoch ist dann die Kesseltemperatur bei einer Außentemperatur von 0 °C bzw. −15 °C? Was können Sie tun, wenn es Ihnen trotz vollständig aufgedrehtem Thermostatventil im Raum zu kalt ist?

c) Bei welcher Außentemperatur beträgt in der Werkseinstellung die Kesseltemperatur 80 °C?

Lösung:

a)

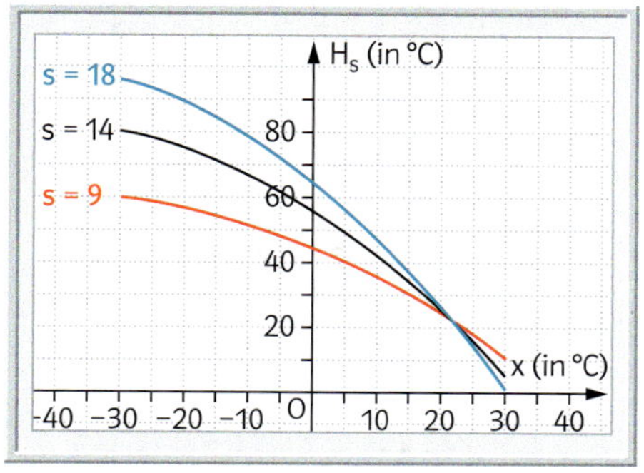

b) Aus $H_{14}(x) = 14 \cdot (-0{,}001x^2 - 0{,}09x + 2{,}2) + 25$
$= -0{,}014x^2 - 1{,}26x + 55{,}8$

folgt $H_{14}(0) = 55{,}8$ (in °C)

und $H_{14}(-15) = 71{,}55$ (in °C).

Vergrößert man s, so ist bei gleicher Außentemperatur die Kesseltemperatur höher und die Heizkörper werden wärmer.

Alternative Lösung zu b): Pullover anziehen!

c) Aus $H_{14}(x) = 80$ erhält man die Gleichung $-0{,}014x^2 - 1{,}26x + 55{,}8 = 80$ mit den Lösungen $x_1 \approx -27{,}78$ (bzw. $x_2 \approx -62{,}22$)

Antwort: Bei etwa −27,8 °C.

Beispiel 2

Wird ein Ball senkrecht nach oben geworfen, so ergibt sich für seine Höhe h (in m) gegenüber der Abwurfstelle zum Zeitpunkt t (in s): $h(t) = v_0 \cdot t + \frac{1}{2} \cdot g \cdot t^2$. Geben Sie die maximal erreichbare Höhe in Abhängigkeit von v_0 an. Berechnen Sie diese für $v_0 = 10; 15; 20 \left(\text{in } \frac{m}{s}\right)$.

v_0 ist die Abschussgeschwindigkeit (in m/s). g ist die Fallbeschleunigung z. B. $g_{Erde} = 9{,}81 \frac{m}{s^2}$.

Lösung

Wenn der Ball die maximale Höhe erreicht hat, muss gelten: $h'(t) = 0$

Aus $h'(t) = v_0 - g \cdot t = 0$ folgt $t = \frac{v_0}{g}$ (Zeitpunkt der maximalen Höhe).

Maximale Höhe: $h\left(\frac{v_0}{g}\right) = v_0 \cdot \frac{v_0}{g} - \frac{1}{2} \cdot g \cdot \frac{v_0^2}{g^2} = \frac{v_0^2}{2g}$ Einsetzen von v_0 liefert: 5,1 m; 11,5 m; 20,4 m

Aufgaben

3

Skizzieren Sie die Graphen der Funktionenschar f_a für $a = -1; 1; 2; 3$. Beschreiben Sie Gemeinsamkeiten und Unterschiede der Graphen. Was bewirkt die Erhöhung von a?

a) $f_a: x \mapsto a + e^x$
b) $f_a: x \mapsto x^2 + ax$
c) $f_a: x \mapsto \sin(ax)$
d) $f_a: x \mapsto ax^2 - 1$

4

Die angegebenen Funktionen gehören zur gleichen Funktionenschar. Geben Sie deren Funktionsterm mithilfe eines Parameters an.

a) $x \mapsto \frac{1}{x} - 1$; $x \mapsto \frac{1}{x} + 2$; $x \mapsto \frac{1}{x} - 3$

b) $x \mapsto e^{x-1}$; $x \mapsto \frac{1}{2}e^{x-2}$; $x \mapsto 2e^{x-0{,}5}$

5

Bestimmen Sie zu den in der Figur gezeichneten Graphen einer Funktionenschar jeweils den zugehörigen Parameterwert.

a) $f_t: x \mapsto tx + 1$

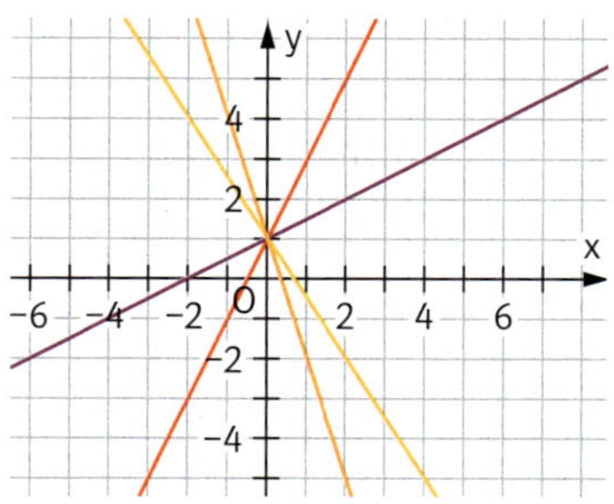

b) $f_a: x \mapsto \frac{1}{3}(x^3 - ax^2)$

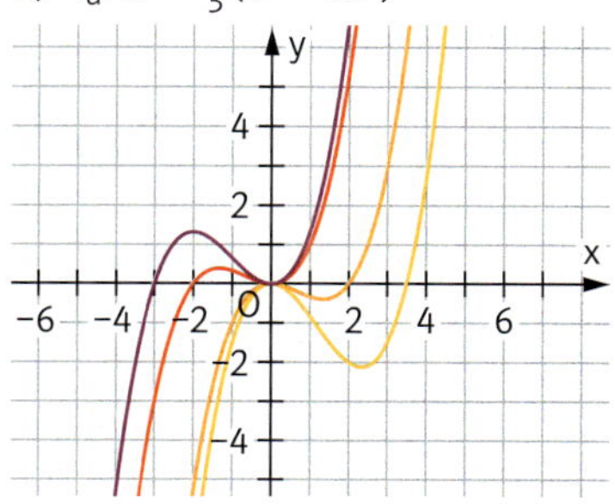

Lösungssalat zu 6:

6

Wie lautet die Funktionsgleichung der Funktionenschar f_a zu der alle folgenden Funktionen gehören? Bestimmen Sie jeweils den Wert des Parameters.

(1) $x \mapsto x^2 - 2x + 1$ (2) $x \mapsto x^2 - 4x + 4$
(3) $x \mapsto x^2 + 2x + 1$ (4) $x \mapsto x^2 - \frac{2}{3}x + \frac{1}{9}$
(5) $x \mapsto x^2 - 2\sqrt{2}x + 2$ (6) $x \mapsto x^2 + 6x + 9$

7 (💻)

Zeichnen Sie z. B. mit einem Funktionsplotter die Graphen der Funktionen f_a für verschiedene Parameterwerte.

a) $f_a: x \mapsto x^2 - ax$ b) $f_a: x \mapsto a - e^{2x}$
c) $f_a: x \mapsto x^3 - ax$ d) $f_a: x \mapsto x^2 - \frac{a^2}{x}$
e) $f_a: x \mapsto \sin(x - a)$ f) $f_a: x \mapsto \ln(x^2 + a)$

Die Funktionen f_t werden nur für $x \in \mathbb{N}$ betrachtet.

8

Sonnenkollektoren wandeln Licht in Wärme um, die an den Warmwasserspeicher abgeführt wird. Die benötigte Kollektorfläche ist eine lineare Funktion des Speichervolumens. Bei einer Speichertemperatur von 45 °C wird für 200 l eine Kollektorfläche von $3\,m^2$, für 500 l von $7\,m^2$ empfohlen.
Pro Person wird mit einem Warmwasserverbrauch von t (in l) mit $40 \leq t \leq 70$ am Tag gerechnet. Das Speichervolumen sollte 50 % über dem täglichen Verbrauch liegen.

a) Bestimmen Sie den Term einer Funktionenschar f_t, die der Personenzahl x die Kollektorfläche zuordnet.
b) Wie groß sollte die Kollektorfläche bei einem 4-Personen-Haushalt mit einem täglichen Pro-Kopf-Verbrauch von 50 l sein?
c) Überlegen oder recherchieren Sie, wie der tägliche Pro-Kopf-Verbrauch bestimmt werden kann. Berechnen Sie die entsprechend nötige Kollektorfläche für Ihre Familie.

9 💻

Gegeben sind die Funktionen
$f_a: x \mapsto e^{ax} - x;\ a > 0;\ D = \mathbb{R}$.

a) Zeichnen Sie mit einem Funktionsplotter die Graphen von f_a für verschiedene Werte von a. Welchen Punkt haben alle Graphen gemeinsam?
b) Begründen Sie, dass $y = -x$ gemeinsame Asymptote für die Graphen von f_a ist.
c) Für welches a hat der Graph von f_a den Tiefpunkt T(0 | 1)?

💻
Mit einem Funktionsplotter lassen sich viele der geforderten Ergebnisse leicht überprüfen.

10 💻

Einem Unternehmen entstehen bei einer Zahl von x Produktionseinheiten die Gesamtkosten $K_t(x)$. Diese können im Bereich $0 \leq x \leq 100$ mit dem Parameter t $(-10 \leq t \leq 10)$ durch die Kostenfunktion K_t mit
$K_t(x) = 0{,}0044x^3 - 0{,}2tx^2 + 5t^2x + 100$
beschrieben werden.

a) Zeichnen Sie mit einem Funktionsplotter die Graphen der Kostenfunktion für $t = -2;\ 0;\ 2$ und 4.
Vergleichen und interpretieren Sie ihren Verlauf.
b) Jede Produktionseinheit wird für $6 \cdot (t + 10)$ Euro verkauft. Bei wie vielen Produktionseinheiten wird der Gewinn für $t = -2$ bzw. $t = 0$ am größten?
Wie groß ist er dann jeweils?
c) Zeigen Sie, dass für $t = 6$ das Unternehmen keinen Gewinn machen kann.

11

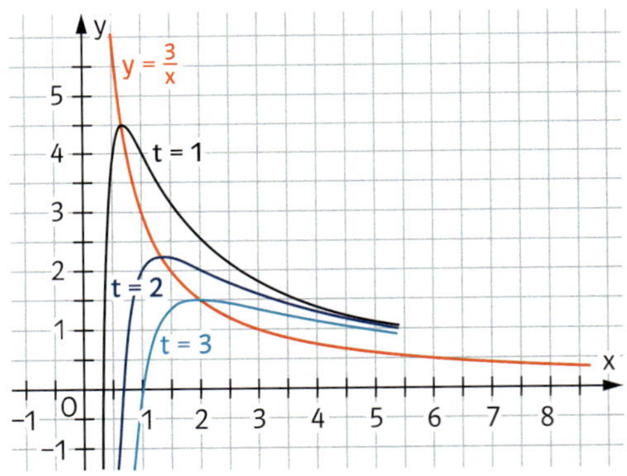

Die in der Figur für $t = 1;\ 2;\ 3$ und $x > 0$ gezeichneten Graphen gehören zu Funktionen der Form $f_t: x \mapsto \frac{ax - 2t}{bx^2}$ mit $t > 0$.

a) Bestimmen Sie mithilfe der Figur a und b. Erläutern Sie Ihr Vorgehen.
b) Geben Sie die maximal mögliche Definitionsmenge der Funktionenschar f_t an. Besitzen die Graphen der Schar eine Symmetrieeigenschaft?
c) Die Graphen legen die Aussagen nahe $\lim\limits_{x \to +\infty} f_t(x) = 0$ und $\lim\limits_{x \to 0} f_t(x) = -\infty$.
Wie lassen sich diese begründen?
d) Zeigen Sie, dass die Punkte $\left(\frac{2}{3}t \,\middle|\, \frac{9}{2t}\right)$ die Hochpunkte der Graphen sind.
Welche Bedeutung hat die Kurve mit der Gleichung $y = \frac{3}{x}$?
Begründen Sie.

12

Gegeben sind Sie die Funktionen
$f_k: x \mapsto x - k e^x$ mit $k \neq 0$.

a) Berechnen Sie die Nullstelle von f_{-1} mit dem Newton-Verfahren auf 4 Nachkommastellen genau.
b) Zeigen Sie, dass die Hochpunkte der Graphen von f_k auf der Geraden mit der Gleichung $y = x - 1$ liegen.
c) Vom Nullpunkt lässt sich an jeden Graphen genau eine Tangente legen. Wo berührt diese Tangente den zugehörigen Graphen?

13

Untersuchen Sie die folgenden Funktionen auf senkrechte und waagrechte Asymptoten und Extremstellen.
Zeichnen Sie mit einem Funktionsplotter die Graphen von f_t für mehrere Parameterwerte t. Beschreiben Sie die Abhängigkeit der Graphen vom Parameter t.

a) $f_t: x \mapsto \ln(x + t) - x;\ t < 0$
b) $f_t: x \mapsto t \cdot [\ln(x + t)]^2;\ t > 0$
c) $f_t: x \mapsto \frac{\ln x}{t \cdot x};\ 0 < t \leq 1$

14

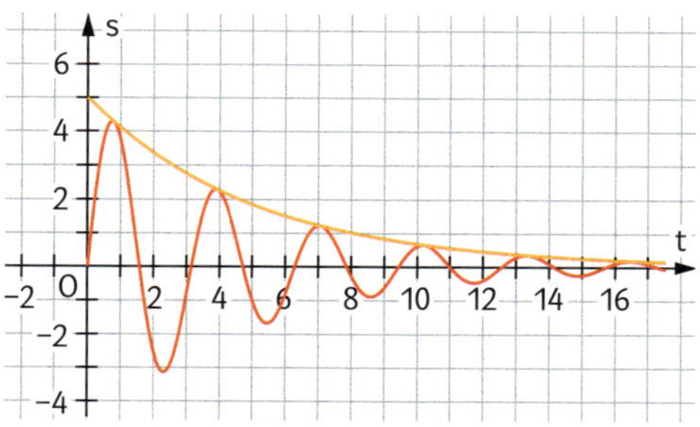

In der Figur gehört der rot gezeichnete Graph zu der sogenannten gedämpften Schwingung mit einer Funktionsgleichung
$s(t) = a \cdot e^{-k \cdot t} \cdot \sin(b \cdot t)$.
Dabei bedeutet t die Zeit in Sekunden.
Der orangefarbene Graph lässt sich durch die Funktion f mit $f: t \mapsto a \cdot e^{-k \cdot t}$ beschreiben.

a) Beschreiben Sie, welche Auswirkungen auf den Graphen von s(t) das Variieren der Parameter a, k und b hat.
Zeichnen Sie dazu verschiedene Graphen mit dem Funktionsplotter.
b) Bestimmen Sie für die beiden in der Figur gezeichneten Graphen näherungsweise Werte für die Parameter a, k und b. Erläutern Sie Ihr Vorgehen.

15

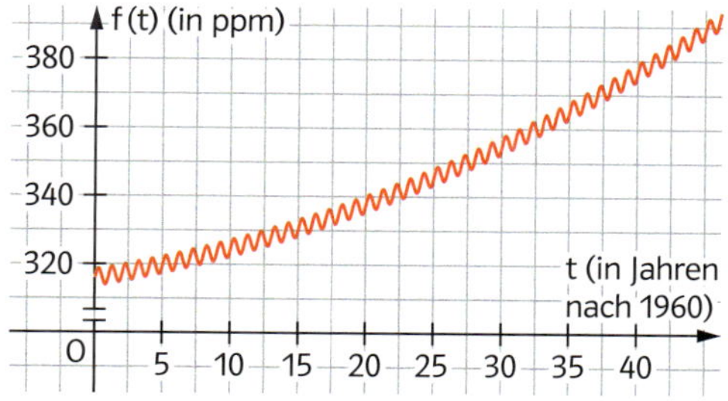

Die Figur zeigt die Entwicklung des CO_2-Gehalts (in ppm) der Erdatmosphäre.

ppm bedeutet parts per million

a) Beschreiben und begründen Sie den Verlauf.
b) Die Entwicklung kann durch die Funktion $f: t \mapsto (k_0 + k_1 t + k_2 t^2) + a \cdot \sin(b \cdot t)$ beschrieben werden; hierbei ist t die Zeit (in Jahren) nach 1960.
Ermitteln Sie „passende" Werte für die Parameter k_0, k_1, k_2, a und b.

16

Ein Fisch schwimmt in einem Bach (Fließgeschwindigkeit $2\frac{m}{s}$) 100 m stromaufwärts mit einer konstanten Geschwindigkeit $v\frac{m}{s}$ relativ zum Wasser. Die Energie E (in Joule), die er dazu benötigt, hängt vor allem ab von seiner Form und der Zeit, die er unterwegs ist. Experimente ergaben, dass $E = c \cdot v^k \cdot t$ gilt mit $c > 0$ und $k > 2$.

k nur wenig größer als 2

k wesentlich größer als 2

a) Leiten Sie her, dass E am geringsten ist bei der Geschwindigkeit $\frac{2k}{k-1}\frac{m}{s}$.
b) Begründen Sie: Je „plumper" ein Fisch ist (d.h. je größer k ist), desto kleiner ist seine energiesparendste Geschwindigkeit.

G 17

Bei einem Laplace-Experiment zerfällt die Ergebnismenge Ω durch die Ereignisse A, B und C in acht disjunkte Teilmengen. Die zu jeder Teilmenge gehörenden Mächtigkeiten sind im Diagramm eingetragen.

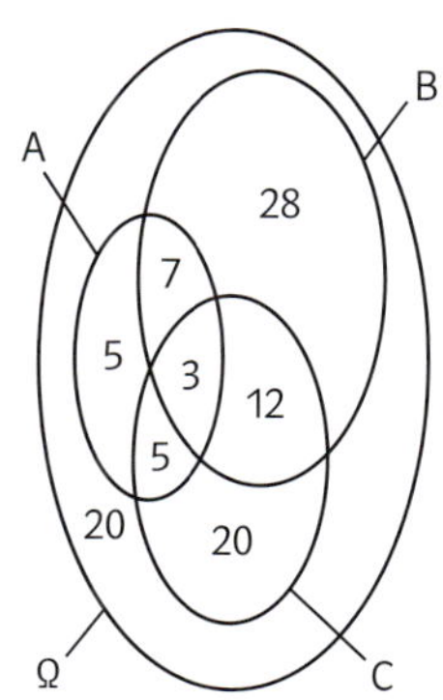

a) Bestimmen Sie $P(A \cap B)$, $P((A \cup B) \setminus C)$, $P(\overline{B})$, und $P_{A \cup B}(C)$.
b) Sind die Ereignisse A und C unabhängig?

G 18

Skizzieren Sie auf möglichst einfache Weise die Graphen von

a) $f: x \mapsto 1 - \sin x;\ x \in [0; 2\pi]$
b) $g: x \mapsto 1 + \cos x;\ x \in [-\pi; \pi]$.

5 Funktionsbestimmungen

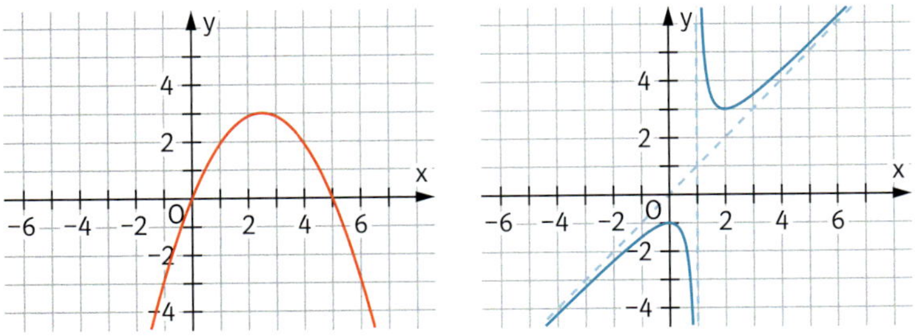

1

a) Welche Eigenschaften der links gezeichneten Parabel können dazu dienen, ihre Gleichung aufzustellen?
Wie viele Bedingungen sind nötig?

b) Wie könnte man prüfen, ob der blau dargestellte Graph zur gebrochen rationalen Funktion $f: x \mapsto \frac{x^2 - x + 1}{x - 1}$ gehört?

In Lerneinheit 1 wurden speziell ganzrationale Funktionen gesucht, um reale Situationen mit möglichst einfachen Funktionen zu beschreiben. Entsprechend kann man vorgehen, wenn Funktionen anderen Typs wie gebrochen rationale oder trigonometrische Funktionen, Wurzel- oder Exponentialfunktionen zu bestimmen sind, die vorgegebene Eigenschaften erfüllen sollen.

Um eine Funktion f zu bestimmen, die vorgegebene Eigenschaften hat, z. B.
- Punkte auf dem Graphen, $f(x_0) = y_0$
- Extremstellen oder die Steigung des Graphen an einer Stelle, $f'(x_0) = 0$ oder $f'(x_0) = c$
- Nullstellen oder Polstellen, $f(x_0) = 0$ oder $q(x_0) = 0$ für $f(x) = \frac{p(x)}{q(x)}$

sind diese Eigenschaften (Bedingungen) mithilfe von f oder f′ als Gleichungen zu formulieren und das aufgestellte Gleichungssystem zu lösen.
Die nötige Anzahl von Gleichungen wird durch die Zahl der Parameter im Funktionsterm bestimmt.
Die Berücksichtigung von besonderen Eigenschaften wie z. B.
- Symmetrie des Graphen,
- Existenz einer waagrechten Asymptote,

kann gegebenenfalls den Ansatz für den Funktionsterm vereinfachen.

Bemerkung
Liefern vorgegebene Eigenschaften äquivalente Gleichungen, so ergibt sich keine eindeutige Lösung (vgl. Beispiel 2).

Beispiel 1
Der gezeichnete Graph G_f gehört zu einer gebrochen rationalen Funktion der Form
$f: x \mapsto \frac{ax^2 + bx}{cx - 1}$.
Im Schnittpunkt mit der x-Achse bei $x = 4$ hat G_f die Steigung $-\frac{2}{3}$.
Bestimmen Sie den Funktionsterm.

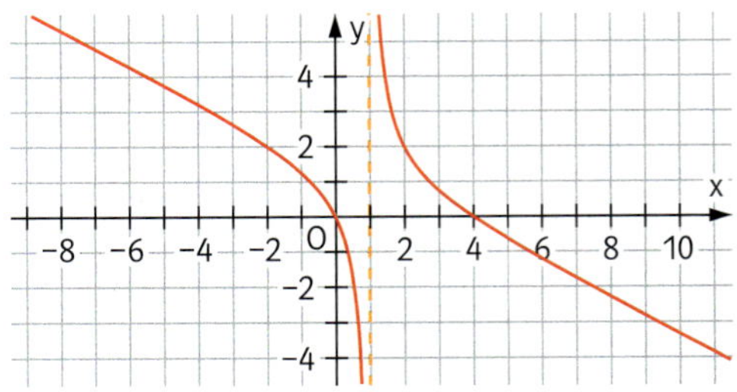

Lösung
Mit der Quotientenregel ergibt sich: $f'(x) = \frac{(2ax + b)\cdot(cx - 1) - (ax^2 + bx)\cdot c}{(cx - 1)^2} = \frac{acx^2 - 2ax - b}{(cx - 1)^2}$

Polstelle bei $x = 1$ $\Rightarrow$ $c \cdot 1 - 1 = 0$ $\Rightarrow$ $c = 1$
Nullstelle $(4\,|\,0) \in G_f$ $\Rightarrow$ $a \cdot 4^2 + b \cdot 4 = 0$ $\Rightarrow$ $16a + 4b = 0$ (I)
$f'(4) = -\frac{2}{3}$ $\Rightarrow$ $\frac{a \cdot 4^2 - 2a \cdot 4 - b}{3^2} = -\frac{2}{3}$ $\Rightarrow$ $8a - b = -6$ (II)

Die Lösung des Gleichungssystems liefert $a = -\frac{1}{2}$; $b = 2$; also $f(x) = \frac{-0{,}5x^2 + 2x}{x - 1}$.

Beispiel 2

Die Graphen der Funktionen von der Form $f: x \mapsto (ax + b)\cdot\sqrt{x}$ mit $x \geqq 0$ sollen an der Stelle $x = 3$ einen Tiefpunkt T haben.

a) Bestimmen Sie die Parameter a und b für den Fall $T_1(3\,|\,-3\cdot\sqrt{3})$ bzw. $T_2(3\,|\,-2\cdot\sqrt{3})$ und zeichnen Sie die beiden Graphen.

b) Wird statt der y-Koordinaten des Tiefpunkts wie in a) die Bedingung „f hat eine Nullstelle bei $x = 9$" vorgegeben, so führt dies zu keiner eindeutigen Lösung. Erläutern Sie dies.

Lösung

a) Es gilt: $f'(x) = \frac{3ax + b}{2\sqrt{x}}$ (Produktregel)

$T_1(3\,|\,-3\cdot\sqrt{3}) \in G_f \Rightarrow 3a + b = -3$ (I)

$f'(3) = 0 \Rightarrow 9a + b = 0$ (II)

Die Lösung des Gleichungssystems liefert $a = 0{,}5$ und $b = -4{,}5$.

Für T_2 ergibt sich entsprechend $a = \frac{1}{3}$ und $b = -3$.

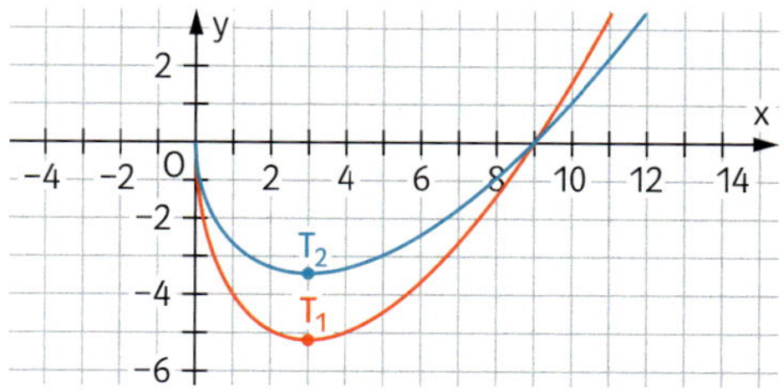

b) Die Bedingungen $f(9) = 0$ und $f'(3) = 0$ liefern dieselbe Gleichung (II), d.h. als Lösung kommen alle Funktionen mit $b = -9a$ in Frage. Ihre Graphen haben den Ursprung und den Punkt $(9\,|\,0)$ als Nullstellen gemeinsam; ihr Tiefpunkt liegt jeweils an der Stelle $x = 3$.

Hinweis:
Strenggenommen muss für die Lösung noch überprüft werden, ob tatsächlich ein Tiefpunkt vorliegt (vgl. S.70).

Beispiel 3

Gesucht ist eine Funktion f mit $f(x) = a\cdot e^{bx} + c$. Ihr Graph G_f hat die Asymptote $y = 1$ und im Punkt $P(0\,|\,3)$ eine Tangente, die mit den positiven Koordinatenhalbachsen ein Dreieck mit dem Flächeninhalt $A = 6$ Flächeneinheiten (FE) bildet.

Lösung

Asymptote $y = 1 \Rightarrow c = 1$

$P(0\,|\,3) \in G_f \Rightarrow 3 = a\cdot e^{b\cdot 0} + 1 \Rightarrow a = 2$

Der Flächeninhalt $A = 6\,\text{FE}$ des rechtwinkligen Dreiecks ergibt sich für $A = \frac{1}{2}\cdot 3\cdot 4\,\text{FE}$; d.h. die Tangente schneidet die x-Achse bei $x = 4$; ihre Steigung ist also $m = -\frac{3}{4}$.

Daraus ergibt sich mit $f'(x) = a\cdot b\cdot e^{bx}$:

$f'(0) = -\frac{3}{4} \Rightarrow -\frac{3}{4} = 2b\,e^{0\cdot b} \Rightarrow b = -\frac{3}{8}$

Ergebnis: $f: x \mapsto 2\cdot e^{-\frac{3}{8}x} + 1$

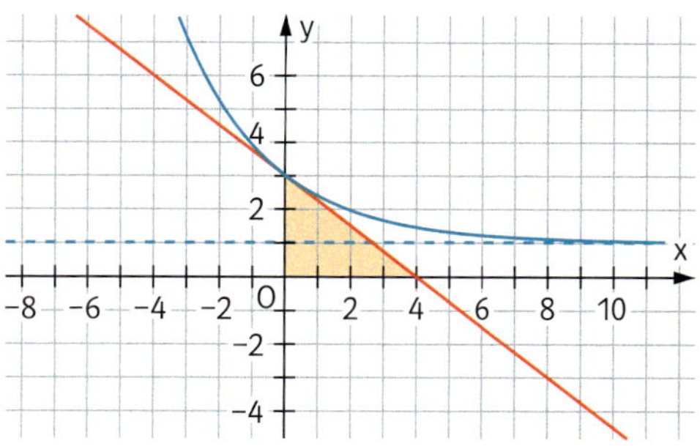

Strategie: Veranschaulichen durch eine Skizze

Aufgaben

2 (💻)

Gesucht ist eine Funktion der Form $f: x \mapsto \frac{ax^2}{x + c}$ mit $a \neq 0$.

a) Bestimmen Sie a und c so, dass der Graph G_f bei $x = 1$ eine Polstelle hat und durch den Punkt $P(2\,|\,-2)$ geht. Zeichnen Sie G_f z.B. mit einem Funktionsplotter.

b) Welche Eigenschaften hat der Punkt P? Warum wird diese Eigenschaft in Aufgabe a) nicht als Bedingung vorgegeben? Zeichnen Sie zur Erklärung Graphen für verschiedene Werte von a.

3

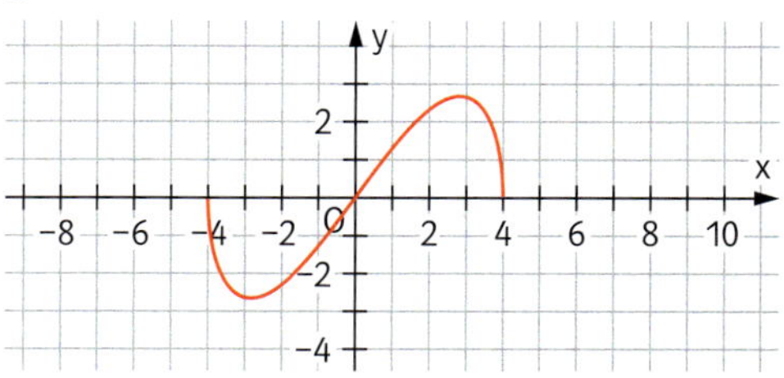

Der gezeichnete Graph hat im Ursprung die Steigung $\frac{4}{3}$. Der dazugehörige Funktionsterm hat die Form $f(x) = ax\cdot\sqrt{b - x^2}$. Bestimmen Sie a und b.

4

Der Wasserstand h (in m) bei Spiekeroog an der Nordseeküste schwankt zwischen 1m bei Niedrigwasser und etwa 3m bei Hochwasser. Er lässt sich in Abhängigkeit von der Zeit t (in Std. nach Niedrigwasser) modellhaft beschreiben durch $h(t) = a + b \cdot \cos\left(\frac{1}{6}\pi \cdot t\right)$.

a) Bestimmen Sie die Parameter a und b. Skizzieren Sie den Graphen von h.

b) Wie lange liegt der Wasserspiegel unter 1,5m? Wie viel Zentimeter je Minute steigt das Wasser maximal?

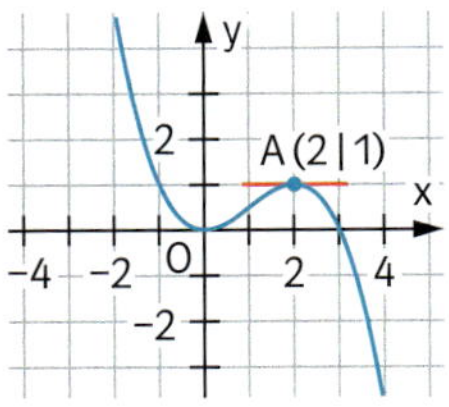

5

Die Abbildung auf der Randspalte zeigt den Graphen einer ganzrationalen Funktion f. Bestimmen Sie mithilfe der aus der Abbildung zu entnehmenden Informationen die Funktion f.

6

Der Graph der Funktion $f: x \mapsto \ln(a + bx^n)$ mit $a, b > 0$ und $n \in \mathbb{N}$ soll symmetrisch bezüglich der y-Achse sein, durch den Ursprung gehen und an der Stelle $x = 1$ die Steigung $\frac{2}{3}$ haben. Bestimmen Sie zunächst den kleinsten für n möglichen Wert, sodann die Werte für die Parameter a und b. Zeichnen Sie den Graphen der gefundenen Funktion.

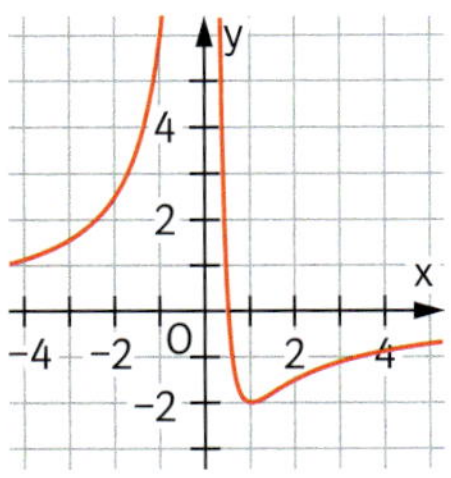

7

Der nebenstehende Graph gehört zu einer Funktion f der Form $f(x) = \frac{a + bx}{cx^2}$.

a) Bestimmen Sie a und b für $c = 1$.

b) Welche Werte ergeben sich für a und b, wenn $c = 0{,}5$ bzw. $c = 2$ gesetzt wird? Was bedeutet das Ergebnis?

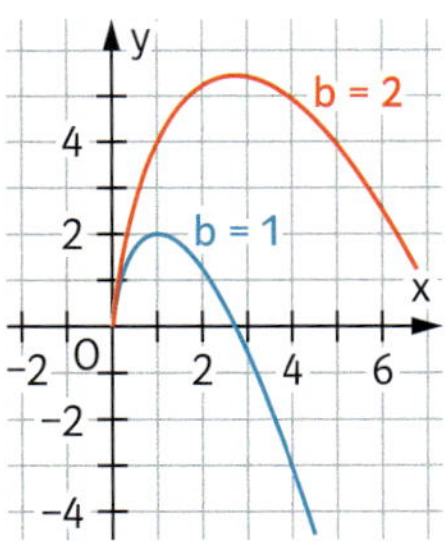

8

In der Figur sind die Graphen der Funktion $f: x \mapsto ax \cdot (b - \ln x)$ für $a = 2$ und $b = 1$ bzw. $b = 2$ gezeichnet.

a) Bestimmen Sie a und b so, dass der Graph die x-Achse unter einem Winkel von 135° schneidet. Zeigen Sie, dass diese Eigenschaft ausschließlich vom Parameter a abhängt. Interpretieren Sie dieses Ergebnis.

b) Ermitteln Sie die Extremstelle der Funktion in Abhängigkeit von b.

9

Die Konzentration eines Medikaments im Blut kann durch eine Funktion der Form $f: t \mapsto a \cdot t \cdot e^{-b \cdot t} + c$; $a, b > 0$ beschrieben werden. Dabei wird t in Stunden nach der Einnahme gemessen, die Konzentration in $\frac{mg}{l}$.

a) Was bedeutet es für die Versuchsdurchführung, wenn $c = 0$ gilt?

b) Zeichnen Sie mit einem Funktionsplotter Graphen für verschiedene Werte von a, b und c und beschreiben Sie den Einfluss der Parameter a, b und c.

c) Bei einem Versuch wird die höchste Konzentration mit $15\frac{mg}{l}$ nach 5 Stunden gemessen. Bestimmen Sie a und b für $c = 0$ und zeichnen Sie den Graphen von f.

10

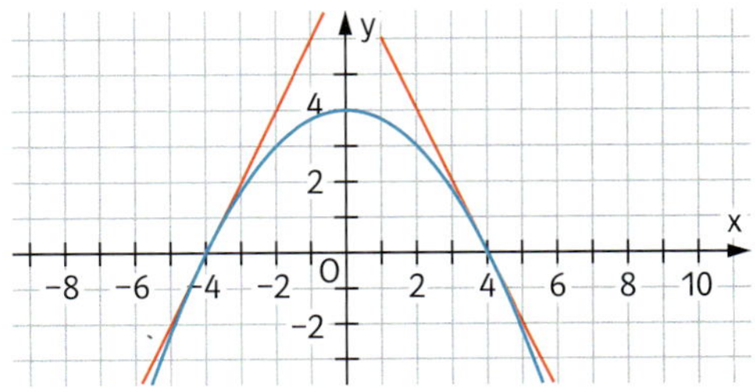

Der gezeichnete Graph (eine Parabel) einer Funktion f hat Nullstellen bei $x = 4$ und $x = -4$.
Die Tangenten an den Graphen in den Nullstellen schneiden sich auf der y-Achse im Punkt (0|8). Wie lautet die Funktion f?

11

An einem Sommertag wurden in Nürnberg als höchste Temperatur um 14.00 Uhr 30°C gemessen, als tiefste Temperatur am frühen Morgen dieses Tages 16°C. Im Folgenden wird angenommen, die Funktion f mit $f(t) = a \cdot \sin\left(\frac{1}{12} \cdot \pi \cdot t + b\right) + c$ beschreibe die Temperatur (in °C) an diesem Tag in Abhängigkeit von der Zeit t (in h) nach Mitternacht.

a) Bestimmen Sie a, b und c.

b) Wann ist gemäß dieser Modellfunktion die Temperaturänderung am größten?

G12

Begründen Sie:
Der Betrag eines Vektors wächst proportional zum Betrag seiner Koordinaten.

6 Funktionsanpassungen

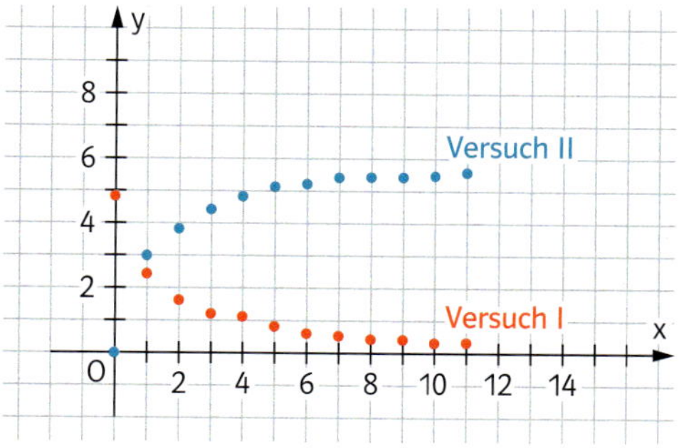

1
Die Messwerte eines Versuchs I wurden als Punkte in das nebenstehende Koordinatensystem eingetragen. Wenn die Punkte angenähert auf dem Graphen einer gebrochen rationalen Funktion liegen sollen, so kann in diesem Fall eine Funktion f mit der Form $f(x) = \frac{a}{x} + b$ gewählt werden.
Welcher der Funktionsterme auf dem Rand ist der für Versuch II angemessene?

$g(x) = \frac{ax^2}{x+b}$

$h(x) = \frac{ax}{x+b}$

$k(x) = \frac{ax}{x^2+b}$

In Anwendungssituationen soll häufig aus Daten, die tabellarisch oder grafisch veranschaulicht gegeben sind, eine geeignete **Modellfunktion** ermittelt werden, deren Funktionswerte die realen Daten gut annähern. Mithilfe der Modellfunktion lassen sich dann weitere Werte berechnen und somit Prognosen treffen.
Im Folgenden wird erläutert, wie man eine solche **Funktionsanpassung** durchführen kann.

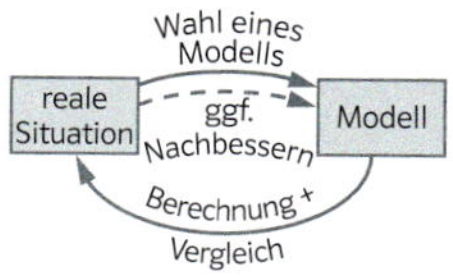

Die Lösbarkeit von Sauerstoff in Wasser hängt unter anderem von der Wassertemperatur ab. Bei einem konstanten Luftdruck von 1013 hPa absorbiert 1 Liter Wasser die in der Tabelle angegebenen Sauerstoffmengen.

Temperatur (in °C)	x	0	10	20	30	40	50
Sauerstoff (in cm^3)	y	0,0489	0,0380	0,0310	0,0261	0,0225	0,0210

Diese Messwerte sind in das nebenstehende Koordinatensystem eingetragen. Gesucht ist eine Funktion, deren Graph näherungsweise durch diese Punkte geht. Aufgrund der Lage der Punkte kommt eine gebrochen rationale Funktion f der Form $f(x) = \frac{a}{x+b}$ mit $x \geqq 0$ infrage.
Um a und b zu bestimmen, setzt man die Koordinaten zweier Punkte z. B. (0 | 0,0489) und (50 | 0,0210) in die Funktionsgleichung ein.
Löst man das Gleichungssystem
(I) $0{,}0489 = \frac{a}{b}$
(II) $0{,}0210 = \frac{a}{50+b}$,
so erhält man $a \approx 1{,}84$ und $b \approx 37{,}63$ und somit $f\colon x \mapsto \frac{1{,}84}{x + 37{,}63}$.

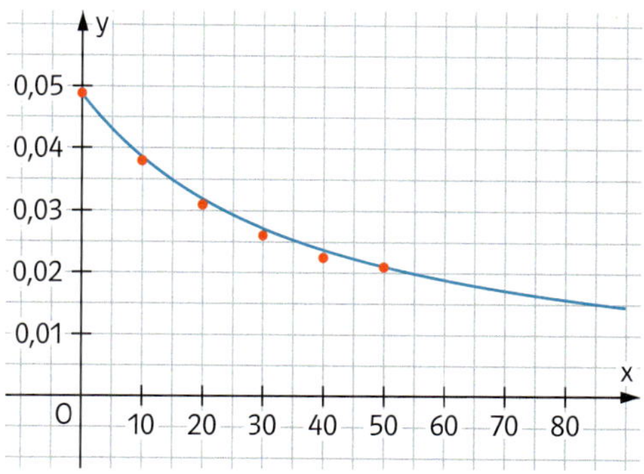

Strategie: Veranschaulichen durch eine Skizze oder Zeichnung

Wählt man z. B. die Punkte mit x = 10 und x = 50, so erhält man $f\colon x \mapsto \frac{1{,}88}{x + 39{,}4}$.

Der zugehörige Graph ist in der Figur eingezeichnet. Die folgende Tabelle zeigt die für x = 10, 20, 30, 40 berechneten Funktionswerte (gerundet auf 4 Nachkommastellen) und die jeweilige Abweichung Δy (absolut und relativ) vom Messwert:

x	0	10	20	30	40	50
f(x)	0,0489	0,0386	0,0319	0,0272	0,0237	0,0210
Δy	0	0,0006	0,0009	0,0011	0,0012	0
$\frac{\Delta y}{f(x)}$ (in %)	0	≈ 1,6	≈ 2,8	≈ 4,0	≈ 5,1	0

Die größte absolute Abweichung von einem Messwert beträgt 0,0012; sie ist zugleich die größte prozentuale Abweichung mit ≈ 5,1 %. Die Annäherung durch f kann also als sehr gut angesehen werden.

Vorgehen bei einer Funktionsanpassung:

1. Zur Veranschaulichung und zum Auffinden eines geeigneten Funktionstyps können die Daten in ein Koordinatensystem eingetragen werden.
2. Mithilfe von Parametern wird die Gleichung der vermuteten Funktion aufgestellt, deren Graph näherungsweise durch die gegebenen Punkte gehen soll.
3. Je nach Zahl der Parameter werden Koordinaten einer entsprechenden Zahl von Punkten in die Funktionsgleichung eingesetzt und das entstandene Gleichungssystem gelöst.
4. Mithilfe der Koordinaten weiterer Punkte kann die Brauchbarkeit der gefundenen Funktion überprüft werden.

Beim obigen Problem ist auch $f: x \mapsto 0{,}0489 \cdot e^{-0{,}017 \cdot t}$ eine (weniger gute) Näherungsfunktion.

Bemerkungen

- Häufig sind mehrere Ansätze für die gesuchte Funktionsgleichung möglich.
- Die Werte der Parameter, die sich für einen Ansatz ergeben, hängen von den zur Ermittlung gewählten Punkten ab.

Jahr	CO_2 (in Mrd. Tonnen)
1860	0,55
1880	1,00
1900	1,80
1920	3,90
1940	4,90
1960	8,95
1980	19,53
2000	24,60

Beispiel

Die nebenstehende Tabelle zeigt die globalen Kohlendioxid-Emissionen von 1860 bis 2000.

a) Passen Sie der angegebenen Entwicklung eine geeignete Funktion an, wobei $t = 0$ dem Jahr 1860 entspricht. Erläutern Sie kurz ihr Vorgehen.

b) Welcher Prognosewert ergibt sich mit der Funktion für das Jahr 2020?

Lösung

a)

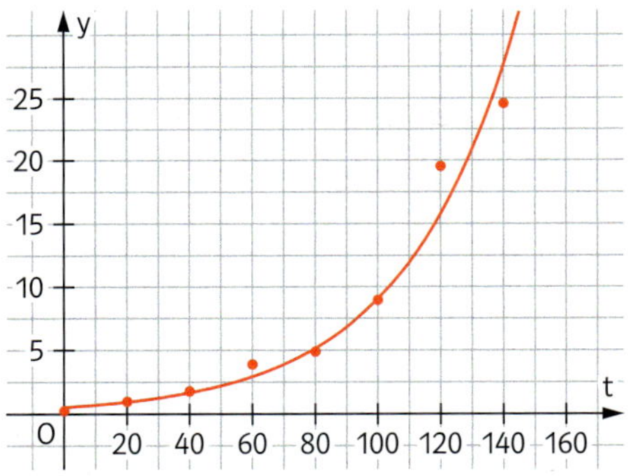

Der Verlauf des Graphen legt den Ansatz $f(x) = a \cdot e^{k \cdot t}$ nahe. Als Punkte, durch die der Graph gehen soll, werden $P_1(0\,|\,0{,}55)$ und $P_6(100\,|\,8{,}95)$ gewählt.

(I) $0{,}55 = a \cdot e^{k \cdot 0}$ $\Rightarrow$ $a = 0{,}55$

(II) $8{,}95 = 0{,}55 \cdot e^{k \cdot 100}$ $\Rightarrow$ $\frac{8{,}95}{0{,}55} = e^{k \cdot 100}$

Beidseitiges Logarithmieren von (II) ergibt:

$\ln \frac{8{,}95}{0{,}55} = k \cdot 100 \Rightarrow k \approx 0{,}028$

Also $f: t \mapsto 0{,}55 \cdot e^{0{,}028 \cdot t}$.

Kontrolle: $f(80) \approx 5{,}17$; $f(140) \approx 27{,}72$

b) Für das Jahr 2020 ergibt sich $f(160) \approx 48{,}53$.

Aufgaben

2

Zu welchem Funktionstyp gehören die abgebildeten Graphen?

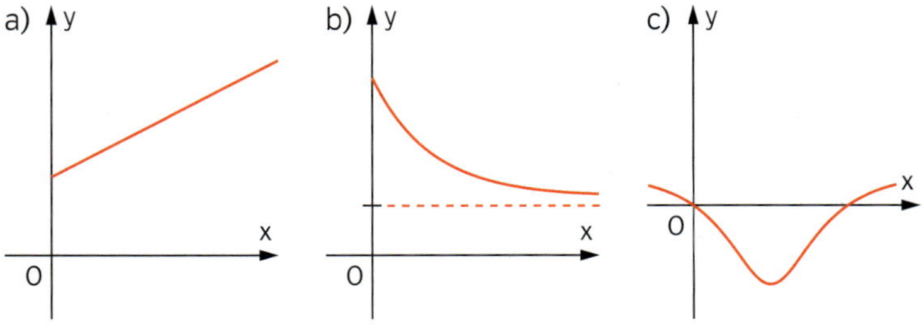

3

Neben einer Straße wurden die Schwermetallgehalte im Boden in Abhängigkeit von der Entfernung zur Straße gemessen.
Für Cadmium ergaben sich folgende Werte:

Entfernung x (in m)	0	0,5	1	2	4	6
Cadmiumgehalt y (in $\frac{mg}{kg}$)	3	2,4	1,6	1,2	0,8	0,6

Führen Sie eine Funktionsanpassung mit dem Ansatz $f(x) = \frac{a}{x + b}$ durch.

4

Der jährliche Wasserverbrauch w der Erdbevölkerung ist in der Tabelle dargestellt.

Jahr	1930	1940	1950	1960	1970	1980
w (in $\frac{km^3}{a}$)	33,0	69,8	88,6	122,4	142,6	174,2

a) Geben Sie eine Exponentialfunktion an, die den Verbrauch näherungsweise beschreibt.
b) Bestimmen Sie den Zeitraum, in dem sich der Wasserverbrauch jeweils verdoppelt hat.
c) Vergleichen Sie den Funktionswert w(1995) mit dem tatsächlichen Verbrauch im Jahr 1995 von 200,5 km^3. Was folgern sie?

5

In einen Messzylinder wurde Bier eingefüllt und die Höhe h der Schaumschicht in Abhängigkeit von der Zeit t gemessen.
Das Ergebnis zeigt die folgende Tabelle.

t (in s)	0	30	60	90	120	150
h (in cm)	14,5	12,3	10,5	9,0	7,6	6,5

t (in s)	180	210	240	270	300	330	360
h (in cm)	5,6	4,7	4,0	3,4	2,9	2,5	2,1

Untersuchen Sie, ob sich eine Funktionsanpassung mit dem Ansatz $f(x) = \frac{a}{x + b}$ oder mit einer Exponentialfunktion besser eignet.

6

In eine Tasse wurde Tee gegossen. Alle 10 Minuten wurde die Temperaturdifferenz T des Tees zur Raumtemperatur (20 °C) ermittelt.

t (in min)	10	20	30	40	50	60
T (in °C)	31,1	17,4	10,5	6,6	4,3	2,9

a) Welche Abhängigkeit zwischen Zeit und Temperaturdifferenz vermuten Sie? Beschreiben Sie diese durch eine Funktion.
b) Wie heiß wurde der Tee eingegossen?

7

Die Tabelle zeigt für die Mittelmeerstadt Algier die langjährigen Mittelwerte der monatlichen Niederschlagssummen.
Beschreiben Sie diese mithilfe der Funktion
$f: t \mapsto a \cdot \sin\left[\frac{\pi}{6}(t + c)\right] + d$; $t = 1; 2; \ldots; 12$.

Monat	1	2	3	4	5	6
mm	110	83	74	41	46	17

Monat	7	8	9	10	11	12
mm	2	4	42	80	128	135

8

In einem Bericht sind folgende Daten über die Entwicklung der Flugzeiten für Transatlantikflüge London – New York angegeben:

Jahr	1936	1939	1945	1949	1958
Flugzeit (in h)	52	30	15	12	7,5

a) Welche gebrochen rationale Funktion bietet sich für eine Funktionsanpassung an?
b) Im Jahre 1970 dauerte ein Transatlantikflug rund 5 Stunden; 1977 flog die Concorde diese Strecke in 3,5 Stunden. Vergleichen Sie diese Flugzeiten mit den Werten, die sich mit der ermittelten Funktion ergeben.

Die sieben britischen und fünf französischen Concorde-Jets flogen mit maximal 2,2 Mach, also gut zweifacher Schallgeschwindigkeit $\left(\approx 2150\,\frac{km}{h}\right)$ in 17 bis 18 km Höhe über den Nordatlantik. Der Flugbetrieb mit diesen Maschinen wurde 2003 eingestellt.

9

Die Einwohnerzahl von Sao Paulo zeigt die Tabelle auf der Randspalte. Führen Sie für die Zeiträume von 1900 – 1960 und 1900 – 1980 jeweils eine Funktionsanpassung durch. Welche liefert für 2000 den besseren Näherungswert? Welche Schlüsse ziehen sie daraus?

Jahr	Bevölkerung (in 1000)
1900	240
1920	580
1940	1330
1950	2200
1960	3780
1970	5920
1980	8490
1990	9640
2000	10430

10

Die Grafik zeigt u.a. die Entwicklung des Pkw-Bestandes im 20. Jahrhundert.

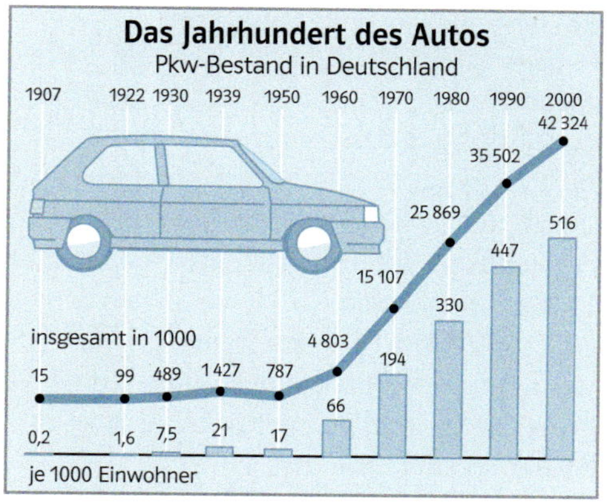

Können Sie anhand der Grafik die Einwohnerzahl Deutschlands berechnen?

a) Bestätigen Sie, dass bis 1939 der Pkw-Bestand annähernd exponentiell anwuchs. Wie groß war die mittlere jährliche Zunahme?
b) Welche Funktionsanpassung erscheint ab 1960 nahe liegend? Welcher Bestand ist demnach für das Jahr 2020 zu erwarten?

Im Jahr 1939: Ausbruch des Zweiten Weltkriegs

G 11

Geben Sie das Extremum der Funktionen f_a mit $f_a(x) = a \cdot (x - 2)^2 + 1$ an. Für welche a ist das Extremum ein Maximum? Erläutern Sie Ihre Antwort anhand einer Skizze.

„Licht läuft optimal“

Vermutlich standen Sie in einer fremden Stadt auch schon vor dem Problem, in möglichst kurzer Zeit einen anderen Ort erreichen zu müssen. Falls Sie kein mobiles GPS besitzen, dürfte der folgende Lösungsansatz dem Ihren weitgehend ähnlich gewesen sein. Sie greifen zum Stadtplan, suchen Start- und Zielpunkt und vergleichen zuerst verschiedene Wegstrecken hinsichtlich ihrer Länge. Berücksichtigen Sie zusätzlich noch „Fortbewegungswiderstände“ wie z.B. Verkehrshindernisse, Staus usw. auf verschiedenen Abschnitten, so sind Sie mitten in einer Suche nach einem Extremwert – der Suche nach dem Weg mit der kürzesten Fahrzeit.

Reflexionsgesetz:
Der reflektierte Strahl liegt in der durch einfallenden Strahl und Einfallslot festgelegten Ebene und der Reflexionswinkel β' ist stets gleich dem Einfallswinkel α.

Extremwertprobleme in der Natur
Ein Lichtstrahl, der schräg auf eine Wasserfläche fällt, wird in zwei Teile zerlegt. Ein Teil wird von der Oberfläche zurückgeworfen und heißt deshalb „reflektierter Strahl“, der andere Teil dringt ins Wasser ein, ändert seine Ausbreitungsrichtung und wird „gebrochener Strahl“ genannt (vgl. Figur).
Die Gesetzmäßigkeit, nach der sich die Ausbreitungsrichtung des reflektierten Strahls bestimmen lässt, war bereits Euklid (etwa 300 v.Chr.) bekannt.

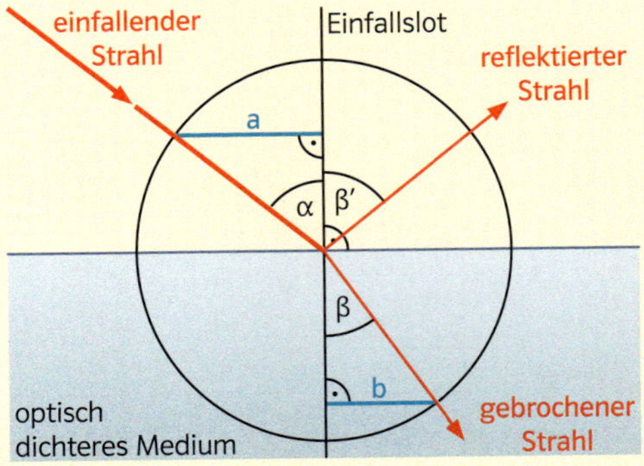

Willebrordus Snellius (1580 – 1626)

Lichtgeschwindigkeiten:
Vakuum: $c_0 = 300\,000\,\frac{km}{s}$
Luft: $c_1 = 299\,911\,\frac{km}{s}$
Wasser: $c_2 = 225\,000\,\frac{km}{s}$

Brechungszahl n für den Übergang von Luft in

Wasser	1,33
Eis	1,31
Diamant	2,42

Das Snellius'sche Brechungsgesetz
Es dauerte schließlich bis ins Jahr 1618, als der niederländische Mathematiker und Physiker Willebrordus Snellius das Brechungsgesetz anhand durchgeführter Experimente entdeckte. Beim Übergang des Lichtes von Luft in Wasser maß er für verschiedene Einfallswinkel α den zugehörigen Brechungswinkel β und stellte Folgendes fest: Trägt man in einem Einheitskreis jeweils die Winkel α und β zusammen mit ihren Gegenkatheten a und b ein, so erhält man für das Verhältnis der Gegenkatheten für jeden Einfallswinkel den gleichen Wert (vgl. obige Figur).
Da die Gegenkatheten im Einheitskreis den Sinuswerten des zugehörigen Winkels entsprechen, erhält man, dass $\frac{\sin\alpha}{\sin\beta}$ konstant ist.
Weiterführende Überlegungen zeigen, dass diese Konstante sich mit den Lichtgeschwindigkeiten in den beiden Stoffen berechnen lässt. Ist c_1 die Lichtgeschwindigkeit in der Luft und c_2 die im Wasser, so erhält man das

Brechungsgesetz: $\frac{\sin\alpha}{\sin\beta} = \frac{c_1}{c_2} = n$

n wird **Brechungszahl** genannt.
Das Verhältnis vom Sinus des Einfallswinkels zum Sinus des Brechungswinkels ist nur abhängig von den Lichtgeschwindigkeiten in beiden Stoffen, zwischen denen der Übergang stattfindet.

Das Brechungsgesetz ist auch verantwortlich für folgende Täuschung beim Blick aufs Wasser:
Der Beobachter sieht die Pflanze bei Position b, obwohl sie sich bei Position a befindet.
Das Licht wird beim Übergang von Luft in Wasser gebrochen, für den Beobachter scheint es sich aber geradlinig ohne Knick auszubreiten.

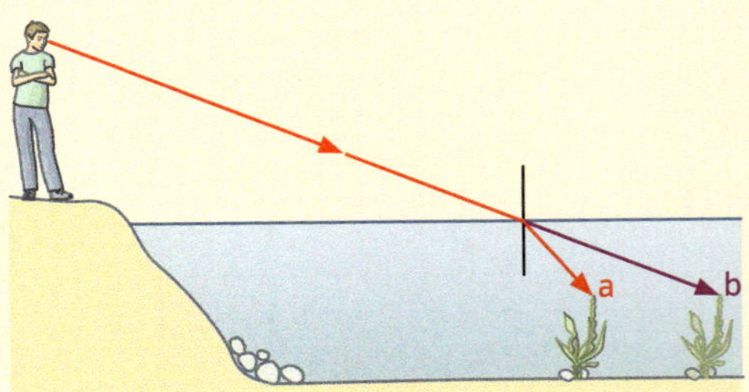

Auf einem ganz anderen Weg leitete der französische Mathematiker und Jurist Pierre de Fermat das Brechungsgesetz her. Sein Ansatz war rein theoretischer Natur und beinhaltete die Berechnung des Extremwerts einer Funktion.
Er formulierte im Jahr 1657 das nach ihm benannte **Fermat'sche Prinzip**:
„Licht nimmt seinen Weg immer so, dass es ihn in der kürzesten Zeit zurücklegt."

Pierre de Fermat (ca. 1607–1665)

Der berühmteste mathematische Satz von Fermat ist die sog. Fermat'sche Vermutung (vgl. Seite 85).

In einem geeigneten Koordinatensystem ist $A(0\,|\,a)$ der Ausgangspunkt und $B(d\,|\,b)$ der Endpunkt des Lichtstrahls. Die x-Achse verläuft entlang der Wasseroberfläche. Für einen Zusammenhang zwischen der zurückgelegten Strecke und der zugehörigen Laufzeit benötigt man die Lichtgeschwindigkeiten c_1 und c_2 in den beiden Medien.

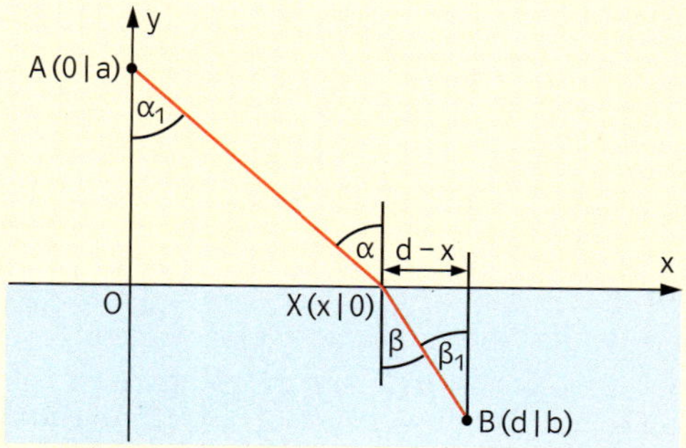

Die Gesamtlaufzeit $T(x)$, die der Lichtstrahl benötigt, um von A nach B zu gelangen, ergibt sich mithilfe des Satzes des Pythagoras:

$$T(x) = \frac{\overline{AX}}{c_1} + \frac{\overline{XB}}{c_2} = \frac{\sqrt{a^2 + x^2}}{c_1} + \frac{\sqrt{(d-x)^2 + (-b)^2}}{c_2}$$

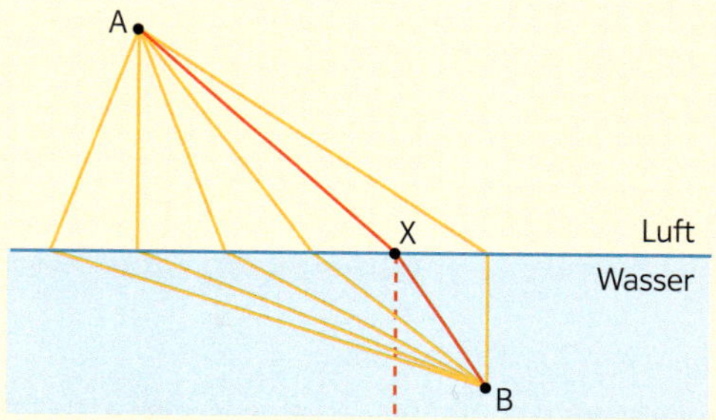

Die Minimalstelle dieser Funktion gibt die kürzeste Laufzeit des Lichtstrahls von A nach B an. Zur Berechnung bestimmt man die Ableitung der Funktion T mithilfe der Kettenregel:

$$T'(x) = \frac{2x}{c_1 \cdot 2\sqrt{a^2 + x^2}} + \frac{-2(d-x)}{c_2 \cdot 2\sqrt{(d-x)^2 + (-b)^2}}$$

Aus $T'(x) = 0$ erhält man: $\frac{x}{c_1 \cdot \overline{AX}} - \frac{d-x}{c_2 \cdot \overline{XB}} = 0$

Berücksichtigt man, dass $\sin\alpha_1 = \frac{x}{\overline{AX}}$ und $\sin\beta_1 = \frac{d-x}{\overline{XB}}$ ist, so gilt: $\frac{\sin\alpha_1}{c_1} = \frac{\sin\beta_1}{c_2}$

Da α und α_1 sowie β und β_1 jeweils Wechselwinkel an Parallelen sind, also $\alpha = \alpha_1$ und $\beta = \beta_1$, erhält man wieder das **Brechungsgesetz**: $\frac{\sin\alpha}{\sin\beta} = \frac{c_1}{c_2}$

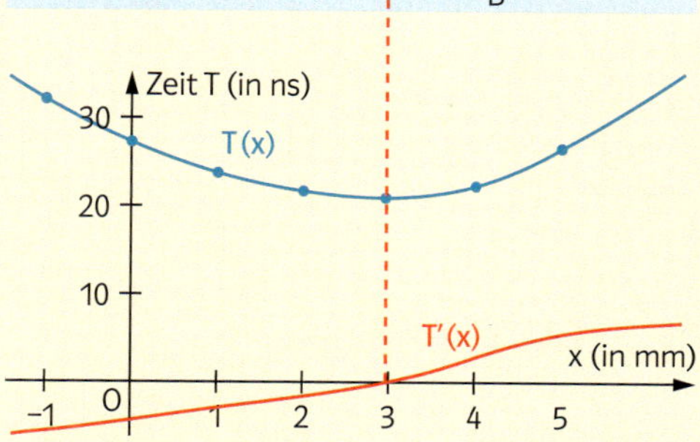

Hier sind die Graphen von T und T' für $a = 2{,}5\,m$ und $b = 1{,}5\,m$ gezeichnet.

Zum ersten Mal wurde hiermit in einer Naturwissenschaft ein Extremalprinzip zur Beschreibung eines physikalischen Phänomens verwendet. Der Erfolg dieser Methode hat in der Folgezeit viele Physiker inspiriert, diese Betrachtungsweise auf andere Bereiche zu übertragen.
Das Fermat'sche Prinzip kann auch verwendet werden, um das Reflexionsgesetz nachzuweisen (vgl. Aufgabe 1) oder den Strahlengang durch optische Linsen zu bestimmen.

1

Von einem Lichtstrahl, der schräg auf eine Wasseroberfläche trifft, wird ein Teil reflektiert.
Für den reflektierten Strahl (vgl. Zeichnung auf der linken Seite) gilt das Reflexionsgesetz:
„Der Einfallswinkel α ist gleich dem Reflexionswinkel β'."
Weisen Sie dieses Gesetz mithilfe des Fermat'schen Prinzips nach.
Tipp: Gehen Sie dabei ähnlich wie bei der Herleitung des Brechungsgesetzes vor und betrachten Sie den Weg zwischen den Punkten $A(0\,|\,a)$ und $B(d\,|\,a)$.

Rückblick

Vorgehen beim Lösen vom Extremwertproblemen

1. Beschreiben der Größe, die extremal werden soll, durch einen Term, der mehrere Variablen enthalten kann.
2. Formulieren von gegebenen Nebenbedingungen.
3. Bestimmen der Zielfunktion, die nur noch von einer Variablen abhängt.
4. Untersuchen der Zielfunktion auf Extremwerte und Formulierung des Ergebnisses. Hier sind auch Randwerte zu berücksichtigen.

Die Wahl der Variablen und die geeignete Verwendung von Nebenbedingungen können die Zielfunktion entscheidend vereinfachen.

Welche zwei positiven Zahlen mit dem Produktwert 10 haben den kleinsten Summenwert?

$S = u + v$

Nebenbedingung: $u \cdot v = 10$

Zielfunktion: $S(u) = u + \frac{10}{u}$

$S'(u) = 1 - \frac{10}{u^2}$

Extremum: $S'(u) = 0 \Rightarrow u = v = \sqrt{10}$

Funktionen mit Parametern

Enthält ein Funktionsterm außer der Variablen x noch eine weitere (von x unabhängige) Variable a, so gehört zu jedem möglichen Wert von a eine Funktion $f_a\colon x \mapsto f_a(x)$.

Die Variable a nennt man Parameter.
Die Menge dieser Funktionen bezeichnet man als **Funktionenschar**.

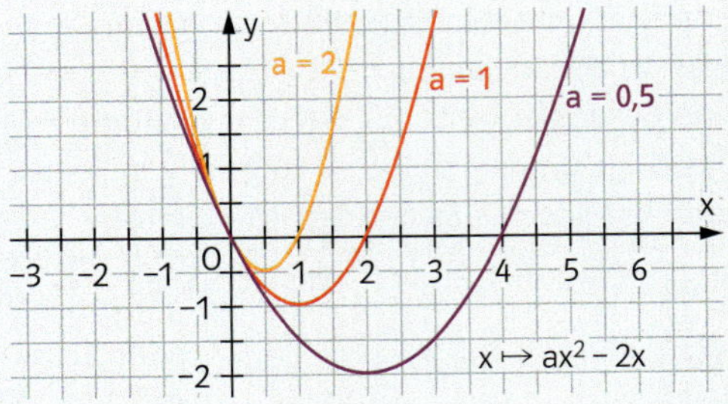

Vorgehen bei einer Funktionsbestimmung

Um eine Funktion f zu bestimmen, die vorgegebene Eigenschaften hat, z. B.

- Punkte auf dem Graphen,
- Extremstellen oder die Steigung des Graphen an einer Stelle,
- Nullstellen oder Polstellen,

sind diese Eigenschaften (Bedingungen) mithilfe von f oder f′ als Gleichungen zu formulieren und das Gleichungssystem zu lösen.
Die nötige Anzahl von Gleichungen wird durch die Zahl der Parameter im Funktionsterm bestimmt.

Die Berücksichtigung von besonderen Eigenschaften, wie z. B.

- Symmetrie des Graphen,
- Existenz einer waagrechten Asymptote,

kann gegebenenfalls den Ansatz für den Funktionsterm vereinfachen, insbesondere, wenn in realen Situationen das Koordinatensystem geeignet gewählt wird.

Gesucht: Ganzrationale Funktion vom Grad 3, deren Graph den Hochpunkt H(0|9) hat und die x-Achse bei $x = 3$ mit der Steigung 3 schneidet.

Ansatz:

$f(x) = ax^3 + bx^2 + cx + d$

$f'(x) = 3ax^2 + 2bx + c$

$f(0) = 9 \quad \Rightarrow \quad d = 9$

$f'(0) = 0 \quad \Rightarrow \quad c = 0$

$f(3) = 0 \quad \Rightarrow \quad 27a + 9b + 9 = 0 \quad$ (I)

$f'(3) = 3 \quad \Rightarrow \quad 27a + 6b = 3 \quad$ (II)

Die Lösung liefert: $a = 1;\ b = -4$

Der Graph von $f\colon x \mapsto x^3 - 4x^2 + 9$ hat die geforderten Eigenschaften.

Vorgehen bei einer Funktionsanpassung

1. Daten in ein Koordinatensystem eintragen.
2. Mithilfe von Parametern Gleichung einer Funktion aufstellen, deren Graph näherungsweise durch die gegebenen Punkte gehen soll.
3. Je nach Zahl der Parameter die Koordinaten einer entsprechenden Zahl von Punkten in die Funktionsgleichung einsetzen und das entstandene Gleichungssystem lösen.
4. Mithilfe der Koordinaten weiterer Punkte die Brauchbarkeit der gefundenen Funktion überprüfen.

x	0	1	2	3	4
y	1,0	1,5	2,7	4,1	6,7

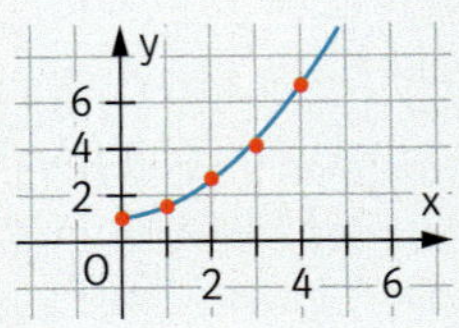

Ansatz:

$f(x) = ax^2 + bx + c$

$f(0) = 1 \quad \Rightarrow \quad c = 1$

$f(1) = 1{,}5 \quad \Rightarrow \quad a + b = 0{,}5$

$f(4) = 6{,}7 \quad \Rightarrow \quad 16a + 4b = 5{,}7$

$a \approx 0{,}31;\ b \approx 0{,}19;\ c = 1{,}0$

Aufgaben zum Üben und Wiederholen

1

Gesucht ist eine ganzrationale Funktion, deren Graph durch die Punkte A(−3 | 3), B(−1 | 5), C(0 | 0) und D(1 | −1) geht.

a) Zeichnen Sie die Punkte in ein Koordinatensystem ein. Welchen Grad legt die Lage der Punkte für die gesuchte Funktion nahe? Erläutern Sie Ihre Entscheidung.

b) Bestimmen Sie den Funktionsterm.

2

Der Graph einer ganzrationalen Funktion f vom Grad 3 ist punktsymmetrisch bezüglich des Ursprungs und hat in H(1 | 2) einen Hochpunkt. Bestimmen Sie f.

3

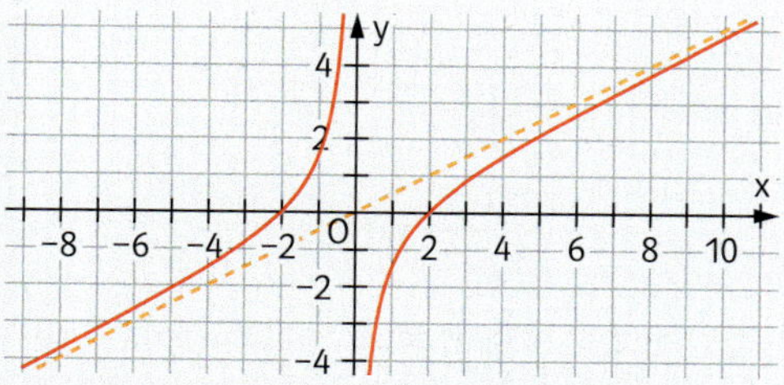

Ermitteln Sie zum gezeichneten Graphen eine passende Funktion.

4

Der Graph der Funktion $f: x \mapsto \ln(ax^2 + b)$ mit $a > 0$ hat im Punkt P(0 | ln 2) eine waagrechte Tangente.

a) Bestimmen Sie a und b. Warum ist die Lösung nicht eindeutig?

b) Skizzieren Sie die Graphen für zwei Wertepaare a und b.

5

Gegeben ist die Funktion $f: x \mapsto \frac{8}{x^2 + 2}$.

a) Skizzieren Sie den Graphen von f.

b) Der Punkt P(u | v) sei ein Punkt auf dem Graphen von f. Die Parallele zur x-Achse durch P schneidet die y-Achse in Q; die Parallele zur y-Achse durch P schneidet die x-Achse in R. Die Punkte R, P und Q sind Eckpunkte eines Dreiecks.
Für welche Lage von P wird der Inhalt des Dreiecks RPQ extremal? Zeigen Sie, dass das Extremum ein absolutes Maximum ist.

6

a) Für welche Streckenlänge x wird der Inhalt der gefärbten Dreiecksfläche in der Figur auf der Randspalte maximal?

b) Ein oben offenes zylindrisches Wasserfass soll ein Volumen von 300 Liter haben. Wie müssen die Abmessungen gewählt werden, damit zur Herstellung möglichst wenig Material verbraucht wird?

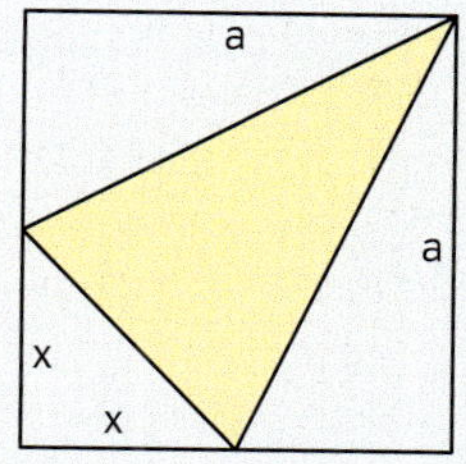

7

Ein Radweg soll zwei sich rechtwinklig schneidende Straßen verbinden. Er darf dabei nicht durch das eingezeichnete Grundstück führen (vgl. Bild). Bei welcher Lage von Z hat die eingeschlossene, dreieckige Fläche A(x) den kleinsten Inhalt?
Zeigen Sie zunächst, dass $A(x) = \frac{50x^2}{x - 200}$ für $x > 200$ gilt.

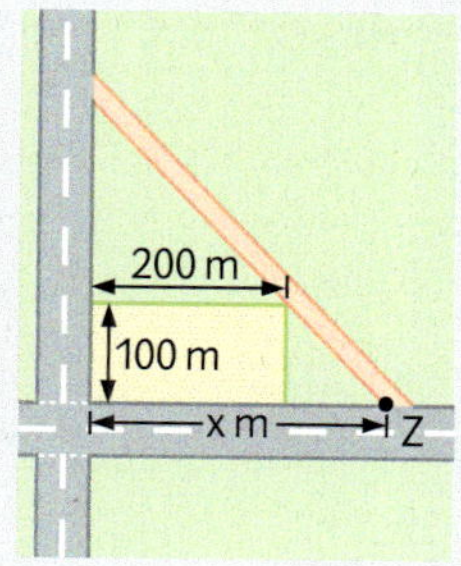

8

Bei der Trocknung von Champignons ergaben sich in Abhängigkeit von der Zeit t (in Tagen gemessen) für das Gewicht die nebenstehenden Werte (angegeben in % des Anfangsgewichts).

a) Übertragen Sie die Werte der Tabelle in ein Koordinatensystem und nehmen Sie eine Funktionsanpassung vor mit dem Ansatz $f(t) = c \cdot e^{k \cdot t}$.

b) Auch der Ansatz $f(t) = \frac{a}{(t + b)^2}$ eignet sich für eine Anpassung. Bestimmen Sie a und b und erläutern Sie, dass diese Anpassung besser als die in a) durchgeführte ist.

Zeit	Gewicht
0	100,0
1	81,3
4	50,0
7,5	31,8
9,5	25,5
11	19,8
14,5	15,1
18,5	9,9
28,5	6,3

9

Gegeben sind die Funktionen $f_t: x \mapsto x^3 - tx$ mit dem Parameter t $(t > 0)$ und $x \in \mathbb{R}$.

a) Skizzieren Sie die Graphen von f_t für verschiedene Werte von t in ein gemeinsames Koordinatensystem.
Was bewirkt eine Erhöhung des Parameterwerts?

b) Für welchen Wert von t geht der Graph von f_t durch den Punkt P(1 | −3)?

c) Welche Steigung hat der Graph von f_t im Ursprung?

d) Für welchen Wert von t hat der Graph von f_t an der Stelle $x = 2$ die Steigung 8?

Die Lösungen zu den Aufgaben dieser Seite finden Sie auf den Seiten 236 und 237.

Aufgaben zur Vorbereitung auf das Abitur

1

Gegeben ist die Funktion $f: x \mapsto 4 \cdot \sin\left(\frac{\pi}{6} \cdot x\right)$ mit $D_f = [0;6]$.

a) Skizzieren Sie den Graphen der Funktion f und zeigen Sie, dass der Graph bei $x = 3$ einen Hochpunkt hat.

b) Geben Sie die Anzahl der gemeinsamen Punkte des Graphen mit der Geraden $y = m \cdot x$ in Abhängigkeit von m an.

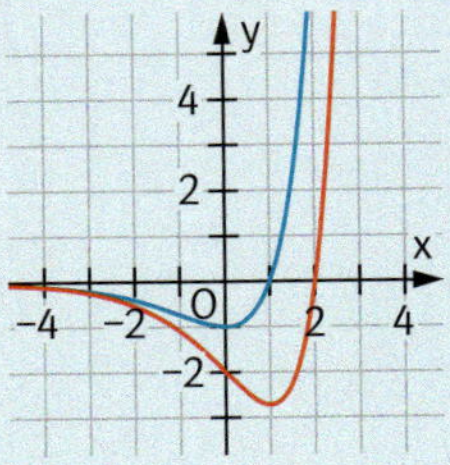

2

Durch $f_a: x \mapsto (x - a) \cdot e^x$ mit $a \in \mathbb{R}$ ist eine Funktionenschar festgelegt.

a) Auf der Randspalte sind die Graphen zweier Funktionen der Schar gezeichnet, wovon die eine Stammfunktion der anderen ist. Ordnen Sie zu und begründen Sie die Entscheidung.

b) Zeigen Sie, dass allgemein gilt: f_{a+1} ist eine Stammfunktion von f_a.

3

Gegeben sind die Funktionen $f_a: x \mapsto \frac{\ln x - a}{x}$.

a) Geben Sie den maximalen Definitionsbereich und die Nullstellen von f_a an.

b) Bestimmen Sie a so, dass der Graph von f_a den Hochpunkt H(1|1) hat.

4

Durch $f_a: x \mapsto \frac{x}{a} + \frac{a^2}{x^2}$ ist für $a > 0$ eine Funktionenschar gegeben.

a) In der nebenstehenden Figur sind drei Graphen der Schar gezeichnet. Bestimmen Sie den jeweils zugehörigen Wert des Parameters a und beschreiben Sie kurz Ihr Vorgehen.

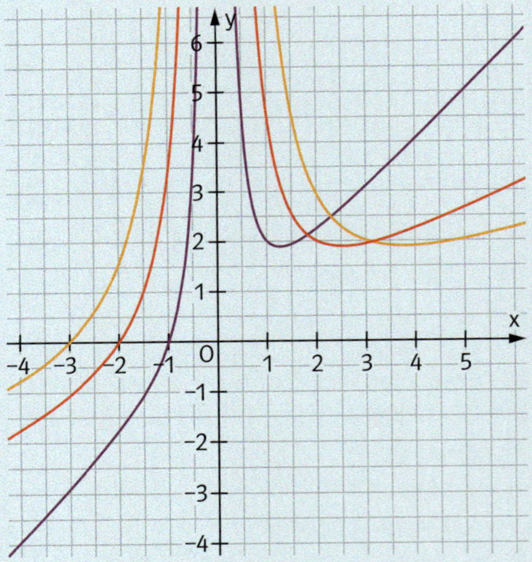

b) Untersuchen Sie in Abhängigkeit von a die Graphen der Funktionen f_a auf Schnittpunkte mit der x-Achse, Extrempunkte und Polstellen.

c) Begründen Sie, dass die Graphen der Schar jeweils eine schräge Asymptote haben und geben Sie ihre Gleichung an.

d) Zeigen Sie, dass die Extrempunkte der Funktionenschar auf einer Parallelen zur x-Achse liegen.

Für die folgenden Teilaufgaben gelte $a = 4$.

e) Der Punkt P mit $x > 0$ liegt auf dem Graphen G der Funktion f_4. Durch die Verbindungsstrecke [OP] des Ursprungs O mit dem Punkt P, der Ordinate von P und der x-Achse wird ein Dreieck gebildet. Fertigen Sie eine Skizze an. Für welchen Punkt P wird der Flächeninhalt dieses Dreiecks minimal? Geben Sie diesen Flächeninhalt an.

f) Die Verbindungsstrecke der Punkte A(−4|?) und B(4|?) des Graphen G schließt mit der Geraden OB einen spitzen Winkel ein. Berechnen Sie mithilfe des Skalarprodukts die Größe dieses Winkels. Überprüfen Sie Ihr Ergebnis durch eine Berechnung mit trigonometrischen Ansätzen.

g) Welcher Punkt Z hat die Eigenschaft, dass die Punkte A und B bezüglich Z symmetrisch liegen? Ermitteln Sie seine Koordinaten und stellen Sie Ihre Überlegungen dar.

Die Lösungen zu den Aufgaben dieser Seite finden Sie auf den Seiten 245 und 246.

Aufgaben zur Vorbereitung auf das Abitur

1

Eine Ananasdose soll den Inhalt 850 ml haben. Im Folgenden sollen Radius und Höhe der Dose so bestimmt werden, dass der Blechverbrauch unter realen Bedingungen minimal wird:
Dabei soll berücksichtigt werden, dass für die Bördelungen der Deckel einen um 5 mm größeren Radius haben soll. Beim Mantel der Dose muss dafür oben und unten ein Materialzuschlag von jeweils 4 mm gegeben werden.
Für die Naht des Mantels ist außerdem am Mantelblech auf beiden Seiten ein Materialzuschlag von 2 mm erforderlich.
Zusätzlich ist für Verschnitt bei den Mantelblechen ein Materialmehrverbrauch von pauschal 1,5 % anzusetzen; für das Ausstanzen der Deckel beträgt der Mehrbedarf 20 %.

2

Für jedes $a \neq 0$ ist durch $f_a(x) = ax^4 - (2a+1)x^3 + (a+2)x^2$ eine Funktion f_a gegeben.
Der Graph von f_a ist G_a.

a) Untersuchen Sie die Graphen G_a auf gemeinsame Punkte.
Weisen Sie nach, dass der Graph $G_{\frac{1}{4}}$ bezüglich der Geraden $x = \frac{3}{2}$ symmetrisch ist.
Verschieben Sie dazu den Graphen $G_{\frac{1}{4}}$ so, dass er symmetrisch bezüglich der y-Achse ist.

b) Untersuchen Sie, für welche Werte von $a \neq 0$ der Graph G_a genau eine Nullstelle besitzt.

c) Eine geradlinige Straße führt von $A(-10\,|\,0)$ nach $B(0\,|\,0)$, eine zweite geradlinige Straße von $C(1\,|\,1)$ nach $D(7\,|\,7)$. Diese beiden Straßen sollen zwischen B und C knickfrei miteinander verbunden werden.
Zeigen Sie, dass jeder Graph G_a im Bereich $0 \leqq x \leqq 1$ eine solche Verbindung beschreibt.
Weisen Sie nach, dass der Graph G_a für $a > 1$ die Strecke [BC] im Bereich $0 < x < 1$ schneidet.

3

Eine Pralinenschachtel hat die nebenstehende Form. Sie soll ein Volumen von $1200\,\text{cm}^3$ haben.

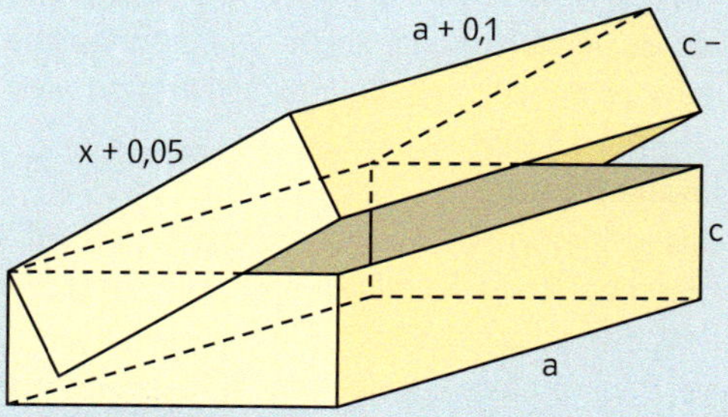

a) Zeigen Sie mithilfe des unten abgebildeten Netzes, dass für die rechteckige Fläche A des Kartons, aus dem die Schachtel gefaltet und geklebt wird, gilt:
$A = \frac{2400}{c} + 4cx + \frac{3600}{x} + 6c^2$
(Die grauen Flächen sollen als Klebeflächen genutzt werden.)

b) Bestimmen Sie für die Funktionen
$f_c\colon x \mapsto \frac{2400}{c} + 4cx + \frac{3600}{x} + 6c^2,\; c > 0$
den Tiefpunkt des Graphen und bestimmen Sie c auf 2 Nachkommastellen genau so, dass der Tiefpunkt möglichst tief liegt.

c) Welche Bedeutung haben die Koordinaten dieses tiefsten Tiefpunktes im Hinblick auf eine Optimierung des Materialverbrauchs für die Herstellung der oben beschriebenen Pralinenschachtel?
Begründen Sie Ihre Antwort.
Geben Sie die Abmessungen einer hinsichtlich des Materialverbrauchs optimierten Pralinenschachtel auf mm gerundet an.

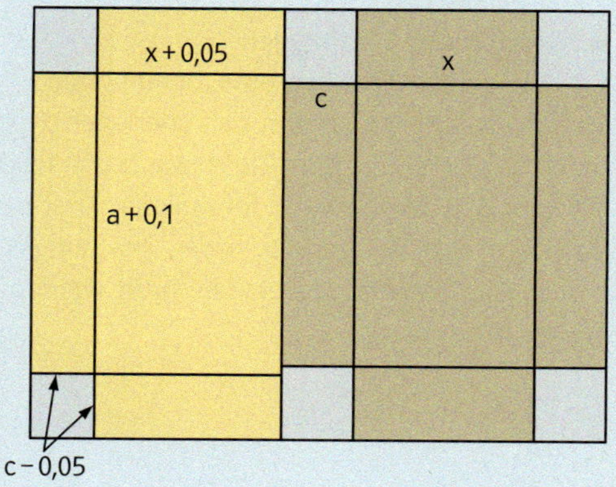

Die Lösungen zu den Aufgaben dieser Seite finden Sie auf Seite 256.

Strategisch vorgehen

Das Schachpferd hat Sie in diesem Buch und in den vorangegangenen Bänden immer wieder auf grundlegende Strategien zur Lösung mathematischer Probleme hingewiesen. Solche Strategien helfen Ihnen vor allem dann, wenn Sie ein zunächst unbekanntes Problem zu lösen haben, bei dem nicht sofort eine mathematische Technik zur Lösung erkennbar ist.
Die folgende Zusammenstellung soll Ihnen diese vielseitig anwendbaren Strategien in Erinnerung rufen und den Einsatzbereich noch einmal kurz beschreiben.

Systematisches Probieren
Es handelt sich dabei um eine sehr wichtige mathematische Vorgehensweise. Zu Unrecht entsteht manchmal der Eindruck, Probieren stünde im Gegensatz zu strengen mathematischen Strukturen. Fertige Mathematik sieht oft so strukturiert aus, dass das einstmals vorausgehende Suchen und Probieren nicht mehr erkennbar ist.
Wichtig ist allerdings, beim Probieren nicht ziellos vorzugehen, sondern auf Grund der Probierergebnisse den geeigneten nächsten Probierschritt zu wählen.
Systematisches Probieren liefert oft tiefere Einsichten in ein mathematisches Problem, die dann auch eine elegantere Lösung möglich machen.

Darstellung von Sachverhalten in Zeichnungen oder Diagrammen
Eine solche Darstellung hilft oft zu einer besseren Vorstellung einer Problemsituation. Fast zu jedem mathematischen Problem lässt sich eine Veranschaulichung erstellen. Dabei reichen die Möglichkeiten von kleineren Skizzen aller Art über genaue Zeichnungen bis hin zu Diagrammen.
Wichtig ist natürlich, bei der Veranschaulichung nicht stehen zu bleiben. Sie hilft zwar, das Problem zu verstehen oder sogar eine Lösung näherungsweise zu bestimmen. Eine genauere Berechnung wird jedoch häufig anschließend erforderlich sein.

Invarianzprinzip
Das Invarianzprinzip ist eine Strategie, die oft sehr schnell und elegant zu einem Ergebnis führt. Hier muss innerhalb eines mathematischen Problems eine Größe erkannt werden, die unverändert, also invariant bleibt. Dies ist allerdings nicht immer so leicht zu erkennen.
Leicht erkennbare Invarianzen sind z. B. die Steigung einer linearen Funktion, die an jeder Stelle gleich groß ist, der konstante Wachstumsfaktor einer Exponentialfunktion oder der Quotient zwischen Längen von Ergebnis und Ausgangsobjekt bei einer zentrischen Streckung, der Abbildungsfaktor.

Verwenden von Gleichungen
Gleichungen beschreiben ein Problem unter Verwendung mindestens einer Variablen. In der konkreten Situation muss man sich überlegen, welche Größe man als Variable wählt, wo innerhalb der Problemstellung eine Gleichung beschrieben wird und wie sich diese Gleichung(en) unter Verwendung der Variablen formulieren lässt bzw. lassen.
Das Lösen der Gleichung bzw. des Gleichungssystems führt in der Regel zu einer Lösung des Problems. Es sollte jedoch stets überprüft werden, ob die Lösung der Gleichung(en) wirklich zum Sachproblem passt.

Strategisch vorgehen

Fermi-Strategie

Die Fermi-Strategie besteht in geschicktem Abschätzen der Größen und der Zusammenhänge eines meist etwas ungewöhnlichen Problems. Oft müssen zunächst einige weitere Informationen gesammelt werden, bevor man sich daran machen kann, auf geschickte Weise eine sinnvolle Größenordnung der Lösung zu suchen. Exakte Resultate sind dabei weniger gefragt als eben das Geschick beim passenden Abschätzen.
Das berühmteste „Fermi-Problem" wurde von Enrico Fermi gestellt und lautete folgendermaßen: „Wie viele Klavierstimmer gibt es in Chicago?"

Betrachten geeigneter Ebenen

Um bei räumlichen geometrischen Problemen Längen oder Winkel bestimmen zu können, ist es oft sehr hilfreich, eine oder mehrere geeignete Ebene(n) des Problems zu betrachten. Die in einer solchen Ebene dargestellte Situation kann dann mit den im Zweidimensionalen verfügbaren Hilfsmitteln weiter bearbeitet werden. In der gewählten Ebene entsteht eine Überschaubarkeit, die in der dreidimensionalen Situation oft nicht gegeben ist.

Einzeichnen von Hilfslinien

Durch das Einzeichnen von Hilfslinien in eine (gegebene) Zeichnung können Figuren wie Dreiecke, Vierecke oder Strahlensatzfiguren entstehen. Die Kenntnisse über geometrische Zusammenhänge innerhalb solcher Figuren ermöglichen es dann die gegebene Situation - meist mit Hilfe von Gleichungen - zu beschreiben und so unbekannte Größen oder Zusammenhänge zu ermitteln.

Betrachten eines Extremfalls

Das Betrachten eines besonderen Falls oder eines Extremfalls kann helfen, eine Aufgabenstellung soweit zu verstehen, dass man dann auch in einem allgemeinen Fall einen Lösungsansatz für das Problem erhält. So kann man z.B., wenn ein Zusammenhang für allgemeine Dreiecke zu untersuchen ist, zunächst einmal rechtwinklige Dreiecke betrachten oder wenn ein Problem sich mit den Graphen beliebiger quadratischer Funktionen beschäftigt, zuerst nur die Normalparabel untersuchen.

Betrachten des Gegenteils

Manchmal ist es einfacher, das Gegenteil zu betrachten, um so der Antwort auf die eigentliche Frage auf die Spur zu kommen.
So ist es eine verbreitete Technik bei Beweisen, das Gegenteil einer Aussage als richtig anzunehmen und dann nach einem Widerspruch zu suchen (Widerspruchsbeweis).
In der Wahrscheinlichkeitsrechnung ist es häufig hilfreich, das Gegenereignis zu betrachten, weil es eine erheblich einfachere Struktur besitzen kann als das eigentlich zu untersuchende Ereignis. Hat man die Wahrscheinlichkeit des Gegenereignisses ermittelt, ergibt sich natürlich sofort die Wahrscheinlichkeit des Ereignisses selbst.

Rückwärts arbeiten

Umgekehrt vorzugehen kann in verschiedenen Situationen zum Einsatz kommen, in denen eine direkte Lösung möglich, aber aufwendig ist. Dieses „Rückwärts arbeiten" führt manchmal zu einer deutlich schnelleren und eleganteren Problemlösung. Ein besonderer Aspekt des umgekehrten Vorgehens ist das Ausschlussprinzip, wenn zu einer Frage verschiedene Lösungsmöglichkeiten zur Auswahl vorgegeben werden. Es kann dann geschickt sein, Möglichkeiten, die nicht in Frage kommen, nach und nach auszuschließen, bis nur noch eine Möglichkeit verbleibt.

Kapitel I, Seite 25

1

a) $x = 2$ ist eine Polstelle
mit dem Vorzeichenwechsel −/+,
also mit $\lim\limits_{x \underset{<}{\to} 2} f(x) = -\infty$ und $\lim\limits_{x \underset{>}{\to} 2} f(x) = +\infty$.

b) $x = 2$ ist eine Polstelle ohne Vorzeichenwechsel
mit $\lim\limits_{x \underset{<}{\to} 2} f(x) = +\infty$ und $\lim\limits_{x \underset{>}{\to} 2} = +\infty$.

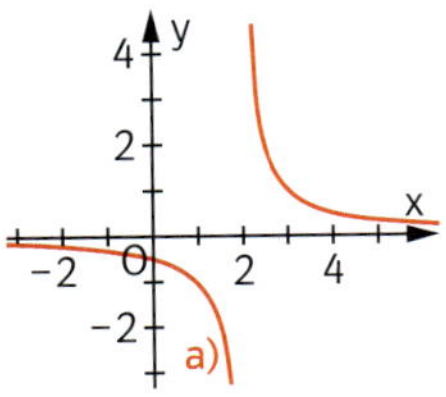

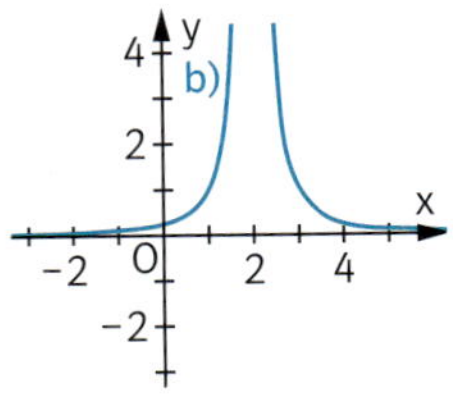

c) $x = 2$ ist eine Polstelle
mit dem Vorzeichenwechsel +/−,
also mit $\lim\limits_{x \underset{<}{\to} 2} f(x) = +\infty$ und $\lim\limits_{x \underset{>}{\to} 2} f(x) = -\infty$.

d) = b)

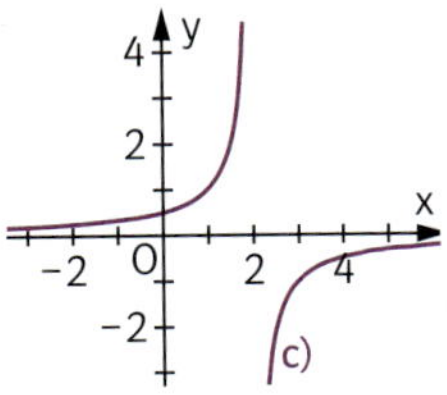

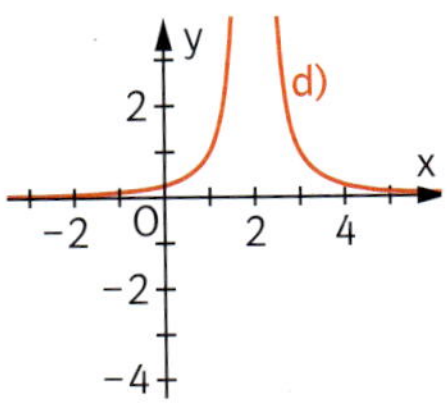

e) $x = 2$ ist Definitionslücke aber keine Polstelle
mit $\lim\limits_{x \underset{<}{\to} 2} f(x) = -4$ und $\lim\limits_{x \underset{>}{\to} 2} f(x) = -4$.

f) $x = 2$ ist eine Polstelle ohne Vorzeichenwechsel
mit $\lim\limits_{x \underset{<}{\to} 2} f(x) = -\infty$ und $\lim\limits_{x \underset{>}{\to} 2} f(x) = -\infty$.

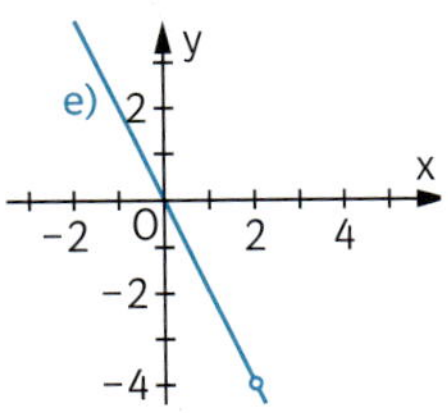

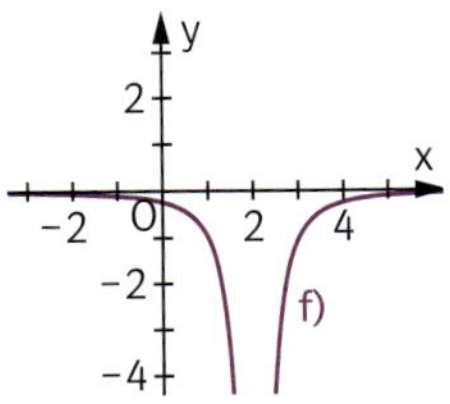

2

An der Definitionslücke x_0 einer Funktion f liegt keine senkrechte Asymptote vor, wenn der Zähler von $f(x)$ für $x = x_0$ gleich Null ist und sich $f(x)$ so kürzen lässt, dass der Nenner des gekürzten Terms für $x = x_0$ nicht mehr gleich Null ist.

3

a) Definitionslücke: $x_1 = 2$; Nullstelle: $x_2 = -2$
b) Definitionslücke: $x_1 = 1$; Nullstelle: $x_2 = \frac{1}{3}$
c) Definitionslücken: $x_1 = -\sqrt{2}$; $x_2 = \sqrt{2}$;
keine Nullstellen
d) keine Definitionslücke; Nullstellen: $x_1 = 1$; $x_2 = -\frac{1}{3}$
e) keine Definitionslücke; Nullstelle: $x_1 = \frac{2}{5}$
f) Definitionslücken: $x_1 = 1$; $x_2 = 8$;
Nullstellen: $x_3 = 0$; $x_4 = -3$
g) Definitionslücken: $x_1 = 0$; $x_2 = -2$; keine Nullstellen
h) keine Definitionslücke; Nullstelle: $x_1 = \log_2 3$
(g ist keine gebrochen rationale Funktion.)

4

a) $x = \frac{1}{2}$; $y = 0$
b) $x = -\sqrt{2}$; $x = \sqrt{2}$; $y = 2$
c) $x = -1{,}5$; $x = 5$; $y = \frac{1}{2}$
d) $x = 0$; $y = x$
e) $x = -1$; $y = 2x$
f) $x = -\frac{1}{3}$

5

a) z.B.: $f: x \mapsto \frac{x-2}{(x+1{,}5)^2}$
b) z.B.: $f: x \mapsto \frac{2x^2}{(x-3)(x+3)}$
c) z.B.: $f: x \mapsto 2x - 1 + \frac{3}{x}$; $f(x) = \frac{2x^2 - x + 3}{x}$

6

a) $(x^2 + 2x - 3) \cdot \frac{(x-1)}{(x-1)} = \frac{x^3 + x^2 - 5x + 3}{x-1}$
b) Kürzen von $(x + 1)$ mittels Polynomdivision liefert:
$\frac{2x+1}{x-3}$

7

Wenn der Grad des Zählerpolynoms von f größer ist als der Grad des Nennerpolynoms, dann hat der Graph von f keine waagrechte Asymptote.

8

blau: Nullstelle 2; Polstelle −2; Asymptote $y = \frac{1}{2}$
$f: x \mapsto \frac{x-2}{2x+4}$
rot: Nullstelle $-\frac{1}{3}$; Asymptote $y = 0$
$f: x \mapsto \frac{3x+1}{5x^2 - 10x + 5}$
schwarz: Polstelle −1; Asymptote $y = 0$
$f: x \mapsto \frac{x-2}{2x^2 - 2x - 4} = \frac{x-2}{(x-2)(2x+2)} = \frac{1}{2x+2}$

9

Individuelle Lösungen; z.B.:

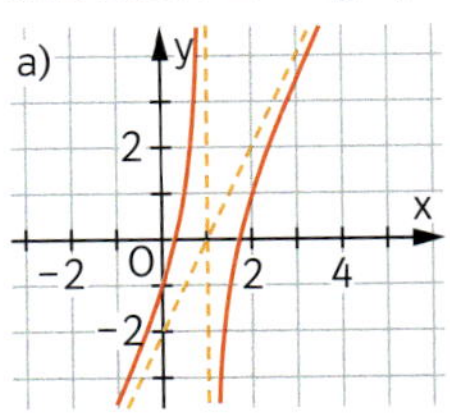

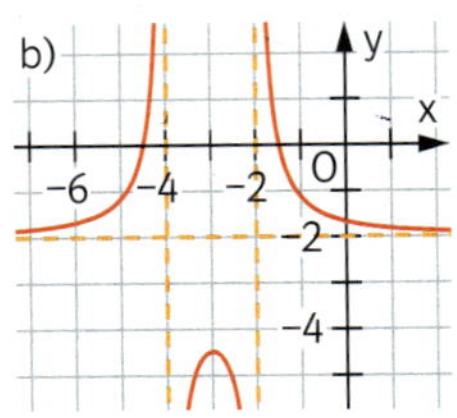

10

a) $D = \mathbb{R} \setminus \left\{-\frac{1}{2}\sqrt{2};\ \frac{1}{2}\sqrt{2}\right\}$; der Graph ist achsensymmetrisch bezüglich der y-Achse und besitzt die Asymptoten $x = -\frac{1}{2}\sqrt{2}$, $x = \frac{1}{2}\sqrt{2}$ und $y = -\frac{1}{2}$;
Nullstellen: $x_1 = -1$; $x_2 = 1$.

b) $D = \mathbb{R} \setminus \left\{\frac{1}{4}\right\}$; der Graph besitzt keine Symmetrie bzgl. y-Achse oder Ursprung.
G_g hat die Asymptoten $x = \frac{1}{4}$ und $y = -\frac{1}{2}$;
Nullstelle: $x_1 = \frac{3}{4}$.

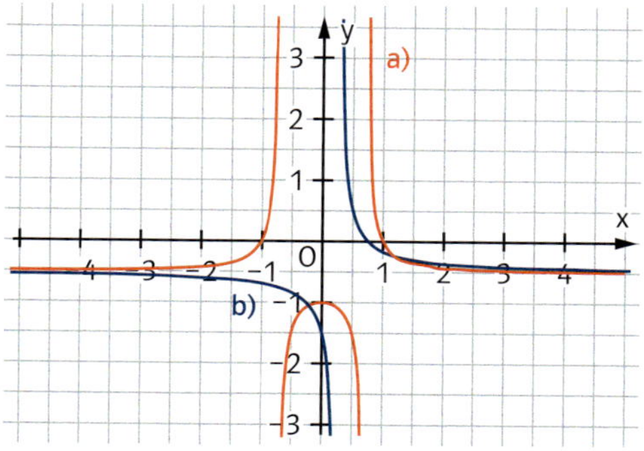

c) $D = \mathbb{R} \setminus \left\{-\frac{3}{4}\right\}$; der Graph besitzt keine Symmetrie bzgl. y-Achse oder Ursprung.
G_g hat die Asymptoten $x = -\frac{3}{4}$ und $y = x - \frac{1}{2}$;
Nullstellen: $x_1 = -0{,}5$ und $x_2 = 0{,}25$.

d) $D = \mathbb{R}$; der Graph ist punktsymmetrisch bezüglich des Koordinatenursprungs und besitzt die Asymptote $y = 0$; Nullstelle: $x_1 = 0$.

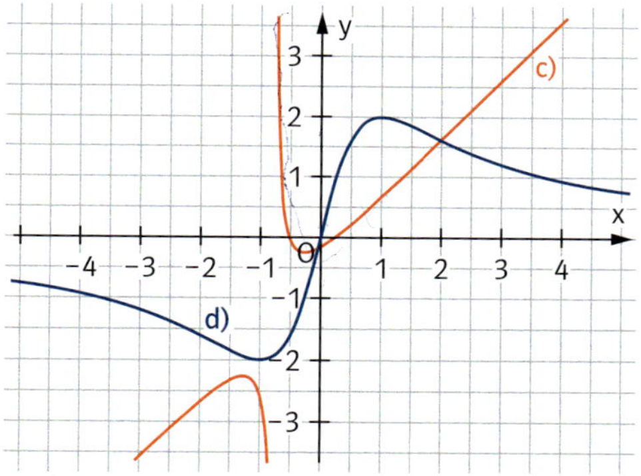

Kapitel II, Seite 61

1

a) und b)

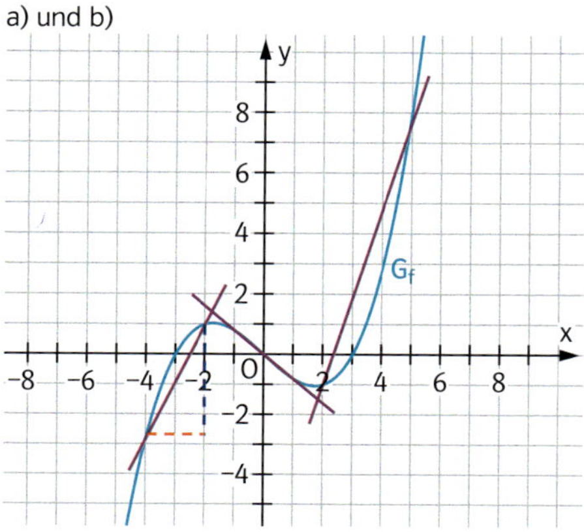

Man erhält die Werte der mittleren Änderungsraten durch Messen der Katheten der Steigungsdreiecke. Für das Intervall $I_1 = [-4;-2]$ ist dies exemplarisch eingezeichnet: Man misst für die Kathetenlänge $\Delta y \approx 3{,}8$ und mit $\Delta x = 2$ erhält man somit

$m_1 = \frac{\Delta y}{\Delta x} \approx \frac{3{,}8}{2} = 1{,}9$. Analog $m_2 = -0{,}8$; $m_3 = 3$

c) $[-4;-2]$: $m_1 = \frac{f(-2) - f(-4)}{-2 - (-4)} = \frac{1 - (-2{,}8)}{2} = 1{,}9$

$[-1;1]$: $m_2 = \frac{f(1) - f(-1)}{1 - (-1)} = \frac{-0{,}8 - 0{,}8}{2} = -0{,}8$

$[2;5]$: $m_3 = \frac{f(5) - f(2)}{5 - 2} = \frac{8 - (-1)}{3} = 3$

d) Wegen der Punktsymmetrie des Graphen bezüglich des Ursprungs sind die mittleren Änderungsraten von f zum Beispiel in den Intervallen $I_1 = [-4;-2]$ und $I_4 = [2;4]$ gleich.
Allgemein ist dies für die Intervalle $[-a;-b]$ und $[b;a]$ (wobei $a > b > 0$) erfüllt.

2

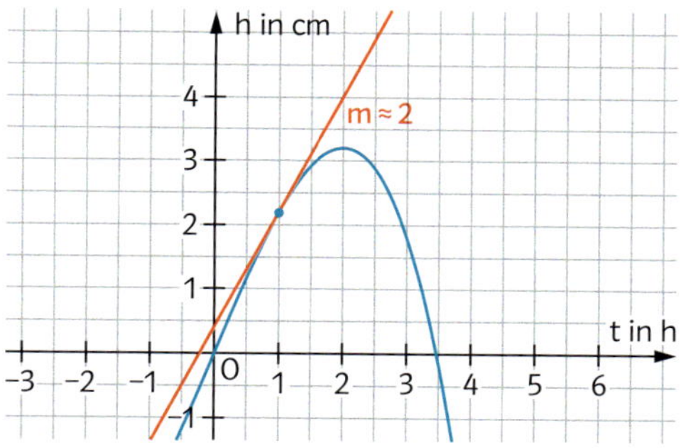

$$m = \lim_{h \to 0} \frac{f(1+h) - f(1)}{h}$$
$$= \lim_{h \to 0} \frac{-0{,}2(1+h)^3 + 2{,}4(1+h) - 2{,}2}{h}$$
$$= \lim_{h \to 0} \frac{-0{,}2(1 + 3h + 3h^2 + h^3) + 2{,}4 + 2{,}4h - 2{,}2}{h}$$
$$= \lim_{h \to 0} \frac{-0{,}2 - 0{,}6h - 0{,}6h^2 - 0{,}2h^3 + 2{,}4h + 0{,}2}{h}$$
$$= \lim_{h \to 0} \frac{1{,}8h - 0{,}6h^2 - 0{,}2h^3}{h}$$
$$= \lim_{h \to 0} \frac{h(1{,}8 - 0{,}6h - 0{,}2h^2)}{h}$$
$$= \lim_{h \to 0} (1{,}8 - 0{,}6h - 0{,}2h^2) = 1{,}8$$

oder:

$$m = \lim_{t \to 1} \frac{f(t) - f(1)}{t - 1}$$
$$= \lim_{t \to 1} \frac{-0{,}2t^3 + 2{,}4t - 2{,}2}{t - 1}$$

(Polynomdivision)

$$\overset{|}{=} \lim_{t \to 1} (-0{,}2t^2 - 0{,}2t + 2{,}2)$$
$$= -0{,}2 - 0{,}2 + 2{,}2 = 1{,}8$$

3

a) In G ist die Steigung ca. −1.
b) In den Punkten D und E, nämlich jeweils ca. 0,5.
c) Die Steigung im Punkt H und auch im Punkt A beträgt etwa −3.
d) Punkte mit der Steigung 0 sind C und F.
e) Im Punkt C vollzieht der Graph eine Umkehr vom Fallen zum Steigen (Tiefpunkt) und im Punkt F vollzieht er eine Umkehr vom Steigen zum Fallen (Hochpunkt).
f) Nein, es gibt Graphen, bei denen sich das Steigungsverhalten in einem Punkt mit der Steigung 0 nicht ändert. Ein Beispiel stellt der Graph der Funktion $f: x \mapsto x^3$ dar. Im Punkt $O(0\,|\,0)$ hat der Graph die Steigung 0. Trotzdem wechselt das Steigungsverhalten nicht, da der Graph für $x < 0$ und für $x > 0$ steigt.

4

a) $f(x) = x^3 - 2x \Rightarrow f'(x) = 3x^2 - 2 \Rightarrow f'(0) = -2$
- Gleichung der Tangente t an den Graphen in $O(0\,|\,0)$: $y = -2x$
- Gleichung der Normale n an den Graphen in $O(0\,|\,0)$: $n = \frac{1}{2}x$

b) Schnittpunkte:
Setze $x^3 - 2x = 0{,}5x \Leftrightarrow x^3 - 2{,}5x = 0$
$\Leftrightarrow x\cdot(x^2 - 2{,}5) = 0 \Leftrightarrow x_1 = -\sqrt{2{,}5}$ und $x_2 = \sqrt{2{,}5}$
$\Rightarrow$
$S\left(-\sqrt{2{,}5}\,|\,(-\sqrt{2{,}5})^3 + 2\sqrt{2{,}5}\right) = S\left(-\sqrt{2{,}5}\,|\,-0{,}5\sqrt{2{,}5}\right)$
$T\left(\sqrt{2{,}5}\,|\,(\sqrt{2{,}5})^3 - 2\sqrt{2{,}5}\right) = T\left(\sqrt{2{,}5}\,|\,0{,}5\sqrt{2{,}5}\right)$

c) Steigung der Tangente an S:
$f'\left(-\sqrt{2{,}5}\right) = 3\cdot\left(-\sqrt{2{,}5}\right)^2 - 2 = 7{,}5 - 2 = 5{,}5$
Steigung der Tangente an t:
$f'\left(\sqrt{2{,}5}\right) = 3\cdot\left(\sqrt{2{,}5}\right)^2 - 2 = 7{,}5 - 2 = 5{,}5 = f'\left(-\sqrt{2{,}5}\right)$
$\Rightarrow$ Wegen $f'(\sqrt{2{,}5}) = f'\left(-\sqrt{2{,}5}\right)$ sind die beiden Tangenten parallel.
Alternative Lösung:
G_f ist punktsymmetrisch bzgl. O.

5 Zum Beispiel:

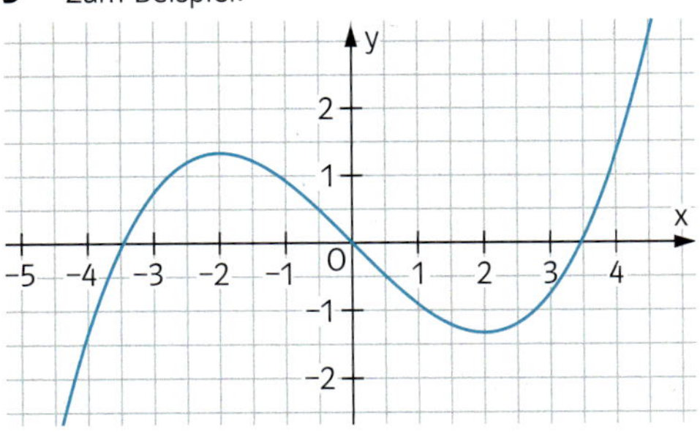

6

a) $f'(x) = 12x^2 + 2$ und z.B. $F(x) = x^4 + x^2 - x$
b) $f'(x) = 4x - 9x^2$ und z.B. $F(x) = \frac{2}{3}x^3 - \frac{3}{4}x^4 + 2$
c) $f'(x) = 6x^{-4} + 8x$ und z.B. $F(x) = x^{-2} + \frac{4}{3}x^3$
d) $f'(x) = 5x^4 + x$ und z.B. $F(x) = \frac{1}{6}x^6 + \frac{1}{6}x^3$
e) $f(x) = x^{-2} - 7x^2 + 5$; $f'(x) = -2x^{-3} - 14x$
und z.B. $F(x) = -x^{-1} - \frac{7}{3}x^3 + 5x - 3$
f) $f(x) = 4x^4 + 2x^{-3}$; $f'(x) = 16x^3 - 6x^{-4}$
und z.B. $F(x) = \frac{4}{5}x^5 - x^{-2}$
g) $f(x) = 5(x^2 - 4x + 4) + 3$
$= 5x^2 - 20x + 20 + 3 = 5x^2 - 20x + 23$;
$f'(x) = 10x - 20$
und z.B. $F(x) = \frac{5}{3}x^3 - 10x^2 + 23x$
h) $f(x) = 2x^5 - 3x$; $f'(x) = 10x^4 - 3$
und z.B. $F(x) = \frac{1}{3}x^6 - 1{,}5x^2 + 1$

7

a) $f'(x) = 4x^3 - 3x^2 + 2$; $f'(1) = 3$
mit $f(1) = -2$ ergibt sich die Gleichung
$-2 = 3\cdot 1 + t \Rightarrow t = -5$, also $y = 3x - 5$
b) $f'(x) = (2x - 2)\cdot(x^2 - 1) + (x^2 - 2x + 2)\cdot 2x$
$= 2x^3 - 2x - 2x^2 + 2 + 2x^3 - 4x^2 + 4x$
$= 4x^3 - 6x^2 + 2x + 2$
$f'(1) = 2$; mit $f(1) = 0$ ergibt sich $0 = 2\cdot 1 + t$
$\Rightarrow t = -2$, also $y = 2x - 2$
c) $f'(x) = 2(x + 2) + (2x - 1)\cdot 1 + \frac{1}{x^2}$
$= 4x + 3 + \frac{1}{x^2}$; $f'(1) = 8$
mit $f(1) = 2$ ergibt sich $2 = 8\cdot 1 + t \Rightarrow t = -6$,
also $y = 8x - 6$

8

oberer Graph:
Nullstelle $x = 1$ und Asymptoten liefern Ansatz:
$f(x) = \frac{\frac{1}{2}(x-1)}{x+2} = \frac{x-1}{2x+4}$
$f'(x) = \frac{1\cdot(2x+4) - (x-1)\cdot 2}{(2x+4)^2} = \frac{2x + 4 - 2x + 2}{(2x+4)^2} = \frac{6}{(2x+4)^2}$
unterer Graph: Ableitung ist quadratische Funktion, die bei $x = 0$ keine Nullstelle hat:
$u'(x) = 3x^2 - 6x - 1$

9

a) $f'(x) = \frac{0\cdot(2x-1) - 3\cdot 2}{(2x-1)^2} = \frac{-6}{(2x-1)^2}$
Steigung der Tangente für $x = 0$: $f'(0) = -6$
b) $f'(x) = \frac{1\cdot(1-x^2) - (2+x)(-2x)}{(1-x^2)^2} = \frac{1 - x^2 - (-4x - 2x^2)}{(1-x^2)^2}$
$= \frac{x^2 + 4x + 1}{(1-x^2)^2}$; $f'(0) = 1$
c) $g(t) = t^3 - \frac{1}{3t^2} + \frac{1}{3t}$
$g'(t) = 3t^2 + \frac{2}{3t^3} - \frac{1}{3t^2} = 3t^2 + \frac{2-t}{3t^3}$
$g'(0)$ ist nicht definiert
d) $f'(x) = \frac{-2x\cdot(2x^2-1) - (1-x^2)\cdot 4x}{(2x^2-1)^2} = \frac{-4x^3 + 2x - (4x - 4x^3)}{(2x^2-1)^2}$
$= \frac{-2x}{(2x^2-1)^2}$; $f'(0) = 0$

Kapitel III, Seite 87

1

a) $x \leqq -1$: streng monoton zunehmend
$-1 \leqq x \leqq 3$: streng monoton abnehmend
$x \geqq 3$: streng monoton zunehmend

b) $x < 0$: streng monoton zunehmend
$0 < x \leqq 1$: streng monoton abnehmend
$x \geqq 1$: streng monoton zunehmend

2

a) $f(x) = [(x+2)(x-2)]^2 \geqq 0$
G_f ist achsensymmetrisch bezüglich der y-Achse
$f(x) = 0$ für $x_{1,2} = \pm 2$ (gerade Ordnung)
$x \leqq -2$: streng monoton abnehmend
$-2 \leqq x \leqq 0$: streng monoton zunehmend
$0 \leqq x \leqq 2$: streng monoton abnehmend
$x \geqq 2$: streng monoton zunehmend
Probe mit $f'(x) = 4x(x-2)(x+2)$

b) $f(x) = \frac{x^2}{(x+1)(x-1)}$
G_f ist achsensymmetrisch bezüglich der y-Achse
$f(x) = 0$ für $x_0 = 0$ (gerade Ordnung)
Polstellen: $x_{1,2} = \pm 1$ (mit Vorzeichenwechsel)
$\lim\limits_{\substack{x \to -1 \\ <}} f(x) = +\infty$ und $\lim\limits_{\substack{x \to -1 \\ >}} f(x) = -\infty$
$\lim\limits_{\substack{x \to 1 \\ <}} f(x) = -\infty$ und $\lim\limits_{\substack{x \to 1 \\ >}} f(x) = +\infty$
$x < -1$: streng monoton zunehmend
$-1 < x \leqq 0$: streng monoton zunehmend
$0 \leqq x < 1$: streng monoton abnehmend
$x > 1$: streng monoton abnehmend
Probe mit $f'(x) = -\frac{2x}{(x^2-1)^2}$.

3

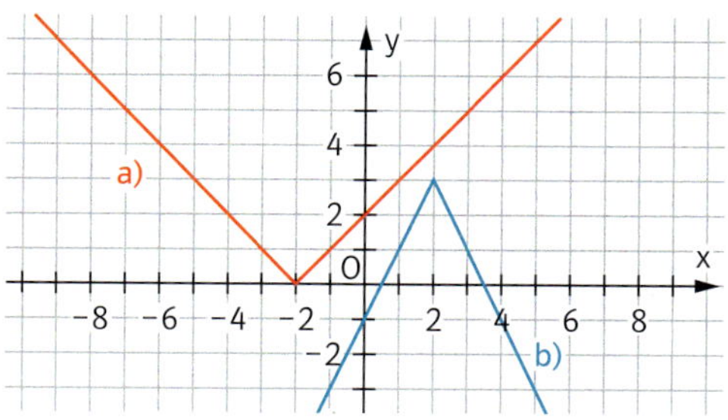

Am Graphenplott liest man ab:

a) $x \leqq -2$: streng monoton abnehmend
$x \geqq -2$: streng monoton zunehmend

b) $x \leqq 2$: streng monoton zunehmend
$x \geqq 2$: streng monoton abnehmend

4

a) Ist f ganzrational mit geradem Grad, so gilt: $\lim\limits_{x \to \pm\infty} f(x) = +\infty$ oder $\lim\limits_{x \to \pm\infty} f(x) = -\infty$
Also muss f dazwischen mindestens einmal sein Monotonieverhalten ändern
$\Rightarrow$ f besitzt mindestens eine Extremstelle.

b) Hat f mindestens drei verschiedene Extremstellen, so gilt: $f'(x) = (x-x_1)(x-x_2)(x-x_3) \cdot T(x)$, also ist f' mindestens vom Grad 3. Da bei ganzrationalen Funktionen der Grad beim Ableiten um 1 geringer wird, ist f somit mindestens vom Grad 4.

c) Beim Ableiten verringert sich bei ganzrationalen Funktionen der Grad um 1, d.h. die Ableitung f' einer ganzrationalen Funktion f vom Grad n ist vom Grad $n-1$ und kann deshalb höchstens $n-1$ Nullstellen haben.

5

a) $f(x) = -(x-1)^2 + 1 = -x^2 + 2x = -x(x-2)$
G_f ist eine nach unten geöffnete Normalparabel mit Scheitel $S(1|1)$

b) $f' = -2x + 2$

c) z.B. $F(x) = -\frac{1}{3}x^3 + x^2$

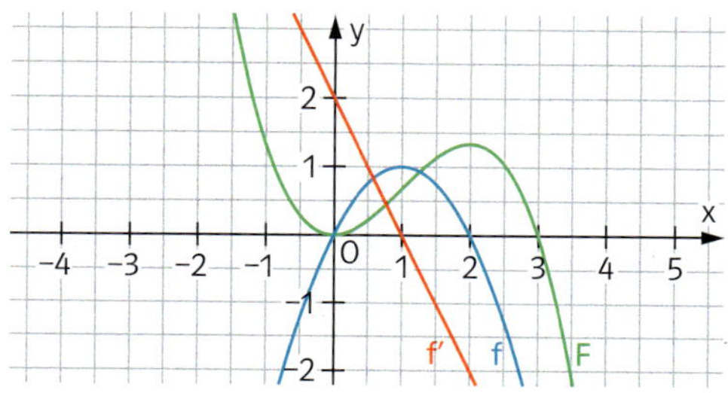

6

a) f hat die Extremstellen $x_0 = 0$ und $x_1 = 2$;
bei $x_1 = 2$ ist ein Hochpunkt, also hat f' bei $x_1 = 2$ einen Vorzeichenwechsel von + nach –
$\Rightarrow$ z.B. $f'(x) = -x(x-2) = -x^2 + 2x$

b) $f'(x) = a(-x^2 + 2x) \Rightarrow f(x) = a\left(-\frac{1}{3}x^3 + x^2\right)$
$f(2) = a\left(-\frac{8}{3} + 4\right) = 2 \Rightarrow a = \frac{3}{2}$
$f(x) = \frac{3}{2}\left(-\frac{1}{3}x^3 + x^2\right) = -\frac{1}{2}x^3 + \frac{3}{2}x^2$

7

a) weder achsensymmetrisch bezüglich der y-Achse noch punktsymmetrisch bezüglich des Ursprungs
$f(x) = \frac{1}{16}(x^3 - 3x^2 - 24x) = \frac{1}{16}x(x^2 - 3x - 24)$
Nullstellen: $x_0 = 0$, $x_1 = 1{,}5 - \frac{1}{2}\sqrt{105} \approx -3{,}62$
und $x_2 = 1{,}5 + \frac{1}{2}\sqrt{105} \approx 6{,}62$
$f'(x) = \frac{3}{16}(x^2 - 2x - 8) = \frac{3}{16}(x+2)(x-4)$
$f'(x) = 0$ für $x_3 = -2$ und $x_4 = 4$
lokales Maximum $(-2|1{,}75)$
lokales Minimum $(4|-5)$

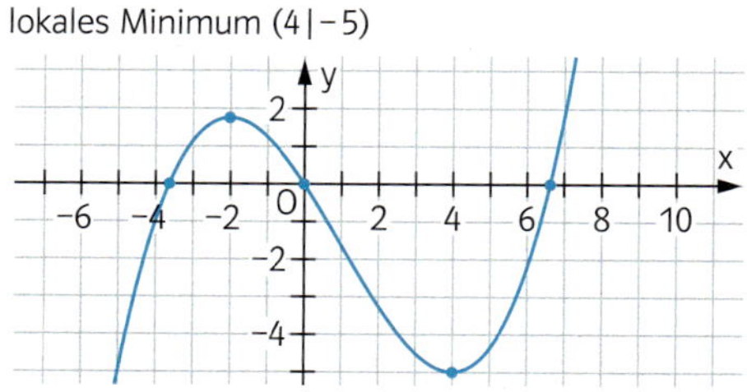

b) weder achsensymmetrisch bezüglich der y-Achse noch punktsymmetrisch bezüglich des Ursprungs

$f(x) = \frac{x^2}{4} - \frac{2}{x} = \frac{x^3 - 8}{4x}$

Nullstelle: $x_0 = 2$;

Polstelle: $x_1 = 0$ mit Vorzeichenwechsel

$\lim\limits_{\substack{x \to 0 \\ <}} f(x) = +\infty$ und $\lim\limits_{\substack{x \to 0 \\ >}} f(x) = -\infty$

$f'(x) = \frac{x^3 + 4}{2x^2}$; $f'(x) = 0$ für $x_2 = -\sqrt[3]{4} \approx -1{,}6$

lokales Minimum $(\approx -1{,}6 \mid \approx 1{,}9)$

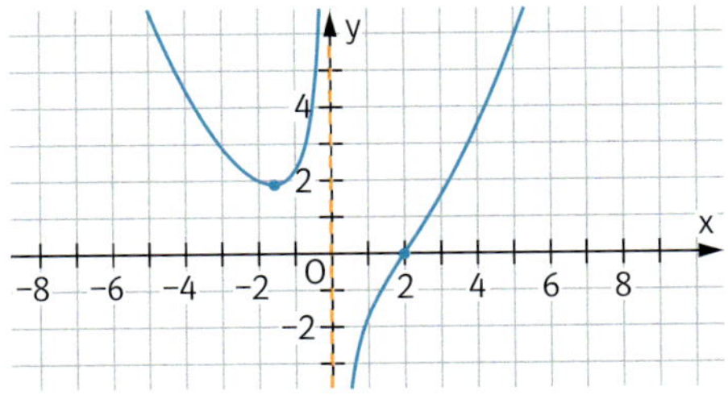

c) weder achsensymmetrisch bezüglich der y-Achse noch punktsymmetrisch bezüglich des Ursprungs

$f(x) = \frac{3}{4}x^4 + x^3 - 3x^2 = \frac{1}{4}x^2(3x^2 + 4x - 12)$

Nullstellen: $x_0 = 0$, $x_1 = -\frac{2}{3}(1 - \sqrt{10}) \approx 1{,}44$

und $x_2 = -\frac{2}{3}(1 + \sqrt{10}) \approx -2{,}77$

$f'(x) = 3x^3 + 3x^2 - 6x = 3x(x + 2)(x - 1)$

$f'(x) = 0$ für $x_0 = 0$, $x_3 = -2$ und $x_4 = 1$

lokales Maximum $(0 \mid 0)$

lokale Minima $(-2 \mid -8)$ und $\left(1 \mid -\frac{5}{4}\right)$

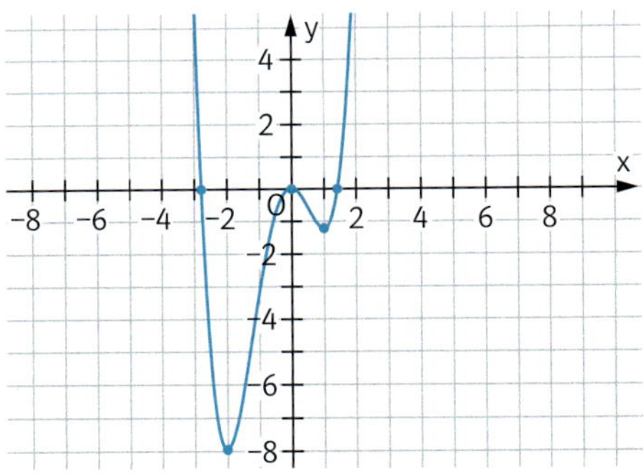

d) weder achsensymmetrisch bezüglich der y-Achse noch punktsymmetrisch bezüglich des Ursprungs

$f(x) = \frac{(x^2 - 1)}{(x - 2)^2}$

Nullstellen: $x_{0,1} = \pm 1$;

Polstelle: $x_2 = 2$ ohne Vorzeichenwechsel

$\lim\limits_{x \to 2} f(x) = +\infty$

$f'(x) = \frac{-4x + 2}{(x - 2)^3}$; $f'(x) = 0$ für $x_3 = \frac{1}{2}$

lokales Minimum $\left(\frac{1}{2} \mid -\frac{1}{3}\right)$

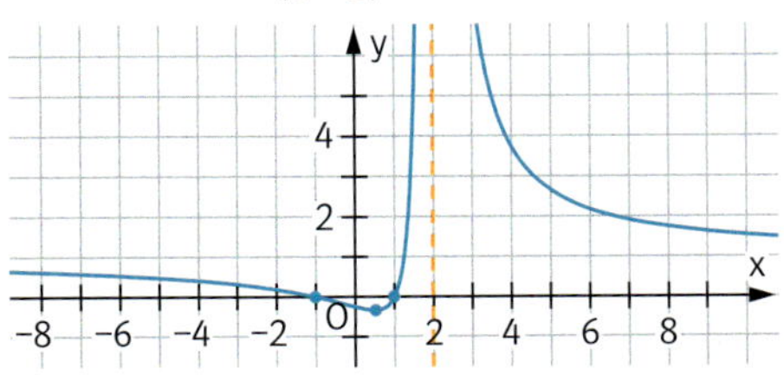

8

a) Nullstellen von f': $x_0 \approx 0$ (kein Vorzeichenwechsel), $x_1 \approx -3$ (Vorzeichenwechsel +/−), $x_3 \approx 2$ (Vorzeichenwechsel −/+)

für $-3 < x < 0$ ist etwa bei $x = -2$ die geringste Steigung und zwar ≈ -4

für $0 < x < 2$ ist etwa bei $x = 1{,}5$ die geringste Steigung und zwar $\approx -1{,}5$

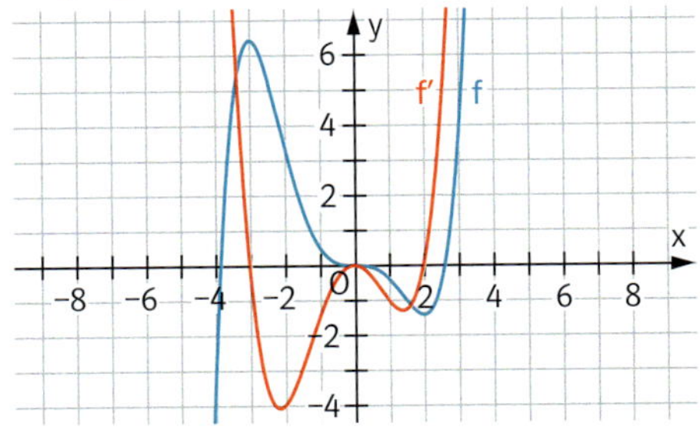

b) $f'(x) = ax^2(x + 3)(x - 2) = a(x^4 + x^3 - 6x^2)$

c) $f(x) = a\left(\frac{1}{5}x^5 + \frac{1}{4}x^4 - 2x^3\right)$

$f(2) = a\left(\frac{32}{5} + 4 - 16\right) = -1{,}4 \Rightarrow a = \frac{1}{4}$

$\Rightarrow f(x) = \frac{1}{4}x^3\left(\frac{1}{5}x^2 + \frac{1}{4}x - 2\right)$

9

G_b gehört zu f_1:

Nur f_1 hat genau eine Polstelle (f_2 hat zwei Polstellen und f_3 hat keine Definitionslücke).

Außerdem gilt: $f_1'(0) = 0$, also hat G_1 wie G_b eine waagrechte Tangente für $x_0 = 0$.

G_a gehört zu f_3:

Nur f_3' hat für $x_0 = 0$ einen Vorzeichenwechsel von + nach −, also liegt dort ein Hochpunkt vor.

Außerdem gilt: $\lim\limits_{x \to \pm\infty} f_3'(x) = 0$, d.h. die Steigung von f_3 ist null für $x \to \pm\infty$, also hat G_3 wie G_a eine waagrechte Asymptote.

G_c gehört zu f_2:

Es gilt: $f_2'(x) = \frac{4x}{(2 - x^2)^2} \Rightarrow f_2'(0) = 0$ und f_2' hat dort einen Vorzeichenwechsel von − nach +, also liegt bei $x_0 = 0$ ein Tiefpunkt.

Außerdem hat G_2 wie G_c die waagrechte Asymptote mit der Gleichung $y = -1$.

10

Der Funktionsplott legt folgende Untersuchungen nahe:

$f(x) = \frac{2(3 - x^2)}{(x^2 - 2)^2} - \frac{7}{2} = \frac{-7x^4 + 24x^2 - 16}{2(x^2 - 2)^2}$

$f(-x) = f(x) \Rightarrow G_f$ ist achsensymmetrisch bezüglich der y-Achse

Nullstellen: $x_{1,2} \approx \pm 0{,}95$ und $x_{3,4} \approx \pm 1{,}59$

Polstellen ohne Vorzeichenwechsel $x_{5,6} = \pm\sqrt{2}$

$\frac{2(3 - x^2)}{(x^2 - 2)^2} \to 0$ für $x \to \pm\infty \Rightarrow \lim\limits_{x \to \pm\infty} f(x) = -3{,}5$

$f'(x) = \frac{4x(x^2 - 4)}{(x^2 - 2)^3}$

Nullstellen von f': $x_7 = 0$ und $x_{8,9} = \pm 2$ jeweils mit Vorzeichenwechsel von − nach +,

also lokale Minima: $(-2 \mid -4)$, $(0 \mid -2)$, $(2 \mid -4)$

11

a)

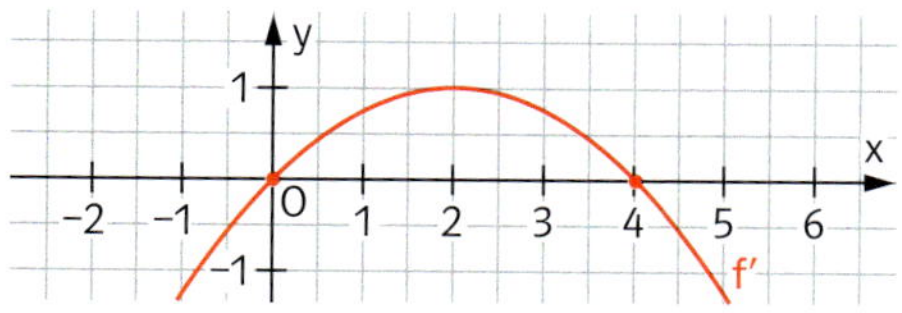

b) $f'(x) = x - \frac{1}{4}x^2;\ x_0 = 2;\ x_1 = x_0 - \frac{f(x_0)}{f'(x_0)} = 2 - \frac{f(2)}{f'(2)} = \frac{5}{3}$

c) $x_0 = 3{,}5;\ f'(3{,}5) = \frac{7}{16} \approx 0{,}44$ und

$f(3{,}5) = \frac{149}{96} \approx 1{,}55$

1. Tangentengleichung: $y = \frac{7}{16}x + \frac{2}{96}$

Schnitt mit der x-Achse: $x_1 \approx -0{,}05$

$f(-0{,}05) \approx -1$ und $f'(-0{,}05) \approx -0{,}05$

$\Rightarrow$ 2. Tangentengleichung: $y = -0{,}05x - 1$

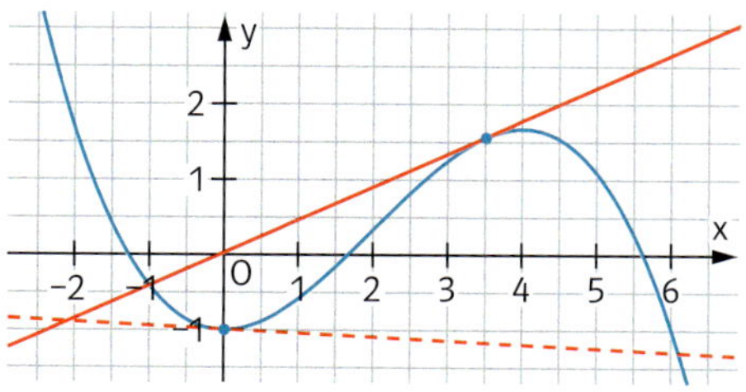

Die Tangentengleichung schneidet die x-Achse auf der linken Seite des Minimums und so entfernt man sich mit den folgenden Iterationsschritten von der gesuchten Nullstelle, d.h. die falsche Nullstelle wird angenähert.

d) Es würde die rechte Nullstelle angenähert werden.

Kapitel IV, Seite 123

1

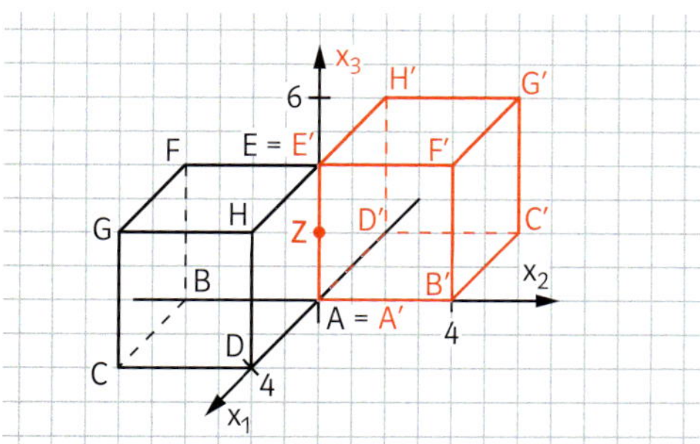

a) C(4 | −4 | 0), F(0 | −4 | 4), G(4 | −4 | 4), H(4 | 0 | 4)

b) A' = A, B'(0 | 4 | 0), C'(−4 | 4 | 0), D'(−4 | 0 | 0), E' = E, F' (0 | 4 | 4), G'(−4 | 4 | 4), H'(−4 | 0 | 4)

c) (A; E'), (B; F'), (C; G'), (D; H'), (E; A'), (F; B'), (G; C'), (H; D')

2

a) $\vec{c} = -\vec{b},\ \vec{d} = -\vec{a},\ \vec{e} = \vec{a} - \vec{b}$

b) $\vec{a} = -\vec{d},\ \vec{b} = -\vec{d} - \vec{e},\ \vec{c} = \vec{d} + \vec{e}$

3

$\vec{a} \circ \vec{b} = |\vec{a}| \cdot |\vec{b}| \cdot \cos\alpha;\ \alpha = \sphericalangle(\vec{a}, \vec{b})$

$|\vec{a} \circ \vec{b}| = |\vec{a}| \cdot |\vec{b}| \Rightarrow |\cos\alpha| = 1$

$\cos\alpha = 1 \Rightarrow \alpha = 0°$, d.h. die Vektoren sind gleich gerichtet.

$\cos\alpha = -1 \Rightarrow \alpha = 180°$, d.h. die Vektoren sind entgegengesetzt gerichtet.

4

$\vec{n} = \begin{pmatrix} n_1 \\ n_2 \\ n_3 \end{pmatrix}$

$\vec{u} \circ \vec{n} = 0$ (I) $2n_1 - 3n_2 + 4n_3 = 0$

$\vec{v} \circ \vec{n} = 0$ (II) $n_1 - 2n_3 = 0$

Zwei Gleichungen mit drei Variablen sind ein unterbestimmtes Gleichungssystem. Eine Variable ist frei wählbar, z.B. $n_3 = k$.

Eingesetzt in (II): $n_1 = 2k$

Eingesetzt in (I): $2 \cdot 2k - 3n_2 + 4k = 0$

$\Rightarrow n_2 = \frac{8}{3}k;\ \vec{n} = \begin{pmatrix} 2k \\ \frac{8}{3}k \\ k \end{pmatrix} = \frac{k}{3} \cdot \begin{pmatrix} 6 \\ 8 \\ 3 \end{pmatrix}$

Alternative Lösung: $\vec{n} = r \cdot (\vec{u} \times \vec{v}) = r \cdot \begin{pmatrix} 6 \\ 8 \\ 3 \end{pmatrix}$

5

$\vec{a} \perp \vec{b} \Rightarrow \vec{a} \circ \vec{b} = 0 \quad \Rightarrow$ (I) $2 + r - 2s = 0$

$|\vec{b}| = 3 \Rightarrow$ (II) $1^2 + r^2 + s^2 = 3^2$

Aus (I): $r = 2s - 2$;

in (II): $1^2 + (2s - 2)^2 + s^2 = 9$

$\Rightarrow \quad 5s^2 - 8s - 4 = 0$

$s_1 = 2;\ r_1 = 2;$ bzw. $s_2 = -0{,}4;\ r_2 = -2{,}8$

$\vec{b_1} = \begin{pmatrix} 1 \\ 2 \\ 2 \end{pmatrix};\ \vec{b_2} = \begin{pmatrix} 1 \\ -2{,}8 \\ -0{,}4 \end{pmatrix}$

6

M hat von den Koordinatenebenen den Abstand 3 und nur negative Koordinaten: M(−3 | −3 | −3)

Also gilt: K: $(x_1 + 3)^2 + (x_2 + 3)^2 + (x_3 + 3)^2 = 9$

7

$\vec{d} = \vec{a} + \vec{b} + \vec{c}$

$\Rightarrow \vec{d}^2 = \vec{a}^2 + \vec{b}^2 + \vec{c}^2 + 2 \cdot \vec{a} \circ \vec{b} + 2 \cdot \vec{a} \circ \vec{c} + 2 \cdot \vec{b} \circ \vec{c}$

(Hierbei wurden Distributiv- und Kommutativgesetz der Skalarmultiplikation ausgenutzt.)

Die Kanten stehen paarweise aufeinander senkrecht, also gilt: $\vec{a} \circ \vec{b} = \vec{a} \circ \vec{c} = \vec{b} \circ \vec{c} = 0$

und damit $\vec{d}^2 = \vec{a}^2 + \vec{b}^2 + \vec{c}^2$.

8

a) K: $(x_1 + 3)^2 + (x_2 - 2)^2 + (x_3 - 1)^2 = r^2$

P(2 | 2 | 1) ∈ K

$\Rightarrow (2 + 3)^2 + (2 - 2)^2 + (1 - 1)^2 = r^2;\ r = 5$

b) $(1 + 3)^2 + (3 - 2)^2 + (-2 - 1)^2 = 26 > 25$

Q liegt außerhalb der Kugel.

9

K: $(x_1 - 2)^2 + (x_2 + 1)^2 + (x_3 - m)^2 = 49$

$A(8|2|5) \in K \Rightarrow (8 - 2)^2 + (2 + 1)^2 + (5 - m)^2 = 49$

$\Rightarrow (5 - m)^2 = 4$

$|5 - m| = 2 \Rightarrow m = 3$ oder $m = 7$

K_1: $(x_1 - 2)^2 + (x_2 + 1)^2 + (x_3 - 3)^2 = 49$

K_2: $(x_1 - 2)^2 + (x_2 + 1)^2 + (x_3 - 7)^2 = 49$

10

a) $\overrightarrow{AB} = \begin{pmatrix} 16 \\ 0 \\ 13 \end{pmatrix}$; $\overrightarrow{AC} = \begin{pmatrix} -9 \\ 0 \\ 13 \end{pmatrix}$

$$\cos\alpha = \frac{-144 + 0 + 169}{\sqrt{256 + 169} \cdot \sqrt{81 + 169}} \approx 0{,}0767 \Rightarrow \alpha \approx 85{,}6°$$

b) $A = \frac{1}{2} \cdot |\overrightarrow{AB} \times \overrightarrow{AC}|$

$$\begin{pmatrix} 16 \\ 0 \\ 13 \end{pmatrix} \times \begin{pmatrix} -9 \\ 0 \\ 13 \end{pmatrix} = \begin{pmatrix} 0 \\ 13 \cdot (-9) - 16 \cdot 13 \\ 0 \end{pmatrix} = \begin{pmatrix} 0 \\ -325 \\ 0 \end{pmatrix}$$

$$\Rightarrow A = \frac{1}{2} \cdot \left| \begin{pmatrix} 0 \\ -325 \\ 0 \end{pmatrix} \right| = 162{,}5$$

c) $V = \frac{1}{6} \cdot |(\overrightarrow{AB} \times \overrightarrow{AC}) \circ \overrightarrow{AD}|$; $\overrightarrow{AD} = \begin{pmatrix} 0 \\ 8 \\ 14 \end{pmatrix}$

$$\Rightarrow V = \frac{1}{6} \cdot \left| \begin{pmatrix} 0 \\ -325 \\ 0 \end{pmatrix} \circ \begin{pmatrix} 0 \\ 8 \\ 14 \end{pmatrix} \right| = \frac{1}{6} \cdot 325 \cdot 8 = 433\tfrac{1}{3}$$

11

a) $\overrightarrow{AB} = \begin{pmatrix} 0 \\ 6 \\ 0 \end{pmatrix}$, $\overrightarrow{AC} = \begin{pmatrix} 3\sqrt{3} \\ 3 \\ 0 \end{pmatrix}$, $\overrightarrow{AD} = \begin{pmatrix} \sqrt{3} \\ 3 \\ 2\sqrt{6} \end{pmatrix}$

$\overrightarrow{BC} = \begin{pmatrix} 3\sqrt{3} \\ -3 \\ 0 \end{pmatrix}$, $\overrightarrow{BD} = \begin{pmatrix} \sqrt{3} \\ -3 \\ 2\sqrt{6} \end{pmatrix}$, $\overrightarrow{CD} = \begin{pmatrix} -2\sqrt{3} \\ 0 \\ 2\sqrt{6} \end{pmatrix}$

Alle Vektoren haben den Betrag 6, also ist ABCD ein Tetraeder.

b) und zu c)

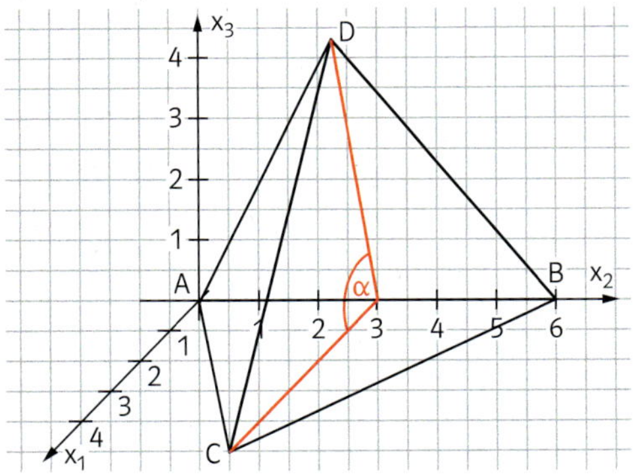

c) $M(0|3|0)$; $\overrightarrow{MC} = \begin{pmatrix} 3\sqrt{3} \\ 0 \\ 0 \end{pmatrix}$; $\overrightarrow{MD} = \begin{pmatrix} \sqrt{3} \\ 0 \\ 2\sqrt{6} \end{pmatrix}$

$$\cos\alpha = \frac{\overrightarrow{MC} \circ \overrightarrow{MD}}{|\overrightarrow{MC}| \cdot |\overrightarrow{MD}|} = \frac{9}{3\sqrt{3} \cdot \sqrt{27}} = \frac{1}{3} \Rightarrow \alpha \approx 70{,}5°$$

d) $O = 4 \cdot \frac{1}{2} \cdot |\overrightarrow{AB} \times \overrightarrow{AC}| = 2 \cdot \left| \begin{pmatrix} 0 \\ 0 \\ 18\sqrt{3} \end{pmatrix} \right| = 36\sqrt{3}$

$V = \frac{1}{6} \cdot |(\overrightarrow{AB} \times \overrightarrow{AC}) \circ \overrightarrow{AD}|$

$$= \frac{1}{6} \cdot \left| \begin{pmatrix} 0 \\ 0 \\ 18\sqrt{3} \end{pmatrix} \circ \begin{pmatrix} \sqrt{3} \\ 3 \\ 2\sqrt{6} \end{pmatrix} \right| = \frac{1}{6} \cdot 36\sqrt{18} = 18\sqrt{2}$$

Kapitel V, Seite 149

1

a) $f'(x) = 7 \cdot \sin x$; $F(x) = -7 \cdot \sin x$

b) $f'(x) = 6x^2 + \cos x$; $F(x) = \frac{1}{2}x^4 - \cos x$

c) $f'(x) = 7x^{\frac{5}{2}}$; $F(x) = \frac{4}{9}x^{\frac{9}{2}} + 3x$

d) $f'(x) = \frac{3}{4}x^{-\frac{1}{4}}$; $F(x) = \frac{4}{7}x^{\frac{7}{4}}$

e) $f'(x) = 16x^{-5} - 4\cos x + 4\sin x + 0{,}2x^{-0{,}8}$;

$F(x) = \frac{4}{3}x^{-3} + 4\cos x - 4 \cdot \sin x + \frac{5}{6}x^{1{,}2}$

2

a) $u(x) = x^3$; $v(x) = 2x - 5$;

$f'(x) = 3(2x - 5)^2 \cdot 2 = 6(2x - 5)^2$

b) $u(x) = 3 \cdot \sqrt{x}$; $v(x) = 2x^2 + 1$;

$f'(x) = \frac{3}{2}(2x^2 + 1)^{-\frac{1}{2}} \cdot 4x = 6x(2x^2 + 1)^{-\frac{1}{2}}$

c) $u(x) = x^{-2}$; $v(x) = 2x^{-2} + 1$;

$f'(x) = -2(2x^{-2} + 1)^{-3} \cdot (-4x^{-3}) = 8(2x^{-1} + x)^{-3}$

d) $u(x) = -\frac{2}{x^4} = -2x^{-4}$; $v(x) = x + 1$

$f'(x) = 8(x + 1)^{-5} \cdot 1 = 8(x + 1)^{-5}$

Bemerkung: Jede Funktion f kann auch anders zerlegt werden.

3

a) $f'(x) = -2(\sin x)^2 + 2(\cos x)^2$;

$f'\left(\frac{\pi}{2}\right) = -2 \cdot 1 + 2 \cdot 0 = -2$; $f\left(\frac{\pi}{2}\right) = 0$

t: $y = -2x + a$; $P\left(\frac{\pi}{2}\middle|0\right) \in t \Rightarrow 0 = -2 \cdot \frac{\pi}{2} + a$

$\Rightarrow a = \pi$; also t: $y = -2x + \pi$

n: $y = \frac{1}{2}x + a$; $P\left(\frac{\pi}{2}\middle|0\right) \in n \Rightarrow 0 = \frac{\pi}{4} + a \Rightarrow a = -\frac{\pi}{4}$

also n: $y = \frac{1}{2}x - \frac{\pi}{4}$

b) $f'(x) = (2x + 1)^{-\frac{1}{2}} \cdot 2$; $f'(0) = 2$; $f(0) = 2$

t: $y = 2x + a$; $P(0|2) \in t \Rightarrow 2 = a$;

also t: $y = 2x + 2$

n: $y = -\frac{1}{2}x + a$; $P(0|2) \in n \Rightarrow 2 = a$;

also n: $y = -\frac{1}{2}x + 2$

4

a) $f'(x) = 2 > 0 \Rightarrow$ f streng monoton wachsend in $\mathbb{R} \Rightarrow$ f umkehrbar in $\mathbb{R}$.

$y = 2x + 1 \Rightarrow x = \frac{1}{2}y - \frac{1}{2}$

$f^{-1}: x \mapsto \frac{1}{2}x - \frac{1}{2}$; $D_{f^{-1}} = W_f = \mathbb{R}$; $W_{f^{-1}} = D_f = \mathbb{R}$

b) $f'(x) = -\frac{1}{2}x^{-\frac{3}{2}} < 0 \Rightarrow$ f streng monoton fallend für $x > 0 \Rightarrow$ f umkehrbar für $x > 0$

$y = \frac{1}{\sqrt{x}} \Rightarrow \sqrt{x} = \frac{1}{y} \Rightarrow x = \frac{1}{y^2}$

$f^{-1}: x \mapsto \frac{1}{x^2}$; $D_{f^{-1}} = W_f = \mathbb{R}^+$; $W_{f^{-1}} = D_f = \mathbb{R}^+$

c) $f'(x) = \frac{(x - 1) \cdot 2 - 2x}{(x - 1)^2} = \frac{-2}{(x - 1)^2} < 0$

$\Rightarrow$ f streng monoton fallend mit Asymptote $y = 2$

$\Rightarrow$ f umkehrbar für $x > 1$

$y = \frac{2x}{x - 1} \Rightarrow xy - y = 2x \Rightarrow 2x - xy = -y$

$\Rightarrow x(2 - y) = -y \Rightarrow x = \frac{y}{y - 2}$

$f^{-1}: x \mapsto \frac{x}{x - 2}$;

$D_{f^{-1}} = W_f =]2; \infty[$; $W_{f^{-1}} = D_f =]1; \infty[$

5

$f'(x) = 4 - 2x;$

$f'(x) > 0$, falls $x < 2$

$\Rightarrow$ f streng monoton wachsend falls $x < 2$

$f'(x) < 0$, falls $x > 2$

$\Rightarrow$ f streng monoton abnehmend falls $x > 2$

Die Funktion f ist auf $D_f =]-\infty; 2[$ bzw. auf $D_f^* =]2; \infty[$ umkehrbar.

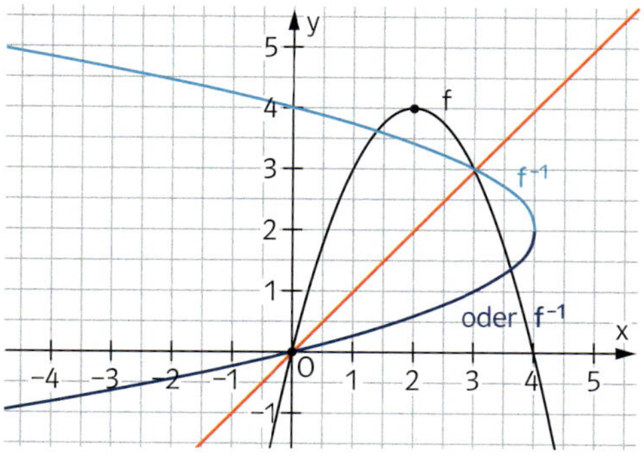

6

a) $f'(x) = 4 \cdot x^3 \cdot \sin x + x^4 \cdot \cos x$

b) $g'(t) = \frac{\cos t + t \cdot \sin t}{(\cos t)^2}$

c) $h'(x) = \frac{3}{7}x^{-\frac{4}{7}}(\cos x)^2 - 2 \cdot x^{\frac{3}{7}} \cos x \cdot \sin x$

d) $f'(x) = -x^{-2}\cos x - \frac{1}{x}\sin x$

e) $g'(x) = \frac{1}{2}(5x^2 - 7x + 1)^{-\frac{1}{2}} \cdot (10x - 7)$
$= (5x - 3{,}5)(5x^2 - 7x + 1)^{-\frac{1}{2}}$

f) $k'(t) = 1 \cdot (\sin(2t))^2 + t \cdot 2 \cdot \sin(2t) \cdot \cos(2t) \cdot 2$
$= (\sin(2t))^2 + 4t \cdot \sin(2t)$

g) $f'(x) = \sin x$

h) $f'(t) = 1 \cdot \cos\left(t^3 - \frac{\pi}{4}\right) - t \cdot \sin\left(t^3 - \frac{\pi}{4}\right) \cdot 3t^2$
$= \cos\left(t^3 - \frac{\pi}{4}\right) - 3t^3 \cdot \sin\left(t^3 - \frac{\pi}{4}\right)$

i) $k'(x) = \frac{(2x + 3) \cdot (\cos 2x) \cdot 2 - (\sin 2x) \cdot 2}{(2x + 3)^2}$
$= \frac{(4x + 6) \cdot \cos 2x - 2\sin 2x}{(2x + 3)^2}$

k) $h'(x) = \frac{(x^2 - 3)^{1{,}25} \cdot 2 - 2x \cdot 1{,}25(x^2 - 3)^{0{,}25} \cdot 2x}{(x^2 - 3)^{2{,}5}}$
$= \frac{2(x^2 - 3)^{1{,}25} - 5x^2(x^2 - 3)^{0{,}25}}{(x^2 - 3)^{2{,}5}}$

7

a) $f(x) = \left(\frac{2}{x}\right)^3 + 1;\ D_f = \mathbb{R} \setminus \{0\}$
$g(x) = \frac{2}{x^3 + 1};\ D_g = \mathbb{R} \setminus \{-1\}$

b) $f(x) = \sqrt{\sin x} - 2;$
$D_f = \{x \in \mathbb{R} \mid k\pi \leq x \leq (k + 1)\pi,\ k \in \mathbb{Z}\}$
oder $D_f = [k\pi; (k + 1)\pi]$ mit $k \in \mathbb{Z}$
$g(x) = \sin(\sqrt{x} - 2);\ D_g = \mathbb{R}_0^+$

c) $f(x) = (\cos x)^2;\ D_f = \mathbb{R}$
$g(x) = \cos x^2;\ D_f = \mathbb{R}$

8

a) $h'(x) = p(x);\ g'(x) = q(x);\ k'(x) = f(x)$

b) f; k; p sind umkehrbar (jede Parallele zur x-Achse schneidet den Graph höchstens einmal).

9

a) $f'(x) = 2 \cdot \sin x \cdot \cos x,$
$f'(x_0) = 0$ für $x_0 = k \cdot \frac{\pi}{2};\ k \in \mathbb{Z}$
Steigung der Tangente ist 0,
$f\left(k \cdot \frac{\pi}{2}\right) = 0$ falls k gerade,
$f\left(k \cdot \frac{\pi}{2}\right) = 1$ falls k ungerade
$t_1: x \mapsto 0;\ t_2: x \mapsto 1$

b) $f'(x) = -x(25 - x^2)^{-\frac{1}{2}};\ f'(x_0) = -\frac{4}{3}$
$-x(25 - x^2)^{-\frac{1}{2}} = -\frac{4}{3} \Rightarrow \frac{3}{4}x = (25 - x^2)^{\frac{1}{2}}$
$\Rightarrow \frac{9}{16}x^2 = 25 - x^2 \Rightarrow x^2 + \frac{9}{16}x^2 = 25$
$\Rightarrow \frac{25}{16}x^2 = 25 \Rightarrow x^2 = 16 \Rightarrow x_1 = 4\ (x_2 = -4)$
Die Probe zeigt, dass nur $x = 4$ eine Lösung der Gleichung ist.
$f(4) = 3$ in $t(x) = -\frac{4}{3}x + a$: $3 = -\frac{4}{3} \cdot 4 + a$
$\Rightarrow a = \frac{25}{3} = 8\frac{1}{3}$
$t: x \mapsto -\frac{4}{3}x + 8\frac{1}{3}$

10

a) $D_f = \mathbb{R} \setminus \{k\pi \mid k \in \mathbb{Z}\}$
$f(x) \neq 0$ für alle $x \in I$
$f(-x) = -f(x)$, also ist G_f punktsymmetrisch bezüglich des Ursprungs.
$f'(x) = -\frac{\cos x}{(\sin x)^2};\ f'(x) = 0$ für $x = \left(k + \frac{1}{2}\right) \cdot \pi;\ k \in \mathbb{Z},$
also $x_1 = -\frac{3}{2}\pi;\ x_2 = -\frac{1}{2}\pi;\ x_3 = \frac{1}{2}\pi;\ x_4 = \frac{3}{2}\pi;$
$f\left(-\frac{3}{2}\pi\right) = f\left(\frac{1}{2}\pi\right) = 1;\ f\left(-\frac{1}{2}\pi\right) = f\left(\frac{3}{2}\pi\right) = -1$

Monotonieverhalten von f:

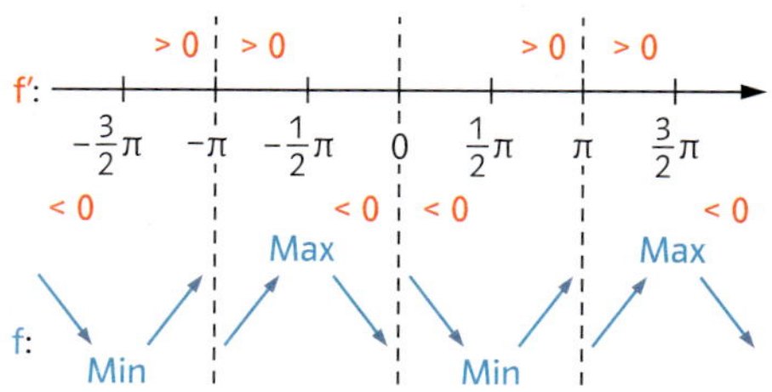

Hochpunkte: $P_1\left(-\frac{1}{2}\pi \mid -1\right);\ P_2\left(\frac{3}{2}\pi \mid -1\right)$
(lokale Maxima)

Tiefpunkte: $P_3\left(-\frac{3}{2}\pi \mid 1\right),\ P_4\left(\frac{1}{2}\pi \mid 1\right)$
(lokale Minima)

$\lim\limits_{\substack{x \to -2\pi \\ >}} f(x) = \lim\limits_{\substack{x \to -\pi \\ <}} f(x) = \lim\limits_{\substack{x \to 0 \\ >}} f(x) = \lim\limits_{\substack{x \to \pi \\ <}} f(x) = \infty$

$\lim\limits_{\substack{x \to -\pi \\ >}} f(x) = \lim\limits_{\substack{x \to 0 \\ <}} f(x) = \lim\limits_{\substack{x \to \pi \\ >}} f(x) = \lim\limits_{\substack{x \to 2\pi \\ <}} f(x) = -\infty$

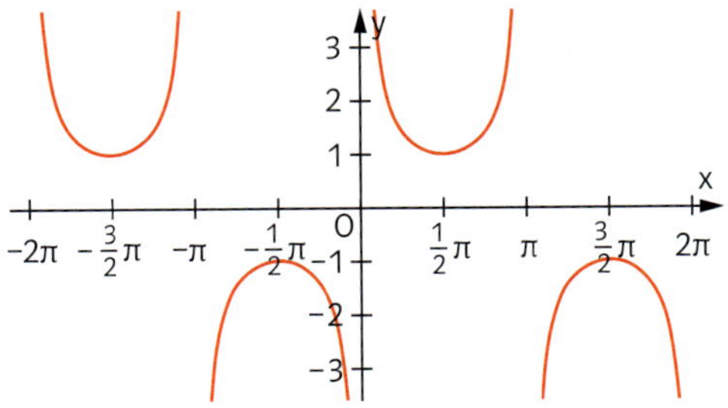

b) $D_f = [-3;3]$

$f(x) = 0$ falls $9 - x^2 = 0$,

d.h. falls $x = -3$ oder $x = 3$.

$f(-x) = 2\cdot\sqrt{9-(-x)^2} = 2\cdot\sqrt{9-x^2} = f(x)$,

also G_f symmetrisch zur y-Achse.

$f'(x) = -2x(9-x^2)^{-\frac{1}{2}}$; $f'(x) = 0$ für $x = 0$

($D_{f'} =]-3;3[$!)

$f(0) = 6$

Monotonieverhalten von f:

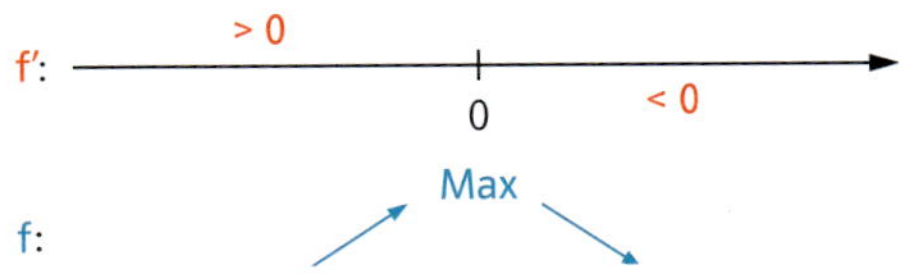

Hochpunkt $P_1(0|6)$

Tiefpunkte am Rand $P_2(-3|0)$; $P_3(3|0)$

$\lim\limits_{x\to -3} f'(x) = \infty$; $\lim\limits_{x\to 3} f'(x) = -\infty$

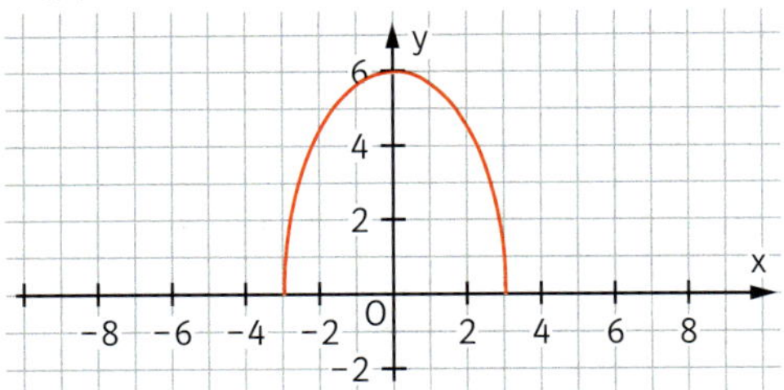

11

a) Gegenbeispiel: $f: x \mapsto x^2$

Der Graph ist symmetrisch zur y-Achse, da $f(x) = f(-x)$. f ist nicht umkehrbar, da z.B. die Gerade $g: x \mapsto 3$ den Graph G_f zweimal schneidet.

b) Gegenbeispiel: $f: x \mapsto x^3$

$f'(x) = 3x^2$; $f'(0) = 0$

Der Graph hat also eine waagrechte Tangente.

f ist jedoch umkehrbar: $f^{-1}: x \mapsto x^{\frac{1}{3}}$

c) Gegenbeispiel: $u(x) = x + 3$; $v(x) = x^2$,

$u(v(x)) = x^2 + 3$. Die Funktion v hat bei $x = 0$ eine Nullstelle; aber $u(v(0)) = 3$, also hat $u \circ v$ keine Nullstelle bei $x = 0$.

d) Gegenbeispiel: $v(x) = x^3$ hat bei $x = 0$ eine waagrechte Tangente.

Für $u(x) = \frac{1}{x}$ hat $u(v(x)) = \frac{1}{x^3}$ keine waagrechte Tangente, denn $u(v(x))' = -3x^{-4} \neq 0$

12

$f(g(x)) = \sqrt{\sin x - 3}$

$W_g = [-4;-2]$, also ist $\sin x - 3 < 0$ und damit $\sqrt{\sin x - 3}$ nicht definiert.

Kapitel VI, Seite 171

1

a) $\ln x - \ln\frac{1}{x} = 2 \Rightarrow \ln x + \ln x = 2 \Rightarrow \ln x = 1$,

also $x = e$

b) Mit $u = e^{2x}$ ergibt sich $u^2 - 5u + 6 = 0$ mit den Lösungen $u_1 = 2$ und $u_2 = 3$.

$e^{2x} = 2 \Rightarrow 2x = \ln 2 \Rightarrow x_1 = \frac{1}{2}\ln 2$.

Entsprechend folgt $x_2 = \frac{1}{2}\ln 3$.

c) Die Gleichung mit e^x multipliziert ergibt

$e^{2x} - 3e^x - 4 = 0$.

Mit $u = e^x$ folgt $u^2 - 3u - 4 = 0$

mit den Lösungen $u_1 = 4$ und $u_2 = -1$.

$e^x = 4 \Rightarrow x = \ln 4$; $e^x = -1$ hat keine Lösung.

d) Gleichung erfüllt für alle $x \in \mathbb{R}^+$.

2

a) $f'(x) = -2e^{-x}$

b) $f'(x) = 2x - 2\cdot e^{-2x}$

c) $f'(x) = (1 - 0{,}3x)e^{-0{,}3x}$

d) $f'(x) = \frac{1}{x}$

e) $f'(x) = \frac{1}{4+x}$

f) $f'(x) = \frac{1}{x-2} - 2x$

3

a) $F(x) = \frac{1}{2}e^x$

b) $F(x) = \frac{1}{3}e^{3x}$

c) $F(x) = \frac{3}{2}e^{2x-1}$

d) $F(x) = \frac{3}{4}\cdot\ln|4x+7| - 2e^{-x}$

4

a) für $e^{2x} = 1$ folgt $x = 0$

b) für $e^{3x-2} = e^1$ folgt $3x - 2 = 1$, also $x = 1$

c) Wegen $e^x \neq 0$ für alle $x \in \mathbb{R}$ ist $e^x - 1 = 0$ zu erfüllen. Einzige Lösung ist $x = 0$.

d) Wegen $D_f = \mathbb{R}^+$ nur $x = 1$.

e) Lösungen $x_1 = 0$ und $x_2 = -1$

f) für $e^x - 2e^{-x} = 0$ folgt $e^{2x} - 2 = 0$.

Lösung $x = \frac{1}{2}\ln 2$.

5

a) $f'(x) = e^x - 2e^{-2x}$

Extremstelle: $x = \frac{1}{3}\ln 2$; $T\left(\frac{1}{3}\ln 2 \,\middle|\, \approx 1{,}89\right)$

$\lim\limits_{x\to\pm\infty} f(x) = +\infty$

b) $f'(x) = 2\cdot(e^{-x} - 1)(-e^{-x}) = 2\cdot(e^{-x} - e^{-2x})$

Extremstelle: $x = 0$; $T(0|0)$

$\lim\limits_{x\to+\infty} f(x) = 1$; $\lim\limits_{x\to-\infty} f(x) = +\infty$

c) $f'(x) = 1 + 2\cdot e^{-2x}$

Extremstelle: keine, da $f'(x) > 0$ für $x \in D_f$

$\lim\limits_{x\to+\infty} f(x) = +\infty$; $\lim\limits_{x\to-\infty} f(x) = -\infty$

d) $f'(x) = 2\cdot\left(1 - \frac{1}{2x}\right)$

Extremstelle: $x = \frac{1}{2}$; $T\left(\frac{1}{2} \,\middle|\, 1 + \ln 2\right)$

Da $\ln x$ für $x \to +\infty$ langsamer wächst als x gilt:

$\lim\limits_{x\to+\infty} f(x) = +\infty$

6

Schnittpunkt mit x-Achse: $(\ln 2 \mid 0)$
Schnittpunkt mit y-Achse: $(0 \mid -1)$
Asymptote: $y = 0$ für $x \to -\infty$
$f'(x) = 2(e^{2x} - e^x)$

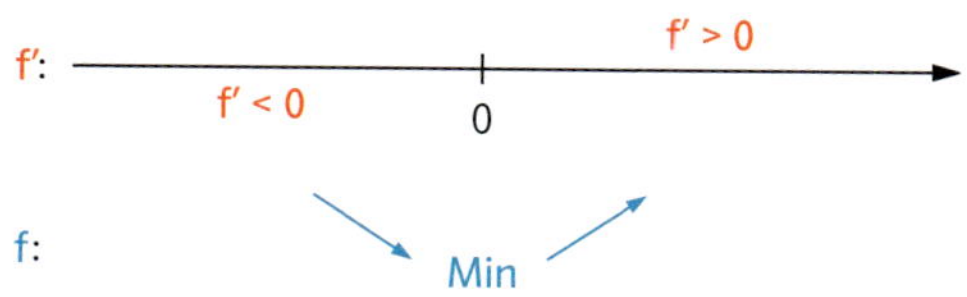

Tiefpunkt: $T(0 \mid -1)$
Wertemenge: $[-1; \infty[$

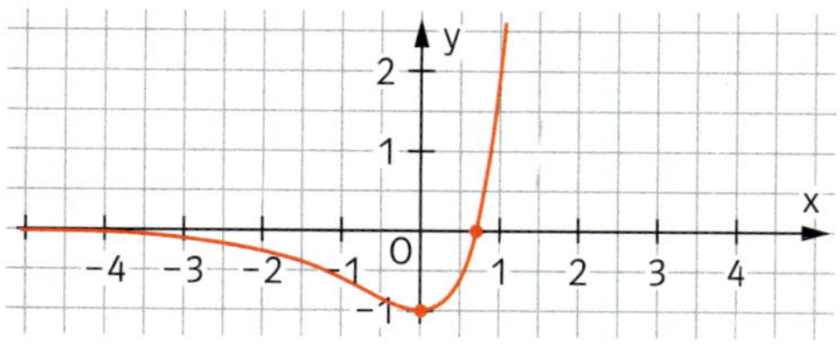

7

Schnittpunkt von G_f und G_g: $(0 \mid 1)$
$f'(x) = k \cdot e^{kx}$ $\quad g'(x) = -k \cdot e^{-kx}$
Bedingung für rechtwinkliges Schneiden:
$f'(0) = -\frac{1}{g'(0)} \Rightarrow k = \frac{1}{k} \Rightarrow k = 1$

8

a) $f(x) = \ln(ax^2 + bx)$; $f'(x) = \frac{2ax + b}{ax^2 + bx}$
$f(1) = \ln 2$: (I) $\ln(a + b) = \ln 2 \Rightarrow a + b = 2$
$f'(1) = 0$: (II) $2a + b = 0$
Daraus folgt $a = -2$ und $b = 4$.
b) Wegen $-2x^2 + 4x > 0$ folgt $D_f =]0; 2[$
Asymptoten: $x = 0$; $x = 2$; jeweils $f(x) \to -\infty$
c) P ist Hochpunkt (vgl. b).

9

Orangefarbener Graph von g, da g senkrechte Asymptote bei $x = -2$ und Nullstelle $x = -\frac{3}{2}$ hat.
Roter Graph von h, da h waagrechte Asymptote $y = 0$ für $x \to -\infty$ und Nullstelle $x = 0$ hat.
Violetter Graph von f, da f waagrechte Asymptote $y = 0$ für $x \to +\infty$ und Nullstelle $x = 0$ hat.
Blauer Graph von k, da k als ungerade, ganzrationale Funktion einen punktsymmetrischen Graphen bezüglich des Ursprungs hat.

10

a) $P(2 \mid e^2)$; $f'(2) = e^2$;
Tangentengleichung $y = e^2 \cdot x - e^2$
b) $P(e \mid 1)$; $f'(e) = \frac{1}{e}$; Tangentengleichung $y = \frac{1}{e} \cdot x$
c) $P\left(0 \middle| \frac{1}{2}\right)$; $f'(0) = -1$;
Tangentengleichung $y = -x + \frac{1}{2}$
d) $P\left(1 \middle| \frac{1}{e}\right)$; $f'(1) = 0$; Tangentengleichung $y = \frac{1}{e}$

11

a) Da $f(0) = 0$ ist, gehört G_1 zu f.
b) Zu G_2 gehört: $y = 3 \cdot (x - 2)\, e^{-(x-2)^2}$
c) $f_t(x) = 3 \cdot (x - t) \cdot e^{-(x-t)^2}$

12

a)

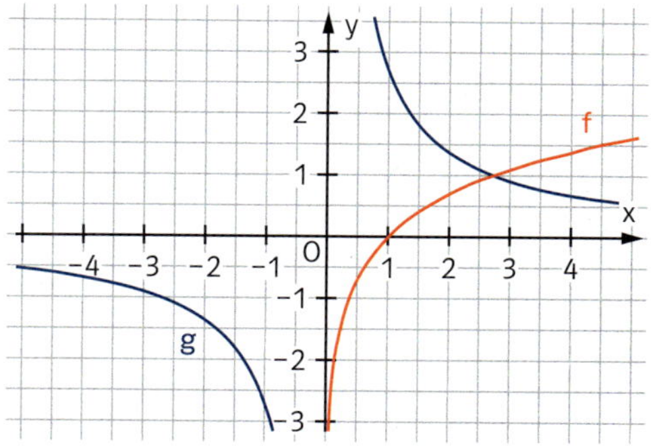

b) $h(x) = \ln x - \frac{e}{x}$
$h'(x) = \frac{1}{x} + \frac{e}{x^2} > 0$ für $x > 0$, d.h. h ist streng monoton zunehmend. Daher kann h nur die Nullstelle $x = e$ haben und damit die Graphen von f und g nur die Schnittstelle $x = e$.
c) $F(x) = x \cdot \ln x - x$
$F'(x) = \ln x + x \cdot \frac{1}{x} - 1 = \ln x = f(x)$,
also ist F Stammfunktion.

Kapitel VII, Seite 193

1

$A = \{(21), (22), (23), (24), (25), (26), (41), (42), (43), (44), (45), (46), (61), (62), (63), (64), (65), (66)\}$
$B = \{(26), (35), (44), (53), (62)\}$
$C = \{(15), (25), (35), (45), (55), (65), (16), (26), (36), (46), (56), (66)\}$
$A \cap B = \{(26), (44), (62)\}$
$A \cap C = \{(25), (26), (45), (46), (65), (66)\}$
$B \cap C = \{(26), (35)\}$
a) $P(A) \cdot P(B) = \frac{1}{2} \cdot \frac{5}{36} = \frac{5}{72}$; $P(A \cap B) = \frac{1}{12}$
A und B sind abhängig
$P(A) \cdot P(C) = \frac{1}{2} \cdot \frac{1}{3} = \frac{1}{6}$; $P(A \cap C) = \frac{1}{6}$
A und C sind unabhängig
$P(B) \cdot P(C) = \frac{5}{36} \cdot \frac{1}{3} = \frac{5}{108}$; $P(B \cap C) = \frac{1}{18}$
B und C sind abhängig
b) $A \cap B \cap C = \{(26)\}$; $P(A \cap B \cap C) = \frac{1}{36}$

$P_{A \cap B}(C) = \frac{\frac{1}{36}}{\frac{1}{12}} = \frac{1}{3}$

2

a) $C \setminus A \; (= C \cap \overline{A})$ $\qquad$ b) $(B \setminus A) \cup ((A \cap C) \setminus B)$
c) $(A \cap C) \cup (A \cap B) \; (= A \cap (B \cup C))$

3

a) $P(A \cap B) = 0{,}5$ (mindestens)
$P(A \setminus B) = 0{,}2$; $P(B \setminus A) = 0{,}3$; $P(A \cup B) = 1$;
$P(\overline{A}) = 0{,}3$

b) $P(A \cap B) = P(A) = 0{,}7$ (maximal: $A \subset B$)
$P(A \setminus B) = 0$; $P(B \setminus A) = 0{,}1$;
$P(A \cup B) = 0{,}8$; $P(\overline{A}) = 0{,}3$

4

a) $P(\overline{B})$: Wahrscheinlichkeit, dass die ausgewählte Person nicht blond ist.
$P(M \cap B)$: Wahrscheinlichkeit, dass die ausgewählte Person männlich und blond ist.
$P(M \cup B)$: Wahrscheinlichkeit, dass die ausgewählte Person männlich oder blond ist.
$P(M \setminus B)$: Wahrscheinlichkeit, dass die ausgewählte Person männlich, aber nicht blond ist.
$P_M(B)$: Wahrscheinlichkeit, dass die Person blond ist, wenn sie männlich ist.
$P(\overline{M \cap B})$: Wahrscheinlichkeit, dass die ausgewählte Person nicht zugleich männlich und blond ist.

b) i) $P(\overline{M} \cap B)$
ii) $P((M \cap \overline{B}) \cup (\overline{M} \cap B))$
iii) $P_B(M)$

c) z.B.: $|M \cup \overline{M}| = 600$; $|M| = 300$; $|B| = 200$;
$|M \cap B| = 100$

5

	E	$\overline{E}$	
G	0,02	0,04	0,06
$\overline{G}$	0,06	0,88	0,94
	0,08	0,92	1

a) $P(\overline{E} \cap \overline{G}) = 0{,}88$
b) $P(E \cap \overline{G}) = 0{,}06$
c) $P_E(G) = \frac{0{,}02}{0{,}08} = 0{,}25$
d) $P(E) \cdot P(G) = 0{,}08 \cdot 0{,}06 = 0{,}0048$; $P(E \cap G) = 0{,}02$
E und G sind abhängig.

6

	C	$\overline{C}$	
D	0,27	0,03	0,3
$\overline{D}$	0,63	0,07	0,7
	0,9	0,1	1

a) mögliche Argumentation:
$P(\overline{C} \cap \overline{D}) = 0{,}07$
$P(\overline{C}) \cdot P(\overline{D}) = 0{,}7 \cdot 0{,}1 = 0{,}07$
$\overline{C}$ und $\overline{D}$ sind unabhängig, somit auch C und D.

b) $P(C \cap D) = 0{,}3 \cdot 0{,}9 = 0{,}27$
$P(D \setminus C) = P(D \cap \overline{C}) = 0{,}3 \cdot 0{,}1 = 0{,}03$
$P_D(C) = \frac{0{,}27}{0{,}3} = 0{,}9$

c) Auf den aufwärts bzw. abwärts gerichteten Ästen der 2. Stufe stehen jeweils die gleichen Wahrscheinlichkeiten.

7

a) A: Ausschuss;
R: Reklamiert

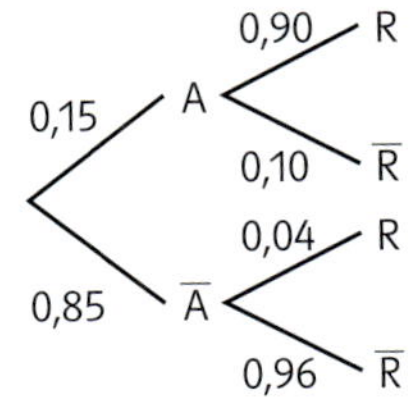

	A	$\overline{A}$	
R	$0{,}15 \cdot 0{,}9 = 0{,}135$	$0{,}85 \cdot 0{,}04 = 0{,}034$	0,169
$\overline{R}$	$0{,}15 \cdot 0{,}1 = 0{,}015$	$0{,}85 \cdot 0{,}96 = 0{,}816$	0,831
	0,15	0,85	1

b) $P_R(A) = \frac{0{,}135}{0{,}169} \approx 80\,\%$ c) $P_{\overline{R}}(\overline{A}) = \frac{0{,}816}{0{,}831} \approx 98\,\%$

Kapitel VIII, Seite 221

1

a)

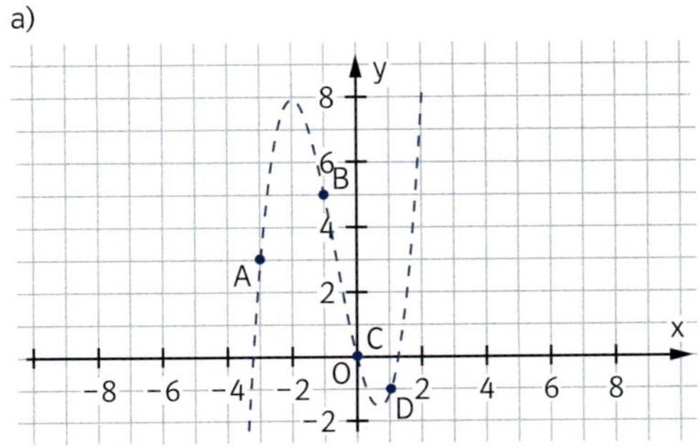

Möglicher Verlauf des Graphen siehe Skizze.
Es scheiden aus:
Lineare Funktion: Punkte liegen nicht auf einer Geraden
Quadratische Funktion: Zwischen A und C muss ein Hochpunkt liegen, der Graph fällt nach C stärker als zwischen C und D.
Es liegt nahe, eine ganzrationale Funktion 3. Grades anzusetzen.

b) $f(x) = x^3 + 2x^2 - 4x$

2

Wegen Punktsymmetrie bezüglich des Ursprungs ist der Ansatz:
$f(x) = ax^3 + bx$
$f'(x) = 3ax^2 + b$
$f(1) = 2$: $a + b = 2$
$f'(1) = 0$: $3a + b = 0$
Lösung: $a = -1$; $b = 3$, also $f(x) = -x^3 + 3x$

3

Am Bild erkennbare Eigenschaften:
Nullstellen: −2; 2
Polstelle: $x = 0$,
schräge Asyptote $y = x$
gesuchte Funkton: $f: x \mapsto \frac{x^2 - 4}{x} = x - \frac{4}{x}$

4

a) $f'(x) = \frac{2ax}{ax^2 + b}$

$P \in G_e$: $f(0) = \ln 2 \Rightarrow b = 2$

$f'(0) = 0$: $2a \cdot 0 = 0$ für jedes a erfüllt, also keine eindeutige Lösung.

Mögliche Funktionen:

$f: x \mapsto \ln(ax^2 + 2)$ mit $a > 0$

b)

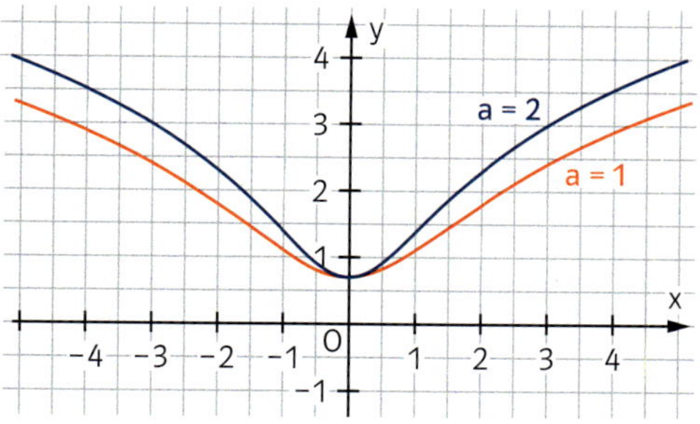

5

a)

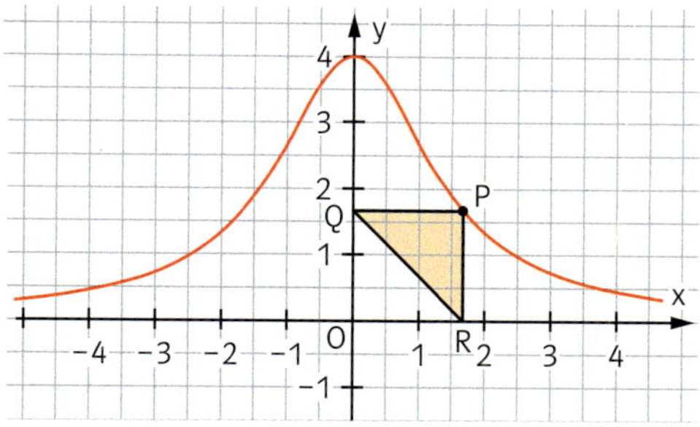

b) $A(u) = \frac{4u}{u^2 + 2}$; $u > 0$; $A'(u) = \frac{-4(u^2 - 2)}{(u^2 + 2)^2}$

Aus $A'(u) = 0$ folgt $u_1 = -\sqrt{2}$, $u_2 = \sqrt{2}$,

also $P(\sqrt{2} \mid \sqrt{2})$

Für $u \to 0$ gilt $A(u) \to 0$

Für $u \to \infty$ gilt $A(u) \to 0$, daher ist das Extremum ein absolutes Maximum.

6

a) $A(x) = a^2 - \frac{1}{2}x^2 - 2 \cdot \frac{1}{2}a(a - x) = -\frac{1}{2}x^2 + ax$;

$0 < x \leqq a$

Aus $A'(x) = 0$ folgt $x = a$.

Es ist ein Randmaximum mit $A = \frac{1}{2}a^2$.

b) Es gilt $V = r^2\pi \cdot h$; $0 = r^2\pi + 2\pi r \cdot h$

$O(r) = r^2 \cdot \pi + 2\pi r \cdot \frac{V}{r^2\pi} = r^2 \cdot \pi + \frac{600}{r}$

$O'(r) = 0$ liefert $r_0 = \sqrt[3]{\frac{300}{\pi}} \approx 4{,}57\,[\text{dm}]$

Damit ergibt sich $h_0 = \sqrt[3]{\frac{300}{\pi}}$.

7

Strahlensatz: $\frac{y}{100} = \frac{x}{x - 200} \Rightarrow y = \frac{100x}{x - 200}$

$A(x) = \frac{1}{2} \cdot x \cdot y = \frac{50x^2}{x - 200}$

$A'(x) = \frac{50x(x - 400)}{(x - 200)^2}$; $A'(x) = 0$ liefert $x_1 = 400$.

$A(x_1)$ ist ein Minimum, da $A'(x)$ an x_2 einen Vorzeichenwechsel von − nach + hat.

8

a)

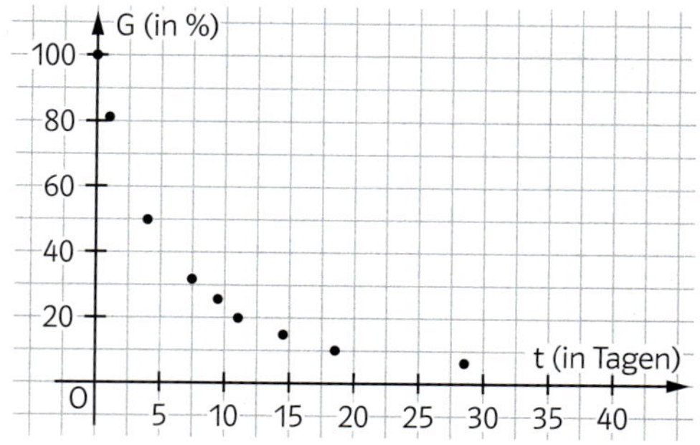

Wählt man zur Bestimmung z.B. die Wertepaare (0 | 100) und (18,5 | 9,9) bzw. (4 | 50) und (18,5 | 9,9), so ergibt sich $f(t) = 100 \cdot e^{-0{,}125 \cdot t}$ bzw. $f^*(t) = 78{,}26 \cdot e^{-0{,}112 \cdot t}$.

b) Mit (1 | 81,3) und (11 | 19,8) folgt $g(t) = \frac{7697}{(t + 8{,}73)^2}$.

Ein Tabellenkalkulationsprogramm liefert:

$g^*(t) = \frac{8264}{(t + 9{,}4)^2}$.

Die Anpassungen g und g* sind besser als f und f*: Für g ist die größte absolute Abweichung gegenüber einem Messwert bei $t = 7{,}5$ mit $\Delta y = 2{,}6$; für g* ist diese bei $t = 0$ mit $\Delta y = 6{,}5$; allerdings ist $\Delta y \leqq 0{,}3$ für $t \geqq 7{,}5$.

Zum Vergleich: f hat die größte absolute Abweichung $\Delta y = 10{,}7$ bei $t = 7{,}5$ (durchschnittlich 4,5), bei f* ist sie $\Delta y = 21{,}7$ bei $t = 0$, für $t \geqq 4$ jedoch höchstens 3,1.

9

a)

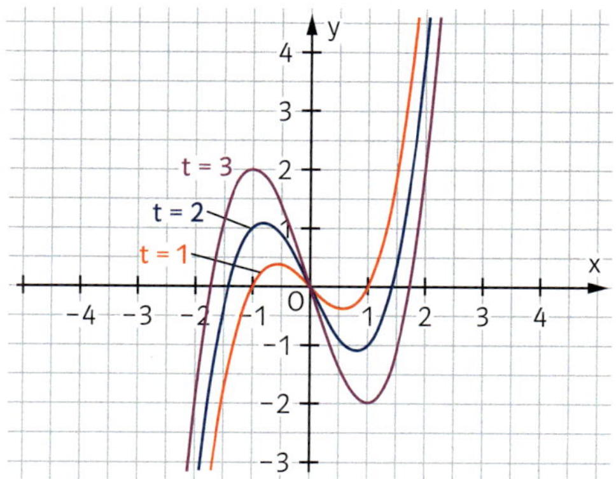

Die Erhöhung der Parameterwerte bewirkt, dass der Hochpunkt nach links, der Tiefpunkt nach rechts wandert. Zugleich wächst der Absolutbetrag ihrer y-Koordinate.

b) $P(1 \mid -3) \in g_{f_t}$; $f_t(1) = -3 \Rightarrow t = 4$

c) $f_t'(x) = 3x^2 - t$; $f_t'(0) = -t$, d.h. der Graph von f_t hat die Steigung $-t$.

d) $f_t'(2) = 8 \Rightarrow t = 4$

Lösungen zu den Aufgaben zur Vorbereitung auf das Abitur

- Lineare Funktionen: GW 7/8 S. 24
- Quadratische Funktionen: GW 9/10 S. 8
- Exponentialfunktionen: GW 9/10 S. 22

Rückwärts arbeiten

Hinweis: Ansatz unter Verwendung der Nullstellen

- Lineare Gleichungssysteme: GW 7/8 S. 26

Verwenden von Gleichungen

- Eigenschaften ganzrationaler Funktionen: GW 9/10 S. 26

Hinweis: h ist eine um zwei Einheiten nach rechts verschobene Normalparabel

- Quadratische Funktionen: GW 9/10 S.8

Hinweis: Bruchgleichungen löst man meist durch Multiplikation mit dem Nenner

- Bruchgleichungen: GW 7/8 S. 30

Kapitel I, Seite 26

1

f: 7: $x \mapsto 0{,}5x^2 - x - 1{,}5$; g: 8: $x \mapsto \frac{2x}{x-1}$

h: 5: $x \mapsto 1{,}5^x - 2$ k: 1: $x \mapsto -1{,}5 + 2x$

2

a) $f(x) = a(x-2)(x-4)$; $f(3) = a(3-2)(3-4) = -a = 3$

$\Rightarrow a = -3$; $f(x) = -3(x-2)(x-4)$ $(= -3x^2 + 18x - 24)$

b) z.B. $f(x) = -x^2 - 1$

c) Funktion ist durch 2 Punkte nicht eindeutig bestimmt. Versuch mit $f(x) = x^2 + bx + c$:

$\left.\begin{array}{ll}\text{(I)} & f(-1) = 1 - b + c = -3 \\ \text{(II)} & f(2) = 4 + 2b + c = 3\end{array}\right\}$ (II) − (I): $3 + 3b = 6 \Rightarrow b = 1$

$\Rightarrow c = -3$

Eine mögliche Funktion ist: f: $x \mapsto x^2 + x - 3$

3

a) Polstellen treten hier an den Nullstellen des Nenners von g, also an den Nullstellen von f auf; diese können nicht in der Definitionsmenge enthalten sein, sind also Definitionslücken.
Ablesen am Graphen: Es liegen also Polstellen bei $x = -2$, $x = 0$ und $x = 1$ vor.
An der Stelle $x = -2$ liegt eine Polstelle ohne Vorzeichenwechsel vor. Links und rechts von $x = -2$ ist der Wert von g(x) positiv, da der Wert von f(x) positiv ist. An der Stelle $x = 0$ liegt ein Vorzeichenwechsel von + nach − vor, an der Stelle $x = 1$ liegt ein Vorzeichenwechsel von − nach + vor.

b) Die Funktionswerte von f(x) streben für $x \to \pm\infty$ jeweils gegen $+\infty$. Daher streben die Funktionswerte von $g(x) = \frac{1}{f(x)}$ für $x \to \pm\infty$ gegen 0; also $\lim\limits_{x \to \pm\infty} g(x) = 0$.
Andere Begründungsmöglichkeit:
Da der Zählergrad von g(x) gleich Null und damit kleiner als der Nennergrad (gemäß Angabe gleich 4) ist, besitzt der Graph von g die x-Achse als waagrechte Asymptote und es gilt $\lim\limits_{x \to \pm\infty} g(x) = 0$.

c) Die Nullstellen einer gebrochen rationalen Funktion sind die Nullstellen des Zählers, soweit diese keine Definitionslücken sind. Da der Zähler von g(x) keine Nullstellen besitzt, hat also auch g keine Nullstellen.

d) Zunächst werden die senkrechten Asymptoten eingezeichnet. Mit der Art der Polstellen und dem Grenzverhalten im Unendlichen ergibt sich bereits ein gutes Bild des Graphen von g. (Verbessert kann dieses dadurch werden, dass man die Werte von g(x) an der Stelle $x = -1$ und an der Stelle $x = 0{,}5$ an Hand der Funktionswerte von f (abgelesen am Graphen von f) näherungsweise berechnet: $g(-1) \approx 0{,}4$; $g(0{,}5) \approx -0{,}5$.)

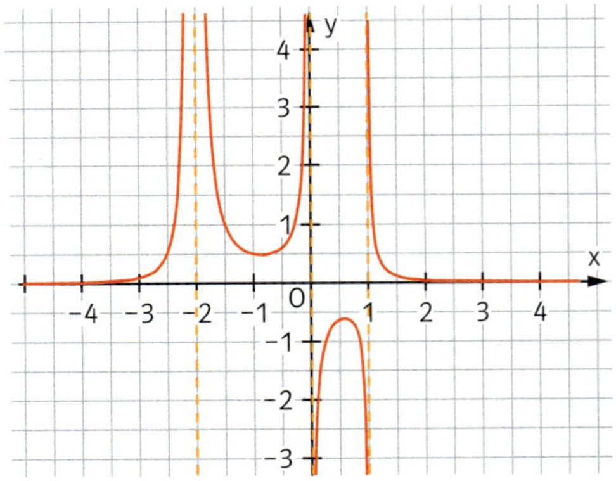

e) Damit der Graph von k eine Polstelle ohne Vorzeichenwechsel besitzt, muss der Grad von h mindestens gleich 2 sein. Mit $h(x) = (x-2)^2$ hat der Graph von k an der Stelle $x = 2$ die gewünschte Polstelle (mit positivem Vorzeichen von k(x) links und rechts von $x = 2$)

4

a) $\left.\begin{array}{l} x = -1 \text{ ist Polstelle} \Rightarrow b = -1 \\ y = 2 \text{ ist waagrechte Asymptote} \Rightarrow a = 2 \end{array}\right\}$ $f(x) = \frac{2x-1}{x+1}$

(Probe durch Einsetzen von Punkten: $f(0) = -1$; $f(2) = 1$; $f(-4) = 3$)

b) Ansatz: $\frac{2x-1}{x+1} = 3x - 1 \Rightarrow 2x - 1 = (3x-1)(x+1)$; $2x - 1 = 3x^2 + 2x - 1 \Rightarrow 3x^2 = 0 \Rightarrow x = 0$
Es gibt nur einen Schnittpunkt, nämlich den Punkt $(0\,|\,-1)$.

c) z.B. k: $x \mapsto 3x$ (es ergibt sich die Gleichung $3x^2 + x + 1 = 0$; mit Diskriminante $D = -11$)

d) $g(x) = \frac{-1}{x+2}$; Asymptoten: $x = -2$ und $y = 0$; keine Nullstelle, da der Zähler nicht 0 werden kann.

e) $h(x) = 2x - 1 - \frac{1}{x+2}$; $x = -2$ ist wieder Gleichung der senkrechten Asymptote.
$y = 2x - 1$ ist schräge Asymptote.

Kapitel II, Seite 62

1

Graph I gehört zu f, Graph II zu f′ und Graph III zu F. III hat bei $x_1 \approx 0{,}8$ und $x_2 \approx 2{,}65$ Stellen mit waagrechter Tangente; die zu I gehörige Funktion hat bei $x_1 \approx 0{,}8$ und $x_2 \approx 2{,}65$ Nullstellen, die zu II gehörige Funktion dagegen nicht. Also ist die zu I gehörige Funktion die Ableitung von der Funktion, die zu III gehört. Die zu III gehörige Funktion hat bei $x_3 \approx 3{,}5$ eine Nullstelle. Da II an dieser Stelle keine waagrechte Tangente besitzt, folgt nach dem Ausschlussprinzip, dass die zu III gehörige Funktion nicht die Ableitung von der Funktion sein, die zu II gehört. Daraus folgt, dass die zu II gehörige Funktion die Ableitung der Funktion ist, die zu I gehört.

Rückwärts arbeiten; Ausschlussprinzip

2

a) $0{,}5x^3 - 2x = 0 \Leftrightarrow 0{,}5x(x^2 - 4) = 0 \Rightarrow x_1 = 0;\ x_2 = 2;\ x_3 = -2 \Rightarrow N(-2\,|\,0)$

b) $f'(x) = 1{,}5x^2 - 2$

$f'(0) = 1{,}5 \cdot 0^2 - 2 = -2 \Rightarrow t_0\text{: } y = -2x$

$f'(-2) = 1{,}5 \cdot (-2)^2 - 2 = 6 - 2 = 4;\ 0 = 4 \cdot (-2) + t \Rightarrow t = 8 \Rightarrow t_N\text{: } y = 4x + 8$

c) Berechnung von h (siehe Skizze rechts) und anschließend A:

$-2x = 4x + 8 \Rightarrow x = -\frac{4}{3}$, also $h = \frac{8}{3} \Rightarrow A = \frac{1}{2} \cdot 2 \cdot \frac{8}{3} = \frac{8}{3}$

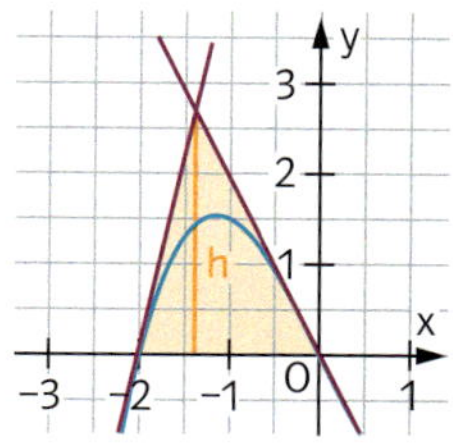

► Nullstellen ganzrationaler Funktionen: GW 9/10 S. 26

► Bestimmung des Terms linearer Funktionen: GW 7/8 S. 24

Veranschaulichen durch eine Skizze

3

a) Aus der Zeichnung: $t \approx 3{,}3$ Tage ≈ 79 Stunden

b) $W'(t) = \frac{(t^3 + 30) \cdot 50 - 50t \cdot 3t^2}{(t^3 + 30)^2} = \frac{1500 - 100t^3}{(t^3 + 30)^2}$

$W'(t_0) = 0 \Leftrightarrow 1500 - 100t_0^3 = 0$

$\Leftrightarrow t_0 = \sqrt[3]{15} \approx 2{,}47$

$W(\sqrt[3]{15}) \approx 4{,}74$

c) $4{,}74 : 2 = 2{,}37 = 237\%$.

Die Wasserhöhe ist um 137% angestiegen.

d) $\frac{W(\sqrt[3]{15}) - W(0)}{\sqrt[3]{15} - 0} \approx \frac{4{,}74 - 2}{2{,}47} \approx 1{,}11$

In der Zeit zwischen 0 und $t_0 = \sqrt[3]{15} \approx 2{,}47$ nimmt die Wasserhöhe im Mittel pro Tag um 1,11 m zu.

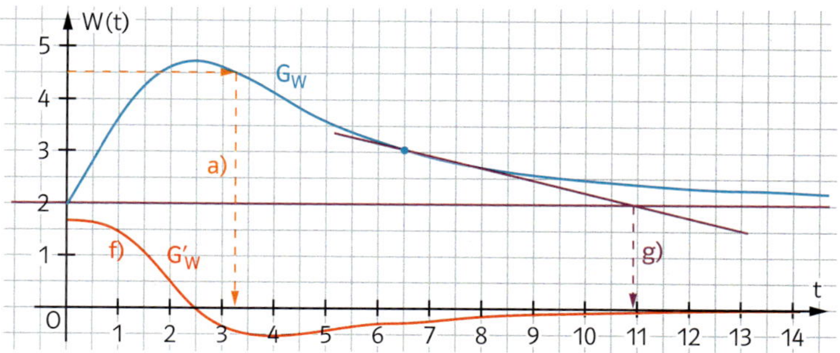

e) $W'(4) \approx -0{,}55$

f) $W'(0) \approx 1\frac{2}{3}$; Graph von W′: siehe Zeichnung.

g) Der Wasserpegel erreicht den Normalwert von 2 m zur Zeit $t \approx 11$ (siehe Zeichnung).

► Prozentrechnung: GW 7/8 S. 14

► Zeichnerisches Lösen eines LGS: GW 7/8 S. 26

Kapitel III, Seite 88

1

F hat lokales Maximum für $x_0 = 0 \Rightarrow F'(0) = f(0) = 0$
und f hat für $x_0 = 0$ einen Vorzeichenwechsel von + nach −.
F hat lokale Minima für $x_{1,2} = \pm 2 \Rightarrow F'(\pm 2) = f(\pm 2) = 0$
und f hat für $x_{1,2} = \pm 2$ einen Vorzeichenwechsel von − nach +.
Die Steigung von G_F ist ungefähr an der Stelle $x_3 = -1$ maximal und beträgt dort ≈ 1. Die Steigung ist ungefähr an der Stelle $x_4 = 1$ minimal und beträgt dort $\approx -1 \Rightarrow F'(-1) = f(-1) \approx 1;\ F'(1) = f(1) \approx -1$.

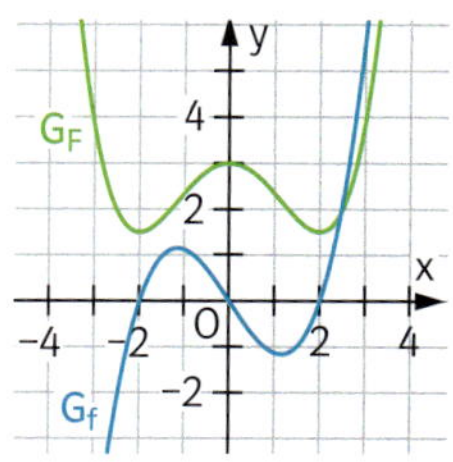

geschicktes Abschätzen

2

$x_0 = -3$ ist Polstelle und G_f ist achsensymmetrisch bezüglich der y-Achse, also möglich: $f(x) = \frac{1}{(x + 3)(x - 3)}$

$x_1 = 2$ ist Nullstelle und G_f ist achsensymmetrisch bezüglich der y-Achse, also möglich: $f(x) = \frac{(x - 2)(x + 2)}{(x + 3)(x - 3)}$

$y = 3$ ist waagerechte Asymptote, also mögliche Funktion: $f(x) = \frac{3(x - 2)(x + 2)}{(x + 3)(x - 3)}$

► Graphen gebrochen rationaler Funktionen: LS 11 S. 9, 15, 19

- ► Symmetrie: GW 9/10 S. 28
- ► Exponentialfunktionen: GW 9/10 S. 22

3

a) $f(-x) = 2^{-x} + \left(\frac{1}{2}\right)^{-x} = \left(\frac{1}{2}\right)^{x} + 2^{x} = f(x)$

$\Rightarrow$ G_f ist achsensymmetrisch bezüglich der y-Achse.

b)

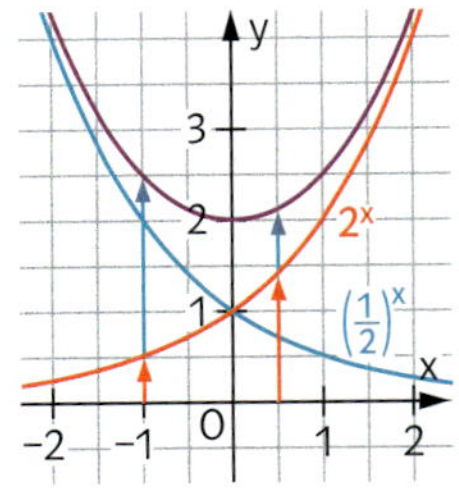

4

a) G_g ist im gezeichneten Bereich streng monoton steigend für $x \leqq 1$, streng monoton fallend für $1 \leqq x \leqq 3$ und streng monoton steigend für $x \geqq 3$.

$\Rightarrow$ Extremstellen $x_1 = 1$ und $x_2 = 3$.

b)

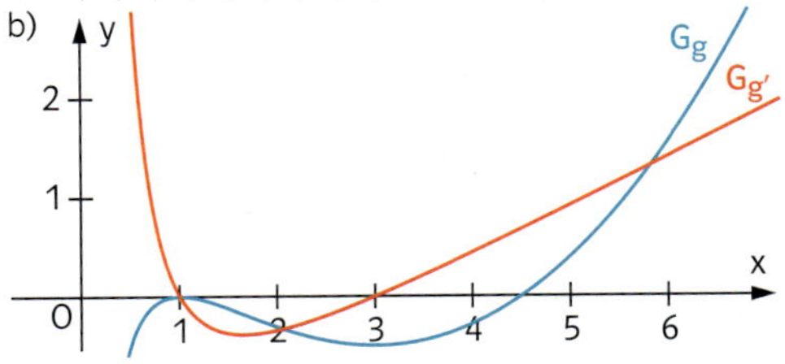

► Quotientenregel: LS 11 S. 54

c) $f(1) = 0$

$f'(x) = \frac{4x^3 - 13x^2 + 9}{8x^2}$ $\Rightarrow$ $f'(1) = f'(3) = 0$

zu c)

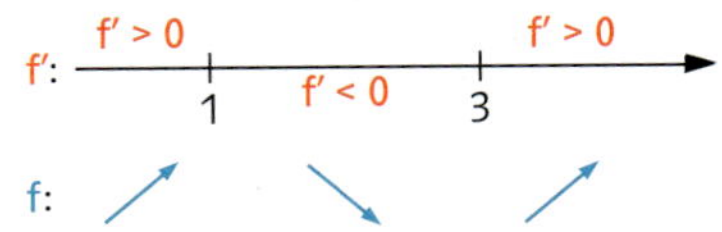

d) Nullstellen: $x_3 = 1$, $x_4 = 4{,}5$

Polstelle: $x_0 = 0$

$f'(x) = 0$ für $x_1 = 1$, $x_2 = 3$ und $x_5 = -\frac{3}{4}$

Extrema: lokales Maximum $(1|0)$ und lokale Minima $\left(-\frac{3}{4}\middle|\approx 5{,}4\right)$ und $(3|-0{,}5)$.

Verhalten an der Definitionslücke: $\lim\limits_{x \to 0,\, x<0} f(x) = +\infty$ und $\lim\limits_{x \to 0,\, x>0} f(x) = -\infty$

zu d)

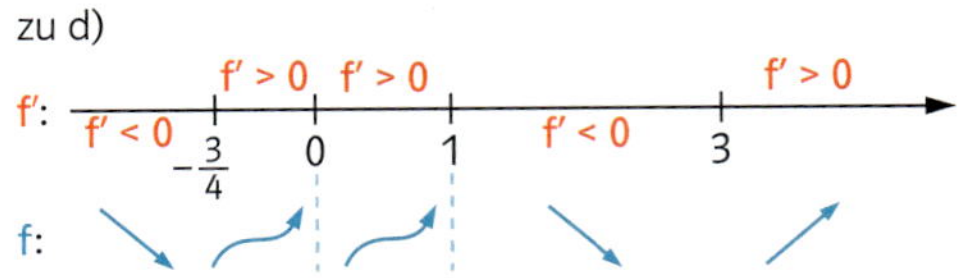

► Asymptoten: LS 11 S. 15

Da Zählergrad = Nennergrad + 2, besitzt der Graph G_f weder eine waagrechte noch eine schräge Asymptote. Es gilt: $\lim\limits_{x \to +\infty} f(x) = +\infty$

5

a) $g(4) = 2$; Die Firma macht einen Gewinn von 2 Millionen Euro, wenn sie 4 Tonnen verkauft.

$g'(x) = -1{,}5x^2 + 4x + 1{,}5$; $g'(x) = 0$ für $x_1 = 3$ und $x_2 = -\frac{1}{3}$

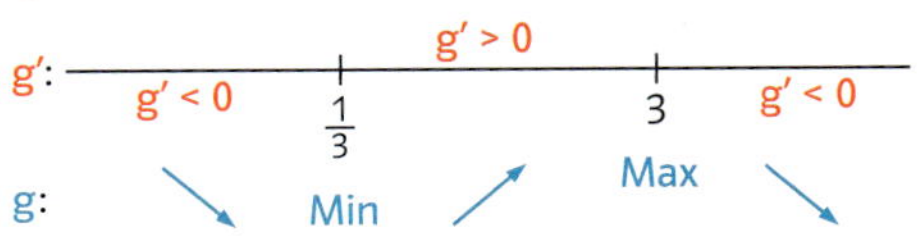

$\Rightarrow$ lokales Maximum bei $x = 3$, d.h., für 3 Tonnen macht sie den größten Gewinn, nämlich 5 Mio. €.

b) $g(4) = 2$, $g(0) = -4$; lokales Minimum $\left(-\frac{1}{3}\middle|\approx -4{,}3\right)$ $\Rightarrow$ Graph G_g siehe rechts.

Bis zu einem Wert x* (zwischen 0 und 3 Tonnen) macht die Firma Verlust, ab diesem Wert x* macht sie immer mehr Gewinn; erst ab 3 Tonnen sinkt der Gewinn wieder.

zu b) c)

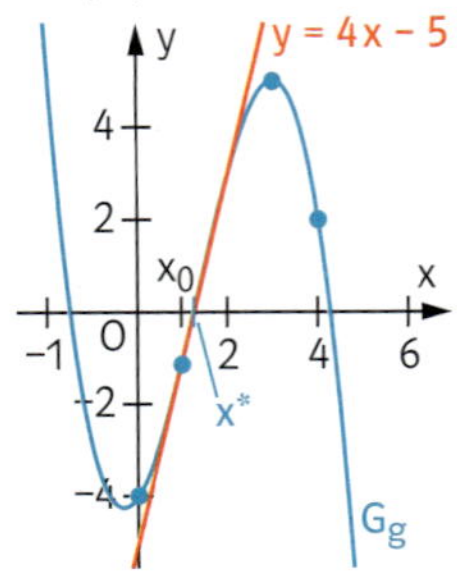

- Betrachten eines Extremfalls
- Hilfslinien einzeichnen

c) Der Startwert muss möglichst nahe an der gesuchten Nullstelle x* liegen, hier auf jeden Fall zwischen den beiden Extremstellen. An den Extremstellen ergäben sich waagrechte Tangenten, also würde das Näherungsverfahren abbrechen.

Aber selbst dieser Bereich muss noch eingeschränkt werden, da die Tangente sonst die x-Achse auf der anderen Seite der Extremstelle schneiden könnte und so die falsche Nullstelle angenähert wird. Für den Startwert $x_0 = 4$ würde das Newton-Verfahren die Nullstelle rechts neben der gesuchten Nullstelle liefern.

d) $x_{n+1} = x_n - \frac{g(x_n)}{g'(x_n)}$; $x_1 = 1 - \frac{g(1)}{g'(1)} = 1{,}25$ und $x_2 = 1{,}25 - \frac{g(1{,}25)}{g'(1{,}25)} = 1{,}2443609$; also etwa 1244 kg.

(Führt man einen weiteren Schritt des Newton-Verfahrens durch, so erkennt man, dass der Näherungswert schon nach dem 2. Schritt auf 4 Stellen nach dem Komma genau ist.)

1

Die Punkte $P(2|x_2|3)$ liegen auf einer Parallelen zur x_2-Achse durch den Punkt $P_0(2|0|3)$.

Veranschaulichen durch eine Skizze

2

Die Vektoren $\vec{n} = k\cdot\begin{pmatrix}-5\\8\\1\end{pmatrix}$ sind orthogonal zu den Vektoren $\begin{pmatrix}3\\2\\-1\end{pmatrix}$ und $\begin{pmatrix}2\\1\\2\end{pmatrix}$.

► Lösen eines LGS: GW 7/8 S. 26

3

$\vec{a}\times(\vec{b}+k\cdot\vec{a}) = \vec{a}\times\vec{b}+\vec{a}\times(k\cdot\vec{a}) = \vec{a}\times\vec{b}+k\cdot(\vec{a}\times\vec{a}) = \vec{a}\times\vec{b}$

Die Vektoren $\vec{a}$, $\vec{b}$ und die Vektoren $\vec{a}$ und $\vec{b}+k\cdot\vec{a}$ spannen Parallelogramme mit dem gleichen Flächeninhalt auf.

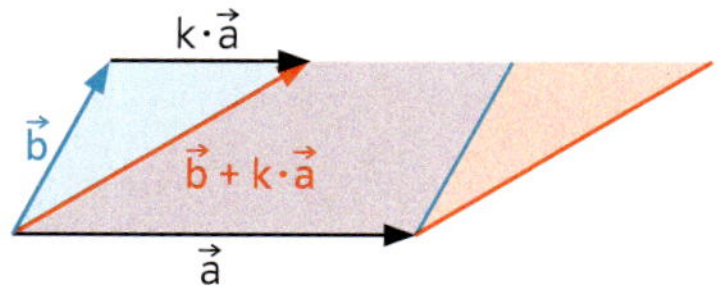

Betrachten einer geeigneten Ebene

4

$V = |(\vec{a}\times\vec{b})\circ\vec{c}| = 27;\;\; \vec{a}\circ\vec{b} = \vec{a}\circ\vec{c} = \vec{b}\circ\vec{c} = 0;\;\; |\vec{a}| = \sqrt{\vec{a}\circ\vec{a}} = \sqrt{4+1+4} = 3;$ analog $|\vec{b}|$, $|\vec{c}|$.

Die Vektoren stehen paarweise aufeinander senkrecht und haben alle den gleichen Betrag 3.
Der Spat ist ein Würfel mit der Kantenlänge 3.

5

a) g liegt in der x_1x_2-Ebene. Aus dem Ansatz $x_2 = mx_1 + t$ erhält man durch Einsetzen von $(5|0)$ und $(-1|4)$ ein Gleichungssystem für m und t. Dessen Lösung lautet $m = -\frac{2}{3}$; $t = \frac{10}{3}$; d.h. $x_2 = -\frac{2}{3}x_1 + \frac{10}{3}$ (gleichbedeutend mit angegebenem Ergebnis)

► Lineare Funktionen: GW 7/8 S. 24

b) Alle Punkte, für die $x_3 = 0$ gilt, bilden die x_1x_2-Ebene.

c) In der x_1x_2-Ebene beschreibt die Gleichung $2x_1 + 3x_2 - 10 = 0$ die Gerade g. Im dreidimensionalen Raum beschreibt die Gleichung eine Ebene E durch g, die parallel zur x_3-Achse ist, weil x_3 frei wählbar ist.

d) Für die Punkte Q gilt $q_3 = 0$ für alle $\lambda\in\mathbb{R}$. Sie liegen also in der x_1x_2-Ebene.
Die Gleichung $2\cdot(-1{,}5\lambda+5) + 3\cdot\lambda - 10 = 0$ ist für $\lambda\in\mathbb{R}$ erfüllt. Also liegen alle Punkte Q auf g.

e) $\overline{SQ}^2 = (-1{,}5\lambda+5-4)^2 + (\lambda-5)^2 + (0-6)^2 = 2{,}25\lambda^2 - 3\lambda + 1 + \lambda^2 - 10\lambda + 25 + 36$

$\overline{SQ}^2 = f(\lambda) = 3{,}25\lambda^2 - 13\lambda + 62;\;\; f'(\lambda) = 6{,}5\lambda - 13;\;\; f'(2) = 0$

$f'(\lambda) < 0$ für $\lambda < 2$ und $f'(\lambda) > 0$ für $\lambda > 2$ Also ist $f(2) = 49$ ein minimaler Wert.

$Q_0(2|2|0)$ ist der Punkt mit dem kürzesten Abstand $\overline{SQ_0} = 7$ von S.

f) $\overrightarrow{SQ}\perp\overrightarrow{AB} \Rightarrow \begin{pmatrix}-1{,}5\lambda+1\\\lambda-5\\-6\end{pmatrix}\circ\begin{pmatrix}6\\-4\\0\end{pmatrix} = 0 \Rightarrow -13\lambda+26 = 0 \Rightarrow \lambda = 2$ und damit $Q_0(2|2|0)$

g) $K: (x_1-4)^2 + (x_2-5)^2 + (x_3-6)^2 = r^2$ $\qquad Q\in K:\; (-1{,}5\lambda+1)^2\,(\lambda-5)^2 + 36 = r^2$

$\Rightarrow 3{,}25\lambda^2 - 13\lambda + 62 - r^2 = 0$ $\qquad \Rightarrow \lambda_{1,2} = \frac{1}{6{,}5}\cdot\left(13 \pm \sqrt{13\cdot(r^2-49)}\right)$

Für $r = 7$ ergibt sich $\lambda_{1,2} = 2$ und damit $Q_0(2|2|0)$. In Q_0 berührt die Gerade g die Kugel.

h) $S_0(4|5|0)$; $\cos\alpha = \frac{\overrightarrow{BS_0}\circ\overrightarrow{BS}}{|\overrightarrow{BS_0}|\cdot|\overrightarrow{BS}|}$; $\alpha\approx 49{,}6°$

► Neigungswinkel: GW 9/10 S. 16

i) $\cos\beta = \frac{\overrightarrow{Q_0S_0}\circ\overrightarrow{Q_0S}}{|\overrightarrow{Q_0S_0}|\cdot|\overrightarrow{Q_0S}|}$; $\beta\approx 59°$

Einzeichnen von Hilfslinien

k) $V = \frac{1}{6}\cdot|(\overrightarrow{AB}\times\overrightarrow{AC})\circ\overrightarrow{AS}| = \frac{1}{6}\cdot\left|\begin{pmatrix}0\\0\\-46\end{pmatrix}\circ\begin{pmatrix}x_1\\x_2\\6\end{pmatrix}\right| = 46$

Das Volumen ist unabhängig von x_1 und x_2.
Alle Pyramiden haben die gleiche Grundfläche und die gleiche Höhe, weil S sich in einer Ebene parallel zur Grundfläche im Abstand 6 bewegt.

► Volumen Pyramide: GW 9/10 S. 16

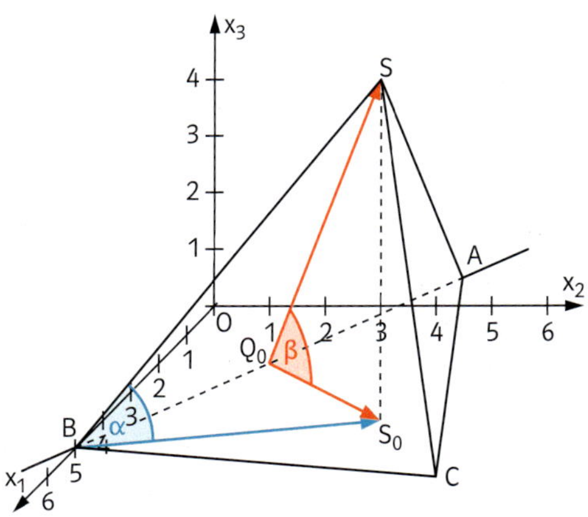

Kapitel V, Seite 150

1

► Quadratische Funktionen: GW 9/10 S. 8

a) siehe nebenstehende Figur;
$f^{-1}: x \mapsto \sqrt{x+2} - 1$; $D_{f^{-1}} = [-2; \infty[$, $W_{f^{-1}} = [-1; \infty[$

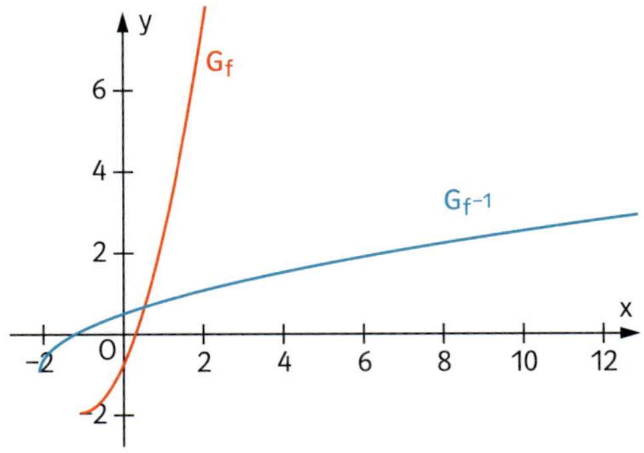

b) $g'(x) > 0$, also ist G_g streng monoton steigend und damit umkehrbar.

► Quotientenregel: LS 11 S. 54

c) Radikand $\geqq 0$; Nenner $\neq 0 \Rightarrow D_r = [1; 3[$
$r'(x) = \frac{1}{\underbrace{(3-x)}_{>0} \cdot \underbrace{\sqrt{(3-x)(x-1)}}_{\geqq 0}} > 0$
also G_r streng monoton steigend.
$r(1) = 0$, $\lim\limits_{x \to 3} r(x) = \infty$, also $W_r = \mathbb{R}_0^+$

2

► Quadratwurzel: GW 9/10 S. 4

b) $D_h = \mathbb{R}_0^+$,
Nullstellen: $x = k\pi$, $k \in \mathbb{N}_0$

Skizze zu a) und d)

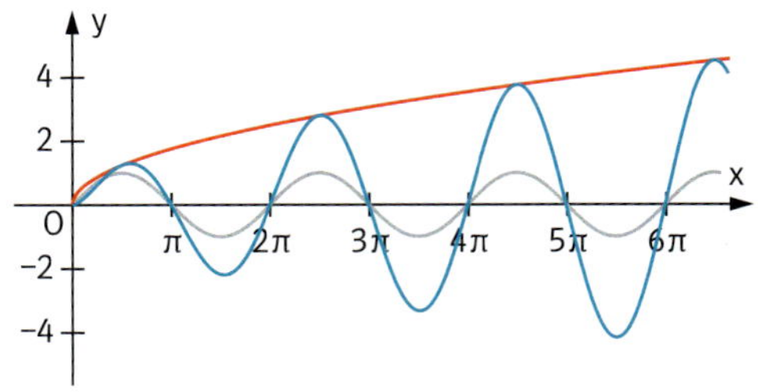

► Sinusfunktion: GW 9/10 S. 20

c) Die Funktion h und die Sinusfunktion haben dieselben Nullstellen. In $[0; \pi]$ hat die Sinusfunktion das Maximum bei $x_0 = \frac{\pi}{2}$; die Funktion h hat das Maximum erst bei einem etwas größeren x-Wert als $\frac{\pi}{2}$, da der Faktor $\sqrt{x}$ den Funktionswert noch wachsen lässt.
$h'(x) = \sqrt{x} \cdot \cos x + \frac{1}{2\sqrt{x}} \cdot \sin x$

► Newton-Verfahren: LS 11 S. 81

Nullstelle von h' ist gesucht, also Newton-Verfahren auf $g(x) = h'(x)$ anwenden:
$g'(x) = \left(-\sqrt{x} - \frac{1}{4}x^{-\frac{3}{2}}\right) \cdot \sin x + \frac{1}{\sqrt{x}} \cdot \cos x$
Newton-Verfahren: $x_0 = 1{,}6$

$$x_1 = x_0 - \frac{a(x_0)}{a'(x_0)} = 1{,}6 - \frac{\sqrt{1{,}6} \cdot \cos 1{,}6 + \frac{1}{2\sqrt{1{,}6}} \cdot \sin 1{,}6}{\frac{1}{\sqrt{1{,}6}} \cdot \cos 1{,}6 + \left(-\sqrt{1{,}6} - \frac{1}{4} \cdot 1{,}6^{-1{,}5}\right) \cdot \sin 1{,}6} \approx 1{,}8538619$$

Invarianzprinzip

e) Da aufeinanderfolgende Nullstellen den gleichen Abstand haben, sind die Grundlinien dieser Dreiecke gleich lang (invariant). Die Höhen dieser Dreiecke sind durch die Funktionswerte der Extrema festgelegt. Da diese Funktionswerte mit wachsenden x-Werten immer größer werden, verlängern sich damit auch die Dreieckshöhen, d.h. mit wachsenden x-Werten wachsen auch die Flächeninhalte der Dreiecke.
$\frac{1}{2} \cdot \pi \cdot h(x_0) = 40 \Rightarrow h(x_0) \approx 25{,}46 \Rightarrow \sqrt{x_0} \approx 25{,}46$ (denn $\sin x_0 \approx 1$) $\Rightarrow x_0 \approx 648{,}2 \approx 206{,}3\pi$
Die gesuchten aufeinander folgenden Nullstellen sind 206π und 207π.

► Grenzwert: GW 9/10 S. 28

f) Nein, G_h schneidet die x-Achse bei $x = k \cdot \pi$, $k \in \mathbb{N}_0$

► Schnittpunkte: GW 9/10 S. 10

g) Aus $h(x) = s(x)$ folgt $x = 1$, also $P(1 \mid \sin 1)$ mit $\sin 1 \approx 0{,}8415$

h) $w \circ s: x \mapsto \sqrt{\sin x}$; $s \circ w: x \mapsto \sin\sqrt{x}$; $G_{w \circ s} = G_1$; $G_{s \circ w} = G_2$

i) Radikand $\geqq 0$; also $\sin x \geqq 0$; $D_{w \circ s} = \{x \mid 2k\pi \leqq x \leqq (2k+1) \cdot \pi;\ k \in \mathbb{Z}\}$;
$W_{w \circ s} = [0; 1]$

Hinweis:
$\lim\limits_{x \to 0} \cos x = 1$;
$\lim\limits_{x \to 0} \sqrt{\sin x} = 0$
$\lim\limits_{x \to \pi} \cos x = -1$;
$\lim\limits_{x \to \pi} \sqrt{\sin x} = 0$

k) $(w \circ s)'(x) = \frac{\cos x}{2 \cdot \sqrt{\sin x}}$; $\lim\limits_{x \to 0} \frac{\cos x}{2\sqrt{\sin x}} = +\infty$; $\lim\limits_{x \to \pi} \frac{\cos x}{2\sqrt{\sin x}} = -\infty$
Die Steigung der Tangente geht für $x \to 0$ gegen $+\infty$, für $x \to \pi$ gegen $-\infty$.
$(w \circ s)(x + 2\pi) = \sqrt{\sin(x + 2\pi)} = \sqrt{\sin(x)} = (w \circ s)(x)$
Da $w \circ s$ periodisch ist (Periode 2π), lassen sich die Ergebnisse aus dem Intervall $[0; \pi[$ auf den ganzen Graphen übertragen.

l) $\sin\sqrt{x} = 0$, falls $\sqrt{x} = k \cdot \pi$; Nullstellen: $x = k^2\pi^2$, $k \in \mathbb{N}_0$
Die Abstände der Nullstellen werden immer größer; d.h. mit größer werdendem x wird auch die Sinuskurve immer weiter „gedehnt". Hoch- und Tiefpunkte haben zur x-Achse den konstanten Abstand 1.

m) $(s \circ w)'(x) = \frac{1}{2\sqrt{x}} \cdot \cos\sqrt{x}$; $(s \circ w)'(x) = 0$ für $x = \frac{\pi^2}{4}$; Hochpunkt $H\left(\frac{\pi^2}{4} \middle| 1\right)$ mit $\frac{\pi^2}{4} \approx 2{,}47$

n) $\sqrt{\sin x} = 0{,}5 \Rightarrow \sin x = 0{,}25$. Taschenrechner liefert $x_1 \approx 0{,}25$; mit $x_2 = \pi - x_1$ folgt: $k = x_2 - x_1 \approx 2{,}65$

1

$D_f = \{x \mid x \leqq 3\}$; $D_g = \{x \mid x \geqq 0\}$

Schnittpunkte mit den Achsen:

G_f: $(3 \mid 0)$; $(0 \mid \sqrt{3})$ G_g: $(3 \mid 0)$; $(0 \mid -\sqrt{3})$

Gemeinsamer Punkt: $(3 \mid 0)$

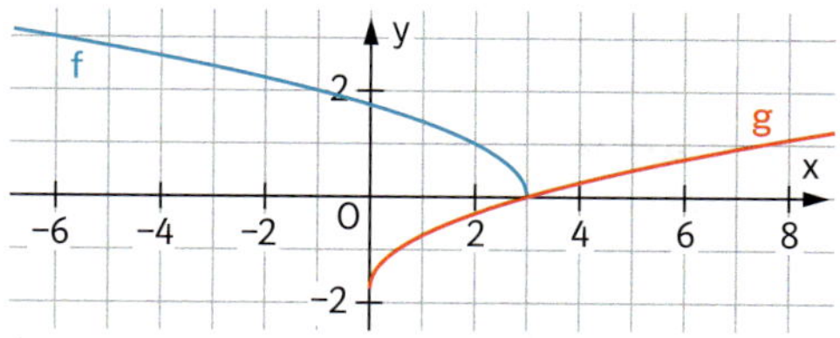

► Quadratwurzel: GW 9/10 S. 4

► Schnittpunkt: GW 9/10 S. 10

2

Wegen Symmetrie des Graphen und waagrechter Asymptote anzusetzen: $f(x) = \frac{x^2 + a}{bx^2 + c}$

Nullstellen $(-2 \mid 0)$ und $(2 \mid 0)$ $\Rightarrow a = -4$

Punkt $(0 \mid -2) \in G_f$ $\Rightarrow c = 2$

Waagrechte Asymptote $y = 2$ $\Rightarrow b = 0{,}5$

Also $f(x) = \frac{x^2 - 4}{0{,}5x^2 + 2}$. Andere Möglichkeit z.B. $f(x) = \frac{2x^2 - 8}{x^2 + 4}$

► Symmetrie: LS 11 S. 20

► Asymptoten: LS 11 S. 14/15

3

a) G_g ist punktsymmetrisch bezüglich des Ursprungs, da gilt: $g(-x) = 0{,}25(-x)^3 - 3(-x)$
$= -0{,}25x^3 + 3x$
$= -g(x)$

b) Für die Funktionen f_k gilt:
$f_k(x) = \frac{1}{16}x^4 - 1{,}5x^2 + k$
Da $f_k(-x) = f_k(x)$ für alle $x \in \mathbb{R}$ zutrifft, sind die Graphen von f_k symmetrisch bezüglich der y-Achse.
$f_{k^*}(4) = -3$; $\frac{1}{16} \cdot 256 - 1{,}5 \cdot 16 + k^* = -3 \Rightarrow k^* = 5$
also: $f_{k^*}: x \mapsto \frac{1}{16}x^4 - 1{,}5x^2 + 5$

c)

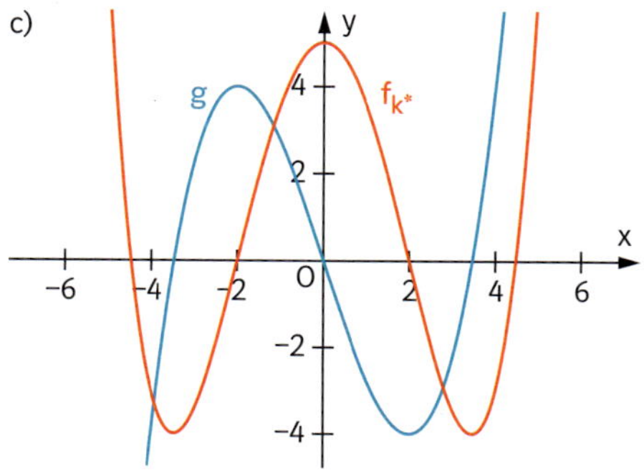

► Symmetrie von Funktionsgraphen: GW 9/10 S. 28

Rückwärts arbeiten; Systematisches Probieren

4

a) Nullstelle: $e^x(e^x - 2) = 0 \Rightarrow x = \ln 2$,
also $N(\ln 2 \mid 0)$
Symmetrie: keine
Asymptote: $y = 0$ für $x \to -\infty$

b) $f'(x) = 2e^x(e^x - 1)$
$f'(x) = 0$ liefert $x = 0$

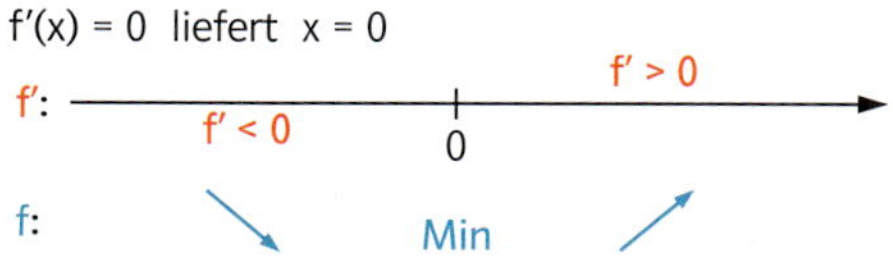

Einziger Tiefpunkt $T(0 \mid -1)$

c) Mögliche Stammfunktion: $F(x) = \frac{1}{2} \cdot e^{2x} - 2e^x$

zu b) und g)

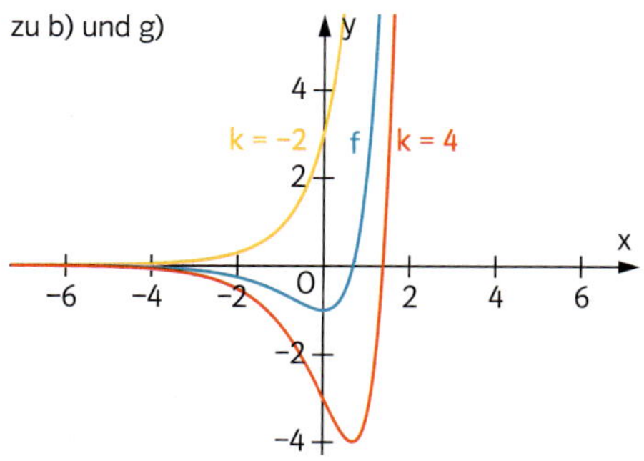

► Exponentialfunktionen: GW 9/10 S. 22

► Stammfunktion: LS 11 S. 45

Rückwärts arbeiten; Systematisches Probieren

d) Für die Tangente gilt:
Steigung: $f'(\ln 2) = 4$; Gleichung: $y = 4x - 4\ln 2$
Flächeninhalt $A_{\Delta OAN} = \frac{1}{2} \cdot \ln 2 \cdot 4\ln 2 = 2 \cdot (\ln 2)^2$

e) $\overrightarrow{OF} = \begin{pmatrix} a \\ 4a - 4\ln 2 \end{pmatrix}$; $OF \perp AN \Rightarrow \overrightarrow{OF} \circ \overrightarrow{AN} = 0$; $\begin{pmatrix} a \\ 4a - 4\ln 2 \end{pmatrix} \circ \begin{pmatrix} \ln 2 \\ 4\ln 2 \end{pmatrix} = 0$

Daraus folgt: $a = \frac{16}{17} \cdot \ln 2$

Damit ergibt sich $F\left(\frac{16}{17} \cdot \ln 2 \,\middle|\, -\frac{4}{17} \cdot \ln 2\right)$

Flächeninhalt $A_{\Delta OAN} = \frac{1}{2} \cdot |\overrightarrow{AN}| \cdot |\overrightarrow{OF}| = \frac{1}{2} \cdot (\sqrt{17} \cdot \ln 2) \cdot \left(\frac{4}{\sqrt{17}} \cdot \ln 2\right) = 2(\ln 2)^2$

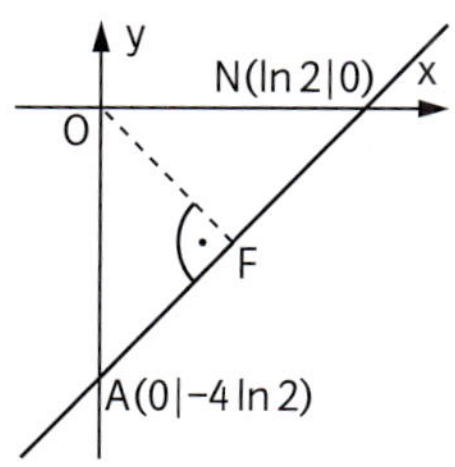

► Tangente: LS 11 S. 32, 37

► Skalarprodukt: LS 11 S. 107

Veranschaulichen durch eine Skizze

f) Es ist $\overrightarrow{OF} = \begin{pmatrix} \frac{16}{17}\ln 2 \\ -\frac{4}{17}\ln 2 \end{pmatrix} = \frac{4}{17}\cdot \ln 2 \cdot \begin{pmatrix} 4 \\ -1 \end{pmatrix}$ und $\overrightarrow{OA} = \ln 2 \cdot \begin{pmatrix} 0 \\ -4 \end{pmatrix}$.

Die Vektoren $\begin{pmatrix} 4 \\ -1 \end{pmatrix}$ und $\begin{pmatrix} 0 \\ -4 \end{pmatrix}$ schließen also $\sphericalangle AOF = \varphi$ ein.

Daher gilt: $\begin{pmatrix} 4 \\ -1 \end{pmatrix} \circ \begin{pmatrix} 0 \\ -4 \end{pmatrix} = \sqrt{17}\cdot 4 \cdot \cos\varphi \Rightarrow \cos\varphi = \frac{1}{\sqrt{17}} \Rightarrow \varphi \approx 76{,}0°$

► Kosinus, Tangens: GW 9/10 S. 14

Kontrolle: z.B. $\cos\varphi = \frac{|\overrightarrow{OF}|}{|\overrightarrow{OA}|}$ oder $\tan\varphi = \frac{|\overrightarrow{AF}|}{|\overrightarrow{OF}|}$.

g) Gemeinsame Eigenschaften:
Asymptote $y = 0$; keine Symmetrie; für $k > 0$: genau ein Tiefpunkt; für $k < 0$: kein Extrempunkt
Argumentation und Skizze analog b).

h) Für $k < 0$ ist $f_k'(x) = e^x(2e^x - k) > 0$ für alle x, d.h. die Aussage ist wahr.

i) Für $k > 0$ existieren Tiefpunkte $T_k\left(\ln\frac{k}{2} \,\middle|\, -\frac{k^2}{4}\right)$.
Ihre Koordinaten erfüllen die Gleichung $y = -e^{2x}$, denn: $-\frac{k^2}{4} = -e^{2\ln\frac{k}{2}} \Leftrightarrow \frac{k^2}{4} = e^{\ln\frac{k^2}{4}} \Leftrightarrow \frac{k^2}{4} = \frac{k^2}{4}$

k) Für $k > 0$ existieren Nullstellen von f_k bei $x = \ln k$. Für $k = e^z$ mit $z \in \mathbb{Z}$ ist $\ln k$ ganzzahlig.

Kapitel VII, Seite 194

1

Alle Augenzahlen sind gerade: $P_{\text{gerade}} = \left(\frac{1}{2}\right)^6 = \frac{1}{64} = 0{,}015625$

Alle Augenzahlen sind verschieden: $P_{\text{verschieden}} = \frac{6}{6}\cdot\frac{5}{6}\cdot\frac{4}{6}\cdot\frac{3}{6}\cdot\frac{2}{6}\cdot\frac{1}{6} = \frac{5}{324} \approx 0{,}01543$

Somit ist das Ereignis „alle Augenzahlen sind verschieden" etwas unwahrscheinlicher als das Ereignis „alle Augenzahlen sind gerade".

2

Veranschaulichen durch eine Zeichnung

a) siehe nebenstehende Figur

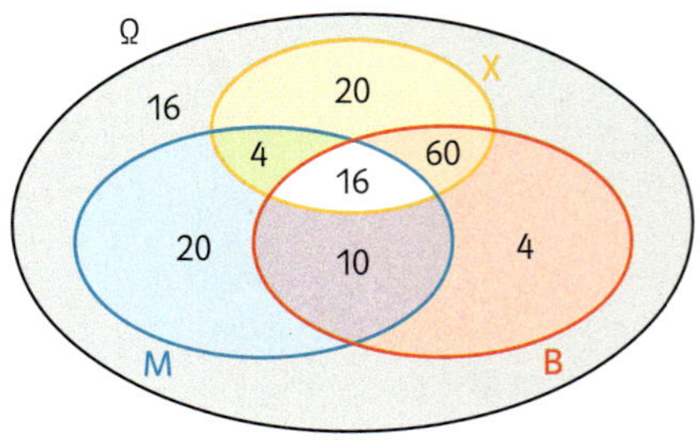

b) $P(M \cap X \cap B)$ ist die Wahrscheinlichkeit, dass ein zufällig ausgewählter Prüfling männlich ist und aus X-Stadt kommt und die Prüfung bestanden hat.

$P_{M\cap X}(B)$ ist die bedingte Wahrscheinlichkeit, dass ein Mann aus X-Stadt die Prüfung bestanden hat.

► Bedingte Wahrscheinlichkeit: GW 9/10 S. 24

Alternative Formulierung: Die Wahrscheinlichkeit, dass der Prüfling bestanden hat, wenn er männlich ist und aus X-Stadt kommt.

$P_{\overline{M}\cap X}(B)$ ist die bedingte Wahrscheinlichkeit, dass eine Frau aus X-Stadt die Prüfung bestanden hat.
Alternative Formulierung: Die Wahrscheinlichkeit, dass der Prüfling bestanden hat, wenn er weiblich ist und aus X-Stadt kommt.

Hinweis: Die absoluten Häufigkeiten können den Angaben direkt oder aus dem Mengendiagramm entnommen werden.

► Vierfeldertafel: GW 9/10 S. 24

c) $\left.\begin{array}{l} P_{M\cap X}(B) = \frac{|B\cap M\cap X|}{|M\cap X|} = \frac{16}{20} = \frac{4}{5} \\ P_{\overline{M}\cap X}(B) = \frac{|B\cap \overline{M}\cap X|}{|\overline{M}\cap X|} = \frac{60}{80} = \frac{3}{4} \end{array}\right\} \Rightarrow P_{M\cap X}(B) > P_{\overline{M}\cap X}(B)$

$\left.\begin{array}{l} P_{M\cap \overline{X}}(B) = \frac{|B\cap M\cap \overline{X}|}{|M\cap \overline{X}|} = \frac{10}{30} = \frac{1}{3} \\ P_{\overline{M}\cap \overline{X}}(B) = \frac{|B\cap \overline{M}\cap \overline{X}|}{|\overline{M}\cap \overline{X}|} = \frac{4}{20} = \frac{1}{5} \end{array}\right\} \Rightarrow P_{M\cap \overline{X}}(B) > P_{\overline{M}\cap \overline{X}}(B)$

d)

	M	$\overline{M}$	
B	$\frac{26}{150}$	$\frac{64}{150}$	$\frac{90}{150}$
$\overline{B}$	$\frac{24}{150}$	$\frac{36}{150}$	$\frac{60}{150}$
	$\frac{50}{150}$	$\frac{100}{150}$	1

Hinweis: Die bedingten Wahrscheinlichkeiten können mit Werten aus der Vierfeldertafel oder aus den Angaben (wie hier) berechnet werden.

e) Behauptung des Fahrschullehrers: $P_M(B) > P_{\overline{M}}(B)$; $\left.\begin{array}{l} P_M(B) = \frac{16+10}{20+30} = \frac{26}{50} = \frac{13}{25} \\ P_{\overline{M}}(B) = \frac{60+4}{80+20} = \frac{64}{100} = \frac{16}{25} \end{array}\right\} \Rightarrow P_M(B) < P_{\overline{M}}(B)$

f) OM_X: $P_{M\cap X}(B)$ OF_X: $P_{\overline{M}\cap X}(B)$ OM_Y: $P_{M\cap \overline{X}}(B)$ OF_Y: $P_{\overline{M}\cap \overline{X}}(B)$

g) siehe nebenstehende Figur
Steigung der Gerade OM: $P_M(B)$
Steigung der Gerade OF: $P_{\overline{M}}(B)$

h) Damit M und B unabhängig sind, muss der Anteil der aller Männer, die die Prüfung bestanden haben ebenso groß sein wie der Anteil aller Frauen, die die Prüfung bestanden haben.
Anteil aller Frauen, die die Prüfung bestanden haben: $\frac{60+4}{80+20} = \frac{64}{100} = \frac{32}{50}$
Anteil aller Männer, die die Prüfung bestanden haben, wobei y die Anzahl von Männern aus Y-Stadt ist, die die Prüfung bestanden haben müssen: $\frac{16+y}{20+30}$. Damit M und B unabhängig sind, müssen beide Anteile übereinstimmen, also $\frac{16+y}{50} = \frac{32}{50}$ und somit $y = 16$.

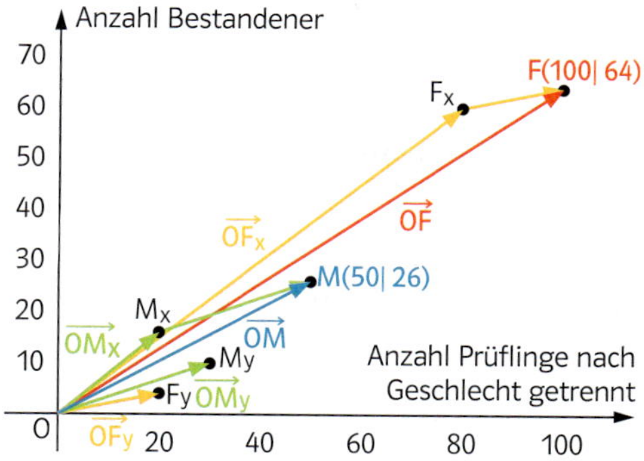

► Geradensteigung: GW 7/8 S. 24

Hinweis: Laut Angabe haben 10 Männer aus Y-Stadt die Prüfung bestanden, somit gilt für die betrachteten Anteile: $\frac{32}{50}$ und $\frac{26}{50}$, d.h. M und B sind zunächst abhängig.

Verwenden von Gleichungen

Kapitel VIII, Seite 222

1

a) Skizze nebenstehend
$f'(x) = \frac{2\pi}{3} \cdot \cos\left(\frac{\pi}{6} \cdot x\right)$
$f'(x) = 0$ für $x = 3$

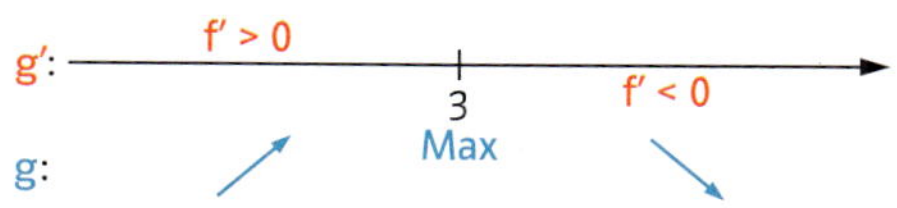

also H(3 | 4)

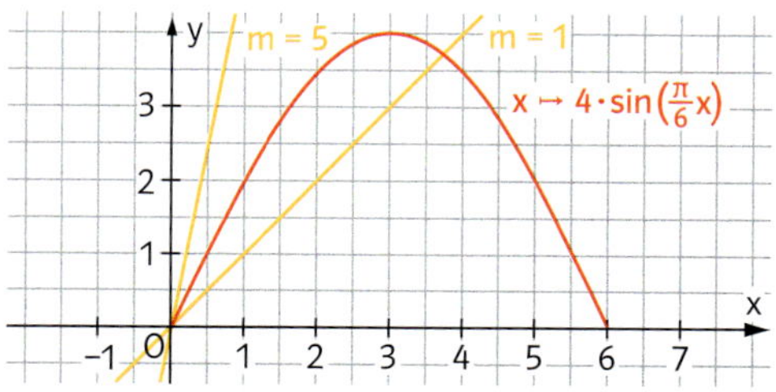

b) Steigung der Tangente an G_f im Ursprung:
$f'(0) = \frac{2\pi}{3}$
G_f und Gerade $y = m \cdot x$ haben für $0 \leqq m < \frac{2\pi}{3}$ zwei Punkte, für $m < 0$ oder $m \geqq \frac{2\pi}{3}$ einen Punkt gemeinsam.

► Allgemeine Sinusfunktion: GW 9/10 S. 20
► Bedingungen für Extrema: LS 11 S. 71

Veranschaulichen durch eine Skizze

2

a) f_{rot} ist Stammfunktion von f_{blau}, da bei
$x = 1$: Tiefpunkt von $Graph_{rot}$ = Nullstelle von f_{blau}
$x < 1$: $Graph_{rot}$ fällt und $f_{blau}(x) < 0$
$x > 1$: $Graph_{rot}$ steigt und $f_{blau}(x) > 0$
$x = 0$: $Steigung_{rot} \approx -1$ und $f_{blau}(0) = -1$

b) $f_{a+1}(x) = (x - a - 1)e^x$; $f'_{a+1}(x) = 1 \cdot e^x + (x - a - 1)e^x = (x - a)e^x = f_a(x)$

► Stammfunktion: LS 11 S. 45

► Produktregel: LS 11 S. 54

3

a) $D_{f_a} = \mathbb{R}^+$; Nullstelle e^a
b) $f'(x) = \frac{1}{x^2} \cdot (1 + a - \ln x)$; $f'(1) = 0 \Rightarrow a = -1$. Kontrolle $f_{-1}(1) = 1$

► Ableitung der ln-Funktion: LS 11 S. 155

4

a) Für die Nullstellen gilt $x^3 = -a^3$.
Also: $x = -1 \Rightarrow a = 1$ (violetter Graph),
$x = -2 \Rightarrow a = 2$ (roter Graph),
$x = -3 \Rightarrow a = 3$ (orangefarbener Graph).
b) Nullstellen: $x = -a$;
Extrempunkte: Ansatz $f_a'(x) = \frac{1}{a} - \frac{2a^2}{x^3} = 0$ liefert
$x = \sqrt[3]{2} \cdot a \approx 1{,}26 \cdot a$; $y = 1{,}5 \cdot \sqrt[3]{2} \approx 1{,}89$;
Polstellen: $x = 0$ für alle a

zu e)
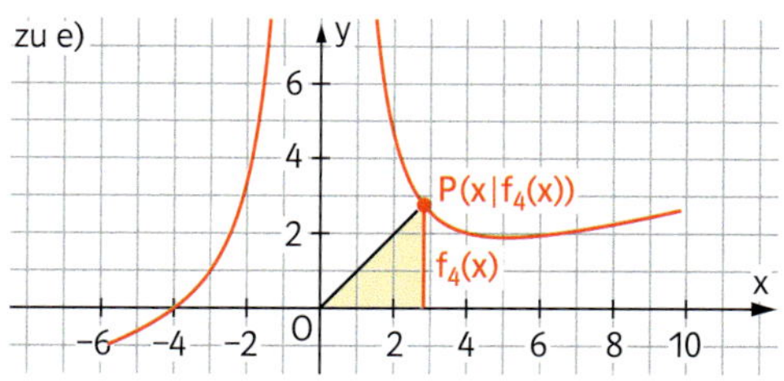

c) $\lim_{x \to +\infty} \left(\frac{a^2}{x^2}\right) = 0$, daher schräge Asymptote $y = \frac{x}{a}$
d) Die y-Koordinate der Extrempunkte ist unabhängig von a. (vgl. b))
e) Flächeninhalt $A(x) = \frac{1}{2} \cdot x \cdot f_4(x) = \frac{1}{2} \cdot x\left(\frac{x}{4} + \frac{16}{x^2}\right)$; aus $A'(x) = 0$ folgt $x = 2\sqrt{2}$; $A(2\sqrt{2}) = 2$ Flächeneinheiten

► Schräge Asymptote: LS 11 S. 15

Invarianzprinzip

► Skalarprodukt:
LS 11 S. 106

Veranschaulichen durch eine Skizze

► Tangens:
GW 9/10 S. 14

► Strahlensatz:
GW 7/8 S. 32

f) $\overrightarrow{AB} \circ \overrightarrow{OB} = \overline{AB} \cdot \overline{OB} \cdot \cos\beta_1$

$\begin{pmatrix} 8 \\ 2 \end{pmatrix} \circ \begin{pmatrix} 4 \\ 2 \end{pmatrix} = \sqrt{68} \cdot \sqrt{20} \cdot \cos\beta_1$

$\Rightarrow \cos\beta_1 = \frac{9}{\sqrt{85}} \Rightarrow \beta_1 \approx 12{,}53°$

Überprüfung mithilfe der rechtwinkligen Dreiecke AB'B bzw. OB'B

$\tan\beta = 4 \Rightarrow \beta \approx 75{,}96°$

$\tan\beta_2 = 2 \Rightarrow \beta_2 \approx 63{,}43°$

$\Rightarrow \beta_1 = \beta - \beta_2 = 12{,}53°$

Skizze:

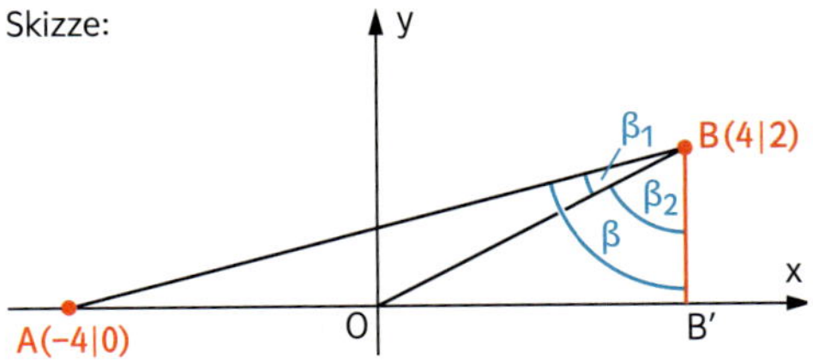

g) Z muss die Mitte von [AB] sein. Da O Mitte von [AB'] ist, halbiert nach dem Strahlensatz die y-Achse auch [AB] und es gilt: $\overline{OZ} = \frac{1}{2} \cdot \overline{B'B}$, also $\overline{OZ} = 1$, d.h. Z(0|1).

Lösungen zu den Aufgaben zur Vorbereitung auf das Abitur

Kapitel I, Seite 27

1

a) Lösungsansatz: $f(x) = a \cdot (x+2)^2 \cdot (x-1) \cdot (x-3)$ (Nullstellen bei 1 und 3; doppelte Nullstelle bei -2)
Mit $f(0) = 6$ liefert der Rechner als Lösung: $a = \frac{1}{2}$
Funktionsplott zeigt gute Übereinstimmung.

b) Nullstellen des Nenners: $x = -2$, $x = 1$ und $x = 3$
Wegen $g(x) = \frac{2}{(x-3)(x+2)^2}$ für $x \neq 1$
erhält man bei $x = 1$ eine hebbare Definitionslücke;
senkrechte Asymptoten: $x = 3$, $x = -2$; waagrechte Asymptote: $y = 0$.

c) Schnittpunkt des Graphen von g und $y = 0{,}0001$: $(26{,}917\ldots \mid 0{,}0001)$
Schnittpunkt des Graphen von g und $y = -0{,}0001$: $(-27{,}575\ldots \mid -0{,}0001)$
d.h. für $x < -27{,}575\ldots$ oder $26{,}917\ldots < x$ liegt $g(x)$ zwischen $-0{,}0001$ und $0{,}0001$

► Eigenschaften ganzrationaler Funktionen: GW 9/10 S. 26

Verwenden von Gleichungen

2

a) Ansatz: $h(x) = -\frac{1}{3}x + 3 + \frac{ax+b}{(x-2)(x+1)}$. Es muss außerdem gelten: $h(0) = 0$ und $h(1) = 1$.
Rechner liefert: $a = -\frac{8}{3}$; $b = 6$.

b) Umwandlung in die Standardform liefert als Zähler $-x^3 + 10x^2 - 15x$ und als Nenner $3x^2 - 3x - 6$.
Erweitert man mit $(x-7)$, so erhält man $h(x) = \frac{-x^4 + 17x^3 - 85x^2 + 105x}{3x^3 - 24x^2 + 15x + 42}$.

Hinweis: Die Standardform erhält man durch Erweitern zum Hauptnenner.

3

a) Definitionslücken = Nullstellen des Nenners; Rechner liefert: $x = 1$, $x = \pm\sqrt{5}$.
Untersuchung bei den Definitionslücken:
bei $x = \pm\sqrt{5}$: Zähler $\neq 0$ $\Rightarrow$ senkrechte Asymptote bei $x = \pm\sqrt{5}$
bei $x = 1$: Zähler $= 0$ $\Rightarrow$ $h(x)$ ist durch $(x-1)$ kürzbar,
also keine Asymptote bei $x = 1$.
Schräge Asymptote (durch Polynomdivision): $y = x + 1$

b) Ansatz: $h(x) = 500$; Rechner liefert: $x_1 \approx -2{,}23$; $x_2 \approx 2{,}25$; $x_3 \approx 498{,}98$
d.h. für $x \in \,]-\sqrt{5}\,; \approx -2{,}23[\; \cup \;]\sqrt{5}\,; \approx 2{,}25[\; \cup \;]\approx 498{,}98\,; +\infty[$ gilt: $h(x) > 500$

► Polynomdivision: GW 9/10 S. 26

Veranschaulichen durch eine Skizze

4

Nullstelle des Nenners: $x = -\frac{t}{3}$; der Zähler hat bei $x = -\frac{t}{3}$ den Wert $3t \neq 0$;
also haben die Graphen eine senkrechte Asymptote $x = -\frac{t}{3}$.
Polynomdivision liefert unabhängig von t als schräge Asymptote: $y = \frac{2}{3}x$
d.h. alle Graphen haben eine gemeinsame schräge Asymptote.

5

a) Polstelle bei $x = -1$: $-c + 1 = 0 \Rightarrow c = 1$
waagrechte Asymptote $y = 4 \Rightarrow a = 4$
$P(0 \mid -1) \in G_f$: $f(0) = -1 \Rightarrow b = -1$
also $f(x) = \frac{4x-1}{x+1}$

b) Schnitt der beiden Graphen liefert: $x = -\frac{d+8}{24} \pm \frac{\sqrt{d^2 - 32d + 16}}{24}$;
Radikand ist negativ für $16 - 4\sqrt{15} < d < 16 + 4\sqrt{15}$; also kein gemeinsamer Punkt

c) Durch Plotten einiger Graphen erhält man als Vermutung für die Lage vom Schnittpunkt der Asymptoten:
$S\left(-\frac{1}{c} \,\middle|\, \frac{a}{c}\right)$
Der Graph wird so verschoben, dass S in den Ursprung fällt: $f_{neu}(x) = f\left(x - \frac{1}{c}\right) - \frac{a}{c}$
Rechner liefert: $f_{neu}(x) = \frac{bc-a}{c^2x}$. Der verschobene Graph ist punktsymmetrisch bezüglich des Ursprungs,
also ist der ursprüngliche Graph punktsymmetrisch bezüglich S.

Systematisches Probieren

► Verschieben und Symmetrie von Funktionsgraphen: GW 9/10 S. 28

Kapitel II, Seite 63

1

a) Steigung der Tangente: $\frac{1}{4}$; $f'(x) = \frac{1}{(x+1)^2} = \frac{1}{4} \;\Leftrightarrow\; x = -3$ oder $x = 1 \;\Rightarrow\;$ Also ist in $P_1\left(1\middle|\frac{1}{2}\right)$, $P_2\left(-3\middle|\frac{3}{2}\right)$ der Graph parallel zu der Geraden.

b) Am Funktionsplott lässt sich ablesen: Nahe der Stelle $x = 1$ besitzt der Graph eine waagrechte Tangente. Diese schneidet den Graphen noch einmal im II. Quadrant.

2

Verwenden von Gleichungen

Betrachten des Gegenteils

a) Der Berührpunkt der Tangente liegt genau in der Mitte zwischen P und Q.

Sekantensteigung $m_S(x_1; x_2) = \frac{(a x_2^2 + b x_2 + c) - (a x_1^2 + b x_1 + c)}{x_2 - x_1}$

Tangentensteigung $m_T(x) = f'(x) = 2ax + b$

$m_T(x) = m_S(x_1; x_2) \;\Leftrightarrow\; x = \frac{x_1 + x_2}{2}$

b) Die Suche nach einem Gegenbeispiel liefert z.B. für $f(x) = x^3$ $(a = 1; b = c = d = 0)$:
Die Sekante durch $(-1|-1)$ und $(1|1)$ ist offensichtlich nicht parallel zur waagrechten Tangente durch $(0|0)$.

3

a) Ausmultiplizieren mit CAS; hierzu lässt sich eine Stammfunktion einfach finden:
$x^6 + \frac{7}{15}x^5 + \frac{23}{12}x^4 + \frac{26}{15}x^3 - \frac{1}{15}x^2 + \frac{8}{5}x$

b) – d) Polynomdivision mittels CAS liefert einfachen Term.

b) $\frac{1}{9}x^3 + x$

c) $\frac{1}{6}x^2 + 2x$

d) $\frac{1}{3}x^3 - \frac{3}{4}x^2 + \frac{1}{2}x$

4

Veranschaulichen durch eine Skizze

► Winkelberechnung: GW 7/8 S. 6

► Tangens: GW 9/10 S. 14

Hinweis: Es ist darauf zu achten, ob der Rechner in Grad oder Bogenmaß rechnet.

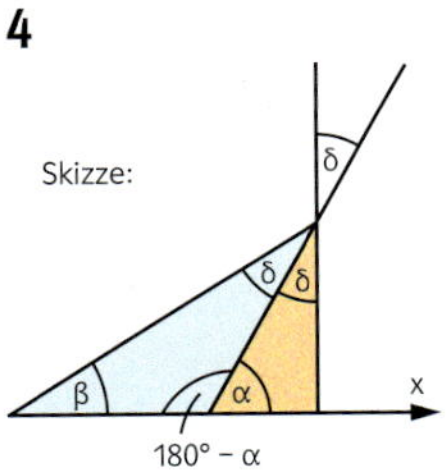

(orangefarbenes Dreieck:) $\delta = 90° - \alpha$

(blaues Dreieck:) $\beta = 180° - (180° - \alpha) - \delta = 2\alpha - 90°$

$f'(x) = x$; also Steigung der Parabel bei $x = 2$:
$\tan\alpha = f'(2) = 2 \;\Rightarrow\; \alpha = \arctan 2$

Steigung des reflektierten Strahls:
$m = \tan\beta = \tan[2\alpha - 90°] \overset{\text{CAS}}{=} 0{,}75$

Ansatz: $g(x) = 0{,}75x + t$; Einsetzen von $(2|f(2)) = (2|2)$ liefert $t = 0{,}5$.
$\Rightarrow g(x) = 0{,}75x + 0{,}5$;
$g(0) = 0{,}5$ (Schnitt mit y-Achse)

5

a) Steigung der Tangente: $f'(1) = \frac{2}{3} \;\Rightarrow\;$ Steigung der Normale: $-\frac{3}{2}$; Ansatz: $y = -\frac{3}{2}x + t$.
Einsetzen von $P\left(1\middle|-\frac{2}{3}\right)$ liefert $t = \frac{5}{6}$
Gleichung der Normale also: $y = -\frac{3}{2}x + \frac{5}{6}$
Schnittpunkt mit der y-Achse: $Y\left(0\middle|\frac{5}{6}\right)$

Zurückführen auf Bekanntes

b) Analoges Vorgehen wie in a) liefert:
Gleichung der Normale: $y = -\frac{3}{2x_0} \cdot x + \frac{1}{3}x_0^2 + \frac{1}{2}$
Schnittpunkt mit der y-Achse: $Y\left(0\middle|\frac{x_0^2}{3} + \frac{1}{2}\right)$. Für $x_0 \to 0$ nähert sich der Schnittpunkt dem Punkt $Y\left(0\middle|\frac{1}{2}\right)$.

c) Schnittpunkt mit der y-Achse: $Y\left(0\middle|a \cdot x_0^2 + b + \frac{1}{2a}\right)$. Für $x_0 \to 0$ nähert sich der Schnittpunkt dem Punkt $Y\left(0\middle|b + \frac{1}{2a}\right)$.

1

a) Über die Nullstellen von F lassen sich keine Aussagen machen.
Tiefpunktstelle $x = -3$, weil dort $f(x) = 0$ und Vorzeichenwechsel von − nach + vorliegt.
Bei $x = 2$ waagrechte Tangente; da f aber links und rechts positiv, d.h. F monoton steigend ist, befindet sich bei $x = 2$ also keine Extremstelle.

b) siehe nebenstehende Figur

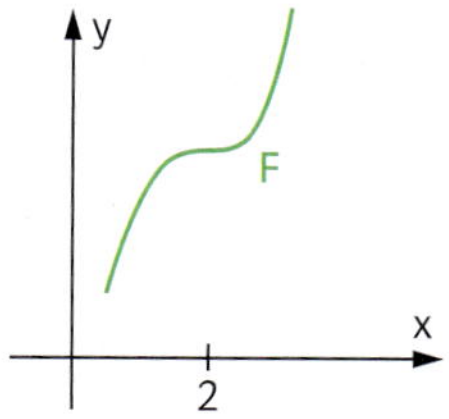

► Stammfunktion: LS 11 S. 45

c) Ansatz: $f(x) = a(x-2)^2(x+3)$
Mit $f(0) = 6$ liefert der Rechner $a = \frac{1}{2}$ und $f(x) = \frac{1}{2}\cdot x^3 - \frac{1}{2}\cdot x^2 - 4\cdot x + 6$

d) $F(x) = \frac{1}{8}x^4 - \frac{1}{6}x^3 - 2x^2 + 6x$

2

a) G_g ist für $x < -1$ monoton fallend, für $-1 < x < 1$ monoton steigend,
$\Rightarrow$ bei $x = -1$ ist ein Tiefpunkt;
bei $x = 1$ eine Polstelle.
G_g ist für $1 < x < 2$ monoton steigend,
für $2 < x < 7$ monoton fallend,
$\Rightarrow$ bei $x = 2$ ist ein Hochpunkt.
G_g ist für $2 < x < 7$ monoton fallend,
für $7 < x$ monoton steigend,
$\Rightarrow$ bei $x = 7$ ist ein Tiefpunkt.

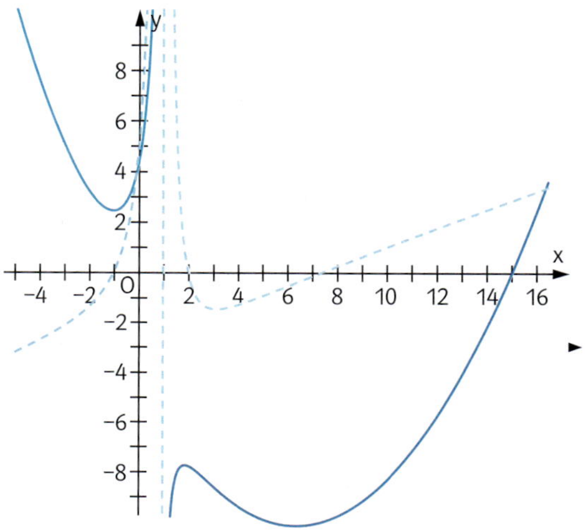

b) senkrechte Asymptote $x = 1$ (ohne Vorzeichenwechsel);
$g'(-1) = g'(2) = g'(7) = 0$
Ansatz: $g'(x) = a\cdot\frac{(x+1)(x-2)(x-7)}{(x-1)^2}$
Mit $g'(0) = 5$ liefert der Rechner
$g'(x) = \frac{-20x+50}{7\cdot(x-1)^2} + \frac{5}{14}x - \frac{15}{7}$.
Asymptote ist $y = \frac{5}{14}x - \frac{15}{7}$.

► Asymptoten: LS 11 S. 15

3

a) siehe nebenstehende Figur

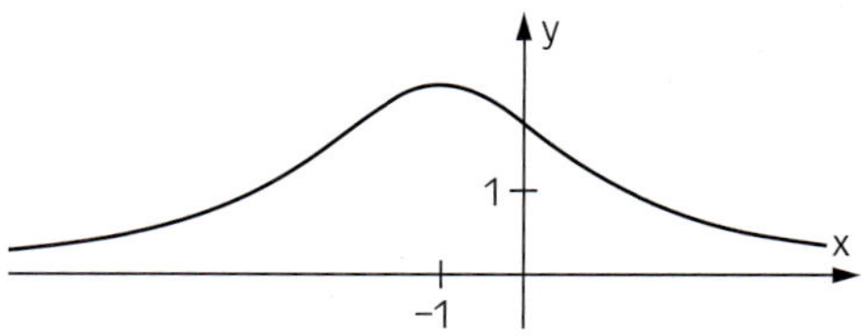

b) $h_a(-1) = 2{,}25 \overset{\text{CAS}}{\Rightarrow} a = 2$

c) Der Extrempunkt wandert nach links, seine y-Koordinate wird kleiner; die Kurve wird flacher und breiter (vgl. untere Figur)

d) Ansatz: $x^2 + a\cdot x + a^2 + 1 = 0$
Rechner liefert: Die Gleichung ist unlösbar. Somit gibt es keine Definitionslücken und damit auch keine senkrechten Asymptoten.

Betrachten des Gegenteils

e) Der Zähler ist eine konstante positive Zahl, der Nenner ist Funktionsterm einer quadratischen Funktion mit einem Minimum. Bei diesem Minimum wird $h_a(x)$ maximal, d.h. es existiert für jedes $a > 0$ eine Hochpunktstelle.
$h_a'(x) = \frac{-(a^2+5)(2x+a)}{(x^2+a\cdot x+a^2+1)^2} = 0 \overset{\text{CAS}}{\Rightarrow} x = -\frac{a}{2}$;
Einsetzen in h_a liefert die Koordinaten
$H_a\left(-\frac{a}{2}\middle|\frac{4(a^2+5)}{3a^2+4}\right)$.

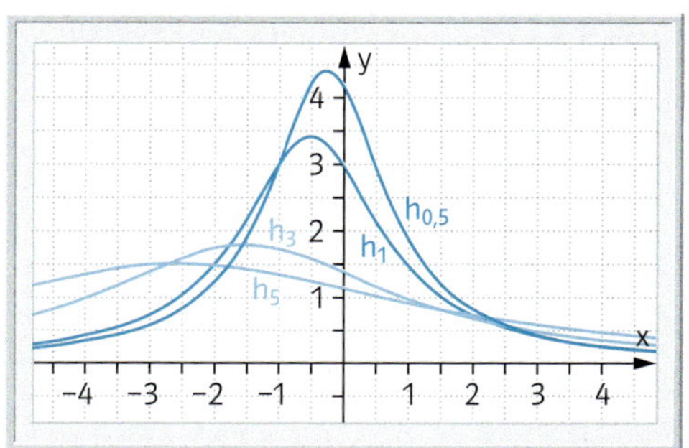

▸ Betrachten eines Extremfalls

▸ Parabel: GW 9/10 S. 8

▸ Veranschaulichen durch eine Zeichnung

▸ Satz des Pythagoras: GW 9/10 S. 6

f) $H_2\left(-1\middle|\frac{9}{4}\right)$; Es gilt: $f(-1) = \frac{9}{4}$

Also liegt H_2 auf G_f.

Analog gilt: $f\left(-\frac{a}{2}\right) \overset{CAS}{=} \frac{4(a^2+5)}{3a^2+4}$

Also liegt auch H_a auf G_f.

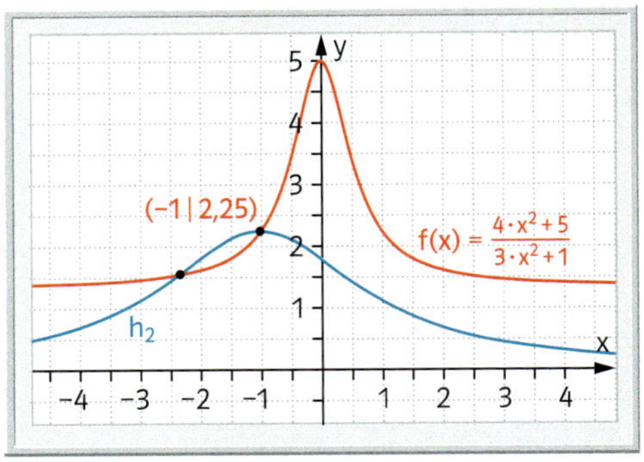

g) Man betrachtet die y-Koordinate der Hochpunkte als neue Funktion $a \mapsto \frac{4(a^2+5)}{3a^2+4}$.

Der Rechner liefert: Das Maximum von $\frac{4(a^2+5)}{3a^2+4}$ wird für $a = 0$ angenommen;

für $a = 0$ ist die y-Koordinate 5.

Alle Hochpunkte liegen also auf oder unterhalb von $y = 5$, damit liegen alle Kurvenpunkte unterhalb von $y = 5$.

Wegen d) hat der Nenner keine Nullstelle, die Nennerparabel liegt also oberhalb der x-Achse.

Somit sind alle Funktionswerte positiv; alle Graphen G_{h_a} verlaufen also zwischen $y = 0$ und $y = 5$.

h) Zeichnet man einige Geraden der Schar, so sieht man, dass die Geraden, die zwischen den beiden Tangenten mit der Steigung $-\frac{9}{16}$ liegen, den Graphen zweimal schneiden.

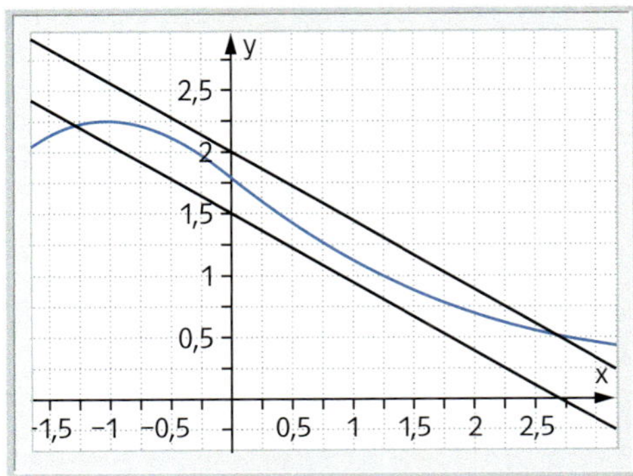

Bestimmen der Berührstellen von Tangenten mit der Steigung $-\frac{9}{16}$:

$h_a'(x) = -\frac{9}{16}$

Der Rechner liefert: $x_1 = -0{,}408...$ oder $x_2 = 1$.

$P_2(1\,|\,h_2(1))$ liegt auf g_c, wenn $c = \frac{27}{16} = 1{,}687...$

$P_1(-0{,}408...\,|\,h_2(-0{,}408...))$ liegt auf g_c, wenn $c = 1{,}839...$.

Somit schneiden alle Geraden g_c mit $c > 1{,}839...$ oder $c < \frac{27}{16}$ den Graphen von h_2 nur einmal.

i) Als Entfernung des Hochpunktes von h_2 zum Punkt $Q(5\,|\,5)$ ergibt sich:

$d(x) = \sqrt{(-1-5)^2 + (h_2(-1)-5)^2} = 6{,}600...$

Als Entfernung eines beliebigen Kurvenpunktes von h_2 zum Punkt $Q(5\,|\,5)$ ergibt sich:

$d(x) = \sqrt{(x-5)^2 + (h_2(x)-5)^2}$

Der Rechner liefert für $d(x) = 5$ die Lösungen $x_1 = 2{,}877...$ und $x_2 = 6{,}251...$

Somit erhält man (näherungsweise) die beiden Punkte $P_1(2{,}877...\,|\,0{,}472...)$ und $P_2(6{,}251...\,|\,0{,}159...)$.

Für die kleinste Entfernung liefert der Rechner: $d(x)$ hat Minimum bei $x = 4{,}620...$

Somit ist der Graphenpunkt mit der kleinsten Entfernung zu $Q(5\,|\,5)$ der Punkt $K(4{,}620...\,|\,0{,}252...)$.

Kapitel IV, Seite 125

1

a) Berechnung der Entfernungen: $e_1 = 20\,262{,}...\,km$, $e_2 = 20\,911{,}...\,km$, $e_3 = 23\,024{,}...\,km$

Der GPS-Empfänger befindet sich auf der Kugeloberfläche der Kugel um S_1 mit Radius e_1, da sich das Signal gleichmäßig nach allen Richtungen ausbreitet.

b) Man erhält folgendes Gleichungssystem:

(I) $(x_1 - 16{,}054)^2 + (x_2 - 5{,}843)^2 + (x_3 - 20{,}359)^2 = 20{,}262...^2$

(II) $(x_1 - 15{,}597)^2 + (x_2 - 13{,}087)^2 + (x_3 - 17{,}084)^2 = 20{,}911...^2$

(III) $(x_1 - 12{,}488)^2 + (x_2 - 21{,}629)^2 + (x_3 - 9{,}09)^2 = 23{,}024...^2$

mit den Lösungen $(3{,}852...\,|\,0{,}674...\,|\,5{,}029...)$ und $(5{,}999...\,|\,0{,}206...\,|\,3{,}694...)$.

Die Länge der entsprechenden Ortsvektoren beträgt 6,371... bzw. 7,048....

Somit gibt die erste Lösung die Koordinaten des GPS-Empfängers in 10^3 km an.

c) $\tan\varphi = \frac{1{,}1931}{2{,}0665}$; Rechner liefert: $\varphi \approx 30°$, also 30° östliche Länge

$r = \sqrt{2{,}0665^2 + 1{,}1931^2 + 5{,}9062^2} \approx 6{,}370$

$\cos\vartheta = \frac{5{,}9062}{r}$; Rechner liefert: $\vartheta \approx 22°$, also 68° nördliche Breite.

Veranschaulichen durch eine Skizze

► Sinus, Kosinus und Tangens: GW 9/10 S. 14

2

a) Berechnung des Volumens mithilfe des Spatproduktes: $V = \frac{1}{6}\cdot\left|\left(\overrightarrow{AB}\times\overrightarrow{AC}\right)\circ\overrightarrow{AS}\right| = \frac{172}{3}$ (≈ 57,33)

b) Grundfläche: $G = \frac{1}{2}\cdot\left|\overrightarrow{AB}\times\overrightarrow{AC}\right| = \frac{\sqrt{2507}}{2}$

Höhe: $h = \frac{3\cdot V}{G} \approx 6{,}87$

► Volumen Pyramide: GW 9/10 S. 16

c) $\vec{F} = \vec{S} + h\cdot\frac{-\left(\overrightarrow{AB}\times\overrightarrow{AC}\right)}{\left|\overrightarrow{AB}\times\overrightarrow{AC}\right|}$ liefert F(≈0,765 | ≈4,686 | ≈1,276)

Veranschaulichen durch eine Skizze

d)

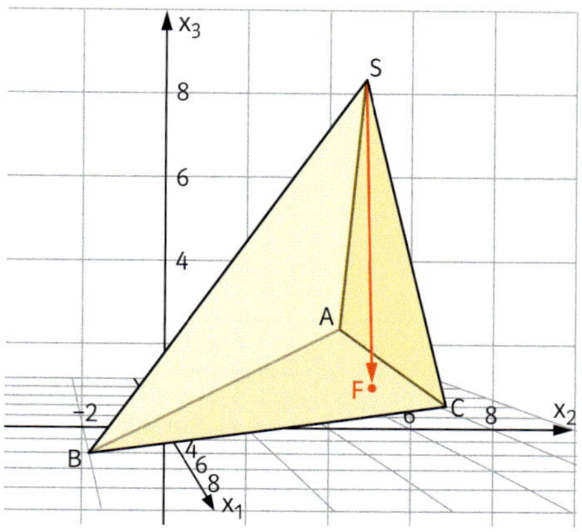

e) Berechnung des Volumens mithilfe des Spatproduktes mit $\vec{S} = \begin{pmatrix}2\\4\\8\end{pmatrix} + k\cdot\begin{pmatrix}5\\9\\0\end{pmatrix}$:

$V = \frac{1}{6}\cdot\left|\left(\overrightarrow{AB}\times\overrightarrow{AC}\right)\circ\overrightarrow{AS}\right| \overset{CAS}{=} \frac{172}{3}$

Da mit der gleichen Grundfläche gerechnet wurde, hat sich bei der Verschiebung des Punktes S die Höhe nicht verändert; d.h. der Vektor $\begin{pmatrix}5\\9\\0\end{pmatrix}$ liegt parallel zur Grundfläche.

f) $\left(\overrightarrow{AB}\times\overrightarrow{AC}\right)\circ\begin{pmatrix}5\\9\\0\end{pmatrix} = 0$, d.h. $\begin{pmatrix}5\\9\\0\end{pmatrix}$ ist orthogonal zu einem Vektor, der senkrecht zur Grundfläche steht; also ist $\begin{pmatrix}5\\9\\0\end{pmatrix}$ parallel zur Grundfläche.

Kapitel V, Seite 151

1

a) CAS liefert für $f(x) = \frac{\sin x}{x} + 1$ den Grenzwert $\lim\limits_{x\to 0} f(x) = 2$; d.h. hebbare Definitionslücke mit Grenzwert 2 liegt vor.

b) CAS liefert als Lösungsmenge der Gleichung $f(x) = f(-x)$ die Menge $\mathbb{R}$; d.h., der Graph ist symmetrisch zur y-Achse; es genügt also, die Funktionswerte für positive x zu untersuchen.

Funktionsplott zeigt für den Graphen Maximum 2 bei $x = 0$ und Minimum 0,782… bei $x = 4{,}493\ldots$.

Für $x > 2\pi$ gilt: $f(x) = \frac{\sin x + x}{x} < \frac{2}{x} < 2$; d.h. 2 ist absolutes Maximum.

Behauptung: Alle Funktionswerte für $x \geqq 2\pi$ sind größer als der Funktionswert des Minimums zwischen 0 und 2π.

Es genügt, zu zeigen: Alle Funktionswerte für $x \geqq 2\pi$ sind größer als 0,8;

dazu genügt es, zu zeigen, dass für $x \geqq 2\pi$ gilt: $\frac{|\sin x|}{x} \leqq 0{,}2$

Für $x \geqq 2\pi$ gilt: $\frac{|\sin x|}{x} \leqq \frac{1}{x} \leqq \frac{1}{2\pi} \leqq 0{,}2$

Damit erhält man die Wertemenge $W = [0{,}782\ldots; 2]$.

c) Der Graph von f′ weist absolutes Minimum −0,436… bei $x = 2{,}081\ldots$ auf.

Also hat der Graph von f im Punkt P(2,081… | 1,419…) das größte Gefälle von −0,436…

2

► Volumen Kegel: GW 9/10 S. 16

Hinweis: V(t) (Volumen) und v(t) (Eintauchgeschwindigkeit) sind zu unterscheiden. V(t) ist nicht Stammfunktion zu v(t)!

Gesucht ist die momentane Änderungsrate des Volumens des eingetauchten Kegels.

a) Mit $r = \frac{2}{5}h$ erhält man als Maßzahl für das Volumen des eingetauchten Kegels:
$V(t) = \frac{4\pi \cdot h(t)^3}{3 \cdot 25}$
Mit $h(t) = 0{,}8\,t$ erhält man $V(t) = \frac{256\pi \cdot t^3}{9375}$ und als Änderungsrate $V'(t) = \frac{256\pi \cdot t^2}{3125}$.

b) Die Eintauchtiefe h(t) ist eine Stammfunktion von v(t); die allgemeine Stammfunktion hat den Term
$h(t) = -\frac{10}{3}\cos(0{,}3\,t) + c.$
Mit $h(0) = 0$ erhält man $c = \frac{10}{3}$; somit gilt: $h(t) = \frac{10}{3}(1 - \cos(0{,}3\,t))$;
Für das Volumen des verdrängten Wassers gilt: $V(t) = \frac{4\pi \cdot h(t)^3}{75}$;
CAS liefert zur Bedingung $V'(t) = 4$ als für das Problem relevante Lösung $t \approx 4{,}74$.

3

► Quadratwurzel: GW 9/10 S. 4

► Sinusfunktion: GW 9/10 S. 20

► Newton-Verfahren: LS 11 S. 81

Systematisches Probieren

► Schnittpunkte: GW 9/10 S. 10

a) $D_h = \mathbb{R}_0^+$; Nullstellen: $x = k \cdot \pi$ mit $k \in \mathbb{N}_0$.

b) Graph von $h'\colon x \mapsto \sqrt{x} \cdot \cos x + \frac{\sin x}{2\sqrt{x}}$ zeigt Nullstelle mit Vorzeichenwechsel +/– bei $x \approx 1{,}8$.
Für den exakten Nachweis betrachtet man links und rechts von ≈1,8 x-Werte, für die sich h′(x) gut berechnen lässt: $\frac{\pi}{2} < 1{,}8 < \pi$;
$h'\left(\frac{\pi}{2}\right) = \frac{\sqrt{2}}{2\sqrt{\pi}} > 0$; $h'(\pi) = -\sqrt{\pi} < 0$;
Also hat h′ zwischen $\frac{\pi}{2}$ und π eine Nullstelle mit Vorzeichenwechsel, h also eine Extremstelle in $]0; \pi[$.
Diese ist keine Extremstelle der Sinusfunktion, da $\frac{\pi}{2}$ einzige Extremstelle der Sinusfunktion zwischen 0 und π ist.
Newton-Verfahren für Nullstelle von a (wobei $a(x) = h'(x)$) mit Anfangswert $x_0 = \frac{\pi}{2}$;
$x_{n+1} = x_n - \frac{a(x_n)}{a'(x_n)}$ liefert 1,836597… als Nullstelle von a, also Extremstelle von h.

c) Durch Probieren erhält man: Das Newton-Verfahren z.B. mit dem Startwert 0,9 liefert 4,815… als Nullstelle von h′.

d) $h(0) = 0$, d.h. Graph G_h geht durch den Ursprung. CAS liefert:
$\lim\limits_{x \to 0} h'(x) = 0$, d.h. G_h mündet waagrecht in den Ursprung des Koordinatensystems.

e) Nullstellen $x = 9{,}424\ldots$ und $x = 12{,}566\ldots$; CAS liefert $x_{min} = 11{,}040\ldots$
$h(11{,}040\ldots) = -3{,}319\ldots \Rightarrow$ Flächeninhalt: $\frac{1}{2} \cdot \pi \cdot h(x_{min}) \approx 5{,}2$ Flächeneinheiten

f) $w \circ s\colon x \mapsto \sqrt{\sin x}$; $s \circ w\colon x \mapsto \sin\sqrt{x}$; $G_{w \circ s} = G_1$; $G_{s \circ w} = G_2$

g) Radikand ≧ 0, also $\sin x \geqq 0$; $D_{w \circ s} = \{x \mid 2k\pi \leqq x \leqq (2k+1) \cdot \pi;\ k \in \mathbb{Z}\}$; $W_{w \circ s} = [0\,;1]$

h) $\lim\limits_{x \underset{>}{\to} 0} (w \circ s)'(x) = +\infty$; $\lim\limits_{x \underset{<}{\to} \pi} (w \circ s)'(x) = -\infty$
Die Tangente steht jeweils senkrecht zur x-Achse.

i) Schnitt der beiden Graphen liefert als relevante Schnittstellen $x_1 = 6{,}535\ldots$; $x_2 = 9{,}172\ldots$
Damit ergibt sich eine Länge von ca. 2,64.

k) CAS liefert als Gleichung der Tangente durch beliebigen Punkt $P(u \mid w \circ s(u))$:
$t(x) = \frac{x \cdot \cos u}{2\sqrt{\sin u}} - \frac{u \cdot \cos u}{2\sqrt{\sin u}} + \sqrt{\sin u}$
Mit der Bedingung $t(0) = 2$ erhält man als relevante Lösung $u = 2{,}461\ldots$
also $t(x) = -0{,}490\ldots \cdot x + 2$ mit der Nullstelle $x_0 \approx 4{,}08$.

l) $\sin(\sqrt{x}) = 0$, falls $\sqrt{x} = k\pi$; Nullstellen: $x = k^2\pi^2$; $k \in \mathbb{N}_0$
Die Abstände der Nullstellen werden immer größer; d.h. mit größer werdendem x wird die Sinuskurve immer weiter „gedehnt".
Hoch- und Tiefpunkte haben zur x-Achse den konstanten Abstand 1.

m) In [0 ; 10] erhält man für $(s \circ w)'(x) = \frac{\cos\sqrt{x}}{2\sqrt{x}}$ die Nullstelle $x_0 = \frac{\pi^2}{4}$; also Hochpunkt $H(\approx 2{,}47 \mid 1)$.

1

a) CAS liefert: $f_1(x) = f_1(-x)$ gilt für alle x; d.h. der Graph von f_1 ist symmetrisch bezüglich der y-Achse.

b) Der Graph wird zuerst um 1 nach unten verschoben; d.h., aus $f_1(x)$ wird $f_1(x) - 1$
(bzw. um t) $\quad$ (bzw. $f_t(x) - t$)
dann an der x-Achse gespiegelt; d.h., aus $f_1(x) - 1$ wird $-(f_1(x) - 1)$
(bzw. $-(f_t(x) - t)$)
dann um 1 nach oben verschoben; d.h., aus $-(f_1(x) - 1)$ wird $-(f_1(x) - 1) + 1$
(bzw. $-(f_t(x) - t) + t$)
Der neue Funktionsterm lautet $f_1^*(x) = -e^x - \frac{1}{e^x} + 2\cdot 1$ $\quad \left(\text{bzw. } f_t^*(x) = -e^x - \frac{t}{e^x} + 2t\right)$

c) Für $a = \sqrt{t}$ und $b = \frac{\ln t}{2} = \ln\sqrt{t}$ ergibt sich: $a\cdot\left(\frac{e^x}{e^b} + \frac{e^b}{e^x}\right) = \sqrt{t}\cdot\left(\frac{e^x}{e^{\ln\sqrt{t}}} + \frac{e^{\ln\sqrt{t}}}{e^x}\right) = e^x + \frac{t}{e^x}$
Der Graph von f_t geht durch Verschieben des Graphen von f_1 um $b = \ln\sqrt{t}$ nach rechts in x-Richtung und Streckung mit dem Faktor $a = \sqrt{t}$ in y-Richtung hervor. Daher ist der Graph von f_t wie der Graph von f_1 achsensymmetrisch. Wegen $b = \frac{\ln t}{2}$ ist er symmetrisch bezüglich der Achse $x = \frac{\ln t}{2}$.

d) Nullstellen: keine; Extremstellen: $f'(x) = 0 \overset{\text{CAS}}{\Leftrightarrow} x = \frac{\ln t}{2}$. Zur Bestimmung der Art des Extremums wird das Vorzeichen von f′ links und rechts von $x_0 = \frac{\ln t}{2}$ untersucht. Da x_0 einzige Nullstelle von f′ ist, kann für die Stichprobe z.B. $x = 0{,}5\cdot\frac{\ln t}{2}$ bzw. $x = 1{,}5\cdot\frac{\ln t}{2}$ gewählt werden:
$f'\left(\frac{\ln(0{,}5t)}{2}\right) = \frac{-\sqrt{2t}}{2} < 0$, $f'\left(\frac{\ln(1{,}5t)}{2}\right) = \frac{\sqrt{6t}}{6} > 0$;
also hat f′ einen Vorzeichenwechsel von − nach +, also liegt Tiefpunkt vor.

► Symmetrie von Funktionsgraphen: GW 9/10 S. 28

► Verschieben/Strecken von Funktionsgraphen: GW 9/10 S. 28

2

Beim Wasserstand der Höhe 14 m entspricht die Oberfläche der Geraden $y = 4$, die G_f im Punkt P mit $x = 12{,}55\ldots$ schneidet. Die steilstmögliche Lage des Abflussrohrs wird durch die Tangente beschrieben, die von P an G_f gelegt wird. CAS liefert: Diese Tangente hat die Berührstelle $x = 25{,}22\ldots$
Steigung dieser Tangente: $-0{,}243\ldots$, d.h. Neigungswinkel $\approx 13{,}6°$.
Der Neigungswinkel der Rohre wird also kleiner als $\approx 13{,}6°$ sein.

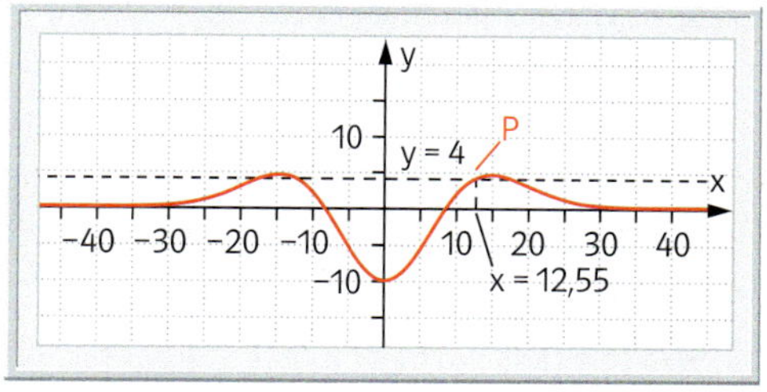

► Tangente: LS 11 S. 32, 37

3

a) f_k' hat die einzige Nullstelle $x = \ln\frac{k}{2}$. Zur Untersuchung des Vorzeichenwechsels wählt man Werte links und rechts von $x = \ln\frac{k}{2}$:
$f_k'\left(\ln\frac{k}{4}\right) = \frac{-k^2}{8} < 0$; $f_k'(\ln k) = k^2 > 0$;
also hat f_k' Vorzeichenwechsel von − nach +; also liegt Tiefpunkt vor.
CAS liefert: Für $x \to +\infty$ geht $f_k(x)$ gegen $+\infty$; für $x \to -\infty$ geht $f_k(x)$ gegen k.

b) CAS liefert Nullstellen: $x_0 = \ln\left(\frac{k}{2} \pm \sqrt{\left(\frac{k}{2}\right)^2 - k}\right) \overset{\text{CAS}}{=} \ln\left(\frac{k}{2} \pm \frac{\sqrt{k\cdot(k-4)}}{2}\right)$
Das Argument des ln muss positiv sein: $\frac{k}{2} \pm \sqrt{\left(\frac{k}{2}\right)^2 - k} > 0 \overset{\text{CAS}}{\Leftrightarrow} k \geqq 4$
Für $k = 4$ gibt es nur eine Nullstelle; für $k > 4$ existieren genau zwei Nullstellen.

c) Die Graphen für $k = 1$ und $k = 2$ zeigen einen gemeinsamen Punkt bei $(0\,|\,1)$. Es gilt für alle k: $f_k(0) = 1$; d.h., $(0\,|\,1)$ liegt auf allen Graphen.

d) $F_k(x) \overset{\text{CAS}}{=} \frac{1}{2}\cdot e^{2x} - k\cdot e^x + k\cdot x + c$; $F_k(0) = -k$ liefert für c den Wert $-\frac{1}{2}$.

e) Tiefpunkt hat y-Koordinate $k - \frac{k^2}{4}$; diese wird für $k = 2$ maximal; d.h., für $k = 2$ liegt der Tiefpunkt am höchsten.

f) Mit CAS wird gezeigt, dass die Tiefpunkt-Koordinaten $x = \ln\frac{k}{2}$ und $y = k - \frac{k^2}{4}$ die Gleichung $y = 2e^x - e^{2x}$

► Exponentialfunktionen: GW 9/10 S. 22

Systematisches Probieren

► Stammfunktion: LS 11 S. 45

erfüllen.

► Tangente: LS 11 S. 32, 37

g) CAS liefert Gleichung der Tangente bei $x = \ln\frac{1}{2}$: $y = -\frac{x}{2} - \frac{2\cdot\ln 2 - 5}{4}$;
Nullstelle der Tangente bei $x = -\frac{2\cdot\ln 2 - 5}{2}$;
y-Achsenabschnitt der Tangente: $-\frac{2\cdot\ln 2 - 5}{4}$
Flächeninhalt $A_{\Delta OAN} = \frac{1}{2}\cdot\left(-\frac{2\cdot\ln 2 - 5}{2}\right)\cdot\left(-\frac{2\cdot\ln 2 - 5}{4}\right) = \frac{(2\cdot\ln 2 - 5)^2}{16} \approx 0{,}816$

► Skalarprodukt: LS 11 S. 107

h) $\vec{v_1}$ = Verbindungsvektor vom Ursprung zu einem beliebigen Punkt der Tangente
$\vec{v_2}$ = Verbindungsvektor vom y-Achsenschnittpunkt zum x-Achsenschnittpunkt
$\vec{v_1} = \begin{pmatrix} x \\ -\frac{x}{2} - \frac{2\cdot\ln 2 - 5}{4} \end{pmatrix}$, $\vec{v_2} = \begin{pmatrix} -\frac{2\cdot\ln 2 - 5}{4} \\ \frac{2\cdot\ln 2 - 5}{4} \end{pmatrix}$;
Mit CAS: Skalarprodukt $\vec{v_1}\circ\vec{v_2}$ wird 0, wenn $x = -\frac{2\cdot\ln 2 - 5}{10}$
Flächeninhalt $A_{\Delta OAN} = \frac{1}{2}\cdot|\vec{v_1}|\cdot|\vec{v_2}|$ mit $x = -\frac{2\cdot\ln 2 - 5}{10}$, man erhält als Flächeninhalt $A \approx 0{,}816$.

i) CAS liefert für Tangente an der Stelle $x = \ln\left(\frac{k}{4}\right)$ die Nullstelle $x_0 = \frac{2k\cdot\ln k - (4\cdot\ln 2 + 3)\cdot k + 16}{2k}$
und y-Achsenabschnitt $y_0 = \frac{2k^2\cdot\ln k - (4\cdot\ln 2 + 3)\cdot k^2 + 16k}{16}$;
Flächeninhalt $A = \frac{1}{2}x_0\cdot y_0$; Flächeninhalt hat minimalen Wert $e - 4\sqrt{e} + 4$ bei $k = 4\sqrt{e}$.

Kapitel VII, Seite 195

1

Betrachten des Gegenteils (Gegenereignisses)

a) Flugsicherheit: Wahrscheinlichkeit, dass mindestens ein Motor funktioniert: $p_2(x) = 1 - x^2 \Rightarrow$
$p_2(0{,}001) = 0{,}999\,999$

b) Für die Wahrscheinlichkeit p_4, dass die viermotorige Maschine fliegt, gilt in Abhängigkeit von x:
$p_4(x)$ = P(„links funktioniert mindestens ein Motor") · P(„rechts funktioniert mindestens ein Motor") $= (1 - x^2)\cdot(1 - x^2) < 1 - x^2$
Auch die graphische Darstellung zeigt, dass Flugsicherheit der viermotorigen Maschine für beliebiges x schlechter ist.

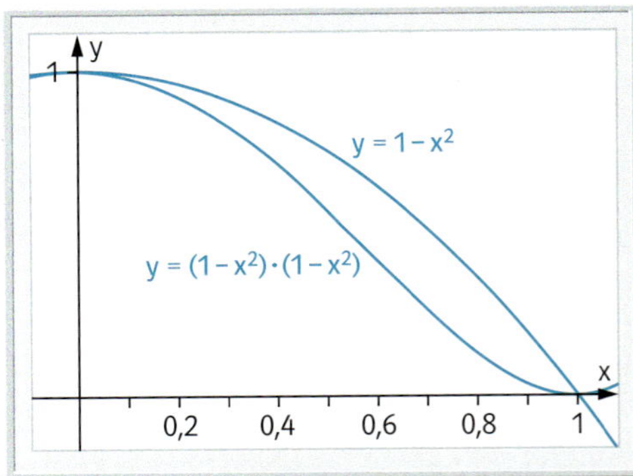

c) $(1 - x^2)\cdot(1 - x^2) = 0{,}999\,999 \Rightarrow x \approx 0{,}071\,\%$
Die neuen Motoren müssten eine Ausfallwahrscheinlichkeit von 0,071 % haben.

d) Für die Flugsicherheit wird das Gegenereignis zu „4 oder 3 Motoren sind ausgefallen" betrachtet:
$p_{4\,neu}(x) = 1 - [x^4 + 4\cdot x^3\cdot(1 - x)]$
CAS oder graphische Darstellung liefert:
$p_{4\,neu}(x) > 1 - x^2$, wenn
Ausfallwahrscheinlichkeit $x \leqq 33\,\%$
$1 - [x^4 + 4\cdot x^3\cdot(1 - x)] = 0{,}999\,999 \Rightarrow x \approx 0{,}63\,\%$
Die neuen Motoren könnten eine Ausfallwahrscheinlichkeit von bis zu 0,63 % haben.

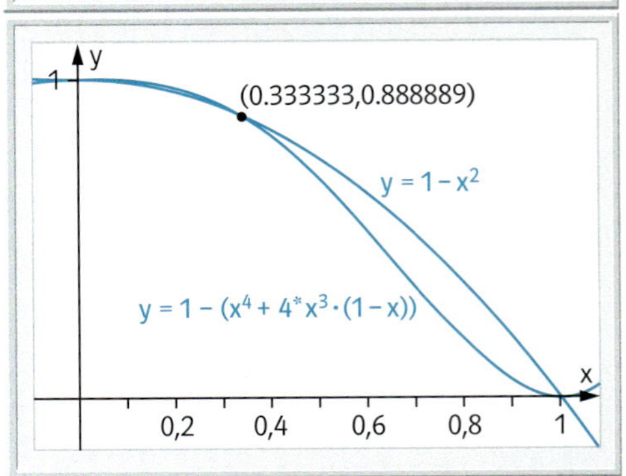

2

a) K: „Ein zufällig ausgewählter Säugling hat die Krankheit“; $p = P(K) = \frac{100}{1100000} = \frac{1}{11000}$
D: „Bei einem zufällig ausgewählten Säugling wird die Krankheit diagnostiziert“
Die Situation lässt sich durch das Baumdiagramm beschreiben:

Veranschaulichen durch eine Skizze
Hinweis: Alternativ könnte auch eine Vierfeldertafel angefertigt werden.

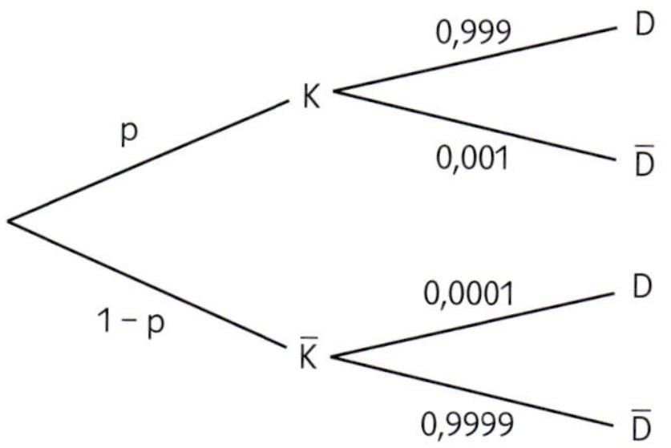

$P_D(K) = \frac{P(D \cap K)}{P(D)}$; mit $P(D) = p \cdot 0{,}999 + (1-p) \cdot 0{,}0001$ und $P(D \cap K) = p \cdot 0{,}999$ erhält man $P_D(K) \approx 0{,}476$
analog erhält man $P_{\overline{D}}(\overline{K}) = \frac{P(\overline{D} \cap \overline{K})}{P(\overline{D})} = \frac{(1-p) \cdot 0{,}9999}{p \cdot 0{,}001 + (1-p) \cdot 0{,}9999} = 0{,}999999909$

b) Die Wahrscheinlichkeit, dass ein als krank diagnostizierter Säugling diese Stoffwechselkrankheit hat, wird als Funktion in Abhängigkeit von der Häufigkeit der Krankheit betrachtet. CAS oder graphische Darstellung zeigt: Diese Wahrscheinlichkeit wächst z. B. von ca. 10 % für $p = \frac{1}{100000}$ auf ca. 90 % für $p = \frac{1}{1000}$.

► Bedingte Wahrscheinlichkeit: GW 9/10 S. 24
► Pfadregeln: GW 9/10 S. 12

3

a) Der Fahrgast wird nur bei der vierten von fünf Fahrten kontrolliert.
P(genau eine Kontrolle bei fünf Fahrten) = $5p \cdot (1-p)^4$

b) P(keine Kontrolle bei 44 Fahrten) = $(1-p)^{44}$
P(genau eine Kontrolle bei 44 Fahrten) = $44p \cdot (1-p)^{43}$
P(mindestens zwei Kontrollen) = 1 − P(höchstens eine Kontrolle) = $1 - (1-p)^{44} - 44p \cdot (1-p)^{43}$
Rechner liefert: $p_2 = 0{,}9$ für $p = 8{,}55\,\%$

Betrachten des Gegenteils (Gegenereignisses)

c) S_0: „ein zufällig ausgewählter Fahrgast ist vor Beginn der verstärkten Kontrollen Schwarzfahrer“
S_1: „ein zufällig ausgewählter Fahrgast ist nach einem Monat verstärkter Kontrollen Schwarzfahrer“
K: „ein zufällig ausgewählter Fahrgast wird kontrolliert“

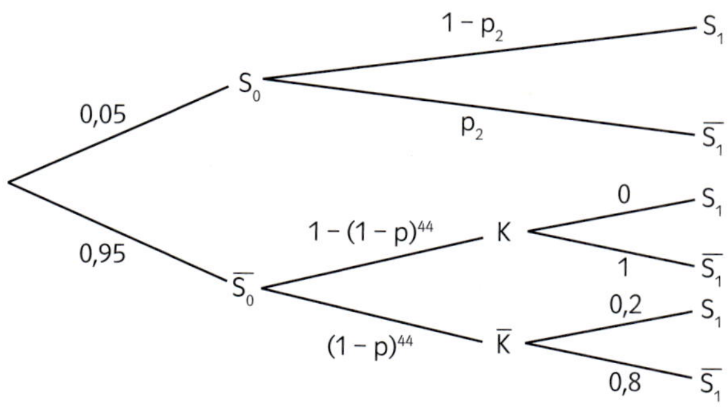

$p_S = 0{,}05 \cdot (1 - p_2) + 0{,}95 \cdot (1-p)^{44} \cdot 0{,}2 = 0{,}05 \cdot \left(1 - \left(1 - (1-p)^{44} - 44p(1-p)^{43}\right)\right) + 0{,}95 \cdot (1-p)^{44} \cdot 0{,}2$
$\overset{CAS}{=} 0{,}24 \cdot (1-p)^{44} + 2{,}2p(1-p)^{43}$

► Bedingte Wahrscheinlichkeit: GW 9/10 S. 24

d) $0{,}24 \cdot (1-p)^{44} + 2{,}2p(1-p)^{43} = 0{,}05 \overset{CAS}{\Rightarrow} p \approx 4{,}23\,\%$

e) $p = 0{,}08 \Rightarrow p_S \approx 1{,}1\,\% \Rightarrow p_E = 1 - p_S \approx 98{,}9\,\%$

Kapitel VIII, Seite 223

► Prozentrechnung: GW 7/8 S. 14
► Volumen und Oberfläche Zylinder: GW 9/10 S. 16

1

Materialverbrauch $m(r, h) = (2\pi r + 0{,}4)\cdot(h + 0{,}8)\cdot 1{,}015 + 2\pi\cdot(r + 0{,}5)^2\cdot 1{,}2$;

Mit $h = \frac{850}{\pi r^2}$ erhält man Funktion $m(r)$; Differentiation und Nullstellensuche mithilfe CAS liefert für $m(r)$ bei $r \approx 4{,}6$ (d.h. $h \approx 12{,}6$) den minimalen Wert 600,2.

Also hat die Dose einen Radius von 4,6 cm und eine Höhe von 12,6 cm.

Der minimale Materialverbrauch beträgt 600,2 cm².

► Verschieben und Symmetrie von Funktionsgraphen: GW 9/10 S. 28

► Quadratische Gleichungen: GW 9/10 S. 8

Veranschaulichen durch eine Zeichnung

2

a) $f_a(x) = f_b(x)$ führt für $a \neq b$ auf die Lösungen $x_1 = 0$ und $x_2 = 1$.
Es gehen also alle Graphen G_a durch $O(0\,|\,0)$ und durch $P(1\,|\,1)$.
$f_{\frac{1}{4}(neu)}(x) = f_{\frac{1}{4}}\left(x + \frac{3}{2}\right)$; nachzuweisen ist: $f_{\frac{1}{4}(neu)}(x) = f_{\frac{1}{4}(neu)}(-x)$
also: $f_{\frac{1}{4}}\left(x + \frac{3}{2}\right) = f_{\frac{1}{4}}\left(-x + \frac{3}{2}\right)$
Rechner zeigt Gültigkeit für alle $x \in \mathbb{R}$.

b) $f_a(x) = x^2[ax^2 - (2a + 1)x + (a + 2)]$ besitzt in jedem Fall die Nullstelle $x_1 = 0$.
Die Funktion $g_a(x) = ax^2 - (2a + 1)x + (a + 2)$ darf also keine weiteren Nullstellen besitzen.
g_a ist eine quadratische Funktion mit der Diskriminante $D = 1 - 4a$. $D < 0$ führt auf $a > \frac{1}{4}$.
Ergebnis: Für $a > \frac{1}{4}$ besitzt G_a genau eine Nullstelle.

c) Für alle $a \in \mathbb{R}$ gilt: $f_a(0) = 0$ und $f_a(1) = 1$ (also werden B und C verbunden)
Zudem gilt: $f_a'(0) = 0$ und $f_a'(1) = 1$ (gleiche Steigungen wie die Strecken [AB] und [CD], also knickfrei)
Die Strecke [BC] liegt auf der Geraden $y = x$.
$f_a(x) = x$ liefert die Lösungen $x_1 = 0$, $x_2 = 1$, $x_3 = \frac{1}{a}$. x_3 liegt zwischen 0 und 1, falls $a > 1$ gilt.

► Bedingungen für Extrema: LS 11 S. 71

3

a) $A = [(c - 0{,}05) + (x + 0{,}05) + c + x + c]\cdot(2c + a)$; $V = 1200 = a\cdot c\cdot x \Rightarrow a = \frac{1200}{c\cdot x} \overset{CAS}{\Rightarrow}$
$A = \frac{2400}{c} + 4cx + \frac{3600}{x} + 6c^2$

b) $f'(x) = \frac{4cx^2 - 3600}{x^2} = 0 \Leftrightarrow x = \pm\frac{30}{\sqrt{c}}$; die für das Problem sinnvolle Lösung ist $x = +\frac{30}{\sqrt{c}}$.
Der Zähler von f′ hat wegen $c > 0$ als graphische Darstellung eine nach oben geöffnete Parabel.
$x = +\frac{30}{\sqrt{c}}$ ist die rechte Nullstelle dieser Parabel; d.h. der Zähler hat dort einen Vorzeichenwechsel von − nach +.
Da der Nenner von $f'(x)$ positiv ist, hat auch $f'(x)$ bei $x = +\frac{30}{\sqrt{c}}$ einen Vorzeichenwechsel von − nach +; d.h. $x = \frac{30}{\sqrt{c}}$ ist Tiefpunktstelle.
$\overset{CAS}{\Rightarrow} T\left(\frac{30}{\sqrt{c}}\,\middle|\,6c^2 + 240\sqrt{c} + \frac{2400}{c}\right)$
Der Tiefpunkt liegt möglichst tief, wenn $6c^2 + 240\sqrt{c} + \frac{2400}{c}$ minimal wird.
Der Rechner liefert als minimalen Wert 1163,394… bei $c \approx 4{,}64$

c) Für $c \approx 4{,}64$ erhält man den am tiefsten liegenden Tiefpunkt mit folgenden Koordinaten:
$T(\approx 13{,}92\,|\,\approx 1163{,}39)$
Die Funktion f beschreibt für die Breite x und die Höhe c den Materialverbrauch für das Netz der Pralinenschachtel mit einem Fassungsvermögen von 1200 cm³.
Die y-Koordinate des Tiefpunktes ist somit der Materialverbrauch, die y-Koordinate des tiefsten Tiefpunktes ist damit der minimale Materialverbrauch, also ca. 1163 cm². Dieser wird erreicht, wenn $c \approx 4{,}64$, also die Höhe der Schachtel ca. 4,6 cm ist; die x-Koordinate des zugehörigen Tiefpunktes ist die Breite; damit ergibt sich als optimale Breite ca. 13,9 cm.
Mit $a = \frac{1200}{cx} \approx 18{,}566$ ergibt sich als Länge der Schachtel ca. 18,6 cm.

Mathematische Begriffe und Bezeichnungen

1 Zahlen und Mengen

$\mathbb{N}$; $\mathbb{N}_0$	Menge der natürlichen Zahlen; $\mathbb{N}$ und die Null
$\mathbb{Z}$; $\mathbb{Q}$; $\mathbb{R}$	Menge der ganzen; rationalen; reellen Zahlen
{ } oder $\varnothing$	leere Menge
$\mathbb{Q}\setminus\{0; 1\}$, $\Omega\setminus A$	$\mathbb{Q}$ ohne 0 und 1; Ω ohne A
$\overline{A}$	Gegenereignis zum Ereignis A: $\overline{A} = \Omega\setminus A$
$(a; b)$	Paar: Die Reihenfolge von a und b ist von Bedeutung
$\{a; b\}$	Menge: Die Reihenfolge von a und b ist unerheblich
$\in$, $\notin$	ist Element von, ist nicht Element von
$\subset$	ist Teilmenge von
$\{x \mid x > 3\}$	Menge aller Zahlen x, für die gilt: $x > 3$
$[a; b]$, $]a; b[$	Intervall mit Endpunkten, ohne Endpunkte
T(26); V(4)	Menge aller Teiler von 26; Menge aller Vielfachen von 4
kgV	kleinstes gemeinsames Vielfaches
$\Rightarrow$ $\Leftrightarrow$	daraus folgt; ist gleichbedeutend mit

2 Funktionen

$x \mapsto y$; $x \mapsto 2x$	x wird abgebildet auf y; auf 2x (Funktionsvorschrift)
$y = 0{,}5x^2 - 2$	Funktionsgleichung mit dem Funktionsterm $0{,}5x^2 - 2$
$f(x)$	abkürzende Schreibweise für einen Funktionsterm
f'; f^{-1}	Ableitung der Funktion f; Umkehrfunktion zur Funktion f
D_f; W_f	Definitionsmenge; Wertemenge der Funktion f
G_f	Graph der Funktion f
$u \circ v$	Verkettung der Funktionen u und v: $(u \circ v)(x) = u(v(x))$

3 Geometrie

P; Q; R; ...	Punkte
$P(x \mid y)$	Punkt P mit 1. Koordinate x und 2. Koordinate y: z. B. $P(2 \mid 3)$
PQ	Gerade durch die Punkte P und Q
[PQ]; $\overline{PQ}$	Strecke mit den Endpunkten P und Q; Länge der Strecke [PQ]
[PQ	Halbgerade durch P und Q mit dem Anfangspunkt P
g; h; a; b	Geraden, Halbgeraden, Strecken, auch Länge der Strecken (z. B. a = 3 cm)
$g \perp h$; $g \parallel h$	g ist senkrecht zu h; g ist parallel zu h
$\sphericalangle(g,h)$	Winkel mit den Schenkeln g und h
$\sphericalangle ABC$	Winkel mit dem Scheitel B und den Schenkeln [BA und [BC
α; β; γ	Winkel; auch dessen Größe (z. B. $\alpha = 35°$)
h_a; h_b; h_c	Höhe, die senkrecht zur Seite a; b; c ist
$m_{[AB]}$; m_a	Mittelsenkrechte der Strecke [AB] bzw. a
w_α; w_β	Winkelhalbierende von α; β
k(M; r)	Kreis um M mit Radius r
$\triangle ABC$	Dreieck mit den Eckpunkten A, B und C
$F \cong G$	Figuren F und G sind kongruent
$F \sim G$	Figuren F und G sind ähnlich
$\vec{a}$; $\overrightarrow{AB}$; $\lvert\overrightarrow{AB}\rvert$	Vektor; Vektor vom Punkt A zum Punkt B; Länge des Vektors $\overrightarrow{AB}$
$\vec{A}$	Ortsvektor von A: $\overrightarrow{OA}$
$\vec{a} \circ \vec{c}$	Skalarprodukt von $\vec{a}$ und $\vec{c}$
$\vec{b} \times \vec{d}$	Vektorprodukt von $\vec{b}$ und $\vec{d}$

Register

W

Z

Bildquellennachweis

U1.1 fab-pics; **U1.2** Getty Images (Stockbyte), München; **14.1** Action Press GmbH (NASA), Hamburg; **40.1** iStockphoto (Stephan Hoerold), Calgary, Alberta; **79.1** iStockphoto (Frances Twitty), Calgary, Alberta; **80.1** iStockphoto (Norvin Knight), Calgary, Alberta; **84.1** Deutsches Museum, München; **103.1** Klett-Archiv (Herr Rolf Reimer), Stuttgart; **120.1** Ullstein Bild GmbH (Imagno), Berlin; **120.2** Wikimedia Foundation Inc. (PD), St. Petersburg FL; **120.3** AKG, Berlin; **121.1** AKG, Berlin; **143.1** Klett-Archiv (Herr Dr. Wolfgang Riemer), Stuttgart; **153.1** Artothek, Weilheim; **167.1** GOODSHOOT (Goodshoot), Annecy-Le-Vieux; **174.1** FOCUS, Hamburg; **181.1** Klett-Archiv (Manfred Herbst), Stuttgart; **187.1** Klett-Archiv (Axel Reis), Stuttgart; **188.1** Hendrik Seemann/Germanenleben, Wasungen; **188.2** AKG (Erich Lessing), Berlin; **188.3** Ullstein Bild GmbH, Berlin; **188.4** Deutsches Museum, München; **189.1** FOCUS, Hamburg; **189.2** Wikimedia Foundation Inc., St. Petersburg FL; **191.1** Picture-Alliance (dpa), Frankfurt; **197.1** Fotolia LLC (Marco Bonan), New York; **198.1** Klett-Archiv (Dr. Uwe Weiser), Stuttgart; **199.1** A1PIX, Taufkirchen; **199.2** Die Bildstelle (McPhoto), Hamburg; **200.1** SPIEGEL-Verlag Rudolf-Augstein GmbH & Co. KG, Hamburg; **201.1** Jupiterimages GmbH, Ottobrunn/München; **203.1** iStockphoto (Christopher Pattberg), Calgary, Alberta; **207.1** imago sportfotodienst, Berlin; **210.1** shutterstock, New York, NY; **211.1** Reinhard-Tierfoto, Heiligkreuzsteinach; **211.2** Okapia (Christen), Frankfurt; **217.1** Picture Press, Hamburg; **218.1** Wikimedia Foundation Inc., St. Petersburg FL; **224.1** MEV Verlag GmbH, Augsburg

Nicht in allen Fällen war es uns möglich, den Rechteinhaber der Abbildungen ausfindig zu machen. Berechtigte Ansprüche werden selbstverständlich im Rahmen der üblichen Vereinbarungen abgegolten.